火力发电工人实用技术问答丛书

锅炉设备检修技术问答

（第二版）

《火力发电工人实用技术问答丛书》编委会　编著

中国电力出版社
CHINA ELECTRIC POWER PRESS

内 容 提 要

本书为《火力发电工人实用技术问答丛书》的一个分册。全书分初、中、高级工三部分，采用问答的形式，全面介绍了锅炉检修的有关知识和技能。其主要内容包括：锅炉检修工艺、标准规范、锅炉检修工器具、锅炉本体检修、锅炉辅机检修、锅炉管阀检修、除灰设备检修、电除尘器检修等。

本书从火力发电厂锅炉检修的实际出发，理论突出重点、实践注重技能。全书以实际运用为主，可供从事电站锅炉工作的技术人员、管理人员学习参考，以及为考试、现场考问等提供题目，也可供相关专业的大、中专院校师生参考和阅读。

图书在版编目（CIP）数据

锅炉设备检修技术问答/《火力发电工人实用技术问答丛书》编委会编著．—2 版．—北京：中国电力出版社，2023.9

（火力发电工人实用技术问答丛书）

ISBN 978-7-5198-8012-5

Ⅰ.①锅⋯ Ⅱ.①火⋯ Ⅲ.①火电厂-锅炉-设备检修-问题解答 Ⅳ.①TM621.2-44

中国国家版本馆 CIP 数据核字（2023）第 143743 号

出版发行：中国电力出版社
地　　址：北京市东城区北京站西街 19 号（邮政编码 100005）
网　　址：http：//www.cepp.sgcc.com.cn
责任编辑：孙　芳
责任校对：黄　蓓　朱丽芳　马　宁
装帧设计：赵姗姗
责任印制：吴　迪

印　　刷：三河市万龙印装有限公司
版　　次：2006 年 6 月第一版　2023 年 9 月第二版
印　　次：2023 年 9 月北京第六次印刷
开　　本：787 毫米×1092 毫米　16 开本
印　　张：33
字　　数：818 千字
印　　数：0001—1000 册
定　　价：132.00 元

《火力发电工人实用技术问答丛书》

编 委 会

（按姓氏笔画排列）

主 编	王国清	栾志勇	
副主编	方媛媛	关晓龙	张宇翼
	张建军	张 挺	陈军义
	周 爽	赵喜红	郭 珏
编写人员	丁 旭	王卓勋	史翔宇
	白 辉	刘建武	刘 轶
	刘雪斌	邢 晋	李 宁
	李志伟	李思国	李敬良
	杨永恒	苏应华	陈金伟
	武玉林	原冯保	耿卫众
	贾鹏飞	郭光强	郭宏胜
	郭希红	郭景仰	高 健
	寇守一	梁小军	潘皓然

随着火力发电技术的发展，单机容量为 600MW 和 1000MW 的超临界和超（超）临界火电机组已经成为行业和在建火力发电厂的主力型机组。由于单机容量增大和新技术、新材料的应用，急需对设备检修工艺和管理体制做出新的调整。结合目前已更新的行业规程、规范、标准融入检修、设备管理过程中，将为设备安全、稳定、长周期运行提供可靠的技术和管理保障。

为了提高电力生产运行检修人员和技术管理人员的技术素质与管理水平，适应现场岗位培训的需要，结合近年来电力工业发展的新技术及地方电厂现状，本次修编根据《中华人民共和国职业技能鉴定规范（电力行业）》《职业技能鉴定指导书》、《火力发电厂金属技术监督规程》（DL/T 438—2016）、《火力发电厂锅炉机组检修导则　第 2 部分：锅炉本体检修》（DL/T 748.2—2016）、《焊接技术》《起重技术》，本着紧密联系生产实际的原则编写而成。

本次修编是在 2003 年版本的基础上增补了近年来出现的新技术、新工艺和相关标准，力求贴近新机组的检修管理思路，重点突出现场实用性。本书适合火力发电企业作为职工培训教材使用，也可作为技术人员参考用书。

《锅炉设备检修技术问答》（第二版）为丛书的一个分册，采用问答形式，内容以操作技能为主，基本训练为重点，着重强调了基本操作技能的通用性和规范化。全书内容分初级工、中级工、高级工三部分，共十六篇。其中，初级工部分由古交西山发电有限公司王卓勋修编；中级工部分由古交西山发电有限公司杨永恒修编；高级工部分由古交西山发电有限公司栾志勇、周爽修编。

全书由古交西山发电有限公司周爽主编，由古交西山发电有限公司副总工程师王国清主审。

限于时间仓促和编写者实践经验与理论水平，书中难免有缺点和不妥之处，在此恳请读者批评指正。

编者

2023 年 7 月

为了提高电力生产运行、检修人员和技术管理人员的技术素质和管理水平，适应现场岗位培训的需要，特别是为了能够使企业在电力系统实行"厂网分开，竞价上网"的市场竞争中立于不败之地，编写了此本套丛书。丛书本着紧密联系生产实际的原则，根据《中华人民共和国职业技能鉴定规范（电力行业)》及《职业技能鉴定指导书》，并结合近年来电力工业发展的新技术及地方电厂现状，根据《中华人民共和国职业技能鉴定规范（电力行业)》及《职业技能鉴定指导书》，本着紧密联系生产实际的原则编写而成。

丛书采用问答形式，内容以操作技能为主，基本训练为重点，着重强调了基本操作技能的通用性和规范化。本书为丛书之一《锅炉设备检修技术问答》。全书内容分初、中、高级工三部分，共十六篇。书中初级工部分的第一篇"锅炉检修一般知识"、第二篇"锅炉本体检修"以及中、高级工部分的第七篇"锅炉本体检修"由太原第一热电厂王引棣编写。其中，高级工部分第十二篇第三十八章第三节"锅炉检测与诊断技术"由山西电力科学研究院郭建军编写。初级工部分的第三篇及中、高级工部分的"锅炉辅机检修"由太原第一热电厂宋纯瑞编写。初级工部分的第四篇及中、高级工部分的"管阀检修"由太原第一热电厂孙雷编写。初级工部分的第五篇及中、高级工部分的"除灰设备检修"由太原第一热电厂成俊煊编写。初级工部分的第六篇及中、高级工部分的"电除尘器检修"由太原第一热电厂闫继东编写。

本书由太原第一热电厂王引棣主编。本书由原太原第一热电厂教授级高级工程师郭齐主审。

限于编写者实践经验和理论水平有限，书中难免存在缺点和错误之处，在此恳请读者批评指正。

编者

2003 年 9 月

锅炉设备检修技术问答（第二版）

目　录

第二篇　锅炉本体检修

第三篇　锅炉辅机检修

第七章　锅炉辅机设备

第九章　传动系统检修 ……………………………………… 85

第四篇 锅炉管阀检修

第五篇　除灰设备检修

第八篇 锅炉辅机检修

第九篇　锅炉管阀检修

第十一篇　电除尘器检修

第十二篇　锅炉本体检修

第十三篇　锅炉辅机检修

第十四篇　锅炉管阀检修

第四十五章　火力发电厂管道系统 ⋯⋯⋯⋯⋯⋯⋯⋯⋯⋯⋯ 425

第四十六章　高温高压管道金属及其焊接 ⋯⋯⋯⋯⋯⋯⋯⋯ 429

第四十八章 锅炉管阀安装验收 …………………………………………………… 441

第十五篇 除灰设备检修

第四十九章 水力除灰系统的配置与防磨防垢 …………………………………… 446

第十六篇 电除尘器检修

第一篇
锅炉检修一般知识

第一章

锅 炉 设 备

第一节　锅炉设备的构成及基本要求

1　什么是锅炉？锅炉由哪几部分组成？

答：将燃料的化学能转变为工质的热能，生产出规定参数和品质的工质的设备称为锅炉。

锅炉是由"锅"和"炉"两大部分组成。"锅"就是锅炉的汽水系统，大型锅炉的"锅"由省煤器、汽包、下降管、水冷壁、过热器、再热器等设备组成。"炉"就是锅炉的燃烧系统，大型锅炉的"炉"是由炉膛、燃烧器、烟道、空气预热器等设备组成。除锅炉主体外，锅炉设备除锅炉主体以外还包括锅炉辅助设备。"锅"和"炉"的全部设备组成锅炉主体，与锅炉主体配套的给水泵、送风机、引风机、烟囱、除灰设备、脱硫设备、制粉设备、输煤设备等都是辅助设备。

2　什么是工质？

答：工质是生产过程中工作物质的简称，它通常为工艺过程的媒介物质或能量交换的载能体。火力发电用锅炉中常用的工质为水和蒸气。

3　简述火力发电能量转化的过程。

答：火力发电能量转化的过程是：燃料在锅炉内燃烧，产生高温高压蒸汽，燃料的化学能转化为蒸汽的热能；蒸汽在汽轮机内膨胀做功，推动汽轮机旋转，蒸汽的热能转化为汽轮机的机械能；汽轮机再带动发电机发电，机械能转化为电能。

4　电力生产对锅炉的基本要求是什么？

答：锅炉是火力发电厂的主要设备，对锅炉的基本要求是：

（1）必须符合国家、行业关于锅炉设备设计、制造、安装、运行、检修等有关法规、规程、标准的各项要求。

（2）能够连续、安全地运行。

（3）能够经济地运行。煤耗低，厂用电率小，热效率高，管理费用少，以使火力发电厂的发电成本降低，增强发电企业的竞争力。

（4）易于检修和快速处理事故。

（5）必须满足国家环保标准的相关要求。

🏭 第二节　锅炉的类型及参数

1 锅炉是如何分类的？

答：锅炉的种类很多，可按不同的方式分类。

（1）按工质的流动特性可分为：自然循环锅炉、强制循环锅炉、低倍率循环锅炉、复合循环锅炉及直流锅炉。

（2）按燃烧方式可分为：室燃炉、旋风炉、层燃炉、流化床燃烧炉。

（3）按燃用的燃料可分为：燃煤炉、燃油炉、燃气炉。

（4）按蒸汽的压力可分为：低压锅炉、中压锅炉、高压锅炉、超高压锅炉、亚临界锅炉、超临界锅炉、超超临界锅炉。

（5）按受热面布置的方式可分为：塔形锅炉、U形锅炉、倒U形锅炉、L形锅炉。

（6）按炉膛的压力可分为：负压锅炉、正压锅炉。

（7）按排渣的方式可分为：固态排渣锅炉、液态排渣锅炉。

（8）按锅炉的用途可分为：电站锅炉、工业锅炉、船用锅炉、机车锅炉。

2 什么是锅炉的参数？锅炉的主要参数有哪些？

答：表明锅炉基本特征值的量称为锅炉的参数。

锅炉的主要参数有：锅炉容量、蒸汽压力、蒸汽温度。

我国工业蒸汽锅炉和电站锅炉的容量都用额定蒸发量表示。额定蒸发量表明在额定蒸汽压力、蒸汽温度、规定的锅炉效率及给水温度下，连续运行所必须保证的最大蒸发量，单位为t/h。

蒸汽压力和蒸汽温度是指过热器主蒸汽阀出口处的过热蒸汽压力和温度，单位分别是MPa和℃。对于没有过热器的锅炉，可以用主蒸汽阀出口处的饱和蒸汽压力和温度表示。对于具有再热器的锅炉，蒸汽参数还包括再热器出口的蒸汽压力和温度。

3 火力发电用锅炉的型号是怎样表示的？

答：锅炉型号表示锅炉的基本特征，我国规定锅炉用3～4组字码表示其型号，如SG-400/13.7-540/540代表上海锅炉厂生产，容量为400t/h，过热蒸汽压力为13.7MPa，过热蒸汽温度为540℃，再热蒸汽温度为540℃。

近年来，大型锅炉也有不标示蒸汽温度的，如DG1025/18.2-4，表示东方锅炉厂制造，最大连续出力为1025t/h，过热蒸汽压力为18.2MPa，自然循环汽包锅炉。

4 锅炉按照蒸汽参数（压力）可分为哪些类型？

答：锅炉按照蒸汽参数可分为：低压锅炉（出口蒸汽压力不大于2.5MPa）、中压锅炉（出口蒸汽压力为3.8～9.8MPa）、高压锅炉（出口蒸汽压力为9.8～13.7MPa）、超高压锅炉（出口蒸汽压力为13.7～16.7MPa）、亚临界压力锅炉（出口蒸汽压力为16.7～

22.1MPa）、超临界压力锅炉（出口蒸汽压力为 22.1～27.0MPa）和超超临界压力锅炉（出口蒸汽压力不小于 27MPa）。

🏭 第三节　超超临界锅炉

1 什么是超超临界机组？

答：一般把汽轮机进口蒸汽压力高于 27MPa 或蒸汽温度高于 580℃的机组称为超超临界机组。

2 超超临界机组有何优点？

答：超超临界机组的优点为：

（1）热效率高。超超临界机组的净效率可达 45％左右。

（2）污染物排放浓度大幅减少。由于采取脱硫、脱硝、低氮燃烧，以及安装高效除尘器等措施，污染物排放浓度大幅度降低，可达到超净排放标准。

（3）单机组容量增大。超超临界机组容量一般在百万千瓦级的水平。

3 简述超超临界锅炉的结构。

答：以东方锅炉厂为例，超超临界锅炉的结构如下：

（1）锅炉采用单炉膛 Ⅱ 形布置方式、尾部双烟道、全钢架、全悬吊结构。

（2）炉膛采用内螺纹管螺旋管圈＋混合联箱＋垂直管水冷壁。

（3）过热器为辐射对流式，再热器纯对流布置。

（4）过热器采用水/煤比和喷水调温，再热器采用尾部烟气调节挡板＋事故喷水调温。

（5）旋流式低 NO_x 燃烧器，前后墙布置，对冲燃烧。

4 为什么超临界直流炉需要设置启动系统？

答：亚临界循环炉有一个体积很大的汽包对汽水进行分离，汽包作为分界点将锅炉受热面分为蒸发受热面和过热受热面两部分。直流炉是靠给水泵的压力，将锅炉中的水、汽水混合物和蒸汽一次通过全部受热面。

亚临界循环炉在点火前锅炉上水到汽包正常水位。锅炉点火后，水冷壁吸收炉膛辐射热，水温升高后产生蒸汽，蒸汽由于比体积小，汽水混合物沿着水冷壁上升到汽包，水循环建立。随着燃料的增加，蒸发量增大，水循环将加快。因此，在启动过程中，水冷壁冷却充分，运行安全。

超临界直流锅炉由于没有汽包，水在锅炉管中加热、蒸发和过热后直接向汽轮机供汽。在启动前必须由锅炉给水泵建立一定的启动流量（约 25％BMCR）和启动压力，强迫工质流经受热面。如果没有启动系统，水冷壁的安全得不到保证。所以，超临界直流炉要设置启动系统。

5 简述超超临界锅炉启动系统的组成。

答：超超临界锅炉启动系统的组成包括：

（1）不带循环泵的启动系统：由内置式汽水分离器、储水罐、储水罐水位调节阀等组成。

（2）带循环泵的启动系统：由内置式汽水分离器、储水罐、储水罐水位调节阀、循环泵、循环泵流量调节阀等组成。

第二章

锅炉检修常用材料和工器具

第一节 金 属 材 料

1 锅炉检修常用的材料有哪些？

答：锅炉检修常用的材料有：金属材料、密封材料、耐热材料、保温材料，还有一些防腐耐磨及黏接的新型化学、陶瓷等材料。

2 什么是金属材料的力学性能？常用的力学性能主要指标是什么？

答：金属材料在承受机械载荷时抵抗失效破坏的能力称为金属材料的力学性能，又称机械性能。

常用的力学性能主要指标有：弹性、塑性、强度、硬度等。

3 简述金属材料弹性与塑性的含义。

答：金属材料在承受载荷时产生变形，取消载荷后又恢复原来形状的性能称为弹性。

在拉伸试验中，当载荷增大到一定程度后，材料将失去弹性，这时取消载荷后，材料则不能恢复到原来的形状而留下残余变形。因此，把材料能保持弹性而所承受的最大应力值称为材料的弹性极限，用符号 σ_p 表示，单位为 MPa。

金属材料在承受载荷时产生永久变形的能力称为塑性。

在拉伸试验中，当试样应力超过弹性极限后，继续增加载荷到某一数值后，载荷不增加，而试样的变形却继续增加，这种现象称为"屈服"。开始发生"屈服"现象时的应力称为屈服极限，用符号 σ_s 表示，单位为 MPa。屈服极限是代表金属材料抵抗塑性变形的指标。

4 简述金属材料强度与硬度的含义。

答：金属材料在外力作用下抵抗塑性变形和断裂破坏的能力称为强度。

在拉伸试验中，经过屈服点后，由于产生塑性变形后材料硬化，增加了抵抗变形的能力，材料承受的载荷还可以继续增加，直至被拉断。在发生破坏之前材料所承受的最大应力值称为强度极限，用符号 σ_b 表示，单位为 MPa。

金属材料抵抗另一种压入物体压陷能力的数值称为硬度。根据测定方法的不同，常用的有布氏硬度（用符号 HB 表示）、洛氏硬度（用符号 HR 表示）。硬度实质上是材料抵抗局部塑性变形的能力，材料的硬度与强度之间有一定的关系，根据硬度数值可以大致估算材料的抗拉强度。低碳钢：$\sigma_b = 3.6 \mathrm{HB}$；高碳钢：$\sigma_b = 3.4 \mathrm{HB}$；调质合金钢：$\sigma_b = 3.25 \mathrm{HB}$。

5 金属材料的工艺性能有哪些？

答：金属材料的工艺性能有：铸造性、可锻性、可焊性、切削加工性能及冷热弯曲性能等。

6 简述金属材料的铸造性、可锻性及切削加工性能的含义。

答：金属材料的铸造性、可锻性及切削加工性能与设备部件加工制造的关系较大，其含义是：

(1) 铸造性，是指液体金属铸造成型时所具有的一种性能。铸造性能一般是用液体的流动性、铸造时的收缩率及偏析趋势等来表示其优劣。

(2) 可锻性，是指金属材料在压力加工时，能改变形状而不产生裂纹的性能。可锻性的好坏主要取决于材料的化学成分和加热温度。通常碳钢具有良好的可锻性：低碳钢最好，中碳钢次之，高碳钢较差。合金钢中，低合金钢的可锻性近似于中碳钢；铸铁、硬质合金不能进行锻压加工。

(3) 切削加工性能，是指金属材料在接受机械切削加工时所表现的性能，主要用切削速度、加工表面光洁度和刀具耐用度来衡量。可切削性与材料的硬度有关。通常灰铸铁具有良好的可切削性；钢的硬度在 HB160～200 范围内时，具有较好的可切削性。

7 金属材料的可焊性与冷、热弯曲性能的含义是什么？

答：金属材料的可焊性与冷、热弯曲性能，不仅与设备部件的加工制造关系较大，而且对锅炉检修工艺也有很大的影响，其含义是：

(1) 可焊性，指两块相同的金属材料或不同的金属材料，在局部加热到熔融状态下，能够牢固地焊合在一起的性能。可焊性能好的金属，在焊缝处不易产生裂缝、气孔、夹杂等缺陷，同时焊接接头具有一定的机械性能，否则就认为其焊接性能不好。焊接性能的好坏决定于材料的化学成分、导热性、热膨胀性等。通常低碳钢的可焊性能较好，高碳钢和铸铁的可焊性能较差。

(2) 冷、热弯曲性能，指金属材料在冷态或热态下能承受不同程度弯曲变形而不产生缺陷的能力。冷弯曲性能检验材料塑性的好坏；热弯曲性能检验金属的热脆性。金属材料的弯曲是靠弯曲处附近的塑性变形来实现的。因此，弯曲性能越好，塑性就越大。

8 金属材料的高温性能有哪些指标？其含义是什么？

答：金属材料的高温性能指标有：持久强度、持久塑性、组织稳定性、蠕变、应力松弛等。其含义是：

(1) 持久强度。持久强度是金属材料长期在一定温度和一定应力下抵抗断裂的能力，一般是指在计算壁温时金属材料运行 $10^5 \mathrm{h}$ 所能承受的最大应力值。

(2) 持久塑性。持久塑性是在高温工作下钢材的一个重要指标，可通过对持久强度试验断裂后的试样，测定其延伸率 δ 及断面收缩率 ψ 来确定。钢材的持久塑性越好，则在运行中产生脆性破坏的可能性就越小。

（3）组织稳定性。金属材料长期在高温下使用，会发生组织变化和性能变化，如珠光体球化、石墨化等。选用锅炉钢材时，不仅要考虑它的原始组织与性能，还要考虑其长期高温运行后组织和性能的稳定性。

（4）蠕变。金属在长期高温和应力作用下，虽然应力小于其屈服强度，但仍然逐渐产生塑性变形的现象称为蠕变。产生蠕变的金属部件很容易发生损坏。对高温部件，如过热器、再热器及其联箱和主蒸汽管道应定期进行蠕变测量。

（5）应力松弛。金属在高温和应力长期作用下，虽然总的变形量不变，但是应力随时间的增加而逐渐下降的现象称为金属的应力松弛。金属的松弛过程就是金属在高温下弹性变形自动转变为塑性变形的过程。处于松弛条件下工作的零件，如螺栓、弹簧、汽封弹簧片等，会由于应力松弛现象而导致结合面的密合失效。

9 钢是如何分类的？

答：钢根据不同情况分类如下：

（1）按钢中含碳量分为：低碳钢、中碳钢和高碳钢。

（2）按冶炼方法分为：平炉、转炉和电炉钢。

（3）按品质分为：普通、优质和高级优质碳素钢。

（4）按用途分为：结构钢和工具钢。

（5）合金钢的分类：

1）按钢中所含合金总量分为：低、中、高合金钢。

2）按钢的用途分为：合金结构、合金工具和特殊用途钢。

3）按钢在正火状态下的显微组织分为：珠光体、奥氏体、铁素体、马氏体和贝氏体钢。

第二节 密封材料、耐热材料及保温材料

1 什么是锅炉的密封件？为什么要求各种密封件的性能要良好？

答：锅炉设备的各类阀门和辅机机械，为了防止汽、水、油等工作介质的泄漏，都设计了一些具有密封作用的零部件，如垫圈、盘根等，这些零部件称为密封件。

密封性能是评价锅炉设备及其辅机设备健康水平的重要指标之一。如果运行中承压的阀门发生泄漏，不但浪费大量能量，严重时还会危及人身安全和设备损坏事故。辅机漏油、烟道漏灰、风道漏风、制粉系统漏粉等，不仅造成环境污染，而且极易发生火灾，对锅炉的稳定、经济运行构成严重威胁。因此要求各种密封件的密封性能必须良好。

2 简述火电厂常用密封材料的种类、性能及适用范围。

答：火电厂常用密封材料分为垫料和填料（又称盘根）。

垫料可分为密封垫片和密封胶两种。常用的密封垫片有皮垫片、纸垫片、软聚氯乙烯垫片、聚四氟乙烯垫片、橡胶石棉垫片、O形橡胶圈、缠绕垫片及金属包平垫片、金属垫片。密封胶是一种新型的密封材料，分为液态密封胶（又称液体垫片）和密封剂厌氧胶两类。液态密封胶的基体主要是高分子合成树脂和合成橡胶或一些天然高分子有机物，在常温下是可

流动的黏稠液体。在连接前涂敷在密封面上，起密封作用，可用于温度 300℃、压力 1.6MPa 以下的油、水、汽等介质上，对金属不会产生腐蚀作用。

填料分为软填料和成型填料。软填料结构简单，装拆方便，成本低廉，主要用天然纤维（棉、麻、毛）、矿物纤维（石棉）、合成纤维、橡胶和软金属制成；成型填料结构紧凑，品种规格多，工作参数范围广，密封性能良好，主要用橡胶、塑料、皮革和金属制成环状的密封圈。具体有棉盘根、麻盘根、普通石棉盘根、高压石棉盘根、石墨盘根、金属盘根、塑料环、橡皮环等多种产品；形状有圆形、方形、扁形、环形、编结或扭制等。其中棉盘根、麻盘根、塑料环和橡皮环适用于高压低温的设备；普通石棉盘根、高压石棉盘根适用于中温中压设备；材料中带有石墨的高压石棉盘根也可用于高温高压设备；石墨盘根、金属盘根适用于高压高温的设备。

3 简述耐热、保温材料的主要性能。

答：耐热、保温材料的主要性能有：

（1）耐火性。耐热、保温材料的耐火性一般用耐火度和荷重软化温度来表示。耐火度是指材料在高温下抵抗熔化的能力，它是耐热材料最重要的性能之一。材料耐火度的高低取决于其化学组成和杂质的种类及含量。耐热材料的使用温度不允许超过其耐火度，也不能以耐火度作为材料使用温度的上限。荷重软化温度是指材料在一定的压力（0.2MPa）下不断加热，发生一定变形量时的温度，它是耐热材料高温机械性能的主要指标。荷重软化温度与材料的化学组成和组织结构有关，材料的荷重软化温度越高，则其使用温度越高。

（2）常温及高温耐压强度。常温耐压强度是指材料在常温下所能承受的最大压应力，它主要用来判断成型材料的质量、抗撞击、抗磨损，以及抵抗其他机械作用力的能力。高温耐压强度是指材料在一定温度下所能承受的最大压应力。

（3）高温体积稳定性（残余收缩或膨胀）。高温体积稳定性是指材料在高温下长期使用中产生的再结晶和进一步烧结，使材料体积发生收缩或膨胀。这种变化是不可逆转的变化。

（4）热震稳定性。热震稳定性是指材料承受骤冷骤热的性能，它反映耐热材料抵抗温度变化而不损坏的能力。

（5）抗渣性。抗渣性是指耐热材料在高温下抵抗熔渣化学、物理作用的性能。选用耐热材料时应注意熔渣的性质，使之能适应熔渣的特性。

（6）容重。容重是材料单位体积的重量，其大小影响到锅炉构架的承载力。同一种材料的容重不同，其导热性能和耐压强度也不同。

（7）导热性。材料的导热性通常用导热系数来表示，导热系数随材料种类和使用温度而变化。导热性是衡量耐热保温材料，特别是保温材料优劣的一个重要性能指标。

4 锅炉常用耐热材料有哪些？其适用范围是什么？

答：锅炉常用耐热材料有各种耐火混凝土、可塑性耐火料等。

耐火混凝土是一种能够承受高温作用的特殊混凝土，它是由耐火骨料、适当的黏结剂、掺和料和水按一定比例混合配制并经养护后，成为具有一定物理力学性能的耐热材料。耐火混凝土具有工艺简单、浇注施工方便、整体性好等特点。在高温下，其有较高的耐火度和荷重软化温度，热震稳定性也较好，残余收缩率小，多用于大型锅炉的顶棚管、包墙管、尾部

径 450mm 的圆形人孔。安装时，折叠的"V"字形托架打开并锁定成坚固的"X"形支架底部。在"V"形托架打开时，梯形脚手架的快速锁定功能发挥作用，弹簧激活栓销咬合到位，使安装简便、快捷、可靠，不需要专用或辅助安装工具。由于其结构的通用性、互换性和任意组合性，通过灵活的组合，一套炉内脚手架，在一种炉型的底座基础上搭建双柱架、四柱满膛架等不同形式的脚手架，可进行燃烧器、水冷壁、过热器、再热器、省煤器等受热面的检修工作，如图 2-1 所示。同时，也可以利用炉内脚手架基座生根，搭设各种烟道的检修脚手架。这种脚手架可单独在炉外使用，或者配合炉外脚手架进行管道维修、设备维护、厂房内外高空作业等各项维护、检修工作，适合多种场合使用。与炉膛检修平台相比，快装脚手架具有更大的灵活性，但检修作业时的安全感要差些。

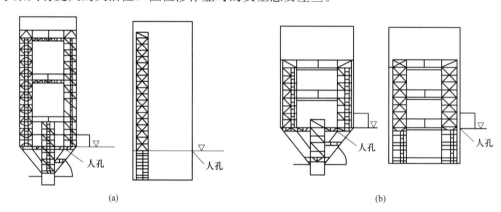

图 2-1　炉内快装脚手架综合利用方案

（a）锅炉燃烧器及水冷壁抢修架；（b）锅炉四角燃烧器检修架

5 简述弯管机的工作原理。

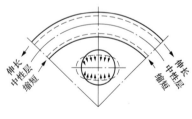

图 2-2　管子弯曲时的变形

答：弯管机的种类、规格很多，但无论是手动、电动，还是液压；无论是热弯，还是冷弯，其工作原理大同小异，都是利用一套机构，使得被弯曲的管子，在弯头外侧的管壁受拉力的作用而逐渐伸长变薄；在弯头内侧的管壁受压力作用而逐渐缩短变厚，而在中性层受到的拉力和压力互相抵消。因此，中性层没有伸长和缩短，如图 2-2 所示。

6 简述电动无齿切割机的结构及使用注意事项。

答：电动无齿切割机是用电动机带动砂轮片高速旋转，线速度可达 40m/s 以上，用来快速切割钢管、钢材及耐火砖等材料，比人工锯割要快数十倍。砂轮片的规格为 $300 \times 20 \times 3$（外径 300mm，中心孔直径 20mm，厚度 3mm）。

为保证安全，砂轮片上必须装有能罩 180°以上的保护罩。砂轮片中心轴孔必须与砂轮片外圆同心，砂轮片装好后还需检查其同心度。另外，在使用时应慢慢吃力，切勿使其突然吃力和受冲击。

7　坡口机有哪几类？简述电动坡口机的使用要求。

答：坡口机有手动坡口机与电动坡口机两类。

电动坡口机由于其效率极高，在锅炉小管道安装过程中广泛使用。电动坡口机由电动机、固定胀筒、旋转刀架、刀组成。制作坡口时，将管子塞入管卡子中，找好位置用顶丝将其与管子固定在一起，启动电动机即可。在加工坡口时应注意检查电动机是否吃力太多，声音有无异常，否则刀容易被打坏；同时要求刀的角度和坡口角度一致，否则制出的坡口角度就不符合要求。

8　什么是火焰切割？使用方法有哪些？

答：火焰切割也称为气割，是依靠金属材料的被割部位在火焰的高温下发生燃烧，生成熔化状态的金属氧化物，再利用高速气流将氧化物吹除，形成切口。主要用于碳素钢与低合金钢的切割下料工作。火焰切割具有成本低、切割速度快、设备简单等优点，在电站锅炉安装中广泛应用。

火焰切割工具由气源、割把、割炬、氧气及乙炔皮带、减压器、气压表、回火防止器等组成。

火焰切割时用的气源有两种：一种是可燃气体，另一种是助燃气体。气源可以集中供气，也可以采用气瓶分散供气。可燃气体种类较多，有乙炔、氢气、天然气、煤气、丙烷丁烷混合气等。助燃气体通常采用氧气。

操作火焰切割的过程分为四个阶段：

（1）依靠预热火焰加热切割处的金属到燃烧温度，并在切割氧的作用下，发生燃烧反应。

（2）金属的燃烧反应沿厚度方向由表面向下层发展。

（3）依靠切割氧的冲击力将燃烧后生成的熔融金属氧化物（即熔渣）强行吹除，切断金属。

（4）预热火焰及燃烧反应热使切割氧流前方的金属迅速加热到燃烧温度，使切割过程得以连续地进行。

由此可知，火焰切割的实质是金属在高纯度氧气中燃烧，并用氧流吹力把熔渣吹除的过程，而不是金属的熔化过程。

火焰切割时，割炬通常垂直于钢板表面。但在直线切割时，如将割炬适当后倾可充分利用熔渣的热量来预热割缝前缘，减少后拖量，提高切割速度。

9　简述等离子切割机的组成、特点及使用方法。

答：等离子切割机由等离子射枪与机箱组成。

离子切割机的特点是等离子弧能量更集中、温度更高、切割速度较快、变形小，还可切割不锈钢、铝等材料。等离子切割的不足之处在于弧光强、噪声大、灰尘多，对环境有一定的污染。

等离子切割机的使用方法：

（1）将割炬滚轮接触工件，喷嘴离工件平面之间距离调整至 3～5mm（主机切割时将"切厚选择"开关置于高挡位）。

（2）开启割炬开关，引燃等离子弧，切透工件后，向切割方向匀速移动，切割速度以切穿为前提，宜快不宜慢，太慢将影响切口质量，甚至断弧。

（3）切割完毕，关闭割炬开关，等离子弧熄灭。这时，压缩空气延时喷出，以冷却割炬，数秒后，压缩空气自动停止喷出，移开割炬，完成切割全过程。

等离子弧切割是依靠特制的割炬配合不同的工作气体，产生具有极高温度的高速等离子焰流，使金属材料局部熔化而形成割缝。在工业生产中，等离子弧切割常用于不锈钢和有色金属材料。

10 弯管机的相关知识及使用方法有哪些？

答：弯管机分为手动弯管机、电动弯管机与中频弯管机三种。

（1）手动弯管机一般固定在工作台上，弯管时把管子卡到夹子中，用手扳动把手，使滚轮围绕工作轮转，即可将管子弯制成型。一般可弯制 $\phi38$ 以下的少量管子；反之，都采用电动弯管机。

（2）电动弯管机是由电动机通过一套减速机构使工作轮转动，从而带动管子移动并被弯成弯头，滚轮只在原地旋转而不移动。在弯管时只要换一下工作轮和滚轮就可弯制 $\phi38\sim\phi76$ 的管子，弯曲角度可达 $180°$。

在使用电动弯管机前，要对弯管机进行检查，给轴承加好油，再检查电动机电源，并启动使其空转，以检查其转动方向是否正确。

弯管时，将管子用夹子牢固地固定在工作轮上，再拧紧滚轮上的螺杆，使滚轮紧靠管子，然后启动弯管机弯管。当管子弯到要求的位置时，应立即停止弯管机并使其倒转一定角度，即可松开滚轮和管夹子，将管子取下来。在弯管过程中要注意安全。

（3）中频弯管机是利用中频电源感应加热管子，使其温度达到弯管温度并通过弯管机而达到弯管的目的。其过程为加热、弯曲、冷却、定型，直到所需角度为止。

中频弯管机主要用于弯制直径较大的碳素钢管。其优点是安全、质量好、速度快、成本低、带动强度小、占地面积小。

11 水平仪的相关知识及使用方法有哪些？

答：水平仪主要用于测量被测对象的平直度、平行度及水平度、垂直度，常见的有传统水平仪、电子水平仪两种。传统水平仪利用水准器中的气泡在被测面有倾斜时，气泡就向高位移动的原理，从水准器的刻度读出偏差值。电子水平仪有电感式和电容式两种，利用电容摆的平衡原理将测量数据以指针或数显的方式显示出来，其精度比传统水平仪要高。

传统水平仪中普通水平只能检验平面的水平偏差，框式水平还可检验平面对垂直位置的偏差；使用前应通过原位旋转 $180°$ 复测法，消除其零位偏差。水平仪日常应进行保养，保持洁净，严防碰撞、擦伤等。

电子水平仪具有灵敏度、精度高、易用、可靠的特点，但其使用时对环境要求较高。

12 玻璃管水平仪的相关知识及使用方法有哪些？

答：玻璃管水平仪是利用连通器原理，一般用于测量距离较大或受遮挡两测点的标高与水平度，为保证测量精度，玻璃管水平仪直径不宜大于 16mm。

使用方法为：

（1）使用前应将软管中空气排净，待两头敞口管中液面稳定时，对比水平凹点水平后方可使用。

（2）进行测量时，两管端头，一头为观察测量端，保持水平管静止不动；另一头为对比调节端，进行调节。

（3）测量过程中，水平管全段不得出现断液死弯及悬空晃动现象。

（4）观察时，视线应与水平相平，并以液面下凹底部为准进行测量读数。

（5）冬季0℃以下施工时，可采取灌酒精等防冻措施，同时水平管低温下会变硬变脆，使用时应注意对其进行保护。

13 水准仪如何使用？

答：水准仪又称为光学水准仪。当被测间距较远、尺寸范围较大或上下不便时，均可以用它测量其间的标高及水平度。使用水准仪最重要的是要调整好镜架的水平度及稳定性，保证镜头回转到任何角度与方向时，镜头中的十字准线均能处于平直状态。使用中要防止仪器受振动及碰撞，要确保仪器支脚不晃动、不位移、不下沉。同时，要特别注意标尺的正确使用与读数的准确性。

14 经纬仪如何使用？

答：经纬仪除具有水准仪的功能外，还可测量较高大范围内的水平、标高与垂直度等。其用法与水准仪基本相同。经纬仪在钢架安装中主要用于测量每层钢架柱子垂直度。

15 汽包检修常见工器具有哪些？

答：汽包检修常用工器具有：手锤、钢丝刷、扫帚、锉刀、錾子、刮儿、活扳手、风扇、12V行灯和小撬棍等。

16 手锤的规格有哪几种？手柄的长度范围是多少？

答：手锤的规格有0.5、1、1.5kg三种。

手柄的长度范围是300～500mm。

17 如何用砂轮进行火花鉴别金属材料？鉴别时应注意什么？

答：火花鉴别金属材料的砂轮是手提砂轮机和台式砂轮机。砂轮一般为36～60号普通氧化铝砂轮，同时应备有各种牌号的标准钢样，以防可能发生的错觉和误差。

火花鉴别时最好在暗处进行，砂轮转速以2800～4000r/min为宜，在钢材接触砂轮圆周进行磨削时，压力适中，使火花束大致向略高于水平方向发射，以便于仔细观察火花束的长度和部位花型特征。

18 简述电动锯管机的构成、各部件的作用及使用注意事项。

答：电动锯管机是由电动机、减速装置、往复式刀具和卡具等组成，用于炉内就地切割受热面管子。

各部件的作用为：

（1）电动机。一般采用功率为250W、240r/min的手电钻电动机带动。电动机的轴与一级减速主动齿轮装配在一起，带动减速装置转动，迫使刀具往复运动。

（2）减速装置。由一级和二级减速齿轮、齿轮轴、轴承、轮盘和丝轴等组成。经减速装置后电动机的转动变为刀具的往复运动，一般为 50 次/min 为宜，太快易损坏锯条。

（3）往复式刀具。由滑槽、滑动轴和锯条组成，用于锯割管子。

（4）卡具。由管子卡脚、拉紧螺丝和链条等组成，其作用是将电动锯管机牢固地卡在管子上。

注意事项：使用电动锯管机时，其外壳应有接地线，工作人员要戴绝缘套，以防触电。此外，还要定期检查电动机的绝缘和各部件情况并加油。

19 **简述麻花钻刃磨的方法。**

答：右手捏钻身前部，左手握钻柄，右手搁在支架上作为支点，使钻身位于砂轮中心水平面，钻头轴心线与砂轮圆柱面母线的夹角等于钻头顶角的一半，然后使钻头后刀面接触砂轮进行刃磨。在刃磨过程中，右手应使钻头绕钻头轴线微量地转动，左手把钻尾作上下少量的摆动，就可同时磨出顶角、后角和横刃斜角。磨好一面再磨另一面，注意两面必须对称。

20 **錾切时的安全操作注意事项有哪些？**

答：錾切时的安全操作注意事项为：
（1）錾切脆性金属要从两边往中间錾，避免錾切时边缘材料飞出伤人。
（2）錾子头部毛刺应及时磨掉，以免伤手或飞出伤人。
（3）手锤锤柄必须装牢，切忌油污，以免滑脱伤人。
（4）操作者使用手锤时，不能戴手套，应佩戴防护眼镜。
（5）錾切场地周围应设置安全网。

21 **锯割操作时的注意事项有哪些？**

答：锯割操作时的注意事项有：
（1）锯条安装要松紧适度。
（2）锯割时不得用力过猛。
（3）被锯割的工件将要割断时，应用手扶住或用胎具夹住要割下的部分。

22 **锉削的安全操作注意事项有哪些？**

答：锉削的安全操作注意事项有：
（1）不得使用无柄或柄已开裂的锉刀。
（2）清除工件上铁屑时，不得用嘴吹，应用毛刷清除。
（3）清除锉刀上铁屑时，不得直接将锉刀敲击台面除屑应用铜丝刷清除。
（4）锉削过程中，不得用手摸正在锉削的工件面。

🏭 第四节　测　量　工　具

1 **检修中常用的测量工具有哪些？**

答：检修中常用的测量工具有：水平仪、百分表、千分表、塞尺、内径千分尺、外径千分尺、游标卡尺、测速仪、测振仪、测温仪等。

2　水平仪的用途是什么？常用哪些类型？有何区别？

答：水平仪用于检验机械设备平面的平直度、机件相对位置的平行度、设备的水平位置与垂直位置。

常用的有普通水平仪和框式水平仪，其结构如图 2-3 所示。还有一种更为精确的水平仪是光学合像水平仪，如图 2-4 所示。

普通水平仪只有一个水准器，只能用来检验平面对水平位置的偏差。而框式水平仪精度相对较高，有四个相互垂直的工作面，有纵向、横向两个水准器，不仅能检验平面对水平位置的偏差，还能检验平面对垂直位置的偏差。

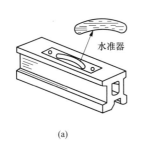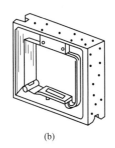

图 2-3　水平仪

（a）普通水平仪；（b）框式水平仪

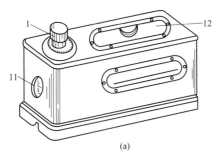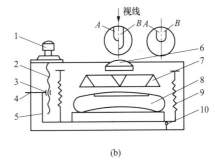

图 2-4　光学合像水平仪

（a）外形图；（b）结构原理图

1—旋钮；2—丝杆；3—螺母；4—指针；5—杠杆机构；6—凸透镜；

7—三棱镜组合；8—水准器；9—弹簧；10—杠杆支承；11—侧窗口；12—上窗口

3　光学合像水平仪的工作原理是什么？

答：光学合像水平仪的工作原理是通过比较法和绝对测量法来检验零件表面的直线度和设备安装位置的准确度，同时还可以测量零件的微小倾角。光学合像水平仪的外形及结构原理，如图 2-4 所示。其水准器安装在一组杠杆平板上，水准器的水平位置可以用旋钮通过丝杠和杠杆机构进行调整，丝杠螺距为 1mm，旋钮的刻度盘等分 100 格，每格为 0.01mm，即该水平仪的刻度划分值为 0.01mm。

水准器玻璃管的气泡两端圆弧分别用三个不同方位的棱镜反射至上窗口的凸透镜，分成两半合像。当水准器不在水平位置时，凸透镜两半合像 A、B 就不重合；处于水平位置时，凸透镜两半合像 A、B 就合成一整半圆。

这种水平仪的特点是水准器可以调整，如水平仪的底面（水平仪基面）不在水平位置时，可调整水准器，使其处于水平状态。水准器与水平仪底面的夹角就是被测面的倾角（或高差）。

4　简述百分表与千分表的测量原理。检修中其常用的类型有哪些？

答：百分表与千分表是测量工件表面形状误差和相互位置的一种量具。它们的动作原理均为使测量杆的直线位移通过齿条和齿轮传动，带动表盘上的指针做旋转运动。

检修中常用的类型有：每格为 1/100mm 的百分表和每格为 1/1000mm、2/1000mm 或 5/1000mm 的千分表。这两种表均配有专用表架和磁性表座。磁性表座内装有合金永久磁钢，扳动表座上的旋钮，即可将磁钢吸附于导磁金属的表面。

5　塞尺的作用是什么？使用时应注意什么？

答：塞尺又称厚薄规，由一组不同厚度的钢片重叠，一端穿在一起，每一片上都刻有自身的厚度值，常用来检查固定件与转动件之间的间隙，检查配合面之间的接触程度。

使用时，应先将塞尺和测点表面擦干净，然后选用适当厚度的塞尺片插入测点，但用力不要过大，以免损坏。如单片厚度不合适，可同时组合几片来测量，但不要超过四片。在组合使用时，应将薄片夹在厚的中间，以保护薄片。

6　使用千分尺的注意事项有哪些？

答：千分尺的使用注意事项有：
(1) 千分尺的测量面应保持干净，使用前核准尺寸。
(2) 测量时先转动活动套管，当测量面接近零件时改用棘轮，直到发出吱吱声为准。
(3) 测量时千分尺放正，并注意温度对测量的影响。
(4) 不能用千分尺测量毛坯。

7　外径百分尺如何读数？

答：外径百分尺是根据螺纹旋转时能沿轴向移动的原理制成的。紧配在尺架上的螺纹轴套与能够转动的测微杆是一对精密的螺纹传动副，它们的螺距 $t=0.5$mm，即测量杆转一圈，沿轴向移动 0.5mm。又因微分筒与测量杆一起转动和移动，所以测微值能借助微分筒上的刻线读出。在微分筒的前端外圆周上刻有 50 个等分的圆周刻度线，微分筒每旋转一圈（50 个格）测量杆就沿轴向移动 0.5mm，若微分筒转一格，测微杆沿轴向移动的距离是 $0.5/50=0.01$mm。

8　简述 0.02mm 游标读数值卡尺的读数原理。

答：游标模数为 1 的卡尺，由游标零位图可见，游标的 50 格刻线与自身的 49 格刻线宽度相同，游标的每格宽度为 $49/50=0.98$mm，则游标读数值是 $1-0.98=0.02$mm。因此，可精确地读出 0.02mm。

9 常用千分尺的工作原理和读数原理是什么？

答：千分尺是依据螺旋放大的原理制成的，即螺杆在螺母中旋转一周，螺杆便沿着旋转轴线方向前进或后退一个螺距的距离。因此，沿轴线方向移动的微小距离就能用圆周上的读数表示出来。

千分尺的读数原理是：千分尺的读数机构由测微螺杆、螺纹轴套、固定套筒和微分筒组成。测微螺杆的螺距是 0.5mm，测微螺杆每顺时针旋转一周时，两个测量面之间的距离缩短一个螺距即 0.5mm；反之加长 0.5mm。当测微螺杆旋转不足一周时，其具体数值从微分筒上读出。微分筒与测微螺杆连为一体，其圆周上刻有 50 等分线。当微分筒转过自身刻度一格时，与其连为一体的测微螺杆也转过同样距离，这段距离等于 0.5mm 的 1/50，即 0.01mm。

10 简述合像水平仪使用方法。

答：先将合像水平仪自身调整到水平状态，凸透镜左右侧两半弧气泡合成半圆，侧窗口滑块刻度对准"5"，将微调旋钮调至 0 刻度线。使用时根据凸透镜气泡低的一侧标志符号的"＋""－"调节微调，目视凸透镜，当两半弧成一个整半圆时即停止调整。计算时，测量值＝侧面滑块指示线刻度＋微调值。水平调整时则为：当向"＋"方向调整时，测量值-基准数；当向"－"方向调整时，基准数-测量值。调节方向在左右 1mm 处分别垫高量达到计算水平调整值。

11 如何用百分表确定水泵轴弯曲点的位置？

答：(1) 测量时，将轴颈两端支撑在滚珠架上，测量前应将轴的窜动量限制在 0.10mm 范围内。

(2) 将轴沿着长度方向等分若干测量段，测量点表面必须选在没有毛刺、麻点、鼓包、凹坑的光滑轴段。

(3) 将轴端面分成 8 等分作为测量点，起始"1"为轴上键槽等的标志点，测量记录应与这些等分编号一致。

(4) 将百分表装在轴向长度各测量位置上，测量杆要垂直轴表面、中心通过轴心，将百分表小指针调整到量程中间，大指针调到"0"或"50"，将轴缓慢转动一周，各百分表指针应回到起始值。否则应查明原因再调整达到测量要求。

(5) 逐点测量并记录各百分表读数。根据记录，计算同一断面内轴的晃动值，并取其 1/2 值为各断面的弯曲值。

(6) 将沿轴长度方向各断面同一方位的弯曲值用描点法画在直角坐标中，根据测到的弯曲值和向位图连接成两条直线，两线的交点为轴的最大弯曲点。

12 简述塞尺的使用方法。

答：在使用塞尺测量间隙时，先将塞尺和测点表面擦拭干净，然后选用适当厚度的塞尺片插入测点，但用力不要过大，以免损坏塞尺片。如果单片厚度不合适，可同时组合几片来测量，但不要超过四片。在组合使用时将薄的塞尺片夹在厚的中间，以保护薄片。

13 如何测量判断螺纹的规格及其各部尺寸？

答：测量判断方法为：

（1）用游标卡尺测量螺纹外径。

（2）用螺纹样板量出螺距及牙形。

（3）用游标卡尺或钢板尺量出英制螺纹每英寸牙数，或将螺纹在一张白纸上滚压印痕，用量具测量公制螺纹的螺距或英制螺纹的每英寸牙数。

（4）用已知螺杆或丝锥与被测量螺纹接触，来判断其所属规格。

初级工

第三章

焊接与起重基础知识

第一节 焊 接 知 识

1 什么是焊接？

答：传统意义上的焊接，是指采用物理或化学方法使分离的材料产生原子或分子的结合，形成具有一定性能要求的整体。焊接发展到今天各种焊接工艺技术已近百种，并采用了力、热、电、光、声及化学等一切可利用的能源，实现焊接的目的。

焊接是一种不可拆的连接方法，它是工件在加热或加压作用下，或者在加热与加压共同作用下实现材料连接的方法。在连接区，材料一般被熔化或产生塑性变形。

2 焊接有哪些种类？

答：焊接按方式的不同有氧乙炔火焰气焊、焊条电弧焊、钨极惰性气体保护焊、熔化极气体保护焊、埋弧焊、电阻焊、激光焊、电子束焊等种类。

3 什么是焊条电弧焊？

答：焊条电弧焊是工业生产中应用最广泛的焊接方法。其原理是利用电弧放电（俗称电弧燃烧）所产生的热量将焊条与工件互相熔化并在冷凝后形成焊缝，从而获得牢固接头的焊接过程。

焊条电弧焊采用涂药焊条进行，焊接电源提供焊接电流，使之在焊条和工件之间产生一个燃烧的电弧，电弧的温度高于 4000℃，电弧的燃烧热量使母材和焊条熔化，熔化的焊条以熔滴状向母材过渡。焊条药皮受热作用产生气体和熔渣，保护焊条末端、过渡的熔滴及母材上的液态金属，使其免受空气的有害影响。凝固的熔渣覆盖着焊缝金属，同样起着保护作用。

焊条电弧焊适用于全位置焊接，以及工件厚度在 3mm 以上的低碳钢、低合金钢和高合金钢的连接焊接及堆焊。

4 什么是氧乙炔火焰气焊？

答：氧乙炔火焰气焊，通常简称为气焊，是利用可燃气体与助燃气体混合燃烧产生的火焰为热源，熔化焊件和焊接材料，使之达到原子间结合的一种焊接方式。

21

助燃气体主要为氧气，可燃气体主要采用乙炔、液化石油气等。所使用的焊接材料主要包括可燃气体、助燃气体、焊丝、气焊溶剂等。特点是设备简单不需要用电。设备主要包括氧气瓶、乙炔瓶（如采用乙炔作为可燃气体）、减压器、焊枪、胶管等。由于所用存储气体的气瓶为压力容器，气体为易燃易爆气体。所以，该方法是所有焊接方法中危险性最高的之一。

气焊操作时，焊接熔池是由火焰加热形成的，火焰是由可燃气体与氧气的化学反应产生的，火焰的热量使材料熔化。通常用手将焊接材料送入熔化区，把焊接坡口填满，火焰气体覆盖着熔池，并保护熔池免受空气的影响。

5 什么是熔化极气体保护焊？

答：熔化极惰性气体保护焊（MIG）和熔化极活性气体保护焊（MAG）均属于熔化极气体保护焊接法。该焊法是通过软管束，将保护气体、焊接电流和作为焊接填充材料的焊丝送入焊炬。惰性气体用于保护熔池，使之免受空气的侵入。熔化极气体保护焊适用于工件厚度为 0.6～100mm 的全位置连接焊接及堆焊。

6 什么是钨极惰性气体保护焊？

答：钨极惰性气体保护焊，是指在惰性气体的保护下，利用钨电极与工件间产生的电弧热熔化母材和填充焊丝（如果使用填充焊丝）的一种焊接方法。焊接时保护气体从焊枪的喷嘴中连续喷出，在电弧周边形成气体保护层隔绝空气，以防其对钨极、熔池及邻近热影响区的有害影响，从而获得优质的焊缝。保护气体主要采用氩气。

钨极惰性气体保护焊接时，在焊炬中夹持的非熔化钨极和工件之间燃烧着的电弧所产生的能量使材料熔化。通常使用焊丝作为填充材料进行焊接，惰性气体如氩气、氦气或它们的混合气体保护钨极和焊缝，使之免受空气的侵入，工件的加热集中在针状钨极产生的小电弧区域上。因此，特别有利于薄壁构件的焊接。钨极惰性气体保护焊适用于工件厚度为 0.5～4.0mm 的钢和有色金属全位置焊接及堆焊。

7 什么是氩弧焊？氩弧焊的优越性是什么？

答：氩弧焊是利用氩气做保护介质的一种电弧焊方法，其特点是利用氩气在焊接区形成一个厚而密闭的气体保护罩，以免熔化金属遭受外界大气的侵入而氧化。

氩弧焊与普通电焊相比有以下优越性：

（1）保护气流有力而稳定。

（2）无激烈的化学反应。

（3）电弧热量集中。

（4）焊缝表面无焊渣。

（5）热影响区窄，焊件变形小。

（6）操作技术易于掌握。

（7）对各种焊接条件的适应性强。

由于氩弧焊能保证管道根层焊缝质量，现代大型锅炉的各类管道，如受热面管道、主蒸汽管道、主给水管道等，均采用手工钨极氩弧焊作根层打底。

8 常用的焊接坡口形式有哪几种?

答:常用的焊接坡口形式有 V 形、U 形、双 V 形、X 形等。它们在接头强度上没有明显差别,在保证焊透方面,V 形比 U 形、双 V 形好。若工件能翻转,X 形比 V 形好。U 形和双 V 形必须进行机械加工,要求较高。V 形和 X 形几何形状简单,可机械加工,也可用火焰切割。

9 简述各种坡口的特点及使用范围。

答:V 形坡口如图 3-1 (a) 所示。V 形坡口是用得最多、加工最简单的一种坡口,大量用于锅炉受热面管子上,如省煤器管、过热器管、再热器管、水冷壁管等,适用于壁厚小于 16mm 的工件。V 形坡口的形状是上大下小,视野清楚,运条方便,易掌握,易焊透,但 V 形坡口外张角较大,填充金属多,焊接残余应力大。

U 形坡口如图 3-1 (b) 所示。U 形坡口适用于壁厚大于 16mm 且要求严格的焊口,如主蒸汽管、给水管等。U 形坡口具有操作方便,易掌握,填充金属少,热应力小等优点。但由于 U 形坡口带圆弧,不易加工,必须机加工才能保证要求,故使用范围受限制。

双 V 形坡口如图 3-1 (c) 所示,是一种较理想的坡口形式,由于坡口填充金属少,只有 V 形坡口的 1/3,焊接速度快,热应力小,在大中型机组厚壁管上得到广泛应用。但因其坡口角度有变化,又带圆弧,不易加工,应用范围受到一定限制。

X 形坡口如图 3-1 (d) 所示,当工件壁厚大于 16mm 且可以双面焊时,可选择 X 形坡口。这种坡口加工容易,氧炔焰、锉刀、机加工均可。对于同样厚度的工件,X 形坡口比 V 形坡口填充金属少,焊接残余变形和残余应力均较小。

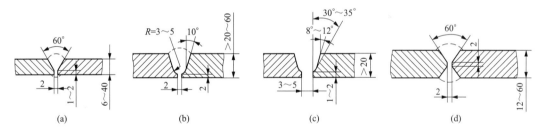

图 3-1 常见坡口形式
(a) V 形坡口;(b) U 形坡口;(c) 双 V 形坡口;(d) X 形坡口

10 制作焊接坡口的目的是什么?

答:制作焊接坡口的目的是保证电弧能深入焊缝根部,保证根部焊透,同时便于操作,便于清渣,获得较好的焊缝成形。焊接坡口还能起到调节基本金属和填充金属比例的作用。

11 选择坡口形式的依据是什么?检修工在制作坡口时应注意什么?

答:选择坡口形式的主要依据是:要保证焊缝根部能焊透;坡口形状容易加工;坡口形式应尽可能地提高生产率,节省焊条;焊接过程便于操作,便于清渣;焊后变形尽可能小。

检修工在制作坡口时应注意:一定要按照坡口的技术要求进行制作,保持内外壁齐平,坡口与弯头或三通的距离必须符合有关的技术规定。坡口制作完毕后,要将坡口周围清理干净。

12 钢结构安装中熔化焊（手工焊、埋弧焊等）焊缝所产生的缺陷有哪些？

答：钢结构安装中熔化焊（手工焊、埋弧焊等）焊缝所产生的缺陷主要有：弧坑、烧穿、咬边、焊瘤、夹渣、气孔、裂缝等。

13 焊缝形成的外观质量有哪些要求？

答：焊缝成型使熔化焊时，液态焊缝金属冷凝后形成的外形，对焊缝成型既要有形状的要求〔如角焊缝，有的设计要求凸型角焊缝，有的设计要求凹型角焊缝；所有的焊缝的焊波（焊缝表面上的鱼鳞状波纹）要求均匀细密等〕；也有尺寸的要求（如焊缝宽度、焊缝厚度、余高、角焊缝的焊角尺度和凸度、凹度等），都是衡量焊缝外观质量的要求。

14 什么是咬边缺陷？

答：咬边是指由于焊接参数选择不当，当操作工艺不正确和技能不熟练，沿焊趾的母材部位产生的沟槽或凹陷。对锅炉压力容器焊缝质量，咬边是一种危险性较大的外观缺陷，它不但减小了基本金属的有效面积，而且在咬边根部往往形成较尖锐的缺口，造成应力集中，很容易形成应力腐蚀裂纹和应力集中裂纹。因此，对咬边有严格的限制。

15 什么是焊瘤缺陷？

答：在焊接过程中，熔化金属溢流到焊缝以外未熔化的母材金属表面，这种与母材金属没有熔合的金属瘤成为焊瘤。焊瘤不但恶化焊缝成型，而且焊瘤下边或附近常存在未焊透部分。锅炉受热面管子内部的焊瘤，除影响强度外，还影响管内的有效通道面积。

16 什么是内凹缺陷？

答：内凹又称凹陷或塌陷，正常在立焊或仰焊处产生，特别是管子的全位置焊接接头，更容易出现这类缺陷。其根本原因是焊缝熔池所受的弧吹力、表面张力、重力和液固界面张力之间不能保持平衡。尤其是重力大于弧吹力，致使熔融金属下坠而造成仰焊接头或下坡处凹陷。

内凹的出现，减小了焊缝的有效面积，同时也由于焊缝的几何形状的不连续性造成应力集中，降低焊缝的承载能力，甚至是破裂的根源。

17 焊接外观缺陷形成的原因是什么？如何预防？

答：焊接外观缺陷（表面缺陷）是指不需借助于仪器，从工件表面便可以发现的缺陷。常见的焊接外观缺陷有咬边、焊瘤、凹陷及焊接变形等，有时还有表面气孔和表面裂纹以及单面焊接时的根部未焊透情况等。

（1）咬边。是指沿着焊趾，在母材部分形成的凹陷或沟槽，它是由于电弧将焊缝边缘的母材熔化后没有得到熔敷金属的充分补充所留下的缺口。产生咬边的主要原因是电弧热量太高，即电流太大，运条速度太小所造成的。焊条与工件角度不正确，摆动不合理，电弧过长，焊接次序不合理等都会造成咬边。直流焊时电弧的磁偏吹也是产生咬边的一个原因。某些焊接位置（立、横、仰）将会加剧咬边。

咬边减小了母材的有效截面积，降低了结构的承载能力，同时还会造成应力集中，发展为裂纹源。

矫正操作姿势，选用合理的规范，采用良好的运条方式都会有利于消除咬边发生。焊角焊缝时，用交流焊代替直流焊也能有效地防止咬边。

（2）焊瘤。焊缝中的液态金属流到加热不足未熔化的母材上或从焊缝根部溢出，冷却后形成的未与母材熔合的金属瘤即为焊瘤。焊接规范过强、焊条熔化过快、焊条质量欠佳（如偏芯）、焊接电源特性不稳定及操作姿势不当等都容易带来焊瘤。在横、立、仰位置更易形成焊瘤。焊瘤常伴有未熔合、夹渣等缺陷，易导致裂纹。同时，焊瘤改变了焊缝的实际尺寸，会带来应力集中。管子内部的焊瘤减小了它的内径，可能造成流动物堵塞。

防止焊瘤的措施：使焊缝处于平焊位置，正确选用焊接规范，选用无偏芯焊条，合理操作。

（3）凹坑。凹坑是指焊缝表面或背面局部低于母材的部分。凹坑多是由于收弧时焊条（焊丝）未做短时间停留造成的（此时的凹坑称为弧坑）。仰、立、横焊时，常在焊缝背面根部产生内凹。凹坑减小了焊缝的有效截面积，弧坑常带有弧坑裂纹和弧坑缩孔。

防止凹坑的措施：选用有电流衰减系统的焊机，尽量选用平焊位置，选用合适的焊接规范，收弧时让焊条在熔池内短时间停留或环形摆动，填满弧坑。

（4）未焊满。未焊满是指焊缝表面上连续的或断续的沟槽。填充金属不足是产生未焊满的根本原因。焊接规范太弱，焊条过细，运条不当等会导致未焊满。

未焊满同样削弱了焊缝，容易产生应力集中。同时，由于焊接规范太弱，使冷却速度增大，容易带来气孔、裂纹等。

防止未焊满的措施：加大焊接电流，加焊盖面焊缝。

（5）烧穿。烧穿是指焊接过程中，熔深超过工件厚度，熔化金属自焊缝背面流出，形成穿孔性缺陷。焊接电流过大，速度太慢，电弧在焊缝处停留过久，都会产生烧穿缺陷。工件间隙太大，钝边太小，也容易出现烧穿现象。烧穿是锅炉压力容器产品上不允许存在的缺陷，它完全破坏了焊缝，使接头丧失其连接力及承载能力。

防止烧穿的措施：选用较小电流并配合合适的焊接速度，减小装配间隙，在焊缝背面加设垫板或药垫，使用脉冲焊等。

18 什么是未焊透缺陷？

答：焊件的间隙边缘或边缘未被电弧熔化而留下的空隙称为未焊透。根据未焊透产生的部位不同，可分为根部未焊透、边缘未焊透、层间未焊透等几种缺陷。产生未焊透的部位往往也存在夹渣现象，连续性的未焊透是一种极危险的缺陷。

在未焊透中还有一种情况称为"未熔合"，这是由于焊件边缘加热不充分，熔化金属都已经覆盖在上面，这样焊件边缘和焊缝金属未熔合在一起就造成了"未熔合"。

19 什么是夹渣缺陷？夹渣是如何分类的？

答：在焊缝中存在熔渣杂物称为夹渣缺陷。夹渣会降低焊缝的强度，对焊缝的危害性和气孔相似，但其尖角所引起的应力集中比气孔更为严重。某些焊接结构中，在保证强度和致密性的条件下，允许存在一定尺寸和数量的夹渣。

初级工

夹渣的分类：

（1）金属夹渣，指钨、铜等金属颗粒残留在焊缝之中，习惯上称为夹钨、夹铜。

（2）非金属夹渣，指未溶的焊条药皮或焊剂、硫化物、氧化物、氮化物残留于焊缝之中。冶金反应不完全，脱渣性不好。

20 焊接夹渣缺陷形成的原因是什么？夹渣的危害是什么？

答：焊接夹渣是指焊后熔渣残存在焊缝中的现象。夹渣的形状有单个点状夹渣、条状夹渣、链状夹渣和密集夹渣。其产生的原因为：

（1）坡口尺寸不合理。

（2）坡口有污物。

（3）多层焊时，层间清渣不彻底。

（4）焊接线能量小。

（5）焊缝散热太快，液态金属凝固过快。

（6）焊条药皮、焊剂化学成分不合理，熔点过高。

（7）钨极惰性气体保护焊时，电源极性不当，电流密度大，钨极熔化脱落于熔池中。

（8）手工焊时，焊条摆动不良，不利于熔渣上浮。

夹渣的危害是：点状夹渣的危害与气孔相似。带有尖角的夹渣会产生尖端应力集中；尖端还会发展为裂纹源，危害较大。

21 什么是弧坑缺陷？

答：弧坑缺陷是指焊缝收尾处产生的下陷现象。焊缝收尾处的弧坑，往往严重降低该处焊缝的强度。在某些情况下，焊缝在冷却过程中会在弧坑处产生裂缝，即所谓的弧坑裂缝。

22 什么是气孔缺陷？气孔的类型有哪些？产生气孔的危害是什么？

答：焊缝中存在的空洞现象称为气孔缺陷。一般常见的有圆形气孔、长形气孔、链状气孔和蜂窝气孔。焊缝中有了气孔，将降低接头的致密性和塑性，并减小了焊缝有效工作断面，降低了接头的强度。

气孔的类型有：

（1）按形状可分为：球状气孔、条虫状气孔。

（2）按数量可分为：单个气孔和群状气孔。群状气孔又有均匀分布密集状气孔和链状分布气孔之分。

（3）按气孔内气体成分有：氢气孔、氮气孔、二氧化碳气孔、一氧化碳气孔、氧气孔等。熔焊气孔多为氢气孔和一氧化碳气孔。

产生气孔的危害是：气孔减少了焊缝的有效截面积，使焊缝疏松，从而降低了接头的强度，降低塑性，还会引起泄漏。气孔也是引起应力集中的因素。氢气孔还可能促成冷裂纹。

23 焊接气孔缺陷形成的原因是什么？如何预防？

答：气孔是指焊接时，熔池中的气体未在金属凝固前逸出，残存于焊缝之中所形成的空穴。其气体可能是熔池从外界吸收的，也可能是焊接冶金过程中反应生成的。

气孔的形成机理：常温固态金属中气体的溶解度只有高温液态金属中气体溶解度的几十

分之一至几百分之一，熔池金属在凝固过程中，有大量的气体要从金属中逸出来，当凝固速度大于气体逸出速度时，就形成气孔。

气孔产生的主要原因是母材或填充金属表面有锈、油污等，焊条及焊剂未烘干时会增加气孔量，因为锈、油污及焊条药皮、焊剂中的水分在高温下分解为气体，增加了高温金属中气体的含量。焊接线能量过小、熔池冷却速度过快，又不利于气体逸出。焊缝金属脱氧不足也会增加氧气孔。

预防气孔的措施：

（1）清除焊丝、工作坡口及其附近表面的油污、铁锈、水分和杂物。

（2）采用碱性焊条、焊剂，并彻底烘干。

（3）采用直流反接并用短电弧施焊。

（4）焊前预热，减缓冷却速度。

（5）用偏强的焊接规范施焊。

24　焊接裂缝的类型分哪几种？其危害是什么？

答：按焊接裂缝产生的部位可分为纵向裂缝、横向裂缝、熔合线裂缝、根部裂缝和弧坑裂缝五种。

按裂缝产生的温度和时间分为热裂缝、冷裂缝和再热裂缝三种。

焊接裂缝是最危险的一种缺陷，它不仅减小了焊缝的有效截面，而且裂缝的端部应力高度集中，极易扩展导致焊件的破坏。

25　未焊透缺陷产生的原因是什么？有何危害？如何预防？

答：未焊透是指母材金属未熔化，焊缝金属没有进入接头根部的现象。

产生未焊透缺陷的原因是：

（1）焊接电流小，熔深浅。

（2）坡口和间隙尺寸不合理，钝边太大。

（3）磁偏吹的影响。

（4）焊条偏芯度太大。

（5）层间及焊根清理不良。

未焊透的危害：未焊透的危害之一是减小了焊缝的有效截面积，使接头强度下降；其次，未焊透引起的应力集中所造成的危害，比强度下降的危害大得多，未焊透严重降低了焊缝的疲劳强度，可能成为裂纹源，是造成焊缝破坏的重要原因。

未焊透的预防措施：使用较大电流来焊接是防止未焊透的基本方法。另外，焊角焊缝时用交流电代替直流电以防止磁偏吹，合理设计坡口并加强清理。用短弧焊等措施也可以有效防止未焊透的产生。

26　未熔合缺陷产生的原因是什么？有何危害？如何预防？

答：未熔合是指焊缝金属与母材金属，或焊缝金属之间未熔化结合在一起。按其所在部位，未熔合可分为：坡口未熔合、层间未熔合和根部未熔合三种。

产生未熔合缺陷的原因：

（1）焊接电流过小。

（2）焊接速度过快。

（3）焊条角度不对。

（4）产生了弧偏吹现象。

（5）焊接处于下坡焊位置，母材未熔化时已被铁水覆盖。

（6）母材表面有污物或氧化物，影响熔敷金属与母材间的熔化结合等。

未熔合的危害：未熔合是一种面积型缺陷，坡口未熔合和根部未熔合对承载截面积的减少都非常明显，应力集中也比较严重，其危害性仅次于裂缝。

未熔合的预防措施：采用较大的焊接电流，正确地进行施焊操作，注意坡口部位的清洁。

27 常见的焊缝无损探伤方式有哪几种？并简述它们各自的特点。

答：常见焊缝无损探伤的方式主要有：磁粉探伤（MT）、渗透探伤（PT）、射线探伤（RT）和超声波探伤（UT）四种。这四种探伤方式均为非破坏性检验，即用物理方法在不损坏焊接接头完整性的情况下来检验内部有无缺陷，故称为无损探伤。

它们的特点为：

（1）磁粉探伤。是一种表面缺陷检测法。它是利用在强磁场中铁磁性材料表层缺陷产生的漏磁、吸附磁粉的现象而进行的无损检验方法。

铁磁性材料在外磁场感应作用下被磁化，若材料中没有缺陷，磁导率是均匀的，磁力线分布也是均匀的；若材料中存在缺陷，则有缺陷部位的磁导率发生变化，磁力线发生弯曲。如果缺陷位于材料表面或近表面，弯曲的磁力线一部分泄漏到空气中，在工件的表面形成漏磁通，漏磁通在缺陷的两端形成新的 S 极和 N 极，即漏磁场。漏磁场就会吸引磁粉，在有缺陷的位置形成磁粉堆积，探伤时可根据磁粉堆积的图形来判断缺陷的形状和位置。磁粉探伤方法可以检测出铁磁性材料的表面和近表面缺陷。磁粉探伤对表面缺陷的灵敏度最高，表面以下的缺陷随着埋藏深度的增加，灵敏度降低。该方法操作简单，缺陷显现直观，结果可靠，能检出的工件表面和近表面缺陷有裂纹、折叠、夹渣、白点等。磁粉探伤仅适用于导磁性材料。对于有色金属、奥氏体钢、非金属与非导磁性材料无能为力。磁粉堆积只能指出缺陷位置、方向和长度，但不能确定缺陷的深度。

（2）渗透探伤。是发现金属、非金属表面开口性缺陷最常用的方法，可分为荧光渗透探伤与着色渗透探伤两大类。以着色渗透为例，做如下简要说明：

着色探伤的基本原理是：将渗透剂涂在被检工件表面上，如果工件表面有开口缺陷，则渗透剂便迅速渗到缺陷中。然后用清洗剂洗掉工件表面的渗透剂，再在工件表面喷上显示剂，显示剂中的白色粉末在缺陷处就形成很多毛管，则缺陷里的渗透剂便被吸附到工件表面。这样，就在显示剂的白色衬底上出现了红色的图像，其位置就是缺陷所在的位置，其外形就是被放大了的缺陷形状。

着色探伤的原理简单，检验费用低，技术容易掌握，一次检验便可以发现各方面的缺陷，显示缺陷直观、容易辨认，无论工件体积多大，外形多么复杂，还是野外、高处作业都很方便。它不受场地、电源等客观条件的限制，应用很广泛；但操作起来工序多，比较麻烦。着色探伤的方法适用于检验铁磁性材料或非磁性材料非多孔型工件和焊缝表面的开口缺陷。

（3）射线探伤。是无损检测中使用最广泛的一种方法。主要有 X 射线、γ 射线及中子射线三种。X 射线与 γ 射线的区别是所发生的方法不同，两者的本质都是相同的。通常用来检查锅炉压力容器焊缝内部缺陷的 X 射线探伤是最可靠的无损检测方法之一，它可以直观地显示出焊缝内部缺陷的形状、大小和性质，并可以做永久的记录。

X 射线的本质与可见光、无线电波一样，都是电磁波，只是它的波长短。射线波长越短，能量越高，穿透能力越强。所以，它与可见光相比，有许多独特的性能；X 射线不可见，呈直线传播，它能穿过可见光不能穿过的物体，其能量被衰减，它可使气体电离并能使胶片感光。当射线穿透焊缝时，由于焊缝内部缺陷对 X 射线衰减和吸收较小，致使射线透过有缺陷处的强度比无缺陷处大，作用在胶片上使胶片感光的程度也较强，胶片通过显影后，有缺陷处较黑，以此来判断和鉴定焊缝内部的质量。

（4）超声波探伤。也是应用很广的无损探伤方法。它不仅可以检验焊缝缺陷，且可检验钢板、锻件、钢管等金属材料内部存在的缺陷。超声波是一种机械波，同人耳听到的声音一样，都是机械振动在弹性介质中的传播过程。所不同的是它们的频率不一样，通常把引起听觉的机械波称为声波，频率为 $20\sim2000Hz$。频率超过 $20000Hz$ 的机械波称为超声波。

由于超声波频率高，且具有能量大、传播距离远、指向性好的特点，当超声波传播到不同介质界面上时，所产生的反射和折射符合几何光学定律，利用这些特性就可以发现各种材料的内部缺陷、探测金属缺陷的超声波频率一般为 $0.5\sim10MHz$。

检验工件时，利用一探头将高频电脉冲信号转换为脉冲超声波并传入工件，当超声波遇到缺陷和零件底面时，就分别发生反射。反射波又被探头所吸收，并被转换成电脉冲信号，经放大后由荧光屏显示出脉冲波形，根据这些脉冲波形的位置和高低来判断缺陷的位置和大小。

28 **在射线探伤焊接质量时，各焊接缺陷图像有什么特征？如何辨识？**

答：（1）"裂纹"在底片上的特征。裂纹多呈现为略带曲折的、波浪状的黑色细条纹，有时也呈现直线状细条纹，轮廓较分明，两端较为尖细，中部稍宽，很少有分枝，两端黑度较浅，最后消失。

（2）"未焊透"在底片上的特征。常见的未焊透是一条断续的或连续的黑直线，其宽窄取决于对接焊缝间隙的大小，有时对接焊缝间隙很小，在底片上呈一条很细的黑线。

（3）"气孔"在底片上的特征。气孔多呈圆形或椭圆形黑点，其黑度一般是中心处较大而均匀地向四周边缘减少，气孔分布有密集的也有分散的，还有呈链状的。

（4）"夹渣"在底片上的特征。夹渣多呈现为不同形状的点或条纹。点状夹渣呈单独的黑点，外观不规则，带有棱角，黑度较为均匀；条状夹渣呈宽或窄的粗线条状；长条形的夹渣，线条较宽，宽度不一致。

（5）"未熔合"在底片上的特征。一边直，另一边不齐，颜色深浅较均匀，线条较宽，端头不规则。

（6）"夹钨"在底片上的特征。多呈不规则的白亮块状。

29 **焊缝射线透照缺陷的等级评定是怎样规定的？**

答：超声波探伤作为无损检测一种方法，因其探伤效率高、成本低、穿透能力强，而被广泛应用。它是利用频率超过 20kHz 的高频声束在试件中与试件内部缺陷（如裂缝、气孔、夹渣等）中传播的特性，来判定是否存在缺陷及其尺度的一种无损检测技术。缺陷的大小确定以后，要根据缺陷的性质和指示长度结合有关标准的规定评定焊缝的质量级别。

超声波检验焊缝内部缺陷的评定等级分为Ⅰ、Ⅱ、Ⅲ、Ⅳ级，其中Ⅰ级质量最高，Ⅳ级质量最低。

根据在标准试块上绘制的距离波幅曲线，对比焊缝中缺陷最高回波的位置、和缺陷性质判断焊缝等级。对于最大反射波幅不超过距离波幅曲线中评定线的缺陷，均评定为Ⅰ级；最大反射波幅超过评定线的缺陷检验者判定为裂纹等危害性缺陷时，无论其波幅和尺寸如何，均评定为Ⅳ级；反射波幅位于Ⅰ区的非裂纹性缺陷，均评定为Ⅰ级；反射波幅位于Ⅲ区的缺陷，无论其指示长度如何，均评定为Ⅳ级。最大反射波幅位于Ⅱ区的缺陷，要根据缺陷指示长度予以评定。

30 钢材主要热处理工艺有哪些？各有什么特点？

答：钢材主要热处理工艺有：正火、退火、淬火和回火。

它们的特点是：

（1）正火。加热到一定温度后，在空气中慢慢冷却。

（2）退火。加热到一定温度后，保温，缓慢冷却。两者的区别是：正火冷却速度较快，正火后的钢材的强度、硬度较高，韧性也较好。

（3）淬火。加热到一定温度，保持一定时间后，急速冷却（介质水或油）。

（4）回火，加热至一定温度，充分保温后，以一定速度进行冷却的热处理工艺。

通常在淬火后再经高温回火处理的工艺为调质处理。

31 什么是焊接热影响区？为什么要尽量减小焊接热影响区？

答：在焊接过程中，靠近焊缝区的母材金属在焊接热源的作用下，组织和性能都发生了变化，这部分母材金属被称为焊接热影响区。

由于焊接热影响区的热量分布不均匀，比焊缝区更复杂，所以要尽量减小焊接热影响区。

32 为什么焊接接头区是焊接结构中最薄弱的环节？

答：焊接缺陷的存在、焊接接头机械性能的下降，以及焊接应力水平的提高使焊接接头区成为焊接结构中薄弱环节的重要因素。

33 常用的焊接接头形式有哪几种？

答：常用的焊接接头形式有四种：对接接头、搭接接头、角接接头、T形接头。

34 为什么焊缝在焊接时要留间隙？

答：焊缝在焊接时要留间隙的目的是保证焊缝根部焊透。

35 手工电弧焊的常用运条方式有哪些？

答：手工电弧焊运条的动作主要包括焊条送进动作、沿焊缝方向移动和横向摆动三个方向的动作。常用运条方式有：

（1）直线运条法。

（2）直线往复运条法。

（3）月牙形运条法。

（4）八字形运条法。

（5）锯齿形运条法。

（6）三角形运条法。

36 手工电弧焊焊缝收尾方式有哪几种？具体怎么操作？适应范围是什么？

答：手工电弧焊焊缝收尾方式有反复断弧收尾法、划圈收尾法和回焊收尾法。

（1）反复断弧收尾法。焊条焊至焊缝收尾处熄灭电弧，然后在收尾弧坑处再一次引燃电弧，循环往复几次，直至将收尾处的弧坑填满。

反复断弧收尾法主要适用于壁厚较薄的焊件和大电流焊接，并且适用于酸性焊条。

（2）划圈收尾法。焊条焊至焊缝收尾处时做划圈动作，直至收尾处弧坑填满再熄灭电弧。

划圈收尾法适用于壁厚较厚的焊件。

（3）回焊收尾法。焊条焊至焊缝收尾处时，不熄灭电弧但要适当改变焊条角度，当收尾处弧坑填满时将电弧熄灭。

回焊收尾法适用于碱性焊条。

37 氩弧焊有什么优点？

答：氩弧焊作为一种气体保护焊在电力工业中应用越来越广泛。其主要有以下优点：

（1）惰性气体氩气的保护效果好，焊接质量较好。

（2）焊接电弧热量集中，热影响区窄，焊件变形小。

（3）焊缝表面无焊渣，劳动强度较小。

（4）操作简单，易于掌握。

38 氩弧焊时为什么要求焊缝两侧 10～15mm 内必须打磨出金属光泽？

答：氩弧焊是利用惰性气体氩气作为保护气体的一种气体保护焊，氩气保护效果良好，引燃电弧时外界的有害气体不易进入熔化的熔滴中。同样如果焊缝两侧打磨不干净，在电弧的作用下产生的有害气体也不易从氩气保护层中逸散出来，从而在焊缝中产生气孔等缺陷。因此，氩弧焊时要求焊缝两侧 10～15mm 内必须打磨出金属光泽。

39 中高合金钢管道氩弧焊时内壁为什么必须充氩？

答：中高合金钢氩弧焊时，为了避免在电弧高温作用下，内壁产生强烈的氧化现象，产生焊接缺陷，从而降低焊接质量，所以必须充氩。

40 焊接材料的选用原则是什么？

答：焊接材料应根据钢材的化学成分、力学性能、使用工况条件和焊接工艺评定的结果选用。

（1）同种钢焊接材料的选用原则主要根据熔敷金属的化学成分、力学性能应与母材相当，而且要选择焊接工艺性能良好的。

（2）异种钢焊接材料的选择采用低匹配原则，即不同强度钢材之间焊接，其焊接材料除选适于低强度侧钢材的以外，还应该根据结构特点（如刚性、材料、焊缝位置等）预热和热处理条件，以及生产的工作量、生产率、经济性等来考虑选择焊接材料。

41 焊接材料使用注意事项有哪些？

答：焊接材料使用注意事项有：
（1）焊接材料在使用前一定要确认是否和焊接母材相匹配。
（2）焊条、焊剂在使用前应按照说明书的要求进行烘焙，重复烘焙不应超过两次。
（3）焊接重要部件的焊条，使用时应装入温度为 $80\sim110℃$ 的专用保温桶内，随用随取。
（4）焊丝在使用前应清除表面的油污、锈、垢等。

42 什么是金属的焊接性能？它包括哪些内容？

答：金属的焊接性能是指金属材料对焊接加工的适应性，主要是指在一定焊接工艺条件下获得优质焊接接头的难易程度。

焊接性能主要包括两方面内容：
（1）接合性能，是指金属材料在一定焊接工艺条件下，形成焊接缺陷的敏感性。
（2）使用性能，是指金属材料在一定焊接工艺条件下，焊接接头对使用要求的适应性。

43 T91/P91、T92/P92 钢的应用范围是什么？

答：T91/P91、T92/P92 钢可应用于锅炉的过热器、再热器等部件，T91/P91 钢适用温度为 $560℃$；T92/P92 钢的适用温度为 $580℃$，最高温度为 $600℃$。T91/P91、T92/P92 钢也可用于锅炉外部的蒸汽管道和联箱上，T91/P91 钢适用温度可达 $610℃$；T92/P92 钢适用温度可达 $625℃$。

44 施工现场管道焊接时焊缝位置的选择应考虑哪些方面的问题？

答：施工现场管道焊接时焊缝位置的选择应考虑如下问题：
（1）要尽量减少异种钢接头的数量。
（2）避免焊缝处于应力集中处。
（3）焊缝应处于焊接和热处理操作都方便的位置。

45 不同壁厚的焊口在对接焊时有哪些要求？

答：在对接焊时一般应做到内壁（根部）齐平。如有错口，其错口量不应超过下列限制：
（1）对接单面焊的局部错口值不应超过壁厚的 10%，且不大于 1mm。
（2）对接双面焊的局部错口值不应超过焊件厚度的 10%，且不大于 3mm。

46 什么是焊接应力和焊接残余应力？

答：焊接过程中，焊接结构内部产生的应力称为焊接应力。焊接应力按作用的时间分为焊接瞬时应力和焊接残余应力。

如果焊接过程中，温度应力达到材料的屈服极限，使局部区域产生塑性变形，当温度恢复到原始的均匀状态后，便产生新的应力，残余在焊接接头中，称为焊接残余应力。焊接残余应力造成的破坏较焊接瞬时应力更严重。

47 焊接应力对焊接结构有什么不良影响？

答：焊接应力对焊接结构有如下不良影响：
(1) 降低机械加工的精度，使焊后机械加工或使用过程中的构件发生改变。
(2) 焊接应力会降低结构刚性，降低受压构件的承载能力。
(3) 在某些条件下会使在腐蚀介质中工作的焊接结构产生应力腐蚀。
(4) 在一些应力集中部位或刚性拘束较大部位，焊接残余应力会导致裂纹，并使裂纹迅速发展，致使整个结构发生断裂。

48 控制焊接应力的方法有哪些？

答：控制焊接应力的方法有：
(1) 锤击焊缝法。
(2) 加热减应区法。
(3) 焊前预热法。
(4) 合理安排焊接顺序和焊接方向。

49 焊后消除焊接残余应力的方法有哪些？

答：焊后消除焊接残余应力的方法有：
(1) 整体高温回火。
(2) 局部高温回火。
(3) 机械拉伸法。
(4) 温差拉伸法。
(5) 振动法。

50 什么是焊接变形和焊接残余变形？

答：焊接过程中在焊接结构时产生的变形称为焊接变形。
焊接后残留在焊接结构中的变形称为焊接残余变形。

51 焊接残余变形分哪几种？

答：焊接残余变形分为七种：横向收缩变形、纵向收缩变形、角变形、波浪变形、弯曲变形、错边变形、扭曲变形。

52 焊接变形对焊接结构有什么不良影响？

答：焊接变形对焊接结构有如下不良影响：
(1) 装配发生困难，降低装配质量。
(2) 焊接变形产生的附加应力会使焊接结构的承载能力下降。

（3）矫正焊接变形不仅增加成本，还会使焊接接头发生冷作硬化，塑性下降。

53 为什么要控制焊缝余高？

答：焊缝的余高增大可以使焊缝的横截面增大、强度提高，但却使焊趾处过渡不圆滑，导致焊接结构承载后产生应力集中，减弱了结构的工作性能。因为焊缝表面低于母材则减小了焊缝的有效工作截面积，所以要控制焊缝的余高，范围为 $0\sim4mm$。

54 焊接接头中焊接缺陷在返修时为什么要限制缺陷返修次数？挖补时应遵守哪些规定？

答：焊接接头中有超标缺陷时，需要通过补焊来处理，而每次补焊，焊接接头材料的塑性、韧性都要有所下降。多次补焊后，焊接接头的综合机械性能明显下降，原金属组织也会遭到一定的破坏。因此，同一部位进行多次补焊检修是不允许的，一般同一位置上的挖补次数不宜超过三次，耐热钢不应超过两次。

挖补时应遵守的规定为：
（1）彻底清除缺陷。
（2）制定具体的补焊措施并经专业技术负责人审定，按照工艺要求实施。
（3）需进行焊后热处理的焊接接头，返修后应重做热处理。

55 什么是无损探伤？常用的方法有哪些？

答：无损探伤就是在不损坏工件性能和完整性的前提下，对受检工件的表面或内部质量进行检验的一种检测方式。

常用的无损探伤的方法有射线探伤、超声波探伤、磁粉探伤、渗透探伤和涡流探伤等。

56 焊前预热的目的是什么？

答：焊前预热主要是减缓被焊工件的冷却速度、改善焊接性、降低焊接结构的拘束度，以减少加热区与周边母材金属的温度梯度，降低焊接应力和避免氢裂纹，获得高质量的焊接接头。

57 焊前预热的规定有哪些？

答：焊前预热的规定为：
（1）根据焊接工艺评定提出预热要求。
（2）壁厚大于或等于 6mm 的合金钢管、管件（如弯头、三通等）和大厚度板件，在负温度下焊接时，预热温度应比规定值提高 $20\sim50℃$。
（3）壁厚小于 6mm 的低合金钢管及壁厚大于 15mm 的碳素钢管在负温度下焊接时，也应适当预热。
（4）异种钢焊接时，预热温度应按焊接性能较差或合金成分较高的一侧选择。
（5）管座与主管焊接时，应以主管的预热温度为准。
（6）非承压与承压件焊接时，预热温度应按承压件选择。

58 什么是焊后热处理？其目的是什么？

答：焊接后，为改善焊接接头的组织和性能或消除残余焊接应力而进行的热处理称为焊接热处理。

焊接热处理的目的是：

（1）减少焊接接头的残余应力，降低开裂倾向。

（2）改善接头的组织和性能，如消除或减少淬硬组织、降低接头硬度、增加塑性和韧性等。

（3）有利于扩散氢的逸出，减少产生延迟裂纹的倾向。

第二节　起　重　知　识

1　起重的基本方法有哪些？

答：起重的基本方法有：撬、顶、落、转、拨、捆、滑、滚和吊。

2　起重常用的简单机具有哪几种？各有何特点？

答：起重常用的简单机具有：千斤顶、手拉葫芦（倒链）、滑车和滑车组以及卷扬机。

借助于千斤顶可以用很小的力顶起很重的设备，还可校正设备安装的偏差和构件的变形等，在检修中广泛应用。千斤顶的顶升高度一般为 100～400mm，最大起重能力约 500t，常用的形式有齿条式、螺旋式和油压式。

手拉葫芦是一种使用简便、携带方便的手动起重机械，适用于小型设备和重物的短距离吊装，还可用于收紧大型金属桅杆的揽风绳、短距离搬运设备及机械设备就位找正等工作，起重量一般不超过 10t，最大可达 20t。

滑车和滑车组也是重要的起重机具之一，它须和卷扬机配合起来使用，可减少移动物件所需要的力或改变重物和施力绳的方向。

电动卷扬机除作为滑车或滑车组绳索的动力来源设备外，也是各种起重机械的动力来源设备。按滚筒数目可分为单滚筒和双滚筒；按传动形式可分为可逆齿轮箱式和摩擦式，牵引能力 0.5～15t。

3　检修中常用的起重机械有哪些？各有何特点？

答：检修中常用的起重机械有：三脚架、独脚桅杆（拔杆）、手动行车、电动葫芦及汽车起重机等。

三脚架是由三根圆杉木或钢管与钢丝绳、手拉葫芦、卷扬机组成的一套简单的起重机械，在检修现场用于吊装小型设备。

独脚桅杆是用木杆、钢管或型钢与钢丝绳、滑车组、卷扬机组成的起重机械，用于现场起吊不同质量的设备，其起吊质量与结构形式有关。

手动行车和电动葫芦用于固定位置、固定跨距间装卸、吊运重物及检修设备。

汽车起重机由于其运行速度高，机动性能好，便于转移的特点，广泛用于吊装搬运重物。

4　钢丝绳的特点有哪些？

答：钢丝绳一般是由多根优质高强度碳素钢丝缠绕而制成。其抗拉强度高，耐磨损。采用各类的绳芯、捻制方法、丝股数构造形式的钢丝绳，广泛应用于各种起重机械和机械传动的场合，也是钢结构吊装起重作业中最常用的器具。钢丝绳具有粗细一致、柔性好、强度高、能承受很大的拉力；弹性大，能承受冲击性载荷；高速运转中没有噪声；破坏前有断丝的预兆等特点。

5 常用的钢丝绳规格有哪些？

答：国产标准钢丝绳，直径为 6.2～83mm，所用的钢丝直径为 0.3～3mm，钢丝的抗拉强度分为 1400、1550、1700、1850、2000MPa 五个等级。

在火力发电厂的起重和运输工作中，经常使用的钢丝绳有 6×19+1、6×37+1、6×61+1 等几种。例如 6×19+1 中，数字 6 代表钢丝绳由 6 股钢丝组成，如是 8 股，即第一组数字就应是 8；数字 19 代表钢丝绳的每股钢丝中有 19 丝钢丝拧成；数字 1 代表钢丝绳中有一根油浸剑麻或棉纱纤维绳芯。

6 施工现场如何对钢丝绳的破坏拉力进行估算？

答：不同规格的钢丝绳破坏拉力可以通过查钢丝绳性能表或根据钢丝绳直径、抗拉强度采用公式计算查出。在现场的施工中，不论是用哪种计算方法去求钢丝绳的破坏拉力，都不太方便，但可采用经验计算公式来进行估算，经验公式很多，经常运用且较为正确的计算公式为

$$F_b = 0.5d^2 \text{(kN)} \tag{3-1}$$

式中　d——钢丝直径，mm。

式（3-1）仅适用于钢丝抗拉强度为 1600MPa 的钢丝绳，其他抗拉强度的钢丝绳的破坏拉力经验公式可由下式换算求得。

$$F_b = \frac{\sigma_b}{1600} \times 0.5d^2 \text{(kN)} \tag{3-2}$$

为了方便，一般都用式（3-1）计算，算出的破坏拉力既不偏大，也不偏小。施工现场常用的 6×37+1 钢丝绳的抗拉强度都在 1600MPa 左右。

7 钢丝绳的报废标准怎样确定？

答：钢丝绳和其他工具一样，使用一定时间后，因钢丝绳的受力疲劳而断丝、扭曲次数的增加而变形以及滑轮的磨损等，钢丝绳就需要降低负荷使用或完全报废。钢丝绳的折减负荷是按国家标准规定，以一个节距的断丝或磨损情况为准。具体情况为：

（1）钢丝绳在一个节距内有断丝情况时，应折减起吊负载。

（2）钢丝绳在使用时必须具备一定的安全系数，在一个节距内有断丝的，应予报废。

（3）钢丝绳整股破断即应报废。

（4）钢丝绳磨损或锈蚀后，用游标尺量取，在一个节距内达钢丝绳直径的 40% 以上时，应立即报废。如在一个节距内既有断丝，同时钢丝绳的表面又有磨损或锈蚀，报废标准还要降低。

8 钢丝绳的使用安全系数是什么？

答：所谓的钢丝绳的使用安全系数，就是确保在使用过程中一个安全保险的系数，但施

工的实际情况是千变万化的，完全千篇一律地生搬硬套不一定合适。通常作为捆绑绳的安全系数是8～10。实际工作中，做捆绑绳的情况就很多，单从股数上来说：就有捆绑二股、四股、六股、八股、十股以上者之分。因此，考虑安全系数时，捆绑的股数越多，因受力不均，安全系数就应越大。另外，被捆绑物体的体积大小，也与选择安全系数有密切的关系。对于重大吊装作业，必须要针对具体情况进行钢丝绳核算，以满足安全系数要求。

9　力的三要素是指什么？

答：力的三要素是指力的大小、力的方向和力的作用点。

10　滑动摩擦力如何计算？

答：物体在平面上滑动时，滑动摩擦力等于物体的正压力与摩擦系数的乘积。

11　起重时，在合力不变的情况下，分力间夹角的大小与分力大小有何关系？

答：在合力不变的情况下，分力间夹角的大小与分力大小的关系是：夹角越大，分力越大；反之越小。

12　什么是杠杆原理？

答：杠杆原理亦称"杠杆平衡条件"。要使杠杆平衡，作用在杠杆上的两个力（用力点、支点和阻力点）的大小跟它们的力臂成反比。即杠杆平衡时，动力×动力臂＝阻力×阻力臂。

13　绑结架子用的工具和绳线应如何上下传递？

答：绑结架子用的工具和绳线应使用绳子上下传递，不得上下乱扔。

14　起重常用的工具主要有哪些？

答：起重常用的工具主要有麻绳、钢丝绳、钢丝绳索卡、卸卡（卡环）吊环与吊钩、横吊梁、地锚。

15　如何用手势表示起重指挥信号的"停止""起升"和"下降"？

答："停止"为手左右摆动。
"起升"为食指向上指。
"下降"为食指向下指。

16　使用手拉葫芦（倒链）前应先检查什么？

答：使用手拉葫芦（倒链）时，应先检查起重链子是否缠扭，如有缠扭现象，则应疏松整理好后才可使用。

17　不明超负荷使用脚手架时，一般以每平方米不超过多少千克为限？

答：不明超负荷使用脚手架时，一般以每平方米不超过250kg为限。

18　手拉葫芦（倒链）使用前的检查项目有哪些？

答：手拉葫芦（倒链）使用前的检查项目有：

（1）外观检查。检查吊钩、链条和轴有无变形或损坏，链条经过根部的销钉是否固定牢靠。

（2）上、下空载试验。检查链子是否缠扭，传动部分是否灵活，手拉链条有无滑链或掉链现象。

（3）起吊前检查。先把手拉葫芦稍微拉紧，检查各部分有无异常；再试验摩擦片、圆盘和棘轮圈的反锁情况（俗称刹车）是否完好。

19 多股钢丝绳和单股钢丝绳在使用时有何差异？

答：多股钢丝绳挠性较好，可在直径较小的滑轮或卷筒上工作；单股钢丝绳刚性较大，不易挠曲，要求滑轮或卷筒直径要大。

20 在起重工作中，吊环和卸卡（卡环）各有什么用途？

答：吊环是某些设备用于起吊的一种固定工具，用于钢丝绳的系结，以减少捆绑绳索的麻烦。

卸卡又称卡环，用作吊索与滑车组、起重吊索与设备构件间的连接工具，检修起重中因灵巧而应用广泛。

21 电动葫芦在工作中有何要求？

答：工作中的电动葫芦，不允许倾斜起吊或作拖拉工具使用。

22 起吊物件时，捆绑操作要点是什么？

答：起吊物件的捆绑操作要点是：
（1）根据物件的形状及重心位置，确定适当的捆绑点。
（2）吊索与水平面间要有一定的角度，以45°为宜。
（3）捆绑有棱角的物件时，物体的棱角与钢丝绳之间应有垫层。
（4）钢丝绳不得有拧扣现象。
（5）应考虑物件就位后吊索拆除是否方便。
（6）一般禁止用单根吊索捆绑。

23 开动卷扬机前的准备及检查工作有哪些？

答：卷扬机开动前的准备及检查工作有：
（1）清除工作范围内的障碍物。
（2）指挥人员、起重工和司机应预先确定并熟悉联系的信号。
（3）指挥人员与司机保持密切联系。对卷扬的物件，在任何位置均需可见。
（4）检查各起重零件，如钢丝绳、滑轮、吊钩和各种连接器。如有损坏，应及时修理或调整。
（5）检查转动部分有无毛病，特别是刹车装置。如不灵活、不可靠，应及时修理或调整。
（6）检查卷扬机的基础是否牢固可靠，基础螺栓应无松动现象。
（7）检查轴承、齿轮（或齿轮箱）、钢丝绳及滑轮等的润滑情况是否良好。

（8）如能空车转动，则设法转动一两转，看各部分的转动机构有无故障、齿轮是否啮合，再详细检查各部螺栓、弹簧、销钉等有无松脱，机器内部及周围有无妨碍运转的东西。

（9）如系电动卷扬机，还应检查接地线、熔丝、电动机、启动装置和制动器等接头是否牢固。检查前应注意确认电源断开。

24　使用液压千斤顶顶升或下落时应采取哪些安全措施？

答：使用液压千斤顶时应采取的安全措施为：

（1）千斤顶的顶重头必须能防止重物的滑动。

（2）千斤顶必须垂直放在荷重的下面，必须安放在结实的或垫以硬板的基础上，以免发生歪斜。

（3）禁止将千斤顶的摇（压）把加长。

（4）禁止工作人员站在千斤顶安全栓的前面。

（5）千斤顶顶升至一定高度时，必须在重物下垫以垫板；千斤顶下落时，重物下的垫板应随高度降低逐步移开。

（6）禁止将千斤顶放在长期无人看管的荷重下面。

25　起重工的"五步"工作法是什么？

答：起重工作是一个特殊工作，它的特殊性就在于，起重作业的范围广、施工条件比较复杂，有一些工作没有固定的施工方法、方案，要随着时间、地点、工具设备及人力等客观条件而制定。起重工作的方式虽然千变万化，但也有一定的共性，真正掌握好其共性，再根据情况确定它的特殊性。起重工的"五步"工作法，是指"看""问""想""干""收"，这是在实践中总结出来的非常有效的工作方法。

26　起重工的"五步"工作法中"看"指什么？如何操作？

答："五步"工作法中"看"是指：实地勘察阶段，即"看"。

在每接受一项起重任务，不论在现场，还是在外地，首先要到施工地点去察看，是一马平川，还是高低不平；地面是坚实平整，还是松散坑洼；空中有无电线、周围有无房屋、树木影响；道路是否畅通、机械施工有无工作面；采取土法有无天然物可以利用；地下是否有暗沟、溶洞等。这步是为以后制定方案准备的第一手资料。

27　起重工的"五步"工作法中"问"指什么？如何操作？

答："五步"工作法中"问"是指：了解情况，即"问"。

这一步是关键阶段。它的主要任务是：询问任务的主要内容，被吊运物件的名称、外形尺寸、质量及重心，在工作中有无特殊的施工技术要求（如设备不能有倒放、振动不能过大、表面不能磨损等），以及物件所需吊运到的具体位置，正式就位后的空间位置和状态等。在了解中，要问清物件的允许捆绑点及确定绑点后物件的强度情况等。

28　起重工的"五步"工作法中"想"指什么？如何操作？

答："五步"工作法中"想"是指制定方案，即"想"。

这一步是前两步工作的系统化，根据实地情况及被吊物件中的具体要求，"想"与"做"

初级工

一定要结合施工班组的技术力量、现有的工机具来选取吊装方案。在确定正式方案前，看哪一种方案施工时既经济省力又能保证绝对的安全可靠。要考虑用哪几种机具，动力是什么，有无电源，是用滚动还是用滑动的方法进行运输；是利用地貌、地物挂滑子吊装，还是立扒杆进行吊装；滑子、钢丝绳、卡环、卡头等要选用多大规格；是用卷扬机作动力，还是用机械作动力；地锚怎样布置；指挥人员站在什么位置等。如用机械吊运，要选用什么样的拖车、吊车，在多大回转半径中须吊多重，钩下高度能否满足需要，施工现场能否满足。施工中能否达到目的，是否需要其他辅助机具配合，劳动力怎样组织，需要哪级的人员直接领导施工，施工中要注意哪些安全事项等。要进行全面技术经济比较后确定方案，办理审批手续进行吊装作业。

29　起重工的"五步"工作法中"干"指什么？如何操作？

答："五步"工作法中"干"是指：方案实施，即"干"。

在方案实施中，第一步要进行技术交底，一些日常工作，由班组长根据工作内容进行技术交底，主要讲工作内容、工作方法、工艺要求、所需工机具情况及施工安全注意事项，同时确定施工负责人。较大的工程可由班长和技术员共同制定施工方案，施工前由班长组织，技术员进行交底。大型工程，如发电机定子的卸车拖运吊装就位及锅炉大件吊装等，施工方案要在上级行政、技术负责人的主持下，由技术人员、工作人员在一起讨论制定。大型工程的施工，在进行技术交底时，必须要有上一级技术负责人主持。施工方案经审批并交底后，要坚决执行，决不能随意改变。如情况有变，需改变原方案，要经各级审批人员同意。工作完毕后，一定要按"工完、料尽、场地清"的原则，回收工具，拾尽废料。还需要强调的是，工作不能干"死"，而要干"活"。起重施工方案在实施中难免发生微小的变化，有的因客观条件甚至引起全部方案的改变。因此，在干活中要灵活合理，但决不能想怎么干就怎么干，自行其是。

30　起重工的"五步"工作法中"收"指什么？如何操作？

答："五步"工作法中"收"是指：总结阶段，即"收"。

在一项工作完毕后，要把工作的全部过程进行回忆，总结出哪些是对的，还存在哪些不足，哪些施工步骤是多余的，哪些还可以进行改进，能否从这一过程中找出它的关键点和普遍规律。对一些有价值的东西，最好做出书面笔记，以便参考和提高工作人员的业务水平。

31　什么是起重工的"十字"操作法？

答：起重作业的基本操作法归纳起来，不外乎抬、撬、捆、挂、顶、吊、滑、转、卷、滚十种，以上就是起重工的"十字"操作法。在作业中，有时只用一种方法，有时要几种方法混合使用。

32　起重工的"十字"操作法中"抬"指什么？如何操作？

答："抬"就是指两人或多人用人工肩抬运输设备。

当运输轻便设备或构件、小机具等，一般在1000kg以下，由于受到通行线路障碍或设备存放地点狭窄等原因不便使用机械运输时，一般用人工肩抬设备，可由2、3、4、6、8、10人等共同进行。

33 起重工的"十字"操作法中"撬"指什么？如何操作？

答："撬"就是利用杠杆原理用撬杠将设备撬起来，达到施工要求，一般在起升重量较轻（20kN左右）、起升高度不大的作业中，可用此方法。

如在设备下安放或抽出垫木、千斤顶、滚杠等，用此法比较简单方便。撬设备时，可用一根撬杠操作，也可用几根撬杠同时操作。

34 起重工的"十字"操作法中"捆"指什么？如何操作？

答："捆"就是用绳索将物件捆起来等待吊装。它是保证吊运安全的重要环节。

在用绳索捆绑物件中，首先是吊点的选择。物件在设计制作时，已经留有吊耳，则可用卡环连接，进行挂钩吊装。但在利用吊耳前，必须清楚此吊耳设计时的作用，如确系吊装吊耳，则还须对吊耳进行外观检查，对一些重要精密件的吊耳，除外观检查外，还须根据吊装中吊耳的受力大小和方向进行强度核算。如无吊耳可利用，则根据物件的质量、重心、外形尺寸、起吊步骤、工艺要求及空间的安装位置选择吊点，并对被吊件的强度与刚度进行计算，确无问题后，方可进行施工。其次是捆绑方法的选择，一般有一对绳两头兜吊、两头打空圈兜吊、两绑死起吊、三点捆绑两点起吊等。但不管采用何种捆绑方法，都必须保证设备不变形。起吊时，设备重心不能移位。在捆绑时，要考虑施工方便、省力，绑绳受力后，要保证绑绳的结实牢固及各股绑绳的受力均匀，这主要考虑绑绳时穿绕方向和顺序；采用卸扣（卡环）连接时，要考虑绳索受力后不卡，方便拆卸；卡头固定时，卡头选择合适，排布均匀，受力一致；绑绳处，遇有棱角，要用软物或半圆管填好；如属凹腹件，在凹腹处要填方木等，保证绳索受力后物件绑绳处不发生变形等。捆绑方法很多，一定要结合实际进行合理选用。

35 起重工的"十字"操作法中"挂"指什么？如何操作？

答："挂"就是设备构件捆绑好后进行挂钩。一般的挂钩方式有单绳扣挂钩、对绳中间挂钩、背扣挂钩、压绳挂钩、单绳多点起吊往复挂钩等。

绳索挂钩时，要考虑被吊件的重心、各吊点的受力大小、单股绳的受力大小，保证绳索受力均匀，在外力作用（惯性力、风力、发生碰撞后产生的阻力等）下，绳索不发生位移、相互挤压等。在施工中，若挂钩方法不当，会引发事故。例如，在高压外缸吊装中，由于挂钩方法不当，行车走大车产生惯性，引起绳索滑移而拉断，致使高压外缸从高处掉下；循环水泵吊装同样挂钩不当，造成设备翻倒；吊装偏心组件，由于绳索相互挤压，致使组件立起后，单绳受力，虽未断，却形成极危险的工作面等。由此可见，绳索挂钩的正确与否，直接影响工作的正常进行和安全，作为起重工应尽快掌握各种正确的挂钩方法。

36 起重工的"十字"操作法中"顶"指什么？如何操作？

答："顶"就是用千斤顶将设备顶起来，是一种简便、安全、可靠、省力的起重方法。尤其是一些大型设备的卸车、就位等，常采用顶的方法。如200t重的变压器卸车，加滑道时就须顶起。磨煤机大罐只有顶起，才能进行刮瓦等工作。在没有大型吊车的情况下，发电机定子从0m起升到10m标高的基础上时，也用顶的办法。千斤顶的起重能力很大，最大的可达到数百吨。如设备需要顶高的高度超过千斤顶的一次行程时，可用反复加垫木的方法逐步将设备顶高。如某电站水膜除尘器，因地震而使其沿斜井下降了 2m 多，就是采用 24 台 100t 油压千斤顶同步顶升，将长 24m、宽 6m、高 15m，重达 1000t 的四个混凝土筒体整体扶正预升恢复起来的。

37 起重工的"十字"操作法中"吊"指什么？如何操作？

答："吊"就是用扒杆、机械、卷扬机等起重机具将设备吊起来，是垂直运输中最常用的一种方式。

在这一工作范围内，它包含着一个设备的找重心，根据形状及强度合理地选择吊点，根据现场的具体条件选择捆绑绳索、工具及起吊机械，根据需要绑好绳、挂好钩，并按照最少的动作、最短的距离和时间，安全地操作将设备吊放到指定的位置。现在的施工中，由于机械化程度提高，吊的工作就更为突出。吊的特点是起吊质量大、起升高度高、工作面宽、速度快、效率高。大型电站安装起重工程量中，吊的工作量约占 80%。

38 起重工的"十字"操作法中"滑"指什么？如何操作？

答："滑"是水平运输的一种方法，就是将设备放在滑道上进行水平移动，有时为了减少设备本身的磨损，在中间加一滑板，用机械或人力牵引，在无大吨位的起吊机械情况下，设备的短距离移动可采用此法，如发电机定子、主变压器的卸车、拖运等，为了减少滑动摩擦力，通常在使用两条或两条以上平行的钢轨作滑道，在设备下面安上钢滑板，并在接触面上涂润滑油，使设备和滑板在滑道上易于滑行。

39 起重工的"十字"操作法中"转"指什么？如何操作？

答："转"就是将设备就地，利用钢轨底座或临时转盘，水平旋一个角度。如某电站的主变压器，自身质量 189t，在厂家装车过程中，没有考虑到现场道路及安装的具体位置，造成高压侧和低压侧位置与安装位置相反。因此，只好在设备卸车后，采用原地外加力偶使主变压器设备在钢走道上滑动旋转 180°。

40 起重工的"十字"操作法中"卷"指什么？如何操作？

答："卷"，即圆柱形设备在外力作用下，产生位移的方法。如在沟道内下长管道时，可采用这种方法。卷动管道时，下方一般要铺设滚道，滚道要铺设合适，左右对称，坡面修平整，以便于拉动设备。搬运时，先将绳子套好，一端固定，拉动另一端，管道就顺着斜坡向下滚。原理相同，用"卷"使管道向上坡道滚时，比硬拉会更加省力。

41 起重工的"十字"操作法中"滚"指什么？如何操作？

答：移动设备也可以用"滚"的方法。"滚"就是在设备下的拖板（钢拖板、木拖板、钢木结构的拖板）与走道之间加滚杠，使设备随拖板及走道间滚杠的滚动而移动。

由于滚动比滑动的阻力小，所以较省力。滚动时，设备运行方向由滚杠的布置方向来控制，如滚杠与拖板垂直时，设备做直线运动，若设备前部滚杠向左侧偏前时则设备向右移动；滚杠向右侧偏前时，则设备向左移动。设备尾部的滚杠摆置则相反。滚杠的间距与数量，要根据设备质量、外形尺寸、滚杠直径、移动距离等因素来综合确定。在现场采用滚动法进行大型设备的移运时，滚杠常与卷扬机配合使用，由卷扬机提供牵引力，应用比较广泛。

42 常用的绳扣系法有哪几种?

答:常用的绳扣系法有:

(1) 平扣。平扣是最普遍的结扣,它的优点是使用方便,不会因受力而变形,甚至发生脱落现象。这种结扣多用于绳子的连接,但使用后不易解开。所以,有时在绳扣的中间插入一根适当大小的短木棒,这样既便于解绳,又不损坏绳索。

(2) 三角扣(组合扣)。三角扣的用途和平扣大致相同,但此扣与平扣相比,容易打也容易解,钢丝绳的连接多用此扣。

(3) 栓柱扣。栓柱扣分两种:一种是用于缆风绳固定端绳扣,此扣也可在受力绳上打几个倒背扣,最后用卡头卡死,卡头的多少可根据受力的大小来确定;另一种是用溜松绳扣,此扣可以在受力后慢慢放松,使用时木桩上的绳圈要排列整齐,不要重压,松的一头(活头)要放在下面,防止松时向上滑移,木桩上绳圈的多少要根据绳索受力情况而定。

(4) 梯形扣、双梯形扣(又称鲁班扣)。梯形扣及双梯形扣的打结,主要用于桅杆绑扎缆风绳用。

(5) 8字扣、倒背扣。8字扣、倒背扣的打扣法主要用于麻绳提取小物件时用;倒背扣主要用于麻绳提吊垂直长形设备时用,但重心必须在绳扣以下,避免翻倒。

(6) 板头扣、琵琶扣。板头扣一般在高处临时搭设脚手板用;琵琶扣一般用于设备吊装时临时绑溜绳,它不受绳套的大小限制,受力后一般不会松,也可以用于绳头的固定。

(7) 环扣、卡环扣。环扣又称猪蹄扣,常用来抬吊设备。它的特点是扣得紧、容易解,绳子较长时,用此扣最为简便。悬吊表面光滑的设备时,也采用这种结扣的方法;卡环扣又称卸扣,单根绳无绳扣时用此扣较为适用。

(8) 挂钩扣、杠棒扣。挂钩扣用于绳索与吊钩之间的连接,行抽绳时用,但被拉一头的钩子上必须被另一根绳索压紧;杠棒扣常用于两人抬设备或构件时。

(9) 拔人扣、搭索扣。拔人扣可在悬空作业时吊人作短时间的操作用;搭索扣是指在使用卷扬机时,当绕在卷筒上的钢丝绳由一端绕到另一端而不能再绕时,钢丝绳必须放松退回到始端。为了避免被起吊的设备或构件落下,需要用一根绳索的一端与卷扬机上受力钢丝绳结成搭索扣,将受力钢丝绳拉紧后,才能把卷筒上绕的钢丝绳放松,退回到原处卷紧,并解开搭索扣,卷扬机才能继续使用。

(10) 抬缸扣、活瓶扣。抬缸扣用来抬缸或吊运圆桶构件,这样抬、吊绳索能套住底部而不易滑脱;活瓶扣可用来起吊立轴等,这样捆绑平衡均匀,安全可靠。

43 钢丝绳如何插接?

答:在吊装工作中,用来连接吊物与吊钩的绳索两端都插有绳扣,千斤绳的绳扣是用人工插接的,插接绳扣的工具是扦子。扦子(也称穿针、猛刺、锥子等)是用直径为 15~25mm、长 300~400mm 的圆钢锻打而成的,它的一端经过锻打成扁锥形,另一端焊接一根横的圆钢作为手柄。

扦子主要用途是便于插入钢丝绳缝内,并能在扭转方向的过程中,将钢丝绳缝撑大,使钢丝绳的一股绳子能通过。在使用时,手握住手柄,另一手扶正扦子扁尖锥端顺钢丝绳缝道插入，但只能在股缝中插入，不能插入股中钢丝中，并注意让开麻芯。利用手柄将扦子旋转，钢丝绳缝道即被撑大，把某几股钢丝绳头插入，在穿入缝的另一个口将绳头拉出。然后，在扦子回转、拔出时，同时将穿入绳股加力拉紧，类似进行数十次，即可完成绳扣的插接工作。钢丝绳插入长度可采用经验数据进行选择，即插接长度为钢丝绳直径的 20～24 倍，必要时可进行专门的设计和计算。

44 起重指挥信号有哪些？

答：起重指挥信号常用的有三种：手势信号、色旗信号和口笛信号。有时这三种信号同时使用，以色旗信号或手势信号为主指挥动作，口笛信号为辅，使用前应告知操作人员和驾驶人员注意信号。

45 起重指挥信号使用时有哪些注意事项？

答：使用起重指挥信号的注意事项有：

（1）信号的提前量。指挥信号的提前量主要是对停止信号而言的。在双机抬吊作业中调整两台吊车动作时，也有一个信号提前量问题。停止信号发出后，经司机反应并操纵机构，到机构完全停止，是需要一定时间的，把这段时间称为延续时间。在延续时间里，机构仍在动作，把机构在延续时间里的动作称为延续动作。机构延续动作中使被吊着的重物又经过一段行程，把这段行程称信号的提前量。信号提前量的意义在于：当要求重物停止在某一位置上时，应该把机构延续动作中使重物经过一段行程充分地考虑进去，这就需要重物还没有到达要求的位置时，提前发出停止信号。在起重施工中，信号的提前量因司机的不同而有所区别，要求信号的提前量要考虑得充分一些，宁愿重物尚未到位机构就已停止动作，紧接着使用"少许"和"微动"信号指挥机械进行调整。如果信号的提前量不足，使重物超过了预定的停止位置，就会出现两种情况：

1）重物必须做反向运动，即吊车的机构进行反方向操作。这意味着如坦克吊、蒸汽吊类的吊车，有时要重新挂一次挡位，对司机、起重工都增加了工作量。

2）对于即将就位的重物，由于设备尚未扶稳对正就已落到实处，可能造成各种事故。

（2）起重信号的传递。为了能够及时准确地掌握重物在吊装过程中的各种情况，起重指挥人员要站在重物周围，且能够让司机看得到的地方。但是，如机房内的加热器吊装、锅炉悬吊组合件的倒钩吊装等，司机往往看不见指挥人员。因此，就要在司机和起重指挥人员之间，设一信号传递人。信号传递人员的职责，是把指挥人员发出的信号及时准确地传递给司机。由于增加了信号传递人，信号从指挥人员那里发出，到机构完全停止动作延续时间会更长。因此要求信号的提前量增大。信号传递人员增加得越多，信号的提前量增加得也越大。在没有信号传递人的吊装作业中，要求司机操作机械时动作要准确、迅速。

（3）指挥信号的准确性问题。指挥信号的准确性，是衡量一名起重工技术高低的重要标准之一，其主要内容如下：

1）形象信号的动作准确。

2）口笛声音信号要清楚。

3）信号的提前量掌握得恰到好处。

4）各种信号发出符合吊装的需要。

5）在每一组信号发出时，要求符合信号发出的程序。

46　起重工作的"十不吊"是指什么？

答：起重安全注意事项较多，但在起重作业中，经常遇到的情况归结为"十不吊"，各司机、司索、起重指挥应牢记，不可忽视。"十不吊"指的是：

（1）被吊物体的质量不明确不吊。

（2）起重指挥信号不清楚不吊。

（3）钢丝绳等捆绑不牢固不吊。

（4）被吊物体重心和钩子垂线不在一起，斜拉斜拖不吊。

（5）被吊物体被埋入地下或冻结一起的不吊。

（6）施工现场照明不足不吊。

（7）六级以上大风时，室外起重工作不吊。

（8）被吊设备上站人，或下面有人不吊。

（9）易燃易爆危险物件没有安全作业票不吊。

（10）被吊物体质量超越机械规定负荷不吊。

47　卷扬机的选择原则是什么？

答：卷扬机的选取应遵循下列原则：

（1）根据重物的质量，经过滑轮组及导向滑轮后的引出绳拉力来确定。一般情况下，卷扬机的牵引力按其本身的 $80\%\sim90\%$ 来考虑。这样，既能保证施工的安全，又可延长卷扬机的寿命。

（2）根据被吊物件的精密程度及安装难易来考虑。对于安装精密物件较难的工程就必须选用性能较好、速度较慢，同时要保证足够的安全系数。如是地面拖运物件，卷扬机的选择就不必那样严格。

（3）根据被吊物件的次数多少、起吊速度的需要来选择。如被吊物件较多，往返次数频繁，就需要选择快速卷扬机，同时要操作灵活、刹车可靠。

（4）根据移动卷扬机工作的难易及地锚的布置来选择。卷扬机进入施工地点特别困难，要选择既要满足工程需要，同时又要使运输质量达到最低限度。如地锚不好布置，被吊物件较少，卷扬机搬运较易，在这种情况下，可以选用大吨位的卷扬机，利用其本身的重量代替地锚。

48　卷扬机布置的注意事项有哪些？

答：卷扬机的布置很重要，一般注意事项有：

（1）卷扬机要布置在本身好施工的地方，有卷扬机机身的可靠锚固点与操作空间。

（2）卷扬机的布置要考虑电源的设置。

（3）卷扬机布置点，尽量要让司机能看到起吊全过程，或看清指挥人员的信号。

（4）卷扬机布置要考虑第一导向滑（俗称迎头滑子）有足够的安全距离，不小于卷扬机滚筒长度的 20 倍。

（5）卷扬机的布置应尽量减少导向滑轮的使用数量。

（6）卷扬机的布置要考虑到操作人员的操作和安全，钢丝绳与导向滑轮的工作三角区要设安全警示标志。

（7）卷扬机的布置要考虑尽量减少和其他工作的交叉作业。

（8）卷扬机在锅炉钢结构上的布置、移运困难，要考虑一处设置，多处使用的可能性。

49 什么是双机抬吊法？

答：双机抬吊法在锅炉设备安装过程中，是一种经常采用且非常重要的吊装方法。它是以两台吊装机具作为吊装的主力吊机，通过调整设备吊装吊点实现对吊装质量在两台吊机之间的合理分配，使两台吊装机具所承受的质量，分布在各自吊装允许的性能范围内，从而完成设备的吊装作业。在锅炉本体安装过程中，双机抬吊法应用十分广泛。

50 双机抬吊时应注意哪些事项？

答：双机抬吊时应注意的事项为：

（1）双机抬吊需进行受力核算，并办理安全施工作业票后方可进行施工。

（2）作业前应对双机进行机械完好性检查，对吊装吊具、索具完好性进行检查。

（3）双机抬吊过程中必须统一指挥，令行禁止。

（4）双机中任何一机均不得同时进行两项操作。

（5）绑扎时应根据各台起重机的允许起吊质量，按比例分配负荷，各台起重机所承受的荷载不得超过其本身80%的额定能力。

（6）在抬吊过程中，各台起重机的吊钩钢丝绳应保持垂直升降，行走应保持同步。

51 什么是扁担吊装法？如何使用？

答：扁担吊装法一般是选用抗弯截面系数较大的工字钢或双拼槽钢制作，扁担中部和端部根据实际需要可以焊接吊耳或平衡配重，在钢架安装过程中应用较为广泛，主要用途一般分为两类：

（1）用于加大吊装机具的吊装范围。

（2）用于抬吊或起吊屋架等细长而结构单薄的构件，防止构件受力变形。

52 什么是倒钩吊装法？有什么特点？

答：倒钩吊装法是指单台起重机或多台设备吊装时通过钢架大梁时的换钩方法，一般分为挂绳换钩法与倒钩器换钩法。

（1）用挂绳换钩须准备两对千斤绳，而用倒钩器换钩，须准备三对千斤绳，其中一对用在倒钩器下，为公用。

（2）用挂绳换钩一次，须穿抽钢丝绳4次，拆装卡环8次，而用换钩器换钩一次，不用穿绳，只需穿轴销6次。

（3）用挂绳换钩，起重工须蹲在联箱上工作，既累又危险，而用倒钩器换钩，只须站在联箱上工作，既省力又安全。

（4）组件就位时，因锅炉顶棚部位的次梁、吊挂梁、吊杆较多且比较密集，用挂绳法换钩，主钩上绑绳经过以上设备密集布置空间时，常与其相碰；而用倒钩器换钩，就很少有碰撞的现象。

第二篇
锅炉本体检修

第四章

锅炉本体设备

第一节　锅炉本体设备及基本工作原理

1　锅炉本体主要包括哪些设备？

答：锅炉本体设备是指将给水加热成饱和蒸汽或过热蒸汽的锅内设备以及完成燃料燃烧的炉内设备。前者包括水冷壁、省煤器、过热器、再热器及它们之间的连接管；后者包括燃烧室、燃烧器、排渣设备、炉门及人孔门等。

2　锅炉水循环的基本方式有哪几种？其基本原理是什么？

答：锅炉水循环的基本方式有自然循环和强制循环两种。
自然循环的基本原理是依靠工质的密度差而产生的动压头使工质循环流动。
强制循环的基本原理是借助于水泵的压力使工质循环流动。

3　简述汽包锅炉水循环的一般过程。

答：由省煤器来的给水进入汽包之后，经下降管、下联箱分配到各水冷壁管，在管中吸收炉内高温烟气的辐射热，部分水汽化，形成汽水混合物进入汽包，经过汽包内部的汽水分离装置后，汽和水分离。饱和蒸汽由汽包引出到过热器继续加热，而分离出来的水与给水一起经下降管继续流入水冷壁管内。如此不断循环，不断地产生出过热蒸汽。

4　简述煤粉炉的一般燃烧过程。

答：由磨煤机磨制并经分离器分离后的煤粉在炉内的燃烧过程大致可分为三个阶段：着火前的准备阶段、燃烧阶段、燃尽阶段。

煤粉喷入炉膛后，首先吸热，温度提高，使煤粉中的水蒸发并放出挥发分。因挥发分的主要成分为可燃气体，极易着火。挥发分着火后再对燃烧较慢的焦炭继续加热燃烧。焦炭燃烧后形成灰渣，从炉底的排渣设备排出炉外。而燃烧后形成带灰的烟气则经过尾部烟道各受热面至除尘器，由烟囱排出。

5　简述直流锅炉汽水系统的流程。

答：锅炉给水由给水泵送入省煤器，再进入水冷壁，吸收炉内高温烟气的热量，使全部水蒸发为微过热蒸汽，微过热蒸汽进入汽水分离器，再进入过热器，继续吸收烟气的热量成为合格的过热蒸汽。进入汽轮机的高压缸。高压缸排汽进入锅炉再热器，吸收热量后再进入汽轮机中压缸。

6 简述重锤式安全门的工作原理。

答：重锤通过杠杆作用，将力作用在阀杆上，使阀芯紧压在阀体上部的阀座上。蒸汽由阀体的通道进入，作用在阀芯下部的表面上。当阀芯受到的重锤作用力大于蒸汽向上的推力时，阀门保持关闭状态；当汽压升高到安全门的开启压力值时，蒸汽作用在阀芯上的推力大于重锤作用在阀芯上的力，阀芯被顶起，阀门开启，排出蒸汽，汽压降低。当汽压降低至不足以顶起阀芯的数值时，由于重锤的作用力，使阀门自动关闭。

第二节 炉内外水循环系统及设备

1 锅炉的炉内外水循环系统由哪些设备组成？其主要作用是什么？

答：锅炉的炉内外水循环系统由受热面（水冷壁、省煤器、过热器、再热器）、汽包、联箱和许多连接管道组成。

其主要作用是使水吸收热量，产生一定压力和温度的蒸汽。

2 过热器的作用是什么？有哪些布置方式？有何优缺点？

答：过热器的作用是将饱和蒸汽加热成为具有一定温度的过热蒸汽，以提高电厂的热循环效率及汽轮机工作的安全性。对流过热器一般布置在烟道内，辐射式过热器布置在炉墙上，半辐射式过热器布置在炉膛出口处，呈挂屏型。

过热器有立式布置和水平布置两种。

立式布置的过热器优点是结构简单，吊挂方便，结灰渣较少。缺点是停炉后管内积水难以排除，长期停炉将引起管子腐蚀。在启动炉时，由于管内积存部分水，可能形成气塞而将管子烧坏。

水平布置的过热器优点是易于疏水排气。缺点是支吊比较困难，在塔式和箱式锅炉中采用较多。

3 再热器的作用是什么？布置特点是什么？

答：再热器的作用是将汽轮机做功后的蒸汽返回锅炉重新加热至额定温度，然后再送回汽轮机继续做功，以降低汽轮机末级叶片的湿度，提高机组的安全性，提高热力循环效率。

再热器一般布置在对流烟道内，由蛇形管组成。多采用粗管径，多路并联管圈，少用中间联箱，以减少再热蒸汽在再热器中的压降。

4 减温器的作用是什么？常用的形式是什么？各有何优缺点？

答：减温器的作用是用来调整过热蒸汽温度和再热蒸汽温度，使其保持在额定的温度范围之内。

常用的形式有表面式和混合式（喷水式）两种。

表面式减温器的优点是冷却水不与蒸汽接触，水中杂质不会混入蒸汽。缺点是结构复杂，易损坏，调节不灵。

混合式减温器的优点是结构简单，调节灵敏，时滞小，汽温调节幅度大。缺点是对冷却水要求质量高，以免污染蒸汽。大型锅炉一般均采用混合式减温器。

5 水冷壁的作用是什么？有哪些形式？

答：水冷壁的作用是：

（1）直接吸收燃料燃烧时放出的辐射热量，把炉水加热蒸发为饱和蒸汽。

（2）水冷壁管覆盖着炉墙，可以保护炉墙免受高温烟气烧坏。

（3）其位置处于烟气温度最高的燃烧室四周，主要依靠辐射传热，提高了传热效率，节省了大量的金属材料。

（4）降低炉膛出口烟气温度，防止锅炉结焦。

水冷壁是锅炉的主要蒸发受热面，通过水冷壁吸收炉膛辐射热将水或饱和水加热成饱和蒸汽，使炉膛出口烟气温度和炉墙温度得以降低，保护炉墙，防止受热面结渣。水冷壁有光管式、膜式（鳍片管式）及销钉式。大型锅炉多采用膜式水冷壁。

6 膜式水冷壁的优、缺点是什么？

答：膜式水冷壁广泛应用于大型锅炉，其主要优点是：

（1）能充分吸收炉膛辐射热，保护炉墙。

（2）不用耐火材料构筑炉墙，极大减轻了重量，从而也大大简化了钢架结构，减轻了地基载荷，节省材料。

（3）组合方便，便于采用悬吊结构，为锅炉安装创造了有利条件。

（4）具有良好的气密封性，漏风减小，可降低排烟损失，提高热效率，同时为采用微正压燃烧技术创造了条件。

（5）由于蓄热能力小，炉膛燃烧室升温和冷却快，可缩短启动和停炉时间。

膜式水冷壁的主要缺点是：制造工艺复杂。

7 汽包的作用是什么？

答：汽包是自然循环锅炉的关键部件，其工作的好坏直接关系到锅炉水循环的安全和产出蒸汽的品质。作用主要有：

（1）汽包与下降管、水冷壁管联接，组成自然水循环系统，同时汽包又接受省煤器来的给水，还向过热器输送饱和蒸汽。所以，汽包是加热、蒸发、过热三个过程的连接枢纽。

（2）汽包中存有一定水量，因而有一定的储热能力。在负荷变化时，起到蓄热器和蓄水器的作用，可以减缓汽压的变化速度，确保水循环的安全。

（3）汽包内装有汽水分离等设备，可有效地进行汽水分离、蒸汽清洗、排污等，保证蒸汽品质，并可进行锅内水处理。

（4）汽包上还装有压力表、水位表和安全阀等附件，用以控制汽包压力，监视锅内水位，保证锅炉安全，防止汽轮机过水。

8 省煤器的作用是什么？

答：省煤器的作用是利用排烟余热加热给水，降低排烟温度，节省燃料。经过省煤器的给水，提高了温度，降低了给水与汽包的温差，可以减小汽包的热应力，改善汽包的工作条件。

9　炉外再循环泵的作用是什么？有何特点？

答：炉外再循环泵又称强制循环泵，用于强制循环锅炉和复合循环锅炉，其作用是提供循环推动力。

炉外再循环泵的主要特点是采用湿式电动机拖动（电动机是浸泡在炉水中的）。

10　简述锅炉折焰角的作用。

答：折焰角的作用是：

（1）可增加上水平烟道的长度，多布置过热器受热面。

（2）改善烟气对屏式过热器的冲刷，提高传热效果。

（3）烟气沿燃烧室高度方向的分布亦趋均匀，增加了炉前上部与顶棚过热器前部的吸热。

11　锅炉为什么要排污？排污的方式有哪几种？

答：锅炉运行时给水带入锅内的杂质只有很少部分会被蒸汽带走，大部分留在锅水中。随着运行时间的延长，炉水中的含盐量及杂质就会不断地增加，既影响蒸汽品质，又危及锅炉安全。因此，锅炉在运行中必须经常排出部分含盐及杂质（水渣）浓度大的炉水，即排污。

排污的方式有两种：

（1）连续排污方式。它是连续地从汽包中排放出含盐、硅量大的炉水，以防止污染蒸汽，还可排出一部分炉水中悬浮的杂质。

（2）定期排污方式。它是定期从锅炉水循环系统的最低处，排放出部分锅水里下部沉淀杂质。

12　蒸汽管道为什么要进行保温？

答：高压高温蒸汽流过管道时，一定有大量热能散布在周围空气中，这样不但造成热损失，降低发电厂的经济性，而且使厂房内温度过高，造成人员和电动机工作条件恶化，并有人身烫伤的危险。因此，电力工业法规中规定所有温度超过 50℃ 的蒸汽管道、水管、油管及这些管道上的法兰和阀门等附件均应保温。在周围空气温度为 25℃ 时，保温层表面温度不应高于 50℃。

13　锅炉排污扩容器的作用是什么？

答：锅炉有连续排污扩容器和定期排污扩容器，它们的作用是：当锅炉将排污水排进扩容器后，容积扩大，压力降低，同时饱和温度也相应降低。这样原来压力下的排污水在降低压力后，有一部分热量被释放出来，这部分热量作为汽化热被水吸收，而使部分排污水汽化，从而可以回收一部分蒸汽和热量。

第三节 燃 烧 设 备

1 锅炉的燃烧设备主要包括哪些？

答：锅炉的燃烧设备主要包括炉膛、燃烧器及点火装置。

2 煤粉燃烧器有哪些基本类型？其结构特点是什么？

答：煤粉燃烧器按气流形式可分为直流燃烧器和旋流燃烧器两种。

直流燃烧器的形状窄长，一般布置在炉膛四角，由四组燃烧器喷出的气流在炉膛中心形成一个切圆，如图 4-1 所示。这种燃烧方法简称切圆燃烧。直流燃烧器喷出的一、二次风都是不旋转的直射气流，喷口都是狭长形。但为了燃烧不同煤种的需要，根据煤种的挥发分含量，对一、二、三次风喷口的布置位置及形式做相应的变动，组成了燃烧烟煤、褐煤、低挥发分煤种的直流燃烧器。针对低挥发分煤种难于着火和燃尽的特点，还有一种 W 形火焰燃烧技术，又称拱型炉膛燃烧技术，这种燃烧器适用于燃用无烟煤。

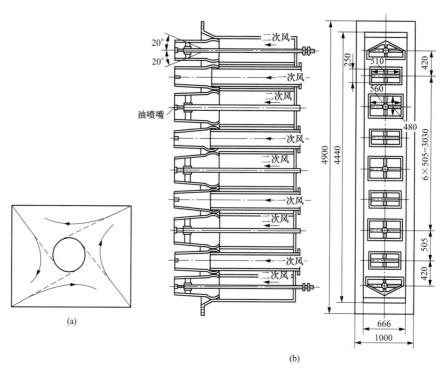

图 4-1 直流燃烧器
（a）切圆示意图；（b）直流燃烧器

直流燃烧器阻力小，结构简单，气流扩散角较小，射程较远。采用切圆燃烧时，火焰集中在炉膛中心，形成一个高温火球，炉膛中心温度比较高，气流在炉膛中心强烈旋转，煤粉与空气的混合较充分。

旋流燃烧器是利用其能使气流产生旋转的导向结构，使出口气流成为旋转射流。根据结

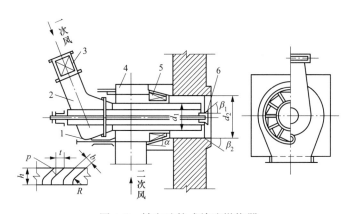

图 4-2 轴向叶轮式旋流燃烧器

1—拉杆；2——次风管；3——次风舌形挡板；4—二次风筒；5—二次风叶轮；6—喷油嘴

构的不同，常用的旋流燃烧器有双蜗壳型、单蜗壳-扩锥型、轴向叶片型、切向叶片型以及为了燃烧低挥发分煤种而改型设计的 WR 型旋流燃烧器等。大型锅炉常采用的轴向叶轮式旋流燃烧器，如图 4-2 所示。燃烧器有一根中心管，管中可插油枪。中心管外是一次风环形通道，最外圈是二次风环形通道。二次风经过叶轮后，由叶片引导产生强烈旋转，一次风由于舌形挡板的作用而稍有旋转。由于二次风的引射作用，一次风阻力很小，这种燃烧器特别适用于风扇磨直吹系统。叶轮式旋流燃烧器调整方便，对锅炉负荷变化的适应性好，并能广泛适应不同性质燃料的燃烧要求，且因其结构尺寸较小，对大容量锅炉的设计布置较为方便。

3 点火装置的作用是什么？

答：点火装置的作用：

（1）锅炉启动时引燃煤粉气流。

（2）在运行中，当负荷过低或煤种变化而引起燃烧不稳时，用于助燃，以维持燃烧稳定。

4 简述点火装置的结构组成。

答：点火装置由油雾化器和配风器组成。油雾化器又称油喷嘴或油枪，其作用是将油雾化成极细的油滴。配风器的作用是及时给火炬根部送风，使油与空气能充分混合，形成良好的着火条件，以保证燃油能迅速而完全地燃烧。

5 直流喷燃器的配风方式有哪几种？

答：直流喷燃器根据二次风口的布置大致可分为均等配风和分级配风两种。

均等配风方式是一、二次风口相间布置，即在一次风口与一次风口的每一个间距内都均等布置一个或两个二次风口，或者在每一个一次风口背火侧均等布有二次风口。其特点是一、二次风口间距相对较近，两者很快得到混合。一般适用于烟煤和褐煤。

分级配风方式通常是将一次风口比较集中地布置在一起，而二次风口和一次风口间保持一定的距离，以此来控制一、二次风间的混合。这种布置方式适用于无烟煤和低质烟煤。

6 直流喷燃器的布置有哪几种？

答：直流喷燃器多为四角布置切圆燃烧方式，通常有以下几种布置方式：

（1）单切圆布置，即四角喷燃器一、二风口的几何轴线相切于炉膛中心一个同径圆。

（2）两角对冲，两角相切。

（3）双切圆（或多切圆）布置，其中有四角上一、二次风口，各自切于不同直径的圆或对角燃烧器自成不同直径的切圆，以及四角一、二、三次风口，各有不同直径的切圆等多种布置。

（4）八方（或六方）切圆，譬如采用风扇式磨煤机时，就可以将其沿炉膛四周布置。

（5）双炉膛切圆布置，通常两炉膛内气流旋转方向相反。

7 简述旋流喷燃器的结构。

答：旋流喷燃器分扰动式和轴向叶轮式两种。旋流喷燃器中有一根中心管，管中可插叶轮与油枪。中心管外是一次风环形通道，最外圈是二次风环形通道。扰动式喷燃器是利用一、二次风切向通过蜗壳旋转进行炉膛。轴向叶轮式是二次风经过叶轮后，由叶片引导产生强烈旋转。

8 简述旋流喷燃器的特点。

答：旋流喷燃器的特点如下：

（1）二次风是旋转气流，一出喷口就扩展开。一次风可以是旋转气流，也可以是扩展气流。因此，整个气流形成空心锥形的旋转射流。

（2）旋转射流有强烈的卷吸作用，将中心及外缘的气体带走，造成负压区，在中心部分就会因高温烟气回流而形成回流区。回流区大，对煤粉着火有利。

（3）旋转气流空气锥的外界所形成的夹角称扩散角。随着气流强度的增大，扩散角也增大，同时回流区也加大。相反，随着气流旋流强度的减弱，同流区减少。

（4）当气流旋流强度增加到一定程度，扩散角也增加到某一程度时，射流会突然贴到炉墙上，扩散角成180°，这种现象称飞边。

第四节　锅炉本体附件

1 锅炉本体的附件主要有哪些？

答：锅炉本体的附件主要有安全阀、水位计、膨胀指示器、防爆门及吹灰装置等。安全阀的作用是保障锅炉不在超过规定的蒸汽压力下工作，以免发生超压爆炸事故。水位计用来指示锅炉汽包内水位的高低，使运行人员通过监测、调整水位，来保证锅炉的正常工作，避免因水位过高或过低引起的锅炉满水或缺水事故。一般电厂将安全阀和水位计划分给管阀专业维护检修。

2 膨胀指示器的作用是什么？

答：膨胀指示器的作用是用来监视汽包、联箱及受热部件在点火升压过程中的膨胀情况，可以预防因点火升压不当或安装、检修不良引起的受热部件变形、裂纹和泄漏等事故。膨胀指示器结构很简单，是由标有刻度的方铁板和圆铁制成的指示针组成。方铁板固定在受热膨胀影响很小的地方，根据指针移动情况，即可知道汽包、联箱等部件的膨胀情况。

3　吹灰装置的作用是什么？它有哪几种形式？

答：吹灰装置的作用是吹扫受热面的积灰，保持受热面清洁，以提高传热效果，保证锅炉热效率，防止受热面腐蚀。

常用的吹灰装置有：水力吹灰器、蒸汽吹灰器、压缩空气吹灰器、声波吹灰器、振动除灰装置和钢珠除灰装置。蒸汽吹灰器有软管吹灰器、电动枪式吹灰器和链轮式吹灰器三种。在大容量锅炉上应用最广泛的是电动枪式蒸汽吹灰器，其结构形式见图4-3。

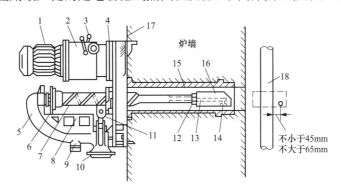

图4-3　电动枪式蒸汽吹灰器

1—电动机；2—齿轮箱减速器；3—电动切换手柄；4—传动装置；5—鹅颈导汽管；6—导向盘；
7—空心轴；8—导向轨；9—疏水器；10—蒸汽入口法兰；11—极限装置；12—调整螺丝；13—固定螺丝；
14—喷嘴孔；15—生铁保护套；16—喷嘴头；17—墙皮；18—水冷壁管

4　何谓弱爆炸波除灰技术？有何特点？

答：弱爆炸波除灰技术又称燃气脉冲除灰技术，是近年来国际上发展起来的一种新型的锅炉尾部受热面除灰方法。它是利用可燃气体，如煤气、天然气、液化石油气、乙炔气等，与空气按一定混合比均匀混合，在特别设计的燃烧室中快速燃烧，并从输出管喷口发射出冲击波，通过冲击波与高速气流的作用，使受热面表面上的积灰脱落。

由于冲击波能量比较集中，并且伴随着高速气流的冲刷和强烈的频带较宽的气流激振，可清除管壁或受热元件表面上的硬质灰和黏稠灰，除灰范围较广，不存在死角死区。这种除灰装置无机械运动件和易损件，安装方便，操作简单，运行成本低，维护简便，尤其适合回转式空气预热器使用。

5　防爆门的作用是什么？

答：防爆门的作用是当炉膛、烟道或制粉系统因各种原因引起爆燃时，自动打开，降低炉膛、烟道或制粉系统内的压力，以避免或减轻这些部件的损坏。

6　常用防爆门的种类和特点是什么？

答：常用的防爆门有三种：

（1）旋启式防爆门。它主要用于炉膛上部，这种防爆门是利用防爆门盖和重锤的质量自行关闭。当炉膛发生爆燃时，自动开启，爆燃减压后自动关闭。优点是爆燃后不用修理，即可重新投入使用。缺点是严密性较差。

（2）薄膜式防爆门。用螺钉将石棉板、薄铝板或马口铁薄板压紧在防爆门边缘上制成。其优点是严密性好。缺点是动作后必须修复才能使用，主要用于烟道和制粉系统。

（3）水封式防爆门。对于微正压锅炉，为防止高温烟气外泄和烧坏防爆门，炉膛上部多采用水封式防爆门。这种防爆门严密性好，动作后可自动复位，但结构较复杂，维护工作量大，尤其是水封式防爆门内筒外壁的腐蚀较为严重。若将水封改为砂封，则可以很好地解决这些问题。砂封材料可选择颗粒较细的石英砂，以便于内筒的插入。

7 **在锅炉启动过程中应主要注意监视哪些部位的热膨胀指示？**

答：在锅炉启动过程中，由于各种部件温度不断升高而产生热膨胀，如果这种热膨胀受到阻碍，将在金属内产生过大的热应力，使设备产生弯曲变形，甚至损坏。由于水冷壁管、联箱、汽包的长度较长而且温度较高，其热膨胀值较大，因此在锅炉启动过程中应特别注意监视水冷壁、汽包、联箱和管道的热膨胀情况，定期检查和记录这些部位的膨胀指示器指示值。如发现膨胀有异常情况，应暂停升压，查明原因，及时处理，待膨胀结束后，再继续升压。

第五章

锅炉本体管子的配制

第一节　管子配制前的检查

1　管子在配置前为何要进行检查？

答：管子配制前的检查是更换锅炉受热面管子准备工作中不可忽视的一步。尽管管子在出厂前一般都已经过检验，但是在运输和保管过程中，可能发生损坏、变形，也可能发生材质锈蚀或不同材质的管子相混淆等情况。各种缺陷的存在将会缩短管子的使用寿命，错用钢材将会造成损害锅炉安全运行的事故。为保证所使用管子的质量和材质正确，在管子弯制、焊接前，必须进行检查。通常检查的项目有管子材质的鉴定、管子外表宏观检查、管子几何尺寸检验等。

2　如何进行管子配置前的材质鉴定？

答：领用管子时，必须检查生产厂家填写的管子材质和化学成分检验单，并用光谱仪进行验证，必要时采样化验其成分，以免错用管材。

3　如何进行管子配制前的外表宏观检查？

答：（1）利用肉眼、灯光及放大镜可直接对管子内、外壁进行宏观检查，管子表面应光洁，无毛刺、刻痕、裂纹、锈坑、撞伤、压扁、砂眼、分层、折皱和斑疤等外伤。如有这些缺陷，应做鉴定并加以清除，被清除处的管子壁厚不得小于管子允许壁厚的最小值。

（2）用直径为管内径 85％ 的钢球做通球试验，以检查管径局部内部缺陷、弯头椭圆、焊口处焊瘤情况及管内有无杂垢块等。

（3）若管子为内螺纹管，还应检查内螺纹的方向是否正确。

4　如何进行管子配制前几何尺寸的检验？

答：管子配制前几何尺寸的检验为：

（1）检查管壁厚度和壁厚不均匀偏差。锅炉用钢管不仅要求壁厚在允许的公差范围之内，且壁厚不均匀偏差也应符合要求。检验时，在管子两端面多选取几个点来测量管壁厚度。管子壁厚和管子公称厚度的差值即厚度偏差。对于热轧钢管，当管子壁厚小于或等于 20mm 时，壁厚允许偏差一般为 ±10％；当管子壁厚大于 20mm 且外径小于 219mm 时，壁厚允许偏差一般为±7.5％；当管子壁厚大于 20mm 且外径大于或等于 219mm 时，壁厚允许偏差一般为±10％。对于冷轧管，当管子壁厚为 2～3mm 时，壁厚允许偏差一般为±10％；当管子壁厚大于 3mm 时，壁厚允许偏差一般为±7.5％。管子的壁厚不均匀偏差不得超过管子壁厚公差的 80％。

（2）检查管子的外径。锅炉用钢管要求管子外径必须在允许的公差范围之内。检验时，从管子的全长中选择 3～4 个位置，测量管外径，将测得的四个外径的平均值与公称外径相比，其差值即为管子外径的偏差。当热轧管外径小于或等于 159mm 时，外径允许偏差一般为±0.75％；当热轧管外径大于 159mm 时，外径允许偏差一般为±0.9％。当冷轧管外径小于或等于 30mm 时，外径允许偏差一般为±0.15mm；冷轧管外径在 30～50mm 之间时，外径允许偏差一般为±0.25mm；当冷轧管外径大于 50mm 时，外径允许偏差一般为±0.6％。

（3）检查管子椭圆度。锅炉用钢管不仅要求管子外径在允许的公差范围之内，管子的椭圆度也应符合有关标准的要求。检验时，量取管子的四个断面相互垂直的两个外径，其平均差值即为管子的绝对椭圆度。管子椭圆度一般不允许超过管子外径公差的 80％。

（4）检查管子的弯曲度。管子弯曲度检查可用沿着管子外皮拉线的方法或将管子放在平板上检查的方法来进行。冷轧钢管的弯曲度每米不超过 1.5mm，热轧钢管的弯曲度不能超过表 5-1 所列数值。

表 5-1　　　　　　　　　　　　**热轧钢管弯曲度允许值**

管壁厚度（mm）	每米管子长允许弯曲值（mm）
≤15	1.5
15～30	2.0
＞30	3.0

5　配制受热面管前应做哪些检查？

答：配制受热面管应做的检查为：

（1）管子内外表面的检查。管子内、外表面应光滑，无刻痕、裂纹、锈坑、层皮等缺陷。

（2）管径和椭圆度的检查。从管子全长中选择 3～4 个位置进行测量，管径的偏差和椭圆度一般不超过管径 10％。

（3）管壁厚度的检查。光谱检查，领用管子时，要查对出厂的材质证明。并用光谱仪测试管子材质，应特别注意不能用错管子。

第二节　管子的焊接

1　管子的焊接工序有哪些？

答：管子的焊接工序包括：制作管子坡口、对口、施焊、焊后热处理和焊缝质量检验。

2　施焊前对焊口表面的清理有何要求？

答：焊接前，应将焊口表面及附近母材内、外壁的油、漆、垢、锈、熔渣等清理干净，直至发出金属光泽。清理范围的规定如下：

手工电弧焊对接焊口，每侧各为 10～15mm；埋弧焊接焊口，每侧各为 20mm；角接接头焊口，焊脚 K 值＋10mm。

3 管子焊口位置的设置有哪些要求？

答：焊口的位置应避开应力集中区，且便于施焊和热处理。一般应符合以下要求：

（1）焊口不应布置在管子的弯曲部位。

（2）锅炉受热面管子的焊口，其中心线距离管子弯曲起点或距汽包外壁、联箱外壁及支吊架边缘应大于 70mm；两个对接焊口间距离不得小于 150mm。

（3）管道对接焊口，其中心线距离管子弯曲起点不得小于管子外径，且不小于 100mm（焊接、锻制、铸造成型管件除外），距支吊架边缘应大于 50mm，两个对接焊口间距离不得小于管子直径，且不得小于 150mm。

4 管子焊接时的注意事项有哪些？

答：管子焊接时的注意事项：

（1）管子的焊接工作必须由考试合格且取得资格证书的焊工施焊。

（2）两管的中心对好后，沿圆周等距离点焊 3～4 点，点焊的长度为壁厚的 2～3 倍，高度为 3～6mm（不超过管壁厚度的 70％）。如发现点焊处有裂纹时，应铲除焊疤，重焊。点焊好的管子不准移动或敲打。

（3）因为点焊将作为管子焊缝中的一部分而存留，所以点焊时的操作工艺、适用的焊条和焊工技术水平应与正式焊接时相同。

（4）一般的焊口要求一次焊完，多层焊接时，焊完第一层后，要清除掉焊渣，然后再焊下一层。

（5）管子对口时用的对口工具，必须在整个焊口焊完后才能拆除。大管子在焊接时不要滚动、搬运、起吊、施力或敲打。

（6）施焊过程中不能遭水击，管内应无水或汽，以免焊口急速冷却。冬季在室外焊接时，要根据管材成分、壁厚和环境温度，按有关规定对管子进行预热。

5 管子施焊完成后为什么要进行热处理？

答：为了改善焊口的质量，对高合金或壁厚较厚的低碳钢管，施焊后要进行热处理。通过热处理，可以改善焊口和热影响区金属的组织与机械性能，使金属增加韧性，消除焊口残余应力，防止产生裂纹。

6 在进行热处理前要对焊缝做哪些工作？

答：在进行热处理前要对焊缝进行外观检查和修整，先将焊缝及其两侧 20mm 以内的管子表面上的焊渣、飞溅物清理干净，再用低倍放大镜观察，检查焊缝是否存在缺陷。若焊缝存在缺陷，应及时修正处理。对不同焊缝缺陷状况及其修正处理方法见表 5-2。

表 5-2　　　　　　　　　　焊缝缺陷状况及其修正处理方法

缺陷状况	修正处理方法
焊缝尺寸不符合标准	焊缝高、宽不够要修补，多余的应铲除
焊瘤	铲除
咬边深度大于 0.5mm、宽度大于 40mm	清理后进行补焊
焊缝表面弧坑、夹渣和气孔	铲除缺陷进行补焊
焊缝及热影响区表示裂纹	割除焊口，重新对口焊接
对口错开或弯折超过允许值	割除焊口，重新对口焊接

7　在锅炉的焊接工作中，对焊工有何要求？

答：所有施焊焊工必须经过焊接基本知识和实际操作技能的培训，并按 DL/T 679《焊工技术考核规程》考核，取得焊工合格证书。凡担任下列各部件的焊工，必须经相应项目技术考核合格。

（1）承压钢结构。锅炉钢架（主立柱、主横梁）、起重设备结构、主厂房屋架。

（2）锅炉受热面管子。

（3）工作压力大于 0.1MPa 的压力容器及管道。

（4）储存易燃、易爆介质（气体、液体）的容器及其输送管道。

（5）在受监承压部件上焊接非承压件。

（6）高速转动部件的焊接件。

第三节　管子的弯制

1　如何制作管子弯曲样板？

答：管子弯制前需制作弯曲形状样板，其制作方法是先按图纸尺寸或照实物以 1∶1 的比例放实样图，用细圆钢按照实样图的中心线弯好。若是管径较大的管子，可用细钢管作样板，并焊上拉筋，以防样板变形，如图 5-1 所示。由于热弯管在冷却时会产生伸直的变化，故热弯管样板要多弯 3°～5°。

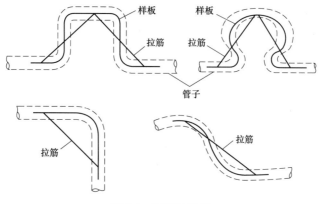

图 5-1　弯管的样板

2 常用的弯管方法有哪些？各种弯管方式对最小弯曲半径有何规定？

答：弯管按其制作方法的不同，可分为煨制弯管、冲压弯管和焊接弯管。煨制弯管又可分为冷弯和热弯。有色金属管、不锈钢管和小管径管子一般采用冷弯；碳素钢管冷弯、热弯均可。

各种弯管方式的最小弯曲半径应符合表 5-3 的规定。

表 5-3　　　　　　　　　　　　　　弯管最小弯曲半径

管子类别	弯管制作方式	最小弯曲半径
中低压钢管	热煨	$3.5D_w$
	冷弯	$4.0D_w$
	褶皱弯	$2.5D_w$
	压制	$1.0D_w$
高压钢管	冷、热弯	$5.0D_w$
	压制	$1.5D_w$
有色金属管	冷、热弯	$3.5D_w$

注　D_w 为外径。

3 不锈钢管的弯制有何特殊要求？

答：不锈钢管在 $500 \sim 800℃$ 的温度范围内长期加热时，有产生晶间腐蚀的倾向。因此，不锈钢管只宜冷弯或在 $1100 \sim 1200℃$ 的温度下用中频感应加热的工艺热弯。

4 冷弯管工艺的特点是什么？

答：当弯管采用冷弯工艺时，可用专用的电动或液压弯管机进行。由于这种弯管方法不用装砂，不加热，工效高，质量好。所以，在锅炉检修中，尤其是更换管排需要制作大量的弯头时得到广泛的应用。使用弯管机冷弯管子时，因这样弯制的弯管有弹性，当它从机具上卸下时会张开一些，故应预先弯得过头一些，一般多弯角度 $3° \sim 5°$。

5 为什么冷弯管会产生椭圆变形？如何防止冷弯管的椭圆度过大？

答：用冷弯方法弯出的弯头，常常产生过大的椭圆变形。这是因为在弯制时管子截面的水平直径方向受到很大压力，直径变小了，而垂直直径变大了，从而使截面变成椭圆形。

为了防止弯管的椭圆度过大，可采用管内加心棒的方法，或采用"预留间隙"的方法，即在设计工作轮轮槽时，使之与管子外径尺寸尽量一致，让其紧密结合。设计滚轮时，使其垂直方向与管子直径相等，而水平方向半径较管子半径略大 $1 \sim 2mm$，使轮槽成半椭圆形。这样在弯管时，管子上、下侧受到严格的限制而不能变形，在水平方向则可在 $1 \sim 2mm$ 的间隙内变形，从而防止管子成型后有过大的椭圆变形。

6 采用热弯工艺加工合金钢管弯头时有什么特殊要求？

答：（1）加热时必须严格控制温度，不得超过 $1050℃$，不能凭颜色推断加热温度，应用温度计或光学温度计定期进行测试和记录。

（2）管子的加热段必须均匀升温，并要求温度一致。

（3）在弯管过程中严禁向管子浇水，以免使金属组织发生变化和引起管子裂纹。

（4）当温度下降到750℃时，应停止弯管，需重新加热后再弯。

（5）弯好的管子，必须放在干燥的地方。

（6）对管子的弯曲部位应进行正火与回火热处理，还要做金相和硬度检查。

7 弯管的椭圆度和背弧壁厚是如何规定的？

答：弯管是受压元件的薄弱环节，在加工过程中会引起壁厚减薄，产生椭圆度。在弯管受内压后，其横截面有复圆的趋势，会引起附加应力。所以对弯管的椭圆度和背弧壁厚有严格的规定。管子弯曲部分的椭圆度是在同一截面测得最大外径与最小外径之差与公称外径之百分比。

对于锅炉范围内不受热的、外径大于76mm受压管道，当工作压力大于或等于9.8MPa时，其弯管椭圆度小于或等于6%；当工作压力小于9.8MPa时，其弯管椭圆度小于或等于7%。

对于锅炉受热面管子，当弯曲半径$1.4D<R<2.5D$时，弯管椭圆度小于或等于12%；当弯曲半径$R\geq2.5D$时，弯管椭圆度大于或等于10%。D为管子的公称外径，R为弯曲半径。

管子背弧壁厚不能小于强度计算最小需要壁厚S_{min}强度计算最小需要壁厚S_{min}根据GB/T 16507.4—2022《水管锅炉　第4部分：受压元件强度计算》为

$$S_{min}=S_L+C(\text{mm})\tag{5-1}$$

式中　　S_L——理论计算壁厚，mm；

C——附加壁厚，mm。

8 合金钢管热弯时应注意些什么？

答：合金钢管热弯时应注意：

（1）加热时必须严格控制温度不得超过1050℃，且加热时一定要沿管子圆周和长度方向均匀加热。

（2）在弯管过程中严禁向管子浇水，当管子温度降至750℃以下时，不须继续弯制。

（3）管子弯曲制作好后，对弯曲部分应进行正火和回火热处理。

第四节　蛇形管的组焊

1 制作蛇形管前如何"放大样"？

答：把要组焊的蛇形管按原样大小画在工作台板上，并在边缘线上打上印痕（錾冲眼），以防在工作中擦掉，如图5-2所示。

2 如何组焊蛇形管排？

答：将弯制好的管子与直管依"大样"进行管排组合，然后制好各管子头的坡口，编上号以便于焊接。焊接可在特制的组合架子上进行，在组合架上焊接可以多人同时焊接，还可

初级工

避免在制作过程中翻转管子。

3 蛇形管排组焊好后要进行哪些检验和试验?

答:蛇形管组合焊接完毕之后,由于蛇形管排的焊口很多,为了保证焊口和管排的质量,要对蛇形管排的焊口进行有关检验和试验。

当锅炉工作压力大于或等于 9.81MPa 时,除对焊缝外观进行 100% 的自检和专检外,还要对 50% 的焊缝进行射线和超声波检验,5% 的焊缝进行硬度检验,10% 的焊缝进行光谱分析复查。

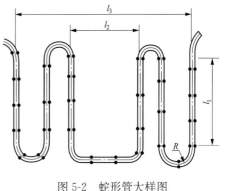

图 5-2 蛇形管大样图

当锅炉工作压力小于 9.81MPa 时,除对焊缝外观进行 100% 的自检和 25% 的焊缝进行专检外,还要对 25% 的焊缝进行射线和超声波检验,5% 的焊缝进行硬度检验。

焊缝检验合格后,还要对管排进行水压试验和通球试验。

4 如何进行蛇形管排的水压试验?

答:受热面管排组焊好后,需进行 1.25 倍工作压力的水压试验。试验时,可使用内塞式或外夹式水压试验工具。在水压试验时,先将管排内充满水,待水溢出空气门时将空气门关严,缓慢升压,升压速度保持在 0.2~0.3MPa/min。当压力升至工作压力时,停止升压,检查各焊口有无渗漏。若无异常则继续升压,当升至试验压力时,停止升压泵,监视压力表指示的压力有无变化,作为管排有无渗漏的启示。保持 5min 后,降至工作压力,进行全面检查,观察焊口有无渗漏及异常情况。如焊口有渗漏,则应在水压试验结束后进行补焊或割管重焊。

水压试验完毕,排尽管内存水,拆除临时试验管路,做通球试验。结合通球试验,将管内的存水吹干净,两头封闭好后待用。

第六章

锅炉设备检修基础知识

初级工

第一节　锅炉检修管理基础

1　发电设备的检修方式可分为哪几种？其含义各是什么？

答：发电设备的检修方式可分为四种，即定期检修、状态检修、改进性检修和故障检修。

定期检修是一种以时间为基础的预防性检修，也称计划检修。它是根据设备的磨损和老化的统计规律或经验，事先确定检修类别、检修间隔、检修项目、检修备件及材料等的检修方式。

状态检修或称预知维修，指在设备状态评价的基础上，根据设备状态和分析诊断结果安排检修时间和项目，并主动实施的检修方式。状态检修是从预防性检修发展而来的更高层次的检修方式，是一种以设备状态为基础，以预测设备状态发展趋势为依据的检修方式。它根据对设备的日常检查、定期重点检查、在线状态监测和故障诊断所提供的信息，经过分析处理，判断设备的健康和性能劣化状况及其发展趋势，并在设备故障发生前及性能降低到不允许的极限前有计划地安排检修。这种检修方式能及时地、有针对性地对设备进行检修，不仅可以提高设备的可用率，还能有效地降低检修费用。

改进性检修是为了消除设备先天性缺陷或频发故障，按照当前设备技术水平和发展趋势，对设备的局部结构或零件加以改造，从根本上消除设备缺陷，以提高设备的技术性能和可用率，并结合检修过程实施的检修方式。

故障检修或称事后维修，是指当设备发生故障或其他失效时进行的非计划检修，通常也称为临修。

2　按传统划分方式，发电设备定期检修的类型有哪几种？其含义是什么？

答：按照电力行业传统的划分方式，可将发电设备定期检修分为大修、小修、维修、节日检修。

大修是锅炉设备在长期使用后，为恢复原有的精度、设计性能、生产效率和出力而进行的全面修理。

小修是为了维持设备在一个大修周期内的健康水平，保证设备安全可靠运行而进行的计划性检修。通过小修，使设备能正常使用至下次计划检修。大修前的一次小修，还要做好检查测试，核实确定大修项目。

设备维修是对设备维护保养和修理，恢复设备性能所进行的一切活动，包括：为防止设备性能劣化，维持设备性能而进行的清扫、检查、润滑、紧固以及调整等日常维护保养工作；为测定劣化程度或性能降低程度而进行的必要检查；为修复劣化、恢复设备性能而进行的修理活动等。

节日检修是指在国家法定节假日期间，利用用电负荷低的有利时机而安排的消除设备缺陷的检修。

汽轮机发电机组检修停用日数见表6-1，锅炉大小修间隔时间见表6-2。

3 按现行划分方式，发电设备定期检修有哪几种类型？其含义和主要工作内容是什么？

答：按现行划分方式发电企业机组的检修分为A、B、C、D四个等级。

（1）A级检修。它是指对发电机组进行全面的解体检查和修理，以保持、恢复或提高设备性能。

A级检修项目分为标准项目和特殊项目，特殊项目中还包括重大特殊项目。特殊项目是指标准项目以外的检修项目以及执行反事故措施、节能措施、技改措施等项目。重大特殊项目为技术复杂、工期长、费用高或对系统设备结构有重大改变的项目。

A级检修的含义与原来的大修类似。

（2）B级检修。它是指针对机组某些设备存在的问题，对机组部分设备进行解体检查和修理。

B级检修可根据机组设备状态评估结果，有针对性地实施部分A级检修项目或定期滚动检修项目。

B级检修的含义与原来的扩大性小修（或称中修）类似。

（3）C级检修。它是指根据设备的磨损、老化规律，有重点地对机组进行检查、评估、修理、清扫。

C级检修可进行少量零件的更换，进行设备的消缺、调整、预防性试验等作业，还可实施部分A级检修项目或定期滚动检修项目。

C级检修的含义与原来的小修类似。

（4）D级检修。它是指当机组总体运行状况良好，而对主要设备的附属系统和设备进行消缺。

D级检修除进行附属系统和设备的消缺外，还可根据设备状态的评估结果，安排部分C级检修项目。

D级检修的含义与原来的停机消缺类似。

4 汽轮发电机组A级检修间隔及标准项目的检修停运时间是如何规定的？

答：火力发电机组的A级检修间隔和检修等级组合方式见表6-3。各个发电厂可根据机组的技术性能或实际运行小时数，经技术论证和上级主管机构批准后，适当调整A级检修间隔，采用不同的检修等级组合方式。

汽轮发电机组标准项目的检修停运时间见表6-4。当设备更换重要部件或有其他特殊需

65

要时，可适当超过表 6-4 的规定。

表 6-1 汽轮机发电机组检修停用时间 （天）

检修类别 机组容量（MW）	大修	小修	检修类别 机组容量（MW）	大修	小修
12 以下	14	4	110～125	32～38	11
12～25	17	5	200～250	45	14
25～50	19（20）	6	300～350	50～55	18
50～100	24（25）	8	500～600	60	20
100	32	9	800～1000	待定	待定

注 （ ）中的数系指该容量等级的高温高压机组停用天数。

表 6-2 锅炉大小修间隔时间

设备名称	大修间隔时间	小修间隔时间	设备名称	大修间隔时间	小修间隔时间
燃煤锅炉	3a	4～8 个月	燃油、燃气锅炉	4a	4～8 个月

注 a 表示年。

表 6-3 机组 A 级检修间隔和检修等级组合方式

机组类型	A 级检修间隔（年）	检修等级组合方式
进口汽轮机发电机组	6～8	在两次 A 级检修之间，依次安排机组的 B 级检修；除有 A、B 级检修年外。每年安排一次 C 级检修。并可视情况每年增加一次 D 级检修。如 A 级检修间隔为 6 年，则检修等级组合方式为 A—C(D)—C(D)—B—C(D)—C(D)—A（即第一年可安排 A 级检修 1 次，第二年安排 C 级检修 1 次，并可视情况增加 D 级检修 1 次，以后照此类推）
国产汽轮机发电机组	4～6	
主变压器	根据运行情况和试验结果确定，一般为 10 年	C 级检修每年安排 1 次

表 6-4 汽轮机发电机组标准项目检修停用时间 （天）

机组容量 p（MW）	检修等级			
	A 级检修	B 级检修	C 级检修	D 级检修
$100 \leqslant p < 200$	32～38	14～22	9～12	5～7
$200 \leqslant p < 300$	45～48	25～32	14～16	7～9
$300 \leqslant p < 500$	50～58	25～34	18～22	9～12
$500 \leqslant p < 750$	60～68	30～45	20～26	9～12
$750 \leqslant p < 1000$	70～80	35～50	26～30	9～15

注 检修停用时间已包括带负荷试验所需时间。

从以上四张表中可以看出新旧规定的变化和区别。

5 为什么要做检修技术记录？如何做检修技术记录？

答：为了记载设备检修工艺和质量的状况，以便对设备的检修管理做到心中有数，无论是锅炉进行大修、小修还是临修，检修工作完毕之后都应及时将检修情况按要求记入检修技术记录。

检修技术记录主要记录检修项目完成的工艺和质量标准的详细情况，应包括设备名称、检查情况、缺陷情况及详细位置（必要时附图说明）；应有测量或检验数据、缺陷性质、修复方法及工艺、采取的措施，还应有质量检验结果、遗留问题及处理建议、检修人员及检修时间等。检修记录应认真、详细、明了，以备今后查阅。

6 什么是零件的互换性？通常包括哪几项性能？

答：零件的互换性是指在同一规格的一批零件或部件中，任取其一，不需经过任何挑选或附加修理，就能在机器上达到规定的要求，这样的一批零件或部件就称为具有互换性的零部件。

零件的互换性通常包括：几何参数、机械性能及理化性能。

第二节 受热面管子的清理

1 如何进行受热面积灰的清扫？应掌握的要点是什么？

答：受热面的清扫在温度较高时效果较好。若温度太低，灰粘在管子上，会影响清扫效果。所以，停炉后炉内温度降到50℃左右时，就应及时清扫积灰。清扫时一般用压缩空气或高压水冲掉浮灰和脆性的硬灰壳，而对粘在管子上吹不掉的灰垢，则用刮刀、钢丝刷、钢丝布等工具来清除。

清扫受热面时应掌握以下要点：

（1）清扫顺序应正确。要从水冷壁开始，顺着烟气流动的方向清扫，一直到除尘器。此时，引风机处于运行状态，以便将扬起的灰尘吸走。

（2）先清扫浮灰，后清除硬灰垢。

（3）在清扫过程中发现铁块等杂物时要拣出来，以免这些杂物影响烟气流动，使烟气产生涡流而磨损管子。

（4）清扫中如发现发亮或磨损的管子，应做好记号，以便下一步检查测量。

2 清扫受热面时的注意事项是什么？

答：清扫受热面是一项艰苦的工作，注意事项为：

（1）需启动引风机时，工作人员必须先离开烟道，再开启引风机。按工作票制度经清扫工作负责人检查具备安全工作条件时，工作人员方可戴上防护眼镜和口罩进入烟道内工作。

（2）清扫烟道时应特别小心，先检查烟道内有无尚未完全燃烧的燃料堆积在死角等处。如有这种情况须立即清除，以防烧伤清扫人员。

（3）进入烟道时，应用梯子上下。不能使用梯子的地方，可使用牢固的绳梯，放置绳梯的地点应选择在不会被热灰烧坏的地方。

（4）清扫时，应有一人站在外边靠近人孔门的地方进行监护。

（5）清扫时应在上风位置顺通风方向进行，不可有人在下风道内停留。

（6）清扫完毕后，清扫工作负责人应亲自清点人数和工具，确证没有人和工具留在烟道内。

3 如何进行燃烧室的清焦？其工作要点是什么？

答：停炉后，将燃烧室的人孔门及检查孔适当打开，使炉内通风。在冷炉过程中，可先将人孔门处炉管上的焦渣用撬棍捅掉。当炉温降至 70℃ 时，可用射水枪喷水，将水冷壁上的浮灰冲掉，并使管子上的硬质灰壳、焦块在水的冲击下发生崩裂。燃烧室清焦一般只允许用风镐、大锤等工具去捶打。若结焦严重时，也可用少量炸药进行爆炸。

清焦时的工作要点是：

（1）清焦时应先将有脱落危险的焦块捅掉，以防坠落伤人。清焦工作要从上向下清除。对于炉膛四周的大焦块，可用大锤、钎子将其打碎，以免大焦块坠落时砸伤下面的水冷壁。

（2）清除高处的焦块时，可用结实的梯子或吊篮，也可利用炉膛架子进行。

（3）清除结焦时对管缝中的小块焦体也应清除干净，否则运行中很可能在此生根再次结焦。

（4）在清焦过程中，要同时检查水冷壁管、挂钩和防磨片有无缺陷和断裂。对发现的缺陷和损伤应做好记号，以便进行处理。

（5）清焦地点应有充足的照明。

（6）使用炸药清焦时，应请专业人员操作，以确保人身和设备的安全。

4 燃烧室清焦时的注意事项是什么？

答：为了保证燃烧室清焦时的人身和设备的安全，应注意的事项有：

（1）清理燃烧室之前，应先将锅炉底部渣坑积灰、积渣清除。清理燃烧室时，应停止渣坑出灰，待燃烧室清理完毕再从渣坑放灰。

（2）清焦时应先从上至下，逐步进行。不要先下后上，以免上部焦块脱落伤人，也不允许上下部同时进行清焦工作。清焦时搭设的脚手架必须牢固，即使大块焦渣掉下，也不至于损坏。

（3）固态排渣炉除完焦后，应检查冷灰斗是否有砸坏的管子，并做好记录，以便安排处理。液态排渣炉使用铁镐除焦时，不能挖坏水冷壁管。

第三节　受热面管子的检修

1 受热面管子的磨损主要发生在哪些部位？

答：水冷壁管的易磨损部位为：燃烧器口、三次风口、观察孔、吹灰器附近、点火油嘴附近、冷灰斗斜坡处的水冷壁管和炉膛出口处的对流管等。

过热器、再热器的易磨损部位为：屏式过热器的下端和折焰角紧贴的部分；水平烟道中过热器两侧及底部；烟道转弯处的下部；水平烟道流通面积缩小后的第一排垂直管段；管子与梳形卡接触的部分；顺列管束烟气入口第 3～5 排管子；错列管束烟气入口第 1～3 排管子；穿墙管处；吹灰器通道等处。

省煤器的易磨损部位为：每段省煤器上部三排（尤其顺列第一排，错列第二排），低温区的省煤器管比高温区严重；边排管和管子弯头与炉墙夹缝部位；管卡附近、烟气走廊两侧；省煤器炉内悬吊管和某些炉墙漏风处。

管式空气预热器的易磨损部位是距烟气入口处 20～50mm 的管束和灰浓度大的部位。

2 受热面常见的损坏形式有哪些？各与哪些因素有关？

答：锅炉受热面常见的损坏形式有过热、磨损、腐蚀、焊口泄漏等。

管子的过热主要与超温运行有关，根据超温的时间和幅度，可分为长期过热和短期过热。长期过热虽然超温幅度不大，但长时间的过热可使管子胀粗、管壁变薄，导致爆管。短期过热虽然时间不长，但由于超温幅度大，在短时间内就会使管子发生爆裂。

磨损与灰粒的特性、烟气流速和管排的布置有关。飞灰浓度大，灰粒粗大坚硬，烟气流速高，则磨损严重；错列布置比顺列布置磨损严重。

腐蚀与管外灰的特性和管内介质溶氧有关。管子受烟气的高温腐蚀、低温腐蚀或氧腐蚀后变薄，当管壁减薄到一定程度时，管子就会穿孔泄漏。

焊口泄漏主要与焊接缺陷有关，当焊缝中存在超标的气孔、夹渣、咬边、未焊透等焊接缺陷，在锅炉运行时明显暴露，引起管子的损坏而发生泄漏。

3　怎样检查受热面管子的胀粗？胀粗达到何种程度时应换管？

答：通常锅炉大小修时都应进行受热面管子的胀粗检查。检查时，先用肉眼宏观观察，看有无胀粗、鼓包，对发现异常的部位应重点检查，还要查明原因。可用测量工具，如游标卡尺、特制的外径卡规或样板来测量。对过热器、再热器的监视管段应由专人测量并登记在专用的台账上。所有检查测量结果都应记录并保存，以便观察、比较管子的蠕胀情况。对以前出现过爆管、胀粗、鼓包的管段及邻近区域更要仔细检查。

一般规定，受热面管子的胀粗标准为：合金钢管胀粗不能超过原直径的 2.5%；碳钢管胀粗不能超过原直径的 3.5%。超过上述标准的管子应更换。对于已经局部胀粗的管子，虽未超过上述标准，但已能明显看出金属确已有过热情况，有条件时，也应更换新管。

4　怎样检查受热面管子的磨损？磨损达到何种程度时应换管？

答：首先必须知道各种受热面管子容易磨损的部位，对这些部位的管子做重点检查与测量。检查时可用眼睛看，用手触摸。磨损严重的部位光滑发亮，有磨损的平面及形成的棱角。这时要用卡尺或样板卡规测量管子剩下的壁厚。

当管子的磨损量超过管子壁厚的 30%，或计算剩余寿命小于一个大修间隔期时，应换管。

5　怎样检查受热面管子的腐蚀？腐蚀达到何种程度时应换管？

答：管内腐蚀情况应进行割管检查。割管位置应根据化学监督的要求，对各受热面的监视管段各选 1～2 根管子或弯头进行割管。割管长度从弯头处算起 400～500mm。割管最好用锯割，割下的管段先目视检查内壁，如无腐蚀和结垢，可将管子重新焊上。若腐蚀、结垢较严重时，就应把这段管子对剖，由化学监督人员进行详细检查，确定腐蚀坑深和腐蚀面积。若是合金钢管，还要检查其金相组织变化情况。

管外腐蚀情况检查首先应用眼睛进行宏观观察，看有无腐蚀坑存在。对于眼睛观察发现有较为严重的腐蚀时，同样要进行割管，对管段进行清洗，以进一步确定腐蚀的程度。

当管子腐蚀坑深大于管子壁厚的 30% 时，应换管。

6　抢修时怎样修复泄漏的受热面？

答：在锅炉受热面泄漏，紧急停运，发生临修时，若工期允许，可根据泄漏的部位配置新管，进行更换。若临修工期不允许按正常程序换管，或因管子材料备件准备不足，或管排较密，无法更换时，经总工程师批准后，可采取一些临时换管的措施。如过热器在如图 6-1 所示的位置 C 处发生泄漏，在紧急情况下可从 A、B 处把泄漏的蛇形管割下来，从下边用一根短管将 A、B 处焊接起来，如图 6-1（b）所示。这种换管方法将使一部分受热面短路，应做好检修技术记录和换管的准备工作，待下次检修时，再按正常要求换管，如图 6-1（c）所示。

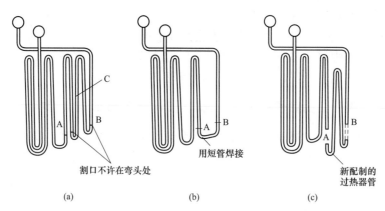

图 6-1　过热器单根换管方法

（a）过热器泄漏位置；（b）临时换管方法；（c）正规换管方法

7　在炉内更换受热面时应注意哪些事项？

答：首先应根据损坏情况确定换管的根数及每根管子的长度，割下旧管后在炉外完成管子的配制。然后在炉内完成对口焊接与热处理后，进行焊口检验。在炉内换管时，由于管排较密，检修空间受到限制，需要根据具体情况采取一些特殊措施，以满足制作管子坡口、对口、焊接、热处理等要求。当管排之间距离较小，无法焊接时，应将管排用倒链向两侧拉开，拉开距离以焊工能施焊为限，拉开后用槽钢做卡子，在相邻悬吊管之间固定，防止管子弹回伤人。同时注意在拉管排时，钢丝绳和管子之间须垫防磨板，以免损伤管子。

进行炉内焊接时，尽量不要通风，以免焊口急速冷却、淬火。管子两头有口时，最好堵起来，以免因穿堂风影响焊接质量。

8　受热面管为什么要进行通球试验？

答：通球试验能检查管内有无异物、弯头处椭圆度大小、焊缝有无焊瘤等情况，以便在安装时消除上述缺陷，防止管内堵塞引起爆管，保证蒸汽流通面积，防止增加附加应力，使管壁温度偏差小。

第四节　汽包内部的清扫与检查

1　汽包打开后锅炉检修人员应怎样配合进行汽包内部的检查工作？

答：汽包打开后，锅炉检修人员应与化学监督和金属监督人员配合进行汽包内部的检查工作。首先请化学监督人员进入，检查并采样后，金属监督人员和检修人员进入汽包内部，按照各自的职能分工进行检查。

2 大修时汽包的检查工作应在何时进行？为什么？

答：大修时汽包的检查工作应在汽包内部清扫和解体工作开展之前进行。因为化学、金属监督人员和检修人员要根据汽包运行时留下的痕迹、腐蚀产物和沉积物，检查判断汽包内的腐蚀与锈蚀情况，汽包内水位变动界线是否在正常位置，汽包壁、封头弧线和汽包纵、环焊缝是否有裂纹（放水后，原在裂缝中浓缩的盐分会渗出来，留下痕迹，有助于裂纹的发现），所有管口是否有缺陷发生等等。汽包清扫与检修工作开始后，将会破坏这些运行痕迹，增加检查的难度与准确性。

3 清理汽包内壁时应注意哪些事项？

答：在清理汽包内壁时，可用钢丝刷或其他机械。清扫时，注意不要将汽包壁划出小沟槽，不要把汽包壁的黑红色保护膜清除掉，因为这层膜是汽包正常运行后形成的，对汽包壁起保护作用。如果把它刷掉，则汽包很快就会生锈。清扫完毕后，要用压缩空气吹干净，再请化学监督人员检查是否合格。

4 汽包检修常用工具及材料有哪些？

答：汽包检修常用的工具有：手锤、钢丝刷、扫帚、锉刀、錾子、刮刀、活扳手、专用扳手、风扇、12V 行灯和小撬棍等。

常用的材料有：螺钉、黑铅粉、棉纱、砂布、人孔门垫子、胶皮垫、胶皮管和煤油等。

5 汽包检修的安全注意事项有哪些？

答：汽包检修工作对安全要求很高，工作时应注意以下事项：

（1）在确定汽包内部已无水之后，才允许打开人孔门。汽包内部温度降到 40℃ 以下时才能进入工作，且要有良好的通风。

（2）进汽包以前，应根据检修锅炉的汽水系统把所有的汽水连接门关闭，并加锁，如主蒸汽门、给水门、放水门、连续排污总门、加药门、事故放水门等。检查汽包确已与系统隔开后，才能进入汽包工作。

（3）打开汽包人孔门时应有人监护，检修人员应戴着手套，小心地把人孔门打开，不可把脸靠近，以免被蒸汽烫伤。

（4）进入汽包后，先用大胶皮垫盖住下降管口，以防工具等掉进下降管里。

（5）汽包内有人工作时，外边要有监护人员，并经常同内部的人员联系，不得离开。

（6）汽包内用 12V 行灯照明，但变压器不允许放在汽包里。

（7）使用进汽包内的工具要登记，材料需要多少取多少。

（8）进汽包内的检修人员衣袋内不许带尺子、钢笔、钥匙等物品，最好穿没有扣子的衣服，用布条代替扣子，以防物品或扣子脱落，掉入下降管内。

（9）在汽包内进行焊接工作时，人孔门口应设有一个独立专用开关，可以由监护人员随时断开。不能同时进行电焊和火焊。

（10）离开汽包时，要清点人数，仔细清点查看工具，不要有遗漏，要用细密的铁丝网将人孔门口盖严，并在四周贴上封条。

第三篇
锅炉辅机检修

第七章

锅炉辅机设备

第一节　风烟系统及其设备

1　什么是锅炉的风烟系统？其作用是什么？

答：由引、送（排）风机及风道、烟道、烟囱及其附件组成的通风系统称为锅炉的风烟系统。

风烟系统的作用在于通过送风机克服送风流程（包括空气预热器、风道、挡板等）的阻力，将空气预热器加热的空气送至炉膛及制粉系统，以满足燃烧和干燥燃料的需要；通过引风机克服烟气流程（包括受热面、除尘器、烟道、脱硫设备、挡板等）的阻力，将烟气送入烟囱，排入大气。风烟系统可以根据设计的需要保持炉膛适当的压力。

2　引、送（排）风机的类型有哪些？其作用是什么？

答：引、送（排）风机的类型按工作特点有离心式和轴流式两大类。

离心式风机按吸风口的数目可分为单吸式和双吸式两种。

轴流式风机按叶片开度的调整方式可分为静叶可调式和动叶可调式两种。

引风机用来将炉膛中燃料燃烧所产生的烟气吸出，通过烟囱排入大气。送风机用于保证供给锅炉燃烧及干燥燃料所需要的空气量。排粉风机是把经细粉分离器产生的乏气送入炉膛进行燃烧。

3　离心式风机按叶片分为哪几种形式？其主要由哪些部件组成？

答：离心式风机按叶片分为后弯式叶片、径向式叶片和前弯式叶片三种形式的风机。

离心式风机主要由叶轮、外壳、进风箱、集流器、导流器（即调节挡板）、轴及轴承等组成。

4　泵的工况调节方式有哪几种？

答：泵的工况调节方式有：节流调节、入口导流器调节、气蚀调节和变速调节四种方式。

5　什么是风机的喘振？风机产生喘振的条件是什么？有哪些症状？

答：风机的喘振是指风机运行在不稳定的工况区时，会产生压力和流量的脉动现象，即流量有剧烈的波动，使气流有猛烈的冲击，风机本身产生强烈的振动，并产生巨大噪声的现象。

风机产生喘振的条件是：

（1）风机工作点落在具有驼峰形 $Q\text{-}h$ 性能曲线右上方倾斜不稳定区域内。

（2）风道系统具有足够大的容积，它与风机组成一个弹性空气动力系统。

（3）整个循环的频率与系统的气流振荡合拍时产生共振。

风机喘振的主要症状有：

（1）流量急剧波动、风压摆动。

（2）产生气流撞击。

（3）风机强烈振动。

（4）噪声增大。

6 轴流风机的工作原理是什么？

答：当风机叶轮旋转时，气体从叶轮轴向吸入，在叶片的推挤作用下获得能量，然后经导叶、扩压器流入工作管路。

7 风机外壳形状的特点是什么？有何作用？

答：风机外壳形状的特点为逐渐扩大的蜗壳形；为了防止磨损，采用适当加厚或加装内衬板的形式。

风机外壳的作用是用于收集从旋转叶轮中甩出来的气体。

8 风机出口扩散段的作用是什么？

答：在风机出口断面上，气流速度仍较高，而出口断面速度不均匀，速度方向偏向叶轮旋转方向，扩散段做成逐渐扩大的形状且偏向叶轮旋转方向一侧，可使得风速降低，提高风压，进一步均匀气流流速。

9 空气预热器的作用是什么？如何分类？

答：空气预热器是一种烟气-空气热交换器，其作用是利用锅炉燃烧产生的热烟气将冷空气加热为预定的热空气温度，以利于燃料的干燥与燃烧，提高锅炉运行的经济性。

空气预热器按传热方式分为表面式空气预热器和再生式空气预热器。表面式空气预热器大多采用管式结构，一般用于容量较小的锅炉；再生式空气预热器多采用回转式结构，有受热面回转式和风罩回转式两种类型，在大型锅炉中使用很普遍。

10 风门挡板的作用是什么？如何分类？

答：关断挡板的作用主要用来隔离系统通道，多用插板门。调整挡板的作用是通过改变介质通道的流通面积来改变流通介质的流量，多用翻板门。

风门挡板按用途可分为关断挡板和调整挡板两类；按结构分为翻板门和插板门两种。

11 送风机和引风机的检修重点有何区别？为什么？

答：送风机转速较高、风压较高，但输送的介质是空气，介质温度是常温且较清洁。因此，送风机的检修重点在对轮找正、轴承间隙的调整上。

引风机转速较低、风压较低，但输送的介质是烟气，介质中含有一定烟尘且温度较高。因此，引风机的检修重点在叶轮、叶片上，检查修补叶轮、叶片，并保证轴承的冷却水畅通。

12　风机试运行应达到什么要求？

答：(1) 轴承和转动部分试运行中没有异常现象。

(2) 无漏油、漏水、漏风等现象。风机挡板操作灵活，开度指示正确。

(3) 轴承工作温度稳定，滑动轴承温度不大于 65℃，滚动轴承温度不大于 80℃。

(4) 风机轴承振动符合以下要求：转速为 3000r/min，振动小于 0.06mm；转速为 1500r/min，振动小于 0.08mm；转速为 1000r/min，振动小于 0.1mm。

13　风机的风量有哪几种调节方法？

答：风机风量调节的基本方法有：节流调节、入口导叶调节、变速调节、旁通调节及动叶调节五种。

14　什么是风量的变速调节？

答：用改变风机转速来调节风量的方法称为风量的变速调节。

15　什么是风机的性能曲线？

答：风机的性能曲线是指在一定的条件下，风机的全压、所需的功率、具有的效率与流量之间的关系曲线。

16　后弯叶片风机的特点有哪些？

答：后弯叶片分为直线和曲线两种。空气在这种叶片中可获得较高的风压和效率，噪声也较小，目前使用最多。

17　离心式风机的压头与哪些因素有关？

答：离心式风机所产生的压头的高低，主要与叶轮直径、转速、流体密度三个因素有关。

第二节　制粉系统及其设备

1　什么是制粉系统？其作用是什么？

答：由磨煤机、给煤机、煤粉分离器、煤仓、粉仓、给粉机及煤粉管道组成的煤粉制备系统称为锅炉的制粉系统。

制粉系统的作用是将煤仓中的煤通过给煤机定量送入磨煤机，煤在磨煤机中磨成粉状，经过煤粉分离设备分离出合格的煤粉，进入炉膛参加燃烧或进入粉仓储存待用。

2　制粉系统是如何分类的？各有何特点？

答：制粉系统可分为直吹式和仓储式两大类。

直吹式制粉系统是将磨煤机磨出的煤粉直接吹入炉膛进行燃烧，可根据磨煤机所处的压力分为正压系统和负压系统两类。

仓储式制粉系统是将磨煤机磨出的煤粉先储存在煤粉仓里，然后再根据锅炉的需要，从煤粉仓送入炉膛。

3 磨煤机是如何分类的？各有何特点？

答：磨煤机按转速可分为低速、中速、高速磨煤机。低速磨煤机，转速为 16～25r/min；中速磨煤机，转速为 40～300r/min；高速磨煤机，转速为 500～1500r/min。

低速磨煤机又称为钢球磨煤机，按外壳形状可分为筒形磨煤机（又可分为单进单出磨煤机和双进双出磨煤机）和锥形磨煤机。其最大特点是能磨制各种不同的煤，适用煤种广，煤粉细度高，工作可靠，能安全地长期运行；缺点是设备庞大笨重，金属消耗量多，占地面积大，投资较大，运行耗电率高，运行时噪声大。

中速磨煤机可分为球式和辊式两种。其优点是耗电量小，设备结构紧凑，金属消耗量少，占地小，噪声较低，运行经济性高，调节比较灵敏。缺点是结构较复杂，对煤种的适应性差，定期维修工作频繁。

高速磨煤机又称锤击式或风扇式磨煤机。其主要优点是磨煤机直接与锅炉配合，不需要很多附属设备，金属消耗量小，投资很低，耗电量小。缺点是击锤易磨损，对煤的适应性更差。

4 简述筒式球磨机的结构。

答：筒式球磨机的主体是一个直径为 2～4m，长为 3～8m 的大圆筒。圆筒从内到外共有五层：锰钢波浪形护板、石棉绝热层、筒体金属、毛毡隔音层和薄钢板护面层。圆筒的两端各有一个端盖，端盖上有空心轴颈，轴颈支承在大轴承上，两个空心轴颈的端部各连接着一个倾斜 45°的短管，其中一个是热风与原煤的进口；另一个是气粉混合物的出口。空心轴颈的内壁有螺旋形槽，在运行中，当有钢球或煤落入时，能沿着槽道回到筒内。在筒体内装有占筒体容积 20%～30% 的钢球，钢球直径一般为 30～60mm。

5 简述低速筒式磨煤机的工作原理。

答：电动机经减速装置带动圆筒转动，筒内的钢球被提升到一定高度，然后落下将煤击碎，煤粉的形成主要是靠撞击作用，同时也有挤压、碾压作用。由圆筒一端进入筒内的热空气（烟气），一方面对煤和煤粉进行干燥；另一方面将制成的煤粉由圆筒的另一端送出。

6 给煤机的作用是什么？有哪些类型？

答：给煤机的作用是将原煤斗的原煤按要求数量均匀地送入磨煤机。

给煤机可分为圆盘式、电磁振动式、刮板式和皮带式四种。

7 刮板式给煤机的特点是什么？

答：刮板式给煤机分为单链条和双链条两种，可通过调节板的高度改变煤层厚度或通过无级变速装置改变链轮转速来进行煤量调节。其优点是不易堵煤，较严密，有利于电厂布置；缺点是当煤块过大或煤中有杂物时，易卡塞。

8 皮带式给煤机的特点是什么？

答：目前常见的是与计量秤配套的电子重力式皮带给煤机，可通过改变皮带上面的煤闸门开度或改变皮带速度来调节给煤量。其优点是可适用于各种煤，不易堵塞，并可准确测定送到磨煤机的煤量；缺点是装置不严密，漏风较大。

9 叶轮给粉机由哪些主要部件组成？

答：叶轮给粉机一般由带齿轮的叶轮轴，装在轴上的上、下叶轮，壳体，固定于壳体上的上孔板、下孔板，搅拌器及给粉挡板组成。

10 螺旋输粉机由哪些部件构成？

答：螺旋输粉机由外壳、装在外壳内的螺旋杆、固定在外壳上的轴承、端部支座、推力轴承及进粉管、出粉管等构成。

11 输粉机的作用是什么？有哪些类型？

答：输粉机的作用是在磨煤机检修或故障的情况下实现粉仓煤粉的补充输送，以防止粉仓缺粉，满足锅炉的正常燃烧需要。

输粉机可分为链式、刮板式、齿索式、螺旋式等。

12 粗、细粉分离器的作用是什么？有哪些类型？

答：粗粉分离器的作用是将不合格的粗粉分离出来，送回磨煤机重新磨制。可分为离心挡板式和回转式两种。

细粉分离器的作用是将风粉混合物中的煤粉分离出来，储存在煤粉仓中。可分为普通式和防磨式两种。

第三节　冷却水、压缩空气系统及其设备

1 冷却水系统的作用是什么？其布置上有何特点？

答：锅炉的冷却水系统用于提供冷却锅炉辅机轴承、齿轮润滑油系统可靠稳定的冷源，系统压力一般为 0.3～0.4MPa，由冷却水箱、冷却水管路、冷却水泵、排水箱及排水泵组成。

冷却水箱的大小根据辅机所需冷却水量而定，一般采用高位布置，排水箱的大小还考虑锅炉的凝结水及疏放水量。冷却水泵和排水泵采用单级离心泵并联布置，一台使用，另一台备用。水泵检修时必须与系统隔离。

2 压缩空气系统的作用是什么？有哪些主要设备？

答：锅炉的压缩空气系统用于提供锅炉气动设备，如燃油系统气动关断阀、汽水系统气动调整阀、风烟系统气动挡板等所需的气源，系统压力一般为 0.4～0.6MPa。

压缩空气系统的主要设备包括：空气压缩机、再生式干燥器、空气压缩机出口储气罐、

系统管路和就地储气罐等。

3 空气压缩机的作用是什么？如何分类？

答：空气压缩机用于将空气压缩成额定压力和流量的压缩空气，以满足气动控制装置或元件的正常工作需要。生产现场常简称为空压机。

空压机可分为柱塞式和螺杆式两种。

4 干燥器和储气罐的作用是什么？

答：干燥器用于将空气压缩机压缩后的空气去除过多的水分，进行干燥。过湿的压缩空气会使气动控制元件失灵。干燥器有再生式和冷冻式两种。

储气罐用于储存一定量的压缩空气，以缓冲系统内的气压波动。储气罐作为一种压力容器，必须定期监察，定期进行焊口的宏观检查和安全门的整定。

初
级
工

第八章

锅炉辅机轴承检修

第一节 轴承损坏的形式及原因

1 滚动轴承常见的损坏现象及原因是什么？

答：滚动轴承的常见损坏现象有：锈蚀、磨损、脱皮剥落、过热变色、裂纹和破碎等。

锈蚀是由于轴承长期裸露于潮湿的空间所致，故轴承需要油脂防护。

磨损是由于灰、煤粉和铁锈等颗粒进入运转的轴承，引起滚动体与滚道相互研磨而产生，磨损会使轴承间隙过大，产生振动和噪声。

脱皮剥落是指轴承内、外圈的滚道和滚动体表面金属成片状或颗粒状碎屑脱落。其原因主要是内圈与外圈在运转中不同心，轴承调心时产生反复变化的接触应力而引起；另外，振动过大、润滑不良或制造质量不好也会造成轴承的脱皮剥落。

过热变色是指轴承工作温度超过了170℃，轴承钢失效变色。过热的主要原因是轴承缺油或断油，供油温度过高和装配间隙不当等。

轴承的内外圈、滚动体、隔离圈破裂属恶性损坏，是轴承发生一般损坏时，如磨损、脱皮剥落、过热变色等未及时处理引起的，此时轴承温度升高，振动剧烈，并发出刺耳的噪声。

2 滑动轴承烧瓦及脱胎的原因是什么？

答：烧瓦即轴瓦乌金剥落、局部或全部熔化，此时轴瓦温度及出口润滑油温度升高，严重时熔化的乌金流出瓦端，轴头下沉，轴与瓦端盖摩擦，划出火星。

烧瓦的主要原因是轴瓦缺油或断油；装配时工作面间隙过小或落入杂物也是烧瓦的一个原因。

脱胎是指轴瓦乌金与瓦壳分离，此时轴瓦振动加剧，轴瓦温度升高。

轴瓦浇铸质量不好或装配时工作面间隙过大是造成脱胎的主要原因。

3 轴承座振动有哪些原因？

答：轴承座振动是辅机设备运行中常见的缺陷。引起轴承座振动的原因很多，当轴承座发生振动时，可从下面的原因中查找分析：

（1）地脚螺栓松动，断裂。

（2）机械设备不平衡振动。

（3）动、静部分摩擦。

（4）轴承损坏。

（5）基础不稳固。

（6）联轴器对轮找正不好，对轮松动。

（7）滑动轴承油膜不稳。

（8）滑动轴承内部有杂物。

4 转动机械轴承温度高的原因有哪些?

答：（1）油位低，缺油或无油。

（2）油位过高，油量过多。

（3）油质不合格或变坏。

（4）冷却水不足或中断。

（5）油环不带油或不转动。

（6）轴承有缺陷或损坏。

5 转动机械安装，对基础和垫铁配置有何要求?

答：（1）基础经验收合格。

（2）设备的基础放线、安装图纸和厂房建筑坐标标准点进行。

（3）安装基础混凝土表面应凿平并与垫铁接触良好；地脚螺栓孔内无积水和杂物。

（4）垫铁应刨削平正，每组垫铁一般不超过三块，垫铁边缘比框基宽才能使用。

（5）垫铁一般安装在地脚螺栓两边和框基承力位置处。在机械安装后，紧好地脚螺栓，用手锤轻击检查，垫铁应无松动现象，然后将各层垫铁点焊成整体。

🏭 第二节 轴承的检修与装配

1 轴承油位过高或过低有什么危害性?

答：轴承油位过高，会使油环运动阻力增大而打滑或停脱，油分子的相互摩擦会使轴承温度升高，还会增大间隙处的漏油量和油的摩擦功率损失；油位过低时，会使轴承的滚珠或油环带不起油来，使轴承得不到润滑而使温度升高，造成轴承烧坏。

2 如何检查轴瓦的缺陷?

答：滑动轴承俗称轴瓦。轴瓦解体后，用煤油、毛刷和破布将轴瓦表面清洗干净，然后对轴瓦表面做外观检查，看乌金层有无裂纹、砂眼、重皮和乌金剥落等缺陷。检查轴颈有无伤痕；用红丹粉检查瓦与轴接触面及触点；检查进油槽是否有足够的间隙，能否保证进油畅通；检查瓦顶、瓦侧间隙是否在合格范围内。

将手指放到乌金与瓦壳结合处，用小锤轻轻敲打轴瓦，如结合处无震颤感觉且敲打声清脆无杂音，则表明乌金与瓦壳无分离。还可用渗油法进行检查，即将轴瓦浸于煤油中 3～5min，取出擦干后在乌金与瓦衬结合缝处涂上粉笔末，过一会儿观察粉末处是否有渗出的油线，如无则表明结合良好，乌金与瓦壳没有分离。

3 怎样进行轴瓦的刮研？

答：轴瓦的刮研就是根据轴瓦与轴颈的配合要求对轴瓦表面进行刮研加工。重新浇铸乌金的轴瓦在车削之后、使用前要进行刮研。

首先查明轴瓦与轴颈配合情况，将轴瓦表面和轴颈擦干净，在轴颈上涂少量红丹油，把轴瓦扣在轴颈处，手压轴瓦，沿周向来回滑动数次，取下查看接触情况，亮点为最高处，黑点为较高处，对高点进行刮削。对亮点下刀要重而不僵，刮下的乌金厚且呈片状；对黑点下刀要轻，刮下的乌金片薄且细长；对红点则轻轻刮挑，挑下的乌金薄且小。刮刀的刀痕下一遍要与上一遍呈交叉状态，形成网状，使轴承运行时润滑油的流动不致倾向一方。每刮削一次按上法检查一次，刮削刀痕应交叉进行，逐次减少刮削量，经多次刮研直到合格为止。

4 刮瓦时产生振痕、凹坑及丝纹的原因是什么？

答：刮瓦时往往会产生脉动现象，称之为振痕。产生振痕的原因是刮瓦时刮削只朝一个方向进行，刮刀平行于工件的边缘以及刀刃伸出工件太长，超过了刀宽的 1/4 等，都容易产生振痕。

刮削时压力过大，刮刀刃口的弧形磨得过大，就会产生凹坑。

刮削时刮刀刃磨得不光滑，刮刀刃有缺口或裂纹，都会导致丝纹的产生。

5 在刮削面上刮花的目的是什么？

答：刮花不仅能增加美观，而且在滑动表面起存油作用，减少摩擦阻力。此外，还可以根据使用中花纹的消失程度，判断磨损程度。

6 轴瓦与轴颈的配合有何要求？

答：（1）要有一定的接触角，一般在 60～90℃ 范围；在接触角范围内，每平方厘米上的接触点不小于两点。

（2）接触角两侧要加工出"舌形"油槽或油沟。

（3）轴瓦或轴承套与轴颈间要有一定的径向间隙，以形成楔形油膜。

（4）要留有一定的轴向间隙。

7 轴瓦为什么要留有径向间隙和轴向间隙？

答：轴瓦与轴径、轴瓦端面与轴肩要留有一定的间隙，分别称为径向间隙和轴向间隙。径向间隙是轴承和轴径之间形成楔形油膜所必需的，分为瓦口间隙和瓦顶间隙。轴向间隙分为推力间隙和膨胀间隙。推力间隙是为保证推力轴承形成压力润滑油膜而必须有的间隙，而膨胀间隙是承力轴承为保证转轴自由膨胀而留的间隙。如图 8-1、图 8-2 所示。

8 如何对轴瓦的间隙进行测量调整？

答：径向间隙的检查可用塞尺直接测量或用压铅丝的方法测量。若是整体式轴承，可用内、外径千分尺分别测量轴瓦内径和轴颈直径，二者之差即是径向瓦顶间隙。径向瓦侧间隙一般用塞尺直接测量。

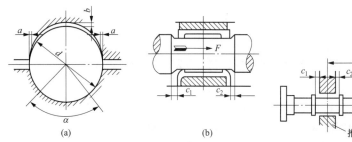

图 8-1 轴瓦与轴径的径向间隙　　　　图 8-2 轴瓦的轴向间隙

a—瓦口间隙；b—瓦顶间隙；c_1+c_2—侧间隙　　c_1+c_2—推力侧间隙；f_1+f_2—承力侧间隙

当测出的径向间隙小于所要求的规定值，此时可通过瓦口加垫片来调整径向瓦顶间隙，但要注意瓦口的密封。垫片只能加一片，厚度为要求值与测量值之差，加垫后要再测一次间隙值，如不合适，需重垫，直到间隙值落在要求范围之内。

轴向间隙的测量可用塞尺或百分表。调整轴向间隙可通过推力瓦块的调整螺钉或车削推力面的方法。

9 轴瓦外壳缺陷的检查和修补方法是什么？

答：在轴承解体检查中，如轴瓦外壳（一般是铸铁件）在不重要的位置有轻微裂纹、断口、凹陷等缺陷时，可用电焊或气焊焊补损坏处，焊后用煤油检查外壳的严密性。如轴承座或上盖在重要地点有较大裂纹或其他缺陷时，则必须更换。

10 轴瓦与瓦座的配合及调整方法是什么？

答：轴瓦与瓦座的结合面为球面形或柱面形，前者可实现轴心位置的自动调整。当轴瓦经过重新浇乌金或焊补乌金或更换轴瓦时，结合面必须检查并重新研磨合格，要求每平方厘米不少于两个接触点。禁止在结合面上放置垫片。

轴瓦与其座孔（瓦座与上盖合成的内孔）之间以 0.02～0.04mm 的过盈（紧力）配合最为适宜，但球形轴瓦应为±0.03mm。紧力过大会使轴瓦产生变形，球形轴瓦失去自动调心作用；配合过松轴瓦就会在轴承座内发生颤动。

测量轴瓦与其座孔配合紧度的方法采用压铅丝法，铅丝分别放在轴背结合面上和轴承壳的上下部分的水平结合面上。

若结合面间隙过大，可采用对轴瓦背面喷镀金属层或用堆焊方法处理，不能修复时更换新瓦。若紧力过大，可采用在瓦座与上盖结合面上加合适的垫片来调整。

11 如何检查滚动轴承的缺陷？

答：（1）将拆下的轴承或新轴承用煤油洗净擦干，检查其表面的光洁度以及有无裂痕、锈蚀、脱皮、磨损等缺陷，检查滚珠轴承内圈与轴的配合紧力是否符合要求。

（2）检查滚动体的形状和尺寸是否基本相同，以及隔离圈的配合情况。

（3）检查轴承旋转是否灵活，隔离圈位置是否正常。方法是用手拨动轴承旋转，然后任其自行减速停止。良好的轴承在飞转时应转动平稳，略有轻微响声，但无振动；停转应逐渐减速停止，停止后无倒转现象。

12 如何检查测量滚动轴承的间隙？

答：滚动轴承间隙是保证油膜润滑和滚动体转动畅通无阻所必需的，包括原始间隙、配合间隙和工作间隙。原始间隙指轴承未装配前自由状态下的间隙；配合间隙指轴承安装到轴和轴承座后的间隙，配合间隙永远小于原始间隙；工作间隙是指轴承工作时的间隙，一般工作间隙大于配合间隙。

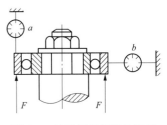

原始间隙的测量可用百分表，如图 8-3 所示。内圈固定，以力 F 抬起外圈，a 表读数即为轴向间隙。同理，内圈固定，水平移动外圈，则 b 表测出径向间隙。

测量配合间隙时，可用塞尺或铅丝放入滚动体和内外圈之间，盘动转子，使滚动体滚过塞尺或铅丝，塞尺或被压扁铅丝的厚度即为轴承的径向配合间隙。轴向间隙可用深度卡尺测量或压铅丝法测量，如图 8-4 所示。

图 8-3 轴承原始间隙的测量

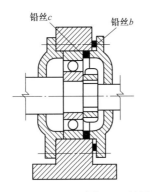 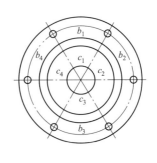

图 8-4 轴承径向间隙的测量

13 滚动轴承的装配要求是什么？

答：滚动轴承的装配要求为：

（1）轴承与轴的配合。轴承内圈与轴为过盈（紧力）配合，过盈量的大小应以技术图纸要求或有关标准规定为准。一般情况下，轴承与轴的配合间隙为 $0.02 \sim 0.05$mm。

（2）轴承与轴承室的配合。轴承外圈与轴承盖之间为间隙配合，一般轴承外圈与轴承盖之间有 $0.05 \sim 0.1$mm 的径向间隙。轴承的承力侧，轴承与轴承室端盖之间应留有足够的膨胀间隙，间隙值与轴长有关。

（3）轴承与轴肩的配合。轴承端面与轴肩端面应贴紧，不能留有间隙。

（4）其他要求。轴承装配时将无型号标志的一面靠着轴肩，便于检查型号。装配时施力要均匀适当，力的大小、方向和位置应符合装配方法的要求，以免轴承滚动体、滚道、隔离圈等变形损坏。禁止用手锤直接敲打内圈。用加热法装配轴承时，油温不得超过 100℃。

14 滑动轴承轴瓦间隙有哪几种？各起什么作用？

答：滑动轴承轴瓦间隙是指轴颈与轴瓦之间的间隙，它有径向间隙和轴向间隙两种。

径向间隙分顶部间隙和侧间隙。径向间隙主要是为了使润滑油流到轴颈和轴瓦之间形成楔形油膜从而达到减少摩擦的目的。

　　轴向间隙是指轴肩与轴承端面之间沿轴线方向的间隙。轴向间隙分推力间隙和膨胀间隙。推力间隙能允许轴在轴向有一定的窜动量。膨胀间隙是为转动轴膨胀而预留的间隙。轴向间隙的作用是防止轴咬死，留有适当活动余地。

15 **滑动轴承轴瓦与轴承盖的配合与滚动轴承与轴承盘的配合有何区别？为什么？**

　　答：滑动轴承轴瓦与轴承盖的配合一般要求有 0.02mm 的紧力。紧力太大，易使上瓦变形；紧力过小，运转时会使上瓦动。

　　滚动轴承与轴承盖的配合一般要求有 0.05～0.10mm 的间隙。因为滚动轴承与轴是紧配合，在运转中由于轴向位移使轴承要随轴而移动。如果无间隙会使轴承径向间隙消失，轴承滚动体卡住。

初
级
工

第九章

传动系统检修

第一节 联轴器检修

1 何谓联轴器？如何分类？

答：联轴器是连接同一或不同机器的两轴，并传递运动和扭矩的一种机械装置。

根据不同的结构，可分为刚性联轴器和挠性联轴器。

刚性联轴器又可分为固定式和可移式两类。固定式在安装和运转时，要求两轴线严格同心，最常用的是凸缘联轴器；而可移式允许有一定限度的偏斜和偏移，常用的是滑块联轴器、齿轮联轴器和万向联轴器。

挠性联轴器因装有弹性元件，不仅可以补偿两轴间的偏移，还具有缓冲减振的能力，适用于正反转变化多，启动频繁的高转速连接，也称弹性联轴器。常用的有弹性圈柱销联轴器、爪形联轴器、蛇形弹簧联轴器等。

2 刚性联轴器装配时的要点是什么？

答：刚性联轴器按结构形式分平面的和有止口的两种。有止口的刚性联轴器两对轮借助于止口相互嵌合，对准中心。止口处按 H7/h6 配合车制，螺栓孔用铰刀加工，螺栓按 H7/h6 配制。螺栓只需与一边对轮配准即可，另一边可留 $0.10\sim0.20$mm 的间隙。没有止口的也称平面刚性联轴器，其连接螺栓需与两边对轮一起配准。两对轮的孔在现场安装时找好中心一起用铰刀加工。

刚性联轴器两轴的同心度要求严格，要求两对轮的端面偏差不大于 $0.02\sim0.03$mm，圆周偏差不大于 0.04mm。

3 拆卸转机联轴器对轮螺栓时应注意什么？

答：拆对轮螺栓前，应检查确认电动机已切断电源。拆卸前在对轮上做好装配记号，以便在装配螺栓时，螺栓眼不错乱，保证装配质量。拆下的螺栓和螺母应配装在一起，以避免装螺栓时错乱。

4 弹性联轴器装配时应注意什么？

答：弹性联轴器在装配时应按规程要求进行，特别注意以下几点：

（1）螺栓与对轮的装配有直孔和锥孔两种。直孔按 H7/h6 配制，锥孔要求铰制，并与螺栓的锥度一致，螺栓的紧固螺母必须配制防松垫圈。

（2）弹性皮圈的内孔要略小于螺栓直径，装配后不应松动。皮圈的外径应小于销孔直径，其径向间隙值约为孔径的 2%～3%。

（3）在组装时两对轮之间不允许紧靠，应留有一定间隙。该间隙值小型设备为 2～4mm，中型设备为 4～5mm，大型设备为 4～8mm。

5　齿形联轴器安装时应注意什么？

答：齿形联轴器安装时应特别注意相对配合位置，轴头上的内、外齿圈部件均应装到位，确保最佳啮合点，避免因补偿性能不好而造成联轴器损坏。

6　联轴器找中心的目的及任务是什么？

答：联轴器找中心的目的是使一转子轴的中心线与另一转子轴中心线重合，即要使联轴器两对轮的中心线重合。具体要求是：

（1）使两对轮的中心重合，也就是使两对轮外圆同心。

（2）使两个对轮的结合面（端面）平行，即两轴中心线平行。

满足上述两个条件，则说明两轴的中心线重合。若所测得的数值不等，则需对两轴进行调整。

联轴器找中心的任务：一是测量两对轮的外圆面和端面的偏差情况；二是根据测量的偏差数值，对轴承（或机器）作相应的调整，使两对轮同心、端面平行。

7　联轴器找中心的方法步骤是什么？

答：联轴器找中心分四个步骤，具体是：

（1）找中心前的准备工作。

1）检查并消除可能影响对轮找中心的各种因素，清除对轮上的油垢、锈斑等。

2）准备桥规时，既要有利于测量，又要有足够的刚性。若用百分表测量，要固定牢固，但要保证测量杆活动自如。测量外圆值的百分表测量杆要垂直轴线，其中心要通过轴心；测量端面值的两个百分表应在同一直径上，并且离中心的距离要相等。装好后试转一圈，并转回到起始位置，此时测量外圆面值的百分表读数应复原。为了测量记录方便，将百分表的小指针调到量程的中间，大指针对到零。若使用塞尺测量，在调整桥规上的测位间隙时，在保证有间隙可塞的前提下，尽量将测量间隙调小。

（2）间隙测量、记录工作。测量时将测量外圆值的桥规转到上方，先测出外圆值 b_1 和端面值 a_1、a_3，外圆值记录在圆外，端面值记录在圆内，记录方法，如图 9-1 所示。每转 90°测量记录一次，共四次，在图中的记录必须与测位相符。

（3）轴瓦调整量计算。绘制中心状态图，计算轴瓦的调整量。

（4）轴瓦的调整。先进行上、下偏差的调整，根据计算的调整量垫高或降低轴瓦，再测量联轴器的偏差值，如上、下偏差符合要求后，即可进行左、右偏差的调整，直到联轴器的上、下、左、右偏差落在允许的范围之内。

8　联轴器对轮找正的允许偏差是如何规定的？

答：找正的允许偏差依转机的转速而定，具体数值见表 9-1。

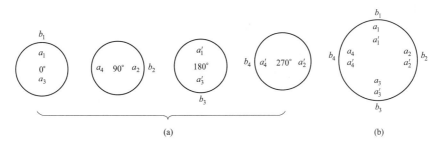

图 9-1　找正测量记录方法

（a）用四个图记录；（b）用一个图记录

表 9-1　　　　　　　　　　　转动设备联轴器找中心端面允许偏差　　　　　　　　　　（mm）

转速（r/min）	≤3000	≤1500	≤750	≤500
刚性联轴器	0.04	0.06	0.08	0.10
弹性联轴器	0.06	0.08	0.10	0.15

9　找正时减速器或电动机底座加垫时应注意什么？

答：找正时，在减速器或电动机底座调整加垫应把厚的放在下边，薄的放在中间，较薄的放在上边，加垫数量不允许超过 3 片；垫片的面积应不小于底座支撑面；垫片应完整，厚度均匀，无杂物。

10　钢球磨煤机传动装置联轴器检修（弹性联轴器与齿形联轴器）的质量要求有哪些？

答：钢球磨煤机传动装置联轴器检修质量按检修规程的规定执行，一般要求如下：

（1）齿形联轴器连续断齿不得超过 3 个，断齿总数不得超过 10 个齿。

（2）橡胶圈与孔配合不许松动，拧紧时胶皮不能鼓起。齿形联轴器内、外套必须成套更换。

（3）联轴器各部尺寸符合图纸要求，螺栓孔同心度偏差不大于 0.1～0.2mm。

（4）一般联轴器孔与轴为过盈配合，过盈量为 0.01～0.05mm（铸铁联轴器孔与轴过盈量为 0.01～0.02mm）；联轴器孔及轴颈圆度偏差应不大于 0.03mm，圆柱度偏差应不大于 0.015mm。

（5）键与键槽两侧不允许有间隙，顶部间隙应为 0.2～0.6mm。

（6）齿形联轴器的内外齿磨损不应超过原厚度的 30％。

11　磨煤机减速器联轴器校正中心工艺要点及质量标准是什么？

答：联轴器校正中心的工艺要点如下：

（1）检查联轴器，安装要符合要求，并做好标记。

（2）固定校正工具（磁力百分表），每次测量时应在两个联轴器各自按相同方向旋转 90°或 180°后进行；测量平面偏差时，每次应在对应 180°的两个测点上进行，以消除转子窜动所引起的误差。

（3）使用塞尺测量应在同一圆周上由同一人进行，每次塞入塞尺片数不得超过 4 片，间隙太大时要采用精加工垫片或直接用钢板尺测量。

（4）利用减速器或电动机地脚加垫、移位等方法，调整联轴器使其同心度达到要求。

（5）磨煤机减速器联轴器校正中心时要以传动装置侧为准，向电动机侧逐个联轴器校正。

磨煤机减速器联轴器校正中心的质量标准按各种联轴器的技术资料确定，一般规定联轴器的径向摆动不应大于 0.1mm；轴向摆动在距中心 200mm 处应不大于 0.1mm；两联轴器之间隙一般取 2～8mm。

第二节　传动装置检修

1　如何检查三角皮带传动装置的检修质量？

答：当皮带轮装好后应检查皮带轮端面与外圆的瓢偏和晃动，检查主动轮与从动轮的相对位置，要求两轮的端面位于同一平面。当两轮的轴距不大时，可用直尺检查；轴距较大时，可用细线检查。

三角皮带装好后检查带轮槽及皮带的紧度。三角皮带两斜面的夹角为 40°，皮带轮的轮槽夹角略小于 40°，使其有一定的紧度。

皮带安装过紧（两轮中心距过大或选用的皮带过短；三角皮带的型号小于轮槽的标准，轮槽没有按标准设计、加工，角度过大，深度过深）或皮带安装得过松都是不正确的。

2　大小修时如何检查测量齿轮传动装置？

答：大小修时对齿轮传动装置应进行认真的检查与测量，以确定其健康状况和需要修理更换的项目。

（1）测量齿轮径向晃动与端面瓢偏度。将百分表的测杆中心垂直于齿轮轴线并通过齿轮轴心，转动齿轮每隔 3～4 齿记下百分表的最大读数，转一圈可得齿轮的径向晃动。再把百分表移至齿轮端面，测出齿轮的瓢偏度。

（2）齿轮啮合情况检查。测量齿隙，将铅丝片放在齿轮啮合处，转动齿轮，铅丝（片）被压扁，测量其厚度，就可得出其侧隙或顶隙。还可用塞尺和塞块直接测得。

（3）检查齿面接触情况。用涂色法（涂料多为红丹粉），以小齿轮的接触痕迹来评定接触的好坏。检查时采用局部啮合方式，即小齿轮往复转动 3～5 次，使大、小齿轮齿面啮合不变。正齿轮要求齿高方向不小于全齿高的 30%～35%，齿长方向不小于齿宽的 40%～70%。伞齿轮要求齿高、宽方向都不小于 40%～60%。

3　蜗轮传动装置检修要点有哪些？

答：蜗轮传动装置的检修要点有：

（1）啮合间隙（侧隙）的测量。用百分表来测量蜗轮齿在蜗杆上的移动距离，或用刻度盘测出蜗杆的转动角度。

（2）检查蜗杆中心与蜗轮齿弧中心的重合状态。检查时用涂色法，根据磨合印痕来判断两中心的重合状态。

（3）蜗杆的检查。重点检查蜗杆表面的粗糙度，发现有麻点或轻微拉毛时应磨光，如磨损严重则应更换新蜗杆。

（4）润滑油的检查。定期检查油量和油质，如发现油中有金属粉末，应放尽旧油，更换新油。

4 减速器主要零件的配合要求是什么？

答：减速机主要零件的配合要求见表9-2。

表 9-2 减速器主要零件配合要求

配合代号	应用举例	装配和拆卸条件
H7/r6	重载荷并有冲击载荷的齿轮与轴的配合，轴向力较大且无辅助固定	压力机
H7/p6	蜗轮轮缘与轮体的配合；齿轮和齿式联轴器与轴的配合。中等轴向力且无辅助固定	压力机
H7/n6	齿轮与轴，摩擦式、牙嵌式离合器与轴，蜗轮轮缘与轮体的配合，受轴向力时须有辅助固定	压力机、拆卸器，槌子
H7/m6	圆锥齿轮与轴的配合	压力机，拆卸器，槌子
H7/h6	滚动轴承的轴承套座与箱体孔的配合	徒手
H7/h6	轴承盖与轴承座孔的配合	
H8/h6 或 H8/h9	挡油环，止退环，带锥形紧固套的轴承与轴	
座孔的公差带 H7	轴承外围与座孔的配合	
轴的公差带 m6、k6、js6 等	轴承内圈与轴的配合	

5 减速器装配技术要求有哪些？

答：减速器装配的技术要求有以下几点：

（1）轮齿侧隙，接触斑点应符合设计要求。

（2）轴承内圈必须紧贴轴肩或定距环，用0.05mm塞尺检查不得通过。

（3）圆锥滚子轴承允许的轴向游隙应符合规定。

（4）底座、箱盖及其他零件未加工的内表面和齿轮（蜗轮）未加工表面应涂底漆并涂以红色耐油漆，底座、箱盖及其他零件未加工的外表面涂底漆并涂以浅灰色油漆（或按主机要求配色）。

6 齿轮减速器传动件的润滑方法有哪些？各有哪些特点？

答：齿轮减速器传动件常用的润滑方法有浸油润滑和喷油润滑。

浸油润滑适用齿轮圆周速度$v{\leqslant}12m/s$。浸入油中的齿轮及其他辅助零件转动时将润滑油带到润滑表面，同时也将油甩到箱盖上借以散热；齿轮浸入油中深度为1～2个齿高，速度高时浸油深度取一个齿高；速度较低时（0.5～0.8m/s），浸油深度可达1/6～1/3的大齿轮顶圆半径。圆锥齿轮浸油深度为整个大齿轮齿宽。在多级减速器中，各级大齿轮的浸油深度应接近。若发生低速级齿轮浸油太深的情况，可安装打油惰轮及油环等装置进行润滑。油池深度一般是大齿轮顶圆到油池底面的距离不应小 $30\sim50$mm，太浅时会搅起沉积在池底的油泥，油池油量可按传递 1kW 为 $350\sim700$cm^3（$0.3\sim0.7$L）来计算。

当齿轮圆周速度 $v>12$m/s，若采用浸油润滑，则搅油损失大，润滑油温升高，易氧化变质，并会将油池底面污物带到啮合面间，故需用油泵将润滑油通过喷嘴喷到啮合表面上，即喷油润滑。一般喷油压力为 $0.1\sim0.2$MPa。当直齿齿轮圆周速度 $v\leqslant20$m/s、斜齿齿轮 $v\leqslant50$m/s 时，油应喷至轮齿的啮出一边，借以冷却和润滑。每分钟供油量应根据散热要求计算，经验数据为：圆周速度 $v\leqslant10$m/s 时，取（$60b\sim120b$）cm^3；圆周速度 $v\leqslant40$m/s 时，取（$200b$）cm^3。其中，b 为齿宽，单位为 mm。喷油润滑系统中的总油量应不少于 3min 的用量。

7 减速器轴承常用的润滑方法有哪些？

答：减速器轴承常用的润滑方法有：

（1）油浴润滑。一般用于轴的位置较低及水平布置的场合，适用于低、中速轴承的润滑。滚动体浸入油池中，油面应大致在最低的滚动体的中心。

（2）溅油润滑。适用于齿轮圆周速度 $v>2$m/s，飞溅到箱盖上的油，润滑油顺着内壁流到箱体部分面上的油沟中，然后流进轴承进行润滑。

（3）脂润滑。当齿轮圆周速度 $v<2$m/s 时，飞溅的油量不能满足轴承润滑需要，可采用脂润滑或其他方法。采用脂润滑时，一般应 $dn<2\times10^5$（d—轴承内径，mm；n—转速，r/min）。润滑脂填入量：当 $n<1500$r/min 时，不超过轴承腔空间的 2/3；当 $n>1500$r/min 时，为轴承腔空间的 $1/3\sim1/2$。采用脂润滑时轴承内侧应设置挡油环，以免稀油进入轴承而将润滑脂稀释。

（4）喷油、喷雾润滑。喷油润滑适用于高速重负荷轴承或减速器传动件采用喷油润滑时。喷雾润滑适用于高速（$dn>6\times10^6$）高温的轴承。

8 减速器常用的密封材料有哪些？

答：减速器的密封是为了防止箱内润滑油漏出和外部灰尘等异物侵入。箱体结合面的密封，可在箱体结合面上涂密封胶，常用的密封胶有铁锚 601 密封胶、7302 密封胶及液体尼龙密封胶等。不允许在结合面上加密封垫，但可以在箱体结合面上开回油槽，以防润滑油外漏。

轴头密封通常采用毡圈、皮碗迷宫及甩油盘等密封装置。

9 消除轴承箱漏油的方法有哪几种？

答：消除轴承箱漏油的方法很多，现场常采用的方法有以下几种：

（1）轴承座与上盖间隙调整适当，更换垫圈。

（2）制定合适的油位线。

（3）检查轴承座壳体、油位计结合面有无漏油。

（4）采取适当措施，尽量减少油位面的波动。

(5) 轴承座壳体结合面开回油槽，轴承加设挡油环。

10 轴承箱地脚螺栓断裂的原因有哪些？如何处理？

答：轴承箱地脚螺栓断裂的原因有以下几种：

(1) 轴承箱长期振动大，地脚螺栓疲劳损坏。

(2) 传动装置发生严重冲击、拉断。

(3) 地脚螺栓松动，造成个别地脚螺栓受力过大。

(4) 地脚螺栓选择太小，强度不够。

(5) 地脚螺栓材质有缺陷。

若由于地脚螺栓选择太小而发生的断裂，应重新选择并予以更换；其他原因断裂的应先消除断裂的因素，对断裂的螺栓可焊接处理或换新。焊接时先将折断的螺栓处清理干净，不得有油污、锈蚀等杂质，并打磨光亮，然后将接口制成 45°斜接口，并打好坡口，焊接前用烤把预热到 500~550℃，焊后用石棉灰进行保温，使其缓慢冷却并作回火处理。

11 防止螺栓连接松动的方法有哪些？

答：防止螺栓连接松动的方法有：

(1) 加装锁紧并帽、开口销、止退垫圈、弹簧垫圈。

(2) 串联铁丝、点铆、顶丝。

(3) 使用带止退垫圈的螺母。

(4) 热紧螺栓。

(5) 定期预紧螺母。

12 齿轮传动的优缺点有哪些？

答：齿轮传动的主要优点有：

(1) 传动比准确、恒定。

(2) 传动比范围大，可减速或增速传动。

(3) 圆周速度和传动功率范围大。

(4) 传动效率高。

(5) 结构紧凑、工作可靠、使用寿命长，适用于近距离传动。

缺点有：

(1) 制造、安装成本高。

(2) 不适合中心距离较远的传动。

13 螺纹连接件锈死后应如何进行处理？

答：螺纹连接件锈死后的处理方法有：

(1) 用松动剂对锈死螺纹进行浸泡后拧出。

(2) 对工件、螺栓进行反复敲振，振松后拧出。

(3) 用火焰对螺母迅速加热、快速拧松。

(4) 用钢锯锯掉部分螺母后用錾子錾螺母。

初级工

（5）用反牙丝攻取断掉的螺栓（钉），边攻边取出。

（6）尚有部分外露的螺栓，用锯弓锯槽后用起子取出或焊螺母拧出。

（7）对于螺钉连接的，可先用电钻钻除后再重新对工件攻丝。

（8）对于双头螺栓连接的，可直接用火焰割除。

第三节　油　系　统　检　修

1 如何清理辅机润滑油系统的油箱、滤油器及冷油器？其质量要求有哪些？

答：辅机润滑油系统检修时，可按下列程序清理油箱、滤油器及冷油器：

（1）取样化验油质，油质不合格的应更换合格油，并将油箱清理干净。

（2）拆卸滤油器进出口法兰螺栓，取出滤油片进行清洗检查。

（3）拆卸冷油器的油、水管路和进出口法兰螺栓，取出冷油器芯子，进行清洗、处理。

（4）检查冷油器芯子的腐蚀情况，腐蚀超标时更换。

（5）对冷油器进行水压试验，经检查发现泄漏时必须处理。

（6）检查油位计。

清理后的质量要求应达到：油箱干净，无污垢；滤油器的滤油网不得压扁及破裂；冷油器的芯子腐蚀不得超过其厚度的 50%；管式冷油器堵管不得超过 10%；油位计和油标应完好，指示正确。

2 辅机润滑油系统齿轮油泵的检修质量要求是什么？

答：辅机润滑油系统齿轮油泵一般尺寸都不大，其检修质量要求是：

（1）油泵外壳无裂纹、砂眼等缺陷。

（2）齿轮与轴套间隙不得大于 0.1～0.5mm，齿轮与壳体径向间隙不得大于 0.25mm，轴套与轴的间隙不大于 0.05～0.2mm，轴套与壳体紧力应为 0.01～0.02mm。

（3）节圆处齿弦厚度磨损超过 0.7～0.75mm 时须更换齿轮。

（4）齿轮啮合的齿顶间隙与齿侧间隙均不得大于 0.5mm。

（5）齿轮啮合面积沿齿长和齿高均不得少于 80%。

（6）油泵外壳与顶盖每平方米应有 2～4 个接触点，不得漏油。

（7）联轴器的轴向与径向偏差不大于 0.08mm。

3 如何检修 RP(HP) 型中速磨煤机油站双筒网式过滤器？

答：将油放掉，拆开滤网法兰盘，拆开滤网组件，运到检修场所；拆卸滤网压盖螺母，取下压盖、顶套和压紧弹簧；检查滤片损坏及其清洁程度；取下滤片和密封垫圈；将拆下的部件放到干净的容器内进行清洗。回装时要按与拆卸相反顺序进行。

检修后的质量要求为：法兰盘的密封材料要求耐油耐压；各部分螺栓应完好，无损坏现象；滤片清洁，滤网为 320 目左右，不得有损坏；密封垫片不得变形或断裂；滤片间压紧，无间隙；过滤室内清洁，无杂物；每个组件要按原位回装，不得互换。

4 如何检修辅机油站换向阀？

答：取下开口销，松开螺母，取下换向扳把和锁紧扳把，拆卸压紧螺母；检查 O 形密封环，应无缺陷和损坏；取出阀芯，检查、清洗，阀芯应光滑平整，无斑点、创伤、无老化等缺陷。回装按拆卸相反方向进行。回装时密封要严密，防止泄漏。安装时换向阀芯要定好位置。各组件内部清洗干净，无异物。阀芯老化时应更换。

初级工

第十章

给煤、给粉及制粉系统检修

第一节 给 煤 机 检 修

1 给煤和给粉系统大修主要项目有哪些？

答：给煤和给粉系统大修标准项目有：

（1）清扫及检查煤粉仓，检查料位测量装置、吸潮管、锁气器、皮带等。

（2）对下煤管、煤粉管道缩口、弯头、膨胀节等处的磨损进行修理或更换。

（3）检修给煤机、给粉机、输粉机。

（4）检修防爆门、风门刮板、链条及传动装置。

（5）清扫检查消防系统。

（6）检查风粉混合器。

（7）检查、修理原煤斗及其框架焊缝。

以下项目可列入特殊项目：

（1）更换整条给煤机皮带或链条。

（2）更换煤粉管道20％以上。

（3）工作量较大的原煤仓、煤粉仓修理。

（4）更换输粉机链条（钢丝绳）。

以下项目可列入重大特殊项目：

（1）全部更换制粉或送粉管道。

（2）改造输煤皮带系统，加长皮带系统达100m以上。

（3）改造原煤仓或煤粉仓。

2 皮带给煤机常见的故障是什么？如何检修？

答：皮带给煤机是一台小型的皮带运输机，其最常见的故障是皮带磨损或断裂。皮带断裂的原因，除皮带自然老化和正常磨损外，还有皮带的张力过大。皮带的断口及接头处，通常用胶合剂黏接。常用的胶接法有热胶法（也称加热硫化法）和冷胶法（也称自然固化法）。热胶法硫化持续时间和硫化温度与皮带的层数有关，具体见表10-1。

表 10-1   热胶法工艺参数

皮带层数	硫化温度（℃）	硫化时间（min）	皮带层数	硫化温度（℃）	硫化时间（min）
3	143	12～15	6	140	30
4	143	18～20	8	138	35
5	140	25	10	138	45

热胶法具体工艺如下：

胶浆使用优质汽油（120 号航空汽油）浸泡胎面胶制成，应用时应调均匀，不得有生胶存在。涂胶一般分两次，第一次涂刷浓度小的胶浆，第二次涂刷必须在第一次涂刷汽油味已消失和不粘手时进行。涂刷胶浆时要及时排除胶面上出现的气泡和离层，涂胶总厚度应使加压硫化后的胶层厚度与原皮带厚度相同。

硫化时皮带接头应有 0.5MPa 左右的夹紧力，同时控制好硫化时间和温度。温升不宜过快，根据皮带层数而定。硫化温度达到 120℃ 时，要紧一次螺栓，始终保持 0.5MPa 的夹紧力。

胶接头合口时必须对正，胶接头处厚度应均匀，无气孔、凸起和裂纹。硫化完后，当温度降到 75℃ 以下时可拆卸硫化器。

冷胶法工艺中应注意以下几点：

（1）无论采用何种黏结剂，均要严格遵照其说明，按配比调配均匀，但调配时间不宜过早，以防挥发失效。

（2）配胶时要先计算好使用量，分两次涂完，刷胶时的涂胶方法同热胶法。

（3）固化时间应根据环境而定，胶接场所的环境温度低于 5℃ 时，不宜进行胶接工作。

（4）固化时胶接头应有适当均匀的夹紧力，胶接头表面接缝处应覆盖一层涂胶的细帆布。

3 刮板给煤机刮板链与滑道检修的技术要求有哪些？

答：刮板给煤机是用板链履带传动的，刮板链上的链板、套筒和销轴最容易磨损。在更换时应成对地更换，保持链板受力一致。链轮的链齿因磨损而影响到正常拔齿时，可对链齿进行堆焊，堆焊后应根据齿形样板加工，恢复其齿形。检修后的链板要求平整，与底板间隙符合设计规定，空转无摩擦现象。轨道要求平直，水平度偏差不大于长度的 2/1000；两轨道之间平行距离偏差不大于 2mm。链条调整装置应有 2/3 以上调整余量。

4 圆盘给煤机本体检修的质量要求是什么？

答：检修时应检查给煤机外壳和转盘的磨损、变形及损坏情况。当圆盘给煤机外壳磨损到 2.5～3mm 时应更换，转盘的不平直度不得超过 5mm。煤量调节门的磨损不超标，调节灵活，开关到位，位置准确，与转盘之间的间隙为 5～10mm。调节门丝杠无毛刺和结垢，无损坏。观察孔玻璃应完整透明。

5 圆盘给煤机试转的质量要求有哪些？

答：圆盘给煤机试转时，应检查各部位的振动值，检查有无漏油、漏煤，检查闸板开关的灵活性以及动、静部位有无摩擦现象。试转合格的质量要求为：

（1）齿轮箱振动不超过 0.04mm，轴承不漏油。

（2）煤量调节门与转盘无摩擦，转盘与外壳无摩擦现象。

（3）煤闸板操作灵活，各部位均不漏煤。

6　耐压式计量给煤机检修时的技术要求和注意事项是什么？

答：检修耐压式计量给煤机时，应注意不得碰坏计量滚筒和传感器；不要碰坏皮带表面和边缘，且皮带表面应无物料黏结及附着。外部清扫器刮板安装位置正确，无偏斜，磨损小于 5mm。安装内部清扫器橡胶板应长出框架 10mm。检修后的轴承应转动灵活；计量托辊转动灵活，不应有跳动及磨损。联轴器的弹性体无老化和裂纹；滚筒轴弯曲不超过 0.5%；套筒滚子链及链轮无严重磨损。

第二节　给煤、给粉机、输粉系统检修

1　如何检修叶轮给粉机？

答：叶轮给粉机检修应按检修规程的要求进行，具体内容是：

（1）放尽减速器内存油，拆卸下粉管，松开给煤机上部法兰螺栓，送到检修场地进行解体。

（2）拆卸电动机地脚螺栓，拆掉联轴器垫木销子。

（3）解体给粉机拨料段，松开刮刀压紧螺母，拆下刮刀，拆下叶轮。

（4）松开压紧螺母，拆卸止口螺栓，解体减速器，检查蜗轮、蜗杆、轴承及密封等部件。检修拨料体零件，组装拨料体。拨料体外壳应无裂纹等损坏性缺陷。

（5）清理检查油封，检查注油管是否畅通，管孔与主轴套上的孔应对正，若不通，需拆下重装。油封要完好，无破损及漏泄。

（6）主轴弯曲度不超过 2/1000，键槽完整。更换主轴密封毛毡，新毛毡要经过油浸，检修轴封压盖及螺栓。

（7）检查罗体及扬料体不得有裂纹。安装主轴，先装下罗体，再装计量叶轮，然后装上罗体、穿销，最后安装供给叶轮和上盖板。罗体与扬料体径向和轴向磨损均不得超过 2mm。

（8）检查刮刀轮。刮刀应无扭曲变形，刀口应平直。轮毂孔与键槽应完整，内孔为过渡配合。刮刀与平台间隙不小于 1mm，转子整体向上窜动量不应大于 1mm。

（9）将刮刀轮装入主轴，配上键，安装刮刀轮压紧垫，紧固压紧螺母。拨料体组装完后检查转子转动的灵活性、刮刀与平台间隙、转子整体上下窜动量。

（10）叶轮轮缘与外壳间的间隙不大于 0.5mm，叶轮与圆盘间的轴向间隙不大于 0.5mm。

2　螺旋输粉机如何解体检修？

答：（1）放尽煤粉，拆下轴承端盖、背帽、卡兰等部件，钩出盘根。抽出转子检查，更换各磨损件。推力侧轴颈磨损严重应更换；支撑侧轴颈磨损，可以堆焊加工后再使用。盘根

处轴颈磨损超过 3mm 时要更换。

（2）检查清洗轴承，内外套与砂架应完整。推力套管的径向或轴向有磨损时应更换，背帽螺纹损坏严重的应更换，轴承滚珠径向间隙超过 0.3mm 时应更换。

（3）螺旋外壳不得有裂纹，螺旋外壳内壁磨损超过 3mm 时应更换。新换螺旋的两段外壳要同心，结合面不允许加垫。槽体应平直完好，外观无缺陷，用样板检查槽形，每段槽体的弯曲不大于 2mm。各段槽体之间法兰及端盖、上盖的连接法兰都要平整，接触良好。

（4）螺旋叶的外圆应光滑，用样尺测量其变形度。螺旋叶的外径偏差不大于 2mm，轴向及径向晃动度不大于 2mm，每段轴的弯曲不应大于其长度的 0.5/1000，螺旋轮轴两端的联轴器中心偏差不大于 0.2mm。

（5）检查吊卡子与吊瓦的接触应严密。检查吊瓦注油管应畅通，上瓦要开有纵向油槽。

3 螺旋输粉机检修后回装的质量要求有哪些？

答：螺旋输粉机检修后回装与加油应满足以下质量要求：

（1）各轴承座的水平偏差在长度上不超过 ±2mm。

（2）槽体平直偏差全长不超过 2mm，槽体弯曲度全长不超过 5mm，中心线标高偏差最大不超过 10mm，横向水平偏差不大于 1mm。

（3）吊瓦与轴颈的顶部间隙为 0.2～0.3mm，两侧不大于 0.15mm。

（4）螺旋叶与槽体间的间隙下部不大于 2～3mm，两边要均匀且偏差不大于 ±2mm，螺旋叶与槽体不得相互摩擦。

（5）吊瓦安装时要求吊瓦与两端轴肩（或节轴联轴器）间的距离相等，并不大于 10mm。

（6）各段吊瓦处预留的螺旋轴膨胀间隙不大于各段轴长的 0.5/1000。

4 磨煤机空转（空载试转）的技术要求有哪些？

答：磨煤机空转的技术要求应符合：

（1）润滑油系统工作正常，无漏油。

（2）轴油温一般不超过 60℃。

（3）磨煤机转动平稳，齿轮不应有杂音。

（4）各转动部件运转正常。

第三节 粗细粉分离器及其他附件检修

1 如何进行离心式粗粉分离器本体的检修？

答：离心式粗粉分离器无转动部件，检修时主要检查构件的磨损与锈蚀情况，焊缝有无脱焊现象，人孔门的密封等。检修本体时，打开人孔门，搭好踏板，在清除内部积粉后，用手锤轻击构件内壁，检查内部磨损程度。防磨板及接头等构件磨损严重的应更换，其他部分的磨损允许进行挖补。各构件铁板和出入口管道的磨损超过其原厚度的 1/2 时应更新。构件的焊缝应着重检查有无裂纹。

检查折向挡板，变形的应校正，局部磨损的可补焊。当磨损超过 1.5mm 时更换。折向挡板的开度调整应灵活，开关实际位置与指示位置相符合。关闭时的间隙不大于 10mm。

2 旋风分离器锁气器的检修内容有哪些？

答：旋风分离器的锁气器有翻板式和活门式两种形式，结构比较简单。检修时，应检查翻板或活门本身的变形情况，要求无变形。在关闭时与门座密合，不能有半侧接触，门座的密封面应平直、无缺口。检查杠杆机构的磨损程度，应在标准之内，动作灵活无卡涩现象。调整锁气器重锤时，要以煤粉管的允许存煤量为准。在保证存煤量达到一定高度时，活门或翻板能自动开启，并保证在关闭时有一定的力量，使活门或翻板与门座有良好的接触。

3 为什么必须保证薄膜式防爆门的检修质量？如何才能保证检修质量？

答：薄膜式防爆门虽然结构简单，但密封性能良好，在风烟系统和制粉系统广泛使用。若检修质量不高，当系统出现压力异常时，防爆门不能及时动作，释放压力，则会扩大故障，造成设备损坏，因此必须保证防爆门的检修质量。

薄膜式防爆门检修后螺栓应齐全，旋紧时要涂黑铅粉油，法兰面涂铅粉油。防爆门铁皮无腐蚀与裂纹，并涂有防锈保护层。更换时严格保证防爆铁皮的设计厚度与设计要求。一般防爆门的结构内层为 5~8mm 的石棉板，中间为防潮油纸，外层为防爆铁皮，铁皮的厚度为 0.25~0.35mm。对于直径 600mm 以上的防爆门，预爆线可为单咬口；直径为 600mm 及以下的可用划痕方法，划痕深度为厚度的 50%。

4 为什么薄膜式防爆门的空气侧要有十字形划痕？

答：对防爆门薄膜的要求是当系统出现爆燃时薄膜能爆破，达到迅速降低压力、保护设备不受更大损坏的目的。为此，薄膜的厚度应较小为宜。但是薄膜也需要一定的刚度，并能保证在一个大修周期内不因腐蚀穿孔而损坏。因此，薄膜的厚度也不能太小，一般为 0.25~0.35mm。为了兼顾两方面的需求，在制作薄膜的镀锌、镀锡铁皮接触空气的一侧，用锯条或其他适宜的锐器刻出十字形划痕，由于划痕处厚度减薄和应力集中，一旦出现爆燃，必然使薄膜沿十字形划痕爆破张开，迅速释放压力，保护风烟系统或制粉系统。

5 机械测粉装置的检修要求有哪些？

答：检查导向滑道、滑轮等应完整灵活，需要时滑轮解体应加油。更换磨损变形的钢丝绳，检查浮标与钢丝绳的固定情况。钢丝绳要柔软，直径一般在 3.6~4.8mm，尽量避免中间接头，在导向滑道中行走应无卡涩，穿过楼板处应有完好的穿壁导管，滑轮转动灵活。测粉操作机构操作方便，料位指示标志清晰，与粉仓内浮标实际位置相符。手摇或电动试验轻松灵活，无卡涩现象。

第四篇
锅炉管阀检修

第十一章

锅炉管道系统

第一节　锅炉汽水管道系统

1 锅炉管道系统包括哪些？

答：锅炉管道系统主要有：主蒸汽管道系统、再热蒸汽管道系统、给水管道系统、减温水管道系统、排污及疏水管道系统、采样及加药管道系统、除灰和除渣管道系统、点火用油管道系统、吹灰管道系统、工业水管道系统、压缩空气管道系统等。

2 按管道内介质压力可将管道划分为哪几类？

答：管道按管内介质压力可划分为六类：低压管道，p_j（介质压力）$\leqslant 2.45$MPa；中压管道，2.45MPa$< p_j \leqslant 5.88$MPa；高压管道，5.88MPa$< p_j \leqslant 9.81$MPa；超高压管道，9.81MPa$< p_j \leqslant 13.7$MPa；亚临界压力管道，13.7MPa$< p_j \leqslant 22.1$MPa；超临界压力管道，$p_j > 22.1$MPa。

3 按管道内介质温度可将管道划分为哪几类？

答：管道按管内介质温度可划分为四类：低温管道，t（工作温度）< -40℃；常温管道，-40℃$\leqslant t \leqslant 120$℃；中温管道 120℃$< t \leqslant 450$℃；高温管道，$t > 450$℃。

4 锅炉主蒸汽管道系统有何特点？

答：从锅炉主汽门或锅炉过热器出口（大容量机组锅炉多无主汽门）至汽机房的主蒸汽管道属于锅炉的主蒸汽管道系统。这段管道系统的工作特点是汽压高、汽温高、管径大、管壁厚，高温高压以上的锅炉均采用含有铬、钼、钒等金属元素的耐高温合金钢制造。

5 锅炉再热蒸汽管道系统有何特点？

答：对于中间再热式机组，连接汽轮机与锅炉再热器之间的管道系统称之为再热蒸汽管道系统。再热蒸汽管道分为热段和冷段。冷段指汽轮机通往锅炉再热器入口的管段，冷段的工作特点为中压、中温、管径大，一般采用优质锅炉碳素钢制造。热段指锅炉再热器出口至汽轮机汽缸的管段，热段的工作特点是高温、中压、管径大，采用耐高温的合金钢制造。

6 锅炉给水管道系统、排污水管道系统和减温水管道系统有何特点？

答：由给水泵出口经高压加热器到锅炉省煤器的全部管道系统称为锅炉给水管道系统。其特点是工作压力高（为锅炉范围内压力最高的管道），温度较低，大都是碳钢制造的厚壁管道。

为保证炉水质量和蒸汽品质，自然循环锅炉要进行排污。排污水管道系统包括从汽包引出的连续排污管和从水冷壁下联箱引出的定期排污管及其附件。其特点是高压、中温，这一部分管道为小直径碳钢管道。

大容量锅炉都装有数级喷水减温器，用来调整过热汽温和再热汽温。提供喷水减温器用水的管道及其部件称为减温水管道系统。由于减温水多采用给水，因此该系统的特点是高压、低温，一般采用碳钢管，但有一些部位也有用合金钢管的。

7 锅炉疏放水管道系统有何特点？

答：为排除汽包、水冷壁、过热器、省煤器和各种联箱的积水，或设备检修时排尽锅炉内的凝结水，为减少工质损失而进行疏水回收，设置了锅炉疏放水系统。这个系统的特点是：正常运行中基本没有疏水，系统中的蒸汽停滞不动，有时会变成凝结水。疏水时，先排走凝结水，而后排走蒸汽，管壁温度会急剧上升，属于高温高压管道，且工作压力、温度波动较大，有冲击。疏放水系统多采用小直径、合金钢管。

8 省煤器蛇形管在烟道中的布置方式有哪几种？各有何优点？在锅炉中采用哪一种布置形式？

答：省煤器蛇形管在烟道中的布置方式有纵向布置和横向布置两种方式。

纵向布置是指蛇形管放置方向与炉膛后墙垂直。优点是：由于尾部烟道的宽度大于深度，所以管子较少，支吊比较简单，且平行工作的管子数目较多，因而水流速较低，流动阻力较小。缺点是：这种布置全部蛇形管都要穿过烟道墙，从飞灰磨损角度来看很不利。因为当烟气从水平烟道流入尾部烟道时，拐弯处将产生离心力，使烟气中灰粒多集中在靠近后墙的一侧，这就造成了全部蛇形管严重磨损，检修时要更换全部磨损管段。

横向布置是蛇形管放置方向与后墙炉膛平行。优点是：仅有少数几根蛇形管靠近后墙，使管子的磨损情况得到了改善，磨损仅局限于靠近烟道的几根管子，磨损后只需要换几根管子，因而防护和维修均方便。缺点是：平行工作的管数少，因而水流速高，阻力大。

在煤粉炉中一般采用横向布置方式。

9 简述水锤的概念、水锤的危害以及水锤的预防措施。

答：水锤的概念：在压力管路中，由于液体流速的急剧变化，从而造成管中液体的压力显著、反复、迅速变化，对管道有一种"锤击"的特征，称这种现象为水锤（或称水击）。

水锤的危害：水锤有正水锤和负水锤。正水锤时，管道中的压力升高，可以超过管中正常压力的几十倍至几百倍，以致使壁衬产生很大的应力，而压力的反复变化将引起管道和设备的振动，管道的应力交变变化，都将造成管道、管件和设备的损坏。

负水锤时，管道中的压力降低，也会引起管道和设备振动。应力交替变化，对设备有不利的影响。同时负水锤时，如压力降得过低，可能使管中产生不利的真空，在外界大气压力的作用下，会将管道挤扁。

预防措施：为了防止水锤现象的出现，可采取增加阀门开启时间，尽量缩短管道的长度，以及管道上装设安全阀或空气室，以限制压力突然升高的数值或压力降得太低的数值。

10 管道在安装中为什么要进行"冷拉"？

答："冷拉"是在安装情况下，将两固定支架之间的管道在某个方向上的投影长度截短一个数值，然后将易于弹性变形的各个弯头部分给同一方向强力拉长一个数值，这个数值称为冷拉值。这个冷拉值就是抵消了热态下管道热伸长量的一部分（或全部），从而达到减少管道热位移和热应变力的目的。

第二节　锅炉燃油管道系统

1 燃油供油系统包括哪些设备？

答：燃油供油系统包括油罐、过滤器、油泵、油加热器、管路、阀门和附件等，还包括回油管、蒸汽伴热、吹扫管和疏水管。

2 炉前燃油管道有哪些特点？

答：炉前燃油管道有以下特点：

（1）锅炉燃油管道一般为循环系统，设有供油管和回油管；即使不投燃油，燃油也在不停地循环，防止燃油造成凝固和堵管。

（2）炉前油系统一般都配备有蒸汽吹扫管道，以便于吹扫油燃烧器和检修前吹扫管路。吹扫管路中的蒸汽始终保持一定的温度和压力，需要随时进行疏水。

（3）每台锅炉的供油管和回油管上都装有快速切断阀、油压调节阀和流量计。

（4）所有管路均使用无缝碳钢管，阀门和管道附件没有铸铁件。

（5）在供油和回油管的最高点装有放空气管，最低点设有放油和吹扫疏水管。

（6）所有燃油管道均有一定的坡度，且坡度不小于 3‰。

第三节　扩容器及水位计

1 锅炉管阀专业范围内的压力容器主要有哪些？

答：锅炉管阀专业范围内的压力容器主要有：扩容器（包括疏水扩容器和连续排污扩容器）、压缩空气储气罐等。

2 简述扩容器的作用。

答：锅炉的扩容器有疏水扩容器和连续排污扩容器，它们都是用来接收锅炉各处排出的压力较高的汽水，并在容器中进行扩容降压和汽水分离，回收一部分工质和热量。

3 锅炉汽包水位计的作用及工作原理是什么？

答：锅炉汽包水位计的作用有两个，一是用来指示汽包内的水位；二是用来校对核实操作盘上的远传水位表的准确性，以及提供调节系统的信号脉冲。

水位计是用连通管的工作原理指示汽包水位的。根据连通管原理，两个形状不同、大小不等的容器在底部连接起来，如果上部压力相同，则液位高度相等。

汽包和水位计可以看成是两个形状不同、大小不等的容器。下部通过水连通管连接起来，而上部的压力则由汽连通管将汽包蒸汽空间和水位计的上部连接起来，压力都等于汽包的蒸汽压力。所以，水位计指示的水位就代表了汽包水位。

由于汽包水位计的构造和工作原理非常简单，其指示的水位非常准确，工作可靠性很高。所以，即使是亚临界压力的汽包锅炉，在汽包上也装有两个彼此独立的水位计。

4　水位计的类型有哪些？

答：按结构形式可分为管式水位计和板式水位计；按显示方式可分为单色水位计和双色水位计；按显示窗的材质可分为玻璃水位计、云母水位计和石英水位计；按公称压力可分为低压水位计、中压水位计、高压水位计和超高压水位计等。

5　常见的汽包水位计有哪几种？

答：中低压锅炉最早广泛采用的是玻璃板水位计，其玻璃板厚度较大而承压面积较小，但由于玻璃在高温条件下耐碱性炉水的腐蚀性较差，而且玻璃板在水位计内侧受炉水高温，另一侧为环境温度，热应力大，容易损坏。所以，玻璃板经常需要更换。后来出现一种石英管水位计，其石英管耐碱性炉水侵蚀和温度变化性能好，强度高，管壁薄，热应力小，而且加背景照明和红绿玻璃，可以双色显示，水位清晰。所以正在逐步替代玻璃板水位计。

高压和超高压锅炉的炉水温度更高，炉水侵蚀性更大，而且压力高，玻璃板和石英管无法满足使用要求，多采用云母水位计。为了能承受较高的压力和降低云母片的厚度，以便提高水位计的清晰程度，只能把观察窗做成很窄的一条，加之云母的透光性差，且容易附着氧化铁，所以观察起来比较困难。近几年，出现了一种多窗和牛眼式水位计用于高压及亚临界参数锅炉的汽包，由于多窗或牛眼视窗面积小，可以降低玻璃的厚度，内壁衬有薄云母片，可以防止玻璃受高温炉水的侵蚀，加装背景照明和折射装置，可以使水位计呈现双色显示，使得观察起来更加清晰方便。多窗水位计多用于高压锅炉，其视窗分两列交错，避免观察的盲区。牛眼水位计用于亚临界锅炉，窗口呈圆形，但存在盲区。

6　磁翻式水位计的工作原理是什么？

答：磁翻水位计主要由不导磁的筒体、连通管、浮子、外置式双色磁翻显示板等构成。其连通容器内装有带有磁性的浮子，显示面板上装有许多可自由旋转的圆柱状永磁体，其沿直径方向的 N 极和 S 极被漆成不同的颜色。当连通容器内的液位随被监视容器内的液位上下变化时，显示板上的柱状磁体被浮子上的磁体影响会翻转呈现不同的颜色，由此可以判断液位的高低。

它的主要优点是显示部分不与容器直接相连，可以使用在压力较高的压力容器上，同时不受容器内工作介质的限制，增加了设备的安全性。缺点是当介质温度较高时，浮子容易失磁，影响显示的正确性。

第四节　管道的膨胀、补偿及其支吊

1　什么是管道的热胀补偿？

答：热力管道是在常温下安装，投入运行后则处于高温下工作，管子轴线长度将因热胀而伸长。如果膨胀受阻，管道内部将产生很大的热应力，或者顶坏与之相连的设备，如果管道热胀后任其伸长，管道另一端会有较大的位移，与之相连的设备、附件也将有相应的位移，这样会造成设备发生故障，实际情况也没有位移的空间条件。因此，管道的热胀需要设法予以补偿。所谓热胀补偿，就是减小热胀伸长而产生的热应力的措施，也就是使管道有一定的弹性变形来吸收热伸长，以补偿热应力，使热应力减小到允许范围内。

2　管道热补偿的基本方法有哪些？

答：管道热胀补偿的具体方法很多，但归纳起来为两种，即热补偿与冷补偿。

热补偿是设法降低管道的刚度，使其变得柔韧而富有弹性，在管道热胀时能产生一定的自由弹性变形，来吸收热胀伸长，达到降低热应力的目的。热补偿方法分自然补偿和补偿器补偿。自然补偿是利用管道系统中因布置而出现的弯头、空间走向的形状，引起管道本身弹性弯曲和扭转来吸收热伸长。补偿器补偿是在管道上加装补偿器来吸收热伸长，常用的有Ⅱ形补偿器和波形补偿器。

冷补偿（冷拉）是利用管道在冷态时预加一个与热胀方向相反的拉应力，用以抵消热伸长时的热应力。

3　常用的管道补偿器有哪几种？

答：常用的管道补偿器有：Ⅱ形补偿器、波形补偿器、填料套筒补偿器和柔性接头补偿器。

4　Ⅱ形（Ω形）弯曲管补偿器有何使用要求？其补偿性能取决于哪些因素？

答：Ⅱ形弯具有优良的弹性变形补偿热位移的功能，运行可靠，容易制作，适合于任何压力和温度的管道。但尺寸和所占位置较大，流动阻力也较大。弯曲管补偿器一般安装在两支管段的中间。在工作时，补偿器两边所受的膨胀力是均匀的。弯曲管补偿器的弯曲半径通常采用管外径的4倍。应用弯曲管补偿器的时候，应注意管段的疏水和排气要求。

Ⅱ形（Ω形）补偿器的补偿性能取决于臂长和弯曲半径，而与档距无关。臂长越大、弯曲半径越大，则可以吸收的位移越大。

5　填料套筒补偿器有何优缺点？

答：填料套筒补偿器由内、外套筒组成，内外套筒间装有填料，它使管道补偿位置无直接的连接，在填料压紧保证密封的条件下，热位移可以在套筒间的相对位移中吸收，除克服摩擦阻力外，这种补偿方式不存在强制力，这是它的优点。

由于任何填料密封均有泄漏的可能，且填料有相应的使用寿命，填料套筒补偿器的使用也受到限制。

6　管道的冷紧原理是什么？

答：管道的冷紧也称冷拉，是一种特殊而又重要的冷补偿方式。它的基本原理是：安装时在管道选定部位设一个预留有三个方向冷拉值空隙的管道对口，用强制力进行冷紧对口焊接，这个强制力的方向与管道在该处的热位移方向相反。在冷紧焊接后，在管道的限位点之间预加了一个冷态内应力，此应力可以部分或全部抵消管道的热胀应力，在抵消管道热胀应力的同时，减小了各管道部位的热胀位移量。它对弹簧支吊架特别有利。

7　管道支吊架的作用是什么？

答：支吊架的作用是一方面承受管道本身及流过介质的质量；另一方面用来固定管子，承受管子所有的作用力、力矩，并合理分配这些力，合理引导管道位移方向，满足管道热补偿及位移的要求，保证管道的稳定性，减少管道的振动，从而保证管道的安全运行。

8　管道支吊架的类型有哪些？

答：常用的管道支吊架有以下几种类型：

（1）固定支架。用来固定管子，使其受热膨胀时不发生任何方向的位移和转动，并承受管道的质量、推力和力矩。

（2）导向支架。承受管道质量，限制或引导管道位移的方向。它对管道有两个方向的限位作用，它能引导管道在导轨方向（即轴线方向）自由热位移，起到稳定管系的作用。

（3）活动支架。除承受管道质量外，还限制管道位移方向，它只对管系的一个方向有限位作用，而对其他两个方向的热位移不限位。活动支架可分为滑动支架和滚动支架。

（4）吊架。分为刚性吊架、弹簧吊架、限位支吊架。刚性吊架只对管道向下位移有限位作用，允许有少量的水平方向位移。弹簧吊架用于既有水平方向位移又有垂直方向位移的管道吊点。限位支吊架不以承载为目的，而以限制管道限位支吊点某一个方向的热位移为专用的支吊架，它有稳定管系和控制管线热位移的重要作用。

（5）减振器是一种特殊支吊架，专用于某些管道的易振和强振部位，用以缓冲和减小管道因内部介质特殊运动形态引起的冲击和振动。

9　为什么要考虑汽水管道的热膨胀和补偿？

答：汽水管道在工作时温度可达 $450\sim580℃$ ，而不工作时温度均为室温 $15\sim30℃$ ；温度变化很大，温差为 $400\sim500℃$ 。这些管道在不同工作状态下，即受热和冷却过程中都会产生热胀冷缩。当管道能自由伸缩时，热胀冷缩不会受到约束及作用力。但管道都是受约束的，在热胀冷缩时，会受到阻碍，因而会产生很大的应力。如果管道布置和支吊架选择配置不当，会使管道及其相连的热力设备遭到破坏。因此，要保证热力管道及设备的安全运行，必须考虑汽水管道的热膨胀及补偿问题。

第十二章

阀门及管道附件

第一节 阀门基本知识

1 阀门的作用是什么？对阀门性能有哪些基本要求？

答：阀门安装在管道系统中，用以接通或切断介质、调节介质流量、改变介质流动方向以及保证安全等，是重要的管道附件。它对运行的安全性、经济性有着重大影响。

在管道系统中对阀门的性能有以下基本要求：

（1）要有足够的强度，能在工作参数下长期运行而不发生破损泄漏。

（2）在保证基本性能要求前提下，结构简单。

（3）工质流经阀门时，阻力小，严密性高。

（4）操作与维护方便。

（5）调节性能要良好，某些阀门能根据工作需要，迅速地开启与关闭。

2 阀门按用途可分为哪几类？

答：阀门按用途可分为六类：

（1）关断阀门。用来切断或接通管道介质，如闸阀、截止阀、球阀等。

（2）调节阀门。用来调节介质压力和流量，如调节阀、减压阀、节流阀等。

（3）保护阀门。用来起某种保护作用，如安全阀、快关阀等。

（4）止回阀门。用来防止介质倒流，如止回阀。

（5）分配阀门。用来改变介质的流向，起分配作用，如三通球阀、三通旋塞阀、分配阀。

（6）排水阻气阀门。用来排除凝结水，保存蒸汽，如疏水阀。

3 阀门按公称压力可分为哪几类？

答：阀门按公称压力（PN）可分为五类：

（1）低压阀门，PN≤1.6MPa。

（2）中压阀门，2.5MPa≤PN≤6.4MPa。

（3）高压阀门，10MPa≤PN≤80MPa。

（4）超高压阀门，PN≥100MPa。

（5）真空阀，PN 低于大气压力。

4　阀门按工作温度可分为哪几类？

答：阀门按工作温度可分为四类：

（1）低温阀门，$t < -30℃$。

（2）常温阀门，$-30℃ \leqslant t < 120℃$。

（3）中温阀门，$120℃ \leqslant t \leqslant 450℃$。

（4）高温阀门，$t > 450℃$。

5　阀门按驱动方式可分为哪几类？

答：阀门按驱动方式可分为手动阀、电动阀、气动阀、液动阀、自动阀等。

6　什么是做阀门的公称压力和公称直径？

答：阀门的名义压力称为阀门的公称压力，用 PN 表示，单位为 Pa。

阀门进出口通道的名义直径称为阀门的公称直径，用 DN 表示，单位为 mm。

7　阀门阀体常用材料有哪些？

答：阀体材料是根据介质的种类和工作参数（压力、温度）来决定的。低压中温阀门的壳体可用铸铁制成；高、中压阀门可用碳钢制造；高温高压阀门用合金钢制造；用在腐蚀性介质环境下的阀门通常用不锈钢制造。

8　阀门的工作压力与工作温度有何关系？

答：阀门在工作状态下的压力称为工作压力，阀门工作压力用 p 加有下标数字组合来表示，下标数字表示最高工作温度除以 10 的商的整数。如 p_{42} 表示阀门介质最高温度为 425℃。

阀门所能承受的压力与阀门的材质和工作温度有关，同种材质的阀门，其工作压力随使用温度的升高而降低。

9　阀门的型号如何表示？

答：阀门型号主要表明阀门的类别、作用、结构特点及所选用材料的性质等。一般用七个单元组成阀门型号，其排列顺序为：

第一单元为类别代号，用汉语拼音字母表示。

第二单元为传动方式代号，用一位阿拉伯数字表示，对于手动、手柄等直接传动或自动阀门无代号。

第三单元为连接方式代号，用一位阿拉伯数字表示。

第四单元为结构形式代号，用一位阿拉伯数字表示，结构型式代号因阀门类别不同而异。

第五单元为密封面或衬里材料代号，用汉语拼音表示。

第六单元为公称压力数值。

第七单元为阀体材料代号，用汉语拼音表示，除特殊材料阀门外，一般常省略。

🏭 第二节　锅炉常用阀门及其构造

1 简述闸阀的特点和用途。

答：闸阀的优点是流动阻力小，开闭较省力，不受介质流向的限制，介质可以两个方向流动，结构尺寸较小，全开时密封面受介质冲刷小。缺点是结构复杂，高度尺寸较大，开启需要一定的空间，开闭时间长，开闭时密封面容易受冲蚀和擦伤。

闸阀一般用于公称直径 DN 为 15～1800mm 的管道上，做切断用。在蒸汽和大直径锅炉给水管道中，由于流动阻力一般要求较小，故多采用闸阀。

2 简述截止阀的形式、用途和特点。

答：截止阀按阀杆螺纹的位置分为外螺纹式和内螺纹式。按通道方向分为直通式、直流式和角式。截止阀开启高度小，关闭时间短，密封性较好，但流体阻力大，开启、关闭力较大，且随着通路截面积的增大而迅速增加。因此，截止阀口径 DN 一般在 200mm 以下。

3 简述逆止阀的作用与用途。

答：逆止阀又称止回阀、单向阀等，它在管道系统中的作用是，只允许流体按规定的方向流动，而不允许反向流动。当流体按规定的方向流动时，阀芯在流体的动能作用下自动开启；当流体逆流时自动关闭截断流体的通道。

逆止阀的结构形式很多，有升降式、旋启式、液压式等。在热力系统中，逆止阀的应用很广泛，如水泵出口、锅炉给水管道等不允许流体反向流动的管道，均装有逆止阀。

4 安全阀的作用是什么？有哪几种类型？

答：安全阀的作用是防止锅炉及其他承压容器超压，是保证锅炉及压力容器安全运行的重要保护装置。当锅炉或其他承压容器内工质压力超过规定值时，安全阀能够自动开启释放工质泄压，使压力恢复到正常范围。

安全阀类型比较多，电站锅炉上常用安全阀有以下几种类型：
（1）重锤式安全阀，也称杠杆式安全阀。
（2）弹簧式安全阀。
（3）脉冲式安全阀。
（4）活塞式盘形弹簧安全阀。
（5）液压控制安全阀。

5 调节阀的调节原理是什么？调节阀有哪些形式？

答：调节阀是通过改变介质通流面积来调节介质的流量和压力。

调节阀结构形式多种多样，按结构可分为回转式和升降式。回转式调节阀结构简单，调节精度低，适用于小压差工况下使用。升降式调节阀形式较多，按阀瓣的形式可分为套筒式、针形式、柱塞式、闸板式等。按阀座结构又分为单座调节阀、双座调节阀及多级调节阀。升降调节阀调节精度较高，有的还可以实现关闭功能。多级调节阀多用于大压差工况下使用。

6 蝶阀有何特点？

答：蝶阀结构简单，体积小，质量轻，流动阻力小，启闭容易，动作速度快且比较省力。低压下可以实现良好的密封，调节性能好，既可用于截断介质，也可用于调节流量。但蝶阀在高压下使用密封性较差，它一般使用在压力不超过 1MPa 的水管道上，在火电厂的冷却水、凝结水、化学水处理系统上得到广泛应用。

7 球阀有哪些特点？

答：球阀是依靠球形的阀瓣在阀体内作 90° 旋转实现开启和关闭功能。球阀结构简单，体积小，质量轻，流动阻力小，动作速度快，密封可靠，安装位置要求小。许多有快速关闭要求的关断阀多使用球阀。但由于阀瓣为球形，阀瓣和阀座加工精度要求高。目前常见的球阀大多为金属阀瓣、非金属软性阀座，由于阀座为非金属的，其使用温度受到限制。随着机加工技术的发展，已开始制造和使用金属座球阀来替代小口径的截止阀和闸阀。因此，球阀的应用会越来越广泛。

8 升降式止回阀的安装有何要求？

答：升降式止回阀的安装位置应使阀瓣的动作方向垂直于水平方向。卧式升降止回阀应安装在水平管道上，立式升降止回阀应安装在垂直管道上。

9 闸阀的阀瓣有哪些形式？楔形闸阀闸板的倾角取决于什么因素？

答：闸阀的阀瓣称为闸板，按形状分为楔式和平行式，按结构分为单闸板、双闸板和弹性闸板。

楔形闸阀闸板倾角的大小与介质温度和阀门口径有关。一般情况下，介质温度越高，口径越大，所取倾角越大，这样做是为了防止温度变化时，闸板被卡死，造成无法开启。

10 大口径闸阀为何设置阀腔连通管？

答：大口径闸阀一般都设置连接阀腔和阀门出口或入口的连通管。这样做的目的是：使用中关闭阀门后，阀腔内部的密封空间内存有介质，如果管道内介质温度上升，会将阀腔内的介质加热膨胀产生压力，对楔形闸板产生压向阀座的推力，将闸板卡死在阀座上，设置了连通管，就会使阀腔内与阀门外某一侧连通，防止阀腔内介质压力升高而卡死闸板。

第三节 管道连接件

1 常见的管道连接件有哪些？

答：常见的管道连接件包括异径管、三通、弯头、法兰和焊缝等，通常称为管件。

2 异径管有哪些形式？

答：异径管按形状分为同心异径管和偏心异径管。同心的用于连接中心在一条直线上的两根不同直径的管子，偏心的用来连接同一管底标高的两根不同直径的管子。

异径管按制作方式可分为锻压或冲压异径管和焊接异径管。焊接异径管使用压力和使用温度较低。高压厚壁管使用的异径管通常都是锻压制成。

3 常见三通有哪些形式？

答：三通又称丁字弯，用于管道分支。按主、支管径分为等径三通和异径三通；按分岔交角分为直三通、斜三通和 Y 形三通；按压力等级分高压、中压和低压三通；按制造特征分为普通焊接式、厚壁加强的各种焊接式三通、单筋加强式、披肩加强式和蝶式加强三通以及由制造厂家提供的锻制三通、热压三通、热拔三通、铸造三通等；按几何形体分管状三通、小方形三通、球形三通；按连接形式分法兰三通、焊接三通和螺纹三通；按材质有碳钢三通、合金钢三通等。

4 法兰的密封原理是什么？

答：将圆心呈对称布置的法兰螺栓施加均衡的紧力时，紧力传递到对装法兰，由于法兰都有凸台结构，紧力是以力矩的方式作用在法兰结合面的，法兰在力矩作用下产生弹性变形并以弹性力在结合面产生压强，压紧中间垫片阻止介质泄漏，当压强达到介质压力的 2.5～4 倍时，即可达到良好的密封性能。

5 什么是流量孔板？其工作原理是什么？

答：流量孔板是测量管道中流体流量的测量装置，用孔板测量流量在发电厂中被广泛采用。例如蒸汽、给水、凝结水等都利用孔板测量流量。

流量孔板的厚度较薄，通常在 3～10mm 范围内。它是经过加工的一个圆盘，中间的通流孔经过磨床加工，有严格的形状要求，入口部分是圆柱形，出口部分是渐扩的圆锥形。孔板的入口部分是严格的直角，不能有任何毛刺，更不准有倒角。由于孔的直径比管径小，工质流经孔板时被节流，产生压降。压降的大小与流量的平方成正比。因此，测出孔板前后的压差，就能测出工质的流量。

第十三章

中低压阀门的检修

第一节　管阀检修常用材料和工具

1　简述管道内壁清扫机的作用及结构。

答：如果更换、安装的管子内表面有锈层，可使用管道内壁清扫机清除。它由圆盘状的钢丝刷通过软轴，由电动机驱动，钢丝刷的直径可根据不同的清洗管径而更换，清洗长度不大于 12m。

2　管口切割样板的作用是什么？

答：管道切割和制作坡口时，为保证接口制作规范，满足对口间隙和焊接要求，需制作和应用管口样板进行划线。常用的管口样板有直口、斜口（马蹄口）和三通口（马鞍口）样板，一般用硬纸或薄石棉橡胶板运用投影的方法画出并制作。

3　阀门使用的填料应具有哪些性能？

答：阀门使用的填料应具有以下性能：

（1）具有一定的弹性，起密封作用。

（2）与阀杆、转轴等的摩擦要小，更不应有阻碍阀杆、转轴转动的现象。

（3）能承受一定的温度和压力，在温度变化或压力作用下不易变形、变质、工作可靠。

4　柔性石墨材料的优点是什么？

答：柔性石墨材料是一种不含任何黏结剂的纯石墨制品，其优点是回弹性好，切口填料能弯曲成 90°以上；适应温度范围广，可在 −200～1600℃ 下工作；耐压性能好，使用压力可达 31.36MPa；耐磨、耐腐蚀性能好，摩擦系数低，自润滑性良好，而且具有良好的不渗透性。

5　阀门研磨常用磨料有哪些？

答：磨料是阀门研磨中必不可少的材料，阀门研磨常用的磨料有：

（1）棕刚玉。氧化铝类磨料，硬度高，韧性大。广泛适用于碳钢、合金钢、铸铁和铜等材料的粗、精研磨。

（2）单晶刚玉。氧化铝类磨料，颗粒呈球状，硬度很高，韧性大，适用于不锈钢等强度高、韧性大材料的粗、精研磨。

初级工

（3）碳化硼。硬度仅次于金刚石，耐磨性好，适用于硬质合金、硬铬等材料的精研和抛光。

（4）绿碳化硅。硬度仅次于碳化硼，适用于硬质合金、渗碳钢等材料的粗、精研磨。

（5）人造金刚石。硬度高，比天然金刚石稍脆，表面粗糙，适用于硬质合金等材料的粗、精研磨。

6 什么是研磨膏？它是如何配制成的？

答：事先预制成的固体研磨剂称为研磨膏。

研磨膏是由硬脂酸、硬酸、石蜡等润滑剂加以不同类别和不同颗粒的磨料配制而成。

7 研磨阀门密封面的研具有哪些要求？

答：密封面研具的研磨座或研磨头是用灰口铸铁制成，最好采用珠光体铸铁。一般来说，研具的硬度比研磨件低，以免在较大压力作用下，磨粒被嵌入密封面或划坏密封面，研具工作面的粗糙度 Ra 值一般为 3.2 以下。用于夹砂布的研具可用钢件制作，其表面粗糙度可高些，但平整度要求高，以免研具把它表面的不平整几何形状传递到砂布上，影响研磨质量。研磨头的形状尺寸应符合密封面的要求。

手工研磨时，研磨头或阀瓣应配制研磨杆，研磨杆应连接牢固，装配得很直，不能歪斜。研磨杆的尺寸根据实际情况来定，较小的阀门研磨杆长度为 150mm，直径为 20mm 左右，40～50mm 阀门用的研磨杆长度为 200mm。

8 研磨机有哪些种类？

答：研磨机按研磨对象可分为阀瓣闸板研磨机、阀体研磨机、旋塞研磨机、球面研磨机和多功能研磨机。按结构可分为旋转式、行星式、振动式、摆轴式、立式等。

9 现场检修常用的电动研磨工具有哪些？

答：现场检修常用的电动研磨工具有电钻式研磨工具和便携式多用阀门研磨工具。电钻式研磨工具是用手电钻带动研磨杆进行研磨的简易工具，速度较快。为适应不同材料的密封面和提高研磨质量，常采用可实现无级变速的手电钻，并在研磨杆上增加对中套筒，防止将密封面研偏。小口径截止阀研磨多用手电钻研磨工具。

便携式多用阀门研磨工具是目前使用较多的现场研磨工具，广泛适用于各种口径在80～500mm 的闸阀、截止阀等阀门的研磨，使用时不受阀门安装位置的限制，研磨速度快，效率高。它主要依靠调速电钻作为动力源，通过传动装置将旋转作用传递到研磨盘，研磨时研磨盘既围绕主轴作公转，也作自转。因此，研磨质量和效率大大提高。通过万向节连接的研磨盘可以实现自动找正功能，且适应不同角度的密封面研磨。

第二节　阀门检修的准备工作

1 阀门检修前应准备哪些常用材料和备件？

答：（1）阀门检修前，必须准备完好的阀门密封垫料和填料，对于结构特殊的阀门，其密封垫通常无法现场制作，必须准备专用的垫片和填料。

（2）针对阀门存在缺陷准备相应的备件，比如，对于运行时间长，泄漏较严重的阀门，应准备其阀瓣或阀座的备件；对于动作不灵活的阀门应准备阀杆、阀杆螺母等传动部件的备件。

（3）准备检修所需的消耗材料，如研磨所需的研磨剂、煤油、机油、螺栓松动剂等。

2　管阀系统检修前应做好哪些安全措施？

答：为了确保检修工作的安全，管阀系统检修前应做好以下安全措施：

（1）检修前应对所检修的系统进行消压，并放尽系统内的存水。

（2）如系统内为易燃、易爆或有毒介质，应进行吹扫或冲洗。

（3）如需在容器内或地沟内检修，则应进行充分通风，检修期间应保证有强制通风措施。

（4）如工期较长且检修的系统与运行系统依靠截门隔断，还应在截门或管道上加装隔离堵板，以便可靠隔绝。

（5）阀门的电动执行机构应可靠停电。气动阀门和液压阀门的动力源应切断，电磁阀停电。

🏭 第三节　阀门的解体及检查

1　简述阀门解体顺序。

答：阀门解体可按以下顺序进行：

（1）用钢丝刷子或压缩空气清除阀门外部灰垢。

（2）在阀体及阀盖上打记号，防止装配时错位，然后将阀门置于开启状态。

（3）拆下传动装置并解体。

（4）卸下填料压盖螺母，退出填料压盖，清出填料盒中旧填料。

（5）卸下阀盖螺母，取下阀盖，铲除垫料。

（6）旋出阀杆，取下阀瓣，妥善保管。

（7）取下螺纹套筒和平面轴承。

（8）卸下的部件如表面有锈蚀、结垢，须清除干净。

2　阀门解体后的检查项目有哪些？

答：阀门解体后的检查项目主要有：

（1）阀体与阀盖表面有无裂纹、砂眼等缺陷；阀体与阀盖结合面是否平整，凹口和凸口有无损伤，其径向间隙是否符合要求（0.2～0.5mm）。

（2）阀瓣与阀座的密封面有无锈蚀、刻痕、裂纹等缺陷。

（3）阀杆弯曲度不应超过 0.1～0.25mm，椭圆度不应超过 0.02～0.05mm，表面锈蚀和磨损深度不应超过 0.1～0.2mm，阀杆螺纹应完好，与阀杆螺母配合要灵活。不符合上述标准时应更换新的，所用材料要与原材料相同。

（4）填料压盖、填料盒与阀杆间隙要适当，一般为 0.1～0.2mm。

（5）所有螺栓、螺母的螺纹应完好，配合适当，不缓扣、乱扣。

（6）平面轴承的滚珠、滚道应无麻点、腐蚀、重皮等缺陷。

（7）传动装置动作灵活，配合间隙正确。

（8）手轮等完整无损坏。

3 如何拆卸阀门垫片？

答：拆卸垫片首先要解除加在垫片上的预紧力。松动螺栓应先对称、均匀、轮流松 1/4～1 圈后，方可全松螺栓。密封面打开后，用一楔式刀具轻轻插入垫片与密封面的间隙，对称地拨动，使垫片松动后取出。梯形垫片嵌在槽中不动时，可以敲打本体，振松后取出。对橡胶石棉垫和黏附较紧的胶层，可用铲刀铲除，铲刀口为斜面，应贴着密封面，用力要均匀，要顺着密封面圆周方向，不能损伤密封面。

4 用铲刀铲刮垫片时为什么要沿着圆周方向？

答：当垫片与密封面黏结较紧时，需用铲刀铲刮。此时，应沿着圆周方向进行，这是因为铲刮时铲刀难免损伤密封面而留下划痕。如果铲刮时沿着半径方向时，划痕会贯通密封面，造成密封失效。而沿圆周方向，即使有贯通密封面的划痕缺陷，但对其密封性能的影响要小得多。

5 阀门阀盖和法兰密封面应如何检查？

答：密封面检查前应清理干净，不得留有密封垫残片，水线槽内不允许有炭黑、油污、残渣、胶剂等物。密封面应平整，不允许有凹痕、径向划痕、腐蚀坑、砂眼等缺陷，如不符合技术要求，应进行研磨修复。

6 如何拆卸阀门填料？

答：填料从填料函中取出后，一般不再使用。拆卸填料时首先松掉法兰螺栓或压套螺母，用手转动一下压盖，将压盖或压套取出，并用绳索或卡子将其固定在阀杆上面，与填料函离开足够距离以便操作。先用拨具将填料接口拨松后挑出，或用钩具钩起拉出。如填料没有接口，可用刀具切口，然后用钻具钻接提起。拆卸过程中，拆卸工具应避免与阀杆碰撞，也不可损伤填料函内壁。

7 如何检查阀门填料装置？

答：检查前，填料函内的残存填料应彻底清理干净，不允许有严重的腐蚀和机械损伤。压盖、压套应表面光洁、不得有毛刺、裂纹和严重腐蚀等缺陷。检查阀杆、压盖、填料函三者之间的配合间隙，阀杆应与压盖和填料函同轴线，三者之间的间隙一般为 0.15～0.3mm。

8 简述阀门法兰泄漏的原因。

答：阀门法兰泄漏的原因有：

（1）螺栓紧力不够或紧偏。

（2）法兰垫片损坏。

（3）法兰接合面不平。

（4）法兰结合面有损伤。

（5）法兰垫材料或尺寸用错。

（6）螺栓材质选择不合理。

🏭 第四节　阀门研磨的要求

1　研磨阀门用的研磨板和研磨头有什么要求？

答：研磨阀门用的研磨板和研磨头要求如下：

（1）研磨板或研磨头的表面硬度应比阀门密封面硬度低，其硬度值一般为 HB140～200。

（2）研磨平面密封面的研磨板或研磨头表面应平整，否则应用平板校正。

（3）如果是锥形密封面，研磨板或研磨头的锥形角度必须与密封面角度相同。

2　阀门研磨操作的要领有哪些？

答：（1）密封面的研磨应用专门的研磨板或研磨头来研磨。密封面对研是不允许的，这样操作研磨粉会被压入并固定在其中一个密封面内，不能保证得到所要求的平面平整度和光洁度。

（2）对于密封面 0.5mm 以下的沟槽、凹坑可以用研磨的方法来消除。如果深度大于 0.5mm 以上时，应先进行机械加工，然后再研磨。

（3）研磨时，要尽量避免直线移动，应按圆弧旋转。在手工研磨时，应将工具按圆弧方向向左及向右旋转，并稍作摆动，旋转 6～7 次，再倒转 6～7 次。研磨时加在工具上的向下压力应均匀、正直。粗研时加在工具上的力应为 0.1～0.2MPa，精研时加在工具上的力应为 0.05～0.1MPa。

（4）粗研磨时应频繁地更换研磨剂，涂上的研磨剂应均匀但不很厚。抛光时，应不添加研磨剂，并不断将被研磨表面上的研磨剂清除，依靠研磨板或研磨头上随研磨而逐渐变细的研磨剂把密封面研磨光亮。

（5）研磨中，研磨板和研磨头被磨损，其工作面应经常检查，并进行校正。还要检查研磨工具、操作方式及研磨剂是否符合要求。

3　如何检查研磨质量？

答：研磨后，将密封面仔细清理干净，然后按照下列程序检查其表面的平整度。

方法一：在阀座及阀芯密封面上用铅笔画上辐向道，检查时，将平板放在密封面的表面上，并轻按平板，使其在密封面上左右旋转，然后取下平板并检查密封面的表面，若所画的铅笔道已被平板磨去，则表明密封面的表面已达到要求的平整度和粗糙度，也可以将两密封面对合进行检查。

方法二：阀座与阀芯密封面涂少许清洁机油，然后上下密封面对合在一起轻压，并向左或向右旋转数圈，取下阀芯，擦净密封面，仔细检查。如光亮全周一致，无个别地方发亮也无划道等现象，表示研磨质量合格。如果研磨得很好，往上提起阀芯时，手感有明显的吸力。

4 阀门研磨后打水压时仍有泄漏是由哪些原因造成的？

答：阀门研磨后，打水压时仍有泄漏，可能是由以下几种原因造成的：

（1）研磨过程中出现磨偏现象，这是由于手拿研磨杆不直，东歪西斜造成。

（2）在制作研磨头和研磨座时，它的尺寸、角度和阀门阀芯、阀座不一致。

（3）研磨后组装时，未将密封面清理干净或损伤密封面。

5 阀门检修时应注意哪些事项？

答：阀门检修时应注意以下事项：

（1）阀门检修当天不能完成时，应采取措施，以防掉入杂物。

（2）更换阀门时，在焊接新阀门前，要把这个新阀门开启 2～3 圈，以防阀头温度过高，发生胀死、卡住或把阀杆顶高现象。

（3）阀门在研磨过程中要经常检查，以便随时纠正角度，避免磨偏现象。

（4）用专用卡子做作水压试验时，在试验过程中有关人员应远离卡子，以免卡子脱落伤人。

（5）使用风动工具检修阀门时，胶皮管接头一定要绑牢固，最好用铁卡子卡紧，以免胶管脱落伤人。

（6）检修中做好检修记录，包括检修内容、各部件缺陷状况、缺陷处理情况、更换部件的名称和材质、回装试验情况等。

第五节　阀门回装及质量检验

1 阀门垫片安装前的准备工作有哪些？

答：阀门垫片安装前的准备工作很重要，应认真做好。主要工作是：

（1）选择垫片。应按静密封的型式和阀门的口径以及使用介质的压力、温度、腐蚀的状态来选用，垫片的硬度不允许高于密封面。

（2）垫片检查。非金属垫片表面应平整和致密，不允许有裂纹、剥落、毛边、皱纹、凹痕、径向划痕、毛刺、厚薄不匀以及影响密封的锈蚀点等缺陷。对于齿形垫、梯形垫、透镜垫、锥面垫以及金属制的自紧密封垫，还应进行着色检查。进行试装后，有连续不间断的影印为合格。金属垫片的粗糙度，除齿形垫外，其他垫片 Ra 值应在 1.6～0.4 之间。

（3）清理检查密封面。对密封面应清理干净，不允许有炭黑、油污、残渣、胶剂等物。密封面应平整，不允许有凹痕、径向划痕、腐蚀等缺陷。

2 垫片的安装有哪些要求？

答：垫片安装是一项细致的工作，应按以下要求进行安装：

（1）组装垫片前，密封面、垫片、螺纹等部位应涂上一层石墨粉和机油调成的润滑剂。

（2）垫片安装在密封面上要适中，不能偏斜，不能伸入阀腔或搁置在台肩上。垫片内径应比密封面内孔大，垫片外径应比密封面外径小。保证垫片受压均匀。

（3）安装垫片只允许使用一片，不允许使用两片及多片。

（4）梯形垫片的安装应便于垫片内、外圈相接触，垫片两端不得与槽底相接触。

（5）"O"形圈的安装除圈和槽符合设计外，压缩时要适当。

（6）垫片上盖前，阀杆应处于开启位置，以免影响安装、损坏阀件。上盖时要对准方位，不得用推拉的方法与垫片接触，以免垫片发生位移和擦伤。

（7）垫片压紧的预紧力应根据材质确定。预紧力在保证试压不漏的情况下尽量减少。

（8）垫片上紧后应保证连接件有预紧的间隙，以备垫片泄漏时有压紧的余地，四周间隙应均匀。

（9）在高温工作状态下，螺栓会变形伸长产生应力松弛，造成垫片泄漏，需要热紧。反之，螺栓在低温状态下工作会收缩要冷松，以免冷态时垫片压力过大，螺栓应力过载。

3 如何使拆下的旧紫铜垫重新使用？

答：先检查旧紫铜垫表面应平整无沟槽，无贯穿紫铜垫内、外径1/3的其他缺陷。然后将紫铜垫均匀加热至呈红色（但温度不可过高使其熔化），放到冷水中急速冷却，再用细砂布擦亮即可恢复使用。

4 阀门填料安装前的准备工作有哪些？

答：阀门填料安装前的准备工作有以下几点：

（1）填料的选用。应按照填料函的形式和介质的压力、温度、腐蚀性能来选择。

（2）填料的检查。填料编结松紧程度应一致，表面平整干净，无创伤跳丝，填充剥落和变质等缺陷。填料的搭角应一致，为45°或30°，尺寸符合要求，不允许切口有松散的线头、齐口、张口等缺陷。石墨填料表面应光滑平整，不得有毛边、松裂、划痕等缺陷。

（3）填料装置检查。填料函内无残存填料，不允许有腐蚀和机械损伤。压盖、压套表面应光洁，不得有毛刺、裂纹和严重腐蚀等缺陷。

（4）检查阀杆、压盖、填料函三者之间的配合间隙一般为0.1～0.2mm。

5 填料的安装有何要求？

答：填料安装质量对阀门的正常运行影响很大，安装时应满足以下要求：

（1）安装前，无石墨的石棉盘根应涂上一层片状石墨粉。

（2）凡是能在阀杆上端套入填料的阀门，都应采用直接套入的方法。对不能套入的填料应切成搭接形式，但搭接形式对 O 形圈要避免，对人字形填料应禁止，柔性石墨盘根可以采用搭接形式。

（3）向填料函内放填料时，应压好第一圈，然后一圈一圈地用压具压紧、压均匀，不得用多圈连绕的方法。正确的方法应将填料各圈的切口搭接位置错开120°，也可以错开90°，或90°和180°交错使用。填料安装过程中，安装好1～2圈后就旋转一下阀杆，以免填料与阀杆咬死。

（4）填料函基本填满填料后，用压兰盖压紧填料。使用压兰盖时，用力要均匀，两边螺栓对称地拧紧，不得把压兰盖压歪，以免填料受力不匀，与阀杆产生摩擦。压套压入填料函的深度为其高度的1/4～1/3，一般不小于5mm预紧间隙。然后检查阀杆、压套、填料函三

初级工

者的配合间隙，应四周均匀一致。还应旋转阀杆，其要求是阀杆操作灵活，用力正常，无卡阻现象。

6 阀门整体组装有哪些要求？

答：阀门整体组装的要求主要有三点，其内容是：

（1）组装条件。所有阀门部件经清洗、检查、修复或更换后，其尺寸精度、相互位置公差、粗糙度及材料性能和热处理等机械性能均应符合技术要求。

（2）组装原则。一般情况是先拆的后装，后拆的先装，弄清配合性质，切忌猛敲乱打，做到操作有序，先里后外，从左至右，自上而下，顺手插装，先易后难，先零件、部件、机构，后上盖试压。

（3）装配效果。配合恰当，连接正确，阀件齐全，螺栓紧固，开闭灵活，指示准确，密封可靠，适应工况。

7 阀门检修后如何进行水压试验？

答：阀门水压试验的目的是检查其严密性，如果阀门是拆除检修的，则应在水压试验台上进行水压试验，如果阀门是未拆现场检修的，则这些阀门水压试验是和锅炉水压试验同时进行的。水压试验充水时，应将阀门中的空气全部放出，进水应当缓慢，不可有突进和冲击现象。试验压力为工作压力的 1.25 倍。在试验压力下保持 5min，再把压力降至工作压力进行检查。水压试验完毕后，应将阀门中的水全部放掉，并擦干净。

8 阀门回装后阀瓣和阀座的配合要求是什么？

答：对于截止阀、安全阀等阀瓣与阀座密封面应同心。一对密封面宽度经常是不同的，较窄的密封面应在较宽的密封面内接合，不得超出。结合宽度必须大于较窄密封面的 1/2，且圆周均匀。

对于闸阀，阀瓣插入阀座关紧后，阀瓣密封面中心应比阀座密封面中心高，高出部分应为阀瓣密封面宽度的 1/3～1/2。否则应通过调整闸板厚度来调整配合高度。

9 为什么调节阀允许有一定的漏流量？检修完毕后要做哪些试验？

答：调节阀一般都有一定的漏流量（指调节阀全关时的流量），这主要是由于阀芯与阀座之间有一定间隙。如果间隙过小，容易卡涩，使运行操作困难，甚至损坏阀门。当然阀门全关时的漏流量应当很小，一般控制在总流量的 5% 之内。

检修完毕后，调节阀应做开关校正试验。调节阀投入运行后，应做漏流量、最大流量和调整性能试验。

第十四章

中低压管道的检修

第一节 管子及管件的配制

1 管子及管件在使用前应做哪些项目的检验？

答：管子及管件在使用前应做以下项目的检验：

（1）管子及管件必须具有制造厂的合格证明书，否则应补做所缺项目的检验，其指标应符合现行国家标准或行业技术标准。

（2）管子管件应按设计要求核对其规格、材质、型号。

（3）管子管件应进行外观缺陷和管径、壁厚的检查，其缺陷应符合技术标准要求，尺寸工程在允许范围之内。

（4）法兰密封面应平整光洁，不得有毛刺及径向沟槽；法兰螺纹部分应完整、无损伤；凹凸面法兰应能自然嵌合，凸面的高度不得低于凹槽的深度；螺栓及螺母的螺纹应完整，无伤痕、毛刺等缺陷；螺栓与螺母应配合良好，无松动或卡涩现象。

2 管子切口的质量要求是什么？

答：切口表面应平整，无裂纹、重皮、毛刺、凸凹、缩口、熔渣、氧化物、铁屑等。切口断面偏斜偏差不应大于管子外径的 1%，且不超过 3mm。

3 如何进行管子的装砂热弯？

答：（1）首先检查管子的材质、质量、型号等，再选择不掺有泥土等杂质、经过水洗和筛选及良好干燥的沙子。

（2）将砂子装于管子中，经充分振打捣实，并在管子两端加堵。

（3）将装好沙子的管子运至弯管现场，根据弯曲长度在管子上画出标记。

（4）缓慢加热管子，加热要均匀。当加热到 950～1000℃ 时（管子颜色为橙黄色），固定管子一端，在另一端上加力，把管子弯成所需形状。

4 如何选用管道的封头和堵头？

答：应尽量采用椭球形封头和球形封头，PN≥3.9MPa 的管道也可采用对焊封头；PN≤2.5MPa 的管道可采用平焊堵头、带加强筋的焊接堵头或锥形封头。

5 高压管道的对口要求是什么？

答：（1）高压管子焊缝不允许布置在管子弯曲部分。

1）对接焊缝中心线距管子弯曲起点或距汽包联箱的外壁以及支吊架边缘，至少距离 70mm。

2）管道上对接焊缝中心线距离管子弯曲起点不得小于管子外径，且不得小于 100mm，其与支架边缘的距离则至少 70mm。

3）两对接焊缝中心线间的距离不得小于 150mm，且不得小于管子的直径。

（2）凡合金钢管子，在组合前均须经光谱或滴定分析检验，鉴别其钢号。

（3）除设计规定的冷拉焊口外，组合焊件时不得用强力对正，以免引起附加应力。

（4）管之对口的加工必须符合设计图纸或技术要求，管口平面应垂直于管道中心，其偏差值不应超过 1mm。

（5）管端及坡口的加工，以采取机械加工方法为宜，如用气割、粗割，再作机械加工。

（6）管子对口端头的坡口面及内外壁 20mm 内应清除油、漆、垢、锈等至出现金属光泽。

（7）对口中心线的偏值不应超过 1/200mm。

（8）管子对口找正后，应点焊固定，根据管径大小对称点焊 2～4 处，长度为 10～20mm。

（9）对口两侧各 1m 处设支架，管口两端堵死以防穿堂风。

第二节　管子及附件的检修

1 如何进行汽水管道的检查？

答：有法兰连接的管道可将法兰螺栓拆开，用灯和反射镜检查管道内部的腐蚀、积垢情况。对于没有法兰的管子，可根据运行及检修经验选择腐蚀、磨损严重的管段，钻孔或割管检查，并把检查结果记入检修台账。若管道腐蚀层厚度超过原壁厚的 1/3，截门以后的疏水排污管道超过原壁厚的 1/2 时，该管应进行更换。当管道实际壁厚小于理论计算的允许值时，该管道应进行更换。检修时还应检查汽水管道的保温有无裂缝、脱落，膨胀缝是否完整，防护铁皮有无开裂、损坏等，判断管道是否运行正常。

2 管道支吊架的检查内容包括哪些？

答：管道支吊架的检查内容主要有：

（1）固定支架上的管道应无间隙地安置在其枕托上，卡箍应紧贴管子卡紧。焊口及卡子底座应无裂纹。

（2）滑动支架和膨胀间隙应无杂物影响管道的自由膨胀。

（3）管道膨胀指示器是否回到原来的位置。

（4）吊架和弹簧杆有无松动、裂纹、弯曲，弹簧的变形长度是否超过允许数值，弹簧和弹簧盒有无歪斜，是否存在弹簧被压缩至无层间隙的情况。吊杆焊接应牢固，吊杆螺纹应完整，与螺母配合良好。

3　管道支吊架弹簧的外观检查及尺寸应符合哪些要求?

答：管道支吊架弹簧的外观检查及尺寸应符合下列要求：

（1）弹簧表面不应有裂纹、分层等缺陷。

（2）弹簧尺寸的公差应符合图纸要求。

（3）弹簧工作圈数的偏差不应超过半圈。

（4）在自由状态时，弹簧各圈的节距均匀，其偏差不得超过平均节距的±10%。

（5）弹簧两端支撑面与弹簧轴线应垂直，其偏差不得超过自由高度的2%。

4　更换管道前拆除旧管时应注意哪些事项?

答：更换管道前拆除旧管时应注意管道割断后的支撑。如支吊架位置较远，则应临时用手拉葫芦吊住或加临时支撑，以免管子变形。如果管道保温使用的是硅酸铝或其他可重复使用用的保温材料，则拆除保温时应注意避免损坏，以便重复使用。拆除下的管道应注意检查管子内外腐蚀、磨损情况，如需取样进行监督检查，必须将管子保存好。

5　更换新管时应注意哪些事项?

答：更换新管时所更换的水平管段应注意倾斜方向、倾斜度与原管段一致；管道连接时不得强力对口；管子焊口的位置应符合有关规定；应将更换的管段内部清理干净；检修间隔工作人员离开时应及时将敞开的管口封闭；管子更换完毕后，应按要求恢复保温与油漆，清理工作现场。

6　法兰的安装有何要求?

答：法兰安装前，应对法兰密封面及密封垫片进行外观检查，不得有影响密封性能的缺陷。法兰连接时，应保持法兰间的平行，其偏差不应大于法兰外径的1.5/1000，且不大于2mm，不得用强紧螺栓的方法消除歪斜。法兰平面应与管子轴线相垂直，平焊法兰内侧角焊缝不得漏焊。法兰所用垫片的内径应比法兰的内径大2～3mm。垫片宜切成整圆，避免接口。当大口径垫片需要拼接时，应采用斜口搭接或迷宫式嵌接，不得平口对接。法兰连接除特殊情况外，应使用同一规格螺栓，安装方向应一致。紧固螺栓应对称、均匀、松紧适度。

安装法兰的连接螺栓，螺栓端头应露出螺母2～3个螺距，螺母应位于法兰的同一侧。合金钢螺栓不得在表面用火焰加热进行热紧。连接时所用的紧固件的材质、规格、型号等应符合设计规定。

7　为什么要做好管子更换的检修记录? 应记录哪些内容?

答：做好检修记录一方面是作为以后检修的参考，另一方面也为以后的检修积累经验。应将所更换的管段的名称、位置、规格、长度，更换前的损坏情况等检修技术数据记入台账，必要时还可画出示意图。

第五篇
除灰设备检修

第十五章

除 灰 系 统

第一节 水力除灰系统

1 什么是水力除灰？

答：水力除灰是燃煤发电厂灰渣输送的一种传统方式，它是以水为介质，通过部分设备、管道，完成灰渣输送。这是一种常用的除灰方式，在火电厂中占有相当大的应用比例。在水力除灰方面我国已积累了大量的实践经验与应用成果，采用高浓度水力除灰技术和高浓度高效除灰技术，冲灰水回收利用技术，管阀防磨防垢技术等方面都取得了成功、可靠的运行检修维护经验。但是，由于近年来水资源的严重短缺，使用水量较大的水力除灰的发展受到了限制。

2 水力除灰系统由哪些部分组成？

答：水力除灰系统一般由以下几部分组成：

（1）供料装置。它借助于某一水力水流装置或搅拌装置，将灰与水充分混合，并送入输灰管道或灰沟内。供料装置设在系统的始端，灰斗的底部。

（2）冲灰系统。是供料装置的冲灰动力源。

（3）灰浆系统。用来将供料装置排来的灰浆通过设备、系统，输送到浓缩机，一般由灰浆泵，管道、阀门等组成。

（4）浓缩系统。用来将灰浆泵输送的灰浆进行沉淀浓缩，灰浆中的大部分水进行分离，并将浓缩后的高浓度灰浆排送到远距离输送系统。

（5）回收水系统。其作用是一方面为供料装置提供水力动力源，另一方面将浓缩机分离出的水循环利用。

（6）远距离输送动力装置。用来将浓缩机浓缩后的灰浆进行增压输送的设备系统，一般采用柱塞泵或灰渣泵多级提升。该装置布置在输送系统的终端。

（7）输灰管。输送介质的管道阀门装置及其附件等。

3 水力除灰有哪些优缺点？

答：水力除灰的优点是对输送不同的灰渣适应性强，各个系统设备结构简单、成熟，运行安全可靠，操作检修维护简单，灰渣在输送过程中不扩散，有利于环境清洁，能够实现灰浆远距离输送。

水力除灰存在的缺点是：

（1）不利于灰渣综合利用。灰渣与水混合后，将失去其松散性能，灰渣所含的氧化钙、氧化硅等物质也要发生变化，活性降低。

（2）灰浆中的氧化钙含量较高时，易在灰管内壁结垢，堵塞灰管，而且不易清除。

（3）水除灰耗水量较大。

（4）冲灰水与灰混合后一般呈碱性，pH 值超过工业"三废"的排放规定。

4 水力除灰系统分为哪些类型？

答：水力除灰系统可分为灰渣分除和灰渣混除两种类型，按灰渣输送浓度又有高、低浓度之分。

5 高浓度灰渣混除系统的组成及特点是什么？

答：高浓度灰渣混除系统，如图 15-1 所示。锅炉排渣设备排出的炉渣通过渣沟进入渣浆池，再由渣浆泵提升到振动筛，经过振动筛分选后，细渣进入浓缩机，粗渣经磨渣机粉碎后通过渣浆循环泵再次提升到振动筛分选，或者直接由汽车运走，综合利用；除尘器排出的灰通过灰沟进入灰浆池，再由灰浆泵提升到浓缩机。进入浓缩机的灰渣经过浓缩后成为高浓度灰渣，由高浓度灰渣输送设备排往灰场。浓缩机溢流水循环用于冲灰和冲渣。高浓度灰渣输送设备一般选用隔离泵、柱塞泵或渣浆泵多级串联，由于这些设备一般对渣浆的颗粒有要求，所以该系统必须装设粗细渣分离设备。

高浓度灰渣混除系统虽然结构复杂，设备较多，但耗水量小，而且可以防止或减少管道结垢，实现远距离稳定输送。因此，比较适合大、中型火力发电厂的除灰系统。

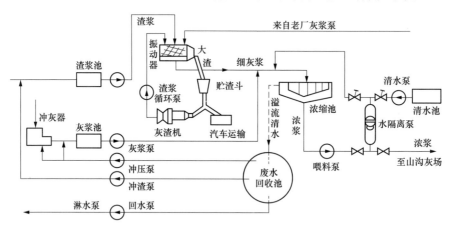

图 15-1　高浓度灰渣混除系统示意图

6 低浓度灰渣分除系统的组成及特点是什么？

答：低浓度灰渣分除系统的除渣方式有两种，一种是将锅炉排渣设备排出的炉渣经过自流渣沟进入沉渣池沉淀后用抓斗抓入汽车或用其他机械方式运走；另一种方式是炉渣经过渣沟进入渣池，再由渣浆泵提升到脱水渣仓，脱水后的清水流入沉淀池，沉淀后的细渣再输送回脱水渣仓二次脱水，清水直接用于冲灰、冲渣。脱水后的渣用汽车运走。除尘器排出的灰被冲灰水冲入灰浆池，再由灰浆泵排入灰场。灰浆泵根据灰浆排送阻力，可选用单级或多级串联。

低浓度灰渣分除系统结构复杂，灰水浓度较低，耗水量大，由于灰渣未进入输灰管道，故可减轻对管道的磨损。

7 **低浓度渣、高浓度灰的灰渣分除系统组成及特点有哪些？**

答：低浓度渣、高浓度灰的灰渣分除系统的除渣方式与低浓度灰渣分除系统相同，除灰方式与高浓度灰渣混除系统中的除灰方式基本相同。有用浓缩机的，也有用浓缩搅拌筒的。

该系统既节省水，又能减轻渣浆对输灰管道的磨损，并且对高效输灰设备隔离泵或柱塞泵的磨损较轻，有利于设备稳定运行，是一套比较成熟可靠的除灰系统，我国火力发电厂中采用水力除灰系统的选用该系统的较为普遍。

第二节　干式气力除灰系统

1 **什么是气力除灰？有哪些特点？**

答：气力除灰是一种以空气为载体，借助压力（正压或负压）设备和管道系统对粉状物料进行输送的方式，对于燃煤电厂的输灰系统来说，它是一种比较先进、经济的实用技术，我国在 20 世纪 80 年代以后，一些大型电厂相继开始引进各类气力除灰设备和相关技术，特别是近十多年来，由于环保的要求与水资源紧张的趋势日益加剧，国家极力倡导和推广这一技术，使气力除灰在电力系统得以广泛的应用，也在实践中进一步发展。

虽然气力除灰在环保、节约水资源、实现自动控制等方面与传统的水力除灰及常规机械除灰方式相比，有着许多优越性，但也存在一些问题，有待继续改善。主要不足是：

（1）由于气力除灰是以空气为载体，物料在系统中的流动速度相对较快，摩擦较大，一些设备及部件的耐磨性能难以满足工况要求，影响运行的可靠性。

（2）粗大的颗粒、黏滞性粉体及潮湿粉体不宜使用气力输送，输送距离和输送量也受到一定限制。

2 **气力除灰系统通常由哪些部分组成？**

答：气力除灰系统通常由以下 6 部分组成：

（1）供料装置。它借助于某一空气动力源，将干灰与空气充分混合，并送入输灰管道内，供料装置设在系统的始端，灰斗的底部。

（2）输料管。用以输送气灰混合物的管道及附属部件。

（3）空气动力源。是输送空气用的增压装置，包括空气压缩机、真空泵、抽气机，以及压缩空气后处理装置等。

（4）气灰分离装置。其作用是将干灰从带灰气流中分离出来，该装置布置在输送系统的终端，一般是将分离装置与其下部的储灰库安装在一起。

（5）储灰库。用以收集、储存、转运干灰的筒状土建设施，分为粗、细两种灰库，装有卸料装置，以便装车、装袋外运。

（6）自动控制系统。由各种电动或气动阀门、料位计、操作盘等组成，可根据压力或时间参数的变化自动完成受料、送料及管道吹扫等工作。

3 气力除灰系统有哪些类型？

答：气力除灰系统根据干灰被吸送还是被压送，分为正压气力除灰系统和负压气力除灰系统两大类型。其中，正压气力除灰系统又分为高正压气力除灰系统（习惯上称正压气力除灰系统，简称正压系统）和低正压气力除灰系统（又称微正压气力除灰系统，简称微压系统）。

4 正压气力除灰系统有哪些特点和不足？

答：正压气力除灰系统主要有以下特点：

（1）适用于从一处向多处进行分散输送，即可以实现一条输送管道向不同灰库的切换。

（2）与负压气力输送系统相比，输送距离比较长，系统出力比较大。从理论上讲，输送浓度和距离的增大会造成阻力增大，这只需相应提高空气的压力。而空气压力的增高，使空气密度增大，更有利于提高携带干灰的能力，其浓度和输送距离主要取决于鼓风机或空气压缩机的性能和额定压力。

（3）分离装置处于系统的低压区，所以对装置的密封要求不高，结构比较简单。

正压气力除灰系统的应用还处在发展阶段，主要的不足之处是：供料装置布置在系统的最高压力区，对装置的密封要求高。因此装置的结构比较复杂，只能间歇式压送，不能连续供料。运行维护不当或系统密封不严时，会发生跑灰现象，造成周围环境污染。

5 负压气力除灰系统有哪些特点和不足？

答：负压气力除灰系统主要有下列特点：

（1）适用于多点来灰集中输送，供料点（灰斗）可以是一个或多个，输送母管可以装一根或多根支管。几个供料点既可同时输送，也可依次输送。

（2）由于系统内的压力低于外部大气压力，所以不存在跑灰现象，工作环境清洁。

（3）因供料受灰器布置在系统的始端，真空低，故不需要气封装置，结构简单，而且体积较小。

负压气力除灰系统存在的不足之处是灰气分离装置处于系统末端，真空度高，需要良好的密封，故设备结构复杂，而且由于抽气设备设在系统的最末端，要求空气净化程度高。所以需设多级分离装置；受真空度极限的限制，系统出力不高和输送距离较短。因为输送距离越大，阻力也越大，这样输送管内的真空度也越高，而真空度越高，则空气越稀薄，携带能力也就越低，过长的输送距离是非常不经济的。

🏭 第三节　其他除灰方式及除渣系统

1 混合除灰方式有什么特点？

答：混合除灰方式一般分为水力除灰与气力除灰相结合的除灰方式和正负压联合气力除

灰方式。这样的除灰方式一般都能充分利用各种除灰方式的特点，但是在利用其优点的同时，一些固有的缺陷也难以避免。凡采用混合除灰方式的电厂，一般都是根据本厂除灰的现状，充分利用各除灰方式的特点，设计最合理的系统，以达到比较经济的除灰效果。

2　什么是机械除灰？

答：机械除灰主要是通过皮带输送机、埋刮板机、提升机等机械设备将灰排至储存处处理后，用汽车或其他运输工具，将灰运出或综合利用。由于机械设备的局限，该方式一般不能单独使用，但在一些小型电厂应用较广。

3　除渣系统有哪几种方式？

答：除渣系统的方式一般有水力除渣和机械除渣两种。

水力除渣是以水为介质进行灰渣输送的，其系统由排渣、冲渣、碎渣、输送等设备以及输渣管道组成。水力除渣对输送不同的灰渣适应性强，运行比较安全可靠，操作维护简便，并且在输送过程中灰渣不会扩散。

机械除渣是由捞渣机、埋刮板机、斗轮提升机、渣仓和自卸运输汽车等机械设备组成的，其系统结构简单、紧凑，但对机械设备的耐磨耐腐蚀性及设备的稳定性要求比较高。

4　水力除渣存在哪些问题？机械除渣与其相比有什么优点？

答：水力除渣主要存在以下问题：

（1）水力除渣的耗水量比较大，每输送 1t 渣需要消耗 10～15t 的水，运行成本比较高。

（2）灰渣中的氧化钙含量较高时容易在灰管内结垢，且难以清除。

（3）除灰水与灰渣混合多呈碱性，pH 值超过工业"三废"的排放标准，按环保要求不允许超标向外排放，而采取回收或处理措施，需要较高的设备投资和运行费用。

机械除渣与水力除渣相比，机械除渣不需要水力除渣用的自流沟，地下设施（沟、管、喷嘴）简化。对渣的处理比较简单，可减少向外排放废水，输送方便，有利于渣的综合利用。

第十六章

除 灰 设 备

第一节 离 心 泵

1 离心泵的工作原理是什么？

答：当离心泵的叶轮被电动机带动旋转时，充满于叶片之间的流体随同叶轮一起转动，在离心力的作用下，流体从叶片间的槽道甩出，并由外壳上的出口排出，而流体的外流造成叶轮入口间形成真空，外界流体在大气压作用下会自动吸进叶轮补充。由于离心泵不停地工作，将流体吸进压出，便形成了流体的连续流动，不断地将流体输送出去。

只有一个叶轮的离心泵为单级离心泵，有两个及以上叶轮的离心泵称为多级离心泵，多级离心泵的总扬程是该泵多个叶轮产生的扬程之和。

2 离心泵主要由哪些部件组成？平衡轴向力的方式有哪些？

答：离心泵主要由泵壳、叶轮、轴、轴承装置、密封装置、压水管、导叶等组成。

离心泵平衡轴向力常采用以下方式：

(1) 单级离心泵采用双吸式叶轮。

(2) 在叶轮的轮盘上开设平衡孔。

(3) 多级离心泵可采用叶轮对称布置。

(4) 采用平衡盘结构。

(5) 采用平衡鼓结构。

3 除灰系统常用的离心泵有哪些？

答：除灰系统常用的离心泵有冲灰泵、灰浆泵、冲渣泵、渣浆泵、轴封泵、高压清水泵、回水泵等，其中轴封泵、高压清水泵、冲渣泵由于压力要求比较高，一般多采用多级离心泵。

4 离心泵设置轴封水的目的是什么？

答：当泵内压力低于大气压力时，从水封环注入高于一个大气压力的轴封水，防止空气漏入；当泵内压力高于大气压力时，注入高于内部压力 $0.05\sim0.1MPa$ 的轴封水，以减少泄漏损失，同时还起到冷却和润滑作用。

5 为什么有的水泵在启动之前需要灌水？

答：当水泵的轴线高于进水面的水面时，泵内就不会自动充满水，而是被空气充满。泵壳内外没有压差，水无法被大气压力压进泵内，水泵就不能工作。所以，必须在启动前先向泵内灌水，将空气赶净后才能启动。

第二节 浓缩机与振动筛

1 浓缩机的工作原理是什么？

答：浓缩机是一种节水环保设备，它是利用灰渣颗粒在液体中沉淀的特性，将固体与液体分开，再用机械方法将沉淀后的高浓度灰浆排出，从而达到高浓度输送及清水回用。灰浆浓缩的过程是：灰浆沿槽架通过来浆管经中心支架部分的中心筒流入浓缩池，流入池内的灰渣浆中，较粗的灰渣颗粒直接沉入池底，较细的灰渣颗粒随溢流水沿四周扩散，边扩散边沉淀，使池底形成锥形浓缩层，转动的耙架、耙齿把沉淀后的灰渣浆刮集到浓缩池的中心部位，经排料口将浓浆排出，已澄清的清水沿溢流堰流到回收水池，这样就完成了浓缩的全过程。

2 浓缩机由哪些主要部件组成？

答：浓缩机主要由槽架、来浆管、中心传动架部分、传动机构、中心筒、分流锥、大耙架、小耙架、耙齿、底耙传动齿条、耙架连接件、中心柱、轨道、溢流堰等部件组成。

3 多级惯性振动筛（SZD 型）的工作原理是什么？

答：多级惯性振动筛（SZD 型）是利用惯性振动原理设计，由多个筛箱连接组成，每个相邻筛箱之间采用柔性活动连接，这样既可以防止物料掉入，又不影响工作振动。每个筛箱框上对称各安装一台转动方向相反的振动电动机，组成该级振动动力源。按照设计，振动筛在远超共振区运行，可以在变化的负荷下连续稳定地工作。

第三节 捞渣机与碎渣机

1 叶轮捞渣机的结构及特点是什么？

答：叶轮捞渣机由除渣槽、除渣轮、电动机、减速机等组成。除渣轮在除渣槽内与水平呈 45°布置，除渣轮为叶片式，由蜗杆组成的减速装置驱动，轴端还装有安全离合器，运行的除渣槽内要经常保持一定水位，灰渣经过落渣管进入除渣槽的水面以下，经浸湿以后由除渣轮连续不断地捞出。

叶轮捞渣机结构简单，转速低，因而功率消耗小，磨损轻，运行比较可靠，但缺点是不能排除比较大的结焦块。

2 简述刮板式捞渣机的结构及特点。

答：刮板捞渣机的刮板连在两根平行的链条之间，链条在改变方向的地方还装有压轮，刮板和链条均浸在水封槽内，渣槽内需加入一定的水封用水。另外受灰段一般置于水平位置，落入槽内的灰渣由槽底移动的刮板经端部的斜坡刮出，再通过斜坡得到脱水。刮板的节距一般在 400mm 左右，行进速度较慢，一般不超过 3m/min。渣槽端部斜坡的倾角一般在 30°左右，最大不超过 45°。

刮板捞渣机的特点是：结构简单，体积小，速度慢，但因牵引链条和刮板是直接在槽底滑动，所以不仅阻力较大，而且磨损也比较严重。另外，当锅炉燃烧含硫量较高的煤种时，链条和刮板还要受到腐蚀，故刮板和链条要用耐磨、耐腐蚀的材料制造，并要有一定的强度和刚性，以避免有大的渣块落下卡住时被拉弯或扯断。

3 简述齿辊式碎渣机的工作原理及结构特点。

答：在单齿辊式碎渣机的进口处装有倾斜的固定箅子，冲灰水和颗粒较小的渣粒从箅子孔中直接漏下，大颗粒的渣块经过箅子筛出后落入碎渣机内。大块炉渣在碎渣机旋转的齿辊和固定的齿板间受挤压而破碎，下落后和细碎的灰渣由冲灰水输送至渣浆泵前池。齿辊和齿板之间的间隙可通过拉杆来调整，从而改变破碎灰渣颗粒的尺寸。碎渣机的运行出力随破碎颗粒度而变化，破碎颗粒要求越细，其出力越低，通常进料的灰渣最大尺寸不超过 200mm，出料的尺寸不大于 25mm 时，单齿辊式碎渣机的最大出力约为 12t/h，齿辊的工作转速约为 6.1r/min，轴功率为 20kW，电动机通过齿轮减速机或皮带传动，为防止有硬质的大块灰渣或其他物件卡涩而引起电动机过负荷，轴辊上装有安全离合器。齿辊和齿板为易损件，磨损后可定期检修更换。

齿辊式碎渣机构造简单，但体积较大，外部的空气比较容易被带入灰渣斗，轴封易漏水，下部易堵塞，所以运行的可靠性较差。

4 双辊刀式碎渣机的工作原理及特点是什么？

答：双辊刀式碎渣机内装有两排相互平行、旋转方向相对、刀齿相错的齿辊，两辊之间装有击板，进入碎渣机内的灰渣，大颗粒的被阻留在击板上，由于受到刀齿的撞击而破碎，被击碎的渣块则从刀齿的侧壁落下排至灰渣沟内。

齿辊的转速一般为 15.8r/min，因转速较低，所以磨损较小，运行也比较安全可靠。

5 简述锤击式碎渣机的工作原理及特点。

答：锤击式碎渣机是一种高速碎渣机，在主轴的轮毂上装有可摆动的锤头，碎渣机的进出口处均装有格栅，渣块进入碎渣机内，被高速旋转的锤头击碎后，穿过格栅排出。

锤击式碎渣机比较适合于干渣，这种碎渣机可装在排渣槽竖井的下部。进入该形式碎渣机的渣块最大尺寸不得超过 250mm，如果炉膛内有大的渣焦落下，应先机械或人工打碎，再进入碎渣机。

6 渣仓主要由哪些部件组成？

答：渣仓主要由仓体、渣仓底渣阀门、落渣漏斗、振动器、重锤物料计五部分组成。

7 脱水设备的配置要求有哪些？

答：脱水设备的配置要求主要有以下几点：

（1）渣系统灰渣脱水仓应设两台，一台接受渣浆，一台脱水、卸渣。

（2）灰渣脱水仓的容积一般按照锅炉排渣量、运输条件等因素确定。每台脱水仓的容积应能满足储存 24～36h 的系统排渣量。

（3）灰渣脱水过程的时间由灰渣颗粒特性和析水元件结构等因素决定，脱水仓的脱水时间一般为 6～8h。

（4）脱水仓下部一般宜采用气动或液动排渣阀，排渣阀应密封，无泄漏。在寒冷地区，应有防冻措施。

（5）脱水仓的排水经过澄清后应循环使用。每套脱水仓应配澄清池或浓缩机，缓冲池各一座，其结构大小可按处理水量而定。

第四节　除灰用空压机系统

1　螺杆式空压机的结构及工作原理是什么？

答：螺杆式空压机是一种双轴容积式回转型压缩机，进气口开于机壳上端，排气口开于下端，两只高精度主、副转子，水平而且平行装于机壳内部。主、副转子上均有螺旋状形齿，环绕于转子外缘，主、副转子形齿相互啮合，两转子由轴承支撑，电动机与主机体结合在一起，再经过一组高精度增速齿轮将主转子转速提高，空气经过主、副转子的运动压缩，形成压缩空气。

2　螺杆式空压机的压缩过程有哪几个阶段？

答：螺杆式空压机的压缩过程有吸气过程、封闭及输送过程、压缩及喷油过程、排气过程四个阶段。

3　空压机系统一般由哪些部分组成？

答：空压机系统一般由主机部分、电动机、油润滑过滤系统、冷却部分、压缩空气后处理部分等组成。

4　冷冻式干燥机由哪些部分组成？其原理和特点是什么？

答：冷冻式干燥机，简称冷干机，它由预冷器、蒸发器、祛水器、自动排水器、冷媒压缩机、冷媒冷凝器、膨胀阀、热气旁路阀等组成。冷干机是采用制冷的原理，通过降低压缩空气的温度，使其中的水蒸气和部分油、尘凝结成液体混合物，然后通过祛水器把凝结成的液体从压缩空气中分离排除，达到干燥要求。

第十七章

初级工

除灰设备检修

第一节　除灰设备的一般检修常识

1 一般除灰机械中对键与键槽的配合要求有哪些？

答：一般除灰机械中要求键与键槽不得有剪切、扭曲、变形和裂纹，键与键槽侧向配合应紧密，顶部配合间隙一般为 0.10～0.40mm，键槽中心线与轴线偏斜不大于 0.03mm，偏移允许误差不大于 0.05mm。

2 一般转动机械对振动值有什么要求？

答：一般转动机械对振动值的要求与转速有关，具体要求见表 17-1。

表 17-1　　　　　　　　　　　　转动机械振动值范围

转速（r/min）	≤3000	≤1500	≤1000	≤750
振幅（mm）	≤0.05	≤0.085	≤0.10	≤0.12

3 怎样用手锤装配轴承？

答：使用手锤敲打装配轴承时，应使用附加工具，不能用手锤直接锤击轴承，轴承与轴配合时，力要作用在内环上；轴承与孔配合时，力要作用在外环上，敲打时应四周均匀受力，渐渐打入。

4 联轴器找中心的注意事项有哪些？

答：联轴器找中心是一项技术性较强的工作，找正时应注意以下事项：

（1）对于轴瓦间隙较大的轴瓦，在运行中可能发生轴中心位移，联轴器找中心时应考虑此位移量。

（2）对于轴承座，轴承和轴在运行时可能受热而将轴中心抬高，联轴器找中心时应考虑其抬高量。

（3）对于轴的受热伸长以及窜动，在留对轮轴向间隙时，应考虑此因素，以防运行中两对轮摩擦相撞。

第二节　单级离心泵的检修

1　单级离心泵的检修工艺标准有哪些?

答：单级离心泵的检修应满足以下工艺标准：

(1) 泵壳、泵盖和轴承支架、地脚螺栓应完好，无裂纹、无松动。

(2) 叶轮、护套、前后护板的磨损量不超过原始数据的 1/2，不得有裂纹、砂眼、穿孔等缺陷，如不合格则需要修补或更换。

(3) 泵轴无被冲刷的沟痕，轴颈的表面无严重的磨损，键槽完好，轴颈的椭圆度和圆锥度允许误差为 0.05mm，轴的弯曲度不应超过 0.025mm，轴头螺纹完好无损伤。

(4) 轴套、定位套光滑，无裂纹，轴套磨损量不大于 1.5mm，否则应更换。

(5) 各个密封圈，O 形圈完好，无损伤，无老化。

(6) 轴承应转动灵活，无斑点，无裂纹，无磨蚀，无变色，轴承配合紧力适中，轴承室干净，无杂物，无损伤。

(7) 轴封水通畅，水封环无裂纹，无磨损。

(8) 叶轮与前护板的间隙应调整到 0.8~2.0mm 之间，盘车不得有金属摩擦。

(9) 填料密封适当，不得有大量轴封水泄漏，压兰螺栓无锈蚀，螺纹完好，压兰盖与轴套应留有间隙，不得有摩擦。

(10) 连接螺栓、地脚螺栓紧固，无松动。

2　使用拉轴承器(拉马)拆轴承时的注意事项有哪些?

答：(1) 拉出轴承时，要保持拉马上的丝杠与轴的中心一致，不要碰伤轴的螺纹、轴径和轴肩等。

(2) 装置拉马时顶头要放铜球，初拉时动作要缓慢，不要过急过猛，在拉板中不应产生顿跳现象。

(3) 拉马的拉爪位置要正确，拉爪应平直拉住内圈。为防止拉爪脱落，可用金属丝将拉杆绑在一起。

(4) 各拉杆间距离及拉杆长度应相等，避免产生偏斜和受力不均。

3　离心泵的试运行应符合哪些要求?

答：离心泵的试运行应符合以下要求：

(1) 泵转动方向正确，严禁反转。

(2) 泵体内无摩擦、撞击等异常声音。

(3) 泵体无异常振动，轴承振动值不超过规定要求。

(4) 轴承温度不超过 80℃。

(5) 各个结合面无渗漏，轴封密封良好。

(6) 运行稳定，电流稳定，压力、流量波动小，各个参数均能满足工况要求。

初级工

第六篇
电除尘器检修

第十八章

电除尘器系统及设备

第一节 电 除 尘 器

1 电除尘器有哪些优缺点?

答：电除尘器有如下优点：

(1) 除尘效率高。设计合理的除尘器收尘效率均可达到 99% 以上。

(2) 阻力损失小。气体通过电除尘器的压降一般不大于 200Pa，因而引风机耗电量少。

(3) 能处理大流量、高温、高压和腐蚀性气体。一般电除尘器用于处理 250℃ 以下的烟气，进行特殊设计，可处理 350℃ 甚至 500℃ 以上的烟气。

(4) 电耗小，日常维修简单，运行费用低，可长期连续安全运行。

(5) 对不同粒径的烟尘可分类捕集。

电除尘器有如下缺点：

(1) 不适应操作条件的变化，只有当操作条件比较稳定时，才能达到最佳性能。

(2) 应用范围受到粉尘比电阻的限制，粉尘比电阻过高或过低，采用电除尘器捕集都比较困难。它适应的粉尘比电阻范围为 $1 \times 10^5 \sim 5 \times 10^{10}$ Ω/cm。

(3) 不适应于捕集有害气体。

(4) 对制造、安装和运行操作水平要求较高。

(5) 钢材耗量大，相对占地面积大。

2 电除尘器是如何分类的?

答：电除尘器根据不同的分类方法，其类别也不同。按电除尘器对粉尘的处理方法分为干式和湿式两类；按烟气在电除尘器内部的流动方向分为立式和卧式两类；按电除尘器内部收尘极的结构形状分为管式和板式两类；按电除尘器内部收尘极和放电极的匹配位置分为单区和双区两类；按振打方式分为侧面振打电除尘器和顶部振打电除尘器两类。

3 卧式电除尘器与立式电除尘器相比有哪些特点?

答：卧式电除尘器与立式电除尘器相比有如下特点：

(1) 卧式电除尘器沿气流流动方向可分为若干个电场，可根据其内部各电场不同的工作状态，对各电场分别施加不同的工作电压，从而提高除尘器的效率。

（2）可根据要求达到不同的除尘效率，任意增加电场的长度和个数。而立式电除尘器的电场不宜太高，否则设备的安装、维护都比较困难。

（3）在处理较大的烟气量时，卧式电除尘器比立式电除尘器容易保证气流沿电场断面的均匀分布。

（4）卧式电除尘器的高度较立式的低，设备的安装、操作、维护都比较简单。

（5）卧式电除尘器适用于负压操作，可延长引风机的使用寿命。

（6）由于各电场捕集到的粉尘粒径不同，有利于综合利用。

（7）卧式电除尘器占地面积大。所以，旧电厂改建或扩建时，采用卧式电除尘器往往受到场地的限制。

4 电除尘器的基本结构与功能是什么？

答：电除尘器主要由两大部分组成，一部分是产生高压直流电的电源及其控制装置和低压控制装置；另一部分是电除尘器本体。

电源及其控制装置的主要功能是根据被处理烟气和粉尘的性质，供给电除尘器符合规定的工作电压；电除尘器本体的功能是完成烟气的净化除尘。

5 电除尘器本体由哪些主要部件组成？

答：构成电除尘器本体的主要部件有：烟箱、阴极线（电晕极）、阳极板（收尘极）、振打装置、槽形板、储灰装置、壳体、管路系统、壳体保温及梯子平台等。

第二节　电除尘器主要机械设备

1 阴极（电晕极）和阳极（收尘极）的作用是什么？

答：阴极也称放电极、电晕极，它由若干条带刺的金属条组成，是产生电晕、建立电场的最主要元件之一，它电性能的好坏将直接影响到烟气中粉尘荷电的好坏，并直接影响电除尘器的效率。

阳极也称集尘极、收尘极，它由若干块一定形状的板排组成，与电晕极相间排列，共同组成电场，是粉尘沉积的重要部件，同样影响着电除尘器的效率。

2 阴阳极振打系统的作用是什么？

答：振打系统的作用是将沉积在电晕极（阴极）和收尘极（阳极）板上的粉尘，周期性地振打下来，落入灰斗，使之保持相对的清洁。

3 阳极振打装置的结构形式有哪些？

答：阳极振打装置有多种结构形式，常见的有切向锤击振打式、弹簧凸轮机构振打式、电磁振打式等，目前国内多采用锤击振打装置。

4 阳极锤击振打装置由哪些部件组成？有何特点？

答：阳极锤击振打装置也称挠臂锤振打装置，由传动部分、振打轴、锤头及轴承四部分组成。

传动部分通常采用针轮摆线减速机构或蜗轮-链传动减速机构。宽度较大的振打轴分成若干段，每段都支承在两个滑动轴承上，靠传动装置的轴端为固定端，另一端可自由伸缩，相邻两段轴之间一般有 20mm 的间隙，以补偿振打轴受热后的伸长。电场中一排振打锤装在一根轴上，但相邻的两副振打锤错开 150°，以减少振打时粉尘的飞扬。锤头与连杆的连接方式，如图 18-1 所示，曲柄作成 π 形，U 形螺栓固定在轴上。当曲柄回转时，锤头被背起，并卡在 U 形螺栓上，经过竖直位置时，落下打在撞击杆上。

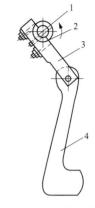

图 18-1　振打锤击机构
1—转轴；2—U 形螺栓；
3—曲柄；4—锤子

5 阴极挠臂锤击振打装置的结构特点与工作原理是什么？与阳极锤击机构有何不同？

答：阴极水平转轴挠臂锤击振打装置的结构是在阴极的侧架上安装一根水平轴，轴上安装若干副振打锤，每一个振打锤对准一个单元框架。当轴转动时，锤子被背起，锤的运动与阳极的挠臂锤类似，当锤子落下时打击到安装在单元框上的砧子上，将灰振落下来。

阴极锤击振打装置的振打锤、振打轴及支承轴承的结构与阳极锤击机构相同，不同的是电除尘器运行时阴极框架带有高压电。因此，安装在框架上的锤打装置也是带高压电的，转轴与安装在外壳的传动装置连接时，必须用瓷绝缘杆即电磁轴进行绝缘，转轴穿出壳体时需要留有足够的击穿距离，带电磁轴的振打传动装置，如图 18-2 所示。

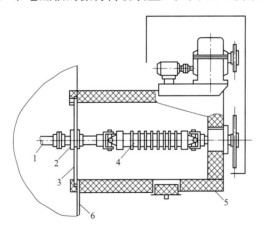

图 18-2　阴极振打传动装置
1—安装振打锤的轴；2—密封装置；3—密闭板；4—电磁轴；5—保温箱；6—收尘器壳体

6 为什么要求阳极振打装置周期运行而阴极振打装置连续运行？

答：阳极振打若采用连续运行时，粉尘不易在阳极板上形成粉层，落下时会引起二次飞扬。当阳极采用周期振打时，可以使积灰成片状下落，避免了粉尘的二次飞扬。若阴极振打采用周期运行，阴极线会积灰过多，从而影响正常的电晕产生，使电晕电流减小，造成除尘

初级工

器效率降低。所以，电除尘器一般都采用阳极周期振打、阴极连续振打的运行方式。

7 气流均布装置的作用是什么？

答：气流均布装置装在入口烟箱（入口喇叭）内，有多种结构形式。如：多孔板、槽形板、网状隔板等。多孔板是应用最广泛、最有效的形式之一。气流均布装置的主要作用是使烟气从烟道进入电除尘器，通道截面发生很大变化时，烟气的速度能够均匀地在除尘器截面分布，以便提高除尘器的效率。

8 槽形板的作用是什么？

答：槽形板装在出口烟箱（出口喇叭）内，其结构形式是形如槽钢的加工件，分层错位安装。它的作用是配合气流均布板进行气流的均布，同时对逸出电场的粉尘进行再捕集，控制粉尘的二次飞扬，提高除尘器的效率。

9 除尘器排、输灰装置的要求是什么？

答：除尘器排灰装置的要求是：排灰能力要大于电场的收灰量；输灰装置的输灰能力要大于总排灰量。

第十九章

电除尘器设备检修

第一节　电除尘器卸灰装置检修

1　电除尘器检修期间的安全注意事项有哪些？

答：（1）电除尘器内部检修需在停炉后进行自然冷却或通风冷却，除尘器出口温度降至50℃以下，排除电除尘器内的参与气体后进行，且在内部检修过程中始终保持良好的通风状态。

（2）进入电除尘器电场内部检修前，必须将高压开关置于接地位置，用接地线对高压硅整流变压器输出端电场进行放电，每个供电区集尘极均应做好接地措施，以防电场有残余静电。

（3）进入电除尘器内部检修前，电除尘器各加热系统解列，停止全部转动设备并停电，检修期间严格执行停、送电操作制度。

（4）进入电除尘器内部检修前，按规定在控制盘上取下人孔门连锁系统的钥匙，在醒目处挂"电场内有人工作"的标示牌。

（5）进入电除尘器内部检修前，各个电场灰斗内应无存灰。

（6）进入电除尘器内部检修，至少有两人，其中一人负责监护，人孔门外另安排一人负责接应。

（7）检修用的照明电压不大于12V，电焊线不应有漏放电处。

（8）当灰斗装有放射性料位指示时，检修人员进入灰斗内工作前，应将射线源防护铅盒关闭，更换射线源重新运行时，应请制造厂派人更换或指导。

（9）除尘器内部检修完毕后，必须清理检修时的杂物及临时焊接部件，并且不能留有尖角、毛刺，检修工具不得丢弃在除尘器内部。

2　简述卸灰装置的检修顺序。

答：对卸灰装置的检修一般按如下的顺序进行：

（1）打开减速箱的放油堵，将润滑油放掉。

（2）松开电动机的地脚螺栓，拆下电动机，使电动机与卸灰装置分离。取下的小型零部件要妥善保存备用。

（3）拆下链轮罩和链条，松开减速机的地脚螺栓，拆下减速箱，拆下链轮并保存好。

（4）松开轴承的端盖螺栓，拆下轴承端盖，退出轴承。松开轴承座的螺栓，拆下轴承座，并做好记录。

（5）抽出转子（星形轮、轴、轴套等），将轴套、星形轮从轴上退出，松开衬套螺丝和螺钉，拆下衬套。

（6）解体减速箱，清洗、检查，更换磨损和损坏的零部件。

3 简述星形卸灰装置的检修质量标准和技术要求。

答：星形卸灰装置检修后的质量标准和技术要求应满足如下内容：

（1）衬套的磨损量不得超过 0.3mm，表面应光滑，无麻坑、砂眼和裂纹。

（2）星形轮的磨损不得超过 0.2mm，不得有裂纹缺陷，星形轮与衬套的间隙不得大于 0.6mm。

（3）轴承座支架完好，无变形和裂纹，轴承转动灵活，间隙适当，无损伤。

（4）减速箱各传动部件完好，无摩擦，转动灵活，运转正常，填料严密合适，无渗漏现象。

（5）整体运转良好，无摩擦，撞击声和其他异常声音，轴承温度不得超过 80℃。

第二节 电除尘器振打装置检修

1 如何检查振打轴的弯曲度？允许偏差是多少？

答：检查方法：用一只或几只千分表，装在轴一侧的等高水平面上。多只时表距力求相等，并避开各振打锤。表杆要垂直于轴面，表面经过检查确认准确完好。将表对零，先将轴旋转一周，表应回零。轴再旋转一周，千分表有一个最大和最小读数，最大读数与最小读数之差就是轴的跳动值，差值的一半即为轴的弯曲值。单根轴的弯曲度允许偏差小于 0.4‰；轴长大于 5m 时，弯曲度允许偏差小于 3mm。

2 振打轴轴向位移的允许值是多少？

答：单根轴长度在 3m 以下，相邻两轴之间的距离应大于 20mm。单根轴长度在 3m 以上，相邻两轴之间的距离应大于 30mm。

3 振打系统的轴承和振打锤应做哪些检查？

答：对振打系统的轴承和振打锤一般应做如下的检查：

（1）检查振打轴及振打锤的磨损情况。

（2）检查轴承座、支架及其连接螺栓是否有松动现象。

（3）检查振打锤和振打承击砧的松动和位移情况。

（4）检查联轴器的磨损情况。

4 安装振打锤时应注意什么？

答：电除尘器运行时，在具有一定温度的烟气作用下，阳极板和阴极框架会伸长。因此，在冷态安装振打锤时，锤头的中心线应低于承击砧的中心。两中心的高度差 Δh 应根据烟气温度和电除尘器阴、阳极框架和极板的长度，通过计算确定。根据计算的 Δh 值，调整振打锤的位置，Δh 值可按式（19-1）计算

$$\Delta h = \alpha L \Delta t \tag{19-1}$$

式中　α——钢的热膨胀系数，可取 $12 \times 10^{-6} \, \text{mm}/(\text{m} \cdot \text{℃})$；

　　　L——极板或框架的长度，m；

　　　Δt——电除尘器运行时极框和壳体的温度差，℃。

初级工

第七篇
锅炉本体检修

第二十章

锅炉工作原理及相关知识

第一节 锅炉形式及其特点

1 自然循环锅炉有何特点？

答：随着锅炉工作压力的升高，饱和水与饱和汽的密度差逐渐减小，自然循环的推动力也逐渐减小。因此，自然循环锅炉只能在临界压力以下应用。在采取了一些技术措施以后，如增大上升管的含汽率，减小回路的阻力，防止膜态沸腾等，大容量的自然循环锅炉在亚临界压力下仍可安全使用。

自然循环锅炉的汽包是锅炉汽水汇流处，汽包蓄热和蓄水能力大，给水带入的盐分可用排污的方式除掉。所以，汽包炉对水处理的要求及自动调节的要求相对较低。但是汽包筒壁厚，较难制造，消耗金属多，安装运输复杂，筒壁温差限制了锅炉的启停速度。

2 多次强制循环锅炉与自然循环锅炉有何区别？其特点是什么？

答：多次强制循环锅炉是在自然循环锅炉的基础上发展起来的，结构与自然循环锅炉基本相同，只是在下降管中增加了循环泵，以增强循环推动力。

多次强制循环锅炉与自然循环锅炉相比，有以下特点：

（1）蒸发受热面内工质流动主要靠强制循环，循环倍率在3～5，水冷壁布置形式比较自由，不像自然循环水冷壁必须基本直立。

（2）可采用较小管径，使水冷壁质量减轻，工质质量流速增加，降低管壁温度及应力，提高了水冷壁工作的可靠性。

（3）可采用较小的汽水分离装置，提高启动速度及升降负荷的速度。

（4）由于采用了循环泵，除增加了设备费用和锅炉运行费用外，循环泵长期在高压高温（250～330℃）下运行，需要用特殊结构。因此，影响了锅炉设备运行的可靠性。

3 直流锅炉的工作原理是什么？有何特点？

答：直流锅炉蒸发受热面中工质的流动全部依靠给水泵的压头来实现。给水在给水泵压头的作用下，依次通过加热、蒸发、过热各个受热面，将水全部变成过热蒸汽。直流锅炉没有汽包，其水冷壁可以是垂直上升、螺旋上升，也可以是多次垂直上升的管圈。

直流锅炉与自然循环锅炉相比，有以下特点：

中级工

（1）没有汽包，管径较细，金属耗量少，但蓄热能力差，对外界负荷变化适应性差，调节系统比较复杂，控制技术要求高。

（2）机组启停速度快，且制造、安装、运输方便。

（3）由于用给水泵作为循环推动力，不受工质压力的限制，既可用于临界压力以下，也可用于超临界压力。但工质流动阻力大，额外消耗较多的给水泵功率。

（4）蒸发受热面布置比较自由。

（5）由于给水全部在管内一次蒸发，不能排污。因此，对给水品质要求比汽包锅炉高。

4 复合循环锅炉的工作原理是什么？低倍率循环锅炉有何特点？

答：复合循环锅炉是在直流锅炉和强制循环锅炉工作原理的基础上发展起来的，可以分为两种：一种是部分负荷再循环，即低负荷时，按再循环方式运行。锅炉负荷高时，按直流方式运行；另一种是全负荷再循环，即在任何负荷下，都有一部分流量进行再循环，但循环倍率很低，一般在1.25～2.5之间，所以又称为低倍率循环锅炉。

这两种锅炉的相同处是没有汽包，而代之以较小的汽水分离器，都装有再循环泵。从水冷壁出来的汽水混合物进入汽水分离器，分离后的蒸汽引向过热器，水则和省煤器出来的给水在混合器混合后经再循环泵进入水冷壁。这两种锅炉的差别主要是控制阀的装设位置不同，全负荷再循环锅炉的控制阀只起节流作用，汽水分离器中始终有水被分离出来，在各种负荷下再循环泵都投入运行；而部分负荷再循环锅炉则在锅炉蒸发量达到一定值后（30%～70%额定蒸发量），可关控制阀，再循环泵停运，锅炉按直流方式运行。

低倍率循环锅炉有以下特点：

（1）既有直流锅炉的特点，又有多次强制循环锅炉的特点。

（2）没有大直径的汽包，只有小直径的分离器，钢材消耗少。

（3）与强制循环锅炉相比，循环泵的功率比较小，但必须保证再循环泵工作的可靠性。

（4）调节系统比其他锅炉复杂。

5 超（超）临界机组的特点是什么？

答：超临界和超（超）临界锅炉与亚临界自然循环锅炉的结构和工作原理不同，启动方法也有较大的差异。超（超）临界锅炉与自然循环锅炉相比，有以下不同特点：

（1）设置专门的启动旁路系统。直流锅炉的启动特点是在锅炉点火前就必须不间断地向锅炉进水，建立足够的启动流量，以保证给水连续不断地强制流经受热面，使其得到冷却。

一般高参数、大容量的直流锅炉都采用单元制系统，在单元制系统启动中，汽轮机要求暖机、冲转的蒸汽在相应的进汽压力下具有50℃以上的过热度，其目的是防止低温蒸汽送入汽轮机后凝结，造成汽轮机的水冲击。因此，直流锅炉需要设置专门的启动旁路系统来排除这些不合格的工质。

（2）配置汽水分离器和疏水回收系统。超（超）临界机组运行在正常范围内时，锅炉给水靠给水泵压头直接流过省煤器、水冷壁和过热器，直流运行状态的负荷从锅炉满负荷到直流最小负荷，直流最小负荷一般为25%～45%。低于该直流最小负荷时，给水流量要保持恒定。例如在20%负荷时，最小流量为30%意味着在水冷壁出口有20%的饱和蒸汽和10%的饱和水，这种汽水混合物必须在水冷壁出口处分离，干饱和蒸汽被送入过热器，因而在低负荷时超（超）临界锅炉需要汽水分离器。疏水回收系统是超（超）临界锅炉在低负荷工作时必需的另一个系统，它的作用是使锅炉安全可靠地启动及热损失最小。

（3）启动前锅炉要建立启动压力和启动流量。启动压力是指直流锅炉在启动过程中水冷壁中工质具有的压力。启动压力升高，汽水体积质量差减小，锅炉水动力特性稳定，工质膨胀小，并且易于控制膨胀过程，但启动压力越高，对屏式过热器和再热过热器的保护越不利。启动流量是指直流锅炉在启动过程中锅炉的给水流量。

6　锅炉门孔的设置要求是什么？

答：（1）锅炉上开设的人孔、头孔、手孔、清洗孔、检查孔、观察孔的数量和位置应当满足安装、检修、运行监视和清洗的需要。

（2）集箱手孔孔盖与孔圈采用非焊接连接时，应当避免直接与火焰接触。

（3）微正压燃烧的锅炉，炉墙、烟道和各部位门孔应当有可靠的密封，看火孔应当装设防止火焰喷出的联锁装置。

（4）锅炉受压元件人孔圈、头孔圈与筒体、封头（管板）的连接应当采用全焊透结构，人孔盖、头孔盖、手孔盖、清洗孔盖、检查孔盖应当采用内闭式结构；对于 B 级及以下锅炉，其受压元件的孔盖可以采用法兰连接结构，但不得采用螺纹连接炉墙上人孔门，应当装设坚固的门闩，炉墙上监视孔的孔盖应当保证不会被烟气冲开。

（5）锅筒内径大于或者等于 800mm 的水管炉和锅壳内径大于 1000mm 的锅壳锅炉，均应当在筒体或者封头（管板）上开设人孔，由于结构限制导致人员无法进入锅炉时，可以只开设头孔；对锅壳内布置有烟管的锅炉，人孔和头孔的布置应当兼顾锅壳上部和下部的检修需求；锅筒内径小于 800mm 的水管锅炉和锅壳内径为 800～1000mm 的锅炉，应当至少在筒体或者封头（管板）上开设一个头孔。

（6）立式锅壳锅炉下部开设的手孔数量应当满足清理和检验的需要，其数量不少于 3 个。

7　简述煤粉锅炉的特点。

答：煤粉锅炉是指以煤粉为燃料的悬燃炉。它的炉膛是用水冷壁炉墙围成的大空间，磨碎的煤粉和空气经喷燃器混合后，喷入炉膛燃烧。煤粉的燃烧分着火前的准备阶段、燃烧阶段和燃尽阶段。与此相对应，炉膛也可以分为三个区域：喷燃器出口附近为着火区，出口的上方为燃烧区，燃烧区之上部一直到炉膛出口为燃尽区。适用的煤种多，既可烧中、次煤或低热值煤，也可烧黏结性较强的煤，是现代燃煤锅炉的主要形式，特别适合于发电厂的大型锅炉。

8　简述循环流化床锅炉的特点。

答：循环流化床（CFB）锅炉是一种高效率、低污染锅炉，有着良好综合利用的燃煤技术，由于它在煤种适应性和变负荷能力以及污染物排放上具有的独特优势，使其得到迅速发展。

循环流化床锅炉大体可分为两个部分：第一部分由炉膛（快速流化床）、气固分离设备、固体物料再循环设备和外置热交换器（有些循环流化床锅炉没有该设备）等组成了固体物料循环利用回路。第二部分为对流烟道，布置有过热器、再热器、省煤器和空气预热器等部件组成了一个换热区域，这部分与常规煤粉锅炉燃烧锅炉相近。

循环流化床燃烧是一种在炉内使高速运动的烟气与其所携带的湍流扰动极强的固体颗粒密切接触，并具有大量颗粒返混的流态化燃烧反应过程；同时，在炉外将绝大部分高温的固体颗粒捕集，并将它们送回炉内再次参与燃烧过程，反复循环地组织燃烧。显然，燃料在炉膛内燃烧的时间延长了。在这种燃烧方式下，炉内温度水平因受脱硫最佳温度限制，一般850℃左右。这样的温度远低于普通煤粉炉中的温度水平，并低于一般煤的灰熔点，这就免去了灰熔化带来的种种烦恼。这种"低温燃烧"方式好处甚多，炉内结渣及碱金属析出均比煤粉炉中要改善很多，对灰特性的敏感性减低，也无须很大空间去使高温灰冷却下来，氮氧化物生成量低，可于炉内实现廉价而高效的脱硫工艺等。

第二节 蒸 汽 净 化

1 蒸汽中含有的杂质对热力设备有哪些危害？

答：蒸汽中含有的杂质，如沉积在过热器中，将使蒸汽流通截面变小，流通阻力增大，并影响传热效果，使管壁温度升高，严重时将造成管子过热烧坏；如沉积在蒸汽管道的阀门处，可能引起阀门动作失灵和漏汽；如沉积在汽轮机的通流部分，将使流通截面缩小，调速机构卡涩，叶片粗糙度增加，甚至改变叶片的型线，增加汽轮机工作的阻力，使出力和效率降低。

2 蒸汽为什么会被污染？

答：当蒸汽中含有杂质时，则认为蒸汽被污染。蒸汽被污染的原因：一是由于饱和蒸汽带有水滴，而水滴中含有杂质；二是由于某些杂质能被蒸汽所溶解。

给水进入锅炉后，由于不断蒸发而浓缩，使炉水的含盐浓度远远大于给水。当蒸汽中带有含盐浓度大的炉水水滴时，就使蒸汽中含有杂质。当锅炉压力在高压以上的情况下，蒸汽具有溶解某些盐分的能力，炉水中的该种盐分会因蒸汽的溶解而被带入蒸汽中。蒸汽对盐分的溶解具有选择性，其溶解能力随压力的升高而增大。因此，对于高参数的锅炉，蒸汽的污染是由蒸汽带水和溶盐两个原因造成的。

3 提高蒸汽品质的方法有哪些？

答：常用的提高蒸汽品质的方法有：提高给水品质、汽水分离、蒸汽清洗、锅炉排污、分段蒸发。

4 汽包内常装有哪些蒸汽净化装置？其工作原理和作用是什么？

答：通常根据锅炉的参数高低、给水品质情况，在锅炉汽包内选用一种或几种蒸汽净化装置。锅炉汽包内常用的蒸汽净化装置如下：

（1）挡板。当汽水混合物从汽包的汽侧引入时，装设进口挡板，可消除汽水混合物的动能，减少水滴的飞溅；当汽水混合物从汽包的水位线附近引入时，装设缝隙挡板，蒸汽向上经过两挡板的缝隙流出，在挡板前、后两次改变方向，利用惯性作用使水滴分离。

（2）旋风分离器，也称旋风子。汽水混合物从旋风子切线方向进入，产生旋转运动，依靠离心力将水滴抛向筒壁，并沿筒壁流入汽包水侧；蒸汽则通过分离器顶部的波形板分离箱进入汽包的汽侧，使汽水得到分离，有效地减少饱和蒸汽对水分的机械携带，可以显著地提高蒸汽品质。

（3）波形板分离器，又称百叶窗。是用薄钢板密集组成的细分离设备，布置在汽包的顶部，利用波形板上附着的水膜的黏附力，用来聚集和除去蒸汽中微细水滴。这些微细水滴，很难用重力和离心力等方法将其从蒸汽中分离出来，而采用波形板分离器，则效果很好。也有采用金属丝网分离器的。

（4）均汽板—顶部多孔板。装设在汽包顶部蒸汽引出管之前，利用板孔的节流作用，使蒸汽空间的负荷沿汽包长度和宽度均匀分布，避免局部蒸汽流速过高，提高汽水分离的效率。常用的还有立式节流板、水下孔板等，其工作原理基本相同，布置位置不同。

（5）蒸汽清洗装置。当汽水混合物经过粗分离后，再引入蒸汽清洗装置，蒸汽在较清洁的清洗水层中发生物质扩散。依靠这种扩散作用，使溶于蒸汽中的盐分（主要是硅酸盐）部分地转移到清水中，从而大大减少了直接溶于蒸汽中的和蒸汽机械携带的盐分，使清洗后蒸汽的带盐量显著降低。

（6）分段蒸发隔板。将汽包内的水容积分隔成净段和盐段，各段都有单独的下降管和上升管，形成独立的循环回路。锅炉给水送入净段，经过蒸发浓缩后，将净段的炉水再送入盐段。在盐段，炉水进一步蒸发浓缩，其含盐浓度很高，锅炉排污从此引出，既可以减少锅炉的连续排污量，又能提高蒸汽品质。大型锅炉多采用外置旋风分离器作为盐段。

（7）连续排污系统。排放掉一部分含盐浓度大的炉水，使炉水的含盐量和碱度保持在规定的范围之内。

第三节　锅炉停运保护

1　锅炉停运后腐蚀的原因是什么？

答：停运锅炉腐蚀是对锅炉停运期间发生的各种腐蚀的总称，发生腐蚀的原因既有管理上的问题，也有技术上的不完善，或者是产品的质量性能不佳等原因，在发达国家也有因停炉腐蚀造成经济损失的报道。其原因有以下两方面：

（1）水汽系统内部的氧气，因为热力设备停用时，水汽系统内部的压力温度逐渐下降蒸汽凝结，空气从设备的不严密处渗入内部，氧溶解于水中。

（2）金属表面潮湿，在其表面生成一层水膜，或者金属浸在水中。因为设备停运时，有的设备内部仍然充满水，有的设备虽然把水放掉了，但有的部分积存有水，积存的水不断蒸发，使水汽系统内部湿度很大，这样金属表面形成水膜。

2　锅炉停运后腐蚀的危害有哪些？

答：锅炉停运期间腐蚀的危害性不仅仅是在短时期内造成大面积的金属损害，而且还会在锅炉投入运行后继续发生不良影响，其主要原因有以下两方面：

（1）汽水系统停运时因为金属温度低，其腐蚀产物大都是疏松状态的 FeO，它们附在管壁上的能力不大，锅炉启动时很容易被水带走。所以，当停运系统启用时，大量的腐蚀物就转入锅中，使锅水中的含铁量大增，这会加剧锅中沉淀物的形成过程，加剧腐蚀和结垢。

（2）停用腐蚀使金属表面产生沉淀物、金属腐蚀产物。所造成的金属表面的粗糙的状态，会成为运行中腐蚀的促进因素。因为从电化学的观点来看，腐蚀产生的溃疡点坑底的电位比炉壁及周围金属的电位更低，所以在运行中它将作为腐蚀电池的阳极继续遭到腐蚀，而且停用腐蚀所生成的腐蚀产物是高价氧化铁，在运行时起到阳极去极化的作用，它被还原成亚铁化合物，这也是促使金属继续遭到腐蚀的因素。如锅炉停运、启动、运行中腐蚀生成亚铁化合物，在锅炉下次停运时，又被氧化成高价化合物，这样腐蚀过程就会反复进行。经常启动、停运的锅炉腐蚀尤为严重。因此，停运的锅炉腐蚀危害性特别大，防止锅炉水汽系统的停运腐蚀，对锅炉的安全运行有着重要的意义。为此，在锅炉停运期间必须采取保护措施。

3 锅炉停运后腐蚀的特点有哪些？

答：锅炉的停运腐蚀，与运行锅炉腐蚀相比，在腐蚀产物的颜色、组成、腐蚀的严重程度和腐蚀的部位、形态上有明显的差别。因为停炉时温度较低，所以腐蚀产物较疏松，附着力小，易被水带走，腐蚀产物的表层常为黄褐色。由于停炉时氧的浓度大，腐蚀面积广，可以扩散到各部位。所以，停炉腐蚀比运行腐蚀严重得多。

过热器在锅炉运行时一般不发生氧腐蚀，而停放时，立式过热器的下弯头将发生严重腐蚀。再热器运行时也不发生氧腐蚀，停运时在积水处发生严重腐蚀。

锅炉运行时，省煤器如发生氧腐蚀，出口部分腐蚀较轻、入口部分腐蚀较重，而停炉发生氧腐蚀时整个省煤器均有，出口部分往往腐蚀更重一些。锅炉运行时，只有当除氧器运行工况显著恶化，氧腐蚀才会扩展到汽包和下降管，而上升管（水冷壁管）是不会发生氧腐蚀的。停炉时，上升管、下降管和汽包均遭受腐蚀，汽包的水侧比汽侧腐蚀严重。

4 锅炉停运后保护方法的选择原则是什么？

答：锅炉停运保养方法选择的原则为：

（1）机组的类型和参数。首先是机组的类型，对于锅炉来讲，直流炉对水质要求高，只能采用挥发性的药品来保护；其次是机组的参数，对于高参数机组水汽结构复杂，机组停运时，有的部位容易积水，不宜采用干燥剂法；再次是过热器结构，因立式过热器底部容易积水，如果不能将过热器存水吹干和烘干，不宜采用干燥剂法。

（2）停运时间的长短。停运时间不同，所选用的方法也不同，对于热备用的锅炉，必须考虑能够随时投入运行，这样，要求所采用的方法不能排掉锅水，也不宜改变锅水的成分，以免延误投入运行时间，一般采用保持蒸汽压力法；对于短期停运的机组，要求短期保养后能投入运行，锅炉宜采用湿法保养；对于长期停运的机组，不考虑短期投入运行，而要求所采用的保养方法是防腐作用持久。一般带压放水，采用干法保养，但也可采用湿法保养。

（3）现场条件。选择保养方法时，还要考虑采用保养方法的现实可行性。

5 锅炉停运期间为什么要进行保护？

答：锅炉停运期间，如不采取保护措施，锅炉汽水系统的金属内表面会遭到溶解氧的腐

中级工

蚀。当锅炉停运以后，外界空气必然会进入锅炉汽水系统内，此时，锅炉虽已放水，但在锅炉金属内表面上往往因受潮附着一层水膜，空气中的氧便溶解在此水膜中，使水膜中包含溶解氧，很容易引起金属的氧腐蚀。若停运后未将锅内的水排放或者因有的部位无法将水放尽，使一些金属表面仍被浸润着，则同样会因大量空气中的氧溶解在水中，而使金属遭到氧腐蚀。当停运锅炉的金属表面上还有沉积物或水渣时，停运时的腐蚀过程会进行得更快。因为沉积物和水渣具有吸收空气中水分的能力，水渣本身也含有一些水分。因此，当锅炉停运时，一定要采取保护措施。

6 锅炉停运时的氧腐蚀与运行时的氧腐蚀有何不同？

答：锅炉停运状态下的氧腐蚀与运行中的氧腐蚀都属于化学腐蚀。停运时，腐蚀损伤呈溃疡状，但比运行时更严重。这不仅是因为停运时进入了大量的空气，而且停运时锅炉所有部件都能发生氧腐蚀，腐蚀范围更大。如运行时过热器管不会发生氧腐蚀，但停运时立式过热器下弯头处却常常因为积水受到严重腐蚀。省煤器的氧腐蚀在运行中只是在进口管段比较严重，而停运时整个省煤器管均会腐蚀。运行中仅在除氧器工作不正常的情况下，氧腐蚀才会扩展到汽包和下降管中，而水冷壁管一般不会发生氧腐蚀，但停炉保护不当时，这些部位的金属表面均会遭到腐蚀损害。

7 锅炉停运保护的方式和基本原则是什么？

答：根据锅炉腐蚀的机理，可将锅炉停运保护的方式分为两大类，即干燥保护和湿法保护。基本原则是：
（1）不让空气进入停运锅炉的汽水系统。
（2）保持停运锅炉的汽水系统金属表面的干燥。
（3）在金属表面形成具有防腐作用的薄膜。
（4）使金属表面浸泡在含有除氧剂或其他保护剂的水溶液中。

8 锅炉常用停炉保护方法有哪些？

答：锅炉停炉保护方法有多种，目前常用的有以下三种：
（1）干燥保护法。这种方法是使锅炉金属表面经常保持干燥，以防腐蚀。常用的干燥保护法是烘干法、干燥剂法及充氮法。
（2）湿法保护法。这类方法是用具有保护性的水溶液充满锅炉，以杜绝空气中的氧进入锅内。根据所用溶液组成的不同，可分为氨—联氨法、保持给水压力法、保持蒸汽压力法、碱液法、磷酸三钠和亚硝酸钠混合溶液保护法。
（3）充氮法。就是将氮气充入锅炉水系统内，并保持一定的正压，以阻止空气进入。由于氮气很不活泼，无腐蚀性。所以，可以防止锅炉的停炉腐蚀。

🏭 第四节　锅炉化学清洗

1 什么是锅炉的化学清洗？化学清洗对锅炉运行有何意义？

答：锅炉的化学清洗就是用某些化学药品的水溶液来清除锅炉汽水系统在运行中生成的

中级工

水垢、金属腐蚀产物等沉积物，并使金属表面上形成良好的金属保护膜。

虽然锅炉用水都要经过处理，但是锅炉在运行一段时间后，汽水系统的金属内表面不可避免地都有不同程度地结垢。结垢不仅危害到锅炉的安全运行，还会大大降低锅炉的经济性。由于水垢的传热效果特别差，当水冷壁管中结有 1mm 厚的水垢时，锅炉的燃料用量就要多消耗 1.5%～2.0%，这将会造成巨大的经济损失。因此，采用化学清洗的方式，除掉锅炉汽水系统内的垢类，对保证锅炉的安全运行，提高锅炉的效率，有着重要的意义。

2 确定运行锅炉需要进行化学清洗的条件是什么？

答：确定运行锅炉需要进行化学清洗的条件是根据炉管向火侧沉积物的含量或清洗间隔时间见表 20-1。当运行水质和锅炉内的检查出现异常情况时，经过技术分析，可安排提前清洗。

表 20-1　　　　　　　　　　　　确定需要化学清洗的条件

炉型	汽包炉		直流炉	
主蒸汽压力（MPa）	<5.88	5.88～12.64	>12.74	亚临界压力
沉积物量（g/m²）	600～900	400～600	300～400	200～300
清洗间隔年限（a）	一般 12～15	10～12	5～10	5～10

3 如何进行锅炉化学清洗前的割管检查？

答：为了查明炉管内的沉积量，通常采用割管检查的方法。因为在锅炉不同部位的炉管中，沉积物含量有较大差别。所以，应该挑选在最容易发生结垢和腐蚀的部位进行割管检查，一般是受热面热负荷最大的部位，如燃烧器附近；对于有燃烧带的锅炉，燃烧带上部距炉膛中心最近处、冷灰斗和焊口处。表 20-1 中的沉积物量即垢量，是指在水冷壁管热负荷最高处向火侧 180° 部位割管处取样后所测定的。

4 制定化学清洗方案需有哪些主要内容？对清洗系统有何要求？应注意哪些问题？

答：锅炉的化学清洗技术要求高，操作难度大，事先应制定合理、可行的化学清洗方案。化学清洗方案主要应包括确定化学清洗的工艺过程、工艺条件和清洗系统。工艺过程和工艺条件由化学专业技术人员根据锅炉的形式、运行情况、结垢量、上次清洗时间、环境保护等综合因素选定；清洗系统则由锅炉和化学技术人员根据锅炉的结构特点、热力系统和现场清洗设备等具体情况共同确定。

对化学清洗系统的主要要求是系统应力求简单，临时管道、阀门和设备尽量少，操作方便，安全可靠。

应注意的问题是：

（1）应保证清洗液在清洗系统各部分有适当的流速，清洗后废液能排干净。

（2）选择清洗泵时，要保证其扬程和流量能满足清洗要求。

（3）凡是不能进行化学清洗或者不能和清洗液接触的设备零部件（如奥氏体钢和铜合金材料制成的零部件），应采取拆除、堵断或者隔离等措施。在清洗汽包锅炉时，为了防止酸液进入汽包的各种表计管、加药管、连排管以及洗汽装置的给水管，必须将它们的管口堵严。为了防止酸液进入过热器，可采取控制汽包液位，在过热器中充满除盐水或氨—联氨保护液，用木塞或塑料塞将汽包蒸汽引出管堵严等措施。

（4）锅炉汽水系统非常复杂，尤其是大型锅炉，锅炉检修人员应该考虑周全，采取必要的隔离措施，以防酸液流入公用系统或其他不该进酸的系统，损害设备。

5 为什么奥氏体钢、铜合金等材料制成的部件不适合与盐酸清洗液接触？

答：奥氏体钢制成的部件不适宜于和盐酸清洗液接触，是因为氯离子能使奥氏体钢发生应力腐蚀。

锅炉的工作压力较高，其阀门一般没有铜部件，锅炉化学清洗临时系统工作压力较低，若采用的低压阀门有铜合金做密封面或部件，则铜合金制成的部件和盐酸清洗液接触时，酸液会对铜产生腐蚀，使其密封失效，同时其腐蚀产物会在汽水系统金属的内表面产生镀铜现象，促使金属的腐蚀。因此，用盐酸清洗锅炉时，临时系统内的阀门严禁采用含铜部件的阀门。

中
级
工

第二十一章

锅炉本体受压元件的监察

第一节　本体设备常用钢材

1　锅炉承压部件用钢如何分类？

答：锅炉承压部件用钢从使用温度来分，可分为高温用钢和中温用钢；从钢材形式来分，可分为管材和板材。管材主要用于各类受热面、联箱和管道；板材主要用于汽包。

2　为什么联箱或炉外管道使用的钢材比受热面使用的钢材要求严格？

答：安装在炉外的联箱和管道，虽然不受热，壁温等于工质温度，但因其直径较大，壁厚较厚，内储能量大，又安装在炉外，损坏后对人身和设备伤害的后果要比炉内的受热面管子严重得多。所以，对联箱和管道用钢的要求很严格，通常这类钢材的最高使用温度比相同钢号的受热面管子低 30～50℃。

3　简述省煤器、水冷壁用钢的特点。

答：这两种受热面的共同特点是工质的温度在临界温度以下，壁温一般不很高，最常用的是优质碳素钢 20G。这类钢在中温范围内强度不太低，组织稳定，有一定的抗腐蚀能力，冷热加工性能和焊接性能均好，得到广泛应用。当锅炉压力大于 15MPa 时，对于高热负荷的蒸发受热面，壁温有可能接近低碳钢的最高使用温度，甚至超过其碳素钢的最高使用温限。为降低壁厚，保证蒸发受热面的可靠工作，这些锅炉的水冷壁管可采用强度和使用温度较高的低合金钢，如 12CrMo、15CrMo、15MnV、15Mo3、13CrMo44 等。

4　简述过热器、再热器用钢的特点。

答：过热器、再热器在运行时管子外部受高温烟气的作用，内部是高温蒸汽，钢管金属处在高温应力的条件下，工作条件较为恶劣。因此，对过热器、再热器用钢材，要求有良好的高温性能，足够高的蠕变强度、持久强度、持久塑性和组织稳定性，保证管子在蠕变条件下安全运行，还可以避免因管壁过厚造成的加工工艺和运行上的困难。同时对过热器钢材还要求其材料的抗氧化和抗腐蚀性能良好，在运行温度下，年氧化深度应小于 0.1mm，以保证在整个使用寿命中有足够的有效厚度。

5 为什么再热器选用的材质要高于过热器？

答：由于再热系统阻力的大小对热力系统的经济性影响很大，通常对再热系统的阻力控制更严。所以，再热器中的蒸汽流速受到限制；而且再热蒸汽的压力低，蒸汽比热容大，比热小，密度小，放热系数小（一般为过热蒸汽的1/5）。所有这些都使得再热蒸汽对管壁的冷却能力差，对热偏差敏感。因此，再热器的工作条件比过热器更差。为了保证再热器的正常工作，再热器选用的材质往往高于过热器。

6 简述锅炉受热面、联箱、管道常用钢材及应用范围。

答：锅炉受热面、联箱、管道常用钢材及应用范围见表21-1。

表 21-1　　　　　　　　锅炉受热面、联箱、管道常用钢材及应用范围

钢的种类	钢号	标准编号	适用范围		
			用途	工作压力（MPa）	壁温（℃）
碳素钢	10，20	GB3087	受热面管子、联箱、蒸汽管道	≤5.9	≤450 ≤425
	20G	GB5310	受热面管子、联箱、蒸汽管道	不限	≤450 ≤425
合金钢	12CrMog 15CrMog	GB5310	受热面管子、联箱、蒸汽管道	不限	≤560 ≤550
	12Cr1MoVg	GB5310	受热面管子、联箱、蒸汽管道	不限	≤580 ≤565
	12Cr2MoWVTiB 12Cr3MoVSiTiB	GB5310	受热面管子、联箱、蒸汽管道	不限	≤600 ≤600

7 锅炉钢板与普通钢板有何不同？

答：锅炉钢板的钢号后标以"锅"字或标以"G"。我国有专门的国家标准规定其技术条件。相同牌号的锅炉钢板和普通用途的热轧钢板在化学成分和普通机械性能上几乎没有差别，但锅炉用钢板应予以保证冲击值和时效冲击值，而一般用途的钢板则不予保证。

8 锅炉受热面吊架的工作特点是什么？所使用材料的要求是什么？

答：锅炉受热面吊架的工作特点是处于锅炉的高温烟气中，没有冷却介质来冷却，元件本身的温度很高，但承受的载荷并不大。因此，要求吊架使用的材料耐高温，抗氧化性能好，且有一定的强度，以固定受热面。

为了满足这些使用要求，在吊架所用的材料中，合金元素的含量都很高，并且多有提高钢的抗氧化性能的元素，如 Cr、Ni 、Si 等。

9 锅炉受热面吊架常用材料有哪些？

答：锅炉受热面吊架常用材料及许用极限温度见表21-2。

表 21-2　　　　　　　　　　　常用受热面吊加材料

钢号	类型	许用极限温度（℃）	钢号	类型	许用极限温度（℃）
RTCr-0.8	耐热铸铁	600	Cr18Mn11Si2N(D1)	奥氏体耐热钢	900
RQTSi-5.5	高硅球墨耐热铸铁	900	Cr20Mn9Ni2Si2N(钢101)	奥氏体耐热钢	1100
Cr5Mo	珠光体耐热钢	650	Cr20Ni14Si2	奥氏体耐热钢	1100
Cr6SiMo	珠光体耐热钢	800	Cr25Ni20Si2	奥氏体耐热钢	1100
4Cr9Si2	马氏体耐热钢	800			

10　电厂高温用钢的选择原则是什么？

答：高温部件长期工作在高温高压腐蚀介质中。根据上述高温部件的工作特点，选择高温用钢时，应从如下几个方面考虑：

（1）钢的耐热指标。要有较高的蠕变极限、持久强度和持久塑性等。

（2）高温长期运行过程中的组织性质和稳定性要好。

（3）钢材表面在相应介质（空气、蒸汽、烟气）中的抗腐蚀性能要高，特别是钢的抗高温氧化的能力要高。

（4）钢的常温性能指标。要有较好的室温、强度、塑性和韧性。

（5）要有良好的工艺性能（如焊接性能、切削加工性能等）。

（6）选用的钢在技术上要合理，经济上也要合理。

11　简述超（超）临界机组承压部件材质的选择。

答：由于超临界锅炉的主蒸汽和再热蒸汽温度为 538～560℃，超超临界机组主蒸汽和再热蒸汽温度提高到 580℃，以致现在的 600℃ 及 600℃ 以上。因此，锅炉高温受热面不仅要求有高热强性，即高温下的高蠕变强度和持久强度，还应具有优良的抗烟气侧高温腐蚀和抗蒸汽侧高温氧化的性能。20 世纪 80 年代以来，各国在开发这类高热强钢方面已取得了显著的成绩，日本已开发出一系列性能优良且经过长期运行考验的新钢种，如用于高温过热器和再热器管的 Super304H（18Cr10Ni3Cu，日本牌号为 Sus304JIHB）、HR3C（25C20NiNb，日本牌号为 Sus310JIYB）和 TP347HFG 等。这些钢种都具有高的热强性（即高温蠕变强度），而且具有良好的抗烟气侧高温腐蚀和抗蒸汽氧化的性能，其中含 Cr、Ni 最多的 HR3C 在热强性、抗高温腐蚀和蒸汽氧化方面最为突出，已成功应用于汽温为 600/600℃ 的百万千瓦级超超临界锅炉中。TP347HFG 和 Super304H 则可用于蒸汽温度为 566～580℃ 的超临界和超（超）临界锅炉中。

由于制造，特别是安装的要求，锅炉水冷壁必须是由无需焊后热处理的材料制成，现代超临界锅炉水冷壁通常采用的钢种为 T22/13CrMo44。这种材料就水冷壁而言，最高许用温度为 460～470℃，对于高效超临界锅炉，当主蒸汽参数为 28MPa/580℃/580℃ 时，水冷壁采用这种材料还是可行的。在超（超）临界锅炉水冷壁的管材方面，又开发了 HCM2A（T23，即在 T22 的基础上加 1.5% 的钨）以及 HCM12（T122）。前者可用于汽温为 600℃ 的超（超）临界锅炉，后者可用于汽温达 650℃ 的超（超）临界锅炉或者用于普通超临界锅炉的末级过热器。此外，三菱和住友钢铁公司联合开发了 ASME Code Case2328 的 18% Cr 细晶粒奥氏体钢，即在原 TP347 H 的基础上加钨、氮等成分，其高温强度比普通的 TP347 H 高 15%，且具有良好的抗蒸汽氧化层剥落的性能，适用于过热器分隔屏管，已在日本三隈等 1000MW USC 锅炉中取得良好的运行业绩。

低合金 Cr-Mo 钢的最大不足是其高温蠕变断裂强度低，随着参数的提高，管壁厚度增加，提高了成本和工艺复杂性，也降低了运行灵活性。日本新研制的 HCM2s 钢不仅具有优于常规低铬铁素体钢的高温蠕变强度，而且具有优于 2.25Cr-1Mo 钢的可焊性，也不需要焊前预热和焊后热处理。

HCM2S 钢已获得 ASME 规范认可，列为 SA213-T23 钢，可替代 T22 钢用于更高的蒸汽参数。对于过热器、再热器出口集箱及其连接管道。当前所用的 P22/X20 CrMoV21 钢，从技术方面认为在合理的壁厚和管径范围内，其极限许用温度略高于 550℃。若采用改善的 9%Cr 钢 P91 做集箱，其极限许用温度可超过 580℃。若用 P91 替代 P22，尽管其焊接性能不及 P22，但壁厚可减薄 50% 以上。经济效益十分可观。在集箱领域中，对 P91 的进一步改进，新一代 9%～12% 铬系钢的高温蠕变、断裂强度已经进入奥氏体钢的温度范围，在 600℃ 的汽温条件下，其壁厚可比 P91 减薄 40%，如 E911、NF616 和 HCM2A 等。对于过热器、再热器管束，在 600/600℃ 的汽温条件下，其最高管壁温度达到 650～670℃。因此，选用奥氏体是十分必要的，如 TP347H、TP347HFG、Super304H 等，甚至部分高温段采用 20-25Cr 系的奥氏体钢，如 HR3C、NF709、TempaloyA-3。这种材料给予了足够的蠕变断裂强度，且由于含 Cr 高能很好地抗高温腐蚀。奥氏体钢在受到热疲劳时易出问题，但若用于管束，由于口径小、管壁薄。因此，产生热疲劳的可能性不大。

欧洲国家为了配合火力发电厂 700/700℃ 的规划，近年来也开发了一些可用于超（超）临界机组的高热强钢，如 Vollourec &. Mannesmann 钢管公司开发了用于水冷壁的 7CrMoVTiB1010（T24，即在 10CrMo910 的基础上加入 Ti、N、Nb 及 B 等成分）。在奥氏体方面，德国开发了 X3 CrNiMoN1713，但尚未应用于锅炉，欧洲（德国、丹麦）的超（超）临界锅炉高温过热器、再热器的管材基本采用日本开发的已有长期运行业绩的钢种，如 TP347HFG、P91 和 P92 等。

第二节　锅炉本体部分的金属监督

1　锅炉本体部分金属监督的范围和任务是什么？

答：锅炉本体部分金属监督的范围如下：

（1）工作温度大于或等于 450℃ 的高温金属部件，如过热器管、再热器管、联箱；工作温度大于或等于 400℃ 的螺栓；工作温度大于或等于 435℃ 的导汽管。

（2）工作压力大于或等于 5.88MPa 的承压管道和部件，如水冷壁管、省煤器管、联箱等。

（3）工作压力大于或等于 3.82MPa 的汽包。

锅炉本体部分金属监督的任务如下：

（1）监督范围之内的各种金属部件在制造、安装和检修中的材料质量和焊接质量进行监督，避免错用钢材，保证焊接质量。对受监的金属部件，要通过大小修中的检查、检验，发现问题，及时采取措施，并掌握其金属组织变化、性能变化和缺陷发展情况，发现问题及时采取防爆、防断、防裂措施；对设备的健康状况，做到心中有数，从而可以做到有计划地检修，预防性检修，提高设备的可用率。

（2）在受监金属部件故障出现后，参加事故的调查与原因分析，总结经验，提出处理对策并督促实施。

（3）采用先进的诊断或在线检测技术，以便及时准确地掌握和判断受监金属部件寿命损耗程度和损伤情况。

（4）参与新机组的监造和老机组的更新改造工作，参加带缺陷设备和超期服役机组的安全评估、寿命预测和寿命管理工作。

（5）建立和健全金属技术监督档案。

2 如何进行过热器、再热器的蠕胀测量？

答：过热器和再热器投运之前，应对其原始管径进行测量，运行后每隔一定的运行时间，即在每次大小修时再进行管径的蠕胀测量。为了保证测量结果的准确性，应选定几个固定的有代表性的位置，每次检修时进行测量比较，以监视其运行变化情况。测量时应将测量部位擦干净，去掉氧化皮。由于管子各方向上的胀粗不可能一致，所以应在管子互相垂直的两个直径方向都进行测量。

3 汽包金属监督检查的时间和内容是如何规定的？

答：锅炉投入运行 5×10^4 h 后，在检修时要对汽包进行第一次检查，以后检修周期随大修进行。检查内容如下：

（1）集中下降管管座焊缝应进行 100% 的超声波探伤或对运行监督的部位进行重点检验，分散下降管管座焊缝进行抽查。

（2）筒体和封头内表面、给水管及集中下降管管孔周围和孔内壁等可见部位 100% 地进行宏观检查。

（3）筒体和封头内表面主焊缝、人孔加强焊缝和预埋件焊缝、封头过液区及其他接管座角焊缝表面去锈后，进行 100% 的宏观检查；对主焊缝应进行无损探伤抽查（纵缝至少抽查 25%，环缝至少抽查 10%）。

（4）发现裂纹时，应采取相应的处理措施。发现其他超标缺陷时，应进行安全性评定。

4 发现汽包缺陷时应如何处理？

答：发现汽包有缺陷时，不得任意进行焊补，应按照 DL/T 440—2004《在役电站锅炉汽包的检验及评定规程》的规定进行安全性评定，根据评定结果制定处理方案，并报上级锅炉监察部门批准后方可实施。在经过安全性评定以后必须进行焊补时，应制定详细的处理方案，经上级主管部门审批后才能进行。重大缺陷的处理时，还应逐级上报审批并报请地方劳动管理部门审查备案。

5 锅炉检修人员应如何对联箱进行金属监督？

答：运行时间达 1×10^5 h 的锅炉高温段过热器出口联箱、减温器联箱、集汽联箱，由锅炉检修人员负责进行宏观检查。检查时应特别注意检查表面裂纹和管座角焊缝周围有无裂纹，必要时进行无损探伤。联箱封头焊缝、环形联箱人孔角焊缝，除外观检查外，还应进行100%的无损探伤检查。以后检查周期为运行时间 5×10^4 h。对于一些底部联箱，必要时应割开手孔堵，进行检查清理。

6 锅炉水冷壁管的腐蚀检查及预防措施有哪些？

答：锅炉水冷壁管的腐蚀检查主要是水冷壁管的外壁腐蚀检查和内壁腐蚀检查：

（1）水冷壁管的外壁腐蚀检查。大容量锅炉水冷壁管外壁腐蚀主要是由于高温腐蚀造成的，是近年来超临界机组易发生的突出问题。其腐蚀面积主要发生在锅炉炉膛高热负荷区域内，也就是在喷燃器标高上、下各2m左右的范围，其腐蚀速度之快是非常惊人的，经有关电厂分析，在该部位腐蚀最快的速度，可达1.5mm/年。因此，这个部位是锅炉大、小修检查的重点。

经研究表明，影响水冷壁外壁腐蚀的最主要因素是水冷壁附近的烟气成分和管壁温度。此外，烟气对水冷壁的冲刷也会加剧高温腐蚀速度。

减轻水冷壁高温腐蚀的措施：一是改进燃烧，控制煤粉适当的细度，防止煤粉过粗；组织合理的炉内空气动力工况，防止火焰中心贴壁冲墙；各燃烧器负荷分配尽可能均匀等。二是避免出现管壁局部温度过高，如避免管内结垢，防止炉膛热负荷局部过高等。三是保持管壁附近氧化性气氛，如在壁面附近喷空气保护膜、适当提高炉内过量空气系数，使有机硫尽可能与氧结合，而不是与管壁金属发生反应。四是采用耐腐蚀材料，如在燃用易产生高温腐蚀的煤种时，用抗腐蚀的高温合金作为受热面管子的材料，对管壁进行高温防腐喷涂等。

（2）水冷壁管的内壁腐蚀检查。锅炉水冷壁管的内壁腐蚀检查，必须由防磨防爆专责人员与电厂化学专业和金属专业的人员密切配合才能很好地完成。

7 简述水冷壁内壁腐蚀的类型、原因以及机理。

答：（1）锅炉水冷壁管碱腐蚀。通常发生在锅水局部浓缩的部位，包括水流紊乱易于停滞沉积的部位（如焊缝、弯管或附有沉积物的部位等）、易于沉积易于汽水分层的水平或倾斜管段、靠近燃烧器的高热负荷部位等。碱腐蚀的腐蚀部位呈Ⅲ状，充满了松软的黑色腐蚀产物。管子减薄的程度和面积是不规则的，当减薄不足以承受锅水的压力时，发生塑性拉应力损坏，锅炉水冷壁穿孔爆管。

预防水冷壁管的碱腐蚀可从两方面着手：一是控制锅水中的游离NaOH浓度；二是尽量消除锅水的局部浓缩，包括保持受热面清洁、防止汽水分层、维持燃烧稳定等。

（2）锅炉水冷壁管酸腐蚀。酸腐蚀可对整个水冷壁表面产生影响，尤其在有局部浓缩的地方（如垢下）更为严重。其常发生在有锅水局部浓缩的地方，包括水流紊乱部位（如焊缝、弯管或附有沉积物的部位等）、水平或倾斜管段、靠近燃烧器的高热负荷部位等。发生酸腐蚀时一般管壁呈均匀减薄的形态，向火侧减薄比背火侧严重，表面无明显的腐蚀坑，腐蚀产物也较少，一般情况下腐蚀部位金属表面粗糙，呈现如酸浸洗后的金属光泽。对管壁进行金相检查可发现有脱碳现象。酸腐蚀的另一重大危害是引发氢损伤。

防止水冷壁管酸腐蚀的主要措施有防止凝汽器铜管的泄漏及凝结水精处理系统碎树脂的漏入、保持受热面的清洁等。

（3）锅炉水冷壁管氢损伤。氢损伤是由于金属腐蚀产生的氢向水冷壁内表面扩散，氢原子进入金属组织中与铁的碳化物作用生成甲烷，较大的甲烷分子聚集于晶界间，形成断续裂纹的内部网状组织，该裂纹不断增长并连接起来，造成金属贯穿脆性断裂。氢损伤一般伴随着酸性腐蚀而出现。氢损害经常发生的部位与酸性腐蚀或碱性腐蚀类似，包括水流紊乱易于停滞沉积的部位（如焊缝、弯管或附有沉积物的部位等）、易于沉积和汽水分层的水平或倾斜管段、靠近燃烧器的高热负荷部位。

防止水冷壁管的氢损害需要做好两方面的工作：一是消除锅水的低 pH 值环境，包括防止凝汽器泄漏等；二是尽量减少锅水的局部浓缩。

综上所述：水冷壁管内壁腐蚀，特别是在锅炉水冷壁已经发生内壁垢下腐蚀的情况下，可直接影响水冷壁管外壁高温腐蚀的速度。高参数大容量锅炉水冷壁管外壁高温腐蚀中的硫化物型腐蚀，往往是伴随着硫酸腐蚀同时发生的。当然，如果在该区域内再发生水冷壁管的内壁垢下腐蚀，水冷壁管在短期内就有可能泄漏或爆管，特别是在该区域内有焊口的部位，尤其以对接焊口更为严重。在焊口处有内壁垢下腐蚀，很容易造成局部管外壁金属温度过高，加快管的内、外壁腐蚀速度，如果在大、小修中监视不当，很容易在该部位发生泄漏，造成非计划临时停炉。因此，在锅炉大、小修中，对高温、高压大容量锅炉，特别是对超高压以上参数的锅炉水冷壁，在喷燃器标高上、下各 2m 左右，作为防磨防爆检查的重点部位。当然也要考虑到各种不同炉型的喷燃器布置形式不同。各发电厂要根据自己的实践摸索出自己的规律。但是，对该部位在大、小修中，一定要对水冷壁管的内、外壁进行技术鉴定工作，这也是锅炉防磨防爆检查的重点部位。

8 奥氏体不锈钢的耐蚀和腐蚀机理是什么？

答：奥氏体不锈钢的耐蚀性来源于它所含的铬和镍的热力学性质。它们和铁一样都属于能发生钝化-活化转变的金属，其氧化膜的形成，能使金属处于钝态而免蚀。不锈钢中的某些成分可使其钝性降低。而介质中某些还原性物质和侵蚀性离子可破坏其钝态，引起不同形式的腐蚀。

（1）奥氏体不锈钢的钝化及耐蚀性。奥氏体不锈钢只有处于钝态时，才具有人们所期望的耐蚀能力。由其主要合金元素的电位 pH 值图，可以了解其致钝的条件。

由铁、水体系的电位 pH 值图可知，在氧化性介质中，钢铁表面可由于形成一层致密的 γ-Fe_2O_3 表面膜而钝化，使其处于免蚀状态。这种转变使本来不耐蚀的钢铁能在由微酸到弱碱的环境中保持稳定。

由铬、水体系的电位 pH 值图可知，由于在铬的表面上形成了 Cr_2O_3，使得它能在 pH 值为 4～15 的范围内，在电位由 0.8～1V 的范围内处于免蚀状，在奥氏体钢中，由于铬的加入提高了它的钝性。

由镍、水体系的电位 pH 值图可知，镍的热力学稳定区与水的稳定区接近，表明镍是较贵的金属，其热力学性质比铁与铬稳定。在中性及弱碱性环境中，镍因形成 NiO 而钝化，提高电位可使钝化的 pH 值范围扩大，并转化为高价态氧化膜而保持稳定。镍加入不锈钢中，可使其钝性进一步提高，使钢铁在常温下具有奥氏体组织。

如上所述，奥氏体不锈钢的耐蚀性主要是由于表面的以氧化铬为主的钝化膜造成。实验证明，奥氏体钢表面膜与铁两元素的比，是奥氏体钢中两者比例的 3～4 倍。

（2）奥氏体钢的常见腐蚀形式：晶间腐蚀与点蚀。奥氏体不锈钢是不锈钢中耐蚀性最好

中级工

的，但是当选用不当或者介质中有对钝化膜具有侵蚀的成分存在时，同样可产生强烈的腐蚀。碳对提高钢铁的强度起很大作用，但是它使奥氏体不锈钢的抗晶间腐蚀能力下降。这是由于碳能与钢中的铬形成碳化物，这些碳化物沿晶界析出，造成晶界处贫铬，降低了晶界的耐蚀性，因而使腐蚀沿晶界发展，不仅奥氏体不锈钢可因含碳量较高而提高其腐蚀敏感性，就是含铬量高的铁素体不锈钢也具有晶界腐蚀倾向，其机理相同。

奥氏体钢在 1050℃以上时，碳化物可溶于奥氏体中，采取急冷固溶处理则不会沉淀脱溶而保存下来。当对固溶处理的奥氏体钢在 500～850℃（尤其是 650～750℃）进行保温处理时，部分碳化物将沿晶界析出，使奥氏体钢呈敏化状态。敏化状态的奥氏体钢在遭受腐蚀时，贫铬的晶界成为阳极，富铬的奥氏体物是阴极，形成微电池，加速晶间腐蚀。

奥氏体不锈钢对氯离子的侵蚀非常敏感，自奥氏体钢出现以来，半个多世纪中一直把防止其氯脆作为重要研究课题，并有许多种解释氯离子对不锈钢侵蚀的模型，解释其机理通常可认为，在氧的存在下，吸附于氧化膜表面的氯离子将破坏不锈钢表面的钝化膜，在其下与铁离子形成可水解的铁的氯化物，氯化亚铁和氯化铁的水解将引起不锈钢腐蚀。氯离子对表面膜的破坏穿透先发生于晶界贫铬和其他表面缺陷与经络处。在晶界贫铬区可诱发晶间锈蚀，在表面缺陷处则诱发点蚀。

9　火力发电厂金属技术监督专责（或兼职）工程师的职责是什么？

答：（1）协助总工程师组织贯彻上级有关金属技术监督标准、规程、条例和制度，督促检查金属技术监督实施情况。

（2）组织制定本单位的金属技术监督规章制度和实施细则，负责编写金属技术监督工作计划和工作总结。

（3）审定机组安装前、安装过程和检修中金属技术监督检验项目。

（4）及时向厂有关领导和上级主管（公司）呈报金属监督报表、大修工作总结、事故分析报告和其他专题报告。

（5）参与有关金属技术监督部件的事故调查以及反事故措施的制订。

（6）参与机组安装前、安装过程和检修中金属技术监督中出现问题的处理。

（7）负责组织金属技术监督工作的实施。

（8）组织建立健全金属技术监督档案。

10　电站常用金属材料和重要部件国内可参考哪些技术标准？

答：国内可参考标准目录有：

GB 713—2014　锅炉和压力容器用钢板

GB/T 1220—2007　不锈钢棒

GB/T 1221—2007　耐热钢棒

GB/T 3077—2015　合金结构钢

GB 5310—2017　高压锅炉用无缝钢管

GB/T 8732—2014　汽轮机叶片用钢

GB/T 12459—2005　钢制对焊无缝管件

GB 13296—2013　锅炉、热交换器用不锈钢无缝钢管

GB/T 19624—2019　在用含缺陷压力容器安全评定

GB/T 20410—2006　涡轮机高温螺栓用钢

DL/T 439—2018　火力发电厂高温紧固件技术导则

DL/T 440—2004　在役电站锅炉汽包的检验及评定规程

DL/T 441—2004　火力发电厂高温高压蒸汽管道蠕变监督规程

DL 473—2017　大直径三通锻件技术条件

DL/T 505—2016　汽轮机主轴焊缝超声波探伤规程

DL/T 515—2018　电站弯管

DL/T 561—2022　火力发电厂水汽化学监督导则

DL/T 586—2008　电力设备监造技术导则

DL/T 612—2017　电力行业锅炉压力容器安全监督规程

DL/T 616—2006　火力发电厂汽水管道与支吊架维修调整导则

DL/T 647—2004　电站锅炉压力容器检验规程

DL/T 654—2009　火电机组寿命评估技术导则

DL/T 674—1999　火电厂用 20 号钢珠光体球化评级标准

DL/T 678—2013　电力钢结构焊接通用技术条件

DL/T 679—2012　焊工技术考核规程

DL/T 694—2012　高温紧固螺栓超声检测技术导则

DL/T 695—2014　电站钢制对焊管件

DL/T 714—2019　汽轮机叶片超声检验技术导则

DL/T 715—2015　火力发电厂金属材料选用导则

DL/T 717—2013　汽轮发电机组转子中心孔检验技术导则

DL/T 718—2014　火力发电厂三通及弯头超声波检测

DL/T 734—2017　火力发电厂锅炉汽包焊接修复技术导则

DL/T 748.1—2020　火力发电厂锅炉机组检修导则　第 1 部分：总则

DL/T 752—2010　火力发电厂异种钢焊接技术规程

DL/T 753—2015　汽轮机铸钢件补焊技术导则

DL/T 773—2016　火电厂用 12Cr1MoV 钢球化评级标准

DL/T 785—2001　火力发电厂中温中压管道（件）安全技术导则

DL/T 786—2001　碳钢石墨化检验及评级标准

DL/T 787—2001　火力发电厂用 15CrMo 钢珠光体球化评级标准

DL/T 819—2019　火力发电厂焊接热处理技术规程

DL/T 820.1—2020　管道焊接接头超声波检测技术规程　第 1 部分：通用技术要求

DL/T 820.2—2019　管道焊接接头超声波检测技术规程　第 2 部分：A 型脉冲反射法

DL/T 820.3—2020　管道焊接接头超声波检测技术规程　第 3 部分：衍射时差法

DL/T 820.4—2020　管道焊接接头超声波检测技术规程　第 4 部分：在役检测

DL/T 821—2017　金属熔化焊对接接头射线检测技术和质量分级

DL/T 850—2004　电站配管

DL/T 868—2014　焊接工艺评定规程

DL/T 869—2021　火力发电厂焊接技术规程

DL/T 874—2017　电力行业锅炉压力容器安全监督管理工程师培训考核规程

DL/T 882—2022　火力发电厂金属专业名词术语

DL/T 884—2019　火电厂金相检验与评定技术导则

DL/T 905—2016　汽轮机叶片、水轮机转轮焊接修复技术规程

DL/T 925—2005　汽轮机叶片涡流检验技术导则

DL/T 930—2018　整锻式汽轮机转子超声检测技术导则

DL/T 939—2016　火力发电厂锅炉受热面管监督技术导则

DL/T 940—2022　火力发电厂蒸汽管道寿命评估技术导则

DL/T 991—2022　电力设备金属发射光谱分析技术导则

DL/T 999—2006　电站用 2.25Cr-1Mo 钢球化评级标准

DL/T 5054—2016　火力发电厂汽水管道设计规范

DL/T 5366—2014　发电厂汽水管道应力计算技术规程

JB/T 1265—2014　25MW～200MW 汽轮机转子体和主轴锻件技术条件

JB/T 1266—2014　25MW～200MW 汽轮机轮盘及叶轮锻件技术条件

JB/T 1267—2014　50MW～200MW 汽轮发电机转子锻件技术条件

JB/T 1268—2014　汽轮发电机 Mn18Cr5 系无磁性护环锻件技术条件

JB/T 1269—2014　汽轮发电机磁性环锻件　技术条件

JB/T 1581—2014　汽轮机、汽轮发电机转子和主轴锻件超声检测方法

JB/T 1582—2014　汽轮机叶轮锻件超声检测方法

JB/T 3073.5—1993　汽轮机用铸造静叶片技术条件

JB/T 4730—2005　承压设备无损检测

JB/T 5263—2005　电站阀门铸钢件技术条件

JB/T 6315—1992　汽轮机焊接工艺评定

JB/T 6439—2008　阀门受压件磁粉探伤检验

JB/T 6440—2008　阀门受压铸钢件射线照相检验

JB/T 7024—2014　300MW 及以上汽轮机缸体铸钢件技术条件

JB/T 7025—2018　25MW 以下汽轮机转子体和主轴锻件技术条件

JB/T 7026—2018　50MW 以下汽轮发电机转子锻件技术条件

JB/T 7027—2014　300MW 及以上汽轮机转子体锻件技术条件

JB/T 7028—2018　25MW 以下汽轮机轮盘及叶轮锻件技术条件

JB/T 7029—2004　50MW 以下汽轮发电机无磁性护环锻件技术条件

JB/T 7030—2014　汽轮发电机 Mn18Cr18N 无磁性护环锻件技术条件

JB/T 8705—2014　50MW 以下汽轮发电机无中心孔转子锻件技术条件

JB/T 8706—2014　50MW～200MW 汽轮发电机无中心孔转子锻件技术条件

JB/T 8707—2014　300MW 以上汽轮机无中心孔转子锻件技术条件

JB/T 8708—2014　300MW～600MW 汽轮发电机无中心孔转子锻件技术条件

JB/T 9625—1999　锅炉管道附件承压铸钢件技术条件

JB/T 9628—2017　汽轮机叶片　磁粉检测方法

中级工

JB/T 9630.1—1999　汽轮机铸钢件磁粉探伤及质量分级方法

JB/T 9630.2—1999　汽轮机铸钢件超声波探伤及质量分级方法

JB/T 9632—1999　汽轮机主汽管和再热汽管的弯管技术条件

YB/T 2008—2007　不锈钢无缝钢管圆管坯

YB/T 5137—2018　高压用热轧和锻制无缝钢管圆管坯

YB/T 5222—2014　优质碳素结构钢热轧和锻制圆管坯

11 电站常用金属材料和重要部件国外可参考哪些技术标准？

答：国外可参考标准目录有：

ASMESA-20/SA-20M　压力容器用钢板通用技术条件

ASMESA-106/SA-106M　高温用无缝碳钢公称管

ASMEA-182/SA-182M　高温用锻制或轧制合金钢和不锈钢法兰、锻制管件、阀门和部件

ASME SA-193/SA-193M　高温用合金钢和不锈钢螺栓材料

ASME SA-194/SA-194M　高温高压螺栓用碳钢和合金钢螺母

ASMESA-209/SA-209M　锅炉和过热器用无缝碳钼合金钢管子

ASME SA-210/SA-210M　锅炉和过热器用无缝中碳钢管子

ASME SA-213/SA-213M　锅炉、过热器和换热器用无缝铁素体和奥氏体合金钢

ASME SA-234/SA-234M　中温与高温下使用的锻制碳素钢及合金钢管配件

ASME SA-299/SA-299M　压力容器用碳锰硅钢板

ASME SA-335/SA-335M　高温用无缝铁素体合金钢公称管

ASME SA-450/SA-450M　碳钢、铁素体合金钢和奥氏体合金钢管子通用技术条

ASME SA-515/SA-515M　中、高温压力容器用碳素钢板

ASMESA-516/SA-516M　中、低温压力容器用碳素钢板

ASMESA-672/SA-672M　中温高压用电熔化焊钢管

ASMESA-691/SA-691M　高温、高压用碳素钢和合金钢电熔化焊钢管

ASME SA-999/SA-999M　合金钢和不锈钢公称管通用技术条件

ASMEB31.1　动力管道

BSEN 10222　承压用钢制锻件

BS EN 10295　耐热钢铸件

DINEN10216　承压无缝钢管交货技术条件

EN 10095　耐热钢和镍合金

EN 10246　钢管无损检测

JISG 3203　高温压力容器用合金钢锻件

JIS G3463　锅炉、热交换器用不锈钢管

JIS G4107　高温用合金钢螺栓材料

JIS G5151　高温高压装置用铸钢件

ГOCT 5520　锅炉和压力容器用碳素钢、低合金钢和合金钢板技术条件

ГOCT 5632　耐蚀、耐热及热强合金钢牌号和技术条件

ГОСТ 18968　汽轮机叶片用耐蚀及热强钢棒材和扁钢

ГОСТ 20072　耐热钢技术条件

12 **20 号钢常用在锅炉的哪些部位？**

答：20 号钢常用在锅炉的省煤器、水冷壁、顶棚过热器、低温过热器、给水管、下降管及其相应的联箱。

13 **12Cr1MoV 是什么钢种？使用温度上限为多少？**

答：12Cr1MoV 为珠光体热强钢。

应用于壁温小于 580℃的受热面管子、壁温小于 570℃的联箱和蒸汽管道。

14 **水冷壁管、省煤器管材的要求是什么？**

答：水冷壁管材的要求主要有：

（1）要求水冷壁管传热效率高。

（2）有一定的抗腐蚀性能。

（3）水冷壁管的金属具有一定的强度，以使得管壁厚度不致过厚，过厚的管壁会使加工困难并影响传热。

（4）工艺性能好，如冷弯性能、焊接性能等。

（5）在某些情况下，例如在直流锅炉上还要求钢管材料的热疲劳性能好。省煤器管材的主要要求有：

（1）有一定的强度。

（2）传热效率高。

（3）有一定抗腐蚀性能及良好的工艺性能。

（4）对省煤器管金属还应着重考虑其热疲劳性能，以便省煤器管金属在激烈的温度波动工作条件下，不会因热疲劳而过早损坏。

15 **电厂过热器管和主蒸汽管的用钢要求是什么？**

答：（1）过热器管和蒸汽管道金属要有足够的蠕变强度、持久强度和持久塑性。通常在进行过热器管强度计算时，以高温持久强度极限为主要依据，再以蠕变极限来校核。过热器和蒸汽管道的持久强度高时，一方面可以保证在蠕变条件下安全运行，另一方面还可以避免因管壁过厚而造成加工工艺和运行上的困难。

（2）要求过热器管和蒸汽管道金属在长期高温运行中组织性质、稳定性好。

（3）要有良好的工艺性能，其中特别是焊接性能好，对过热器管还要求有良好的冷加工性能。

（4）要求钢的抗氧化性能高，通常要求过热器和蒸汽管道在金属运行温度（即管壁温度下的氧化深度应小于 0.1mm/年）。

16 **举例说明电厂热动设备上，哪些零件对抗氧化性和耐磨性有一定要求？**

答：锅炉的过热器、水冷壁管、汽轮机汽缸、叶片等长期在高温下工作，易产生氧化腐蚀，这些部件的材料应有良好的抗氧化性能。

中级工

163

风机叶片、磨煤机等在工作过程中，都会受到磨损，这些部件应选用耐磨性能好的材料。

17　什么是变形？变形有哪几种形式？

答：构件在外力作用下，发生尺寸和形状改变的现象，称为变形。

变形的基本形式有弹性变形、永久变形（塑性变形）和断裂变形三种。构件在外力作用下发生变形，外力去除后能恢复原来形状和尺寸，材料的这一特性称为弹性。这种在外力去除后能消失的变形称为弹性变形。若外力去除后，只能部分恢复原状，还残留一部分不能消失的变形，材料的这一特性称为塑性。外力去除后不能消失而永远残留的变形，称为塑性变形或残余变形，也称永久变形。

一般要求构件在正常工作时，只能发生少量弹性变形，而不能出现永久变形。但对材料进行某种加工（如弯曲、压延、锻打）时，则希望它产生永久变形。

18　什么是强度？什么是刚度？什么是韧性？

答：材料或构件承受外力时，抵抗塑性变形或破坏的能力称强度。钢材在较大外力作用下可能不被破坏，木材在较小外力作用下而可能会断裂，我们说钢材的强度比木材高。

材料或构件承受外力时抵抗变形的能力称为刚度。刚度不仅与材料种类有关，还与构件的结构形式、尺寸等有关。比如管式空气预热器管箱与钢管省煤器组件相比，前者抗变形能力要比后者好，我们称前者的刚度强（好），后者的刚度弱（差）。刚度好的构件，在外力作用下的稳定性也好。

材料抵抗冲击载荷的能力称为韧性或冲击韧性，即材料承受冲击载荷时迅速产生塑性变形的性能。锅炉承压部件所使用的材料应具有较好的韧性。

19　什么是塑性材料？什么是脆性材料？

答：在外力作用下，虽然产生较显著变形而不被破坏的材料，称为塑性材料。

在外力作用下，发生微小变形即被破坏的材料，称为脆性材料。

材料的塑性和韧性的重要性并不亚于强度。塑性和韧性差的材料，工艺性能往往很差，难以满足各种加工及安装的要求，运行中还可能发生突然的脆性破坏。这种破坏往往是事故前兆，其危险性也就更大。脆性材料抵抗冲击载荷的能力更差。

20　什么是应力集中？

答：由于构件截面尺寸突然变化而引起应力局部增大的现象，称为应力集中。

在等截面构件中，应力是均匀分布的。若构件上有孔、沟槽、凸肩、阶梯等，使截面尺寸发生突然变化时，在截面发生变化的部位，应力不再是均匀分布，在附近小范围内，应力将局部增大。应力集中的程度，可用应力集中系数来表示。应力集中系数的大小，只与构件形状和尺寸有关，与材料无关。

应力集中处的局部应力值，有时可能很大，会影响部件使用寿命，是部件损坏的重要原因之一。为防止和减小这种不利影响，应尽可能避免截面尺寸发生突然变化，构件的外形轮廓应平缓光滑，必要的孔、槽最好配置在低应力区。另外，金属材料内部或焊缝有气孔、夹渣、裂纹以及"焊不透""咬边"等缺陷，也会引起应力集中。

中级工

21 什么是屈服极限及强度极限（抗拉强度）？

答：强度极限及屈服极限是通过试验确定的。在拉伸试验过程中，应力达到某一数值后，虽然不再增加甚至略有下降，试件的应变还在继续增加，并产生明显的塑性变形，好像材料暂时失去抵抗变形的能力，这种现象称为材料的屈服。发生屈服现象时的应力，称为材料的屈服极限。

当试验拉力继续升高，试件达到破坏时的应力，称为材料的强度极限或抗拉强度。屈服极限和强度极限越大，分别表明材料抵抗破坏和抵抗塑性变形的能力高，即材料强度好。对于一定材料来说，强度极限和屈服极限是随着工作温度的升高而降低的。

22 什么是蠕变及蠕变极限？什么是持久强度及持久塑性？

答：金属在一定温度和一定应力作用下，随着时间的推移缓慢地发生塑性变形的现象称蠕变。材料发生蠕变的温度与其性质有关，碳钢在 $300\sim350℃$ 时，合金钢在 $350\sim450℃$ 时，在应力作用下，就会出现蠕变。温度越高，应力越大，蠕变速度就越快。

材料抗蠕变的性能用蠕变极限来衡量，它表示一定温度下，在规定时间内，钢材发生一定量总变形的最大应力值。

持久强度是在高温条件下，经过规定时间发生蠕变破裂时的最大应力。

持久塑性是指处于蠕变状态的材料，在发生破裂时的相对塑性变形量。高温材料特别是发电厂使用的管材，应具有良好的持久塑性，希望不低于 $3\%\sim5\%$。过低的持久塑性，会使材料发生脆性破坏，降低其使用寿命。

23 什么是金属材料的疲劳及疲劳极限？

答：构件在长期交变应力作用下，虽然它承受的应力远小于材料的屈服极限，在没有明显塑性变形的情况下，发生断裂的现象称为金属材料的疲劳。因金属疲劳发生的破坏称为疲劳破坏。出现疲劳破坏的原因，是经过应力多次交替变化后，在应力最大或有缺陷部位会产生微细的裂纹，裂纹尖端出现严重的应力集中，随着交变应力循环次数的增加，裂纹逐渐扩大，最后导致破裂。

材料经受无限次变载荷而不发生断裂时的最大应力，称为金属材料的疲劳极限。工程上常根据机件的使用寿命要求，规定交变应力循环 N 次时的应力为有限疲劳极限或条件疲劳极限。如汽轮机叶片交变应力循环次数 N；锅炉的每一次启动和停止；工质运行参数的每一次波动等，承压部件都要经受一次交变应力及应变的循环，这都将会影响承压部件的寿命。为了提高钢材抵抗疲劳破坏的能力，应在保持材料一定强度的基础上尽可能提高钢材的塑性及韧性。

24 什么是金属的应力松弛现象？

答：钢材在高温和应力作用下，在应变量维持不变，应力随着时间的延长逐渐降低的现象，称为应力松弛。

金属材料在高温下发生应力松弛，是有一部分在初应力作用下产生的弹性变形逐渐地转化为塑性变形的结果。松弛现象及蠕变现象有着内在的联系，都是在高温和应力作用下的不断变形过程，两者的区别仅在于蠕变时应力基本恒定不变，松弛时应力则不断降低。应力松

中级工

弛发生在高温下工作的紧固件上，如锅炉、汽轮机上的螺栓、螺母、压紧弹簧等。这些零件在长期高温和应力作用下，塑性变形增加，应力下降，当松弛到一定程度后，就会引起汽缸和阀门漏汽，安全门提前起座，影响机组正常运行，甚至发生危险。为了防止上述现象发生，一般要求运行经过两个大修周期后，螺栓最小应力不低于最小密封应力，这个密封应力通常为150MPa($15.3kgf/mm^2$)。为了达到这一要求，可以采取如下措施：一是选择松弛性能高的钢材；二是提高螺栓的初紧应力。

25 什么是钢材的热疲劳破坏及热脆性？

答：当金属材料在工作过程中存在温差时，因部分的胀、缩相互制约而产生附加热应力。如果温差是周期变化的，热应力也将随之变化，同时伴随着弹、塑性变形的循环，塑性变形逐渐积累引起损伤，最后导致破裂。这种因经受多次周期性热应力作用而遭到的破坏称为热疲劳破坏。

热疲劳裂纹一般发生在金属零件的表面，为龟裂状。锅炉的过热器、再热器、汽包、汽轮机的汽缸、隔板，都有出现热疲劳的可能性。

钢材在某一高温区间（如400～550℃）和应力作用下长期工作，会使冲击韧性明显下降的现象称为热脆性。影响热脆性的主要因素是金属的化学成分。含有铬、锰、镍等元素的钢材，热脆性倾向较大。加入钼、钨、钒等元素，可降低钢材的热脆性倾向。

26 什么是钢材的高温氧化？

答：锅炉某些高温元件（如过热器、再热器管及其支吊架等）及高温烟气中的氧气发生的氧化反应，称为钢材的高温氧化。氧化生成的氧化膜如果不能紧紧地包覆在钢材表面而发生脱落，则氧化过程会不断发展，层层剥落，最后导致破坏。

高温氧化可生成三种氧化物：氧化铁、三氧化二铁、四氧化三铁。当壁温在570℃以下时，氧化膜由三氧化二铁、四氧化三铁组成；当温度高于570℃时，氧化膜由氧化铁、三氧化二铁、四氧化三铁组成。三氧化二铁、四氧化三铁具有致密的结构，能保护金属表面，有较好的抗氧化化，而FeO的抗氧化能力很差。因此，在温度高于500℃时，高温氧化过程就有加快的趋势。

钢材工作温度高于570℃，就需要考虑抗氧化性问题。在钢中加入铬元素，生成的氧化膜具有良好的保护作用，是提高钢材抗高温氧化性能的主要手段。

27 在高温下金属组织可能发生哪些变化？有何危害？

答：常温下钢材的金相组织是稳定的，不随时间而改变。但若在高温下长期工作，其金相组织则会不断发生变化，使其性能变差，严重时会导致破裂损坏。

（1）珠光体球化钢材中片状渗碳体逐渐转化为球状，并积聚长大的现象称珠光体球化。珠光体球化使钢材高温性能下降，加速蠕变过程，严重球化时，常引起爆管事故。影响球化过程的因素是温度、时间和化学成分，在钢中加入铬、钼、钒等合金元素，能降低球化过程的速度。

（2）石墨化是钢中渗碳体在长期高温下工作自行分解的一种现象，石墨化主要发生在低碳钢和低碳钼钢，能使钢材常温和高温下机械性能（强度、塑性）均下降，特别使冲击韧性显著降低，导致钢材的脆性破坏。

（3）合金元素的重新分配。钢材在高温下和应力长期作用下，会发生合金元素在固溶体和碳化物之间的重新分配，使强度极限和持久强度均下降，不利于高温部件的安全运行。合金元素重新分配过程，随温度的升高和时间的推移而加剧，特别是运行温度接近或超过钢材许用温度的上限时，合金元素的迁移速度将更快。

第三节　锅炉受压元件的监察

1　电力工业锅炉、压力容器监察的范围包括哪些部件和哪些过程？在哪些方面做了规定？

答：电力工业锅炉、压力容器监察的范围包括：锅炉本体受压元件、部件及其连接件；锅炉范围内管道；锅炉安全保护装置及仪表；锅炉房；锅炉承重结构；热力系统压力容器（含高低压加热器、除氧器及各类扩容器等）；主蒸汽管道、主给水管道、高温和低温再热器管道。

电力工业锅炉和压力容器的设计、制造、安装、运行、调试、检验、修理改造等过程都必须遵守 DL/T 612—2017《电力行业锅炉压力容器安全监督规程》，各部门在编制受监设备的有关规程制度时，都必须符合该规程的规定。

DL/T 612—2017《电力行业锅炉压力容器安全监督规程》对锅炉结构、压力容器与管道的设计制造、金属材料与金属监督、受压元件的焊接、安全保护装置及仪表、锅炉的化学监督、锅炉房、安装和调试、锅炉检验以及运行管理和修理改造的原则都做了规定。

2　锅炉出厂时必须附有哪些资料？

答：锅炉出厂时，必须附有与安全有关的技术资料和为安装、运行、维护检修所需的图纸及技术文件，主要包括下列资料：

（1）设计图纸（锅炉整体总图、各部件总图和分图、汽水系统图、热膨胀系统图、测点布置图、基础荷重及其外形图等）。

（2）受压元件强度计算书或汇总表。

（3）安全阀排放量计算书和反力计算书。

（4）锅炉质量证明书（包括出厂合格证、金属材料、焊接质量和水压试验合格证明）。

（5）锅炉安装说明书和使用说明书。

（6）受压元件设计更改通知书。

（7）锅炉热力计算书或主要计算结果汇总表。

（8）过热器、再热器各段进出口压力。

（9）直流锅炉各段进出口压力。

（10）过热器、再热器管壁温度计算书或汇总表。

（11）烟风系统阻力计算书或汇总表。

（12）各项保护动作整定值。

3　火室燃烧锅炉的炉膛及烟道的承压能力有何规定？具体数值是多少？

答：火室燃烧锅炉的炉膛及烟道应具有一定的承压能力。在承受局部瞬间爆燃压力和炉膛突然灭火引风机突然出现瞬间的最大抽力时，不因任何支撑部件的屈服或弯曲而产生永久变形。

额定蒸发量为 220t/h 及以上的锅炉，当采用平衡通风时，炉膛承压能力不小于±3.92kPa(400mmH₂O)，但设计预留有脱硫装置的锅炉除外。

4 发电厂锅炉的监察工作有哪些要求？

答：根据有关规程规定，对发电厂锅炉的监察工作有以下要求：

（1）发电厂必须根据设备结构、制造厂的图纸、资料和技术文件，参照有关专业规程的规定，编制现场锅炉检修工艺规程和有关的检修管理制度。

（2）建立、健全检修技术记录，确保锅炉的检修质量。

（3）根据锅炉设备技术状况、受压部件老化、腐蚀、磨损规律以及运行维护条件，制订锅炉大、小修计划，确定重点检修项目，及时消除设备缺陷，确保受压元件、部件经常处于完好状态。

（4）发电厂每台锅炉都要建立技术档案簿。登录受压元件有关运行、检修、改造、事故等重大事项。

5 锅炉监察对锅炉受压部件、元件的重大改造有什么规定？

答：锅炉受压部件、元件的重大改造应有设计图纸、计算资料和施工技术方案。涉及锅炉结构的重大改造或改变锅炉参数的检修、改造方案，应报上级锅炉监察部门及技术管理部门审批。有关锅炉改造的资料、图纸、文件，应在改造工作完毕后及时整理、归档。

6 锅炉大、小修对汽水系统承压部件的重点监察有哪些？

答：锅炉大、小修中汽水系统承压部件的重点检查部位为：

（1）主蒸汽管道弯头、三通及焊缝检查。对高温、高压机组的主蒸汽管道弯头、三通及其焊口的检查，目前全国对已经连续运行 2×10^5h 及以上的机组，明确要求，严格执行 GB/T 30580—2022《电站锅炉主要承压部件寿命评估技术导则》中有关规定，一定要对主蒸汽管道的监视管段做认真监视。对超过 2×10^5h 以上的运行机组，大修中要做好必要的无损检查和对蠕胀测点的测量工作，并做好技术记录。对综合应力比较大的主蒸汽管道弯头、三通及其焊口，要在大修中有计划地安排抽查工作，发现裂纹要坚决处理。铸钢三通要逐步、有计划地更换成热挤压三通。

（2）炉外导汽管、过热器出口联箱、集汽联箱检查。这里提到的导汽管是指过热器、再热器出口联箱至集汽联箱的导汽管，其规范一般为 $\phi133\times10(12)$mm 或 $\phi159\times14$mm 等，材质为 12Cr1MoV 或 P22 等钢管。在大修中普查，必要时在小修中抽查，对其弯头的背弧和内弧处进行裂纹检查，发现裂纹必须处理，若用打磨办法消除裂纹，必须进行强度校核计算，不满足使用要求时应更换新管。对过热器、再热器出口联箱和集汽联箱，主要抽查厂家焊口和安装焊口，特别是安全门管座焊口，发现问题要及时处理。

（3）主蒸汽系统的疏放水管座、导汽管排空气管座和汽、水取样管座及膨胀系统检查。对这些管座，多数新装机组都用插入式焊接，且焊接质量欠佳，再加上膨胀受阻，最容易在运行启动过程中造成焊口拉裂，导致被迫停炉处理。为此，在大修过程中，一定要把这些管

中级工

座作为重点部位进行认真检查。特别是对新投产的锅炉，在第一次大修中，一定要进行全面检查。对查出没有使用加强管座连接方式的，要逐步更换成加强管座的结构，确保机组长周期安全运行。

（4）降水管、主给水、减温水、疏放水管道系统检查。对汽包炉的降水管或集中降水管的分配支管，在大修中应有计划地对管座和运转层附近的弯头部位进行抽查，发现裂纹必须处理。

管道系统在大、小修中检查的重点，主要是弯头部位的内部冲刷减薄和外部腐蚀。如调节阀出口附近和弯头转弯处的内壁冲刷减薄。这些部位全都在大修中检查是不大可能的，应当做到有计划地抽查，特别是对运行超过 2×10^5 h 的机组，在大修中，安排一定数量的抽查工作，主要是进行无损探伤检查，对冲刷减薄已超过理论计算壁厚的管段及弯头，应进行更换。

对全炉的疏放水管道系统，除重点抽查被冲刷减薄的管段以外，还要对管道内外壁的腐蚀和膨胀进行系统的检查。这主要是因为管道内壁长期有局部死区存在，有自然浓缩结垢的条件，容易产生垢下腐蚀。而对外壁又有高温湿蒸汽存在，形成一定的酸腐蚀条件。因此，对这些部位应进行无损探伤检查，必要时进行割管检查。

7　锅炉大、小修对炉外辅件的重点监察有哪些？

答：炉外辅件检查主要有以下几个方面：

（1）支吊架检查。全炉支吊架，在大、小修中应安排进行全面宏观检查，在此基础上，再对重点部位进行认真检查，主要有炉顶联箱及受热面刚性吊架、恒力吊架，主要检查吊杆外观是否弯曲变形、吊杆螺母是否松动、吊杆与炉顶高顶板销轴是否存在膨胀受阻等异常情况，并做好以上检查记录。

（2）膨胀指示器检查。全炉膨胀指示器在大、小修中应进行全面仔细检查，指针与指示牌应无损坏；指示牌清洁，刻度模糊应予更换，确保指针垂直于指示牌；指针牢固、灵活无卡涩、零位校正正确，发现损坏的应立即修复。并将停炉前机组运行满负荷、停炉后零负荷、机组检修完毕启动带满负荷三个时间段每个膨胀指示器的指示情况用不同的符号，仔细清晰地记录到各台炉膨胀指示器台账中。

（3）汽包 U 形吊杆及底部的活动托辊检查。汽包吊挂带拉杆螺栓应作为重点部件进行检查，冷态时吊杆应无变形弯曲，顶部螺栓应无松动。发现冷态松动要及时调整。

（4）主蒸汽、给水和各种联箱、导汽管、连接管的拉杆吊架、托架等检查。应检查吊耳、托钩结构的紧固情况，弹簧吊架预紧力的大小是否正确，发现有拉裂、松动和弹簧压死或松动的，都必须在大、小修后进行调整定好。

（5）炉膛水冷壁防振挡间隙检查。锅炉水冷壁在运行工况下向外膨胀是正常的。然而在燃烧调查过程中，由于空气动力场的作用，水冷壁墙不停地由里向外，再由外向里往复运行，也是正常的现象。但是，为了限制其运动范围，又能保证水冷壁墙能够自由地往复运动，其间隙由装置在水冷壁刚性梁处的防振挡之间的距离来控制。运行中该部位的间隙局部，有可能被永久变形的刚性架卡死或间隙扩大，也可能被异物卡住影响水冷壁墙往复运行。对这些异常情况，在大、小修中应作为检查的重点部位之一。必要时要及时调整间隙，避免膨胀受阻和扩大水冷壁墙往复运动的距离，保证水冷壁管安全运行。

8 受压元件及其焊缝缺陷补焊的要求是什么？

答：受压元件缺陷的焊补包括局部缺陷焊补、局部区域的嵌镶焊补和焊缝局部缺陷的挖补。

受压元件及其焊缝缺陷焊补应做到：

（1）分析确认缺陷产生的原因，制定可行的焊接技术方案，避免同一部位多次焊补。主要受压部件（如汽包）的焊接技术方案，应报集团公司或省电力锅炉监察机构审查备案。

（2）焊补前应按焊接技术方案进行焊补工艺评定。

（3）宜采用机械方法消除缺陷，并在焊补前用无损探伤手段确认缺陷已彻底消除。

（4）焊补工作应由有经验的合格焊工担任。焊补前应按焊接工艺评定结果进行模拟练习。

（5）缺陷焊补前后的检验报告、焊接工艺资料等应存档。

受压元件采用嵌镶板块方法进行焊补的要求如下：

（1）不得将嵌镶板块与受压元件用搭接角缝连接。

（2）嵌镶板块应削成圆角，其圆角半径不宜小于 100mm。

（3）嵌镶板块与受压元件的连接焊缝不应与原有焊缝重合。

（4）嵌镶板块金属材料的成分和性能，应与受压元件相同或相近。

9 受压元件不合格焊口的处理原则是什么？

答：受压元件焊接接头的分类方法、各类别焊接接头的检验项目和抽检百分比及质量标准，按 DL/T 869—2021《火力发电厂焊接技术规程》执行，但对超临界压力锅炉的受热面和一次门内管子的 I 类焊接接头，应进行 100% 无损探伤，其中射线透照不少于 50%。

受压元件不合格焊口的处理原则是：

（1）外观检查不合格的焊缝，不允许进行其他项目检查，但可进行修补。

（2）无损探伤检查不合格的焊缝，除对不合格的焊缝返修外，在同一批焊缝中应加倍抽查。若仍有不合格者，则该批焊缝以不合格论。应在查明原因后返工。

（3）焊接接头热处理后的硬度超过规定值时，应按班次加倍复查，当加倍复查仍有不合格者时，应进行 100% 的复查，并在查明原因后对不合格接头重新热处理。

（4）割样检查若有不合格项目时，应做该项目的双倍复检，复检中有一项不合格则该批焊缝以不合格论。应在查明原因后返工。

（5）合金钢焊缝光谱复查发现错用焊条、焊丝时，应对当班焊接的焊缝进行 100% 复查，错用焊条、焊丝的焊缝应全部返工。

10 锅炉受压元件材料的选用及加工要求是什么？

答：受压元件材料的选用及加工特殊要求是：

（1）各类管件（三通、弯头、变径接头等）以及集箱封头等元件可以采用相应的锅炉用钢管材料热加工制作。

（2）除各种形式的法兰外，碳素钢空心圆筒形管件外径不大于 160mm，合金钢空心圆筒形管件或者管帽类管件外径不大于 114mm，如果加工后的管件同时满足无损检测合格和管件纵轴线与圆钢的轴线平行相应规定时，可以采用轧制或者锻制圆钢加工。

（3）灰铸铁不应当用于制造排污阀和排污弯管。

（4）额定工作压力小于或者等于1.6MPa的锅炉以及蒸汽温度小于或者等于300℃过热器，其放水阀和排污阀的阀体可以用可锻铸铁或者球墨铸铁制作。

（5）额定工作压力小于或者等于2.5MPa的锅炉的方形铸铁省煤器和弯头，允许采用牌号不低于HT200的灰铸铁；额定工作压力小于或者等于1.6MPa的锅炉的方形铸铁省煤器和弯头，允许采用牌号不低于HT150的灰铸铁；用于承压部位的铸铁件不准补焊。

11　锅炉受压元件结构的基本要求是什么？

答：锅炉受压元件结构的基本要求是：

（1）各受压部件应当有足够的强度。

（2）受压元件结构的形式、开孔和焊缝的布置，应当尽量避免或者减少复合应力和应力集中。

（3）锅炉水循环系统应当能够保证锅炉在设计负荷变化范围内水循环的可靠性，保证所有受热面都得到可靠的冷却；受热面布置时，应当合理地分配介质流量，尽量减小热偏差。

（4）炉膛和燃烧设备的结构以及布置、燃烧方式，应当与所设计的燃料相适应，并且防止炉膛结渣或者结焦。

（5）非受热面的元件、壁温可能超过该元件所用材料的许用温度时，应当采取冷却或者绝热措施。

（6）各部件在运行时应当能够按照设计预定方向自由膨胀。

（7）承重结构在承受设计载荷时，应当具有足够的强度、刚度、稳定性及防腐蚀性。

（8）炉膛、包墙及烟道的结构应当有足够的承载能力。

（9）炉墙应当具有良好的绝热和密封性。

（10）便于安装、运行操作、检修和清洗内外部。

12　压力容器破坏大致分为哪几种类型？它是如何产生的？如何预防？

答：压力容器的破坏大致分为三类：

（1）容器强度被削弱而引起的破坏，如均匀腐蚀、晶间腐蚀、点腐蚀、高温氧化等。这类破坏是在使用过程中构件全部或局部的尺寸损耗，使容器强度降低所引起的。因此，要求压力容器有足够的强度。

（2）脆性破坏，如氢脆、相脆化、碳化物析出脆化、晶粒长大引起的脆化等。这类损坏主要是由于冶金学（如炼钢、热处理、焊接等）变化而产生的。因此，主要预防措施应根据使用温度和介质性能，选择恰当的材料及焊接接头形式。

（3）裂纹扩展造成破坏，如应力腐蚀裂纹、氧化浸蚀、疲劳裂纹等。这类破坏是由于裂纹扩展造成的，在一定程度上可选择合适的材料予以防止。

第四节　锅炉的化学监督

1　锅炉化学监督的任务是什么？

答：锅炉化学监督的任务是：防止汽水系统和受压元件的腐蚀、结垢和积盐，保证锅炉安全经济运行。

2 锅炉专业在化学监督中的职责是什么？

答：锅炉专业与化学监督工作联系紧密，其职责是：

（1）配合化学专业做好锅炉热力化学试验和其他有关试验，确定运行工况、参数，并编入锅炉有关规程。

（2）发现与化学监督有关的异常情况，及时通知化学人员，共同研究处理。

（3）保证汽水分离器、蒸汽减温器的检修质量。

（4）根据化学监督要求做好锅炉排污，降低汽水损失。

（5）负责做好所辖与化学监督有关的设备取样器、取样冷却器的维护工作。

（6）做好飞灰的取样工作。

（7）设备检修前，征求化学监督专责对检修计划的意见，确定割管取样计划。

（8）做好锅炉检修期间和停、备用时的防腐保护工作。

（9）锅炉化学清洗时，会同化学人员拟定清洗方案，并负责清洗设备及清洗系统的设计、安装和操作，做好清洗设备和系统的日常维护工作。

3 大修时化学监督对锅炉设备重点检查的部位和内容是什么？

答：大修时，化学监督对锅炉设备重点检查的部位和内容如下：

（1）汽包。汽包内壁及内部装置的腐蚀、结垢情况和主要特征；汽水分离装置的完整情况；排污管、加药管是否污堵。

（2）水冷壁。监视管段（长度不得少于 0.5m）内壁积垢、腐蚀情况；向、背火侧垢量并计算结垢速率，对垢样做成分分析；水冷壁进口下联箱内壁腐蚀情况及结垢情况。

（3）省煤器。进口段及水平管下部氧腐蚀程度、结垢量，有无油污。

（4）过热器及再热器。立式弯头处有无积水，腐蚀结盐程度；腐蚀产物沉积情况，并测其 pH 值。

4 锅炉受热面检查的评价标准是什么？

答：水冷壁向火侧结垢速率的评价标准为：一类，结垢速率小于 $40g/(m^2 \cdot 年)$；二类，结垢速率在 $40 \sim 80g/(m^2 \cdot 年)$ 之间；三类，结垢速率大于 $80g/(m^2 \cdot 年)$。

省煤器、水冷壁、过热器、再热器管内腐蚀的评价标准为：一类，基本没有腐蚀；二类，有轻微腐蚀，点蚀深度小于或等于 1mm；三类，有局部溃疡性腐蚀或点蚀深度大于 1mm。

5 汽水合格率达标时仍有腐蚀结垢、积盐的原因是什么？

答：汽水合格率达标时仍有腐蚀结垢、积盐，其原因是在监督报表统计管理上不够科学，不能及时反映问题。

（1）全厂汽水平均合格率掩盖了水质不合格

一个发电厂不止一台机组，每台机组又有多个汽水试样，考核多种汽水指标。每种汽水试样又有 pH 值、氧、铜、铁、钠、二氧化硅、磷酸根等不同化学参量。如：一个 6 台机组的电厂全厂的平均合格率是由上百个参量在一个月或三个月内的几万个以至近 10 万个数据平均而得。只考核全厂合格率首先会使有问题的机组的严重性被冲淡；其次是使与腐蚀、结垢、积盐关系密切的试样，如锅水、给水、凝结水被掩盖；最后也是最重要的一点是，使直接影响锅炉腐蚀结垢以至失效的化学参量超标，如锅水 pH 值、凝汽器硬度或钠（或电导率）超标，淹没于大量数据中，无法被充分反映出来。

（2）不分主次的统计方法难以反映问题

除了上述统计上存在的问题之外，在考核汽水合格率时不分主次，没有重点，也使统计考核失去应有的作用。

各种化学参量对锅炉机组的结垢、积盐、腐蚀所起的作用不同，不加区别地等同看待全部平均到一起，就反映不出锅炉机组的潜在危险。一般来说，影响锅炉机组安全的首要问题是凝汽器泄漏、锅水 pH 值不合格、凝结水与给水氧和 pH 值不合格。如果能抓住这几项指标，使之确实合格，能基本解除穿孔爆管的威胁。

（3）只统计是否超标，不问幅度和时间。

目前，汽水统计报表只考核是否有超标，不考核超标到何种程度、超标的持续时间和累计时间多少，无法反映问题的严重性。

因此，在遇到水质超标时，必须标明其超标幅度与持续时间、累计时间。

6　简述酸腐蚀的危险性。

答：酸腐蚀的相对速度远大于碱腐蚀。氢离子浓度为 $105mol/L$ 时，其腐蚀速度与氢氧根为 $10^{-1}\sim10^{-2}mol/L$ 时相当。由高温下铁水体系的电位-pH 值图可知，在 pH 值为 7 时，钢铁已有明显的以亚铁离子形式溶解（酸腐蚀）的倾向；而在 $pH=10$ 以上以亚铁酸根离子溶解（酸腐蚀）的倾向才显著增大。

当产生酸腐蚀时，磁性氧化铁的表面膜极易溶解，使钢铁活化，要想重新建立钝态相当困难。因此，酸腐蚀易于发生，难于自行抑制。产生碱腐蚀时，表面膜虽可被碱溶解，但是当水的 pH 值降低后，很容易转化钝态，使腐蚀停止。

酸腐蚀的另一危险是其发生面广泛，引起失效的范围广，且将频繁发生。这是由于酸腐蚀使表面膜全面溶解的缘故。碱腐蚀造成的表面膜破坏是局部的，引起失效的范围小得多，失效的发生频率小。

酸腐蚀最主要的危险是，较严重的酸腐蚀必将导致脆性爆破，造成紧急停炉；而碱腐蚀多采取穿孔形式失效，相当严重的碱腐蚀才引起脆性爆破。

7　酸腐蚀有何特点？

答：锅炉水冷壁管的酸腐蚀，主要发生在用除盐水作补充水的锅炉上。仅有一级除盐而未配备混床的，无一例外、不可避免地要产生酸腐蚀。使用海水作凝汽器冷却水时，凝汽器的泄漏处理不当必将导致酸腐蚀；有凝结水处理装置而失效或未投入也必将产生酸腐蚀。酸腐蚀的宏观表现是，在向火侧显著发生减薄，正对火焰处减薄最多，有时出现宽 $20\sim30mm$ 的腐蚀沟槽，长度可沿管轴超过 1m。由断面观察时，向火侧明显比背火侧薄，在较深的腐蚀坑处可观察到微裂纹及脱碳层。

酸腐蚀多以脆爆形式失效，爆口无蠕胀，或蠕胀少于 3%。爆口边缘厚钝，爆片常飞走。

中级工

酸腐蚀的微观表现是出现大量晶间裂纹，裂纹所及之处，珠光体多脱碳。材料的抗拉强度、屈服极限、延伸率、断面收缩率远低于规定值，压扁易开裂，用力敲打可碎裂而不易变形。

尽管酸腐蚀失效停炉可由某一根水冷壁管引起，但是遭受腐蚀有爆管隐患的水冷壁管绝非只有一根，有脆断倾向的水冷壁管可达几十根、上百根。

8 酸腐蚀的原因是什么？

答：用除盐水作补充水的锅炉含盐量多在 30mg/L 以下，锅水的碱度往往是由所加的磷酸三钠建立和维持的，多在 0.2mmol/L 以下，缓冲性很小，当锅炉加入 1kg 纯盐酸后，锅水就会呈酸性反应。亚临界参数锅炉，尤其是有精处理装置，而且采取挥发性处理的锅炉缓冲性更小，几十克纯盐酸进入锅炉也能使锅水进入酸腐蚀的范围。

在酸蚀产物下，酸腐蚀产生的氯化亚铁和硫酸亚铁可水解，重新释放出酸。此水解平衡反应在缺氧时可被抑制，有氧时将持续进行。此时，酸不消耗，钢铁在腐蚀过程中实际消耗的是氧。

在用海水冷却时，海水进入凝结水中，氯化物的水解可使锅炉呈酸性反应；当补充水处理装置或凝结水处理装置失效时，除盐水也可带入酸。再生系统或再生操作失效使酸进入锅炉而出现的失效也时有发生。

给水中已有游离酸，但是由于投加氨（或氨水），使给水 pH 值不低于 8.8，造成给水 pH 值合格的假象，多次遇到这类酸腐蚀。尽管给水 pH 值合格，但是氨（或氨水）进入锅炉后进入蒸汽中，锅水中遗留游离酸。

化验中的疏漏及误判断使酸腐蚀容易发生。例如：前面所说给水 pH 值高达 9，锅水 pH 值低于 6、甚至低于 5 的事例已多次发生。缺乏经验的人员误认为是化验错误，而被忽略过去。

人们传统上认为锅水是碱性的，对于那种多数时间仍是碱性，但是偶尔出现短时间酸性反应的锅炉，不是由于监督上疏漏发现不了，就是测试到 pH 值低于 7 的数据后误认是化验错误，而未被重视起来。

人们认识上的另一误区是，只看到锅水宏观的 pH 值测试值合格，想不到在附着物下局部的 pH 值超标。当锅水含有氯离子时，在腐蚀坑中氯化铁的水解可使坑内 pH 值为 2～3，而锅水的 pH 值可大于 8；当锅水中游离碱在附着物下局部浓缩时，尽管锅水 pH 值低于 10，但是附着物下 pH 值可超过 13。这种锅水宏观上、总体上 pH 值合格，但是微观上、局部 pH 值过低（或过高）是酸腐蚀（或碱腐蚀）的主要原因。

9 防止锅炉管腐蚀失效的基本措施是什么？

答：锅炉管的失效（BTF）是当前大容量火电厂安全运行的严重障碍，必须认真对待，其主要措施如下：

(1) 认真"抓好两器"，切实保证汽水质量合格

多年前，根据锅炉管腐蚀结垢失效的原因分析，大多是由于除氧器运行不正常和凝汽器泄漏。因此，提出抓"两器"作为化学监督主要目标。

目前，在进行炉管失效分析时，其原因仍是以凝汽器泄漏与氧腐蚀为主。因此，仍须抓

"两器"。但是，可把次序颠倒一下，即抓凝汽器与除氧器，因为凝汽器管的腐蚀泄漏已是火力发电厂腐蚀、结垢、积盐和"四管"失效的根源，应加强凝结水的监测，以及时发现泄漏。

应加强对给水 pH 值、含氧量和锅水 pH 值、电导率、磷酸根的监测，这些指标对腐蚀的影响最大，保持这些指标合格，可基本保证锅炉安全运行。

（2）发生脆爆后应做细致检查及清洗

当锅炉发生脆爆后，不应急于恢复运行，应查明是酸腐蚀还是碱腐蚀引起的。如果是酸腐蚀引起的则预示其发生面很大，绝非几根或十几根水冷壁管有腐蚀，往往是几十根或成百根水冷壁管有腐蚀，使材料的强度、韧性指标下降，必须组织对火焰中心处水冷壁进行检查，减薄 2mm 可判失效，必须换管；超高压炉减薄 1.5mm 必须换管；亚临界参数锅炉减薄 1mm 必须换管。

换管时应对割下的水冷壁管进行检查，如果有晶间裂纹或机械性能指标下降，应继续由相邻的管子向两侧扩展换管，直到无晶间裂纹及机械性能指标合格为止。

事实已经证明彻底换管是制止运行中继续爆管的有效措施。某厂 2 号炉连续爆管三次后，用同位素测厚仪查出有碱腐蚀凹坑的水冷壁管 40 余根，全部更换后不再爆管；某厂 5 号炉碱腐蚀爆管后进行超声波检测，测出有腐蚀坑的水冷壁管 70 余根，在更换了有缺陷的水冷壁管后制止了爆管；某厂 1 号炉酸腐蚀引起多根水冷壁管爆破，大量水冷壁管有晶间裂纹，经检查并更换了近 1/4 辐射受热面后不再爆管。

化学清洗是防止腐蚀发生的有效措施，可以除去水冷壁管的附着物，防止在附着物下继续产生碱腐蚀或酸腐蚀。应注意的是，具有严重晶间腐蚀倾向的锅炉不可用盐酸清洗，以免微裂纹内氯离子的继续腐蚀。

10　如何进行酸腐蚀的预测?

答：对酸腐蚀的预测是：

（1）酸腐蚀很容易导致脆爆，但是如果该炉磷酸根消耗的情况较少发生，锅水 pH 值不太低，金相检验与机械性能试验未发现问题，则表明目前无脆爆的危险。

（2）由于深孔腐蚀失效频繁发生，应该加强运行中的磷酸盐处理，保持较高的过剩量（如使磷酸根不小于 4mg/L）。进行酸洗除垢可以抑制深孔中局部腐蚀的发展。

（3）必须对凝汽器管彻底进行查漏、堵漏。如果泄漏严重，堵管率已超过 5%，可以考虑更新。更新凝汽器时，必须根据水质特点选用管材。

（4）应注意凝汽器泄漏影响蒸汽质量的问题，它既可由于锅水浓度过高影响饱和蒸汽质量，也可因给水减温而影响过热蒸汽质量。因此，有停炉机会时，应冲洗过热器管，以防过热器管蠕胀爆破。

11　简述化学监督在锅炉安全工作中的重要地位。

答：（1）从安全生产角度分析。一旦化学专业问题爆发，可能是大面积的、长时间的停炉、停机，甚至达到不可收拾的地步。较为突出的问题有锅炉水冷壁等受热面结垢、腐蚀或氢脆损坏，引起频繁爆管；给水管道氧腐蚀严重，必须进行停炉、停机更换；汽轮机轴封漏汽严重，造成汽轮机润滑油乳化，被迫停机等，这些均会造成严重的后果。

中级工

（2）从经济运行角度分析。在整个运行周期中，如果受热面结垢，还会大大降低发电厂的经济性。

为了保证热力系统中有良好的水质，必须对水进行适当的净化处理和严格监督汽水质量。

（3）《防止电力生产重大事故的二十五项重点要求》。该要求中明确了对防止设备大面积腐蚀的要求，其中对水化学方面的工作从补给水、给水的水质要求，从精处理运行方面，从机组启动及停备用保护方面提出了严格要求。

电厂化学是火力发电厂生产过程不可缺少的技术专业之一，而化学技术监督则是火力发电厂安全生产的重要保证之一，它和其他技术监督一起为火力发电厂的安全经济运行保驾护航。

12 水中杂质和水垢对锅炉安全经济运行的危害是什么？

答：水中杂质和水垢对锅炉的安全经济运行危害很大，主要表现为：

（1）降低蒸汽锅炉的热效率，耗煤量增加，造成经济损失。如果对锅炉给水不进行处理，蒸汽锅炉运行不久就会结很厚的水垢，使锅炉的热效率降低，耗煤量增多。

（2）引起锅炉受热面过热，影响安全运行。锅炉结水垢后，受热面的金属与锅水间隔着层传热能力很差的水垢，金属得不到很好的冷却，容易过热损坏。正常情况下，尽管炉膛温度高达 1200～1400℃，但是炉管的温度只比锅水高 5～10℃。这是由于金属传热能力强的原因，当受热面结水垢后，因传热能力降低，会导致炉管温度升高。

（3）破坏正常的锅炉水循环，造成爆管事故。在受热面管内生成水垢后，缩小了管子内截面积，增加了管内水循环的流动阻力，严重时甚至完全堵塞，这样就破坏了锅炉的正常水循环，容易造成爆管事故。

（4）引起蒸汽锅炉金属腐蚀。锅炉金属腐蚀的基本形式可分为均匀腐蚀和局部腐蚀。发生在锅炉金属上的腐蚀机理非常复杂，有设计方面的原因，如元件的扳边弧度太小；有制造方面的原因，如冷加工装配不良产生的内应力；有材料方面的原因，也有介质方面的原因。锅炉金属被腐蚀后将导致元件厚度逐渐减薄、强度下降而发生事故。

（5）恶化蒸汽品质。蒸汽被污染而品质下降，通常是指汽水共腾以后蒸汽带有杂质和水分，当锅水中含有较多的溶解盐类和悬浮物时，随着锅水不断蒸发浓缩，其含盐量和碱度逐渐增高，会使大量的胶体粒子上升到蒸发面，从而使锅水蒸发时形成的微小气泡既不易破裂，又难以合并变大，因而形成一层泡沫层，造成锅水发泡起沫，并引起汽水共腾，使蒸汽带较多的水分、盐类及其他杂质，这些杂质会在过热器、蒸汽管道和用汽设备内沉积，不仅影响传热、降低热效率，还会损坏设备，造成事故。

13 锅炉炉水品质不良会造成哪些危害？

答：如果锅炉的水质不良，经过一段时间运行后，在和水接触的受热面上，便会生成水垢，生成的水垢将会造成如下危害：

（1）影响传热，降低锅炉热效率，浪费燃料。

（2）引起金属受热面过热，损坏设备，缩短使用寿命。

（3）破坏正常的锅炉水循环。

（4）产生垢下腐蚀。

第二十二章

锅炉本体设备检修

第一节　设备检修管理

1　设备台账、设备检修台账、设备检修技术记录台账有何区别？

答：为了搞好锅炉设备管理，锅炉主、辅设备及其系统和公用系统的设备，均应建立完整的、符合现场实际运行状况的设备台账。设备台账主要登录该设备的名称、型号、制造厂家、投产日期、主要参数和主要部件的技术规范。设备台账不记录检修工作内容，只有发生以下情况，才准在设备台账的续页上进行登录：一是设备在运行中发生了事故损坏，更换了设备，改变了设备型号；二是由于采用了新技术，进行更新改造变更了设备型号。设备台账是企业的固定资产明细，是历史性的技术资料档案，要注意确保设备台账的完整性和连续性。

设备检修台账是记录设备检修情况的台账，应按机组编号建立相应的检修台账，记录设备大小修和临修的有关内容，也是历史性的技术资料。

设备检修技术记录台账是记录检修车间、班组在检修中的具体工作内容，记录检修项目完成的工艺和质量标准的详细情况。检修技术记录是有时间性的技术资料，相隔两个大修周期，基本上就失去了其参考价值。所以检修技术记录要按机组编号单独建立各自的检修技术记录台账，并按年度统一编码存档。

2　设备检修台账大修记录内容有哪些？

答：设备检修台账是重要的技术资料，设备大修时应记录以下内容：

（1）一般项目、特殊项目、重大特殊项目、反事故技术措施、更新改造项目、科技项目、技术监督项目等在大修中完成的情况，未完成的项目要说明原因。

（2）大修中发现的重大缺陷和消除情况。

（3）大修中因特殊情况尚未消除的重大缺陷项目内容和遗留的问题，需要监督运行的设备部件、部位以及需要监督运行的技术组织措施。

3　设备检修台账小修记录内容有哪些？

答：消除缺陷项目的完成情况；对监督运行的设备部件部位和易磨损部件部位，重点检查和复查情况，对有遗留缺陷的监督运行设备，其缺陷有发展趋势的应在小修中处理，其处理记录应完整准确；小修中完成的其他项目，更换的主要设备部件情况等。

4 设备检修计划有哪几种？编制年度检修计划的依据有哪些？

答：设备检修计划有年度、季度、月度和周设备检修计划。

编制年度检修计划的主要依据有：设备状况的检查资料，设备缺陷资料，上年度设备检修计划执行情况，计划年度的生产任务，设备检修记录，运行分析、可靠性分析、技术监督分析和安全性评价的结论等。

5 设备大修准备工作主要有哪些内容？

答：设备大修准备工作是必不可少的环节，主要有以下内容：

(1) 制订准备工作进度表。

(2) 摸清设备状况，确定检修项目，明确检修目标。

(3) 准备材料、备品配件、机具、工具、试验设备和安全用具等。

(4) 制订劳动力计划。

(5) 制订施工技术组织措施和安全措施，制订或完善检修作业指导书。

(6) 制订大修综合进度表、重点非标项目进度表、班组进度表及网络管理图。

(7) 技术交底，责任分工，施工区域划分等。

6 设备大修施工过程主要包括哪几个阶段？各个阶段的主要工作有哪些？

答：设备大修施工过程主要包括解体、检修和回装三个阶段。

各个阶段的主要工作如下：

(1) 解体阶段。

1) 严格执行《电业安全工作规程》和安全措施、技术措施和反事故措施，确保人身和设备安全。

2) 设备解体检查要认真、仔细、全面，防止漏项、漏查、漏试，根据解体检查结果调整检修项目。

3) 解体发现缺陷或有疑难问题，及时做好记录，并汇报上级主管部门，组织研究应采取的对策。

4) 做好各部门检修工序衔接和交叉作业协调，为下道工序顺利进行创造条件。

5) 及时准确测绘修前的具体尺寸数据，并分析设备的变化规律。

6) 抓紧绘制损坏部件的加工图，及时委托加工。

7) 拆卸下来的部件要正确摆放，妥善保管，防止错解、错用和丢失。

8) 拆卸的废旧物料，要及时清理，保持现场整洁，通道畅通。

(2) 检修阶段。

1) 严格按照检修工艺质量标准和工期进度进行检修。

2) 执行工序卡的检修程序。

3) 工期过半以前，应根据实际情况调整工期进度，确属各种意外因素必须延期时，应及时向上级部门申请延期。

(3) 回装阶段。

1）抓好检修质量的三级验收工作。首先要抓好零星项目的验收，及时填报零星验收单。对于分段（分部试运）验收要在验收单上填写验收评语。

2）及时检查大修计划项目和调整项目的进度情况，避免漏项、漏检。

3）及时收集编写向运行交底的具体内容，做好交底报告的准备工作。

4）做好启动试验的有关措施。

5）做好调试和传动试验的协调配合工作。

6）根据大修网络计划，综合实际进度情况，做出大修结尾工作的时间、组织安排。

7）参加大修总体冷态验收，提交验收报告。

7　如何进行锅炉设备大修的竣工验收与总结工作？

答：锅炉设备大修验收分为冷态验收和热态验收。冷态验收工作要结合大修施工进度进行，一般实行三级验收制度，即零星（单项、班组）验收、分段（分部试运）验收和整体竣工验收。锅炉随机组运行一段时间后，还要进行热态验收。大修后，对大修情况进行总结，对大修质量、进度、安全、费用、管理等工作按管理职能做出评价及专项报告，以提高检修管理水平。

8　设备检修后应达到的标准是什么？

答：设备检修后应达到的标准如下：

（1）检修质量达到规定的质量标准。

（2）消除设备存在的缺陷，消除渗漏现象。

（3）恢复设备的原有出力，提高效率。

（4）安全保护装置和主要自动装置动作可靠，主要仪表、信号及标志正确。

（5）设备现场整洁，保温完好。

（6）检修技术记录正确齐全。

9　从安全生产角度分析锅炉防磨防爆检查的重要性。

答：要保证锅炉安全运行，必须做好锅炉各项安全工作。锅炉设备的安全工作包括承压部件的防磨防爆、炉膛防止灭火放炮、汽包防止缺水满水、尾部受热面防止积粉再燃、制粉系统防止积粉爆炸以及防止引送风机飞车、电缆着火、油系统爆炸等。在以上各项事故的预防工作中，锅炉承压部件爆漏事故的预防占有极其重要的地位。能否做好防磨防爆工作，极大程度上取决于防磨防爆工作人员努力的程度及工作的成效。如果磨损减薄、蠕变胀粗、吹损、砸伤等缺陷管段，都能在检查中发现，就可以及时对缺陷管段进行处理或更换，否则由于漏查漏修，隐患就会酿成事故。

目前，承压部件引起的爆漏事故最为频繁，影响安全生产最严重，不仅损坏设备，而且危害人身安全。巡检人员与炉外承压管道、阀门、联箱的距离十分靠近，一旦爆破，瞬间就可能造成人员伤亡。因此，锅炉安全工作中，防磨防爆检查工作应认真对待，努力做好。各厂防磨防爆专业人员要提高认识，应充分认识到防磨防爆检查工作的重要性。

10　从经济角度分析锅炉防磨防爆检查的重要性。

答：锅炉承压部件炉内包括水冷壁、过热器、再热器、省煤器四大受热面管子；炉外包括所有大、小口径汽水管道（主给水管道、过/再热蒸汽管道、减温水管道、联络母管、疏水管、排污管、取样管、连通管、试验表管等）以及弯头、阀门、减温器、联箱、汽包、扩容器等部件。这些设备由于内部均是高温、高压或超高压、亚临界、超临界、超超临界压力的汽、水工质在流动，使其承受很大的工作应力和各种温差应力；外部是高温的、带有固体颗粒或腐蚀性成分的烟气在冲刷磨损或受吹灰介质夹杂的颗粒在吹损。有的部件只在管道内部受损害，有的部件在管内、管外同时受到损害。因此，客观上承压部件承受着磨损、吹损、冲蚀、腐蚀等失效损害，导致设备健康状况日趋恶化；此外，无论炉内受热面或炉外管道阀门等部件的最佳工作状况还受设计、制造、安装是否为最佳所影响，如设计上存在管间流量分配不均问题、制造上错用了钢材、安装上焊接质量不合格等问题屡见不鲜；随着运行时间延长，设备自然老化，寿命越来越短，加上运行和监督常有失误，设备管理又做得不尽完善，设备寿命将消耗更快，事故必然增加。据各种统计，锅炉事故占发电厂事故 50% 左右，承压部件爆漏事故又占锅炉事故的 60%～75%，即占全厂事故的 30%～40%。

11 锅炉防磨防爆对检查组成员的基本要求是什么？

答：（1）学会正确使用各种便携式检测仪器（如金属测厚仪、外径游标卡尺），并使用正确的方法进行检测，如测量管壁厚度、管子外径及弯头椭圆度等。

（2）学习事故通报，学习金属、化学监督分析报告等。

（3）学习锅炉有关的强度计算、壁厚计算、管子寿命消耗计算等。

（4）要学会分析问题，做好事故分析。

总之，防磨防爆人员要学习锅炉专业有关的知识和技能，结合防磨防爆检查中积累的资料和发现的具体问题做出科学分析，提出切实可行的改进措施，保证检修质量。

12 过热器、再热器的防磨防爆重点检查部位有哪些？

答：过热器、再热器，特别是对以对流传热为主的蛇形管排的磨损，主要是飞灰冲刷磨损。实践证明，飞灰冲刷磨损又带有局部磨损的特征，特别容易发生在烟气走廊和烟气流速突变的局部位置附近，最容易发生严重的局部磨损。这些部位在停炉后吹灰阶段就要引起重视，特别是在宏观检查阶段，一定要注意蛇形管排变形较大部位的磨损检查。

检查的重点部位如下：

（1）蛇形管排的弯头及穿墙管部位。蛇形管排弯头部位，主要检查管排变形和端部间隙在热态工况下是否大于管排的横向间距，要避免端部出现烟气走廊。穿墙管部位，主要检查炉墙耐火面是否脱落。对装有防磨板的弯头和穿墙管部位，要重点检查防磨板变形和位移，必要时作修复调整或更换防磨板。

（2）蛇形管排的卡子部位检查。蛇形管排的卡子主要作用是使管排平整、烟气均匀通过、防止出现烟气走廊。因此，要检查卡子是否脱落、错位或被烧损，必要时修复或更换卡子。

另外，防磨防爆专责人，在防磨防爆检查中，要注意卡子附近和蛇形管排中是否有异物存留，如铅丝、防磨护瓦、耐火保温砖块、撬棍、扳手及其他检修工具等，一旦发现，一定要认真细致地检查，在异物附近的蛇形管排的局部有无冲刷磨损，并把异物取出。因管排变形而使管壁与吊耳相互间发生机械摩擦、防磨护铁过长与包墙管相互碰磨，使管壁减薄的部

中级工

位；以及因尾部吹灰器异常运行造成吹损省煤器吊挂管，吊耳与护铁根部低温过热器管壁的缺陷，都应作为检查的重点。

（3）布置在水平烟道中的立式过热器和再热器蛇形管排，尤其是低温过热器、再热器蛇形管排，在靠近尾部烟道竖井的部位，在烟气向下转弯处的蛇形管排弯头和两侧墙的蛇形管排的冲刷磨损，在大、小修中，一定要作为防磨防爆检查的重点部位，认真检查并做好防磨防爆检查记录。

（4）炉膛、水平烟道及尾部竖井人孔门附近处左、右两侧管壁飞灰冲刷磨损；屏式过热器管间定位滑块脱开、脱焊，造成管壁相互间机械磨损；屏式过热器夹屏管、横向定位管因定位卡块位移、脱开、烧损变形等造成管壁相互间机械磨损，也应作为防磨防爆检查中的重点，给予高度重视。

13 在机械制图中，按国家标准标注各部尺寸的意义是什么？如何合理地标注尺寸？

答：机械制图中每一个零件只能通过图形表达零件的形状，不能反映零件的真实大小，零件各部分的真实大小及相对位置必须依靠标注尺寸来确定。零件有了尺寸就可以依据尺寸数字进行统一生产，否则会引起混乱，并给生产带来损失。

标注尺寸要合理，应从以下几个方面考虑：

（1）重要尺寸应直接从主要基准标注，以便优先保证重要尺寸的精度要求。

（2）不要标注成封闭尺寸链。

（3）铸件和锻件主要按形体分析法标注尺寸，这样可满足制造毛坯时所需用的尺寸。

（4）考虑测量方便标注尺寸。

（5）考虑加工方便标注尺寸。

（6）毛坯面和机械加工面之间应把毛坯面单独标注，并且使其中一个毛坯面和机械加工面联系起来。

🏭 第二节 受热面及减温器检修

1 锅炉大修标准项目的主要工作内容是什么？

答：锅炉大修标准项目也称一般项目，主要工作内容是：

（1）进行全面的解体检查、清扫、测量、调整和修理。

（2）消除系统和设备的缺陷及隐患。

（3）进行定期的监测、试验、校验、鉴定，更换已到期的、需要定期更换的零部件。

（4）完成各项技术监督工作。

（5）制造厂要求的项目。

2 受热面大修时标准项目的主要工作内容有哪些？

答：受热面大修时，标准项目的主要工作内容为：

（1）清理管子外壁、焦渣和积灰。

（2）防磨、防爆检查，对受热面管子的磨损、胀粗、变形、弯曲、裂纹、其他损伤情况及防磨装置进行检查。

（3）受热面管子的悬吊、支吊架、拉钩、挂钩、管卡、水冷壁刚性梁及联箱支座检查。

（4）联箱和受热面的膨胀情况检查。

（5）割联箱手孔堵或封头，检查、清理联箱内部腐蚀、结垢情况，消除手孔、胀口泄漏。

（6）按化学监督、金属监督的要求，割管检查受热面管子内部的腐蚀、结垢情况，进行蠕胀测量。

（7）处理检查中发现的各种缺陷，更换少量的由于磨损、蠕胀、腐蚀、变形、裂纹、砸伤等超标的受热面管子，管排整形、复位、校正，管卡修复，联箱支座间隙调整。

3 水冷壁检修的标准项目和特殊项目是什么？

答：水冷壁常见的缺陷有高温腐蚀、结焦、磨损、管子内部结垢、疲劳、机械损伤、焊口缺陷等，光管水冷壁还存在拉钩损坏、变形、过热、胀粗、爆管泄漏等。根据 DL/T838—2017《燃煤火力发电企业设备检修导则》，水冷壁检修的标准项目如下：

（1）清理管子外壁焦渣和积灰。

（2）检查管子磨损、腐蚀、弯曲、变形、裂纹、疲劳、胀粗、过热、鼓包、蠕变等情况，并测量。

（3）检查管子焊缝、鳍片及炉墙变形情况。

（4）更换有缺陷管。

（5）割管检查腐蚀结垢情况，并留影像资料。

水冷壁检修的特殊项目如下：

（1）更换水冷壁管超过 5%。

（2）水冷壁管化学清洗。

4 水冷壁检修缺陷消除和防护措施有哪些？

答：（1）磨损检修。由于灰粒、煤粉气流漏风或吹灰器工作不正常时发生的冲刷及直流喷燃器切圆偏斜均会导致水冷壁的磨损。水冷壁管子的磨损常发生在燃烧器口、三次风口、观察孔、炉膛出口处的对流管、冷灰斗斜坡处的管子。因此，对于这些地方周围的管子，要采取适当的防磨措施。此外，炉墙水冷壁密封的漏风，吹灰器的不正常工作也会对水冷壁管子造成磨损。常用的方法是在容易磨损的管子上贴焊短钢筋，加装防磨护瓦，补焊漏风水冷壁密封，有些电厂还采用电弧喷涂防磨涂料等措施。

在检修中应仔细检查上述各处的磨损情况，检查防磨钢筋、护铁是否被烧坏，如有损坏要修复。若检查水冷壁管子磨损严重，要查出原因，予以消除，当磨损超过管子的 1/3 时，应更换新管。

（2）胀粗、变形检查。由于运行中超负荷、局部热负荷过高或水冷壁内壁结垢，造成水循环不良、局部过热，会使水冷壁管胀粗、变形、鼓包。检查时可先用眼睛宏观检查，看有无胀大、隆起之处；对有异常的管子可用测量工具，如卡尺、样板来测量，胀粗超标的管子及鼓包的管子应更换，同时还要查胀粗的原因，并从根本上消除。

中级工

如水冷壁发生弯曲变形，有可能是正常的膨胀受到阻碍，管子拉钩、挂钩损坏，管子过热等原因。修复方法可分为炉内校直和炉外校直。如果管子弯曲不大，数量也不多，可采取局部加热校直的方法，在炉内就地进行。如弯曲值较大且处于冷灰斗斜坡处的管子，也可在炉内校直，方法是边将弯曲的管子加热，边用倒链在垂直于管子轴向的方向上施加拉力，使之校直。

如果有弯曲变形的管子较多，且弯曲值又很大，则应将它们先割下来，在炉外校直，再装回原位焊接。对所割的管子要编号，回装时要对号入座。如弯曲变形的管子属于超温变形，必然会伴随着胀粗，则必须更换。

（3）水冷壁吊挂、挂钩及拉固装置的检修。在检修时要详细检查非悬吊结构的水冷壁挂钩有无拉断、焊口开裂及螺母脱扣等缺陷；拉固装置的波形板有无开焊、变形，拉钩有无损坏，膨胀间隙有无杂物，膨胀是否受阻；直流锅炉的悬挂是否损坏、螺母是否松动等缺陷。每次停炉前后要做好膨胀记录，判断膨胀是否正常。如果发现异常，要及时检查原因。通过检修要保证水冷壁的各种固定装置要完好无损，并能自由膨胀。

（4）割管检查。为了解掌握水冷壁和联箱的腐蚀结垢情况，在大修时要进行水冷壁的割管检查和联箱割手孔检查。水冷壁割管一般选在热负荷较高的位置，割取 400～500m 长的管段两处，送交化学人员检查结垢量。

水冷壁联箱割开以后，用内窥镜对联箱内部的腐蚀结垢情况进行检查和清理，联箱内部应无严重的腐蚀结垢。如发现腐蚀严重，则应查明原因予以消除。

（5）水冷壁换管。当水冷壁蠕胀、磨损、腐蚀、外部损伤产生超标缺陷或运行中发生泄漏时，均需更换水冷壁管。

5 水冷壁检修换管的步骤是什么？验收质量标准是什么？

答：（1）确定水冷壁管的泄漏位置，并检查周围的管子有无泄漏造成的损伤。

（2）根据泄漏位置拆除炉墙外部保温，并根据需要搭设脚手架、检修用升降平台或吊篮。

（3）在管子上划好锯割线，把管子锯下来。膜式水冷壁先用割的方法把需要更换的管子两边鳍片焊缝割开，再把管子锯下来。

（4）领出质量合格的管子，按测量好的尺寸下料，分别割制好两端坡口，对口间隙保持在 2mm 左右。

（5）配好管子后，用管卡子把焊口卡好即可焊接。焊接时先把两头焊口点焊，拆去管卡子后再焊接。

（6）管子焊完以后，恢复鳍片，接头位置要严格要求，不可留空洞或锯齿，以免影响寿命。

（7）焊完后可用射线检查焊口质量，合格后上水打压。如大小修时换管，则随炉进行水压试验。合格后恢复保温。

在水冷壁换管过程中，必须十分注意，防止铁渣或工具掉进水冷壁管子里面。一旦掉进去，应及时汇报有关领导，采取相应措施，设法将东西取出来，避免运行中发生爆管。

水冷壁检修验收质量标准为：

（1）水冷壁管子胀粗不得超过原管径 3.5%，管排不平整度不大于 5mm，管子局部损伤深度不大于壁厚 10%，最深处不超过管子厚度的三分之一。

（2）焊缝应无裂纹、咬边、气孔及腐蚀等现象。

6 水冷壁检修割管质量标准和焊接质量标准是什么？

答：水冷壁检修割管质量标准是：

（1）切割管子时切割点距弯头起弧点、联箱外壁、支架边缘应大于 70mm，两焊口间距不得小于 150mm，割水冷壁密封鳍片时切勿割伤管子，还应防止熔渣掉入管内。

（2）管子破口为 30°～35°，钝边 1～1.5mm，对口间隙 2mm，管子焊端面倾斜小于 0.55mm。

水冷壁检修焊接质量标准是：

（1）新管子应用 90%的管子内径钢球做通球通过实验，对口管子内壁应平整，错口不大于管子厚度的 1%，且不大于 0.5mm，焊接角变形不超过 1mm。

（2）焊缝应做 100%射线检测，焊缝应圆滑过渡，不得有裂纹、未焊透、气孔、夹渣现象。

（3）焊缝两边咬边应不大于焊缝全长的 10%，且不大于 40mm，焊缝加强高度为 1.5～2.5mm，焊缝宽度比破口宽 2～6mm，一侧增宽 1～4mm。

7 省煤器在大修中的标准项目和特殊项目有哪些？

答：省煤器为锅炉低温受热面，在运行中最常见的损坏形式有磨损、胀粗、管壁内部腐蚀和结垢、变形等。

省煤器在大修中的标准项目如下：

（1）清扫管子外壁积灰。

（2）检查管子磨损、变形、腐蚀等情况，更换不合格的管子及弯头。

（3）检修支吊架、管卡及防磨装置。

（4）检查、调整联箱支吊架。

（5）打开手孔，检查腐蚀结垢，清理内部。

（6）校正管排。

（7）测量管子蠕胀。

省煤器在大修中的特殊项目如下：

（1）处理大量有缺陷的蛇形管焊口或更换管子超过 5%。

（2）省煤器酸洗。

（3）整组更换省煤器。

（4）更换联箱。

（5）增、减省煤器受热面超过 10%。

8 省煤器检修缺陷消除和防护措施有哪些？

答：（1）省煤器的磨损。省煤器的磨损有两种，一是均匀磨损，对设备的危害较轻；二是局部磨损，危害较重，严重时只需几个月，甚至几周就会导致省煤器泄漏。

影响省煤器磨损的因素很多，如飞灰浓度，灰粒的物理、化学性质，受热面的布置与结构方式，运行工况，烟气流速等。一般来讲飞灰浓度大，烟气流速高，磨损严重；如果燃料中硬性物质多，灰粒粗大而有棱角，再加之省煤器处温度低，灰粒变硬，则灰粒的磨损性加大，省煤器的磨损就加剧。但是造成省煤器的局部磨损完全是由于烟气流速和灰粒浓度分布不均匀，而这又与锅炉的结构和运行工况有直接关系。

位于两侧墙附近的省煤器管弯头和穿墙管磨损严重，是由于烟气通过管束的阻力大，而通过一边是管子，一边是平直炉墙的间隙处阻力小，因此在此处形成"烟气走廊"。局部烟气流速很大，磨损是与烟气流速的三次方成正比的。所以，在这个地方产生严重的局部磨损。如果省煤器管排之间留有较大的空挡，则在空挡两边的管子容易磨损。

锅炉运行不正常，如受热面堵灰、结焦而使部分烟气通道堵塞，使未堵的部分通道烟气流速很大，也会造成严重的局部磨损。锅炉漏风的增加，负荷增加，均会增加烟气流速，加剧磨损。因此，在锅炉设计、安装和检修中，都要注意设法减小烟气分配不均匀性，减小磨损程度。

（2）省煤器的防磨措施。为了减少磨损，在锅炉的设计、安装中采取了许多防磨措施。

实践证明，顺列布置比错列布置、纵向冲刷比横向冲刷磨损轻一些。因此国外对燃用多灰劣质燃料的锅炉有布置成 N 形的，这样的第二烟道（即下降烟道）中，受热面布置成纵向冲刷的屏式受热面，减轻了磨损。而在进入第三烟道之前，烟气直转向上流动时，由于惯性作用，一部分大灰粒掉落在下部灰斗中，不随烟气上升，这样也减轻了第三烟道中受热面的磨损程度，第三烟道中可以布置横向冲刷的省煤器。另外，对于塔形布置的锅炉，烟气由炉膛出口垂直上升经过各对流受热面，不做转弯，也可以减轻磨损程度。

在锅炉结构中，要想完全避免局部烟气流速过高和局部区域飞灰浓度过高也是不容易的，所以要在易磨损部位加防磨装置或采取其他防磨措施。常用的防磨装置或防磨措施有：

1）防磨护铁。用圆弧形铁板扣在省煤器管子和管子弯头处，一端点焊在管子上，另一端使用抱卡，能保证其自由膨胀。有时为了使其牢固地贴在管子上，还用耐热钢丝将其缚扎住。装防磨装置时，要注意防磨罩不得超过管子圆周180°，一般以 120°～160°为宜；两个罩之间不允许有间隙，应将两个罩搭在一起，或在上面加一段防磨罩，所有的易磨弯头处均应加防磨罩，防磨护铁的安装位置要准确，且还应固定牢固，否则不但起不到防磨作用还能促成磨损。

2）保护板或阻流板。在"烟气走廊"的入口和中部，装一层或多层的长条护板，以增加对烟气的阻力，防止局部烟气流速过高。护板的宽度以 150～200mm 为宜，太窄起不到作用，太宽遮蔽流通截面过多，又会引起附近烟速和飞灰浓度增高。

3）护帘。在"烟气走廊"处将整排直管或整片弯头保护起来，可防止烟气转折时由于离心力的作用，浓缩的粗灰粒加大对弯头的磨损。但是采用护帘保护弯头时蛇形管排的弯头必须平齐，否则会在护帘后面形成新的"烟气走廊"。

4）其他防磨措施。用耐火材料把省煤器弯头全部浇注起来，或者用水玻璃加石英粉涂在管子磨损最严重的管子表面。还可在管子磨损最严重处焊防磨圆钢，这种方法用料少，对传热影响小，对防磨很有效。另外近几年来，各电厂还广泛采用防磨喷涂技术，就是将管子表面打磨干净，然后在其表面喷涂一层防磨涂料。这种方法施工容易，且管子与涂料结合紧密，适用于各个部位的防磨，效果非常明显。

5）改善省煤器结构，选用大管径管子。管子管径越大，飞灰磨损撞击概率越低，飞灰

中级工

磨损也越轻。采用顺列布置管束的磨损比采用错列管束要轻。采用膜式省煤器或者肋片式省煤器，均可有效减轻磨损概率。

（3）省煤器的磨损检修。大小修时要重点检查管排的磨损情况，主要是检查支吊架和管子接触处，弯头和靠近墙边的地方，出入口穿墙，每个管圈的一、二、三层容易发生磨损的部位。

磨损严重的管子从外观看光滑发亮，迎风面的正中间有一道脊棱，两侧被磨成平面或凹沟。如果刚刚发现有磨损现象，则可以加装防磨装置，以阻止管子的继续磨损。如果磨损超过管壁厚度的 1/3，局部磨损面积大于 $2cm^2$，则应更换新管。

检查时还应检查支吊架有无断裂、不正或影响管子膨胀的地方。如果支吊架移动或歪斜，则会使管排散乱、变形、间隙不均，从而形成严重的"烟气走廊"，在检修时要调整校正。

在检查时还应该重点检查防磨装置，各防磨装置应无脱落、损坏。若防磨装置脱落、破损、烧坏，则应及时修理或更换。在检修时还应拣出所有杂物，以避免在这些物件旁边烟气流速增大，产生涡流或偏斜，加速局部磨损。

（4）省煤器的腐蚀检修。当锅炉给水除氧设备运行不好时，给水中含有溶解氧，从而使给水管道和省煤器发生氧腐蚀。当腐蚀严重时，会使管子穿孔泄漏。因此，大修时，应根据化学监督的要求，在省煤器的高温段或低温段割管检查，掌握管子内部的腐蚀结垢情况，判断管子的健康状况。如果管子腐蚀严重，腐蚀速度不正常，则应查明原因，采取对策。减少腐蚀的方法主要有提高除氧器的除氧效果，减少炉水中的氧含量，加强炉水的循环。当管子的腐蚀坑数量多，深度较深，且管子壁厚减薄 1/3～2/3 时，为避免管子在运行中频繁泄漏，造成临修，应更换这些管子。

（5）省煤器管子的更换。当局部更换磨损、腐蚀严重的省煤器管子时，应根据现场位置、支吊架情况，确定更换位置。焊口位置应利于切割、打坡口和焊接等操作。

为了节省检修费用，充分利用管排钢材的使用价值，还可以采用一种管排"翻身"的做法，即将省煤器蛇形管整排拆出，经过详细检查，再翻身装回去，使已磨损的半个圆周处于烟气流的背面，而未经磨损基本完整的半圆周处于烟气流的正面，承受磨损。这样翻身后的管子可使用相当于未翻身前使用周期 60%～80% 的时间，既保证了设备的健康水平，又节约了钢材。在更换新管或翻身后，要及时在易磨部位加装防磨护铁。

（6）其他项目的检修。在大型锅炉中，为了减少省煤器蛇形管穿过炉墙造成的漏风，省煤器的进出口联箱多放置在烟道内，外包绝热材料和烟气隔绝。固定悬吊受热面的吊梁也位于烟道内，受烟气冲刷，为防止过热，支吊架的外面也用绝热材料包裹。因此，检修时还应注意检查支吊架和联箱的绝热层有无损坏、脱落。如有损坏，应予以恢复。

9 省煤器检修换管过程中应注意什么？

答：省煤器检修换管过程中应注意：

（1）选取割管位置时充分利用现场条件，利于切割、打破口、焊接最有利的位置。

（2）要防止杂物掉入管子内部，最好现场用水溶纸封闭暂不焊接的管口，焊接时清理铁屑。

（3）换管后要保证管子自由膨胀，管卡、支架等不能有膨胀方向受阻现象。

10　省煤器检修后质量验收标准是什么？

答：省煤器管外观验收标准：

（1）管子表面应光洁，无异常或存在磨损痕迹。

（2）管子磨损量不大于管壁厚度三分之一，否则予以更换。

（3）管排横向间距应一致。

（4）管排平整，无出列管及变形管。

（5）管排内无杂物。

（6）管排吊架、管夹无脱落，焊接牢固。

管子更换时验收标准：

（1）管子切割点开口应平整，与管子轴线垂直。

（2）悬吊管承重侧管子不应发生下坠现象。

（3）悬吊管更换后应垂直，管排应水平。

（4）管子割开后应保证无杂物、铁屑等掉入管子内部。

（5）现场切割管子应按照 DL612—2017《电力行业锅炉压力容器安督规程》的标准。

防磨装置验收标准：

（1）易磨部位防磨护铁应完整，无严重磨损，当磨损量超过 50％时，应给予更换。

（2）防磨护铁及防磨装置无位移、脱焊及变形现象。

（3）防磨护铁与防磨装置应与管子能做相应自由膨胀。

11　过热器和再热器的检修项目有哪些？

答：在大型锅炉中，随着蒸汽参数的提高及中间再热系统的采用，蒸汽过热和再热的吸热量大大增加。过热器和再热器受热面在锅炉总受热面中占了很大的比例，必须布置在高温区域，其工作条件也是锅炉受热面中最恶劣的，受热面管壁温度接近于钢材的允许极限温度。因此，过热器、再热器常见的损坏形式多为超温过热、蠕胀爆管及磨损。

在大修中要对过热器、再热器进行全面的检修，标准检修项目如下：

（1）清扫管子外壁积灰。

（2）检查管子磨损、胀粗、弯曲、腐蚀、变形情况，测量壁厚、蠕胀、氧化皮。

（3）检查、修理管子支吊架、管卡、防磨装置等。

（4）检查、调整联箱支吊架。

（5）打开手孔或割下封头，检查腐蚀，清理结垢。

（6）测量在 450℃以上蒸汽联箱管段的蠕胀，检查联箱管座焊口。

（7）割管取样。

（8）更换少量管子。

（9）校正管排。

（10）检查出口导汽管弯头、集汽联箱焊缝。

特殊检修项目如下：

（1）更换管子超过 5％，或处理大量焊口。

（2）挖补或更换联箱。

（3）更换管子支架及管卡超过 25％。

（4）增加受热面 10％以上。

（5）过热器、再热器酸洗。

12 过热器、再热器受热面管胀粗原因及检查标准是什么？

答：受热面管子的胀粗一般发生在过热器、再热器的高温烟气区的排管上（特别是进烟气的头几排上），并以管内蒸汽冷却不足者为最为严重。并列工作的过热器、再热器管子因管内蒸汽流动阻力不同（管程长短不同或弯头结构尺寸不同），或因管子外部结渣和内部结垢的程度不同等，都可引起管壁温度的显著差别。当个别管段传热恶化后，管壁温度会超过该金属材料所允许的限值，长时间的过热并在管内介质压力的作用下将引起金属蠕胀而使管径变粗。受热面管子最易发生胀粗的部位布置在炉膛上方及炉膛出口的屏式过热器，布置在炉膛出口及水平烟道的立式受热面，尤其是布置在炉膛出口的对流过热器管子壁温最高区域，最易发生胀粗。降低受热面管子的壁温能有效防止管子发生胀粗，一般防止胀粗的主要措施有：降低锅炉负荷，调整好燃烧，防止过热器、再热器管壁的温度超过最高许可使用温度，严格禁止超温运行。此外，在过热器、再热器管壁温度最高区域更换耐热温度更好的管子。

过热器、再热器胀粗检查标准为：

（1）合金钢管管材胀粗不能大于原有管径的 2.5％。

（2）碳钢管管材胀粗不能大于原有管径的 3.5％。

（3）每次检修胀粗测量数据应做好记录，建立档案，将测量结果记录并保存，以便观察管子的蠕胀情况。

13 导致受热面管子或管排变形的原因是什么？有何危害？如何修复？

答：在运行中，由于管卡过热烧坏，膨胀受阻，或加工、制作、安装、焊接质量不好等原因，都会引起过热器、再热器、省煤器管子或管排发生变形。如屏式过热器的管子会因管卡烧坏而使个别管段伸长变形，跳出管屏外边。对流过热器也常出现管排散乱，个别管子甩出，弯曲等缺陷。若管排发生散乱变形，就会形成"烟气走廊"，很容易发生过热、爆管、磨损加剧等故障，必须进行整理修复。对变形的管子蠕胀、磨损已超标或无法校正的，应更换新管；对于未超标的，应进行校正复位，并恢复固定卡。

14 如何修理受热面吊挂、挂钩及拉固装置？

答：大型锅炉的受热面采用悬吊结构，通过悬吊管、吊杆及附件将受热面悬吊在锅炉炉顶的钢梁上。大修时，应检查悬吊锅炉受热面和联箱的吊杆、吊耳、弹簧，用于固定或定位的水冷壁的刚性固定梁和拉固装置，过热器、再热器、省煤器的梳形卡和定位板等，有无变形、烧坏、焊口开裂、螺钉滑扣松动、弹簧断裂压死等缺陷。检查吊杆的受力情况，对于过松或过紧的吊杆要进行调整。对吊杆螺母和螺母垫铁要进行 100％的外观检查，对于变形严重的垫铁要及时更换。在检查时可用眼睛宏观观察，还可用小锤敲打，根据声音来判断这些零件的完好情况。一般声音响亮的没有烧坏，声音沙哑的，往往是已烧坏或有损伤。对于已经损坏的零件，要进行更换。换上新的零件后，调整好位置和间隙，应使管子能够正常膨胀。若更换吊杆，则要注意更换后的吊杆与原吊杆膨胀系数要保持一致或接近，且所受的拉力应与两侧未变形的吊杆的拉力一致。每次停炉前后都要核对膨胀指示器，做好标记，做好各受热面的膨胀记录，判断膨胀是否正常。如发现异常，要及时查找原因。通过检修，要保证受热面的各种悬吊和固定装置完好无损，并能按设计规定的方向进行膨胀。

15 大修时如何进行受热面的割管检查？

答：大修时，对水冷壁、过热器、再热器、省煤器要进行割管检查。割管位置要根据化学监督、金属监督的要求确定，且应避开钢梁、管夹。如果是第二次割管，则必须包括上次大修所更换的新监视管段与旧管段。

水冷壁、省煤器割管主要检查管子内部的腐蚀、结垢情况。过热器、再热器不仅要检查管子内部的腐蚀、结垢情况，还要检查其温度最高处的合金管子金相组织和机械性能的变化情况。合金钢管割管时，不要采用火焰切割，要用手锯或电锯，并对现场割开后的上下管口立即封堵。割下的管子标明割管部位、高度、向火侧、管内介质流向、烟气侧方向、管子材质，交化学、金属监督人员检验，根据检验结果确定受热面的状况和检修项目。同时应将检验结果登记在台账上，以便于日后比较、鉴别、查实。

16 喷水减温器常用的形式有哪些？各有何特点？

答：喷水减温器常用的形式有水室式、旋涡式、多孔喷管式。

水室式减温器结构复杂，变截面多，焊缝多，在喷水时温差较大，在喷水量多变的情况下产生较大的温差应力，容易引起水室裂纹等损坏事故。

旋涡式减温器雾化质量好，减温幅度大，能适应减温水量频繁变化的工作条件。但旋涡式减温器的喷嘴是以悬臂的方式挂在减温器中，容易产生共振，严重时喷嘴套断裂损坏。

多孔式减温器为了防止喷嘴悬臂振动，将喷管上下两端固定，稳定性较好，且结构简单，制造安装方便，得到广泛应用。但这种减温器水滴雾化质量略差。

17 大修时如何进行喷水减温器的检查与修理？

答：大修时要对喷水减温器进行外观检查和内部检查。外观主要检查联箱外壁的腐蚀及裂纹情况，对联箱管座角焊缝、内套管定位螺栓焊缝去污、去锈后用肉眼进行检查或无损探伤检查，联箱封头焊缝运行 10^5 h 后还应进行探伤检查，以确定是否存在超标的缺陷。

喷水减温器联箱内汽水介质温度差别较大，使得喷管、内套筒与联箱的壁温不同，膨胀状况也有差异。喷管经受汽水冲刷，温度交变及机械振动作用，易于损伤。所以，大修时要对喷管和其他喷水装置的部件进行检查修理，保证喷水装置完好无损，以防出现缺陷后冷水直接喷溅到联箱壁造成联箱壁的热疲劳损坏。

大修时应重点检查喷水减温器的喷水装置的焊缝是否有裂纹或其他缺陷；检查喷水管、喷头旋流孔冲刷情况，是否有减薄、破损或孔径冲刷过大超标现象，是否有堵塞或脱落现象；因内套筒定位销螺钉封口焊缝易出现裂纹，在大修检查时，要进行磁粉探伤，确认有无裂纹存在，还要检查内套筒是否有位移、转向、裂纹或断裂现象；顶丝、支撑块、固定块等是否有弯曲、断裂、脱落、扭曲变形等现象。运行 10^5 h 后还应用内窥镜检查减温器联箱内壁的腐蚀、裂纹、表面污垢情况。

如发现有超标的缺陷，应进行相应的修理或更换。若损坏严重，则应查找分析原因，制定修理方案，汇报有关部门批准后，按特殊项目进行检修。

18 受热面的磨损形式分为哪几种？影响受热面管子磨损的主要因素是什么？

答：磨损是煤粉锅炉受热面常见的损坏形式。受热面的磨损有两种，一种是均匀磨损，对设备的危害较轻；另一种是局部磨损，对设备的危害较重。

影响受热面管子的磨损主要与燃料性质、灰粒性质、烟气流速及烟气中灰的浓度等因素有关。

（1）由于尾部受热面处烟温低，灰粒变硬，灰粒的磨损性加大，磨损加剧，因此省煤器较其他受热面磨损严重。

（2）管排错列布置较顺列布置磨损严重。

（3）横向冲刷比纵向冲刷磨损严重。

（4）由于结构的原因、管排变形或堵灰、堵焦、有杂物的原因，形成"烟气走廊"的地方，使局部烟气流速很高，造成磨损加剧。

（5）由于锅炉结构的原因，形成局部的高飞灰浓度，会使该处的管子严重磨损。

（6）锅炉漏风会使烟气流速增大，加剧磨损，并在漏风处形成局部严重磨损。

（7）火焰偏斜时会导致水冷壁管的磨损。

（8）燃用发热量低而灰分高的煤种时，烟气中灰粒浓度大，受热面磨损加剧。

19 防止受热面磨损的措施有哪些？

答：防止受热面磨损的措施，首先应从改善设备运行的条件入手，如合理使用燃料，合理接带负荷，改善煤粉细度等。

对燃煤锅炉不可避免的磨损，常采用局部加防磨装置的方法。

（1）在管排弯头处、燃烧器喷口、吹灰器孔、三次风管及人孔门四周等易磨损部位，加装防磨罩。

（2）在"烟气走廊"的入口和中部，装一层或多层长条挡板，以增加"烟气走廊"中的烟气阻力，降低烟速。

（3）在烟气流向变换处将整排直管或整片弯头用护帘保护起来，防止烟气转折时由于离心力作用而浓缩的粗灰粒对管子弯头的冲刷磨损。

（4）用水玻璃、石英粉等涂在易磨管子表面，增强抗磨能力。

（5）还可在管子磨损最严重处焊防磨圆钢，减轻烟气流对管壁的冲刷，这种方法用料少，对传热影响小。各种防磨装置示意，如图 22-1 所示。

在检修时，应对各种防磨装置进行检查与修复，保证防磨装置完好，才能有较好的防磨效果。检查时要注意防磨装置的位置和磨损情况，防磨罩应完整，无位移、无脱焊、无烧损和变形，当烧损严重或磨损超过其厚度的 50% 时应更换。更换时应按照设计要求进行，不得与管子直接焊接，并保证防磨罩能与管子相对自由膨胀。

20 现场更换受热面管子的要点有哪些？

答：当受热面管子因腐蚀、磨损、胀粗、损伤等原因发生泄漏，或大小修检查发现有超

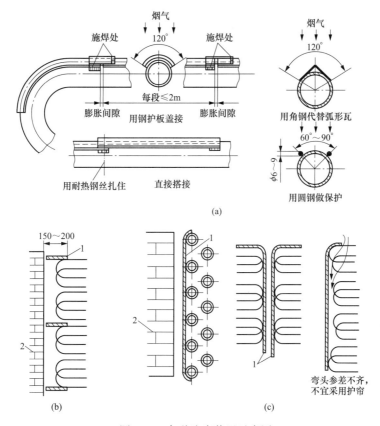

图 22-1　各种防磨装置示意图

（a）省煤器上加装防磨保护瓦；（b）保护板保护省煤器弯头；（c）护帘保护省煤器管子
1—护板或护帘；2—炉墙

标缺陷时，均应更换新管。更换新管要点如下：

（1）更换新管时，应根据管子泄漏位置或超标缺陷位置、管子结构、支吊架情况，确定更换的长度、焊口的设置。焊口位置应利于切割、打坡口、对口和焊接等操作。相邻两根或两根以上的非鳍片管子更换，切割部位应上下交错。

（2）检查周围的管子，有无因泄漏造成的损伤或有相同缺陷的管子。避免同一缺陷重复发生。

（3）因泄漏停炉检修时，应根据泄漏位置拆除炉墙外部的保温，并根据需要搭设脚手架或检修吊篮。大修时可利用已搭设的炉膛检修平台或脚手架，在炉内换管。

（4）在管子上划好锯割线，用可调手锯把管子锯下来。膜式水冷壁、鳍片式省煤器、鳍片式包覆过热器要把需要换的管段两边鳍片焊缝割开，比更换的管段长 200mm 即可，再把更换管段的鳍片切开口，上下鳍片各割掉约 100mm。注意在割鳍片时不要割伤管子本身，也不要损伤相邻的管子。如特殊位置必须采用割炬切割的，则应在热影响区消除热应力。肋片式省煤器管则宜采用整段更换的方法。切割前应使割点附近的管夹与管子或所在的管排脱离。

（5）按配管的要求，领用合格的管材，并经相应的检验确保管子材质、几何尺寸准确无误后，按测量好的尺寸下料、制作合格的弯头和坡口。

（6）配好管子后，根据管子材质所要求的焊接工艺进行焊接。先用管卡把两端焊口卡好点焊固定，拆去管卡后施焊。

（7）管子焊完后，鳍片要用相同的材料焊补全，接头部位也要严格要求，不可留孔洞或锯齿，以免影响使用寿命。

（8）全部焊接工作结束后，根据需要，按有关规定进行热处理，并根据金属监督的要求，进行焊口检验。

（9）经检验合格后，须进行水压试验。在大小修工期内，可以随大修进度整体进行水压试验。水压试验合格后恢复炉墙保温。

（10）换管过程中要采取有效的措施防止铁渣、杂物或工具掉进管内，在管子割开后应立即在开口处封堵或贴上封条。

（11）悬吊管局部更换时，必须先将切割点承重一侧的管子加以固定，稳妥以后方可割管、换管，焊接结束后再撤去固定装置。

21 锅炉第一次大修的过热器、再热器需要重点检查哪些部位？

答：锅炉第一次大修重点检查过热器、再热器管子的重皮、拉痕等制造缺陷。注意管子外边颜色（外观紫红是严重过热后的磁性氧化铁），发现异常时做重点处理。管卡、吊卡焊接处，特别是异种钢焊接部位要仔细检查有无可见裂纹。有荷重的吊管，要注意根部焊口有无可见裂纹。大部分热膨胀应力引起的裂纹从外壁用着色探伤可发现。奥氏体钢过热器、再热器管要重点检查焊缝、弯头附近有无明显缺陷。

22 锅炉防磨防爆检查技术记录主要有哪些内容？

答：锅炉防磨防爆检查是重要的安全技术工作，其技术记录主要有以下内容：

（1）受检的受热面名称。

（2）详细部位，包括水冷壁所在墙的位置、根数及距联箱的距离；过热器、再热器、省煤器的管排数、根数。

（3）缺陷内容，按磨损、胀粗、砸伤、撞伤、点焊打火咬伤、重皮、裂纹、过热、变色等分类记录，如是焊口泄漏应注明是厂家、安装或检修焊口等。

23 大修防磨防爆记录应包括哪些内容？

答：大修防磨防爆记录应包括的内容是：

（1）受热面管子缺陷位置、缺陷内容，处理情况及遗留问题，监督措施。

（2）化学监督分析报告。

（3）金属监督分析报告。

（4）锅炉膨胀、支吊架状况评价报告。

（5）酸洗范围及对酸洗的评价报告。

24 简述水冷壁主要冲刷磨损的部位及原因分析。

答：（1）喷燃器出口附近水冷壁管冲刷磨损。该部位容易冲刷磨损的主要原因，一方面是由于喷燃器出口角度安装误差造成的，对直吹式锅炉喷燃器更为突出；另一方面，主要是由于多次更换喷燃器火嘴，检修工艺达不到要求，造成一次风直接冲刷水冷壁管造成。当然也有的锅炉是由于运行中燃煤特性发生变化，如燃煤的发热量和挥发分突然变大，运行人员还来不及进行燃烧调整时，就把火嘴烧坏。再加上其他原因，被烧坏的火嘴不能及时修复，电网又没有临停检修机会，在这种情况下，即使运行人员进行认真地燃烧调整，也有可能造成一次风速局部过高，冲刷喷燃器附近的水冷壁管。特别是对燃用需要提高一次风速才能达到稳定燃烧的煤种，在已经被烧坏的喷燃器中进行燃烧，问题就更为突出。在这种情况下，必要时可申请临时检修，当有停炉机会时，应进行认真地防磨防爆检查，处理被冲刷磨损的水冷壁管和修复被烧坏的喷燃器火嘴，同时对于四角切圆直流摆动燃烧器，因检修中更换大量烧损变形的燃烧器、二次风嘴，应利用检修机会重新按照标准校对各层火焰中心假想切圆实际位置及尺寸，避免一、二次风火嘴喷口因安装角度不正确、假想切圆偏斜导致煤粉气流直接冲刷火嘴喷口及两侧墙水冷壁管，确保喷燃器火嘴在设计情况下稳定燃烧。

（2）炉膛水冷壁吹灰器附近的水冷壁管冲刷磨损。目前，火电行业投入运行的高参数大容量燃煤机组越来越多，在电网中起主导作用。这些高参数锅炉炉膛结焦，不仅影响机组的经济性，更重要的是对锅炉安全稳定运行很不利。因此，大容量锅炉，特别是当前在火电机组中起主导地位的600MW及以上容量的锅炉炉膛水冷壁，都安装了吹灰装置。该装置利用蒸汽吹灰，要严格控制吹灰程序，在吹灰前要加强疏水系统操作，对疏放水操作一定要严格按规程执行，否则不但会造成凝结水冲刷水冷壁管现象，还会加速冷击水冷壁管，使水冷壁管子外壁产生龟裂。有龟裂管子，再加上有冲刷减薄的部件，就无法保证计划检修周期，就有可能造成泄漏爆管，造成非计划临时停炉检修。

根据近年来的实践，有的电厂锅炉造成该部位水冷壁管冲刷磨损严重的原因，是由于调压装置失控造成的吹灰时蒸汽压力大于设计值；也有的是由于调压装置检修质量不良，造成的吹灰时蒸汽压力大于设计值，其结果必然造成吹损水冷壁管。因此，在大、小修中，防磨防爆人员一定要把该部位作为重点认真检查，必要时进行测厚，确定吹损减薄程度，通过计算强度，确定是换管，还是监督运行。同时，在计划检修并网之前，检修和运行人员一定要密切配合，校对蒸汽吹灰器的调压阀以及各台吹灰器起吹角度、行程距离，避免造成不必要的损失。

（3）水冷壁冷灰斗前、后斜墙及弯头附近管壁砸伤失效、灰渣磨损减薄失效。根据近年来的实际情况，由于锅炉燃煤特性变化较大，有的锅炉结焦、掉焦较严重，砸坏冲刷该部位的水冷壁管，有的锅炉在斜坡部位大面积出现冲刷，形成沟槽，使水冷壁管局部减薄严重。所以，各发电厂的防磨防爆专责人员也要重视该部位，在大、小修中作为重点部位认真检查处理。

（4）折焰角两侧上爬坡部位水冷壁墙与左右侧墙水冷壁，以及冷灰斗水冷壁前后滑板墙与左右侧墙水冷壁夹角部位三角形密封盒处砂眼或焊口开裂漏风，导致相邻管壁吹损。该部位也应作为水冷壁折焰角与冷灰斗前后滑板墙检查重点，认真检查。

（5）水冷壁火焰检测冷却风开孔附近，让管管壁吹损减薄失效。炉膛火焰检测枪管行程位置在检修前后发生变化，存在安装不到位或运行中出现卡涩等异常现象，加上炉墙开孔部位让管弯头耐火材料脱落，使冷却炉膛火焰检测探头的压缩空气从位于枪管前端正下方喷孔喷出，造成炉内水冷壁开孔部位两侧让管内弧处或两侧水冷壁管直接吹损。上述部位检修需要锅炉本体与热控专业技术，在检修后期指派专人配合运行人员传动行程，使检修后的火焰检测枪管位置符合原图纸设计要求，并在炉内枪管外保护套管四周敷设耐火材料，起到防磨损作用，避免小问题酿成大事故。

25 合金钢焊口进行热处理的目的是什么？

答：合金钢焊口进行热处理的目的是：

（1）减少焊接所产生的残余应力。

（2）改善焊接接头的金相组织和力学性能（如：增强焊缝及热影响区的塑性、改善硬脆现象、提高焊接区的冲击韧性）。

（3）防止变形。

（4）提高高温蠕变强度。

26 受热面管子长期过热爆管时，爆口有何特征？

答：长期过热爆管的爆口特征为：爆破前管径已胀粗很多，胀粗的范围也较大，金属组织变化，破口并不太大，断裂面粗糙不平整，边钝不锋利，破口附近有众多的平行于破口的轴向裂纹，管子外表出现一层较厚的氧化皮。

27 受热面管子短期过热爆管时，爆口有何特征？

答：短期过热爆管的爆口特征为：破口附近管子胀粗较大，破口张嘴很大，呈喇叭状，破口边缘锐利减薄较多，断裂面光滑，破口两边呈撕薄撕裂状，在水冷壁管的短期过热爆管破口内壁，由于爆管时管内汽水混合物急速冲击，而显得十分光洁，并且短期过热爆管的管子外壁一般呈蓝黑色。

28 常用的弯管方法有哪几种？各有何不同？

答：常用的弯管方法有热弯和冷弯两种。

热弯就是用干净、干燥的具有一定大小的沙子充满被弯管内，经振打使沙子填实，然后加热管子，采用人工方法将原直管弯成一定弧度的弯管。

冷弯就是按直径和弯曲半径选用弯管机胎具，在弯管机上将管子弯成所需要的角度。对于大直径厚壁管也采用加热后在弯管机上弯制。

29 如何进行管子的热弯？

答：（1）首先检查管子的材质、质量、型号等，再选择不掺有泥土等杂质，并经过水洗和筛选的沙子，进行烘烤，使沙子不掺有水分。

（2）将所选用的沙子装于管子中，然后经振打捣实，并在管子两端加堵。

（3）将装好沙子的管子运至弯管场地，根据弯曲长度在管子上划出标记。

（4）缓慢加热管子及沙子，在加热过程中，要注意转动或上下移动管子，当管子加热到1000℃左右时（管子呈橙黄色），用两根插销固定管子的一端，在管子的另一端加上外力，把管子弯成所需的形状。

30 如何进行管子的冷弯？

答：冷弯管常用弯管机弯制，弯管机有手动、手动液压和电动三种。

手动弯管机一般固定在工作台上，弯管时把管子卡在夹子中，用手扳动把手，使滚轮围绕工作轮转动，即可将管子弯成所需的弯头。

电动弯管机通过一套减速机构，使工作轮转动，工作轮带动管子移动并被弯成弯头，滚轮只在原地旋转而不移动。冷弯时要根据管径和弯曲半径选用规范化胎具。

31 管子使用前应做哪些检查?

答：（1）用肉眼检查管子的内外壁，其表面应光洁无裂纹。重皮、磨损凹陷等缺陷。被消除后的管壁厚度不得小于允许壁厚的最小值。其允许的深度：冷拉管，不大于壁厚的4%，最大深度不大于 0.3mm；热拉管，不大于壁厚的 5%，最大深度不大于 0.5mm。

（2）用卡尺或千分尺检查管径和管壁厚度。检查时可沿管子全长取 3～4 点，测量管子外径；在管头端部取 3～4 点，测量管壁厚度。根据管子不同用途，尺寸偏差应符合标准。

（3）椭圆度和管径的检查。检查时用千分尺和自制样板，从管子全长选择 3～4 个位置来测量。被测截面的最大与最小直径之差称管子的绝对椭圆度。绝对椭圆度与管子的公称直径之比率称相对椭圆度，通常要求相对椭圆度不超过 0.05。

（4）有焊缝的管子需进行通球检查，球的直径为公称内径的 80%～85%。

（5）各类管子在使用前应按设计要求核对其规格，查明钢号。根据出厂证件，检查其化学成分、机械性能和应用范围。对合金需要进行光谱分析，检查化学成分是否与钢号相符合。对于要求严格的部件，对管材还应做压偏试验和水压试验。

32 主蒸汽管道的检修内容有哪些?

答：（1）主蒸汽管道的蠕胀测量。高压锅炉的主蒸汽管道长期在高温高压条件下工作，管壁金属会产生蠕胀。因此，每次大修都要对主蒸汽管的蠕胀情况进行测量，以便于监督，保证安全运行。

（2）椭圆度测量，壁厚测量，焊口无损探伤。对于运行超过十万小时的管道，应按金属监督规程要求做材质鉴定试验。

（3）主蒸汽管道的金相试验。对主蒸汽管道印膜金相组织检查，也是监视主蒸汽管保证安全运行的有力措施。

（4）支吊架检查和检修，主要包括：

1）支吊架和弹簧无裂纹，吊杆无松动、无断裂，弹簧压缩度符合设计要求，弹簧无压死。

2）固定支吊架的焊口和卡子底座有无裂纹和位移现象。

3）滑动支架和膨胀间隙无杂质影响管道自由膨胀。

4）弹簧吊架的弹簧盒是否有倾斜现象。

5）支架根部无松动，本体不变胀。

（5）保温检修。检查保温是否齐全，凡不完整的地方，应进行修复。

33 什么是锅炉低温对流受热面的低温腐蚀?

答：燃料中的硫分，燃烧后生成二氧化硫，其中小部分还会生成三氧化硫，与烟气中的水蒸气形成硫酸蒸汽。当受热面壁温低于硫酸蒸汽的露点时，就会凝结在壁面上腐蚀受热

中级工

面。另外，二氧化硫直接溶于水，当壁温达到水露点，有水蒸气凝结生成亚硫酸，对金属产生腐蚀。低温受热面的腐蚀与低温黏灰是相互促进的。

34 为什么形成"烟气走廊"后，受热面的磨损会特别严重？

答：形成"烟气走廊"后，两侧墙附近的弯头和穿墙管磨损更严重，是由于烟气通过管束的阻力大，而通过一边是管子，一边是平直炉墙的间隙处阻力小，局部烟气流速很大，因磨损是与烟气流速的三次方成正比的。所以，在这个地方产生严重的局部磨损。如果管排之间留有较大的空档，则在空档两边的管子容易磨损。

35 为什么减温器喷嘴断裂后易造成减温器联箱内壁的疲劳裂纹？

答：喷嘴断裂后，减温水不是以细小水流喷出，而是以大股水喷出。当这股水正溅到减温器内壁时，使壁温突然下降，停止喷水时，壁温又急剧回升，使得壁温反复变化，极易造成减温器联箱内壁的疲劳裂纹。

36 锅炉过热蒸汽减温器一般有哪几种类型？它们的工作原理如何？

答：过热蒸汽减温器是用来调节过热蒸汽温度的设备。一般有外表式减温器和混合式减温器。

（1）外表式减温器是一种管式热交换器，它以锅炉给水或锅水为冷却水，冷却水由管内流过而蒸汽由管外空间横向流过。

（2）混合式（喷水式）减温器是将水直接喷入过热蒸汽中以到达降温的目的，它结构简单，调温能力大而且惰性小、灵敏，易于实现自动化，是应用最广泛的一种调温设备。

37 简述电动坡口机的优缺点及其操作步骤。

答：电动坡口机是管道或平板在焊接前端面进行倒角、坡口的专用工具，解决了火焰切割、磨光机磨削等操作工艺的角度不规范、坡面粗糙、工作噪声大等缺点，具有操作简便，角度极标准，表面光滑无毛刺等优点。

操作步骤：

（1）起动坡口机前，应检查作业区附近不能有影响机器运转的东西。操作人员的手和身体其他部位，要远离刀具旋转的范围。起动前，刀刃不能碰到管子端口，距离 1～2mm 为宜。

（2）要检查坡口机本身是否完好，坡口机的规格与加工的管子尺寸是否吻合。坡口机上装配的固定夹块尺寸与管子规格是否一致。管子上夹紧部位外圆面上是否光洁，有无凸起毛刺或粘有杂物。若有，应先行去除。还要检查管子断口是否是气割口，若是气割口，断面上若有焊瘤，应先行去除。

（3）要检查坡口机电源线是否完好，如绝缘层有破损，应先行处理好。如电源线不够长，应先接好接线板。

（4）在断开电源的情况下，装好坡口刀。刀具的规格要符合坡口要求，刀具的刀尖要超过管子外径的 2～3mm，刀刃部分距管端 1～2mm 为宜，切记不要把坡口刀装反了，刀刃不能有缺口。

（5）坡口机装到管子上时，夹紧要可靠，不能松动。严禁使用加长套管加力，否则会使机壳变形过大，影响坡口面的垂直度，甚至使机壳损坏报废。

（6）坡口完成停机时，首先切断电源开关，拔下插头；松开压紧螺杆，将坡口机与管子分离，卸下刀具，擦净机器后，归置备用。

第三节 汽 包 检 修

1 汽包大修标准检修项目及内容有哪些？

答：汽包大修标准检修项目及内容有：

（1）检查汽包内部的腐蚀和结垢情况并清理水渣和腐蚀产物。

（2）检查汽水分离等装置的严密性，拆下旋风子，进行清理和修理。

（3）检查、清理水位计连通管、压力表管接头、加药管、排污管、事故放水管等内部装置。

（4）检查清理支吊架及膨胀指示器，测量汽包的倾斜和弯曲。

（5）检验水位计的准确性，检查清理顶部波形板箱及多孔板等。

（6）检查内部焊缝。

2 汽包检修需做哪些安全防护工作？

答：汽包检修应做好人员和设备的安全防护工作，主要有如下几点：

（1）人员需穿好连体防护服，进出汽包需做好登记，设专人在人孔门处不间断监护，监护人应能够随时切断工作电源。

（2）汽包人孔门处应装设大小合适的轴流风机强制通风。

（3）汽包内部下降管、排污管等管口要密封，防止落入异物。

（4）进入汽包内的电动工具应满足 GB 26164.1—2010《电业安全工作规程：热力和机械部分》的要求，使用 24V 安全电压，或者使用带有动作可靠的漏电保护器的二类电动工具。

（5）汽包内进行火焰切割作业时，应控制人员数量，不应多于 3 人。工作中要连续强制通风。

（6）所有出入汽包的工器具、零件应做好登记，并在每日工作结束时进行清点核对，避免遗漏。

3 大修时如何进行汽包内部的检查与修理？

答：大修时打开汽包经化学监督人员检查以后，锅炉检修人员要对汽包内部装置进行检查与修理。具体工作项目内容是：

（1）人孔门检修。清理人孔门结合面上的旧石棉垫片并用砂布打磨光滑，然后用着色法检查人孔门结合面的接触情况、腐蚀和损伤情况。人孔门盖和汽包的结合面应平整光滑，不得有较深的凹槽麻坑裂纹或疵点，特别是横贯结合面的伤痕。如果有上述缺陷时，要用研磨膏和刮刀配合，将其研磨平整，局部伤痕小于或等于 0.5mm，并保证接触面有 2/3 以上的面积吻合。研磨后的平面用专用平板和塞尺沿周向检测 12～16 点，误差应小于 0.2mm。

检查人孔门紧固螺栓和螺母的螺纹，有无毛刺或缺陷，如有缺陷应更换。在人孔门螺栓回装前，对螺栓表面涂抹一层二硫化钼。在点火后压力升至 0.3～0.5MPa 时，再对人孔门螺栓进行一次紧固。

（2）汽水分离装置检修。因汽水分离装置多用销钉、螺钉固定，在运行中受流体的冲击，往往会出现松脱现象。因此要仔细检查汽水分离装置的螺钉是否完整、有无松动、脱落或损坏；孔板上的小孔有无堵塞，应保证其畅通无阻；分离装置各部件有无损伤；连接是否牢固；焊缝是否有缺陷；结合面是否严密；有无蒸汽短路现象；各清洗槽间隙是否均匀，倾斜度是否一致；金属壁有无腐蚀情况等。如有上述缺陷，应采取相应措施消除。特别注意在汽包内部修理焊接时，不得在汽包壁上引弧打火。

汽水分离器不一定每次大修都全部拆下来，可根据设备的具体情况而定。当需要全部或部分拆下来检修时，一定要做好清晰、不容易擦掉的记号，并按位置、方向顺序放好，避免回装时装错。清点固定螺母、销子和固定钩子的数量及损坏情况，分类放置。清理擦拭干净拆下来的分离装置上的锈与垢。

（3）内部零部件清扫及管、孔检查。用钢丝刷清理汽包内壁及未拆下的部件、各种管孔、槽上的锈、垢、水渣等；对加药管、排污管尤其要认真检查清理笛形小孔，用手锤敲打振动使其畅通，必要时割管清理内部沉积物。检查各种连接支架是否完整无缺，如有损坏要修复。检查下降管孔、进水管孔、加药管孔、再循环管孔等有无裂纹、腐蚀、冲刷等情况，必要时进行表面探伤检查。

（4）检查汽包焊缝。汽包解体后，还应对汽包内壁及焊缝、人孔门加强圈和预埋构件焊缝、下降管管座和其他可见管座角焊缝进行宏观检查，检查内壁腐蚀情况、焊缝有无缺陷、内壁有无裂纹等。如果大修项目中有汽包焊缝的监督检查，则应配合金属监督人员，打磨焊缝，进行探伤、检测。必要时还需要打开汽包外部保温，进行金属监督检查。

4　如何检查汽包的弯曲度和水平度？

答：检查汽包的弯曲度时可根据汽包中间的膨胀指示器的指示情况初步判断，当汽包内部分离装置拆除后，在汽包垂直中心面上，在汽包内部轴向拉线，测量汽包筒体部分的弯曲值，并利用汽包两端人孔门中心线处的凹坑标记，用 U 形玻璃管测量汽包的倾斜度。如发现异常，则应汇报有关部门。汽包弯曲最大允许值见表 22-1。汽包倾斜极限值应保证洗汽装置最小水膜厚度在 30～50mm，否则要调整汽水装置的水平度。

表 22-1　　　　　　　　　　　　汽包弯曲允许值

汽包长度（m）	允许弯曲值（mm）	汽包长度（m）	允许弯曲值（mm）
＜5	≤5	10～15	≤15
5～7	≤7	≥15	≤20
7～10	≤10		

5　如何检查汽包的支、吊装置和膨胀装置？

答：当汽包采用支承式结构时，大修中应检查活动支座的滑动滚柱。滑动滚柱应光滑，不得锈住或被其他杂物卡住，汽包座与滚柱接触要均匀，座的两端必须有足够的膨胀间隙。

大型锅炉的汽包多采用悬吊结构。采用悬吊结构的锅炉汽包，要检查吊杆、链板有无变形；吊杆受力是否均匀；轴销有无松脱；球面垫圈与球座间是否洁净、润滑；与汽包外壁接触的链板吻合要良好；间隙要符合要求。

6　汽包裂纹多出现在什么地方？如何修复汽包较小的裂纹？

答：汽包裂纹一般多出现在管孔周围或封头弯曲部位应力比较集中的地方，也有产生在焊缝或焊缝附近的，这些地方因为金属受过度应力的影响，也有钢材本身的缺陷和运行不当而产生裂纹。

当发现汽包有裂纹后，并经进一步检查，确认裂纹属于轻微的、不需要焊补的情况下，可用砂轮机打磨，将裂纹去除之后，涂上汽包漆即可。打磨时注意将表面裂纹磨成圆弧形沟槽，以减少应力集中。

7　汽包检修准备工作及各部件的检修质量验收标准是什么？

答：（1）汽包检修准备工作。

1）工具、灯具等清点记录齐全。

2）在汽包内使用的电动工具和照明应符合安规要求。

3）汽包临时人孔门及可见管管口的临时封堵装置应牢固。

（2）汽包内部装置及附件检查和清理的验收标准。

1）汽水分离装置应严密完整，无变形。

2）分离器无松动和倾斜现象，接口应保持平整、严密。

3）各管座孔及水位计、压力表的连通管应保持畅通，内壁无污垢堆积、无堵塞。

4）分离器上的销子和紧固螺母无松动，无脱落、变形。

5）溢水门槛水平误差不得超过 0.5mm/m，全长水平误差不得超过 4mm。

6）汽包内壁、内部装置和附件的表面需光洁整洁。

7）清洗孔板和均流孔板的孔眼无堵塞。

8）水位计前后和左右侧水位标准测量误差小于 5mm。

（3）汽包内部件拆装的验收标准。

1）安装位置正确无误。

2）汽水分离器应保持垂直和平整，且接口应严密。

3）清洗孔板和均流孔板保持水平和平整。

4）各类紧固件紧固良好，无松动现象。

（4）内外壁焊缝及汽包壁的表面腐蚀、裂纹检查验收标准。

1）应符合 DL/T 440—2004《在役电站锅炉汽包的检验及评定规程》中的 5.2.3 和 4 要求。

2）汽包内壁表面应平整光滑，表面无裂纹。

3）表面裂纹和腐蚀凹坑打磨后表面应保持圆滑，不得出现棱角和沟槽。

（5）下降管及其他可见管管座角焊缝检查验收标准。

1）符合 DL/T 440—2004《在役电站锅炉汽包的检验及评定规程》的要求。

2）下降管及其他可见管裂纹打磨后的表面应保持圆滑过渡，无棱角和沟槽。

（6）内部构件焊缝检查验收标准。

1）所有焊缝无脱焊，无裂纹，无腐蚀。

2）补焊后的焊缝应无气孔，无咬边等缺陷。

（7）活动支座、吊架、膨胀指示器检查验收标准。

1）吊杆受力应均匀。

2）吊杆及支座的紧固件应完整，无松动、脱落等现象。

3）吊环与汽包接触良好。

4）支座与汽包接触良好。

5）活动支座必须预留合理的膨胀间隙。

6）膨胀指示器完整，指示牌刻度清晰。

（8）汽包中心线水平测量验收标准：汽包水平偏差一般不大于 6mm。

（9）人孔门检修验收标准。

1）人孔门结合面应平整光洁，研磨后的平面用专用平板及塞尺沿周向检测 12～16 点，误差应小于 0.2mm，结合面无划痕和拉伤痕迹。

2）紧固螺栓的螺纹无毛刺或缺陷，螺栓内部应无损伤。

3）人孔门关闭后，汽包内无任何遗留杂物。

4）人孔门关闭后，结合面密封良好。

5）两边紧固螺栓受力应均匀。

8 简述锅筒内部装置及附件的检查、清理工艺要求以及质量要求。

答：锅筒内部装置及附件的检查、清理工艺要求为：

（1）锅筒内部化学监督检查及污垢定性检查。

（2）检查汽水分离器及附件的完整性、严密性和牢固状况。

（3）检查、清理并疏通内部给水管、事故防水管、加药管、排污管、取样管和水位计、压力表的连通管。

（4）溢水门槛和托水盘检查，腐蚀严重时，应予以更换。

（5）溢水门槛和清洗孔板的水平度符合要求。

（6）清理锅筒内壁及内部装置的污垢，清理时不得损伤金属及金属外表的防腐保护膜。

（7）禁止用未处理过的生水进行冲洗。

其质量要求为：

（1）汽水分离装置应严密完整。

（2）分离器无松动和倾斜，接口应保持平整和严密。

（3）分离器上的销子和紧固螺母无松动、无脱落。

（4）各管座孔及水位计、压力表的连通管保持畅通，内壁无污垢堆积或堵塞。

（5）溢水门槛水平误差不得超过 0.5mm/m，全长水平误差最大不得超过 4mm。

（6）锅筒内壁、内部装置和附件的外表光洁。

（7）清洗孔板和均流孔板的孔眼无堵塞。

9 在汽包内进行检修、焊接工作应有哪些防止触电的措施？

答：汽包内工作应有下列防止触电的措施：

（1）电焊时焊工应避免与铁件接触，要站在橡胶绝缘垫上或穿橡胶绝缘鞋，并穿干燥的工作服。

（2）容器外面应设有可见和听见焊工工作的监护人，并应设有电源开关，以便根据焊工的信号切断电源。

（3）容器内使用的行灯电压不准超过 12V。行灯变压器的外壳应可靠接地，不准使用自耦变压器。

（4）行灯使用的变压器及电焊变压器均不得携入锅炉及金属容器内。

第四节　燃烧设备及吹灰器设备检修

1 燃烧设备大修标准项目有哪些？

答：燃烧设备工作条件差，既有高温，又有磨损，大修标准项目如下：

（1）清理燃烧器周围结焦，修补围燃带。检修燃烧器，更换喷嘴，检查焊补风箱，必要时更换燃烧器喷嘴或蜗壳。

（2）检查修理油枪及点火设备。

（3）检修三次风嘴。

（4）检查、更换燃烧器调整机构，燃烧器同步摆动试验。

（5）测量燃烧器切圆，动力场试验。

（6）检查、调整风量调节挡板，检修风门。

（7）检查或更换浓淡分离器。

（8）检修或少量更换一次风管道、弯头。

2 燃烧器运行中常见的故障有哪些？

答：由于燃烧器工作环境恶劣，又处于煤粉的磨损和火焰的高温之下，所以燃烧器运行中常见故障有：喷口烧坏变形；风壳、风管磨损泄漏；喷嘴堵塞；调整挡板卡涩；法兰漏风、漏粉等。有的一次风套管磨穿后煤粉漏入二次风中，致使二次风带粉，甚至造成局部燃烧，烧坏二次风管。也有由于热变形使调节叶片卡死，失去调节作用。还有一些燃烧器由于结构的原因使一次风壳内产生局部涡流，形成积粉，积粉自燃后烧损风壳。

大修时，在炉膛清灰、清焦工作完毕，炉膛检修平台搭设好后，检修人员要对燃烧器进行全面检查，鉴定燃烧器各个部件的损坏情况，重新核定燃烧器的检修项目。

3 燃烧器检修要点有哪些？

答：对于直流或旋流燃烧器，在大修前的最后一次小修中应进炉膛认真检查燃烧器的损坏情况，以确定大修特殊项目和需要在大修时更换的部件，并按图纸提前定做加工备件，以备大修时进行更换。不同形式的燃烧器有不同的结构特点。大修时，应根据本厂设备的结构和检修工艺规程规定，进行标准项目和特殊项目的检修。燃烧器检查修理的要点是：

（1）检查一、二、三次风风壳、隔板、风管、喷嘴、扩散口、火焰调节装置等部件的磨损与变形情况。若喷嘴轻微磨损变形，可采取挖补、贴补的方法。若磨损、变形严重时则应更换。更换时，应注意保证安装角度与图纸要求一致。调节杆应平直，无弯曲。

（2）对于安装有喷口可变截面调整挡板时，还应检查喷口的可调挡板、分叉板、调整螺栓的磨损、变形情况。装有钝体或船体的多功能燃烧器，要检查钝体或船体及其连接、支承结构的磨损、变形等损坏情况，根据损坏情况进行修复。

（3）检查燃烧器的各个调整挡板，如二次风量和风速挡板、一次风舌形挡板、二次风调整拉杆、直流燃烧器角度摆动调整挡板等与轴是否连接牢固；轴封是否严密，开度指示与实际是否相符，是否有由于脏物、锈蚀、变形、膨胀不均等原因引起的卡涩现象。如果轴封不严密，可解体更换垫料。如果是有脏物、尘粒及锈蚀，将轴套清理干净后，用煤油或汽油进行清洗，使之转动灵活；如果是由于热膨胀后间隙过小而卡死，则拆下挡板，将四周用锉锉去 3～5mm，以增大冷态间隙。修复后应做到开闭灵活，连接可靠，动作方向与指示方向正确无误。检修后期，应对挡板进行最小、最大开度校验和就地开度指示校验，最小、最大开度校验应能达到设计值，就地开度指示与集控室表计指示一致。

（4）检查燃烧器各支承与连接是否牢固、可靠，连接管道法兰和密封填料是否严密，不漏风、粉。如果连接处有开焊、损坏缺陷时，应予修复；有泄漏现象，应更换新的填料和垫料。

（5）当检查发现燃烧器周围的水冷壁管有冲刷磨损的现象时，应检查、核实燃烧器的喷口角度及摆动角度，检查一、二次风形成的切圆方向及直径大小是否偏离设计值，发现误差应予调整。

（6）当燃烧器采用防磨设施时，还应认真检查防磨设施的完好情况。如有的燃烧器装有旋流分离器，其内壁采用防磨的陶瓷内衬。陶瓷内衬有较好的耐磨性能，一般情况下不会有太大的磨损，但在大修时也应仔细检查，不可疏漏，在检查时应细心谨慎，防止损坏陶瓷内衬。

（7）检查旋流燃烧器大风箱的滑动吊架，滑动吊架应滑动自由，膨胀自如，不受阻碍；同水冷壁刚性梁连接的滚动滑移装置无卡涩，平衡重锤位置正确并与杠杆固定牢固；平衡重锤在行程范围内与周围设施保持规定的距离，钢丝绳索卡紧固牢靠。

4　油枪大修的要点有哪些？

答：大修时应对油枪进行解体检查，解体前首先检查是否有漏油现象，解体时，注意将存油放入容器中，不要流在地板上，避免污染环境和造成着火隐患。抽出油枪，检查主油枪和点火油枪是否平直，内部是否畅通。如有杂质堵塞，应清理干净。将拆下的所有零件用煤油清洗干净，并注意检查喷嘴、分油嘴、雾化片、旋流片等零件，喷嘴有无磨损、烧坏、变形，螺纹有无滑扣、拉毛，各结合面上有无油垢、沟槽、划伤、麻点等缺陷。如有轻微缺陷，不影响使用，可进行打磨修理。如缺陷严重，则应更换备件。检修后要保证喷油孔畅通，不渗漏，各结合面光洁，密封良好。

回装时油枪与配风器保持同心，喷嘴与旋流扩散器的距离和旋流方向符合图纸规定，油枪内的连接处，特别是带有回油装置的结合面应密封良好，没有泄漏。油枪伸缩执行机构操作灵活，油枪进退自如，无卡涩。配风器的焊缝和结合面严密不漏。

检查金属软管，应无泄漏，焊接点无脱焊，不锈钢编织皮或编织丝无破损或断裂，必要时对软管进行设计压力的水压试验，软管有破裂趋势的应更换。更换新软管前要对新管进行检查，并进行 1.25 倍设计压力的水压试验。

对油枪配风器应进行内外观检查、叶片焊缝检查，对于叶片焊缝裂纹进行相应的修补，

中级工

烧损变形严重的叶片应更换。修后要求配风器出口无积灰和结焦，截面保持畅通。配风器外观及叶片完整无损，无烧损和变形，焊缝无裂纹。

5 锅炉吹灰器的安装部位及特点是什么？

答：为了保证锅炉受热面的安全与洁净，防止受热面因积灰结焦而产生过热、腐蚀，提高锅炉的传热效率，在锅炉的各个部位都安装数量不等、不同类型的吹灰器，一台 1025t/h 的锅炉一般要安装 100 多台吹灰器。在炉膛部分，装有能吹扫水冷壁的短式吹灰器（简称短吹）；在炉膛出口及尾部烟道部分，装有能吹扫过热器、再热器、省煤器等数量较多的长式吹灰器（简称长吹）；空气预热器中也装有少量的可伸缩式且带旋转的吹灰器。在锅炉的运行中，一般都是根据锅炉的运行情况，原煤的特性，积灰结焦状况，按程序定期启动吹灰器，吹扫锅炉受热面。

6 吹灰器日常检查与定期保养的内容有哪些？

答：吹灰器的工作介质是带有一定压力的蒸汽或压缩空气，如吹灰器的工作状况不正常，不仅不能正常地清理灰焦，还有可能使受热面管子受到损伤。所以，要保证吹灰器正常可靠工作，检修维护人员要做好吹灰器的巡检、维护、消缺与定期保养工作。

对于短式吹灰器，日常维护检查的重点是：

(1) 吹灰器的传动系统与阀门开启机构动作是否可靠。

(2) 吹灰器的减速箱润滑是否良好。

(3) 阀门、单向空气阀是否存在泄漏现象。

(4) 阀杆填料和内管填料是否需要收紧或更换。

(5) 吹灰行程、吹扫半径是否正确。

对于长式吹灰器及空气预热器吹灰器，日常维护检查的重点是：

(1) 跑车前进、后退过程中是否平稳，有无异响。

(2) 提升阀启闭机构动作是否灵敏。

(3) 阀杆填料、内管填料、内外管垫片处有无漏汽现象。

(4) 吹灰器应予润滑的部位有无润滑介质。

(5) 吹灰行程是否符合规定要求。

吹灰器的定期保养工作非常重要。对于不同类型的吹灰器，不同的发电厂，应根据设备具体情况确定定期保养的项目及时间。保养项目和时间一经确定后，必须严格执行，方能保证吹灰器的良好工作状态。由湖北戴蒙德机械有限公司生产的蒸汽电动吹灰器的定期保养规定如下：

(1) 每月 1 日所有长吹灰器跑车行走齿条清灰。

(2) 每月 5 日长吹灰器枪管托轮清洗，加注润滑脂。

(3) 每月 10 日炉膛短吹灰器导向板、螺纹管棘爪清洗润滑。

(4) 每月 15 日所有长、短吹灰器阀门启闭机构注润滑油。

(5) 每月 20 日短吹灰器提升阀、鹅颈阀配套的单向空气阀清理内部杂物，测试、调整长、短吹灰器吹灰压力。

(6) 每月 25 日长吹灰器填料室轴承注润滑脂。

中级工

（7）每月 29 日长吹灰器减速箱、短吹灰器减速箱油质、油量检查、更换。

（8）每周一、三、五，所有除灰器设备擦油、扫灰，做保洁工作。

7 锅炉小修时电动蒸汽式吹灰器应进行哪些检修工作？

答：尽管吹灰器设备的维护消缺工作可以在吹灰器停止吹灰时进行，但是还有一些检修工作必须在锅炉停运时才能进行。因此利用锅炉小修或停炉消缺的机会，应对吹灰器进行小修、冷态调整和热态调试，以确保吹灰设备处于完好状态。小修时，吹灰器主要检修工作内容有：

（1）长吹灰器跑车动、静密封点检查，解体渗油、漏油严重的跑车，更换老化的油封、密封垫片、密封填料。

（2）按照吹灰器检修保养规定，对各润滑点注油润滑。

（3）吹灰系统程控装置校验，吹灰器电动机绝缘电阻值测试。

（4）短吹灰器行程检查调整。

（5）长、短吹灰器炉内吹扫面检查，吹灰压力、吹扫角度调整。

（6）更换损坏严重的喷嘴。

（7）消除其他必须在停炉时才能处理的缺陷。

在小修时必须对被吹扫区域进行检查，检查吹灰效果和管子的冲蚀、吹扫情况，并做好详细记录。对有吹扫伤痕部位的吹灰器，适当下调吹灰压力，调长吹灰行程和缩短开启时间，检查相关吹灰器疏水角度。对吹灰效果不理想并存在一定积灰部位的吹灰器，应上调吹灰压力，缩短吹灰行程。

8 电动蒸汽吹灰器常见故障及故障原因有哪些？

答：蒸汽吹灰器常见故障及原因分析见表 22-2（以湖北戴蒙德机械有限公司生产的吹灰器为例）。

表 22-2　　　　　　　　　　　蒸汽吹灰器常见故障及原因分析

序号	故障	原　因　分　析
一	炉膛短吹灰器	
1	电动机不能启动	1. 开关断路，熔丝烧断或启动器与电动机间回路不通 2. 电动机线圈断路或短路 3. 单相启动 4. 接触器启动故障
2	吹灰圈数完成后，电动机不反转	1. 前进的行程开关未断开 2. 反转的行程开关未闭合 3. 热过载继电器动作 4. 控制齿轮系统故障
3	吹灰器退回到起始位置时不停止	1. 行程开关卡死、失灵 2. 控制齿轮系统故障
4	电动机转动，但吹灰器不动或空转	1. 电动机与蜗杆的连接销被剪断 2. 小齿轮轴与蜗轮间销子被剪断 3. 大齿轮与螺纹间的驱动销失落，严重磨损或剪断

续表

序号	故障	原 因 分 析
一	炉膛短吹灰器	
5	电动机反转，但吹灰器不退回	1. 前棘爪卡住，凸轮导向槽不能导入导向杆 2. 大齿轮与螺纹管间的驱动销被剪断
6	电动机过载	1. 喷头被墙箱陶管或壁管抱死 2. 喷头与螺纹管点焊时的焊接点超过螺纹管外表面 3. 大齿轮被卡住 4. 管道支吊不合理，使吹灰器承受外力过大 5. 前支座内的轴承咬死 6. 阀门阀杆卡死
7	阀门关闭不严	1. 阀杆填料过紧 2. 阀门密封面损坏 3. 阀门弹簧损坏
8	水冷壁损坏	1. 吹灰器与水冷壁管不垂直 2. 吹灰时，喷头离水冷壁管过近 3. 吹灰压力过高或圈数过多 4. 吹灰弧度不对 5. 冷凝水未疏尽
9	枪管上的喷嘴残缺	蒸汽过强冲刷
二	长杆吹灰器	
1	操作盘面出现过载信号	1. 填料压盖压得太紧 2. 吹灰器长期停用，轨道积灰太多或有异物 3. 减速箱内轴承损坏，蜗轮磨损 4. 梁体变形或枪管弯曲 5. 前支承锈死 6. 管与炉墙开孔、炉内管道发生干涉
2	跑车前进枪管不转	1. 蜗轮顶端伞形齿轮定位硝脱落或断裂 2. 填料室齿轮定位销脱落或断裂
3	吹灰枪管运行室炉内不退出	1. 前进行程开关触点断不开，吹灰器不后退 2. 减速箱齿轮损坏

⑨ 如何进行吹灰器大小修后的冷态调试？调试时应注意哪些事项？

答：短式吹灰器大小修工作结束并回装后，冷热态调试是必不可少的，可按以下程序及标准进行冷态调试：

（1）用手动将喷管伸入炉膛，检查喷嘴与水冷壁的距离，测试喷管与水冷壁的垂直度。喷管应伸缩灵活，无卡涩现象。确认手操动作正常后，再送电试验。喷嘴与水冷壁的距离及喷管与水冷壁的垂直度应符合设计要求。

（2）电动试验检查内外喷管动作情况。电动试转时应无异音，进退旋转正常，限位动作正常，进汽阀启闭灵活，密封良好，内外喷管动作一致。

（3）试验调整喷嘴进入炉膛的位置；复测喷嘴吹扫角度；控制执行机构限位开关动作试验；吹灰器程控联动试验；喷头与水冷壁距离、喷嘴吹扫角度等必须符合有关规定；程控动

中级工

作应正常。

长式吹灰器大、小修工作结束并回装后，按以下程序及标准进行冷态调试：

（1）用手动操作将喷管伸入炉膛，确认进入与退出位置均正常后，进行电动操作试验，用就地开关检查电动旋转方向。当外管前移200～300mm后，检查后退停止行程开关动作情况。喷管进退动作应灵活，旋转正确，后退停止行程开关动作正常。

（2）按下前进开关，检查蒸汽进汽阀门执行机构动作是否正常。当吹灰管前进行程超过一半且无异常时，则继续前进到全行程，并检查反向行程开关动作情况。阀门开关机构应无松动，动作正常，进汽阀启闭自如良好，密封良好。行程开关动作应正常，安装位置无松动。

（3）检验电动机超负荷保护和吹灰时间继电器整定值，均应正确无误。

（4）就地校验工作全部正常后，用程控操作开关验证吹灰器远距离遥控操作情况，验证结果应达到各台吹灰器程控操作正常。吹灰器运行时，动作平稳，无噪声，进退旋转正常。

冷态调试时一定要确保吹灰介质在关闭状态。热态调试时应特别注意吹灰器运行电流是否正常，水冷壁热胀后的下移和蒸汽的导入是否会造成吹灰器增加不应有的负荷，喷头与接墙套管是否有摩擦现象。当确认吹灰器工作正常后，再逐台测试调整吹灰介质压力。

第五节　炉墙与构件检修

1 大容量高参数锅炉炉墙结构有什么特点？

答：大容量高参数锅炉炉墙主要采用敷管式炉墙和轻型框架炉墙。

采用悬吊结构的部分可以采用敷管式炉墙；采用支承结构的部分一般采用轻型框架炉墙。敷管式炉墙一般由三层组成，即耐火层、绝热层和抹面层。

当采用膜式水冷壁时，因管间无烟气通过，炉墙温度低，可取消耐火层，直接敷上保温制品和金属护板即可。炉顶、水平烟道及对流竖井炉墙都有密排的包覆管或顶棚管，使炉墙受到了很好的保护，但由于管间留有一定的间隙，所以其敷管炉墙必须有耐火层。省煤器与管式空气预热器的烟道由于四周没有包墙管屏，一般都采用轻型框架炉墙。

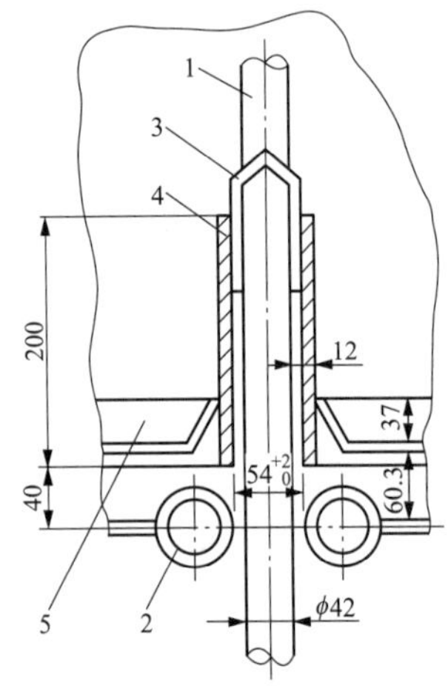

2 锅炉炉墙为什么要采取密封措施？

答：由于锅炉部件在结构上有许多管束交叉穿插于炉墙之中，锅炉在热状态时膨胀值很大，要留有足够的膨胀间隙，使得炉墙在结构上形成许多接头和孔、缝，如果不采取密封措施，往往造成漏风，影响锅炉的安全经济运行。所以，锅炉炉墙必须采取各种密封措施，如管子穿墙处、炉顶转角处等采取的密封盒、密封板、密封罩等。炉墙穿墙处船形密封板结构，如图22-2所示。

图22-2　炉墙穿墙处船形密封板结构
1—穿墙管；2—顶棚管；3—梳形弯板；
4—顶板；5—船形密封板

3 轻型框架炉墙中的钢筋为什么要预先涂沥青？

答：轻型框架炉墙的耐火层用耐火混凝土浇制，为了能固定在框架上并有足够的强度，在其中敷设有钢筋网，钢筋点焊在框架上。由于耐火混凝土和钢筋这两种材料的热胀系数不同，受热后的膨胀量也不相同，在钢筋上预先涂一层厚的沥青后再浇注混凝土，以便高温时烧去沥青，使钢筋和混凝土之间能保持一定的膨胀间隙。同时沥青还有防锈作用，可减少因钢筋氧化后生成的铁锈体积增大，防止耐火层产生裂纹。

4　悬吊式结构的锅炉炉膛为什么要采取刚性梁加强结构？

答：为了使悬吊锅炉的水冷壁形成一个整体，炉体在炉膛内外部压差增大的情况下不发生凸起、变形和裂缝等损坏现象，悬吊式结构的锅炉炉墙必须采取加强结构，即沿锅炉高度方向每隔2～3m，设置一道能与水冷壁一起滑移，且横向也能膨胀伸缩位移的刚性梁，把炉墙和水冷壁管箍起来，形成一道加强箍，以增强炉体的刚性。为保证炉膛墙角不张口，在两垂直水冷壁交接处的刚性梁还设有拉固装置。

5　炉墙检修时的注意事项有哪些？

答：敷管式炉墙在正常情况下，检修工作量并不大，常常是配合受热面的检修换管而必须拆除和恢复炉墙，并对一些破损、漏风的炉墙进行修复。炉墙检修应根据原来炉墙的结构和材料进行修复。在炉墙检修和修复时应注意以下几点：

（1）在停炉前，应检查、记录炉墙的漏风部位，以便在停炉检修时，有目的地查找漏风的原因，并采取相应措施。在检修时，还要特别注意检查锅炉各个膨胀缝的严密性。

（2）敷设矿物棉保温层时，要求同层错缝、上下层压缩板与板之间，或毡与毡间的接缝必须严密，可采用如图22-3所示的挤缝方法，使接缝位置的绝热板或毡在截面方向有一定的压缩量。敷设时，若发现有孔洞缝隙时，随即用散状矿物棉填充修补。

图22-3　矿物棉保温层挤缝方法

（3）在穿墙位置安装箱式密封盒时，密封盒内浇注耐火混凝土前，在穿墙管上可采用包缠油纸、油毡、石棉绳、硅酸铝纤维绳或涂沥青的办法，使管子和混凝土之间留出膨胀间隙，避免锅炉投入运行后影响管子的膨胀。

（4）施工时保温层必须压紧压密实后方可包扎铅丝网，铅丝网应两网对接好，拼缝牢靠，铅丝网与支撑钩紧固牢靠，并紧贴于保温层上，拉展收紧，使铅丝网平整无凸凹现象。

（5）保温层应安装完整的护板。

6　什么是锅炉构架？其构架包括哪些部件？

答：支承汽包、各个受热面、连箱、炉墙等锅炉各个部件质量的钢结构或钢筋混凝土结构称为锅炉的构架。

锅炉的质量通过构架传递给锅炉的基础。构架包括各种立柱、斜撑、大板梁、横梁、平台和梯子。

7　如何检修锅炉构架？检修时在构架上不允许做哪些工作？

答：锅炉构架在正常情况下检修工作量很小。在大修时要检查构架的各个组件是否有弯曲、变形、凹陷、下沉、损伤等缺陷，如有这类缺陷，一定要认真查找原因，进行分析，并采取相应的修复和预防措施。每两次大修周期应检测主梁的挠度变化，炉顶大板梁的挠度应小于或等于1/850。对钢梁焊缝要进行100％外观检查，必要时进行无损探伤。检查时，还要注意检查构架上的铆接、焊接和螺栓连接之处是否完好无损；炉顶钢梁的活动和固定支座装置是否完整完善；滚动轮滚道上应无杂物；滚动时应无卡涩；膨胀不受阻碍；构架表面的防腐漆是否有锈蚀、斑驳、脱落现象。对检查发现的缺陷进行相应的消除。若防腐漆脱落，则应将锈皮打磨掉，重新刷漆。

锅炉检修时，对现场的梁、柱、梯子、平台，不得随便切割、挖洞、延长或缩短，以免影响锅炉的承重或造成高空坠落、踏空等人身事故隐患。若更换受热面确需割掉部分平台、梯子、护栏和一些辅助的部件支吊梁柱时，则应经安全和技术部门审批，在做好相应的安全措施后方可割除，检修工作结束应立即恢复。

8 管道支吊架弹簧的外观检查及几何尺寸应符合哪些要求？

答：（1）弹簧表面不应有裂纹、分层等缺陷。

（2）弹簧尺寸的公差应符合图纸的要求。

（3）弹簧工作圈数的偏差不应超过半圈。

（4）在自由状态时，弹簧各圈的节距应均匀，其偏差不得超过平均节距的±10％。

（5）弹簧两端支承面与弹簧轴线应垂直，其偏差不应超过自由高度的2％。

9 管道支吊架检查的内容包括哪些？

答：管道支吊架检查的内容包括：

（1）支吊架根部设置牢固，无歪斜倒塌，构架刚性强，无变形。当为固定支架时，管道则应无间隙地安置在托枕上，卡箍应紧贴管子支架，无位移。

（2）当恒作用支吊架时，规格与安装符合设计要求，安装焊接牢固，转动灵活。当为滑动支架时，其支架滑动面清洁，热位移符合设计要求。

（3）当为弹簧吊架时，吊杆应无弯曲现象，弹簧的压缩度符合设计要求，弹簧和弹簧盒应无倾斜或被压缩而无层间间隙的现象。吊杆焊接牢固，吊杆螺纹完整，与螺母配合恰当。

（4）当为导向支架时，管子与枕托紧贴无松动，导向槽焊接应牢固，吊杆螺纹完整，与螺母配合恰当。

（5）所有固定支架、导向支架和活动支架，构件内不得有任何杂物。滚动支架时，支座与底板和滚珠（滚柱）接触良好，滚动灵活。

第六节　锅炉水压试验

1 锅炉检修后为什么要进行水压试验？

答：锅炉检修后要进行水压试验是为了在冷状态下，检验承压部件的严密性和强度。水压试验时汽水系统内充满压力水，由于水的压缩性很小，压力能均匀地传递到各个部位。若承压部件上有细小的孔隙，或焊口、法兰、阀门、手孔、堵头等处不严密，水就会渗漏出来。当承压部件某个薄弱部位承受不了水压试验压力时，便会产生永久变形，甚至破裂。根据水压试验时的渗漏、变形和损坏情况，便能检查出承压部件的缺陷部位，以便及时准确地处理缺陷。

2 水压试验有哪几种形式？各在什么情况下进行？

答：水压试验有两种形式，一种是试验压力为工作压力的水压试验；另一种是试验压力大于工作压力的超压力水压试验，简称超压试验，超压试验的压力按规程的规定进行。

锅炉大修、小修、临修后都要做水压试验，而超压试验会使锅炉受到额外的应力，影响锅炉寿命。因此，只在以下几种情况下才能进行：

（1）运行中的锅炉一般两次大修（6～8 年）做一次超压试验。

（2）新装或迁移的锅炉投运时。

（3）停运一年以上的锅炉恢复运行时。

（4）锅炉改造、受压元件经过重大修理或更换后，如水冷壁更换管数在 50％以上，过热器、再热器、省煤器等部件成组更换，汽包进行了重大修理时。

（5）锅炉严重超压达 1.25 倍工作压力及以上时。

（6）锅炉严重缺水后受热面大面积变形时。

（7）根据运行情况，对设备安全可靠性有怀疑时。

3 水压试验合格的标准是什么？

答：水压试验合格的标准是：

（1）在试验压力下，停止上水后（在给水门不漏的条件下），经过 5min 压力下降值：主蒸汽系统不大于 0.5MPa，再热蒸汽系统不大于 0.25MPa。

（2）承压部件无漏水及湿润现象。

（3）承压部件没有残余变形。

4 水压试验时应注意哪些事项？

答：在水压试验中，为了保证人身、设备的安全，必须注意以下事项：

（1）在升压过程中，应停止锅炉内外水压试验现场的一切检修工作，工作负责人在升压前必须检查现场，在确证无人后才可升压。

（2）水压试验进水时，所有人员都要坚守岗位，尤其是管理空气门和给水门的人员。

（3）水压试验在接近工作压力时，应特别注意升压速度缓慢均匀，严防超压。

（4）试验中，发现部件有渗漏时，如压力继续上升，检查人员应远离渗漏点，并悬挂危险标记。在停止升压进行检查前，应先确认渗漏没有发展时，才可进行检查。

（5）用于记录的压力表应准确可靠，符合标准，炉内照明应充足，便于检查，需要时使用 12V 安全行灯或强光手电筒。

（6）水压试验室温应在 5℃以上，水温以 30～70℃为宜。

（7）超压试验时，在试验压力降至工作压力时，方可对承压部件进行检查。

5 水压试验前的准备措施有哪些？

答：水压试验前的准备措施有：

（1）制订水压试验的组织措施和安全措施。

（2）进行水压试验的系统和设备应根据检修情况予以确定，单元制机组还须由专业人员对试验的系统进行会审。

（3）上水前后检查、校对，并记录膨胀指示器及指示数值。

（4）试验前对试验范围内系统和设备进行检查，同时对于不参加水压试验的设备和系统需做好隔离措施。

（5）水压试验压力表应校验合格，精度应大于 1.5 级，且不少于 2 块。

（6）组织措施严密。

（7）水压试验设备和范围明确。

（8）膨胀指示器齐全。

（9）水压试验的水温、试验时的环境温度均符合 DL 5190.2—2019《电力建设施工技术规范　第 2 部分：锅炉机组》中 5.10.4 和 5.10.5 的要求。

（10）水压试验、超压试验应符合 DL/T 612—2017《电力行业锅炉压力容器安全监督规程》的要求。

6　检修人员应如何进行水压试验的检查？

答：检修人员在进行水压试验检查时，应注意检查焊口、胀口、人孔、法兰、其他结合处以及各承压部件的表面有无渗漏。可用肉眼观察，也可以用手摸，在一些特别难检查的地点，还可用镜子反射或用其他工具仪器。检查必须全面到位，避免疏漏。检查时如发现焊缝处有渗漏或浸润现象，可在渗漏处表面，用破布或棉纱擦拭干净，以辨明缺陷性质。当锅炉释放压力后，还要用眼睛观察各部件是否有残余变形。检查人员还应检查各处膨胀指示器，判断各部分自由伸长情况及有无卡阻现象，尤其是水冷壁下联箱。管阀检修人员还应对排污门、放水门的严密性做出判断。

中级工

第八篇
锅炉辅机检修

第二十三章

风 机 检 修

🏭 第一节 离心式风机检修

1 风机定期检查维护工作内容有哪些?

答：风机是锅炉重要的辅机，要保证其安全稳定运行，应做好风机的日常检查和维护工作，建立检查、维护记录台账，发现缺陷及时处理。风机的定期检查及维护工作的主要内容有：

（1）每日检查风机运行中的声音及振动值，查看各仪表的指示是否有异常现象；每日检查油系统的工作情况，压力、流量是否正常，并记录滤油器的污染堵塞指示器的数值，以便及时更换滤芯。

（2）每月至少更换清洗一次油过滤器，并做油化验，检查油中是否含水或变质，如发现油中含水或已变质，应立即停止风机运行，进行彻底换油。同时要查清含水及变质的原因（是否油冷却器漏水）。这一点对动叶可调式风机尤为重要。

（3）按风机的技术规定，定期加油，并详细记录加油的时间及数量。

2 风机大修时的主要项目有哪些?

答：风机和其他重要辅机一样，都是随着所属的锅炉机组一起大修，大修项目由其形式、磨损程度和工作条件等决定。通常风机大修时的标准项目有：

（1）检查修补磨损的外壳、衬板、叶片、叶轮及轴承保护套。

（2）检修进、出口挡板、叶片及传动装置。

（3）检修转子、轴承箱、轴承及冷却装置。

（4）检修润滑油系统，检查风机、电动机油站。

（5）检查、修理液力耦合器或变频装置，检查、调整调节驱动装置。

（6）风机叶轮平衡校验。

风机大修的特殊项目有：更换整组风机叶片、衬板或叶轮、外壳；轴瓦重浇乌金。

3 离心式风机常见的主要故障及原因有哪些?

答：风机在运行中常见的故障主要有磨损、振动和轴承故障。

引风机和排粉机由于其工作条件叶轮和外壳最容易磨损，燃煤的灰分越大，磨损越严

中级工

重。当风粉混合物中的含粉量超过正常值或燃用矸石含量较高的劣质煤时，排粉机的磨损也将加剧。引风机的磨损除与负荷、煤质有关外，还受除尘器效率的影响。

可能引起转子振动的原因很多，转子不平衡，轴弯曲、对轮中心不正、地脚螺栓松动、轴承间隙过大或损坏等均能引起振动发生。当叶轮经过固体颗粒的磨损、叶片经过补焊或更换，很容易造成转子不平衡。风机振动过大，会造成风机的严重损坏，必须及时处理。

轴承间隙过小，油质不合格，供油不足，冷却水不足，转子严重振动等都有可能造成轴承温度异常。

4　静叶可调式风机负荷不能调整其原因有哪些？如何消除？

答：运行中发现静叶可调式风机负荷不能调整时，可从以下几个方面查找原因和进行处理：

（1）导向叶片调整装置卡涩或损坏。检查摆杆及连杆的铰接处是否松动或损坏，做相应处理。

（2）伺服机构损坏。检修控制环的悬吊装置。

（3）叶片变形。修补或更换叶片。

5　离心式风机主轴的检修质量标准是如何规定的？

答：离心式风机主轴检修后应达到检修工艺规程的规定，具体是：

（1）主轴无裂纹、腐蚀及磨损。

（2）主轴弯曲度不应大于 0.05mm/m，且全长弯曲不大于 0.10mm。

（3）主轴轴径圆度偏差不大于 0.02mm。

（4）主轴保护套应完好，主轴与保护套之间径向间隙应为 0.06～0.08mm。

6　焊补风机叶片时应注意哪些事项？

答：焊补风机叶片是风机叶片检修常用的方法，焊补时应注意以下事项：

（1）采用焊接性能好、韧性好的焊条。

（2）每片叶片的焊补质量尽量相等，应采取对称焊补方式，以减少叶片焊补后的叶轮变形和质量的不平衡。

（3）叶片挖补时，挖补块的材料及型线应与叶片一致，挖补块应根据其厚度开适当形式的坡口。对焊补块进行配重，挖补块每块质量相差不超过 30g，对称叶片的质量差不超过 10g。

（4）叶片的防磨头和防磨板磨损超标必须更换，更换时将原防磨头防磨板全部割除，不允许贴补。

（5）新防磨头和防磨板与叶片型线必须相符并贴紧。焊前进行配重组合，同类型的防磨头和防磨板，每块质量相差不得大于 30g。

（6）工作完成后用百分表测量叶轮的轴向跑偏及径向晃动，并找静平衡。轴向跑偏允许值为 4～6mm，径向晃动允许值为 3～6mm。

7　在什么情况下应更换离心式风机叶片？更换时的注意事项是什么？

答：当离心式风机的叶片磨损超过原叶片厚度的 2/3，前后盘还基本完好时，应更换叶片。

更换叶片时应注意以下事项：

（1）新叶片的型号、材质、尺寸应与原设计相同。

（2）将需要更换的叶片全部清理干净。割除损坏的叶片时，应对称把叶片分成几组，对称交替割除，并采取防止轮盘变形的措施。

（3）新叶片应逐片称重，每片质量误差不超过30g，并将新叶片进行配重组合。

（4）损坏的叶片割除后，应将轮盘上的焊缝打磨平整，并在轮盘上划线定位。

（5）叶片与轮盘应采用双面焊接。

（6）焊接叶片时应交替对称焊接，每片叶片上焊接用的焊条量应相同，焊后应将焊渣清理干净，检查焊缝平整、光滑、无缺陷。

（7）更换叶片后，用百分表测量叶轮的轴向跑偏与径向晃动应符合标准。

（8）更换叶片后要找静平衡。

8 离心式风机更换叶片的质量要求是什么？

答：更换叶片的质量要求如下：

（1）叶片间隙偏差不超过±3mm，叶片垂直度偏差不超过±2mm，叶片内外圆偏差不超过±3mm。

（2）焊缝应平整，无砂眼、裂纹、凹陷、咬边及未焊透等缺陷，焊缝高度不小于10mm。

（3）更换叶片后应测量叶轮的摆动，其径向晃动不超过5mm，轴向跑偏不超过8mm。

（4）更换叶片后的剩余不平衡量不超过100g。

9 在什么情况下应更换离心式风机叶轮？如何更换？

答：当叶轮的叶片和前后盘均磨损到不能继续使用，或能继续使用但修复整个叶片特别费工费时，影响大修工期的情况下，可将旧叶轮拆下日后修复，而将备用叶轮换上。

离心式风机更换叶轮可按以下步骤和要求进行：

（1）检查叶轮的尺寸、型号及材质应符合图纸要求，新叶轮焊缝无裂纹、砂眼、凹陷及未焊透、咬边等缺陷，焊缝高度符合要求。

（2）将轮毂与叶轮的连接铆钉或螺栓拆除，割除铆钉或螺栓时要注意不能损伤轮毂。

（3）将叶轮套入轮毂中。轮毂与叶轮采用铆钉连接时，应准备好铆钉和铆钉枪。铆钉在加热炉中加热至800～900℃（樱红色），迅速放入铆钉孔内，铆钉应对中垂直，铆完后应检查钉头与轮毂和叶轮轮盘紧密接合无间隙和无松动。轮毂与叶轮采用螺栓连接时，螺栓与孔之间的配合为过渡配合，不得有间隙，螺母应牢固并与轮盘点焊牢固。

（4）精确测量主轴轴颈与轮毂孔的配合公差，当轮轴孔与轴颈的配合达不到标准时应进行处理。测量键槽与配键。

（5）轮毂与轴颈的装配采用热套法，先将套装设备安装好，键与键槽对正。然后将轮毂均匀加热，利用轮毂热膨胀将轮毂与主轴装配到一起，随后轮毂温度降低，逐渐旋紧螺母，保证常温时轮毂与轴肩靠紧，用0.03mm塞尺塞入的深度不得超过2/3结合面宽度。

（6）轮毂与主轴装配好后，再将封口垫、锁母装好。

（7）叶轮更换后找动平衡。

10 更换离心式风机叶轮的质量要求有哪些？

答：更换离心式风机叶轮的质量要求是：

（1）轮毂完好，无裂纹及变形。叶轮与轮毂连接孔误差不大于 0.3mm；轮毂与叶轮结合面应无间隙，并沿圆周均匀接触。

（2）新叶轮摆动轴向不超过 4mm，径向不超过 3mm。

（3）轮毂与主轴装配前应检查主轴轴颈和轮毂孔，轴颈与轮毂孔应光洁、无毛刺，圆度差不大于 0.02mm。轮毂与轴颈过盈配合为 0.01～0.03mm。

（4）键与键槽两侧为过渡配合，应无间隙，键与键槽上部应留有 0.5～1mm 的间隙。

11 离心式风机转子回装就位的注意事项有哪些？

答：离心式风机转子回装就位时的注意事项是：

（1）转子回装前应将轴承底座和轴承外套清理干净，在回装就位时应注意平稳、轻放，防止损坏设备。要求校正主轴水平。

（2）扣轴承盖前应将轴承外套和轴承盖清理干净，并应精确测量轴承盖与轴承外套顶部的间隙，一般采用压铅丝法测量，测量两次，两次结果应相差不大。根据测量结果确定轴承座结合面加垫尺寸及外套顶部是否加垫及加垫尺寸，以使轴承外套与轴承盖的顶部间隙符合标准。

（3）清理轴承座与轴承结合面；扣轴承盖前应在结合面上抹上密封胶，按测量计算结果的要求配制好密封垫；扣轴承盖时，应注意防止顶部及对口垫移位，紧固螺栓时，紧力要均匀。

（4）回装轴承端盖时，应注意其回油孔应装在下方，并用垫片调整轴承与轴承箱间的轴向配合间隙。

12 简述更换离心式送风机叶片的工作要点及注意事项。

答：（1）用火焊割叶片时，应对称交替切割，防止变形。

（2）更换叶片时，应对称地将叶片分为几组，更换完一组叶片后，再更换下一组叶片。叶片全部点焊固定后，再进行焊接，全部焊接完一次，再进行第二次焊接。焊接时应缓慢，不可使温升过高，以防变形。

（3）用扁铲铲平焊疤。

（4）用手提砂轮将轮盘焊缝打磨平整。

（5）叶片点焊时，应用角尺检查叶片与前、后盘的垂直度。

（6）焊接后，将焊渣清理干净。

（7）更换叶片前后，应测量转子的晃动，做好记录。

13 风机调节挡板的安装要求是什么？

答：（1）叶片板固定牢固，与外壳有适当的膨胀间隙。

（2）挡板开关灵活正确，各叶片的开启和关闭角度应一致，开关的终端位置应符合设备技术文件的规定。

（3）挡板应有与实际相符合的开关刻度指示，手动操作的挡板在任何刻度都能固定。

（4）挡板的导轮沿轨道转动时，不得有卡住和脱落现象。

（5）叶片板的开启方向应使气流顺着风机转向而进入，不得装反。

（6）调节挡板轴头上应有与叶片板位置一致的标记。

（7）挡板应有开、关终端位置限位器。

14 转动机械试运启动时，人要站在转动机械的轴向位置，为什么？

答：《电业安全工作规程》中明确规定，在转动机械试运行启动时，除运行操作人员外，其他人员应先离远一些，站在转机的轴向位置，以防止转动部分飞出伤人，这是因为：

（1）设备刚刚检修完，转动体还未做动平衡，转动体上其他部件的牢固程度也未经转动考验，还有基础部分其他因素，很有可能在高速旋转情况下有个别零部件飞出。

（2）万一零部件从转动体上飞出，与轴垂直的方位是最危险区。而轴向方位就相对比较安全，这样即使有物体飞出也不至于伤人，确保人身安全。因此，转动机械试运启动时，人必须站在转动机械的轴向位置。

第二节 轴流式风机检修

1 检查轴流式风机叶片时应重点检查哪些部分？

答：轴流式风机叶片的检查，应重点检查叶柄表面和叶柄孔内的衬套，必要时进行无损探伤检查，发现裂纹等缺陷应更换；叶柄孔中的密封环老化脱落应更换；检查全部紧固螺栓，止退垫圈，重要的螺栓要进行无损探伤检验。检查叶片转动的灵活性和轴承，看其间隙是否符合标准，发现缺陷应更换；检查轮毂密封片的磨损情况及轮毂与主轴的配合情况，发现磨损超标应更换，轮毂与主轴松动应重新进行装配。

2 如何进行轴流式风机动叶片与机壳间隙的调整？

答：叶片与外壳的间隙是指经过机械加工的外壳内径与叶片顶端之间的间隙，在调整间隙前，先用楔形木块打入叶片根部，以消除叶片的窜动间隙。根据机壳内径尺寸大小，在其内壁沿圆周方向等分8～12点，作为标准测量点。分别测量最长和最短的叶片与标准测量点之间的间隙，做好记录。调整叶片，达到规程规定的标准值。叶片间隙调整结束后，安装叶柄的紧固螺栓、止退圈和螺母，止退垫圈应将螺母锁住，防止螺母松动。

3 动叶可调轴流风机轮毂与叶片检修的步骤是什么？有哪些技术要求？

答：动叶可调轴流风机轮毂与叶片检修的步骤是：

（1）拆下进气箱入口软连接。拆下进气箱与主风筒及中导风筒的紧固螺栓，拆下扩散器软连接。

（2）拆下联轴器罩及联轴器，将执行器拉杆与调节臂脱开。将调节拉叉与旋转油密封脱离，拆卸油压管路，将进气箱及扩散器沿轴向拉开1m左右距离。

（3）在Ⅱ组轮毂侧拆下缸罩、液压缸、连接盘，拆下支撑轴、拆下轮毂；拆下导环和调节盘；拆下叶片轴上的锁紧螺母，松开平衡锤上压键螺钉，然后拆下平衡锤及键；拆推力轴承密封盖及推力轴承；将叶片连同叶片轴一同抽出。

（4）拆卸时结合部位注意打印记号，以便于回装，叶片未损坏或螺钉未松动不要拆固定叶片螺钉。回装时按拆卸时的相反顺序进行，注意配合标记，不能随意回装。

技术要求为：

（1）检查轮毂应无缺陷，拆卸轮毂时加热温度为150℃；检查叶片表面应光滑，无缺陷，叶片轴无划痕，光滑；垂直度与同心度不大于0.02mm。叶片轴的窜动量为0.3～0.5mm。

（2）检查滑块与导环的间隙为0.1～0.5mm；清洗滑块，干净后放在100℃的二硫化钼油液中泡2h。

（3）叶片与主风筒间隙：平均间隙为2.8mm，最长叶片与主风筒间隙不小于2.2mm，短叶片与主风筒间隙不大于3.4mm。

4　动叶可调轴流风机主轴承箱检修的质量要求是什么？

答：（1）检查轴承不能有麻点、重皮、锈斑、裂纹等缺陷；轴承游隙不能大于0.25mm；轴承应转动灵活，无卡涩现象。

（2）主轴的同心度偏差不大于0.02mm；轴表面光滑无划痕，轴不应弯曲，水平偏差不大于0.1mm/m；轴上的各段螺纹与螺母配合正确。

（3）橡胶密封圈如发现有裂痕，应更换。

（4）轴承箱体清扫干净，加入新的透平油，无泄漏，油位高低信号准确；润滑油管路无漏油；检查轴承盒座等无任何缺陷，固定螺栓等完好无损。

（5）回装时的紧固螺栓必须拧紧；轴承箱的地脚垫铁应对号入座，不得随意更换。

5　轴流式风机与离心式风机相比有哪些优点？

答：（1）在同样的流量下，轴流式风机体积可以大大缩小。

（2）轴流式风机的叶片可以做成能够转动的，因而只需用叶片的传动机构将叶片的工作角改变一下，即可达到调节风量的目的。而叶片转动后，风机还在最佳工况区，效率无显著降低。

（3）采用动叶调节时，轴流式风机的高效工况区比离心式风机的高工况区宽大，因而轴流式风机工作范围较宽阔。

6　什么是轴流风机的喘振？风机喘振时有什么现象？

答：喘振，顾名思义就像人哮喘一样，风机出现周期性的出风与倒流。相对来讲轴流式风机更容易发生喘振，严重的喘振会导致风机叶片疲劳损坏。

流体机械及其管道中介质的周期性振荡，是介质受到周期性吸入和排出的激励作用而发生的机械振动。例如，泵或压缩机运转中可能出现的喘振过程是：流量减小到最小值时出口压力会突然下降，管道内压力反而高于出口压力，于是被输送介质倒流回机内，直到出口压力升高重新向管道输送介质为止；当管道中的压力恢复到原来的压力时流量再次减少管道中介质又产生倒流，如此周而复始。

喘振的产生与流体机械和管道的特性有关，管道系统的容量越大，则喘振越强，频率越

中级工

低。一旦喘振引起管道、机器及其基础共振时，还会造成严重后果。为防止喘振，必须使流体机械在喘振区之外运转。在压缩机中，通常采用最小流量式，流量、转速控制式或流量、压力差控制式防喘振调节系统。当多台机器串联或并联工作时，应有各自的防喘振调节装置。

风机喘振的现象是：风机抽出的风量时大时小，产生的风压时高时低，系统内气体的压力和流量也有很大的波动。风机的电动机电流波动很大，最大波动值有 50A 左右；风机机壳体产生强烈的振动，风机房地面、墙壁以及房内空气都有明显的抖动；风机发出"呼噜、呼噜"的声音，使噪声剧增；风量、风压、电流、振动、噪声均发生周期性的明显变化，持续一个周期时间在 8s 左右。

7 动叶可调轴流式风机在使用过程中有哪些优缺点？

答：动叶可调轴流式风机在使用过程中的优点是：可变工况时经济性好；对烟风道系统流量、全压变化的适应性强、体积小、质量轻、启动力矩小；避免大容量锅炉发生内向爆破。

其缺点是：风机转子结构复杂、制造精度高；噪声大。

8 简述电动机磁力中心线的判别及调整方法。

答：磁力中心线包含两个方面：磁场气隙均匀性和磁场轴向对称性。磁场气隙不均主要与定、转子偏心或转子轴弯曲有关。而磁场轴向对称性，是指在某一位置，气隙磁场的磁力线全部垂直于转轴，而没有轴向分量，这个位置就称为磁力中心线。如果磁力线有轴向分量，在没有其他限制条件的情况下，电动机的转子就会沿轴线窜动。又在联轴器拉力下反向移动，从而形成轴向的往复运动，当窜动比较厉害的时候转子会撞上外壳，造成电动机损坏。如果在连轴时没有校正磁力中性线，那电动机和被驱动的机械都会承受一个轴向的力，对设备是有损害的。

对于滚动轴承的电动机，很少有磁力中心的铭牌标识，而滑动轴承必须是有标识的，特别是对于落地式轴承座，其铭牌会给出磁力中心位置示意图，为便于测量，常指轴肩距轴瓦端盖的距离。但由于装配制造误差，各电动机磁力中心线尺寸存在差异，应以现场测试为准。

磁力中心的判别方法为：

（1）让电动机脱开联轴器空转，其稳定转动时的位置就是磁力中心线位置。一般厂家都会给出刻度指示。对于大型电动机，在连轴前必须空转，校正磁力中心线指示，然后再装联轴器。

（2）如果电动机空转，轴向可以自由运动的话，你可以看到电动机在启动时会有轴向的窜动，稳定运行后就不再有轴向运动了。因为电磁力就像弹簧一样，有把转子拉回磁力中心线的作用。转子在轴向像一个弹簧振子，慢慢就稳定在中心线，不窜动了。

（3）按照校准后的磁力中心线，给电动机联上负荷。例如装上联轴器拖动压缩机，那么在轴向上，转子受到联轴器和压缩机转子的限制，就不再可以自由运动了。由于安装精度的限制，不可能正好把转子放在中心线上，例如 853mm。那么给出一个误差范围，例如 1mm。在这个误差范围里，由于偏离中心线而引起的电磁力是可以承受的。

（4）电动机制造厂在电动机出厂前，均标定了电动机磁力中心线的位置。一般规定其偏离量不大于 1mm，偏移量过大则出现窜动，会损害电动机轴瓦。

（5）脱开电动机与泵的对轮螺栓，测量对轮之间的距离，然后启动电动机运行 5min 后停下，让电动机自由停下后再测量对轮之间的距离，两次测量如有偏差，则磁场中心正。

（6）滑动轴承的电动机轴向窜动应属于正常，启、停机时转子的位置是不同的。停机时应探出；启动后电动机转子被拉回并与磁力中心线重合。

（7）在电动机空转时用螺丝刀在轴伸端紧靠轴承座端面的轴上刻上记号，断电停车。停下时记号线的位置应改变不大。测量此记号线到半联轴器端面的距离—即实际的磁力中心线位置，看其与标牌上是否一致，与铭牌上相差 1~2mm 是允许的。

磁力中心线的调整方法为：

脱开联轴器单独启运电动机，然后无阻碍惰转停车，在转子上做好标记。然后调整定子，使其的安装位置达到联轴器安装要求的轴向间隙。

第三节　液力耦合器检修

1　液力耦合器解体检查的内容有哪些？

答：液力耦合器解体后应重点检查泵轮、涡轮及旋转罩内部情况。内部不得有污垢，泵轮、涡轮叶片不得有断裂、裂纹、损坏现象，并测量记录泵轮与涡轮的轴向间隙，检查旋转罩上面易熔塞的熔断情况，保证完好、牢固。检查勺管及执行机构的灵活性、完好性、正确性，勺管滑套及勺管外壁应无磨损、毛刺，方向正确，定位螺钉不松动。

其他通用机械部件的检查，如螺栓松动情况、齿轮的啮合情况、径向瓦与推力瓦的磨损情况、轴推力盘工作面的磨损情况，传动轴承的完好情况，与其他辅机设备的检查内容相同。

2　液力耦合器检修中的工艺要求是什么？

答：液力耦合器检修工艺要求如下：

（1）推力瓦在检修刮研时，应在专用研磨平板上进行研磨。必要时，可在平板上用百分表校对工作面与瓦架背面的平行度，不超过 0.03mm，保证推力面接触均匀，并在各推力瓦块边缘刮出楔形进油面。

（2）各瓦及中心瓦支架在组装时，应保证定位销在轴向与环向上的正确位置。为此，在解体时应对其做好定位标记。

（3）输入轴、涡轮轴推力瓦的轴向安装尺寸应符合制造厂的规定（一般在壳体平面上标出）。如无标注，一般应保证泵轮与涡轮轴向间隙为 7±0.5mm。

（4）泵轮、涡轮及旋转罩上的紧固螺栓，止退垫要保证质量一致或已经配重，若不能保证应进行动平衡校正。另外，若在耦合器各转子上做任何修补等有可能影响其质量变化的工作，都应进行动平衡校核，要求误差质量不超过 2g。

（5）动平衡后的泵轮轴组件、涡轮轴组件在组装过程中，一定要按所标注的定位标记安装。

（6）勺管调整机构在安装就位时，应将其凸轮转到 0°刻度位置，并将勺管行程开到最大位置，然后将调整机构与勺管调节轴配装，最后在保证执行器为全关位置时，将调节杠杆与调节机构连接、紧固。

（7）当耦合器要成套更换齿轮或齿轮轴时，安装后必须研合所更换齿轮的啮合痕迹，使之符合要求。

3 液力耦合器整体安装与更换时应注意什么？

答：当液力耦合器壳体损坏严重需要更换，或由于其他原因需要整体拆装更换时，必须校核轴中心的标高，输入轴与输出轴端面的距离及地角螺孔的尺寸应符合要求。耦合器就位后，须进行轴中心找正。要求耦合器轴中心比电动机轴和机械轴低 0.34mm，且径向与轴向偏差不超过 0.05mm。找正后用顶丝将液力耦合器底部四角分别固定，以防运行中发生位移。

4 什么是装配图？试述装配图在装配部门、检验部门、检修部门的作用。

答：一台比较复杂的机器，都是由若干个部件组成，而部件又是由许多零部件装配而成。用来表达这些机器或部件的图样称为装配图。

装配图在装配部门、检验部门、检修部门的作用为：

（1）在装配部门，根据装配图所示零件中的相互关系和要求，装配成部件或完整的机器。

（2）在检验部门，根据装配图上标注的技术要求，逐条进行鉴定验收。

（3）在检修部门，根据装配图及零件图进行拆装和修理。

5 什么是形状公差？基本的形状公差包括哪几项内容？

答：任何一个零件，相对于理想要素（即基准）来说，实际要素在形状方面必定存在变形，零件要素的实际形状对理想形状的允许变动量称为形状公差。

基本的形状公差包括以下几项内容：

（1）直线度，即被测直线对其理想直线的误差大小。

（2）平面度，即被测平面对其理想平面的误差大小。

（3）圆度，即被测圆柱（锥或球）对其理想圆柱（锥或球）在同一正截面的误差大小。

（4）圆柱度，即被测圆柱面对其理想圆柱面的误差大小。

（5）线轮廓度，即被测线轮廓度对其理论正确尺寸所确定的理想线轮廓度的误差大小。

（6）面轮廓度，即被测曲面对其理想曲面的误差大小。

6 怎样测量液力偶合器的大齿轮与小齿轮的啮合间隙？怎样对大齿轮进行清理、检查？

答：测量液力偶合器的大齿轮与小齿轮的啮合间隙的方法是：用软铅丝涂上牛油贴在齿面上，轻轻盘动齿轮，取下压扁铅丝分别测量几点，取平均值做记录。

对大齿轮进行清理、检查的方法是：

（1）用煤油将大齿轮和轴清理后做宏观检查。

（2）检查大齿轮颈处的磨损情况（不圆度和圆锥度），测量齿轮的晃度。

（3）测量泵轮轴晃度和齿隙。

7　齿轮传动的主要失效形式有哪几种？如何防止或减缓失效？

答：齿轮的失效形式主要有以下形式：轮齿折断、齿面点蚀、齿面胶合、齿面磨损和齿面塑性变形。

通过提高齿面硬度、改善润滑、选择合适的润滑油、避免频繁启动和过载等可以防止或减缓失效。

8　为什么低负荷时液力耦合器的传动效率下降，但仍可获得一定的经济性？

答：对于耦合器来说，其传动效率等于转速比，随着负荷降低，转速比下降，耦合器的传动效率下降。

但是，传动效率下降并不意味着驱动功率损失增大。根据液力偶合器的工作特性，驱动功率损失最大是在转速比为 2/3 时，其数值不超过额定功率的 25%。当转速比继续下降时，虽然耦合器的传动效率也随之下降，但由于驱动功率同样在下降，驱动功率损失的数值却减小了。而对泵组来说，功率损失小意味着经济性就好。所以尽管在转速比很小的情况下，传动效率下降，仍可获得一定的经济性。另外，低转速下水泵内效率也会下降，但相对于节流调节时的损失来说，内效率下降数值同样是很小的。

第四节　转子找静平衡

1　试述转子找静平衡的原理。

答：转子的静不平衡是由于转子上存在单侧（同相）偏重而引起。由于偏重而使转子的重心不在回转轴线上，因此在转子上就存在一个不平衡力矩。如将转轴放在一个阻力很小的平衡架上，则转子因不平衡力矩的作用，偏重点将有自动转向下方的趋势，转动的阻力越小，则转子停止转动时偏重点越是接近正下方。找出偏重点后，即可在其对称部位上加一适当的平衡重，在运转时它将产生一个大小相等，方向相反的平衡力矩，转子即可达到平衡。

2　转子找静平衡的工具有哪些要求？

答：静平衡工作可以在安装好的基座上进行，也可以在带有滚动轴承的旋转支座上进行，但准确性较差，如果要比较准确地找好静平衡，必须做静平衡台，并将它安装在不受振动和风力干扰的地方。

静平衡台是由两根截面相同的平行导轨和可调高度的支架组成，如图 23-1 所示。导轨的常见断面形状，如图 23-2 所示。圆形导轨精度最高，制作容易，但刚度较低，容易变形，多用于质量较轻的转子。矩形和梯形断面的导轨刚度较高，可用于质量较大的转子。菱形断面的导轨适用于质量中等的转子。

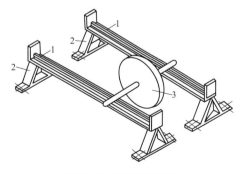

图 23-1　找静平衡工具

1—导轨；2—支架；3—转子

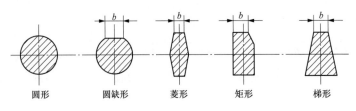

图 23-2　导轨常见断面形状

导轨由高碳钢制成，导轨表面的粗糙度应使 Ra 值在 $0.32\mu m$ 以内，两条导轨应在同一水平面上，水平度允许误差为 $0.05mm/m$，导轨长度不应小于 $7d$（d 为轴的直径或假轴直径）。导轨的工作面宽度 b 可以计算，但在实际应用中，可按转子的质量近似确定。当转子的质量小于 500kg 时，$b = 6 \sim 8mm$；当转子的质量小于 750kg 时，$b = 10mm$；当转子的质量小于 2000kg 时，$b = 30mm$。

3 **如何在静平衡台上消除显著静不平衡？**

答：将转子分成 8 或 16 等分，做好记号，放在导轨上顺转 3~5 圈，找其静止时的最低点。再按相反方向倒转 3~5 圈，找其静止时的最低点。根据几次转动的结果，判定转子不平衡重的位置，在相对位置试加重量（油灰），再进行试验，直到转子任何点均能在轨道上静止为合格。

4 **如何消除转子的剩余静不平衡？**

答：在静平衡台上消除剩余静不平衡的方法很多，现介绍变更重量法的工作步骤：

（1）将叶轮分成 8 等份，通过叶轮中心划好放射线。

（2）在处于水平面的各等份点处，找合适的位置试加质量 m 直到转子开始回转，记录各点的试加质量，绘制曲线图，如图 23-3 所示。

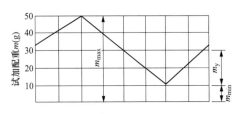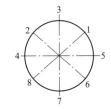

图 23-3　剩余静不平衡曲线

（3）曲线的最低点即为不平衡重的位置，曲线的最高点即为加质量的位置，其加重数量为

$$m_y = \frac{1}{2(m_{max} - m_{min})}(g) \tag{23-1}$$

5 **为什么要对风机转子进行动平衡校正？**

答：经过静平衡校验的转子，在高速下旋转时往往仍发生振动。因为所加上或减去的质量，不一定能和转子原来的不平衡质量恰好在垂直于转轴的同一平面上。因此，风机转子经静平衡校验后，必须再做动平衡试验。

6 **简述转子找静平衡的方法和步骤。**

答：转子找静平衡的方法和步骤为：

中级工

第一步，找转子显著不平衡。

（1）将转子分成 8 等分或者 16 等分，标上序号。

（2）使转子转动，力的大小、转动的圈数多少，都无关系，待其静止时记录最低位置。如此连续 3～5 次。

（3）再按反方向使其转动 3～5 次，观察、记录其最低位置。

（4）如果多次实验结果表明静止时的最低点都在同一位置，则此点即为转子的显著不平衡点。

（5）找出显著不平衡点后，可在其相反方向试加平衡质量，一般使用黄泥或腻子再用前述方法进行试验，直至转子在任何位置均可停止时，即可结束。

第二步，找转子剩余不平衡。

（1）将转子分成 6～8 等份，标上序号。

（2）回转转子，使每两个与直径相对的标号顺次位于水平面内。

（3）将适量的重物固定在与转子中心保持相当距离的各点内，调整重物质量直至转子开始在轨道上回转为止，称重并记下重物的质量。按照同样的方法，顺次重复以上三步的试验，找出每点所加质量并画出转子找静平衡曲线。

（4）根据曲线可以求出转子不平衡位置，在 W 最小处。为了使转子平衡必须在直径相对位置，W 最大处，加装一平衡质量，平衡质量 $Q = 1/2(W_{max} - W_{min})$。

7 转子不平衡有什么危害？

答：转子不平衡，风机运行时，转子会产生附加动压力，附加动压力将使轴承振动增大，致使整个机械振动增大，加速轴承的磨损，降低机械的寿命，甚至使机械控制失灵，引起严重事故。

通常通过检测风机轴承振动值来确定转子不平衡，振动极限值和转子转速有关，风机转速小于 1000r/min，控制值是 0.10mm。但轴承振动大于 0.10mm 时就要进行检修，转子重新找平衡。

8 什么是静平衡和静不平衡？

答：回转体的重心与回转轴的中心重合时得到的平衡称为静平衡。

由于材料不均匀、加工有误差或外形稍有不规则等原因影响回转体的重心 G 移至轴心线外。静止时，转子受地心引力作用，重心 G 有转向最低位置的趋势。若无轴承摩擦，转子不能在其他位置停留或保持平衡，这种现象称为静不平衡。

中级工

第二十四章

磨 煤 机 检 修

第一节 低速磨煤机检修

1 磨煤机及制粉系统大修时的主要项目有哪些？

答：磨煤机及制粉系统大修时的标准项目有：

（1）消除磨煤机和制粉系统的漏风、漏粉、漏油及修理防护罩；检查修理各风门、挡板、润滑系统油系统。

（2）检修旋风分离器、粗粉分离器及木屑分离器；检查粉仓、风粉管道、粉位装置、灭火设施，更换防爆门。

（3）球磨机：检修大、小齿轮、对轮及其防尘装置；检修钢瓦，选补钢球；检修润滑系统、冷却系统；检修进、出口管及其他磨损件；检修减速箱装置及滚动轴承；检查空心轴、端盖及油泵站等。

（4）中速磨煤机：更换磨损的磨环、磨盘、衬碗、钢滚套、钢滚，检修传动装置；检修煤矸石排放阀、风环及主轴密封装置；调整弹簧，校正中心；检查清理润滑油系统和冷却系统；检查测试液压系统；检查本体，检修密封电动机、一次风室，校正风室刮板，更换刮板。

（5）高速磨煤机：补焊或更换轮锤、锤杆、衬板及叶轮等磨损件；检修轴承及冷却装置、主轴密封及冷却装置；检修膨胀节；校正中心。

特殊项目有：

（1）检查修理基础。

（2）修理轴瓦球面、乌金或更换损坏的滚动轴承。

（3）更换球磨机大牙轮或大牙轮翻工作面，更换大型轴承或减速箱齿轮。

（4）更换中速磨煤机传动涡轮、伞形齿轮或主轴。

（5）更换高速磨煤机的外壳或全部衬板。

（6）更换台板，重新浇灌基础。

（7）更换或改进旋风分离器或粗粉分离器。

（8）更换球磨机大齿轮或整组钢瓦。

当磨煤机改型或更换时则列入重大特殊项目或重措项目。

中级工

2　如何检修球磨煤机进、出口处短节（弯头）?

答：将球磨机进、出口短管的密封装置拆下，测量并记录短管与空心轴内套管的轴向间隙和径向间隙（或中心偏差），再拆掉与原煤管和出粉管的连接螺栓并吊下短管，检查短管弯头内的衬板磨损情况，当衬板磨损超过其厚度的 2/3 时应更换，局部磨损可挖补，挖补后内表面要求平整。短节与空心轴套之间的间隙要求是：

推力侧：轴向间隙小于 3mm，径向间隙为 1~4mm，中心偏差小于 2mm。

膨胀侧：轴向间隙小于 10~20mm，径向间隙为 1~4mm，中心偏差小于 2mm。

3　钢球磨煤机大罐衬板的安装工艺是什么?

答：钢球磨煤机大罐内衬板（也称钢瓦）的安装一般是在筒体就位找正后进行，是一项比较繁重的作业。对于具有四排楔铁形衬板的衬板安装工艺如下：

将大罐压紧楔块位置转到下方，然后固定筒体，固定必须牢固可靠，保证施工安全。先装大罐正下方的一排楔铁，再将固定螺栓穿上而不拧紧。从楔铁两侧对称地向两边铺装衬板，衬板与大罐间铺放 8~10mm 厚的石棉衬板。装满半圈，把两侧的楔铁装上，并将这两块和正下方的一块楔铁的螺栓都拧紧，这样大罐下半圈衬板即完全铺满。将筒体旋转 90°，同样采取措施稳住大罐，防止重心偏向一侧而产生转动。然后用同样的方法从下向上再逐渐铺装 1/4 圈衬板，用顶钢瓦工具把后装的这块衬板顶牢。再将大罐转动 90°，铺装剩余 1/4 圈衬板和最后一排楔铁及其螺栓。铺满后把螺栓紧固，拆掉顶钢瓦工具。

安装具有一排和两排形楔铁的衬板时，方法与上述相仿，只是要及时地用顶钢瓦工具把衬板顶牢，避免衬板塌落。

安装后衬板不允许有任何窜动现象，衬板之间的最大间隙不大于 15mm。衬板与筒体接触应良好，连接悬空面积不得超过 30%。

4　球磨机筒体空心轴套的检修质量要求有哪些?

答：球磨机筒体空心轴套检修质量要求如下：

（1）活密封盘磨损厚度不得超过原厚度 30%，磨损超标时可翻身使用，已翻身的需更换。

（2）固定密封盘磨损厚度不得超过 5mm。磨损超标时可改为活密封盘翻身使用。

（3）螺旋管的磨损不超标，旋转方向正确。若磨损严重时，可堆焊纹肋或更换。

（4）检修就位后螺旋管与空心轴孔同心度误差不大于 1mm，螺旋管与空心轴之间垫料厚度为 5~10mm，螺旋管与端盖衬板间隙应大于 5mm。轴套配合间隙要符合图纸要求。

5　如何检修球磨机主轴承（乌金瓦滑动轴承）?

答：球磨机的主轴承（现场简称大瓦）直径较大，但工作转速比较低。在解体检查时要用塞尺测量主轴承接触角，测量瓦口间隙，测量推力间隙及膨胀间隙；检查球面接触情况，检查基础及螺栓；用水平仪测量筒体水平；检查空心轴有无裂纹及损坏；检查球面结合处，应有装配印记；如无，则应打上印记。将上述检查做好记录，如果有缺陷，进行处理。

在顶大罐将乌金瓦抽出后，将其吊放到可靠的位置进行检查。此时应详细检查空心轴，检查伤痕，测量圆度和圆柱度，并将大瓦清洗干净，检查乌金有无裂纹、砂眼、烧损和脱胎等现象。若发现乌金有裂纹、夹渣、气孔、凹坑、碰伤及脱胎等缺陷，则视具体情况进行刮研、补焊或重新浇铸。

大瓦研修后，各项质量要求应符合设备的技术条件规定，一般情况接触角应为 $45°\sim90°$，乌金瓦与轴颈接触均匀，色印检查不少于 1 点$/cm^2$；乌金瓦两侧（瓦口）间隙总和为轴径的 $1.5‰\sim2‰$，并开有舌形下油间隙；推力总间隙偏差为 $\pm0.15mm$，研瓦时不得使用代用轴颈。

6 如何检修球磨机大齿轮？

答：球磨机检修时应仔细检查大齿轮的磨损情况，有无裂纹和掉齿现象，测量啮合间隙。当轮齿磨损量达到齿厚的 1/3 时，可用堆焊方法补齿，焊后经过加工保持齿形正确，再淬火处理，提高硬度。当大齿轮使用时间较长而修复齿面又困难时，可将齿轮翻转 180° 使用，调换工作面，以节约检修费用。当大齿轮轮齿磨损严重或断齿而无法修复时，应更换大齿轮。

7 更换大齿轮或大齿轮翻工作面时的步骤和注意事项是什么？

答：更换大齿轮或翻身的步骤为：

（1）拆大齿轮密封罩，放到指定地点；拆筒体连接螺栓及大齿轮结合面螺栓，检查修理。

（2）拆下大齿轮半圈，绑扎好，安全放置指定地点，再拆余下部分。

（3）将清理干净的大齿轮及组件，在平整的地面或平台上预装，检查结合面接触情况、定位销的接触情况；新齿轮应用齿轮卡尺或样规测量齿形和齿距，其误差不大于图纸要求。

（4）大齿轮安装时将大齿轮的一半吊起，从大罐上部扣合到大罐上，与大罐法兰对孔。对孔时应先对准装配印记，打入定位销，再将各连接螺栓穿上并初步拧紧，转动 180°，已装上的半片大齿轮处于大罐下部，按同样的方法吊装另外半片大齿轮，并将两半大齿轮结合面间的销钉和螺栓上紧。

（5）利用四个百分表测量轴向跑偏及径向晃动，超标时可加垫调整。

（6）更换新大齿轮或大齿轮翻工作面使用时，均应进行大小齿轮啮合度、齿顶间隙、齿侧间隙的检查与测量，并要达到标准。

（7）恢复大齿轮罩。

在大齿轮安装过程中应注意：先装上的半片大齿轮放到大罐上时，要使它的重心处于正中，防止大齿轮重心偏于一侧，使大罐突然转动，发生事故。为此，在安装过程中不可松脱上部吊钩，并应采取防止大罐转动的措施。在半片大齿轮装好转到大罐下方时，也要注意缓慢地转动，防止偏向一侧。在大齿轮安装中，还要注意以定位销为准，如发现螺孔错位，不得任意扩孔，应待大齿轮的径向和轴向晃动调整完毕后，才可用绞刀扩孔。

8 更换大齿轮或大齿轮翻工作面的技术要求是什么？

答：新大齿轮与筒体组装时，应将结合面处油泥、锈皮及毛刺清理干净，组装时用塞尺检查对口接触面的接触情况。大齿轮预装时，对口结合面接触不小于整个面的 75%，对口结合面的定位销与圆柱孔接触应不小于 80%。大齿轮轴向晃动应不大于 $0.8\sim1.2mm$，径

向晃动应不大于 $0.7\sim1\mathrm{mm}$。新大齿轮安装与小齿轮啮合的齿背间隙不得超过 $0.25\mathrm{mm}$。

9 什么是组合自固型无螺栓衬板？与传统钢瓦比有什么特点？

答：组合自固型无螺栓衬板是一种新型无螺栓衬板，衬板由板体和铆板组成，衬板设计成为拱形并有 $2°$ 左右的接触角度，一般为中铬铸钢。铆板为普通碳素钢，带有楔角，铆板的作用是固定板体并向板体施加预应力，具有良好的自我强化、自我紧固能力。

衬板与大罐直接接触，中间不使用石棉板，使衬板和筒体形成稳固的一体，避免了螺栓松动与漏粉。而且铆板是塑性金属材料，运行中，在钢球不断的撞击中铆板不断塑性变形，向相邻的衬板施加应力，使衬板与磨机筒体形成稳定的抗磨层，并能吸收部分冲击振动波，减弱振动波的互相传递。使刚性板体之间的不稳定接触变成柔性"吻接"，而且随着磨机的运行，"吻接"越来越稳定，大大地提高了整体抗磨层的抗冲击破坏能力。因此能有效地承受数十吨磨球在大直径球磨机中产生的冲击力，有效地削弱冲击振动波的产生。在铆板不断进行的自固作用和整体强化的固锁作用下，衬板不可能脱落，即使衬板出现裂纹也会因良好的自固作用而不会影响磨煤机的安全运行。克服了传统衬板容易断裂、损坏、脱落的缺陷。

组合自固型无螺栓衬板，目前只能用于球磨机的大罐，尚无法用于端部衬板、仓门衬板等。

10 选用组合自固型无螺栓衬板时有何要求？

答：选用组合自固型无螺栓衬板时应满足以下几方面的要求：
(1) 衬板结构要满足原磨煤机结构特点及使用条件。
(2) 衬板正常使用寿命应为两个大修周期（8 年）。
(3) 衬板的材质为 ZG40CrMnMoSiRe。
(4) 硬度 $\mathrm{HRC}=45\sim55$。
(5) 冲击韧性 $A_\mathrm{K}\geqslant10\mathrm{J/cm^2}$。

11 组合自固型无螺栓衬板安装工艺的特点是什么？

答：组合自固型无螺栓衬板是根据拱形原理进行安装的，安装时先安装两排或四排工艺楔铁，用工艺螺栓固定。先安装下部衬瓦，再将大罐旋转 $180°$，安装另外一半。与原钢瓦安装不同之处是将工艺楔铁、衬瓦与衬瓦之间的间隙，用 $3\mathrm{mm}$ 左右的带楔角的铆板用大锤铆紧。安装完毕运行 $24\mathrm{h}$、$72\mathrm{h}$ 后需要分别停磨热紧工艺螺栓，以后该螺栓则完全失去作用。

12 钢球磨煤机空心轴内套管检修工艺的要点有哪些？

答：(1) 检查空心轴内套管及螺旋线的磨损情况，检查连接螺钉是否完整牢固，如有断裂或脱落者必须更换或修补。

(2) 更换空心轴内套管，拆下紧固螺栓并妥善保存，顶出空心轴内套管，吊下放稳于指定地点。

(3) 如要对空心轴内套管进行修补，应按图纸要求进行修补加工，然后安装就位。如要更换空心轴内套管，应对空心轴的配合尺寸、螺孔尺寸及位置进行核对无误后方可安装。

(4) 吊起空心轴内套管，在各接合面上涂黑铅粉，然后安装就位。安装固定螺栓并加止

中级工

动垫。

（5）在安装空心轴内套管前，要注意加石棉布或石棉绳。

（6）回装紧固螺栓要对称紧固 3～4 条螺栓，使空心轴内套管平稳均匀推进，防止掉角错位。

13 什么是低速球磨机的临界转速？低速球磨机的转速过大、过小对磨煤出力有何影响？

答：当筒体的转速达到某一数值而使作用在钢球上的离心力等于钢球的质量，这时磨煤机的转速称为临界转速。一般磨煤机的工作转速低于临界转速。

如果磨煤机的转速过大，钢球紧贴筒体内壁不下落，碎煤的作用很小；如果磨煤机的转速过低时，钢球不能形成足够的落差，钢球沿筒体内壁滑下，碎煤作用也小，磨煤出力低。

第二节　中速磨煤机检修

1 中速磨煤机日常维护的内容有哪些？

答：中速磨煤机日常维护的内容有：

（1）每月检查一次储油器的充氮压力，保持压力在规定的范围内。

（2）每日检查指示仪运行是否正常，并清理过滤器。

（3）每日检查油箱油位，定期加油，保持油位正常。

（4）经常检查管道阀门、油泵、液压缸、液压马达等压力设备的泄漏、噪声、振动及运行温度，发现缺陷，及时处理。

（5）经常测量磨辊出、入口处的油温、油压，及时发现，处理油路的堵塞。

（6）经常检查油箱的油是否正常。如油为黑褐色，则被煤粉污染；若油起乳白色泡沫，则油里进入空气；若油无光泽并出现黏状，说明油里有水，应检查冷油器是否漏水。

（7）检查液压系统阀门的压力值，与标准值比较，并检查压力继电器的预定值和功能是否正常。

2 中速磨煤机噪声和振动发生变化的原因是什么？

答：运行中，中速磨煤机发生噪声和振动变化，可能是以下原因造成：废铁块与煤一起进入磨煤机；套筒式磨盘衬板损坏；进煤量不均匀；磨辊轴承损坏；磨辊加载压力不正常；RP 型磨煤机旋转式分离器驱动装置运行不正常；分离器转子失去平衡等。

3 如何判断中速磨煤机出力降低、排矸量增大以及不出粉等故障的原因？

答：运行中中速磨煤机出力降低、排矸量增大的原因可能是通风量不足；加载系统压力太低；磨煤机出口后的煤粉管道不通畅；煤质不正常；风环磨损等；还有可能是排矸机运行不正常。

运行中中速磨煤机不出粉，可从以下方面分析原因：磨辊和磨盘衬板的间隙不合适；碾磨件严重磨损失真；个别磨辊因轴承内进入煤粉或卡涩损坏而不转动；通风量不足或下煤量太多。

4　MPS（轮式）中速磨煤机大修时如何拆卸与安装磨辊辊套？

答：MPS 中速磨煤机大修拆卸辊套时，需要将磨辊用吊车吊起，转动磨辊，使放油丝堵处于最低位置，打开丝堵，将油排至容器中排净，并取油样进行化验。然后拆下辊套压环，再用专用拉拔装置将辊套拆下。如果辊套不松动，不能直接拔出，须沿辊套四周外部将外圈均匀加热到 65℃ 左右，再用专用拉拔装置拆卸辊套。注意加热时不允许用烤把加热，加热喷嘴与辊套间距离应保持规定值。

检修后的辊套或新辊套安装时，将磨辊套稍加热至温度小于等于 65℃，将磨辊的球面圆柱滚子轴承一侧朝上放置，用吊具吊起辊套，当确定辊套已成水平位置后，迅速将其滑落在轮毂上，注意锁紧插口位置。当辊套的凸肩与轮毂平齐时，将吊具撤去，装上并固定辊套压紧法兰。吊起辊套翻转 180°，使磨辊支架一侧朝上，将辊套止动块紧固并用锁紧垫圈锁住，最后将扁形磨损保护环装上。

5　如何检查测量 E 型中速磨煤机碾磨装置的磨损率？

答：为确定碾磨元件的磨损速度，应从磨煤机一投入运行就做好碾磨元件的原始记录（尺寸和硬度），并定期测量磨环与钢球的磨损量。尤其是在运行初期，测量时间间隔尽可能缩短，一般每隔 300h 左右测量一次。测量时可用一般量具或特制的样板来进行，测出钢球的最大、最小直径，取其平均值记录在专用记录表中。对于磨环，可在滚道弧形面上分取 4~6 点，或用样板取几点测量圆弧形状及最薄处尺寸，做好记录。将上述测量结果整理并绘制出磨损曲线，用以推算更换钢球的时间。在煤种一定、磨煤压力近乎不变的情况下，磨环、钢球的磨损量与运行时间基本上成正比。所以，经过初期多次测量，得出碾磨元件的磨损率，作为确定检修间隔的参考资料，以便在适当时间预先安排检修、调整或更换磨损件，从而使磨煤机处于最佳工作状态。

6　填充 E 型中速磨煤机钢球时应注意什么？

答：为延长 E 型中速磨煤机钢球和磨环的使用寿命，在填充钢球时，应使填充球的直径稍小于初装球直径，否则既会造成碾磨装置不能有效平稳地工作，又会加剧填充球的磨损。一般应选择填充球直径比滚道中原有钢球直径小 1~5mm 为宜。若原装钢球直径不一样，则应调整顺序，将最大的球编为 1 号，置于中间；其次为 2 号，置于右侧；再次为 3 号，置于左侧；第 4 号右侧，第 5 号左侧，依次类推。这样，球径就从最大的 1 号球逐渐向右或左减小，最小的球就在最大的球的对面。这样可避免大小球在相互间隔排列时，有的球接触不到磨环，造成不规则的磨损，使磨煤机出力降低。

7　E 型中速磨煤机碾磨部件更换的技术要求是什么？

答：新钢球、磨环符合图纸尺寸及公差要求，且表面光滑，无裂纹、重皮等缺陷，表面硬度符合图纸要求。磨环表面硬度应略低于钢球表面硬度。

上、下磨环键与磨环的配合公差应符合制造厂要求，键与键槽两侧不允许有间隙，其顶

中级工

部间隙不大于 0.3~0.6mm。安装后的下磨环保持水平，其偏差符合制造厂要求。上磨环与压紧环接触良好，接触面积不少于 80%。更换的碾磨件转动灵活。

8 碗式和平盘式磨煤机磨辊更换与装配的质量要求是什么？

答：碗式和平盘式磨煤机磨辊更换与装配的质量要求如下：

（1）磨辊轴表面光洁，无裂纹，与轴承配合、有磨辊轴颈的圆柱度不大于 0.01mm，圆度不大于 0.03mm。采用滑动轴承时，磨辊轴颈与轴瓦接触角为 60°~90°；采用滚动轴承时，轴承与磨辊轴颈配合过盈量为 0.01~0.03mm。

（2）磨辊表面无裂纹、无重皮，硬度不低于图纸规定。磨辊套转动灵活。

（3）轴的加油孔畅通无阻塞。密封装置完整无泄漏。

（4）防护螺母不得接触磨盘，上钢衬平面与轴顶套管保持一定间隙。

9 RP 型磨煤机衬板更换时应注意什么？

答：更换 RP 型磨煤机衬板时应注意：新衬板和垫片的锥度必须与钢碗相同。为此在安装前应测量锥度等尺寸，先在地面进行模拟组合，并标上连接顺序数字，安装时按顺序进行。

安装时将衬板压紧在固定环上，施加一定的压力，保证装配严密，但压力太大有可能造成衬板损坏。

新衬板装好后，衬板之间的间隙应填充规定要求的密封填料。当磨辊加载压下去之后，辊套与衬板的间隙应为 5~15mm，与喷嘴环的间隙至少为 5mm。

10 更换排粉机磨损的叶片有哪些规定？

答：若排粉机叶片普遍磨损超过原厚的 1/2，前、后盘还基本完好时，就需要更换叶片。在更换时，为保证前、后盘的相对位置不变，轮盘不变形，不能同时把旧叶片全部割掉再焊新叶片，而要保留几个，且均匀分开，待其他新叶片焊上去再割去余下的旧叶片进行更换。另外，为保证转子平衡，新叶片的质量要相等，形状要正确一致，每个叶片所用的焊条数相等。

🏭 第三节 高速磨煤机检修

1 简述风扇式磨煤机的结构及检修特点。

答：风扇式磨煤机的转速为 500~1500r/min，其形状类似风机，在叶轮（转子）上面装有 8~12 个冲击板，即叶片或叶板，外壳内装有一层护板和护甲。冲击板、护板和护甲都用耐磨材料制成。风扇式磨煤机的主要优点是结构简单、机体小、质量轻、电耗低。最大缺点是磨损严重，最易磨损的部位是叶轮体、冲击板和护甲。

冲击板和护板平均连续运行一个多月就需要更换。更换冲击板和护板所耗时间一般需要4~6h。风扇式磨煤机检修的主要工作就是更换被磨损的零部件。

2　大修时如何进行风扇式磨煤机的解体和检查工作？

答：大修时可按以下程序进行风扇式磨煤机的解体和检查工作：

（1）停止给煤，风扇式磨煤机继续运行直至送完机内余粉，再停止热风、停运磨煤机。

（2）办理有关工作票手续，切断电源，确认措施布置完成后方可开始工作。

（3）拆除进、出口连接煤管，拆开外壳大盖并放在指定地点。清除外壳与叶轮上的粉尘后，检查叶轮在轴上的紧固情况，并测量记录叶轮盘的瓢偏值。

（4）用专用工具拆下风扇转子，清扫粉尘后检查叶轮体、冲击板的磨损程度。

（5）将壳体内的余煤清除干净，擦去壳体内部的粉尘，检查护板、护甲、护钩的磨损程度；检查外壳是否完好及磨损情况，必要时钻小孔检查外壳实际厚度，或用测厚仪测量剩余厚度。

（6）风扇式磨煤机的轴承若采用外循环油系统，应在解体前先拆去油系统管道，再按油系统的检修方法对其管道和所属设备进行清理和修理，然后根据轴承的结构进行解体。

（7）检查滚动轴承，若可继续使用，则不必取下进行清洗；对于损坏的轴承，要分析找出原因以便检修中采取相应的措施。

（8）检查主轴的磨损和弯曲情况。检查主轴与配合部件的配合情况，包括轴与叶轮轮毂的配合、轴与轴承内圈的配合、轴与联轴器对轮的配合等。

（9）测量联轴器对轮的瓢偏与晃动，检查其附件的磨损程度。

（10）检查风扇式磨煤机的基础及地脚螺栓。

3　怎样进行风扇式磨煤机冲击板的配重组合？

答：风扇式磨煤机冲击板的配重组合牵涉到风扇式磨煤机的平衡问题，在检修中应认真对待。大型风扇式磨煤机（以 S45-50 型为例），每片叶片上都有三种不等厚度的冲击板，先将其分组，分别称重，要精确到 0.10g，将质量标注在每块冲击板上。各选出 12 块质量相近、无缺陷的冲击板，计算出每种冲击板的平均质量，同时再将三种冲击板的平均质量相加，计算出平均总质量。

在 A 组中选择一块大于平均质量的冲击板，标注 A；从 B 组中选择一块小于平均质量的冲击板，标注 B；再用总平均质量减去 (A＋B)/2 得出一个质量，在 C 组中选择一块与此质量相等或接近的冲击板，标注 C。将三块冲击板组合为一组，装于同一叶片上。依次类推，将全部的冲击板组合分配为 12 组，然后进行对角分配。将 12 组中各组质量相近的两组分别装在对称的叶片上。

计算出各对称叶片的质量差，若质量差还是较大，可用矢量法求出不平衡质量的大小及方向。通常情况下，经过这样的配重组合，不平衡质量一般都很小。但是应注意在对角分配时，不要将质量差都放在一侧，最好放在相隔 120° 的位置上。

4　简述风扇式磨煤机叶轮的拆卸工艺。

答：大型风扇式磨煤机叶轮一般均配有液压叶轮安装车，在拆卸及安装叶轮时，将安装车放置好，以便叶轮的安全拆装。解体拆卸时，先拆卸轴保护罩、紧固螺栓、固定盘、旋入防止叶轮滑落的顶丝，调整顶丝与叶轮面间隙至 3～5mm。转动叶轮，使键垂直向下。将高压柱塞油泵接至轴端专设的油孔上，向轮毂与锥形轴径配合面内注油。当油压升至一定值时，油就从配合面渗出，继续注油，直至整个圆周面都渗出油为止。因配合面内注入了高压油，叶轮将靠自重从锥形轴径上自动滑下。如果不能自动滑下，可用拔出器将叶轮拆下。如果不用高压柱塞油泵，也可以使用拔出器拆卸叶轮。装上拔出器，均匀加热轮毂，待叶轮自然热胀松动后，用拔出器可将叶轮拔出。然后用液压安装车将叶轮放在运输车上，运往检修场地进行检修。待检查、检修完毕，做完静平衡后再进行回装。

第二十五章

回转式空气预热器检修

第一节　回转式空气预热器检修

1 回转式空气预热器常见的主要缺陷有哪些？可采取哪些预防措施？

答：回转式空气预热器常见的缺陷有：腐蚀、堵灰、漏风、卡涩、轴承损坏等，在检修中应予以修理。

对于腐蚀与堵灰，除采取措施提高入口空气温度、采用耐腐蚀材料等措施之外，还应加强吹灰和冲洗，检修中更换腐蚀严重的波形板。

漏风是回转式空气预热器比较突出的问题，漏风分为直接漏风和携带漏风。直接漏风是指空气通过各向密封间隙进入烟气侧，漏风大小与密封间隙和风、烟侧压差有关。密封间隙大，压差大，漏风亦大；反之则漏风小。携带漏风是指受热元件空隙中空气随转子带到烟气侧，其大小与转子的转速有关。转速高漏风大，转速小漏风小。回转式空气预热器的漏风中主要是直接漏风，所以处理漏风的关键在于调整好各向密封间隙。密封间隙过大，漏风量增大；密封间隙过小，则会加速密封元件的磨损，在转子有热变形时甚至会引起卡涩现象，影响空气预热器正常运转。根据转子的变形，安装可调式自动密封装置，可以较好地解决漏风问题。

受热面回转式空气预热器转子很重，对轴承维护修理工作的要求很高，加之轴承工作在高温和灰尘区，尤其是下轴承，在冲洗受热面时往往有污水浸入，造成轴承损坏，所以应加强维护管理，按时添加或更换轴承箱润滑油脂，定期检查运行电流、振动值和漏风情况，有无异常噪声等，每次大小修时按规定项目仔细检查修理，确保设备处于良好状态。

2 简述回转式空气预热器常见故障原因及处理方法。

答：（1）传动装置断销轴。若空气预热器轴、径向晃动或传动装置找正不合格，经过一段时间运行后，有可能发生传动销轴断裂损坏。当听到不正常的响声时，可判断检查销轴是否断裂。若属实，则应处理更换。更换时还应查看销轴围带是否变形。

（2）风、烟气侧挡板卡涩。因安装调整不当，或不加润滑油脂长期运行，在高温、烟尘影响下，转轴卡涩，开关不灵活或不转动，会影响运行调整。应定期转动数次挡板轴，并及时加润滑脂。

（3）吹灰器故障。要按规定时间间隔吹扫并定期维护吹灰器，不能长时间不用。若停运时间较长，应保持本体干净并定期操作，使吹灰器来回运动几次，避免灰尘污堵、卡死。

3 简述回转式空气预热器推力轴承检修的工序。

答：检修工作开始之前应拆除各种测点，准备好材料及各种工器具。检修工序是：

（1）打开轴承箱下部的泄油阀门，将油放入事先准备好的容器内。拆除所有进、出油管路接头，卸去上扇形板的径向密封片，为转子顶起提供空间。

（2）接好液压千斤顶的油管路，操作千斤顶使转子升起22～25mm，同时观察上轴承在轴承箱中随转子上升而向上移动时的情况，以防损坏，四个千斤顶的起升高度要均匀一致。

（3）拧下定位销螺母，顶出锥形定位销，将轴承箱连同支撑板一同拉出。拆下箱体的密封压板，取下密封上、下环。用专用工具将轴承支架环、轴承内圈一起拆下。

（4）取出锥形滚柱及保持架。测量外圈配合间隙并记录，取出外圈，将支架环从轴承内圈拆下。

（5）检查轴承的磨损情况，如符合标准，可继续使用，否则应重新更换。

（6）检查新轴承（必要时包括金相探伤检查），符合标准方可使用。

（7）将轴承及轴承箱清理干净，将轴承内圈加热至80℃后迅速套好。

（8）按相反顺序重新组装，将密封环清理干净并重新涂黄油。

（9）轴承箱就位后，操动千斤顶，将转子放下。检查更换轴颈与壳体处的密封，轴承箱充油，接通油管路，恢复测点。

4 回转式空气预热器热段传热元件检修工艺要点和质量要求是什么？

答：回转式空气预热器热段传热元件检修工艺要点如下：

（1）在入口烟道上部开孔，安装起吊设备。手动盘车，使需要更换的传热元件的仓格正处于起吊设备正下方。

（2）拆下相应的径向密封装置，将旧传热元件从仓格中吊出，检查、清理并修理组件，符合标准方可继续使用。若需要更换，则准备检查安装合格的新传热元件。

（3）用起吊设备将新传热元件放入相应的仓格内，装好径向密封装置。更换完毕，转动转子，使下一个需更换的仓格处于起吊设备正下方。

（4）如此重复，更换完传热元件后，重新恢复烟道入口上方的开孔。

其质量要求如下：

（1）波形板与定位板之间应保证通流面积，无堵灰、结垢、锈迹、磨损不大于1/2。

（2）传热元件组件横截面两角为90°，对角不大于180°。与仓格横向误差不大于2mm，纵向误差不大于1.5mm。

5 如何检修与调整回转式空气预热器的密封间隙？

答：检查密封片的磨损、变形情况，有损坏的且磨损超过密封面1/3时应更换。检查密封片固定螺栓、压板的磨损损坏情况，有损坏且磨损大于1/3时应更换。调整回转式空气预热器密封间隙的方法如下：

（1）径向密封间隙调整。如图25-1所示，用刨平的角钢作标准尺，固定在风道的适当位置，要保证其水平，标高相当于图纸上规定的扇形板标高（即可调的升降形成的中间位置）。转子，使仓格间的径向折角板逐个通过标准尺，检查二者间的距离，并调整折角板的位置，使其间隙达到表 25-1 的规定，再紧好螺栓把折角板固定，然后把扇形板调整到正常位置。扇形板的调整是通过改变调整螺栓的长度和增减平衡中块的数量来实现的。

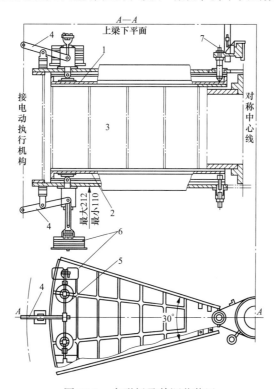

图 25-1　扇形板及其调节装置

1—上扇形板；2—下扇形板；3—转子；4—杠杆；5—连杆；6—平衡重块；7—调整螺栓

表 25-1　　　　　　　受热面回转式空气预热器冷态密封间隙数值　　　　　　（mm）

密封部位			符号	数值
径向密封	上（热）端	外侧	$\delta_{上外}$	0.5～1.0
		内侧	$\delta_{上内}$	5
		中心	$\delta_{上中}$	5
	下（冷）端	外侧	$\delta_{下外}$	6
		内侧	$\delta_{下内}$	2
		中心	$\delta_{下中}$	2
环向密封	上（热）端		$\delta_{上环}$	0.5～1.0
	下（冷）端		$\delta_{下环}$	5
轴向密封	上端		$\delta_{上轴}$	5
	下端		$\delta_{下轴}$	2

（2）环向密封间隙调整。如图 25-2 所示，用规定厚度的塞尺测量 H 形铸铁密封块与外圆筒上端板的间隙，并调整铸铁密封块螺栓，使之符合表 25-1 的要求。调整好后，用直径 6mm 的钢筋把每个 H 形密封块的固定螺母点焊连接，防止松脱。要注意钢筋高度应合适，防止转动时卡涩或摩擦。

（3）轴向密封间隙调整。如图 25-3 所示，先在转子外圆周上分 12 等份，沿轴向画出与主轴平行的 12 条直线，转动转子，当每条线与轴向密封板相对应时，分上下点测量二者之间的距离，并调整轴向密封板，使其间隙符合表 25-1 的要求。然后把固定螺栓紧固牢靠，防止掉落造成卡涩现象。

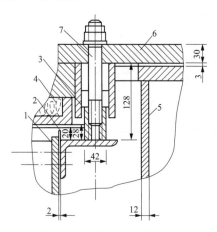

图 25-2 环向间隙及其调整

1—转子外圆筒；2—外圆筒上端板；3—H 形铸铁密封块；
4—扇形板；5—外壳；6—外壳上端板；7—铸铁密封块螺栓

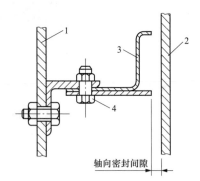

图 25-3 轴向密封间隙调整

1—外壳；2—转子；
3—轴向密封板；4—固定螺栓

6 回转式空气预热器什么情况下需更换传热元件？

答：当发生以下情况之一，应部分或全部更换传热元件：
（1）当传热元件磨损或腐蚀严重，影响传热效果或运行安全时。
（2）当传热元件磨损减薄到原壁厚的 1/3 时。
（3）堵塞严重无法清理时。

7 风罩旋转空气预热器的检修有何特点？可采取哪些预防措施？

答：风罩旋转空气预热器的检修项目及程序、验收项目及方法与受热面回转式空气预热器基本一样，所不同的是其风罩刚性差，当烟风静压差约为 4.9kPa 时，作用于风罩及密封板上产生浮力，使风罩随风压波动而晃动，进而增大密封板与静子端间隙，影响与其连接的密封框架的正常工作。还有的预热器上下风罩不同步，相差 40mm 左右，减小了密封惰性区范围，增大了漏风。

针对这种特点，常采用加固风罩、增强刚性，风罩框架由吊簧改为压簧，将 U 形密封片向烟气侧外移，使密封框架上、下两面均接触空气，实现风力自平衡。还可采用一种双金属自动调节机构，利用两种金属材料线胀系数不同的差值，产生一个相对位移，通过传动连杆，将此位移放大至所需要的调整值，然后作用于密封框架上，使之补偿静子蘑菇状变形，达到热态自动调节。

8 风罩旋转空气预热器密封装置的检修内容、工艺要点和质量要求分别是什么？

答：风罩旋转空气预热器密封装置的检修内容：检修前冷端、测量热端密封间隙值；检查弹簧导杆装置；检查热态周向密封自动调整机构；调整热端密封间隙值；调整冷端密封间

中
级
工

隙值；检查 U 形密封圈；检查颈部密封（冷、热端旋转风道与固定风道之间的密封）。

其工艺要点：用塞尺测量时，风罩不承受其他重物或外力；导杆与螺母之间涂高温抗咬合剂；间隙调整方法、步骤按厂家规定。

其质量要求：导杆无变形，弹簧完好无失效，无卡死，弹簧定位销无断裂，导杆与螺母之间无锈死，调整灵活；杠杆传力机构自由可调，无卡涩；更换严重变形及断裂的调整金属杆；弹簧压紧量应符合技术要求；密封间隙值应符合技术要求，误差不大于 0.5mm；更换吹损的密封片；密封片组装要紧凑、无缝隙，螺栓要拧紧；旋转风道与固定风道之间的间隙应均匀，密封面的接触以刚好接触为宜；滑块应能自由活动，无卡涩，弹簧完好，弹力调整适当。

9　如何检查和检修装有漏风控制系统的空气预热器？

答：检修前将扇形板复位后切断电源，清除传感器及执行机构周围环境的积灰和杂物，保持传感器及执行机构周围清洁。检查扇形板有无变形、裂纹，表面凹凸等现象，扇形板升降灵活、无卡涩，能达到高低限位，固定、调节装置完好。

检查转子热端端部法兰的平面度，平面度不大于 0.5mm/m，法兰表面光洁。以已调整好的转子法兰面的最高点为基准，调整每块扇形板的水平度和高度，使转子法兰面与扇形板之间的距离符合技术要求；以转子法兰面的最高点为基准，调整每块径向密封片的高度（借助密封校正组件），使每块径向密封片与扇形板之间的间隙符合技术要求。

检查及修复探头及传感器，校正探头，使外部指示正确。检查修复执行机构。控制系统检修工作完成后，进行调试。

10　简述回转式空气预热器试运转的要求。

答：空气预热器检修工作结束，至少手动盘车一周，无异常情况后进行试运转（试运转时间不少于 2h），观察、检查下列项目：

（1）检查转子的转动方向是否正确。

（2）传动装置工作正常，运转平稳，没有异音。

（3）驱动电流一般稳定在额定电流的 50% 左右，波动值应少于 ±0.5A。

（4）轴承温升不超过 40℃，最高温度按制造厂的规定执行，无规定的按滚动轴承温度不超过 80℃、滑动轴承温度不超过 65℃控制。

（5）离合器离合性能良好。

（6）转子（或风罩法兰外径）的轴向、径向跳动，一般不大于设备厂家所规定数值。

11　如何判断空气预热器支撑轴承损坏？

答：判断支撑轴承损坏依据为：

（1）听声音。当转子正常运转时听到轴承有异常的声音可能判断为轴承问题，但是一定要和转子转动时预热器内部声音区分开。（正常高速轴承的运转声音是均匀的"沙沙"声音，低速轴承几乎没有声音）。

（2）看温度。当轴承润滑油温度高于转子下短轴温度（一般油温度高于 55℃）时，可能是轴承异常，这时还要看润滑方式（油浴或循环油站）。如有循环油站的排除故障。

（3）化验润滑油质。取一定量的润滑油样化验，如金属元素超标预示轴承磨损。当现场不具备化学分析条件时，若观察油变质出现黏稠状，然后用面巾析出，检查润滑油的物理杂质含有铁或铜的金属物，可基本判定轴承有问题。

（4）分析电动机的运行电流。电机运行如果电流出现波动，通过降低机组负荷、降低烟气温度都不能解决的情况下，可作为传动系统故障的判断依据，其中就包括支撑轴承损坏（一定要与传动系统其他机械区分开）。

一般支撑轴承损坏都具备上述几种现象，或是以上三种，若只具备其中的个别现象，则不能完全确定轴承损坏。

🏭 第二节　回转式空气预热器的改进

1 为什么要对回转式空气预热器进行技术改进？目前常采用哪些改进方法？

答：目前国内运行的回转式空气预热器，普遍存在严重漏风和可靠性差的问题，很多电厂的空气预热器漏风率高达 20%～30%。由于空气预热器漏风率高，需要风机全开挡板运行，有时一次风机、送风机、引风机的容量受限，不但使厂用电增加，还会影响锅炉的出力。

为了减少空气预热器的漏风，提高其运行可靠性，需要对回转式空气预热器进行相应的技术改进。目前采用的方法有：

（1）采用增设双密封系统的方法。所谓双密封系统就是增加相应的径向和轴向密封结构，使原有的密封装置成为双重结构，形成两道密封，这样可使密封处的压差减少一半，从而降低漏风率。

（2）采用三分仓结构，使压力较高的一次风避开与烟气接触，减少漏风。

（3）在现场空间和风机出力允许的情况下，可将风压较高、出力不大的一次风空气预热器改成管式空气预热器，而风压较低、出力很大的二次风空气预热器仍保持回转式，可以解决一次风空气预热器漏风太大的问题。

（4）还有一种称为 VN 型的空气预热器已被一些电厂改进时采用。

2 VN 型的空气预热器的设计特点是什么？

答：受热面回转式 VN 型空气预热器的设计特点如下：

（1）用中心驱动装置代替周边驱动装置，用一个布置在空气预热器外壳外面的主轴上安装中心传动减速箱取代齿轮机构和相关的减速箱，以提高传动系统的可靠性，减少维护要求。

（2）采用适合运行条件的高效换热元件代替旧的传热元件，用不同的传热元件组合来提高传热元件的性能，并减少传热元件上的积灰和腐蚀。

（3）将旧转子改成 48 个扇形区，保证任何时候扇形密封挡板下面总有两块完整的径向密封条，产生迷宫式的密封效果，减少空气通过密封条向烟气的泄漏。转子上每一个径向隔板都装有单叶密封条，并取消各挡板的滑动密封条和调节机构。轴向密封条固定在转子外侧。

据统计数据显示，VN 型空气预热器完全改造后，漏风率可降到 8％左右，效果是比较显著的。

3 回转式空气预热器双密封改进的技术特点是什么？

答：回转式空气预热器双密封改进已是近期国内外采用的较为成熟的改进技术，根据理论计算及实践经验，改进后直接漏风率可下降 30％～40％。其技术特点是转子沿径向、轴向各加装一道径向密封和轴向密封，与原有的密封均布。具体做法如下：

（1）增加上部径向隔板及径向密封片。在原空气预热器热端蓄热元件上部增加 24 道径向隔板，并相应地增加热端径向密封片，这样就使得每两块径向隔板的夹角由原来的 15℃减小为 7.5℃，而扇形板的大小不变，当预热器运行时至少就有两块密封片和扇形板形成密封，相应地每块密封片之间的压差就减少了一半，从而降低了漏风，如图 25-4、图 25-5所示。

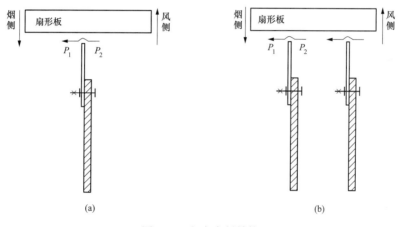

图 25-4　径向密封结构
（a）单密封径向结构；（b）双密封径向结构

（2）增加下部径向隔板及径向密封片，如图 25-6 所示。同样地在原空气预热器的冷端增加 24道径向隔板及径向密封片，由于在热端蓄热元件和冷端蓄热元件之间有较大的间隙。因此，增加的下部径向隔板必须伸至热端蓄热元件的下端，避免漏风在此间隙之间产生"短路"，但由此必然改变原有的冷端搁架，需增加新的冷端蓄热元件搁架。

（3）加装一道轴向密封。在原空气预热器轴向增加 24 道轴向密封隔板并相应地增加轴向密封片，使得两块轴向隔板之间的夹角由原来的 15℃减小为 7.5℃，而轴向密封板的大小不变，如图25-7 所示。

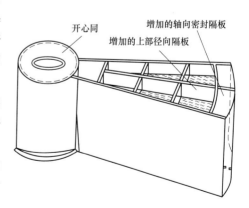

图 25-5　双密封结构上部径向
隔板示意图

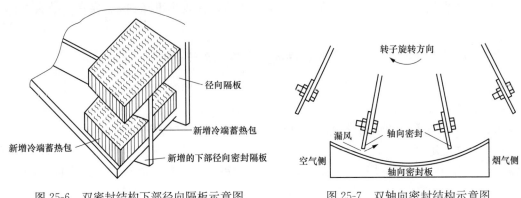

图 25-6 双密封结构下部径向隔板示意图　　图 25-7 双轴向密封结构示意图

4 回转式空气预热器与管式空气预热器相比有哪些优点?

答：(1) 传热元件两面受热和冷却，传热能力强、外形小、金属耗量少、烟气和空气的流动阻力小。

(2) 受热面的壁温较高（比较接近烟气温度），烟气低温腐蚀的危险性稍小，而且即使发生受热面腐蚀也不会因此增加漏风。

(3) 允许传热元件有较大的磨损，磨损达质量的 20％ 更换。

(4) 便于运行中吹灰（包括水力冲洗）。

第九篇
锅炉管阀检修

第二十六章

压力容器及管道系统的金属监督

第一节　压力容器的监督及检验

1 为什么要对压力容器加强安全技术管理？

答：压力容器在生产生活中广泛使用，是火力发电厂必不可少的设备，同时又是一种具有爆破危险的特殊设备。加强这类设备的安全技术管理，对确保人民生命财产的安全，对社会生活的稳定，对生产的正常进行，对提高经济效益都具有十分重要的意义。

2 压力容器检验的目的是什么？

答：压力容器事故的危害性非常大，检验的目的是为了及早发现缺陷、及时消除，预防事故的发生，确保压力容器安全运行，保障人民生命财产的安全。通过检验判断其能否安全可靠地使用到下一个检验周期。

3 压力容器常用检验方法有哪些？

答：压力容器常用的检验方法有：宏观检验、厚度检验、理化检验、无损探伤、压力试验、应力测定和声发射检验。

4 在用压力容器定期检验可分哪几类？定期检验的基本要求是什么？

答：压力容器定期检验可分：外部检验、内外部检验和耐压试验。

定期检验的基本要求是：

（1）外部检验应以宏观检查为主，必要时进行测厚、壁温检查和腐蚀介质含量测定等。

（2）内、外部检验应以宏观检查、壁厚测定、焊接接头和螺栓检查为主，必要时可以采用金属监督的各种手段进行检验。当压力容器在无出厂资料或出厂资料不齐全的情况下，通过检验补齐有关项目。

（3）耐压试验按照劳动部的《压力容器安全技术监察规程》的有关规定进行。

5 压力容器定期检验的周期有何规定？

答：对压力容器定期检验的周期规定如下：

（1）外部检验每年至少一次。

（2）内外部检验周期根据不同安全状况等级而定：安全状况等级1～3级的，每隔6年至少检验一次；3～4 级的，每隔 3 年至少检验一次。火电厂锅炉的压力容器内外部检验结合大修进行。

（3）耐压试验周期为 10 年至少一次。

DL647—2004《电力工业锅炉压力容器检验规程》中对在役压力容器定期检验的周期规定如下：

（1）外部检验，每年至少一次。

（2）内外部检验，可结合机组大修进行，其间隔时间为：安全状况等级为 1～2 级的，每 2 个大修间隔进行一次；安全状况为 3～4 级的，结合每次大修进行一次。

（3）超压水压试验。每隔 3 个大修间隔进行一次，且每 10 年至少一次。

6　遇有哪些情况应缩短压力容器检验周期？

答：《电力工业锅炉压力容器检验规程》规定遇有下列情况应缩短压力容器检验周期：

（1）运行后首次检验或材料焊接性能差，且在制造时曾多次返修的。

（2）运行中发现严重缺陷或筒壁受冲刷、壁厚严重减薄的。

（3）进行技术改造、变更原设计参数的。

（4）使用期达 15 年以上，经技术鉴定确认不能按正常检验周期使用的。

（5）材料有应力腐蚀情况的。

（6）检验人员认为应缩短检修间隔的。

7　压力容器耐压试验的目的是什么？在什么情况下应进行耐压试验？

答：耐压试验是对容器强度和密封性的综合检验，检查容器宏观强度，检查其是否泄漏及异常变形，及时发现容器的潜在缺陷。

在下列情况需对内、外部检验合格的压力容器进行耐压试验：

（1）用焊接方法修理或更换主要受压元件的。

（2）改变使用条件且超过原设计参数的。

（3）更换衬里时，在拆除旧衬里后新衬里开始施工前。

（4）停止使用两年后重新使用的。

（5）新安装或移装的。

（6）无法进行内部检验的。

（7）使用单位对压力容器的安全性能有怀疑的。

8　压力容器耐压试验的压力是如何规定的？

答：钢制和有色金属制压力容器、搪玻璃压力容器水压耐压试验的压力为 1.25 倍设计压力，气压耐压试验的压力为 1.15 倍设计压力。铸铁压力容器水压耐压试验的压力为 2.00 倍设计压力。

9　如何进行压力容器水压试验？

答：滞留在压力容器内的气体必须排净后，将压力容器充满水。压力容器外表面应保持干燥，待压力容器壁温与水温接近时，才能缓慢升压至设计压力；确认无泄漏后继续升压到规定的试验压力，根据容积大小保压 10～30min，然后降压至设计压力保压进行检查，保压时间不少于 30min。检查期间压力应保持不变，不得采用连续加压以维持试验压力不变的做法。不得带压紧固螺栓。

10 压力容器耐压试验合格的标准是什么？

答：压力容器耐压试验合格的标准是：无渗漏；无可见的异常变形；试验过程中无异常的声响。

11 检验在役压力容器时应执行哪些规程？

答：在役压力容器的外部、内外部检验内容按部颁 DL 647—2004《电力工业锅炉压力容器检验规程》进行。

12 压力容器外部检验的项目和质量要求是什么？

答：压力容器外部检验的项目和质量要求如下：

（1）压力容器外壁保温层应完整，无开裂和脱落，容器无变形，铭牌完好。

（2）人孔和接管座加强板检漏孔应无汽水泄漏。

（3）各接管座的角焊缝、法兰和其他可拆件结合处无渗水、漏汽，壳体外壁无严重锈蚀。

（4）支座和支吊架完好，基础无下沉或倾斜，活动支座膨胀位移不受阻。

（5）与压力容器相连的管道无异常振动和响声。

（6）特殊压力容器（如除氧器、高压加热器等）的调节、保护装置应符合有关规定。

（7）压力容器外部各汽水管路系统符合设计要求。

（8）安全阀应严密无泄漏、排汽管完好、支吊正常、疏水管路畅通，安全阀有铅封且在校验有效期内。

（9）同一系统的各压力表读数应一致，量程和精度符合有关规程要求。压力表应在校验有效期内。

（10）水位计液位波动正常，指示清晰，有最高、最低液位标志，水位计无破损、无泄漏。

13 压力容器内部检验项目和质量要求是什么？

答：压力容器内部检验项目和质量要求为：

（1）压力容器结构应符合有关规程、标准的规定。应重点检查封头与筒体的连接、筒节与筒节的连接、对接接头的接头形式、开孔及其补强、不等厚件对接接头等。

（2）压力容器筒体应无明显的汽水冲刷减薄和腐蚀，必要时测量减薄和腐蚀处的深度及面积。重点检查进汽管对面的筒壁和两侧的筒壁及疏水管弯头。

（3）焊接接头检查。焊缝错边量、棱角度以及角焊缝、焊角高度应符合有关规定；焊缝表面不得有裂纹，无气孔、弧坑、夹渣和咬边等超标缺陷，必要时应用无损检测方法进行检查；焊缝内部质量应无超标缺陷，每次检验用射线或超声波探伤检查比例不少于焊缝总长的 10%，如发现裂纹时必须扩大检查范围与接头数目。

（4）壁厚测量应选取具有代表性的部位，并有足够的测点数，每块钢板的测点数不少于 2 点，封头上不少于 3 点（直边、过渡段及封头顶部各一点）。重点检查受冲刷和受腐蚀部位、液位经常波动部位、制造成形减薄部位、变形鼓包部位、母材分层处等。

（5）对连接螺栓应逐个检查损伤和开裂情况，必要时对高压螺栓采用无损探伤检查。

（6）主要受压元件的材料牌号不明时应进行复检。怀疑材料劣化时，可采用化学分析、硬度测定、机械性能试验、金相检验、光谱分析等方法分析确定。

（7）必要时进行强度校核。

14　压力容器出现什么情况时应进行强度校核？

答：压力容器出现下列情况之一时，应进行强度校核：

（1）材料牌号不明、强度计算资料不全或强度计算参数与实际不符。

（2）受汽水冲刷，局部出现明显减薄。

（3）结构不合理且已发现严重缺陷。

（4）修理中更换过受压元件。

15　如何做好压力容器安全阀的维护工作？

答：经常保持安全阀清洁，采取有效措施，使安全阀防锈、防黏、防堵、防冻；经常检查安全阀铅封是否完好；对杠杆式安全阀应检查重锤是否松动、移位及另挂重物；一旦发现泄漏现象，应及时修理或更换；对空气、蒸汽及带有黏滞性介质的安全阀，应定期做手提排汽试验，定期检验，包括清洗、研磨、试验及校验调整。

16　压力容器使用单位和检验单位具有怎样的关系？

答：压力容器检验单位应按照国家有关文件规定，取得相应项目范围的检验资格证书，方可从事相应级别的压力容器定期检验工作。企业内的检验单位取得检验资格证书后，方可在本企业或系统内从事检验工作。压力容器使用单位应按期申报压力容器检验计划，做好检验前的准备工作，有关人员在检验单位进行检验工作时，应积极做好配合工作。

17　压力容器本体的界定范围指什么？

答：压力容器本体的界定范围为：

（1）压力容器与外部管道或者装置焊接（黏接）连接的第一道环向接头的坡口面螺纹连接的第一个螺纹接头端面、法兰连接的第一个法兰密封面、专用连接件或者管件连接的第一个密封面。

（2）压力容器开孔部分的承压盖及其紧固件。

（3）非受压元件与受压元件的连接焊缝。

压力容器本体中的主要受压元件，包括筒节（含变径段）、球壳板、非圆形容器的壳板、封头、平盖、膨胀节、设备法兰、热交换器的管板和换热管、M36 以上（含）螺柱以及公称直径大于或者等于 250mm 的接管和管法兰。

18　压力容器选用材料的基本要求有哪些？

答：（1）压力容器的选材应当考虑材料的力学性能、物理性能、工艺性能和与介质的相容性。

（2）压力容器材料的性能、质量规格与标志应当符合国家标准或者行业标准的规定。

（3）压力容器材料制造单位应当在材料明显部位做出清晰、牢固的出厂钢印标志或者采用其他可以追溯的标志。

（4）压力容器材料制造单位应当向材料使用单位提供质量证明书。材料质量证明书的内容应当齐全、清晰并且印制可以追溯的信息化标识，加盖材料制造单位质量检验章。

（5）压力容器制造、改造、修理单位从非材料制造单位取得压力容器材料时，应当取得材料制造单位提供的质量证明书原件或者加盖了材料经营单位公章和经办负责人签字（章）的复印件。

（6）压力容器制造、改造、修理单位应当对所取得的压力容器材料及材料质量证明书的真实性和一致性负责。

（7）非金属压力容器制造单位应当有可靠的方法确定原材料或者压力容器成型后的材质在腐蚀环境下使用的可靠性，必要时进行试验验证。

19 压力容器用钢要求标准是什么？

答：压力容器受压元件用钢，应当是氧气转炉或者电炉冶炼的镇静钢。对标准抗拉强度下限值大于540MPa的低合金钢钢板和奥氏体-铁素体不锈钢钢板，以及用于设计温度低于−20℃的低温钢板和低温钢锻件，还应当采用炉外精炼工艺。

用于焊接的碳素钢和低合金钢钢材碳（C）、磷（P）、硫（S）的含量：C，$\leqslant$0.25%；P，$\leqslant$0.035%；S，$\leqslant$0.035%。

压力容器专用钢中的碳素钢和低合金钢（钢板、钢管和钢锻件），其磷、硫含量应当符合以下要求：

（1）标准抗拉强度下限值小于或者等于540MPa的钢材。P，$\leqslant$0.030%；S，$\leqslant$0.020%。

（2）标准抗拉强度下限值大于540MPa的钢材。P，$\leqslant$0.025%；S，$\leqslant$0.015%。

（3）用于设计温度低于−20℃并且标准抗拉强度下限值小于或者等于540MPa的钢材。P，$\leqslant$0.025%；S，$\leqslant$0.012%。

（4）用于设计温度低于−20℃并且标准抗拉强度下限值大于540MPa的钢材。P，$\leqslant$0.020%；S，$\leqslant$0.010%。

20 压力容器焊接接头无损检测方法的选择原则是什么？

答：压力容器焊接接头无损检测的选择原则是：

（1）压力容器的对接接头应当采用射线检测（包括胶片感光或者数字成像）、超声检测，包括：衍射时差法超声检测（TOFD）、可记录的脉冲反射法超声检测和不可记录的脉冲反射法超声检测。当采用不可记录的脉冲反射法超声检测时，应当采用射线检测或者衍射时差法超声检测进行附加局部检测；当大型压力容器的对接接头采用γ射线全景曝光射线检测时，还应当另外采用X射线检测或者衍射时差法超声检测进行50%的附加局部检测，如果发现超标缺陷，则应当进行100%的X射线检测或者衍射时差法超声检测复查。

（2）有色金属制压力容器对接接头应当优先采用X射线检测。

（3）焊接接头的表面裂纹应当优先采用表面无损检测。

（4）铁磁性材料制压力容器焊接接头的表面检测应当优先采用磁粉检测。

压力容器对接接头的无损检测比例分为全部（100％）和局部（大于或者等于20％）两种。碳钢和低合金钢制低温压力容器，局部无损检测的比例应当大于或者等于50％。

21 什么情况下压力容器的焊接接头需要对其表面进行磁粉或者渗透检测？

答：凡符合下列条件之一的焊接接头，需要对其表面进行磁粉或者渗透检测：

（1）盛装毒性危害程度为极度、高度危害介质的压力容器的焊接接头。

（2）采用气压或者气液组合制试验压力容器的焊接接头。

（3）设计温度低于−40℃的低合金钢制低温压力容器的焊接接头。

（4）标准抗拉强度下限值大于540MPa的低合金钢、铁素体型不锈钢、奥氏体-铁素体型不锈钢制压力容器、接单标准抗拉强度下限值大于540MPa的低合金钢制压力容器，在对焊接接头进行表面无损检测。

（5）焊接接头厚度大于20mm奥氏体不锈制压力容器的焊接接头。

（6）铬钼（C-Mo）合金钢制压力容器的焊接接头。

（7）堆焊表面、复钢板的覆层焊接接头、异种钢焊接接头、具有再热裂纹倾向或者延迟裂纹倾向焊接接头，其中具有再热裂纹倾向的材料应当在热处理后增加一次无损检测。

（8）先拼板后成形齿形封头的所有拼接接头。

（9）设计者认为有必要进行全部无损检测的焊接接头。

22 压力容器无损检测抽查的原则是什么？

答：按照计算方法设计的简单压力容器，其对接接头应当按照NB/T 47013进行射线检测抽查，技术等级不低于AB级，合格级别不低于Ⅲ级。无损检测抽查原则如下：

（1）对接焊接接头采用自动焊或者机动焊时，调整焊接工艺后，应当对首台产品进行射线检测。

（2）制造过程中，每批产品至少抽一台进行射线检测，日产量不足一批时，也必须抽一台进行射线检测。

（3）对接焊接接头采用手工焊接，在每个焊接操作人员（以下简称焊工）每天焊接的产品中，至少抽一台产品进行射线检测。

（4）射线检测位置优先选择包括交叉焊缝的纵焊缝，每台产品的射线检测长度不得小于200mm。

23 金属压力容器焊接工艺评定的要求是什么？

答：压力容器焊接工艺评定的要求如下：

（1）压力容器产品施焊前，受压元件焊缝与受压元件相焊的焊缝、熔入永久焊缝内的定位焊缝、受压元件母材表面堆焊与补焊，以及上述焊缝的返修焊缝都应当进行焊接工艺评定或者具有经过评定合格的焊接工规程（WPS）支持。

（2）压力容器的焊接工艺评定应当符合NB/T 47014—2011《承压设备焊接工艺评定》的要求。

（3）监督检验人员应当对焊接工艺的评定过程进行监督。

（4）焊接工艺评定完成，焊接工艺评定报告（PQR）和焊接工艺规程应当由制造单位焊接责任工程师审核，技术负责人批准，经过监督检验人员签字确认后存入技术档案。

（5）焊接工艺评定技术档案应当保存至该工艺评定失效为止，焊接工艺评定试样应当至少保存 5 年。

24 金属压力容器焊口返修、母材缺陷补焊的要求是什么？

答：金属压力容器焊接返修（包括母材缺陷补焊）的要求如下：

（1）应当分析缺陷产生的原因，提出相应的返修方案。

（2）返修应当按照《固定式压力容器安全技术监察规程》焊接工艺评定要求，进行焊接工艺评定或者具有经过评定合格的焊接工艺规程支持，焊时应当有详尽的返修记录。

（3）焊接同一部位的返修次数不宜超过 2 次，如超过 2 次，返修前应当经过制造单位技术负责人批准，并且将返修的次数、部位、返修情况记入压力容器质量证明文件。

（4）要求焊后热理的压力容器，一般在热处理前焊接返修；如在热处理后进行焊接返修，应当根据补焊深度确定是否需要进行消除应力处理。

（5）有特殊耐腐蚀要求的压力容器或者受压元件，返修部位仍需要保证不低于原有的耐腐蚀性能，返修部位应当按照原要求经过检验合格。

25 金属压力容器局部射线检测或者超声检测实施要求是什么？

答：局部射线检测或者超声检测实施要求是：

（1）局部无损检测的部位由制造单位根据实际情况指定，但是应当包括 A、B 类焊接接头交叉部位以及将被其他元件覆盖的焊接接头部分。公称直径小于 250mm 的接管焊接接头的无损检测要求，按照玻璃设备的国家标准或者行业标准规定。

（2）经过局部无损检测的焊接接头，如果在检测部位发现超标缺陷时，应当在已检测部位两端的延伸部位各进行不少于 250mm 的补充检测，如果仍然存在不允许的缺陷，则对该焊接接头进行全部无损检测。

（3）进行局部无损检测的压力容器，制造单位也应当对未检测部分的质量负责。

26 压力容器的改造与重大修理含义和基本要求是什么？

答：压力容器的改造与重大修理含义和基本要求是：

（1）压力容器的改造是指改变主要受压元件的结构或者改变压力容器运行参数、盛装介质、用途等；压力容器的重大修理是指主要受压元件的更换、矫形、挖补以及对符合 TSG 21—2016《固定式压力容器安全技术监察规程》规定的对接接头的补焊或者对非金属压力容器黏接缝的修补。

（2）压力容器的改造或者重大修理方案应当经过原设计单位或者具备相应能力的设计单位书面同意。

（3）压力容器的改造或者重大修理可以采用其原产品标准，经过改造或者重大修理后，应当保证其结构和强度满足安全使用要求。

（4）符合 TSG 21—2016《固定式压力容器安全技术监察规程》要求的压力容器改造、重大修理施工过程，应当经过具有相应资质的特种设备检验机构进行监督检验，未经监督检验或者监督检验不合格的压力容器不得投入使用。

（5）固定式压力容器不得改造为移动式压力容器。

27 压力容器改造和修理的焊接要求是什么？

答：压力容器改造和修理的焊接要求是：

（1）压力容器的挖补、更换筒节、增（扩）开口接管以及焊后热处理，应当参照相应的产品标准制订施工方案，并且经改造或者修理单位技术负责人批准。

（2）经无损检测确认缺陷完全清除后，按焊接工艺进行评定后方可进行焊接，焊接完成后应当再次进行无损检测。

（3）母材补焊后，应当打磨至与母材齐平。

（4）有焊后消除应力热处理要求时，应当根据补焊深度确定是否需要进行消除应力处理。

非金属压力容器改造或者修理专项要求：

（1）对石墨压力容器，当改造或者修理石墨受压元件时，需要进行黏接或者浸渍作业的，在改造或者修理作业前，应当参照 TSG 21—2016《固定式压力容器安全技术监察规程》的 4.3.1.2 和 4.3.1.3 的规定进行相应的工艺评定。

（2）纤维增强塑料压力容器改造、修理过程中应当远离热源、火源。

28 压力容器监检项目分类的要求是什么？

答：压力容器监检项目分为 A 类、B 类和 C 类，其要求如下：

（1）A 类，是对压力容器安全性能有重大影响的关键项目。在压力容器制造、施工进行到该项目时，监检员现场监督该项目的实施，其结果得到监检员的现场确认合格后，方可继续制造、施工。

（2）B 类，是对压力容器安全性能有较大影响的重点项目。监检员一般在现场监督该项目的实施，如不能及时到达现场，受检单位在自检合格后可以继续制造、施工，监检员随后对该项目的结果进行现场检查，确认该项目是否符合要求。

（3）C 类，是对压力容器安全性能有影响的检验项目。监检员通过审查受检单位相关的自检报告、记录，确认该项目是否符合要求。

（4）本规程监检项目设为 C/B 类时，监检员可以选择 C 类，当本规程其他相关条款或者产品标准、设计文件规定需要进行现场检查时监检员应当选择 B 类。

（5）监检项目的类别划分要求见本规程相应章节的有关要求。

29 压力容器的定期自行检查包括什么？

答：压力容器的定期自行检查包括：月度检查和年度检查。

（1）月度检查。使用单位每月对所使用的压力容器至少进行一次月度检查，并且记录检查情况；当年度检查与月度检查时间重合时，可不再进行月度检查。月度检查内容主要为压力容器本体及其安全附件、装卸附件、安全保护装置、测量调控装置、附属仪器仪表是否完好，各密封面有无泄漏以及其他异常情况等。

（2）年度检查。使用单位每年对所使用的压力容器至少进行一次年度检查，年度检查按照 TSG 21—2016《固定式压力容器安全技术监察规程》的要求进行。年度检查工作完成后，应当进行压力容器使用安全状况分析，并且对年度检查中发现的隐患及时消除。年度检查工作可以由压力容器使用单位安全管理人员组织经过专业培训的作业人员进行，也可以委托有资质的特种设备检验机构进行。

（3）定期检验。使用单位应当在压力容器定期检验有效期届满一个月以前，向特种设备检验机构提出定期检验申请，并且做好定期检验相关的准备工作。定期检验完成后，由使用单位组织对压力容器进行管道连接、密封、附件（含安全附件及仪表）和内件安装等工作，并且对其安全性负责。

30 压力容器安全管理情况检查包括哪些内容？

答：压力容器安全管理情况检查包括以下内容：

（1）压力容器的安全管理制度是否齐全有效。

（2）本规程规定的设计文件、竣工图样、产品合格证、产品质量证明文件、安装及使用维护保养说明、监检证书以及安装、改造、修理资料等是否完整。

（3）《特种设备使用登记表》，简称《使用登记表》是否与实际相符。

（4）压力容器日常维护保养、运行记录、定期安全检查记录是否符合要求。

（5）压力容器年度检查、定期检验报告是否齐全，检查、检验报告中所提出的问题是否得到解决。

（6）安全附件及仪表的校验（检定）、修理和更换记录是否齐全真实。

（7）是否有压力容器应急专项预案和演练记录。

（8）是否对压力容器事故、故障情况进行了记录。

31 压力容器破坏大致分可为哪几种类型？

答：压力容器的破坏大致分为三类：

（1）容器强度被削弱而引起的破坏，如均匀腐蚀、晶间腐蚀、点腐蚀、高温氧化等。这类破坏是在使用过程中构件全部或局部的尺寸损耗，使容器强度降低所引起的。因此，要求压力容器有足够的强度。

（2）脆性破坏，如氢脆、相脆化、碳化物析出脆化、晶粒长大引起的脆化等。这类损坏主要是由于冶金学（如炼钢、热处理、焊接等）变化而产生的。因此，主要预防措施应根据使用温度和介质性能，选择恰当的材料及焊接接头形式。

（3）裂纹扩展造成破坏，如应力腐蚀裂纹、氧化浸蚀、疲劳裂纹等。这类破坏是由于裂纹扩展造成的，在一定程度上可选择合适的材料予以防止。

🏭 第二节　管道系统的金属监督

1 管道系统技术监督的范围有哪些？

答：工作温度大于或等于450℃的高温管道和部件，如主蒸汽管道、高温再热蒸汽管道、阀门、三通以及与主蒸汽管道相连的小管道；工作压力大于或等于5.88MPa的承压汽水管道和部件，如主给水管道；300MW及以上机组的低温再热蒸汽管道都属于管道系统金属监督的范围。

2 管道系统金属监督的任务是什么？

答：管道系统金属监督的任务是做好监督范围内的各种管道和部件在检修中的材料质量和焊接质量的监督及金属试验工作；检查和掌握受监部件服役过程中金属组织变化、性能变化和缺陷发展情况，发现问题，及时采取防爆、防断、防裂措施，并参加受监部件事故的调查和原因分析，提出处理对策及实施；了解受监范围内管道长期运行后应力状态和对支吊架全面性检查的结果；逐步采取先进的诊断或在线监测技术，以便及时、准确地掌握并判断受监金属部件寿命损耗程度和损伤状况，建立、健全金属技术监督档案。

3 受监督的管道在工厂化配管前，应由有资质的检测单位进行哪些检验？

答：受监督的管道在工厂化配管前，应由有资质的检测单位进行如下检验：

（1）钢管表面上的出厂标记（钢印或漆记）应与该制造商产品标记相符，应注意从钢管的标记、表面加工痕迹来初步辨识管道的真伪，以防止出现假冒管道，其次见证有关进口报关单、商检报告，必要时可到到货港口进行拆箱见证。

（2）100%进行外观质量检验。钢管内外表面不允许有裂纹、折叠、轧折、结疤、离层等缺陷，钢管表面的裂纹、机械划痕、擦伤和凹陷以及深度大于 1.5mm 的缺陷应完全磨除，磨除处应圆滑过渡；磨除处的实际壁厚不应小于壁厚偏差所允许的最小值，且不应小于按 GB 165074 计算的最小需要厚度。对一些可疑缺陷，必要时进行表面探伤。

（3）热轧（挤）钢管内外表面不允许有尺寸大于壁厚 5%，且最大深度大于 0.4mm 的直道缺陷。

（4）检查校核钢管的壁厚和管径应符合相关标准的规定。

（5）对合金钢管逐根进行光谱检验，光谱检验按 DL/T 991 执行。

（6）合金钢管按同规格根数抽取 30%进行硬度检验，每种规格至少抽查一根：在每根钢管的三个截面（两端和中间）检验硬度，每一截面上硬度检测尽可能在圆周四等分的位置。若由于场地限制，可不在四等份位置，但至少在圆周测三个部位：每个部位至少测量五点。

（7）对合金钢管按同规格根数的 10%进行金相组织检验，每炉批至少抽查一根，检验方法和验收分别按 DL/T 884—2004《火电厂金相检验与评定技术导则》和 GB/T 5310—2017《高压锅炉用无缝钢管》执行。

（8）对直管按同规格至少抽取一根进行以下项目试验，确认下列项目符合国家标准、行业标准或合同规定的技术条件，或国外相应的标准；若同规格钢管为不同制造商生产，则对每一制造商供货的钢管应至少抽取一根进行试验。

1）化学成分。

2）拉伸、冲击、硬度。

3）金相组织、晶粒度和非金属夹杂物。

4）弯曲试验取样参照 ASME SA355A35M 执行。

（9）钢管按同规格根数的 20%进行超声波探伤，重点为钢管端部的 0～500mm 区段，若发现超标缺陷，则应扩大范围检查，同时在钢管端部进行表面探伤，超声波探伤按 GB/

中级工

251

T5777 执行；层状缺陷的超声波检测按 BS EN 10246-14 执行。对钢管端部的夹层缺陷，应在钢管端部 0～500mm 区段内从内壁进行测厚，周向至少测 5 点，轴向至少测 3 点，一旦发现缺陷，则在缺陷区域增加测点直至确定缺陷范围。对于钢管 0～500mm 区段的夹层类缺陷，按 BS EN 10246—14 中的 U2 级别验收；对于距焊缝坡口 50mm 附近的夹层缺陷，按 U0 级别验收；配管加工的焊接坡口，检查发现夹层缺陷，应予以机械切除。

（10）对再热冷段纵焊缝管，根据焊的外观质量，按同规格根数抽取 20%（至少抽一根），对抽取的管道按焊缝长度的 10% 依据 NB/T 47013 进行无损检测。同时，对抽取的焊缝进行硬度和壁厚检查。

4 管道硬度检测的要求是什么？

答：钢管的硬度检验，可采用便携式里氏硬度计按照 GB/17394.1 测量，一旦出现硬度偏离规定值，应在硬度异常点附近扩大检查区域，检查出硬度异常的区域、程度，同时宜采用便携式布氏硬度计测量校核。同一位置 5 个布氏硬度测量点的平均值应处于规定范围，但允许其中一个点不超出规定范围的 5HB。对于金属部件焊缝的硬度检验，按照金属母材的方法执行。

钢管硬度、拉伸强度高于相关标准的上限，应进行再次回火；硬度、拉伸强度低于相关标准规定的下限，可重新正火（淬火）＋回火。重新回火或正火（淬火）＋回火均不应超过两次。

5 受监督的弯头、弯管，在工厂化配管前，应由有资质的检测单位进行哪些检验？

答：受监督的弯头、弯管，在工厂化配管前，应由有资质的检测单位进行如下检验：

（1）弯头/弯管表面上的出厂标记（钢印或漆记）应与该制造商产品标记相符。

（2）100% 进行外观质量检查。弯头/弯管表面不允许有裂纹、折叠、重皮、凹陷和尖锐划痕等缺陷。对一些可疑缺陷，必要时进行表面探伤。

（3）按质量证明书校核弯头/弯管规格并检查以下几何尺寸：逐件检验弯头/弯管的中性面和外内弧侧壁厚；宏观检查弯头/弯管内弧侧的波纹，对较严重的波纹进行测量；对弯头/弯管的椭圆度按 20% 进行抽检，若发现不满足 DL/T 515、DL/T 695 规程的规定，应加倍抽查；对弯头的内部几何形状进行宏观检查，若发现有明显扁平现象，应从内部测椭圆度；弯管的椭圆度应满足：热弯弯管椭圆度小于 7%，冷弯弯管椭圆度小于 8%，公称压力大于 8MPa 的弯管椭圆度小于 5%；弯头的椭圆度应满足：公称压力大于或等于 10MPa 时，椭圆度小于 3%；公称压力小于 10MPa 时，椭圆度小于 5%（注：弯管或弯头的椭圆度是指弯曲部分同一圆截面上最大外径与最小外径之差与公称外径之比）。

（4）合金钢弯头、弯管应逐件进行光谱检验。

（5）对合金钢弯头、弯管 100% 进行硬度检验，在 0°、45°、90° 选三个截面，每一截面至少在外弧侧和中性面测 3 个部位，每个部位至少测量 5 点。弯头的硬度测量宜采用便携式里氏硬度计。若发现硬度异常，应在硬度异常点附近扩大检查区域，检查出硬度异常的区域、程度。弯头/弯管的硬度检验按 GB/T 17394.1 标准执行，对于便携式布氏硬度计不易检测的区域，根据同一材料、相近硬度范围内便携式里氏硬度计与便携式布氏硬度计测量的对比值，对便携式里氏硬度计测量值予以校核。确认硬度低于或高于规定值应进行再次回火或重新正火（淬火）＋回火处理，重新回火或正火（淬火）＋回火均不应超过两次。

（6）对合金钢弯头/弯管按同规格数量的10%进行金相组织检验（同规格的不应少于一件），检验方法按 DL/T 884 执行，验收参照 GB 5310。

（7）弯头/弯管的外弧面按同规格数量的10%进行探伤抽查，弯头/弯管探伤按 DL/T 718 执行。对于弯头/弯管的夹层类缺陷，参照本标准 7.1.4 i 执行。

（8）弯头/弯管有下列情况之一时，为不合格：存在晶间裂纹、过烧组织或无损探伤的其他超标缺陷；弯头/弯管外弧、内弧侧和中性面的最小壁厚小于按 GB 16507.4 计算的最小需要厚度；弯头/弯管椭圆度超标；焊接弯管焊缝存在超标缺陷。

6 受监督的锻制、热压和焊制三通以及异径管，配管前应由有资质的检测单位进行哪些检验？

答：受监督的锻制、热压和焊制三通以及异径管，配管前应由有资质的检测单位进行如下检验：

（1）三通和异径管表面上的出厂标记（钢印或漆记）应与该制造商产品标记相符。

（2）100%进行外观质量检验。锻制、热压三通以及异径管表面不允许有裂纹、折叠、重皮、凹陷和尖锐划痕等缺陷。对一些可疑缺陷，必要时进行表面探伤。表面缺陷的处理及消缺后的壁厚若低于名义尺寸，则按标准进行壁厚校核。

（3）对三通及异径管进行壁厚测量，热压三通应包括肩部的壁厚测量。三通及异径管的壁厚应满足 DL/T 695。

（4）合金钢三通、异径管应逐件进行光谱检验。

（5）合金钢三通、异径管按100%进行硬度检验，三通至少在肩部和腹部位置3个部位测量，异径管至少在大、小头位置测量，每个部位至少测量5点。三通、异径管的硬度检验按标准执行，若发现硬度异常，应在硬度异常点附近扩大检查区域，检查出硬度异常的区域、程度。

（6）对合金钢三通、异径管按10%进行金相组织检验（不应少于一件），检验方法按 DL/T 884 执行，验收参照 GB 5310。

（7）三通、异径管按10%进行表面探伤和超声波抽查。三通超声波探伤按 DL/T 718 执行。

（8）三通、异径管有下列情况之一时，为不合格：存在晶间裂纹、过烧组织或无损探伤的其他超标缺陷；焊接三通焊缝存在超标缺陷；几何形状和尺寸不符合 DL/T 695 中有关规定；三通主管/支管壁厚、异径管最小壁厚或三通主管/支管的补强面积小于按 GB/T 16507 计算的最小需要厚度或补强面积。

7 受监督的阀门，安装前应由有资质的检测单位进行哪些检验？

答：受监督的阀门，安装前应由有资质的检测单位进行如下检验：

（1）阀壳表面上的出厂标记（钢印或漆记）应与该制造商产品标记相符。

（2）国产阀门的检验按照 NB/T 47044、JB/T 5263、DL/T 531、和 DL/T 922 执行；进口阀门的检验按照相应国家的技术标准执行。

（3）校核阀门的规格，并按 100％进行外观质量检验。铸造阀壳内外表面应光洁，不应存在裂纹、气孔、毛刺和夹砂及尖锐划痕等缺陷；锻件表面不应存在裂纹、折叠、锻伤、斑痕、重皮、凹陷和尖锐划痕等缺陷；焊缝表面应光滑，不应有裂纹、气孔、咬边、漏焊、焊瘤等缺陷；若存在上述表面缺陷，则应完全清除，清除深度不应超过公称壁厚的负偏差，清理处的实际壁厚不应小于壁厚偏差所允许的最小值。对一些可疑缺陷，必要时进行表面探伤。

（4）对合金钢制阀壳逐件进行光谱检验，光谱检验按 DL/T 991 执行。

（5）同规格阀壳件按数量的 20％进行无损检测，至少抽查一件。重点检验阀壳外表面非圆滑过渡和壁厚变化较大的区域。阀壳的渗透、磁粉和超声波检测分别按 JB/T 6902、JB/T 6439 和 GB/T 7233.2 执行。焊缝区、补焊部位的探伤按 NB/T 47013 执行。

（6）对低合金钢、10Cr 钢制阀壳分别按数量的 10％、50％进行硬度检验，每个阀门至少测 3 个部位。若发现硬度异常，则扩大检查区域，检查出硬度异常的区域、程度。

8 在役机组管件及阀门的检验监督要求是什么？

答：在役机组管件及阀门的检验监督要求是：

（1）机组第一次大修或中修，应查阅管件及阀门的质保书、安装前检验记录，根据安装前对管件、阀壳的检验结果，重点检查缺陷相对严重、受力较大以及壁厚较薄的部位。检查项目包括：外观、光谱、硬度、壁厚、椭圆度检验和无损探伤。若发现硬度异常，宜进行金相组织检查。对安装前检验正常的管件、阀壳，根据设备的运行工况，按高于等于管件、阀壳数量的 10％进行以上项目检查，后次大修或中修的抽查部件为前次未检部件。

（2）每次大修，应对以下管件进行硬度、金相组织检验，硬度、金相组织检验点应在前次检验点处或附近区域：安装前硬度、金相组织异常的管件；安装前椭圆度较大、外弧侧壁厚较薄的弯头/弯管；锅炉出口第一个弯头/弯管、汽轮机入口邻近的弯头/弯管。

（3）机组每次大修，应对安装前椭圆度较大、外弧侧壁厚较薄的弯头/弯管进行椭圆度和壁厚测量；对存在较严重缺陷的阀门、管件，每次大修或中修应进行无损探伤。

（4）服役温度等于高于 450℃的导汽管弯管，参照主蒸汽管道、再热热段蒸汽管道弯管监督检验规定执行。

（5）服役温度在 400～450℃范围内的管件及阀壳，运行 $8×10^4$ h 后根据设备运行状态，随机抽查硬度和金相组织，下次抽查时间和比例根据上次检查结果确定。

（6）弯头、弯管、三通和异径管发生下列情况时，应及时处理或更换：产生蠕变裂纹或严重的蠕变损伤（蠕变损伤 4 级及以上）时；碳钢、钼钢弯头、三通和焊接接头石墨化达 4 级时；石墨化评级按 DL/T 786 规定执行；已运行 $2×10^5$ h 的铸造弯头、三通，检验周期应缩短到 $2×10^4$ h，根据检验结果决定是 否更换；对需更换的三通和异径管，推荐选用锻造、热挤压、带有加强的焊制三通。

（7）铸钢阀壳存在裂纹、铸造缺陷，经打磨消缺后的实际壁厚小于 NB/47044 中规定的最小壁厚时，应及时处理或更换。

（8）累计运行时间达到或超过 10^5 h 的主蒸汽管道和再热热段蒸汽管道，其弯管为非中频弯制的应予更换。若不具备更换条件，应予以重点监督，监督的内容主要为：弯管外弧侧、中性面的壁厚和椭圆度；弯管外弧侧、中性面的硬度；弯管外弧侧的金相组织；外弧表面磁粉检测和中性面内壁超声波检测。

9　在役机组低合金耐热钢及碳钢管道的检验监督要求是什么？

答：低合金耐热钢及碳钢管道的检验监督要求是：

（1）机组第一次大修或中修，应查阅直段的质保书、安装前直段的检验记录，根据安装前及安装过程中对直段的检验结果，对受力较大部位、壁厚较薄的部位以及检查焊缝拆除保温的邻近直段进行外观检查，所查管段的表面质量应符合 GB 5310 规定，焊缝表面质量应符合 DL/T 869 规定；对存在超标的表面缺陷应予以磨除。同时检查直管段有无直观可视的胀粗。此后的检查除上述区段外，根据机组运行情况选择检查区段。

（2）机组每次大修，应对管段和焊缝进行硬度和金相组织检验，硬度和金相组织检验点应在前次检验点处或附近区域：监督段直管；安装前硬度、金相组织异常的直段和焊缝；正常区段的直段、焊缝，按数量的 10％进行硬度抽检。

10　在役机组低合金耐热钢及碳钢管道焊缝的检验要求是什么？

答：在役机组低合金耐热钢及碳钢管道焊缝的检验要求是：

（1）机组第一次大修或中修，应查阅环焊缝的制造、安装检验记录，根据安装前及安装过程中对环焊缝（无损检测、硬度、金相组织以及壁厚、外观等）的检测结果，检查质量相对较差、返修过的焊缝；对正常焊缝，按不低于焊缝数量的 10％进行无损探伤。以后的检查重点为质量较差、返修、受力较大部位以及壁厚较薄部位的焊缝，特别注意与三通、阀门相邻焊缝的无损探伤；逐步扩大对正常焊缝的抽查，后次大修或中修的抽查为前次未检的焊缝，至 3～4 次大修完成全部焊缝的检验。焊缝表面探伤按 NB/T 47013 执行，超声波探伤按 DL/T 820 规定执行。

（2）机组第一次大修或中修，对再热冷段蒸汽管道，应根据安装前对焊缝质量（外观、无损检测、硬度以及壁厚等）的检测评估结果，检测质量相对较差、返修过的焊缝区段；对正常焊缝，按同规格根数抽取 20％（至少抽 1 根），对抽取的管道按焊缝长度的 10％进行无损检测，同时对抽取的焊缝进行硬度、壁厚检查；若硬度异常进行金相组织检查，后次大修或中修的抽查为前次未检的焊缝，焊缝表面探伤按 NB/T 47013 执行，超声波探伤按 DL/T 820 规定执行。

11　超（超）临界锅炉，安装前和安装后应重点进行哪些检查？

答：安装前和安装后应重点检查项目：

（1）集箱、减温器等应进行 100％内窥镜检查，发现异物应清理。重点检查集箱内部孔缘倒角、接管座角焊缝根部未熔合、未焊透、超标焊瘤等缺陷，以及水冷壁或集箱节流圈。

（2）锅炉吹管后、整套启动前应对屏式过热器、高温过热器、高温再热器进口集箱以及减温器的内套筒衬垫部位进行内窥镜检查，重点检查有无异物堵塞。

（3）集箱水压试验后临时封堵口的割除，检修管子及手孔的切割应采用机械切割，不应采用火焰切割；返修焊缝、焊缝根部缺陷应采用机械方法消缺。

12　在役机组的检验监督应对集箱进行哪些项目和内容的检验？

答：机组每次大修或中修，应对集箱进行以下项目和内容的检验：

中级工

（1）对安装前发现的硬度、金相组织异常的集箱筒体部位、焊缝进行硬度和金相组织检验。

（2）对缺陷较严重的焊缝进行无损探伤复查。

（3）机组每次大修，应查阅集箱筒体、封头环焊缝的制造、安装检验记录，根据安装前及安装过程中对焊缝质量（无损检测、硬度、金相组织以及壁厚、外观等）的检测评估，对质量相对较差、返修过的焊缝进行外观、无损探伤、硬度及壁厚检测；对正常焊缝，每个集箱宜抽查一道焊缝。以后的检验重点为质量较差、返修、受力较大部位以及壁厚较薄部位的焊缝；逐步扩大对正常焊缝的抽查，后次大修的抽查为前次未检的焊缝，至 3～4 次大修完成全部焊缝的检验。对一些缺陷较严重的焊缝，无论机组大修或中修，均应复查。焊缝表面探伤按 NB/T 47013 执行，超声波探伤按 DL/T 820 规定执行。

（4）机组每次大修或中修，按 20% 对集箱管座角焊缝进行外观检验和表面探伤抽查，必要时进行超声波、涡流或磁记忆检测，重点检查定位管及其附近接管座焊缝、制造质量检查中缺陷较严重的角焊缝。后次抽查部位为前次未检部位，至 3～4 次 大修完成 100% 检验。表面探伤、超声波、涡流或磁记忆检测分别按 NB/T 47013、DL/T 1105.2、DL/T 1105.3 和 DL/T 1105.4 执行。

（5）机组每次大修或中修，应宏观检查与集箱相连的接管的氧化、腐蚀、胀粗等；环形集箱弯头/弯管外观应无裂纹、重皮和损伤，外形尺寸符合设计要求。

（6）根据集箱的运行参数，按筒节、焊缝数量的 10%（选温度最高的部位，至少选 1 个筒节、1 道焊缝）对筒节、焊缝及邻近母材进行硬度和金相组织检验，后次的检查部位为首次检查部位或其邻近区域；对集箱过渡段 100% 进行硬度检验。硬度检验按标准执行，若硬度低于或高于规定值，应分析原因，并提出监督运行措施。

（7）对集箱的 T23 钢制接管座角焊缝应进行外观检验和表面探伤，抽查重点为外侧第 1、2 排管座。

（8）对过热器、再热器集箱排空管接管座焊缝应进行外观检验和表面探伤，对排空管座内壁、管孔进行超声波检验，必要时进行内窥镜检查；应对排空用一次门和取样用三通之间管道内表面进行超声波检验。

（9）机组每次大修或中修，应检查与集箱相连的小口径管（疏水管、测温管、压力表管、空气管、安全阀、排气阀、充氮、取样、压力信号等）管座角焊缝，检查数量、方法按标准执行。

（10）机组每次大修对集汽集箱的安全门管座角焊缝进行无损探伤。

（11）机组每次大修对吊耳与集箱焊缝进行外观检验和表面探伤，必要时进行超声波探伤。

（12）对存在内隔板的集箱，运行 10^5 h 后用内窥镜对内隔板位置及焊缝进行全面检查。

（13）顶棚过热器管发生下陷时，应检查下垂部位集箱的弯曲度及其连接管道的位移情况。

13 在役机组的检验监督对减温器集箱应进行哪些检查？

答：根据设备状况，结合机组检修，对减温器集箱进行以下检查：

（1）对混合式（文丘里式）减温器集箱用内窥镜检查内壁、内衬套、喷嘴，应无裂纹、磨损、腐蚀脱落等情况，对安装内套管的管段进行胀粗检查。

（2）对内套筒定位螺钉封口焊缝和喷水管角焊缝进行表面探伤。

（3）表面式减温器运行 $2 \times 10^4 \sim 3 \times 10^4$ h 后进行抽芯，检查冷却管板变形、内壁裂纹、腐蚀情况及冷却管水压检查泄漏情况，以后每隔约 5×10^4 h 检查一次。

（4）减温器集箱对接焊缝按标准规定进行无损探伤。

14 受热面管大面积更换对管屏、管排应进行哪些检验？

答：受热面安装前，应进行以下检验：

（1）对受热面管屏、管排的平整度和部件外形尺寸进行 100% 的检查，管排的平整度和部件外形尺寸应符合图纸要求；吊卡结构、防磨装置、密封部件质量良好；螺旋管圈水冷壁悬吊装置与水冷壁管的连接焊缝应无漏焊、裂纹及咬边等超标缺陷；液态排渣炉水冷壁的销钉高度和密度应符合图纸要求，销钉焊缝无裂纹和咬边等超标缺陷。

（2）应检查管内有无杂物、积水及锈蚀。

（3）对管屏表面质量检查。管子的表面质量应符合 GB 5310，对一些可疑缺陷，必要时进行表面探伤；焊缝与母材应平滑过渡，焊缝应无表面裂纹、夹渣、弧坑等超标缺陷。焊缝咬边深度不超过 0.5mm，两侧咬边总长度不超过管子周长的 20%，且不超过 40mm。

（4）对超（超）临界锅炉水冷壁用的管径较小、壁厚较大的 15CrMoG 钢制水冷壁管，壁厚较大的 T91 钢制过热器管，要特别注意管端 $0 \sim 300$mm 内外表面的宏观裂纹检查，监造宜按 10% 对管端 $0 \sim 300$mm 内外表面进行表面探伤。

（5）同一材料制作的不同规格、不同弯曲半径的弯管各抽查 10 根测量圆度、外弧侧壁厚减薄率和内弧侧表面轮廓度，应符合 GB/T 16507 的规定。

（6）膜式水冷壁的鳍片焊缝质量控制按 GB/T 16507 执行，重点检查人孔门、喷燃器、三叉管等附近的手工焊缝，同时要检查鳍片管的扁钢熔深。

（7）随机抽查受热面管子的外径和壁厚，不同材料牌号和不同规格的直段各抽查 10 根，每根测两点，管子壁厚不应小于制造商强度计算书中提供的最小需要厚度。

（8）不同规格、不同弯曲半径的弯管各抽查 10 根，检查弯管的圆度、压缩面的皱褶波纹、弯管外弧侧的壁厚减薄率和内弧的壁厚，应符合 GB/T 16507 规定。

（9）对合金钢管及焊缝按数量的 10% 进行光谱抽查。

（10）抽查合金钢管及其焊缝硬度。不同规格、材料的管子各抽查 10 根，每根管子的焊缝母材各抽查 1 组。9%～12%Cr 钢制受热面管屏硬度控制在 180HB～250HB；焊缝的硬度控制在 185HB～290HB。硬度检验方法按本标准 7.1.5 执行。若母材、焊缝硬度高于或低于本标准规定，应扩大检查，必要时割管进行相关检验。其他钢制受热面管屏焊缝硬度按 DL/T 869 执行。

（11）若对钢管厂、锅炉制造厂奥氏体耐热钢管的晶粒度、内壁喷丸层的检验有疑，可对奥氏体耐热钢管的晶粒度、内壁喷丸层随机抽检。

（12）对管子（管屏）按不同受热面焊缝数量的 5/1000 进行无损探伤抽查。

（13）用内窥镜对超临界、超超临界锅炉管子节流孔板进行检查，确定是否存在异物或加工遗留物。

中级工

15 在役机组对给水管道和低温集箱应进行哪些检验监督？

答：在役机组对给水管道和低温集箱的检验监督为：

（1）机组每次大修，应对拆除保温层的管道、集箱部位进行筒体、焊接接头和弯头/弯管的外观质量检查，一旦发现表面裂纹、严重划痕、重皮和严重碰磨等缺陷，应予以消除。管道、集箱缺陷清除处的实际壁厚不应小于按 GB/T 16507 计算的最小需要厚度。首次检验应对主给水管道调整阀门后的管段和第一个弯头进行检验。对一些可疑缺陷，必要时进行表面探伤。

（2）机组每次大修或中修，应检查与集箱相连的小口径管（疏水管、测温管、压力表管、空气管、安全阀、排气阀、充氮、取样、压力信号等）管座角焊缝，检查数量、方法按标准执行。

（3）机组每次大修，应对集箱筒体、封头环焊缝进行检查，检查数量、项目和方法按标准执行。

（4）机组每次大修或中修，按 20% 对集箱管座角焊缝进行抽查外观检验和表面探伤，必要时进行超声波、涡流或磁记忆检测，重点检查制造质量检查中缺陷较严重的角焊缝。后次抽查部位为前次未检部位，至 3～4 次大修期完成 100% 检验。表面、超声波、涡流或磁记忆检测分别按 NB/T 47013、DL/T 1105.2、DL/T 1105.3 和 DL/T 1105.4 执行。

（5）机组每次大修，应对吊耳与集箱焊缝进行外观质量检验和表面探伤，必要时进行超声波探伤。

（6）机组每次大修，应查阅主给水管道焊缝的制造、安装检验记录，根据安装前及安装过程中对焊缝质量（无损检测、硬度、金相组织以及壁厚、外观等）的检测评估，对质量相对较差、返修过的焊缝进行外观、无损探伤、硬度及壁厚检测；对正常焊缝，按不少于10% 进行无损探伤。以后的检验重点为质量较差、返修、受力较大部位以及壁厚较薄部位的焊缝，逐步扩大对正常焊缝的抽查，后次抽查为前次未检的焊缝，至 3～4 次大修期完成全部焊缝的检验。焊缝表面探伤按 NB/T 47013 执行，超声波探伤按 DL/T 820 规定执行。

（7）机组每次大修或中修，应对主给水管道的三通、阀门进行外表面检验，特别注意与三通、阀门相邻的焊缝，一旦发现可疑缺陷，应进行表面探伤，必要时进行超声波探伤。

（8）机组每次大修或中修，应对主给水管道、集箱焊缝上相对较严重的缺陷进行复查，对偏离硬度正常值的区段和焊缝进行跟踪检验。

（9）机组每次大修或中修，应对主给水管道、集箱筒体、焊缝在制造、安装中发现的硬度较低或较高的区域进行硬度抽查，与原测量数值比较。若无制造、安装中的测量数值，首次大修或中修按集箱数量和主给水管段数量的 20% 对母材进行硬度检测，按焊缝数量的20% 进行硬度检测。若发现硬度偏离正常值，应分析原因，提出处理措施。此后的监督主要为硬度异常的区段和焊缝。

16 紧固件的金属监督的标准和范围是什么？

答：紧固件的金属监督的标准和范围是：

（1）大于等于 M32 的高温紧固件的质量检验按 DL/T 439、GB/T 20410 相关条款执行。

（2）高温紧固件的选材原则、安装前和运行期间的检验、更换及报废按 DL/T 439 中的相关条款执行。紧固件的超声波检测按 DL/T 694 执行。

（3）高温紧固件材料的非金属夹杂物、低倍组织和 δ-铁素体含量按 GB/T 20410 相关条款执行。

（4）机组每次大修，应对 20Cr1Mo1VNbTiB（争气 1 号）、20Cr1Mo1VTiB（争气 2 号）钢制螺栓进行 100％的硬度检查、20％的金相组织抽查；同时对硬度高于 DL/T 439 中规定上限的螺栓也应进行金相检查，一旦发现晶粒度粗于 5 级，应予以更换。

（5）凡在安装或拆卸过程中，使用加热棒对螺栓中心孔加热的螺栓，应对其中心孔进行宏观检查，必要时使用内窥镜检查中心孔内壁是否存在过热和烧伤。

（6）汽轮机/发电机大轴联轴器螺栓安装前应进行外观质量、光谱、硬度检验和表面探伤，机组每次检修应进行外观质量检验，按数量的 20％进行无损探伤抽查。

（7）锅筒人孔门、导汽管法兰、自动主汽门、再热蒸汽调门螺栓，安装前应进行硬度检验，机组运行检修期间应进行外观质量检验，按数量的 20％进行无损探伤抽查。

（8）IN783、GH4169 合金制螺栓，安装前应按数量的 10％进行无损检测，光杆部位进行超声波检测，螺纹部位渗透检测；安装前应按 100％进行硬度检测，若硬度超过 370HB，应对光杆部位进行超声波检测，螺纹部位渗透检测；安装前对螺栓表面进行宏观检验，特别注意检查中心孔表面的加工粗糙度。

（9）对国外引进材料制造的螺栓，若无国家或行业标准，应见证制造厂企业标准，明确螺栓强度等级。

17 热处理使用柔性陶瓷电阻加热的特点是什么？

答：柔性陶瓷电阻加热的特点是：

（1）热效率低、保温机构复杂，管件内外壁温差大，陶瓷热处理片容易损坏。

（2）经济效率低，陶瓷热处理片造价高，使用次数少，受管径与管壁厚制约，每台机组都得定制陶瓷热处理片。

（3）管道管径较大时，包扎每道焊口需 3～4 个人才能完成。

（4）陶瓷热处理片受现场条件制约。如管座热处理，片状热处理片包扎不到位，而绳状热处理片又达不到理想的温度。

中级工

第二十七章

管阀材料性能及管道计算

第一节　阀门部件的材料性能

1　制作高温螺栓的材料有哪些性能要求？

答：对于制作高温螺栓的材料有以下性能要求：

（1）抗松弛性好，屈服强度高。

（2）缺口敏感性低。

（3）具有一定的抗腐蚀能力。

（4）热脆性倾向小。

（5）螺栓和螺母不应使用同种材料，一般螺母材料硬度应比螺栓材料硬度低 HB20～40，可以保护螺栓螺纹不被磨损。

（6）螺栓材料与被紧固件材料的导热系数、线膨胀系数不能相差悬殊。

2　阀门材料选择的依据是什么？

答：阀门材料应根据使用介质的种类、压力、温度等参数及材料的性质选择，既满足阀门材料使用要求，又要经济合理，不能造成浪费。

3　阀体、阀盖的材料应满足哪些要求？常用钢材有哪些？

答：阀体、阀盖是阀门的主要承压部件，并承受介质的高温腐蚀、管道与阀杆的附加作用力的影响，选用的钢材应具有足够的强度、韧性及良好耐腐蚀性。为加工方便，还应具有良好的工艺性能。

阀体及阀盖的常用材料有：

（1）铸铁。用于中低压和使用温度相对较低的阀门。

（2）碳素钢。用于中高压和使用温度不超过 425℃的阀门，常用的有铸钢 WCA、WCB、WCC；锻钢 20、25、35(法兰门)、40(法兰门)。

（3）合金钢。用于高压和使用温度大于 425℃的阀门，常用于非腐蚀性介质的有铸钢 WC6、WC9，锻钢 15CrMo、25CrMoV、12Cr1MoV 等；常用于腐蚀性介质的有铸钢 ZG00Cr18Ni10、ZG0Cr18Ni9、ZG1Cr18Ni9、ZG0Cr18Ni9Ti、ZG1Cr18Ni9Ti、ZG0Cr18Ni12Mo2Ti、ZG1Cr18Ni12Mo2Ti、CF3、CF8。锻钢 ZG00Cr18Ni10、ZG0Cr18Ni9、ZG1Cr18Ni9、ZG0Cr18Ni9Ti、

ZG1Cr18Ni9Ti、0Cr18Ni12Mo2Ti、304、316 等不锈钢系列。

4 阀门密封面的材料应满足哪些要求？常用材料有哪些？

答：密封面是保证阀门严密性能的关键部件，在介质的压力与温度的作用下，要有一定强度及耐腐蚀性，且工艺性能好。对于密封面有相对运动的阀类，还要求有较好的耐磨性。

常用的材料有：

（1）青铜。适用于水、气体、饱和蒸汽等介质，使用温度介于－273～232℃。

（2）316 型不锈钢。适用于蒸汽、水、油、气体等轻微腐蚀性且无冲蚀的介质，使用温度－268～316℃。

（3）17-4PH。适用于具有轻微腐蚀但有冲蚀的介质，使用温度－40～400℃。

（4）Cr13 型不锈钢。适用于具有轻微腐蚀但有冲蚀的介质，使用温度－101～400℃。

（5）司太立合金。适用于具有冲蚀和腐蚀的介质，使用温度－269～650℃。

5 阀门阀杆的材料应满足哪些要求？常用材料有哪些？

答：阀杆是阀门重要的运动部件，且常与密封填料摩擦，处于介质的浸泡中。因此，要求阀杆具有足够的韧性，能耐介质、大气及填料的腐蚀，耐磨、耐热，工艺性能良好。通常阀杆表面都要进行硬化处理。

常用的材料有：

（1）铜合金。一般选用 QA19-2、HP659-1-1，适用于公称压力小于或等于 1.6MPa、工作温度小于或等于 200℃的低压阀门。

（2）碳素钢。一般选用 A5、35 号钢，经过氮化处理适用于公称压力小于或等于 2.5MPa 的中压阀门，A5 钢适用温度小于或等于 300℃，35 号钢适用温度小于或等于 450℃，但碳钢阀杆不耐腐蚀。

（3）合金钢。一般选用 13％Cr 型不锈钢、38CrMoAl 表面氮化处理，适用于公称压力小于或等于 32MPa，温度小于或等于 450℃ 的高压阀门；25Cr2Mo1V、20Cr1Mo1V、1Cr17Ni2 等表面氮化处理或镀磷镍层适用于工作压力小于或等于 170MPa，工作温度小于或等于 570℃的高温、高压阀门；1Cr18Ni9Ti、1Cr18Ni12Mo2Ti、0Cr17Mn13Mo2N 等适用于不锈耐酸钢阀门。

6 阀体和阀盖的材料一般有什么特性？

答：阀体、阀盖是阀门的主要承压部件，并承受介质的温度、腐蚀以及管道和阀杆的附加作用力，所以用材应具有足够的强度、韧性和良好的工艺性，并能耐介质的腐蚀。

7 阀门垫片起什么作用？材料如何选择？

答：阀门垫片的作用是保证阀门连接部位的严密性，防止阀内介质的泄漏。
其用材可根据介质压力和温度的不同选用橡胶垫、石棉垫、紫铜垫、软网垫和不锈钢垫。

8 盘根的作用是什么？有哪几类？其选用因素有哪些？

答：盘根是阀杆与阀盖间的密封材料，其作用是既保证阀杆运动自如而又不使阀内介质泄漏出来。

盘根品种很多，根据形式可分为：编织盘根和成型盘根两大类。

盘根选用因素除阀门规格、型号外，主要是介质的温度、压力、腐蚀性以及介质的其他性质。

9 选择螺栓和法兰垫片的材质时要注意什么？

答：通常要求螺栓材料要比螺母材料高一个工作等级的钢种；而法兰垫片需在具有一定的强度和耐热性的同时，其硬度要低于法兰的硬度，这是选材时要注意的。

10 什么是调质处理？它的目的是什么？电厂哪些部件需调质处理？

答：把淬火后的钢件再进行高温回火的热处理方法称为调质处理。

调质处理的目的：一是为细化组织；二是为获得良好的综合机械性能。

电厂内常用调质处理的部件有：轴、齿轮、叶轮、螺栓、螺母、阀门阀杆等重要部件，特别是在交变载荷下工作的转动部件。

11 阀门选型对金属材料应考虑哪些因素？

答：材料是至关重要的因素，如材料的性能、蠕变、热膨胀率、抗氧化性、耐磨性、热擦伤性及热处理温度等，这些是首先应注意的事项。在高温（427℃）状况下，蠕变和断裂是材料破坏的主要因素之一，特别是碳素钢，当长期暴露在427℃以上时，钢中的碳化相可能转变为石墨。因此，在高温下使用时，应分别计算阀体材料的抗拉强度、蠕变、高温时效等参数。而对于阀内件的设计，还应该附加考虑材料在高温的硬度、配合部件的热膨胀系数、导向部件的热硬度差、弹性变形、塑性变形等。在设计中，应给予相应的安全系数和可靠系数，以确保避免在多因素下所产生的破坏。并要熟悉高温下材料的蠕变率，以选取合适的应力，使材料总的蠕变在正常使用寿命范围内不扩展至断裂或允许其产生微变形而不影响导向零件的正常使用。

为避免阀内件（阀芯、阀座）表面的磨损、冲蚀及气蚀，高温情况下要考虑材料的热硬度，防止金属硬度变化。在高压差下，流体的大部分能量集中于阀内件进行释放，对阀内件有超负载的可能，而高温下，大部分材料的机械性能变差，材料变软，大大影响了阀内件的使用寿命。因此，应正确选择合适的材料，延长阀门的使用寿命。另外，还要考虑高温对材料物理性能的影响，如韧性和晶间腐蚀的变化。当使用温度达到或超过热处理温度时，阀内件会产生退火，硬度降低等问题，为防止材料硬度发生变化，最高温度极限的选择必须在安全的范围内。而相同的介质，在高温状况下，其分子的活动性相对活跃，某些具有一般腐蚀性的介质可能对阀体及阀内件金属材质带来严重的腐蚀破坏，介质以高速的离子状态渗入金属内部，使材料的特性发生改变，如热膨胀性、晶间腐蚀等。因此，对材料的选择，除了性价比之外，还应考虑多因素下所产生的失效性。

第二节 管道基本计算

1 管子的管径如何选择和计算？

答：管子的管径应根据工作介质的参数、流量来计算。管子的内径可用下式进行计算

$$D_i = 18.8 \sqrt{\frac{(q_m \upsilon_p)}{c}} \tag{27-1}$$

式中　D——管子的计算内径，m；

　　　q_m——通过管道介质的质量流量，kg/h；

　　　υ_p——介质在计算压力和温度下的比容，m^3/kg；

　　　c——介质的允许流速，m/s。

根据得出的计算内径 D_i，参照国家标准，选择最接近的较大的公称直径及相应外径的管子。

2 选取管子流速时应考虑哪些因素?

答：选取流速时应考虑以下两方面的因素：

(1) 压力损失应在允许范围内。因汽水管道的流动一般处在紊流状态，压力损失与流速的平方成正比，流速越高，压力损失越大。

(2) 尽量选用较小的管径，以便节约钢材及投资。但在流量一定的条件下，管径越小，流速越大，阻力损失将增加。因此，所确定的最小管径应使压力损失不超过允许值。

在 DL/T 5054《火力发电厂汽水管道设计技术规定》中规定了发电厂汽水管道允许流速，应参照选取管道流速。

3 管道热伸长量如何计算?

答：管段热伸长量可按下式计算

$$\Delta L = a_t L \Delta t \tag{27-2}$$

式中　ΔL——管子的伸长量，m；

　　　a_t——管子线膨胀系数，m/(m·℃)，可从有关手册中查取；

　　　L——计算管段的长度，m；

　　　Δt——计算温差，℃。

4 管道支吊架间距如何确定?

答：在确定管道支吊架间距时，应考虑管件、介质及保温材料的质量，对管道造成的应力变形不得超过允许范围。

无集中载荷管道依据强度条件的水平管支吊架间距计算式为

$$L_M = 2\sqrt{\frac{W\psi[\delta]_j^t}{Q}} \tag{27-3}$$

$$W = \frac{\pi(D^2 - d^2)}{32D} \tag{27-4}$$

式中　L_M——支吊架间距，m；

　　　Q——管道单位长度重力，N/m；

　　　W——管子断面抗弯矩，cm^3；

　　　ψ——焊缝系数，取 0.9；

　　　$[\delta]_j^t$——管材工作温度下的基本许用应力，MPa；

  D——管子外径，cm；

  d——管子内径，cm。

  满足刚度条件的水平管允许支吊架间距 L_M（m），按自重产生的弯曲挠度不大于支吊架间距的 0.05%，其计算式为

$$L_M = 0.024\sqrt[3]{\frac{E_t I}{Q}} \tag{27-5}$$

式中 E_t——管材工作温度下的弹性模数，N/cm^2；

  I——管子断面惯性矩，cm^4。

5 规定汽水管道介质允许流速有什么意义？为什么水的允许流速比蒸汽的允许流速小？

  答：由压力损失的计算公式可以看出，当管道直径一定时，流体流速 C 对压力损失的影响很大。所以，要规定汽水管道介质的允许流速。

  当流量一定时，为了减少压力损失而选择小流量、大直径的管道。但是单纯为降低压力损失而采用低流速也是不恰当的，因为这样会使管道的直径增大，耗用的金属材料增多，对于昂贵的高温高压合金钢材料，尤其不能允许。所以，对高温高压的过热蒸汽往往用高流速。允许流速根据运行条件（如果没有水冲击，水泵不产生汽蚀，不振动等）和经济条件（如压降大小，管材消耗）来决定。介质流过管道的压降同介质密度有关，在其他条件一定时，密度小阻力损失也小，允许的流速就大。所以，蒸汽的允许流速远大于水的允许流速。

第二十八章

高压管阀检修

第一节　高压管道检修

1 高压管道检查及检验的方法有哪几种？

答：高压管道的检查检验有以下方法：

（1）表面裂纹的检查。常用的方法有着色探伤和磁粉探伤法。由于许多裂纹都是从部件表面开始发展的，90%的损伤都可由表面探伤检验出来。因此，表面检查特别重要。

（2）内部检查。是一种重要的辅助手段，可以确定管道内壁上的缺陷，或者判定内壁上有无沉积物或异物附着以及检查内壁是否有冲蚀或腐蚀。

（3）外部检验。如怀疑管材存在较大缺陷，可先用目测法检查焊缝以外区域氧化层外部形态，把氧化层清除后，再用放大镜检查有无疲劳裂纹。常用于弯管的外侧和热挤压支管的颈部。

（4）超声波检验。可以检查部件外表面和内部深处的缺陷，应由专业人员操作。

（5）壁厚测量及透视检查。壁厚检查可以对管子壁厚减薄情况进行普查，并决定是否需要割管检查个别减薄超标的管子，必要时还可用 X 射线或 γ 射线对管子进行透视检验，检验前应做好清理、打磨工作。

2 给水小旁路管道、减温水管道检修时应重点检查哪些项目和内容？

答：对各关断阀门出口短节、调节阀的出入口短节等有可能产生局部冲刷的部位进行测厚，或从阀门处用内窥镜进行检查；三通、弯管等部位进行测厚检查，必要时割管检查其内部冲刷情况；对三通等异形管件可能产生应力集中的部位进行探伤，检查有无裂纹产生；探伤抽查焊缝及其热影响区内有无裂纹产生，特别是对基建安装中存在不超标缺陷的焊缝，检查其缺陷有无发展。

支吊架的检查，应重点检查固定支架及管卡的牢固性，导向支架活动有无受阻或卡涩现象等。

3 管道系统的严密性试验有何要求？

答：管道系统一般通过水压进行严密性试验，试验时应将系统内的空气排尽，试验压力如无设计规定时，一般采用工作压力的 1.25 倍，但不得小于 0.196MPa。对于埋入地下的压力管道，应不小于 0.392MPa。

管道系统进行严密性试验时，当压力达到试验压力后应保持 5min，然后降压至工作压力进行全面检查，若无渗漏现象，即认为合格。在进行管道系统严密性水压试验时，禁止再拧各接口的连接螺栓，试验过程中如发现泄漏时，应降压消除缺陷后，再进行试验。

4 给水管道如何进行通流试验？

答：给水管道检修后一般应进行通流试验，特别是母管制给水系统必须进行，其目的是检查给水管道上各阀门的严密性和调节阀的调节特性。试验前将给水管道上各阀门处于关闭状态，启动给水泵或保持给水母管的压力，检查各阀门是否过流，顺序开启各阀门，观察各阀门是否有流量流过，并检查调节阀的关闭漏流情况是否符合调节阀漏流量的要求。

分别试验各调节阀的调节特性，方法是分别逐步开启调节阀，观察流量变化情况，看其特性是否连续、平缓，与调节阀的调节特性是否一致。如阀门关闭无漏流、调节阀关闭漏流及调节特性符合要求，即认为通流试验合格。

第二节　高温管道附件检修

1 什么情况下应更换高温管道的三通？

答：发现母材裂纹、变形等严重缺陷时，应更换。更换时应选用锻造、热挤压或带有加强的焊制三通；已运行 2×10^5 h 的铸造三通，检查周期应缩短到 2×10^4 h，并根据检查结果决定是否更换；碳钢和钼钢三通，发现石墨化达 4 级时应更换。

2 什么情况下应更换高温管道弯头？

答：已运行 2×10^5 h 的铸造弯头，检查周期应缩短到 2×10^4 h，并根据检查结果确定是否更换；碳钢和钼钢弯头，发现石墨化达 4 级时，应更换；发现外壁有蠕变变形超标时，应及时更换。

3 高温法兰螺栓检修时应注意什么？

答：（1）大修时，对大于或等于 M32 的高温合金钢螺栓应进行无损探伤，如发现裂纹应及时更换。

（2）使用 5×10^4 h 的合金钢螺栓应做金相检验，必要时做冲击韧性抽查，以后抽查周期根据钢种控制在 $3 \times 10^4 \sim 5 \times 10^4$ h。

（3）高温合金钢螺栓使用前必须做 100% 光谱复查。M32 以上的高温合金钢螺栓使用前必须做 100% 硬度检查。

4 高温管子、管件和阀壳的表面要求是什么？

答：对高温管子、管件和阀壳的表面要求是：光滑，不允许存在尖锐的划痕，无裂纹、缩孔、夹渣、黏砂、折叠、漏焊、重皮等缺陷；凹陷深度不得超过 1.5mm，凹陷最大尺寸不应大于周长的 5%，且不大于 40mm。

5 300MW 以上机组低温再热蒸汽管道投运后第一次大修的检查内容是什么？

答：300MW 以上机组低温再热蒸汽管道投运后第一次大修时，要进行壁厚测量检查，并对 20% 的焊口（纵、环焊缝）进行超声波探伤检查，如发现不合格焊口应加倍复查；对 30% 的弯管（含弯头）进行不圆度检查。

6 热力管道为什么要装有膨胀补偿器？

答：火电厂中的汽水管道从停运状态到投入运行，温度变化很大，如果管道布置和支吊架配置不当，管道由于热胀冷缩产生很大的热应力，会使管道损坏，所以对膨胀量大的、自然补偿不满足要求的管道，要装有膨胀补偿装置，以使热应力不超过允许值。

7 简述 Ω 型、Π 型补偿器、波纹补偿器和套筒式补偿器的结构及优缺点。

答：Ω 型和 Π 型弯曲器是用管子经弯曲制成的。它具有补偿能力大，运行可靠及制造方便等优点，适用于任何压力和温度的管道。其缺点是尺寸较大，蒸汽流动阻力也较大。

波纹补偿器是用 3～4mm 厚钢板经压制和焊接制成的，其补偿能力每个波纹为 5～7mm，一般波纹数有 3 个左右，最多不超过 6 个。这种波纹补偿器只能用于介质压力 0.7MPa，直径 150mm 以下的管道。

套筒式补偿器，它是在管道接合处装有填料的套筒，在填料套筒内塞入石棉绳等填料，管道膨胀时可以自由伸缩。其优点是结构尺寸小，接受膨胀量大。缺点是要定期更换密封填料，易泄漏。一般只用于介质工作压力低于 0.6MPa，直径为 80～300mm 的管道上，电厂不宜采用。

8 管道及附件的连接方式有哪几种？并举例说明。

答：管道及附件的连接方式有三种：
（1）焊接连接。如焊接阀门的装设。
（2）法兰连接。如低压阀门和扩容器的法兰连接等。
（3）螺纹连接。如暖汽管道和低压供水管道的螺纹接头等。

9 如何对高温高压管道系统进行寿命管理？

答：对高温高压管道系统进行寿命管理，首先要了解在设计计算中所假定的数据，例如实际的壁厚、直径、压力及温度的变化规律，变负荷的次数（启停次数）、外部力、椭圆度等。其次要了解是否有扩张现象，了解晶体结构的状态也很重要。要想取得以上数据，必须有一定的测量方法。

（1）通过测量，必要时采用超声波法确定部件的尺寸。
（2）对部件运行承受的压力和温度负荷进行分析，归入相应的压力和温度等级。
（3）确定外力和部件承受的主要应力时应考虑实际尺寸、位置变化、弹簧支架的受力偏差、支架的弯曲、汇合管之间的温度偏差、热膨胀阻碍和实测的温度及壁温偏差等因素。
（4）通过机械测量仪器或超声波法测量管道、弯管、异形件及阀门的椭圆度和壁厚。
（5）通过晶体结构印痕法检查晶体结构的状态。
通过以上测量和测试得出数据，计算部件承受应力，与计算应力比较，确定其寿命。

第三节 高压阀门常见故障分析与修理

1 高压阀门的结构特点有哪些？

答：高压阀门多采用焊接连接方式，要求其阀体材质具有良好的可焊性，接口的形状利于焊接；由于承受较高压力，阀体与阀盖的连接多采用内压自紧密封结构，即使采用法兰形式连接，其螺栓强度要求较高，垫片多采用缠绕式垫片或金属齿形垫片；高压闸阀的闸板多采用弹性闸板结构，以适应其结构尺寸要求和高压密封要求。

2 高压阀门的检修特点有哪些？

答：（1）由于高压阀门基本上都采用焊接连接，因此检修须在安装位置进行。

（2）由于高压阀门结构形式上的变化，垫片、填料必须使用专用的成型材料，不便于现场制作。

（3）高压阀门密封面多采用硬质合金制造或堆焊而成，硬度远大于中、低压阀门，表面精度要求更高，因此研磨困难。

（4）由于承受压力较高，阀门内部件配合间隙要求更精确。

（5）高压阀门采用焊接连接，不能拆下。因此，水压试验须随锅炉同时进行，其严密性只能根据汽水系统特点、流程来判断。

3 阀门常见的故障有哪些？

答：阀门常见的故障有：

（1）阀门本体泄漏。

（2）阀杆及与其配合的螺纹套筒的螺纹损坏或阀杆头折断，阀杆弯曲。

（3）阀盖结合面泄漏。

（4）阀瓣（闸板）与阀座密封面泄漏。

（5）阀瓣腐蚀损坏。

（6）阀瓣与阀杆脱离造成开关不灵。

（7）阀瓣阀座有裂纹。

（8）阀瓣与阀壳间泄漏。

（9）填料盒泄漏。

（10）阀杆升降不灵或开关不动。

4 阀门本体泄漏的原因和消除方法有哪些？

答：阀门本体泄漏的原因可能是制造时铸造不良，存在砂眼或裂纹，或者补焊后产生应力裂纹；介质流速较高或压差较大的阀门内部被介质冲蚀造成的缺陷也有可能造成阀体泄漏。

消除方法：由于制造不良存在砂眼的缺陷，着色检查出全部裂纹，然后用砂轮磨光或铲去所有裂纹和砂眼的金属层，进行补焊。对内部被冲蚀的缺陷，如面积不大可进行补焊，补焊前需将补焊部位清理干净露出金属光泽，如面积过大或位置不能进行补焊，必须进行更换。

5 阀门阀杆开关不灵的原因有哪些?

答:阀门阀杆开关不灵的主要原因有:
(1)操作过猛使阀杆螺纹或阀杆螺母螺纹损伤。
(2)阀杆螺母轴承缺乏润滑油或润滑剂失效。
(3)配合公差不准,阀杆被抱死。
(4)阀杆螺母倾斜或轴承损坏。
(5)阀杆与阀杆螺母选材不当,螺纹咬死。
(6)螺纹被环境腐蚀或污染、阀杆被介质腐蚀。
(7)阀杆弯曲。

6 阀门关闭不严的原因有哪些? 如何处理?

答:阀门关闭不严的原因及处理方法见表28-1。

表 28-1 阀门关闭不严的原因及处理方法

序号	原 因	处理方法
1	阀瓣与阀座结合面存在缺陷或接合不严密	进行研磨,并检查密封面结合情况
2	阀瓣或阀座存在裂纹或砂眼	对裂纹或砂眼进行挖补,如缺陷在密封面上,还须堆焊密封面,然后进行研磨
3	阀体内部有贯穿出入口的裂纹或砂眼	找出缺陷位置进行挖补,如不能挖补则须更换
4	阀瓣与阀座关闭时,密封面之间夹有异物	可在运行中开启阀门,让介质冲走异物,再关闭检查,如仍然有泄漏,则说明密封面被异物压坏,须进行研磨

7 如何进行阀体与阀盖的焊补?

答:阀体和阀盖上发现裂纹,在进行修补前,应将裂纹的走向全部检查清楚,并在距裂纹的起首与结尾几毫米处用5～8的钻头,钻至裂孔,孔要打穿,防止裂纹继续扩大。用砂轮磨去裂纹或砂眼或用錾子剔去,打磨焊接坡口,坡口形式视本体缺陷和厚度而定,壁厚的以制作双面坡口为好,如不方便也可制作U形坡口。补焊时,应严格遵守操作规范,防止产生过大的应力。补焊碳钢小型阀门时,可以不进行预热,而对大而厚的碳钢阀门、合金钢阀门补焊前都需进行预热,预热温度根据材质选择。焊后进行缓冷或热处理。法兰部位补焊后,需经车削,以保证配合平面平整和法兰不变形。阀门修复后应做1.5倍工作压力的超压水压试验。

8 阀杆螺母各部位表面粗糙度是怎样要求的?

答:阀杆螺母梯形螺纹粗糙度一般要求为6.3,普通螺纹的粗糙度一般要求为12.5,凸肩滑动面粗糙度一般要求为3.2,外圆柱滑动面粗糙度一般要求为6.3。

9 阀杆矫直的方法有哪几种?

答:阀杆矫直的方法有三种:

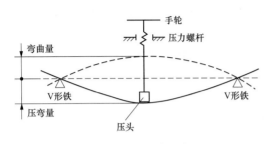

图 28-1　静压矫直示意图

（1）静压矫直法。通常在专用的矫直台上进行。先用千分表测出阀杆弯曲部位及弯曲值，再调整 V 形铁的位置，把阀杆最大弯曲点放在两只 V 形铁中间，并使最大弯曲点朝上，向下施力，以矫正弯曲变形，如图 28-1 所示。

（2）冷作矫直法。用圆锥、尖锤或圆弧形工具敲击阀杆弯曲的凹侧表面，使其产生塑性变形，受压的金属层挤压伸展，对相邻金属产生推力作用，弯曲的阀杆在变形层的应力作用下得到矫直，冷作矫直的弯曲量一般不超过 0.5mm。若阀杆弯曲量过大，应先静压矫直，再冷作矫直。矫直后用细砂纸打磨锤击部位。

（3）火焰矫直法。在阀杆弯曲部位的最高点，用气焊的中性焰快速加热到 450℃ 以上，然后快速冷却，使其弯曲轴线恢复到原有直线状态。加热时，不能把阀杆直径全部加热，否则起不到矫直作用。热处理过程中阀杆加热温度不宜超过 500～550℃。

10　现场检修时，当天不能回装的阀门应注意什么事项？

答：在当天不能完成阀门检修时，应采取措施防止杂物掉入阀内。尤其是大修期间，一些阀门工作量较大而短期不能回装，对重要的阀门（如安全阀）要用牢固的板封死并用封条封住，以免出现问题。

11　怎样对阀门进行研磨？

答：阀门研磨可分为砂（或研磨膏）、砂布研磨两种。

（1）用砂研磨或研磨膏研磨分三步：

1）粗磨。利用研磨头和研磨座，用粗研磨砂先将阀门的麻点或小坑磨去。

2）中磨。更换一个新研磨头或研磨座，用比较细的研磨砂进行手工或机械化研磨。

3）细磨。用研磨膏将阀门的阀瓣对着阀座进行研磨，直至达到标准。

（2）用砂布磨：对于有严重缺陷的阀座的研磨也分三步：

1）用 2 号砂布把麻坑磨掉。

2）用 1 号或零号砂布磨去粗纹。

3）用抛光砂布磨一遍即可。如有一般缺陷，可先用 1 号砂布研磨再用零号砂布或抛光砂布研磨直至合格。对于阀瓣，若缺陷较大时，可以先用车床车光，不用研磨即可组装，也可以用抛光砂布放到研磨床上细磨一次即可。

12　自密封阀门解体检修有哪些特殊要求？

答：（1）检查阀体密封六合环及挡圈应完好无损，表面应光洁、无裂纹。

（2）阀盖填料座圈、填料盖板应完好，无锈垢，填料箱内应清洁、光滑，填料压盖、座圈外圈与阀体填料箱内壁间隙应符合标准。

（3）密封填料或垫圈应符合质量标准。

13　研磨操作时可产生缺陷的因素有哪些？

答：可产生缺陷的因素有：

（1）研磨工件和工具表面不清洁。

（2）研磨剂、研磨材料和工具选择不当或制造精度不够。

（3）操作方法不正确。

14 常用研磨液有哪些？其作用是什么？

答：常用研磨液有：煤油、汽油、机油、热猪油和研磨膏。

研磨液与磨料调和研磨时，起润滑、冷却作用，对研磨的效率和质量有显著影响。

15 简述用研磨砂和研磨膏研磨阀门的步骤。

答：（1）粗磨。用较粗研磨料研去阀门的小坑和麻点。

（2）中磨。换新磨具用细研料进行手工或机械研磨。

（3）细磨。用研磨膏将阀瓣阀座进行对研，直至达到标准。

16 简述用砂布砂纸研磨阀门的步骤。

答：（1）粗磨。用粗砂布磨去阀门的小坑和麻点。

（2）细磨。用细砂布或砂纸逐步去除粗纹。

（3）抛光。用抛光砂布或砂纸进行抛光至合格。

17 简述阀门解体检查的一般项目。

答：（1）阀体和阀盖的表面和结合面。

（2）阀瓣与阀座的密封面。

（3）阀杆的螺纹及表面。

（4）填料盒、填料压盖、阀杆间的间隙。

（5）各连接和紧固螺栓和螺母。

（6）平面轴承。

（7）驱动装置和手轮。

18 阀门检修的注意事项有哪些？

答：（1）阀门检修当天不能完成时，应采取措施防止杂物掉入。

（2）更换阀门在焊接新门前，要把新阀门开 2～3 圈，以防阀头温度过高胀死，卡住或把阀杆顶高。

（3）在研磨过程中要经常检查阀门，以便随时纠正角度磨偏的问题。

（4）用专用卡子做水压试验时，在试验过程中，有关人员应远离卡子处，以免伤人。

（5）对每一条合金钢螺栓都应在组装前经过光谱和硬度检查，以确保使用中的安全。

（6）更换新合金钢阀门时，对新阀门各部件均应打光谱鉴定，防止发生以低带高的差错，造成运行中的事故。

19 简述阀门阀杆开关不灵的原因。

答：（1）操作过猛使螺纹损伤。

（2）缺乏润滑油或润滑剂失效。

中级工

271

（3）阀杆弯曲。

（4）表面光洁度不高。

（5）配合公差不准，咬得过紧。

（6）阀杆螺母倾斜。

（7）材料选择不当。

（8）螺纹或阀杆被介质腐蚀。

（9）露天阀门缺乏保养，阀杆螺纹沾满尘砂或者被雨露霜雪锈蚀等。

20 **高压阀门如何检查修理？**

答：（1）核对阀门的材质，不得错用；阀门更换零件材质应经金相光谱试验，阀门材质应经金相检验人员同意，并做好记录。

（2）清扫检查阀体是否有砂眼、裂纹和腐蚀。若有缺陷，可采用挖补焊接方法处理。

（3）阀门密封面要用红丹粉进行接触试验，接触点要达到 80%，若小于 80% 时，需要研磨。对结合面上的凹面和深沟要采用堆焊方法处理。

（4）门杆弯曲度、椭圆度符合要求；门杆螺纹和螺母配合符合要求。无松动、过紧和卡涩现象。

（5）检查瓦拉上下夹板有无裂纹、开焊、冲刷变形和损坏严重；瓦拉调节是否灵活；锁紧螺母螺纹是否配合良好，如有缺陷应更换处理。

（6）用煤油清洗检查轴承，轴承无裂纹，滚珠灵活完好，转动无卡涩，蝶形衬垫无裂纹或变形。

（7）清扫门体、门盖、填料室、瓦块、压环、固定圈、填料压盖、螺栓及各部件，达到干净，见金属光泽。

（8）测量各部间隙。

21 **简述阀瓣和阀杆脱离造成开关不灵的原因和排除方法。**

答：阀瓣和阀杆脱离造成开关不灵的原因有：

（1）修复不当或未加并帽垫圈，运行中由于汽水流动，使螺栓松动，而弹子落出。

（2）运行时间过长，销子磨损或疲劳损坏。

消除方法：提高检修质量，阀瓣与阀杆的销子合乎规格，材料质量合乎要求。

22 **为什么截止阀不适用于大口径管道？**

答：因为在截止阀内，介质流动方向被改变，从而引起阻力增大。随着口径的增加，阀杆受力增大得很快。所以，在电厂中，截止阀的口径最大不超过 100mm。

23 **简述阀门的密封形式及特点。**

答：阀门的密封形式及特点为：

（1）平面密封。平面密封，制作容易，形状简单，但阀杆对密封面施加的关闭力大。斜平面密封，关闭力比截止阀小，密封性能比截止阀好，但密封面比平面密封容易擦伤，加工复杂，维修困难。

（2）锥面密封面。它的接触面小，容易密封，效果好，但加工和维修较难，密封面也容

中
级
工

易磨损。

（3）球面密封。密封效果好，但加工和维修较困难。

（4）圆弧面密封。密封效果好，但加工和维修较困难。

（5）刀影面密封。适用于真空阀和关闭力不大的范围，密封需近线接触。

（6）圆柱面密封。是通过圆柱体上下或旋转角度来实现密封的。

24　简述闸阀检查、修理步骤及检修要求。

答：（1）外部检查。清除脏物，拆除保温；检查阀体外部缺陷，阀体无砂眼、无裂纹。

（2）阀门的解体。解体前做好配合记号；解体时阀门应处于开启状态；注意拆卸顺序；不要损伤零部件；清洗卸下的螺栓及零件；对合金钢阀门的内部零件应进行光谱复查，螺栓及零部件均应完好；合金钢阀门的内部零件经光谱检查合格。

（3）阀杆检查修理。清理干净阀杆表面污垢；检查阀杆缺陷，必要时进行校直或更换；视情况进行表面氮化处理；阀杆弯曲度不大于阀杆全长的 1‰，不圆度小于 0.05mm；阀杆应光滑、无麻点、无划痕、无裂纹；阀杆螺纹完好；当磨损超过原厚度 1/3 时应更换。

（4）闸板、阀座和阀体的检查修理。检查闸板、阀座和阀体有无裂纹、沟槽等缺陷；用红丹粉检查密封面的吻合度，根据检查情况，确定修复方式；打磨阀体与自密封垫圈的结合面；检查阀座与阀体结合是否牢固，闸板、阀座、阀体无裂纹和沟槽；密封面的粗糙度 Ra 应小于 0.10μm，密封面应平直，径向吻合良好，且密封面周圈接触均匀，无断线现象；阀体内部无异物及其他缺陷；阀体与自密封垫圈结合面处光滑，无沟槽。

（5）阀盖检查修理。清理填料箱并打磨填料箱内壁、填料压盖及座圈；打磨阀盖与封垫圈结合面，填料箱内壁、填料压盖及座圈光洁；阀盖与自密封垫圈结合面平整、光洁。

（6）支架的检查修理。清洗止推轴承并检查轴承有无磨损、锈蚀和破碎；检查支架上的阀杆螺母；检查支架有无损伤；打磨阀体结合面，轴承质量符合要求，否则必须更换。阀杆螺母完好、支架无损伤、阀体结合面平整。

（7）四合环（六合环）垫圈等的修理。打磨四合环、垫圈；检查四合环材质、硬度；四合环、垫圈光滑，无锈蚀；四合环厚度均匀，无破损、无变形现象；垫圈无变形、无裂纹等缺陷；四合环材质、硬度符合要求。

（8）组装。阀门组装时，阀门应处于开启状态；按配合顺序组装；补充润滑剂；更换填料；调整闸板与阀座的接触面积；按顺序装入四合环；均匀紧固各部连接件。

（9）检查各部件间隙。阀门在关闭状态下，闸板中心应比阀座中心高（单闸板为 2/3 密封面高度，双闸板为 1/2 密封面高度）；闸杆与闸板连接牢靠，阀杆吻合良好。各部间隙在规定范围内；附件及标牌齐全；阀体保温良好。

（10）开关试验。校对开关开度指示，检查开关正常；阀门在开关全行程无卡涩和虚行程。

25　简述截止阀检修及验收标准。

答：（1）阀体。无砂眼、裂纹及冲刷严重等缺陷，若有应及时处理；内部管道无杂物且畅通，与阀芯接触部位打磨干净并涂有铅粉油；与阀盖或阀芯的连接部位及螺纹，能灵活自如可复位。

（2）阀盖和阀芯。阀盖与阀体框架上的阀杆螺母应完好无损，旋转灵活，与阀杆梯形螺纹配合上下轻松自如。磨损不能大于齿厚 1/3，与阀体固定螺钉或螺栓应牢固无松动，必要时可点焊固定。组装时螺纹应涂上铅油，便于拆卸；阀芯与阀体的接触部位，填料室及其他表面应光滑无冲刷或腐蚀等缺陷，并能将阀芯顺利放入阀体内。

（3）阀杆。阀杆不得弯曲，其弯曲度最大不得超过全长的 1/1000，椭圆度不得大于 0.05mm，表面锈蚀和磨损深度不小于 0.25mm 时应更换，表面光洁度应在▽6 以上。与填料接触部位应光滑，不得有片状腐蚀及表面脱皮现象；阀杆梯形螺纹应完好，与螺母配合手动旋转灵活，并涂有铅粉油。

（4）密封填料及压紧装置。所选用的填料规格、型号符合阀门管道介质压力、温度的要求；填料接口应切成楔形，角度为 45°角，各圈接口应错开 90°～180°，填料圈、压盖及压板应完好，无锈蚀。阀杆与填料挡圈间隙为 0.1～0.2mm，最大不超过 0.5mm；填料压盖外壁与填料室间隙为 0.2～0.3mm，最大不超过 0.5mm；填料压板拧紧后应保持平整，压盖压紧后进入料室的长度应为全长的 1/3。

（5）密封面。阀瓣与阀座密封面不得有可见麻点、沟槽，全圈应光亮，光洁度为▽10 以上。其接触面宽度应为全圈宽度的 2/3 以上；阀瓣锥形密封应保持其锥度与阀座一致，阀瓣接触面应在锥面中间为佳。

（6）整体阀门验收。阀门检修组装后，应经 1.25 倍工作压力水压试验（或随炉进行整体水压试验），检查阀门各处均不得有泄漏现象；阀门开关灵活，行程及开度符合要求，阀门标识清晰、完好；检修记录准确、清楚，并经验收合格；检修现场清洁，管道保温良好。

26 简述阀门密封面检修缺陷处理原则。

答：（1）轻度的吹损、气蚀、拉伤、压痕缺陷，深度不超过 0.20mm，可以选择专用的研磨工具，进行研磨消除缺陷。

（2）较严重的吹损、气蚀、拉伤、压痕缺陷，深度在 0.20～0.50mm，视具体密封面缺陷的面积及原合金层的厚度而定，若密封面缺陷只是局部一点，且密封面的合金层薄，应采取局部点焊方式补焊合金层，再进行机加工、研磨处理；若缺陷面积大，且合金层薄，应机加工车削其缺陷，防止电焊产生气泡、夹杂，再进行环焊补焊合金层，通过机加工、研磨处理。

（3）整体密封面积、损伤面积达 50％以上或损伤深度过深的缺陷，必须对原有的合金层完全车除，重新堆焊合金层，根据母材及焊材材质，选好过渡层，并确保过渡层的相对厚度，以免合金层施焊后产生应力裂纹，然后环焊合金层；等冷却后再进行机加工、研磨处理。

（4）密封面有裂纹的，能优先选择对其进行打磨挖补，加工完工后必须做探伤，再检查，确保根除缺陷；若裂纹深度过深，深及母材，挖补是无法消除其缺陷的，应更换新备品。

27 简述阀门密封面堆焊的工艺。

答：（1）确认原密封面的材质，根据阀门的工作环境和工况选用不同的适合焊条进行补焊。

（2）焊材优先选用原密封面合金材质焊材补焊，若现场不具备或要求不高，可选用同等性能焊材；蒸汽管道上高温高压阀门，大多原密封面都为 STL 钴基合金，现场可选用型号 D547Mo 和 D802 的焊条替补，焊条的规格为 $\phi3.2mm$、$\phi4mm$ 或 $\phi5mm$，根据缺陷缺口的大小，选择适合直径的焊条。

（3）现场堆焊时，首先采用专用设备对工件预热，根据选用的焊材和母材确定预热温度及预热时间。

（4）电焊条烘焙。使用电热烘箱对焊条进行烘热；对 D547Mo 型号焊条加热到 $250\sim300℃$，保温 1.5h；使用电热烘箱对 D802 型号焊条加热到 $530\sim550℃$，保温 2h。

（5）堆焊工艺。选用合适的焊条，从焊道外侧起弧，短弧施焊，顺焊一周，搭接处应有 1cm 的搭缝；然后从焊道内侧起弧，以同样的方式顺焊；从焊道中心起弧，短弧施焊，顺焊一周，并且与内外侧焊道可靠搭接，防止未焊透及夹渣；一层焊完后，以同样方式焊第二层，起弧时避开前一层的收弧点，在经过收弧点时放慢速度，使下层气孔和夹渣充分排出，如此反复，直至结束；每一层结束时，均应将药皮清除干净，并且每次收弧时要多点几下，填满弧坑。

（6）送炉内保温然后再回火。焊完后升温回火，缓冷至 200℃ 以下出炉。

（7）检验。密封面厚度计缺陷检验：机加工后检验，2mm<堆焊层厚度 <4mm，着色检验率 100％，对焊接部位进行射线探伤，密封面出现无法去除的焊接缺陷时，应去除堆焊层金属进行返工，补焊次数不超过两次。

28　简述阀门密封面打磨、挖补的方法。

答：（1）密封面缺陷挖补原则。缺陷面积达整个密封面 50％ 以上者，常采用车削加工，除去原来的合金层，重新选择打底材料打底环焊，按焊接工艺预热再环焊合金层，做好热处理；对缺陷过深、缺陷较长的密封面，局部需彻底挖除原合金层，预热后补焊，防止其缺陷没有彻底除去，影响焊接质量，产生应力裂纹、焊接气泡等缺陷；对表面拉伤、吹损且面积不大的缺陷采用机械打磨处理，缺陷表面要求光滑过渡，便于补焊即可。

（2）合金层补焊。在施焊前应对阀门密封面的母材及需堆焊的合金焊材进行光谱分析，防止错用焊材；焊材在使用前应除锈、除垢、除油污并进行烘烤，重复烘烤不得超过两次，应装入专用保温桶，随取随用；焊口挖补方法应使用机械打磨，不得使用火焰切割；挖补坡口及附近母材的油、漆、垢、锈清理干净，直至发出金属光泽，便于补焊；合金材质焊前必须预热，焊后应及时热处理，严格按《火力发电厂焊接热处理技术规程》执行；硬度不合格焊口需重新进行热处理；补焊过程中采用多层多道焊接方式，循序渐进。

29　简述高压自密封闸阀自密封圈泄漏的原因及应对措施。

答：自密封圈泄漏原因为：

（1）阀盖和自密封圈之间的密封不完整。异物卡涩、密封面腐蚀和冲刷。（注意：自密封圈是由较软的镍合金钢制成的，操作时应非常小心）。

（2）阀芯和垫片之间的密封不完整。由于腐蚀和冲刷引起的阀体壁的表面缺陷、阀芯的失圆或者密封面的金属失效，如表面裂缝、伤口或金属的不均匀性等，都可能导致阀芯和自密封圈之间的密封不完整。这些故障可能表明铸造材料有深层的裂缝，起着自密圈的旁路的作用。

应对措施为：

（1）任何时候都要拧紧阀盖固定器紧固件以防泄漏。

（2）不管何种原因拆卸阀门，都要在带压的情况下把阀盖固定螺栓再紧一次。

（3）所有紧固件须经过良好润滑，以获得正确的预加载。如果紧固后泄漏仍不能消除，就需重新隔离系统，并进行解体检查（注：不论何种原因导致的故障，拆卸过的自密封阀门都应重新更换自密封圈）。

30 简述高压自密封闸阀阀体缺陷的修复方法。

答：（1）阀体壁维修。铸件缺陷维修有下列五个基本步骤：

1）研磨缺陷处直至露出无缺陷的金属。

2）预热要焊接的地方。

3）焊接。

4）打磨焊接处的表面，使之与周围的轮廓相一致。

5）去应力。

（2）阀体导轨修复。阀体导轨槽在闸板95%行程内导引其运动，只允许阀门在5%行程范围内施加推力于封面。导轨槽的侧面应光滑且没有凹凸和毛刺。可以用扁锉来去除毛刺和凸缘。

（3）阀座修复。当介质能通过密封面时，该闸阀的阀座就需要维修了。其原因可能是阀门未完全关闭引起的冲刷或阀座上有异物。这种情况可以通过对阀座进行涂蓝试验或者仔细地视觉检查来发现。

（4）阀板修复。阀板密封面的修复需在一个大而平的铸铁研磨板上进行。研磨板应该足够大，在闸板密封面完全放置好之后，还应该有足够的空间可以把闸板向任何方向推动闸板直径1/3的距离。然后用研磨砂进行研磨；如果阀瓣密封面表面有严重的擦伤或腐蚀，深度超过0.25mm时，应先在车床修平，然后研磨；其主要的缺陷研磨后，为了消除密封面对面上的粗纹路，而进一步提高密封面的平整度和降低其表面粗糙度，则需进行精研。若深度超过0.5mm，则需要使用补焊的方法来修复。

（5）闸板导轨的修复。可以用一个方形铁块裹上一层砂布来研磨其表面。

（6）阀芯垫片密封区域维修。为了获得可靠的压力密封，不论是否经过镶嵌（不锈钢），必须是光滑、圆形的，并且不带任何明显的坡度。因为垫片被用很大的力量压在阀芯内，所以正常解体阀门时会在往外拽时，留下些垂直方向的划痕，这些划痕可以用砂布把它们从表面抹去。如果对所得的表面不放心，可以使用一个便携式的生新油石磨光一下阀芯。这一工具可经常被用来抹去深达0.25mm的划痕。如果划痕超过0.25mm或者检查时发现其他类型的缺陷，需要使用焊接的方法来修复。

31 阀门维护的注意事项有哪些？

答：为减少阀门故障，日常维护工作中的注意事项是：

（1）阀门阀杆的螺纹部分应经常保持有一定的油量，以减少摩擦、防止咬住，保证启闭灵活；不经常启闭的阀门，要定期转动手轮。阀门的机械转动装置（包括变速箱）应定期添加或更换润滑油（脂）。

（2）室外阀门特别是明杆闸阀，阀杆上应加保护套，以防止风露霜雪的侵蚀和尘土锈污。

（3）启闭阀门时，禁止使用长杠杆或过分加长的阀门扳手，以防止扳断手轮、手柄和损坏密封面。

（4）对于平行式双闸板闸阀，有的结构为两块闸板采用铁丝系结，如开启过量，闸板容易脱落，影响生产，甚至可能造成事故，也给拆卸修理带来困难，在使用中应特别注意。一般情况下，应记住明杆阀门全开和全闭时的阀杆位置，避免全开时撞击到死点，并便于检查全闭时是否正常；假如阀瓣脱落或阀瓣密封面之间嵌入较大杂物，全闭时阀杆位置就要变化。

（5）开启蒸汽阀门时，应先将阀门稍开一些进行预热，并排除凝结水，然后慢慢开启阀门，以免发生汽水冲击。当阀门全开后，应将手轮再倒转少许，使螺纹之间严密。

（6）刚投运的管道和长期开启着的阀门，由于管道内部脏物较多或可能在密封面上粘有污物，关闭时可将阀门先行轻轻关上，再开启少许，利用介质高速流动将杂质冲掉，然后再轻轻关闭（不能快关猛闭，以防止残留杂质损伤密封面），特别是新投产的管道，可如此重复多次，冲净脏物，再投入正常使用。

（7）某些介质在阀门关闭后冷却过程中，阀件收缩，应在适当时间后再关闭一次，使密封面不留细缝，以免介质从密封面高速流过，冲蚀密封面。

（8）使用新阀门，填料不宜压得太紧，以不漏为度，避免阀杆受压太大，启闭费力，增加磨损。

（9）阀门零件，如手轮、手柄等损坏或丢失后，应尽快配齐，不可用活扳手代替，以免损坏阀杆头部的四方，启闭不灵。

（10）减压阀、调节阀、疏水阀等自动阀门启用时，均要先开启旁路或利用冲洗阀将管路冲洗干净。未装旁路和冲洗管的疏水阀，应先将疏水阀拆下，吹净管路，再装上使用。

（11）长期闭停的水阀、汽阀，应注意排除积水，阀底如有丝堵，可将它打开排水。

（12）经常保持阀门的清洁，禁止依靠阀门来支持其他重物，禁止在阀门上站立。

第四节 调 节 阀 检 修

1 回转式调节阀的检修内容和标准有哪些？

答：回转式调节阀除按照普通汽水阀门检查阀体、阀盖等部件外，根据其结构特点还应进行如下检查：

（1）检查圆筒形阀芯与阀座接触面是否光洁，不得有毛刺、划痕、沟槽及冲蚀磨损。

（2）检查圆筒形阀芯椭圆度不得超过 0.03mm，阀芯弯曲度最大不得超过 1/1000。

（3）各部件配合间隙是否在允许范围内。阀芯与阀座配合间隙为 0.10～0.20mm，盘根垫圈与阀杆配合间隙为 0.15～0.20mm。

（4）阀芯拨槽与拨杆接触表面平整无磨损和挤压损伤，配合间隙为 0.05～0.10mm，拨杆插入拨槽深度大于拨槽深度的 3/4，深度方向最小须保持 0.5mm 的间隙。

2 柱塞式调节阀的检查内容和质量标准有哪些？

答：柱塞式调节阀除按照普通汽水阀门检查阀体、阀盖等部件外，根据其内部的特殊结构，应主要进行如下检查：

（1）检查阀芯表面损伤情况，阀芯的表面应光洁，无凸起的毛刺，无裂纹及严重磨损，结合面无沟槽、麻点等缺陷。

（2）检查阀座结合面有无沟槽、麻点，上下导向套无腐蚀、裂纹和凸起的毛刺。

（3）调整杆无弯曲、磨损，弯曲度不得超过 0.5mm。压兰密封圈、压套内垫光滑无磨损和沟槽，密封圈与调整杆的间隙每边为 0.08～0.12mm。

（4）检查阀芯与阀座的配合间隙，阀芯与上、下阀座的每边间隙应在 0.12～0.18mm，阀芯与上、下定位套的配合间隙每边为 0.12～0.18mm。

（5）检查阀芯与阀座接触线应均匀，否则应进行研磨。

3 调节阀检修回装完毕后应做哪些调整及试验？

答：调节阀回装完毕后除应进行水压试验外，还应进行如下调整与试验：

（1）行程调整，应确保达到足够的行程距离，且动作灵活、平滑、无卡涩现象。

（2）调节阀大多带有自动执行器，应在执行器连接完毕后与热控专业人员共同调整其开、关终端位置，并进行动作试验，确保灵活可靠。

（3）投入运行或连入系统后，应进行通流试验，保证其最大流量、漏流量和调节性达到要求。

4 柱塞式给水调节阀解体检查的主要内容与要求是什么？

答：柱塞式给水调节阀解体检查的主要内容与要求是：

（1）门芯。检查门芯表面的损伤情况；测量门芯各部件配合间隙；检查测量门杆的弯曲情况；检查修理门芯的工作面，对磨损及缺陷做好原始记录，如损坏较严重，要先进行补焊，然后再加工到要求的规格；检查门芯调孔是否磨损，磨损严重时，应更换调孔垫片或焊补修理。

（2）门座。检查门座结合面有无沟槽、麻点，如有轻微沟槽麻点，可用专用工具研磨去掉；检查上、下定位套，若有腐蚀时，用砂布擦光磨亮；测量门座各部尺寸，做好记录；检查法兰面是否平整，法兰螺栓是否损坏。

（3）检查修理横轴、压兰密封圈、压兰压套及压兰螺栓。检查横杆有无弯曲、磨损，配合是否松动；检查压兰密封圈、压兰套内垫是否光滑，有无磨损及沟槽，配合间隙是否符合要求；检查压兰螺栓是否完好，有无变形、裂纹、锈死等现象。

（4）检查修理调舌，有裂纹应更换，磨损严重时可以进行焊补修理。

（5）测量调舌与门芯调孔的配合间隙。

（6）检查门盖与门底盖上口是否平整，有无腐蚀，发现沟槽、麻点等缺陷应修整。

另外，还要检查门芯与门座的接触线在门芯门座结合面上，涂上一层红丹粉进行压线试验。若有断线和接触不良，用研磨反复对磨数次，直到均匀为止。

第五节 安全阀的检修、校验与调试

1 锅炉安全阀的形式主要有哪几种？

答：锅炉安全阀的形式主要有：重锤式安全阀（也称为杠杆式安全阀）、脉冲式安全阀、弹簧式安全阀、液压控制安全阀。

2 安全阀研磨质量有何要求？

答：安全阀工作时密封面的关闭比压值小，因此安全阀密封面的研磨质量要比普通截止阀的研磨质量要求高，阀芯与阀座的密封面应当绝对平整光洁，表面光洁度达到类似镜面的效果（粗糙度 Ra 值小于 $0.4\mu m$），密封面与阀芯动作方向要垂直，密封面接触宽度须达到密封面全宽的 4/5 以上。

3 重锤式安全阀杠杆和阀芯顶杆部位的检修质量标准是什么？

答：重锤式安全阀杠杆支点、阀芯顶杆和刀刃间隙的检修质量标准有：

（1）阀芯顶杆须垂直，顶杆最大允许弯曲度不得大于 0.1mm，阀芯与顶杆之间的间隙四周应均匀。

（2）杠杆与阀芯顶杆、导向架、刀口销架之间各处间隙每边应保持 0.8～1.5mm。

（3）杠杆上各支撑点结合应均匀，并在同一水平面上，水平度差值小于 0.5mm。

（4）阀芯顶杆与刀口中心须正直，不应偏斜，顶杆尖端部圆弧半径 R 不得大于 2mm。

（5）杠杆支点的刀刃与杠杆中心线垂直，两个刀刃应在同一水平面内，刀刃口不应有磨损、卷刃等现象，刀口宽度为 0.4～0.6mm，刃口保持水平。

（6）刀口销磨损不得大于直径的 1/5，销子固定顶丝不能松动。刀口销架、阀芯顶杆、导向架的中心线在同一垂面内，不得有歪斜现象。

（7）杠杆弯曲度不得大于 1/1000，并不得有扭转，安装后保持水平。

4 脉冲式安全阀活塞室的检修质量标准是什么？

答：脉冲式安全阀活塞室的检修质量标准是：活塞室内壁和活塞表面光滑，无毛刺和严重划痕；活塞环槽内清洁无锈垢；活塞环四周棱角应修整圆滑。各部位配合间隙如下：

（1）活塞（带活塞环）放入活塞室，四周间隙应均匀，约为 0.5mm。

（2）在活塞室内，活塞环开口为 2～3mm。

（3）下阀杆与下活塞室盖周围间隙每边为 0.25～0.3mm。

（4）活塞上阀杆与汽封套的间隙每边为 0.07～0.12mm。

5 弹簧安全阀有哪些特殊的检修要求？

答：根据弹簧安全阀的结构特点，其检修有以下几点特殊要求：

（1）对弹簧的检查。应检查弹簧有无裂纹、节距是否一致，必要时还应进行金相检查。

（2）对阀杆的检查。弹簧安全阀阀杆较细长，容易产生弯曲且弯曲度要求数值较小，应将其夹在车床上检查弯曲度，要求每 500mm 长允许的弯曲度不超过 0.05mm。

中级工

6 如何确定锅炉安全阀的起座压力?

答：根据《电力行业锅炉压力容器安全监督规程》相关规定，锅炉安全阀的起座压力按制造厂规定执行。制造厂没有规定的，按表 28-2 的规定调整与校验。

表 28-2 安全阀起座压力

安 装 位 置		起 座 压 力	
汽包锅炉的汽包或过热器出口	额定蒸汽压力 $p < 5.9MPa$	控制安全阀	1.04 倍工作压力
		工作安全阀	1.06 倍工作压力
	额定蒸汽压力 $p \geqslant 5.9MPa$	控制安全阀	1.05 倍工作压力
		工作安全阀	1.08 倍工作压力
直流锅炉的过热器出口		控制安全阀	1.08 倍工作压力
		工作安全阀	1.10 倍工作压力
再热器			1.10 倍工作压力
启动分离器			1.10 倍工作压力

注 1. 对脉冲式安全阀，工作压力指冲量接出地点的工作压力，对其他类型安全阀，指安装地点的工作压力。

2. 过热器出口安全阀的起座压力，应保证在该锅炉一次汽水系统所有安全阀中最先动作。

7 安全阀的回座压力是如何规定的?

答：安全阀的起座与回座压差一般应为起座压力的 4%～7%，最大不得超过起座压力的 10%。

8 安全阀的排放量是如何规定的?

答：安全阀的排放量是指安全阀处于全开状态时，在排放压力下单位时间内的排放量。

对于锅炉，要求安全阀的总排放量必须大于锅炉最大连续蒸发量，并且在锅筒和过热器上所有安全阀开启后，锅筒内蒸汽压力不得超过设计压力的 1.1 倍。对于压力容器，要求安全阀的排量必须大于等于压力容器的安全泄放量。

选用安全阀应从以下几个方面考虑：

(1) 压力范围。安全阀是按公称压力标准系列进行设计制造的，每种安全阀都有一定的工作压力范围。选用时应按锅炉和压力容器的最大允许工作压力选用合适的安全阀。

(2) 排放量的选用。安全阀的排放量必须大于设备的安全泄放量，这样才能保证锅炉或压力容器超压时，安全阀开放能及时排出一部分介质，避免器内压力的继续升高。

9 怎样计算安全阀的排放量?

答：锅炉安全阀的排放量一般由制造厂提供。当制造厂没有提供排放量资料时，可按下式计算

$$E = CA(10.2p + 1)K \tag{28-1}$$

式中 E——安全阀的排放量，kg/h；

p——安全阀入口处的蒸汽压力（表压），MPa；

A——安全阀的排汽面积，一般可用 $\pi d^2/4mm^2$，或安全阀制造厂所规定的面积；

C——安全阀的排汽常数，取 0.235；

K——安全阀进口处蒸汽比容的修正系数（蒸汽压力按安全阀起座压力计算），见表 28-3。

表 28-3　　　　　　　　　　安全阀进口处蒸汽比容的修正系数

蒸汽压力 p 及种类		K
$\leqslant 11.7\text{MPa}$	饱和蒸汽	1
	过热蒸汽	$\sqrt{V_b/V_g}$ 或 $\sqrt{1000/(1000+2.7T_g)}$
$>11.7\text{MPa}$	饱和蒸汽	$\sqrt{2.1/(10.2p+1)V_b}$
	过热蒸汽	$\sqrt{2.1/(10.2p+1)V_g}$

注　V_g 为过热蒸汽比容，m^3/kg；V_b 为饱和蒸汽比容，m^3/kg；T_g 为过热温度，℃。

10　安全阀的校验方法有哪些？

答：安全阀的校验方法主要有冷态校验和热态校验。冷态校验是在校验台上完成，校验值与实际动作值有一定的偏差。热态校验是在运行位置，在系统压力达到或接近安全阀的实际动作值，以安全阀实际动作来完成的，是安全阀投入运行前的最终校验，也最接近真实动作值。

安全阀通常先进行冷态校验，再进行热态校验。这样可以简化热态校验，提高热态校验的效率。但是，由于目前锅炉大多为高压锅炉，安全阀基本都采用焊接连接方式。因此，安全阀都采用就地热态校验，校验前安全阀应与锅炉同时完成了水压试验。

11　锅炉安全阀热态校验的准备工作有哪些？

答：安全阀热态校验时，锅炉已点火启动。现场具备运行条件。安全阀热态校验的方式、程序和注意事项应由检修负责人组织运行和检修人员共同研究制定，并对参加校验的人员分工，准备好可靠的通信设备和联络信号，准备好校验使用的工具和防护用品。系统上的压力表应使用标准压力表。

当锅炉压力升至 0.5～1MPa 时，检修人员进行热紧螺栓；当锅炉压力升至额定压力时，检查锅炉严密性合格，确认无影响锅炉正常运行的缺陷后，方可进行安全阀热态校验。

12　如何进行脉冲式安全阀的热态校验？

答：脉冲式安全阀热态校验时，先从动作压力较低的过热器安全阀开始。然后校验汽包控制安全阀和汽包工作安全阀。

当工作压力升至安全阀动作压力时，调节脉冲阀弹簧或重锤位置，使脉冲阀动作，接着主阀动作。待安全阀回座后再重新升压使其动作，记录安全阀动作压力和回座压力，如果动作压力和回座压力与规定值相等或正负相差在 0.05MPa 之内，即算合格。否则重新调整弹簧或重锤，改变安全阀起座压力，调整脉冲阀疏水阀开度，改变主安全阀回座压力，使其在规定范围之内。当校验某一安全阀时，应关闭其余安全阀脉冲阀入口阀。全部校验完毕后，必须开启所有脉冲阀入口阀，并采取防止误关的铅封措施。

当单独试验安全阀电磁铁装置时，应将脉冲阀入口阀关闭，以防止安全阀动作。

13 安全阀热态校验时应注意哪些安全问题？

答：安全阀热态校验时，应注意以下安全问题：

（1）由专人统一指挥，所有人员服从命令，各司其职，无关人员不得在现场停留，避免人多出现混乱。

（2）由有经验的司炉专门负责锅炉升压，升压应缓慢均匀，特别是在接近安全阀动作压力时，更要减缓升压速度，避免锅炉超压和安全阀突然动作伤人。

（3）操作相关阀门时，开门应缓慢。校验前应将阀门内部和连接管路内部的杂质清理干净，必要时应对管路和阀门进行吹扫，防止铁屑等杂物损伤安全阀或造成安全阀卡涩、不回座等故障。

14 压力容器安全阀的安装有哪些要求？

答：压力容器安全阀的安装要求如下：

（1）安全阀应垂直安装，并应装设在压力容器液面以上的气相空间，或与连接在压力容器气相空间上的管道相连接；用于液体的安全阀应安装在正常液面以下。

（2）压力容器与安全阀之间的连接管和管件的通孔，其通流面积不得小于安全阀的进口面积。

（3）压力容器一个连接口上装设数个安全阀时，则该连接口的通流面积至少应等于数个安全阀进口面积的总和。

（4）压力容器与安全阀之间不得装设中间截止阀门。但对于盛装易燃、有毒或黏性介质的压力容器，为便于安全阀的更换、清洗，可在压力容器与安全阀之间装截止阀，但其通流能力不得妨碍安全阀的正常泄放，压力容器正常运行中必须保证截止阀全开，并加铅封。

（5）安全阀装设位置应便于检查和维修。

（6）对易燃、有毒的压力容器，应在安全阀的排出口装设排放导管，将排放介质引至安全地点，并进行妥善处理，不得直接排入大气。排放导管内径不得小于安全阀公称直径，并有防止导管内积液的措施。

（7）每只安全阀的排汽口应单独使用一根排汽管，排汽管上不得装有阀门等隔离装置。

（8）安全阀排汽管的水平段长度不宜超过4倍安全阀排汽口径。

（9）安全阀的排汽管应有足够的排汽能力。

15 脉冲安全阀解体后，应对哪些部件进行检查？如何检查？

答：（1）检查弹簧，宏观检查有无裂纹、折叠等缺陷。

（2）测量弹簧自由高度。检查活塞环（胀卷套）有无缺陷，并测量其接口间隙：活塞环放入活塞室内不准漏光，活塞内间隙为 0.20～0.30mm，活塞外自由状态时，间隙为 1mm。并检查活塞和活塞室有无裂纹、沟槽和麻坑。

（3）检查阀头和阀座的密封面有无沟槽和麻坑等缺陷。

（4）检查主阀的阀杆有无弯曲，可将阀杆夹在车床上用千分表检查其弯曲度。

（5）检查副阀的杠杆支点，"刀口"有无磨损、磨钝等缺陷。

（6）检查法兰螺栓有无裂纹、拉长、螺纹损坏等缺陷，并由金相检验人员做进一步检查。

16 简述盘形弹簧安全阀的热态校验方法。

答：盘形弹簧安全阀的热态校验方法为：

(1) 安全阀的热态校验是在锅炉点火启动后进行的，其校验方法、程序及注意事项由检修负责人组织有关人员制定。

(2) 盘形弹簧安全阀校验时，其上部的外加负载装置先不安装，待安全阀校验完后，再将其安装上。

(3) 安全阀的校验可以由低值向高值依次进行，也可以从高值向低值依次进行。校验某一安全阀时，应将其余安全阀用 U 形垫板卡在定位圈上，并将定位圈向上旋紧。这样，其余安全阀就不会动作了。待安全阀全部校验结束后，取下所有安全阀的 U 形垫板，并将定位圈向下旋松到规定位置。

(4) 当压力升到待校验安全阀的规定动作值时，应调整弹簧螺母，使安全阀动作。为满足动作值的调整，待压力升高到接近于规定动作值时，压力的升高应缓慢平稳，待安全阀回座后，再次升压，检验记录其启座压力、回座压力是否符合要求。启座压力与安全阀规定的动作值误差不超过 +0.5MPa 为合格，回座压力差应为启座压力的 4%～7%，最大不得超过 10%。

第六节 水位计检修

1 紧水位计螺丝时有哪些注意事项？

答：紧水位计螺栓是水位计组装的关键工序，必须严格按照工艺要求进行。通常紧水位计螺栓有多种方法，但不论哪种方法，其目的是要将水位计压板紧得均匀平整。螺栓不能一次紧到位，应该分多次紧，一次比一次逐渐用力。通常应该用力矩扳手进行，每次都将所有螺栓紧匀后方可进行下一次。有的水位计应在达到使用温度、水位计内无压力的情况下，热紧一次压板螺栓，以消除由于热膨胀产生的螺栓紧力降低和紧力不匀。

2 云母水位计检修质量标准是什么？

答：云母水位计检修质量标准如下：

(1) 所用云母片应透明、平直均匀，无斑点、皱纹、裂纹、弯曲、断层、折角和表面不洁等缺陷，厚度按制造厂要求使用。

(2) 水位计本体及压板应平整，表面无缺陷和变形，各汽水阀门开关灵活，严密不漏。

(3) 检修投运后的水位计云母片可见度清晰，严密不漏。

(4) 汽水连通管内洁净畅通，倾斜度符合要求。

(5) 水位计正常水位线必须与汽包正常水位一致，并在水位计壳上准确标出正常水位及高低水位线，误差不大于 1mm。

(6) 汽水连通管及阀门的保温要完整。

3 锅炉水位计汽、水侧取样管的倾斜度有何要求？

答：锅炉水位计汽、水侧取样管倾斜度，应保证管道有不小于 100：1 的倾斜度。需要注意的是，对于就地水位计，汽、水侧取样管的汽侧取样管应使取样孔侧高，水侧取样管应使取样孔侧低；对于差压式水位计，汽侧连通管应使取样孔侧低，水侧取样管应使取样孔侧高。

4 就地水位计的零水位线与汽包零水位线有何关系？为什么？

答：就地水位计的零水位线应比汽包零水位线低，降低的值取决于汽包工作压力，汽包的压力越大，其差值越大。具体降低值应由锅炉厂家负责提供。

就地水位计零水位线比汽包零水位线低的原因是：由于引出的水位计中的介质总比汽包中的介质温度低，其汽水比重要比汽包内饱和蒸汽与饱和水比重差大，水位计的指示总要比汽包真实水位低。随着压力升高，汽包中饱和蒸汽和饱和水比重差减小，就产生了水位计中的指示比汽包内实际水位相差越大。这也说明水位计取样管、取样阀保温的重要作用。

5 就地水位计的结构有什么要求？

答：就地水位计的结构要求是：

（1）水位计应有指示最高、最低安全水位和正常水位的明显标志。水位计的下部可见边缘应当比最低安全水位至少低 25mm；水位计的上部可见边缘应当比最高安全水位至少高 25mm。

（2）玻璃管式水位计应有防护装置，并且不应妨碍观察真实水位，玻璃管的内径应不小于 8mm。

（3）锅炉运行中能够吹洗和更换玻璃板（管）、云母片等。

（4）用 2 个及以上玻璃板或者云母片组成的一组水位计，应能够连续指示水位。

（5）水位计或者水表柱和锅筒（锅壳）之间阀门的流道直径应不小于 8mm，汽水连接管内径应不小于 18mm，连接管长度大于 500mm 或者有弯曲时，内径应适当放大，以保证水位计灵敏准确。

（6）连接管应尽可能地短，如果连接管不是水平布置时，汽连接管中的凝结水应能够流向水位计，水连接管中的水能够自行流向锅筒（锅壳）。

（7）水位计应有放水阀门和接到安全地点的放水管。

（8）水位计或者水表柱和锅筒（锅壳）之间的汽水连接管上应装设阀门，锅炉运行时，阀门应处于全开位置；对于额定蒸发量小于 0.5t/h 的锅炉，水位计与锅筒（锅壳）之间的汽水连接管上可以不装设阀门。

6 水位计安装要求是什么？

答：（1）水位计应安装在便于观察的地方，水位计距离操作地面高于 600mm 时，应加装远程水位测量装置或者水位视频监视系统。

（2）用单个或者多个远程水位测量装置监视锅炉水位时，其信号应各自独立取出；在锅炉控制室内应有两个可靠的远程水位测量装置，同时运行中应保证有一个直读式水位计正常工作。

（3）亚临界锅炉水位计安装调试时，应对由于水位计与锅筒内液体密度不同引起的测量误差进行修正。

7 水位计连通管为什么要保温？

答：锅炉汽包实际水位比水位计指示的水位略高一些，这是因为水位计中的水受大气冷却低于炉水温度，密度较大，而汽包中的水不仅温度较高，并且有很多汽泡，密度较小。为了减少水位指示的误差，水位计与汽包的连接管必须进行保温，这是为了防止蒸汽连通管受冷却时产生过多的凝结水，以及水连通管过度冷却而出现太大的密度偏差，尤其是水连通管的保温，对指示的准确性更为重要。

8 水位计云母片爆破是什么原因？对云母片质量有何要求？

答：云母片爆破主要是水位计检修时螺栓紧固的不均匀，水位计垫子泄漏，云母片被冲刷变薄等因素引起。

对云母片的质量要求有：云母片应透明，不得有斑点、汽泡、波纹、颜色不均、裂缝断层、厚度不均、折角、粗糙不均和表面不洁等缺陷。

9 简述云母水位计的解体步骤。

答：云母水位计的解体步骤为：

（1）拆卸水位计外壳，取下放至合适位置。

（2）旋下云母水位计外压板之压紧螺母，将外压板取下。

（3）取下内衬板及云母片。

（4）清理凹面内衬垫和接合面。

（5）连接的螺栓取下，与螺母配对放好。

（6）拆卸汽水阀门及放水门，进行修理。

10 云母水位计检修项目包含什么？

答：云母水位计检修项目包含：

（1）检查和疏通汽水连接管，必要时用压缩空气进行吹扫。

（2）检查水位计密封面有无麻点、沟槽、腐蚀及冲刷等缺陷，确定检修方法。

（3）轻微缺陷：可用刮研方法处理，油研磨；平板涂以红丹粉油检查。

（4）严重缺陷：拆下本体部分送铣床加工进行处理，密封面也可进行堆焊，然后进行加工。对修理较困难的表计也可更换新水位计。

（5）内压板应清理干净，检查有无扭曲、变形，进行修理找平。

（6）检查压板有无变形，压板螺栓孔应无变形及凸边，否则进行修理。

（7）检查螺纹是否完好，如有弯曲、断扣、咬扣等缺陷应进行更换，螺栓及螺母进行配合检查，组合时丝扣部分应涂以铅粉油。

（8）清理旧云母片，将不平、发黑、破损的云母片选出，合格的可继续使用。

（9）按照检修截止阀的要求，检修汽水阀门。

中级工

第二十九章

阀门驱动装置及检修

第一节　阀门驱动装置的结构及工作原理

1　电动执行机构有哪些类型？

答：电动执行机构的产品很多，都是由电动机带动减速装置，在电信号的作用下由电力拖动产生直线运动和角度旋转运动。在基本结构的基础上，如果再增添一些附加部件就可以改变形式，具有新的功能。电动执行机构一般分为直行程、角行程、多转式三种。

2　不同的电动执行机构适用于哪些阀门？

答：（1）直行程电动执行机构，执行机构的输出轴输出各种大小不同的直线位移，通常用来推动柱塞式升降调节阀。

（2）角行程电动执行机构，执行机构的输出轴输出角位移，转动角度范围小于360°，通常用来推动蝶阀、球阀、回转式调节阀等。

（3）多转式电动执行机构，执行机构的输出轴输出的各种大小不等的有效转圈数，用来推动闸阀、截止阀等。

3　阀门电动装置主要由哪些功能部件组成？

答：阀门电动装置主要由下列功能部件组成：

（1）主传动装置。主要由蜗轮、蜗杆副组成，起减速的作用。

（2）转矩限制机构。为了保证阀门关严及保护阀门和电动装置，电动装置设有转矩限制机构。其可以根据实际需要进行相应调整，一旦电动装置转矩超过规定值时，转矩开关切断电动机的电源。

（3）行程控制机构。为了保证阀门开启到要求的位置，电动装置设有行程控制机构，当阀门开启（或关闭）达到规定值时，行程开关动作，切断电动机电源，输出相应的信号。

（4）手动—电动切换机构。通过切换可以改变电动装置的驱动方式。当需要手动操作时，转动切换手柄带动拨叉将输出轴上的离合器脱开，就可进行手动操作；当电动机旋转时，就可以自动合上离合器实现电动操作。

（5）电动机。电动装置的电动机是专门设计的阀用电动机，按短时工作设计，质量轻，具有低转速下转矩大的特性。

中级工

（6）状态显示。电动装置的转矩限制机构和行程控制机构，可以通过输出电信号远传阀门状态。调节阀的电动装置还具有远传或就地显示阀门开度的功能。

4 阀门气动执行机构有何优缺点？

答：阀门气动执行机构的优点：结构简单，使用压缩空气作为动力，对恶劣工作环境适应能力较强，也容易实现高推力和高速度的要求。

缺点是：气动执行机构需要高质量的压缩空气源，在使用上受到一定的限制。

5 阀门气动执行机构有哪些类型？

答：阀门气动执行机构有以下几种类型：

（1）气动薄膜执行机构。是一种最常用的机构，分为正作用（气关式）和反作用（气开式）两种形式，其输出特性是比例式的，即输出位移与输入的气压信号成比例关系。

（2）气动活塞式执行机构。具有较大的推力，特别适用于高静压、高压差的阀门使用，其输出特性有比例式和两位式两种，一般行程为 $25\sim100$mm。

（3）滚动膜片执行机构。滚动膜片实际上是一个位移量较大的杯形膜片。滚动膜片执行机构兼有薄膜执行机构和活塞执行机构的优点，但制造比较困难。

6 阀门液动装置有何优缺点？

答：阀门液动装置（即液动执行器）与气动执行器原理相同。它的优点是：动作精确度高，速度快，输出力矩大，行程长，体积小，质量轻，能耗少，操作平稳等，可实现多种功能。

缺点是：其动力源的供应较复杂，需专门的供油装置或供水装置，系统复杂，容易造成渗漏点。

第二节　驱动装置的检修

1 电动执行机构如何解体？

答：联系热工人员将电动执行机构停电，拆除接线，并将执行机构与阀门分离。将减速箱放油孔打开，放尽其内的润滑油。打开减速箱盖，拆开电动机与减速箱的连接螺栓，拆下蜗轮、蜗杆及其轴承部件，并将这些部件和减速箱用煤油清洗干净，检查各部件。同时联系热工人员检查电动机和相关控制部件。

2 电动执行机构检修时主要检查哪些内容？

答：电动执行机构检修时主要检查下列内容：

（1）各输入、输出轴的轴承有无磨损和润滑不良造成的损坏。

（2）蜗轮、蜗杆及各传动齿轮有无磨损，其啮合情况是否良好。

（3）减速箱各动、静密封是否良好。

（4）行程开关、力矩开关的机械传动部件是否可靠，手动、电动切换部件是否动作灵活。

中级工

3 执行机构与阀门相连的配合要求有哪些？

答：与阀门直接连接的电动装置，应进行安装定位的找正工作，为了定位的准确性，连接法兰带有止口，止口间隙为 $0.02\sim0.05mm$，止口的插入深度不应太小（不小于 $3mm$）。输出轴与驱动螺母之间应有 $1.5\sim2.5mm$ 的轴向间隙而不应压紧，驱动螺母与输出轴的咬合爪应均匀接触，接合深度不小于爪深的 65%。

不与阀门直接连接的电动角行程电动执行机构的安装，应使主动轴与从动轴的方向一致，两摇臂应位于同一平面内，在与传动杆垂直的位置，两摇臂方向尽可能保持平行。在阀门的全行程中，尽可能使摇臂与传动杆的夹角在 $45°\sim135°$ 范围内变化，或接近于此范围。传动杆两端应装有万向接头。在安装执行器时应同时考虑阀门的热位移大小和方向，不应因阀门的位移影响执行器对阀门的控制。

4 气动阀门执行器检修时主要检查哪些内容？

答：气动阀门执行器检修时主要检查的内容有：检查膜片是否有老化、破裂和泄漏以及其他有可能造成泄漏的缺陷；检查活塞及活塞环是否有损坏、磨损；连接执行器的压缩空气管路是否连接牢固并严密不漏；检查推杆有无弯曲、变形，与活塞的连接是否牢固无松动，推杆与其他部件的连接螺纹是否完好、无磨损和腐蚀；检查弹簧有无裂纹及其他影响使用的缺陷。

5 简述液动执行器的主要检修内容。

答：液动执行器检修时，可按以下内容进行检查修理：

（1）执行器（液压缸）检修。检查缸体内壁、活塞有无磨损，检查活塞杆有无变形、弯曲，更换缸体密封及损坏的活塞环。

（2）控制电磁阀检修。解体清洗电磁阀，更换密封件，检查各零件是否有磨损、变形等缺陷，清洗或更换电磁阀内部的滤芯。回装时要特别注意保持电磁阀内部的清洁。

（3）供油装置的检修。解体清洗供油装置的油箱、阀件及可拆卸的管路，检查油泵的工作是否正常，检查阀件的功能是否正常，更换所有的滤芯或滤网及密封件，有软管连接的应按要求更换。冲洗没有条件拆卸的管路，过滤液压油。回装时要特别注意系统内部的清洁。

（4）整体试运。将供油装置内注入清洁的液压油，连接好供油装置和执行机构的控制线路和电源线路。启动油泵检查供油装置正常后，做阀门和执行器的整体动作试验。

6 什么是驱动装置？

答：驱动装置是用来操作阀门并与阀门相连接的一种装置。该装置可以用手动、电动、气动、液动或其组合形式的动力源来驱动，其运动过程可由行程、转矩或轴向推力的大小来控制。通过驱动装置连接法兰和驱动配件所传递的转动力矩，实现阀门动作。

目前我国主要有两项阀门驱动装置的连接标准，即 GB/T 12222—2005《多回转阀门驱动装置的连接》和 GB/T 12223—2005《部分回转阀门驱动装置的连接》，该两项标准分别等效采用了 ISO5210 和 ISO5211 标准。《多回转阀门驱动装置的连接》主要适用于闸阀、截止阀、节流阀和隔膜阀用驱动装置与阀门的连接尺寸。《部分回转阀门驱动装置的连接》主要适用于球阀、蝶阀和旋塞阀用驱动装置与阀门的连接尺寸。

　　阀门驱动装置按运动方式可分为直行程和角行程两种。直行程驱动装置即多回转阀门驱动装置，主要适用于各种类型的闸阀、截止阀和节流阀等；角行程驱动装置即只回转 90°转角的部分回转驱动装置，主要适用于各种类型的球阀、蝶阀等。阀门驱动装置按能源形式可分为手动（手柄手轮式、弹簧杠杆式）、电动（电磁式、电动机式）、气动（隔膜式、气缸式、叶片式、空气发动机式、薄膜和棘轮组合式）、液动（液压缸式、液压马达式）、联动（电液联动、气液联动）等各种形式。

中级工

第十篇
除灰设备检修

第三十章

除灰与除渣设备

第一节　水力除灰渣设备

1 简述水隔离泵系统的组成及工作原理。

答：水隔离泵系统由泵本体、动力系统、回水喂料系统以及液压控制系统组成，其中泵本体又由三个压力罐、六个液压平板闸阀、六个单向阀组成。

水隔离泥浆泵是由喂料装置向泵的主体—压力罐中浮球下部供浆。由高压清水泵向浮球上部供高压清水，高压清水通过浮球把压力传递给浆体，浆体通过外管线输送到灰场。电控系统通过液压站控制六个清水液压平板闸阀启闭，从而控制三个压力罐交替进高压清水和灰浆，实现连续、均匀、稳定地输送浆体。

2 简述高压柱塞清洗泵的结构及工作原理。

答：高压柱塞清洗泵主要由机架、液力端、传动端、安全阀组件等组成。电动机通过皮带轮将动力传递到曲轴，使曲轴旋转运动，再经连杆将曲轴的旋转运动转变为十字头的往复直线运动。十字头前端与柱塞连接，柱塞在缸体内随十字头一起往复直线运动。当柱塞运动离开死点时，排出阀立即关闭，排出过程结束，吸入阀开启，吸入过程开始。当柱塞运动离开死点时，吸入阀立即关闭，吸入过程结束，排出过程开始。柱塞和阀门的这种周而复始的运动就是柱塞泵的工作过程。

3 柱塞泵的主要结构组成及特点有哪些？

答：柱塞泵的主要结构由以下几个部分组成：

（1）传动系统。传动系统是将电动机的圆周运动，经过偏心轮、连杆、十字头转换为直线运动。传动端主要包括偏心轮、十字头、连杆、上下导板、大小齿轮、轴承等。

其结构特点是：泵的外壳采用焊接结构，泵的偏心轮采用热装结构，泵内的齿轮为组合人字齿轮结构。

（2）柱塞组合。柱塞组合是柱塞泵与其他泥浆泵的根本区别所在，在柱塞的往复运动过程中，实现浆体介质的吸入和排出。柱塞组合主要包括柱塞、填料密封盒、密封圈、喷水环、压环、隔环、支撑环、压紧环等。

其结构特点是：柱塞采用空心焊接结构，表面喷焊硬质合金。

中级工

（3）水清洗系统。水清洗系统是确保柱塞组合使用寿命及长期稳定运行的关键系统。水清洗系统主要包括清洗泵、高压清洗水总成、A型单向阀、B型单向阀等。

其结构特点：清洗泵采用小流量高压往复式柱塞泵，A型单向阀、B型单向阀设计为双重单向阀。

（4）阀箱组件。主要包括阀箱、阀组件、阀座、出入口阀簧、吸排管。阀箱分为吸入箱、排出箱一体和分体两种。阀压盖采用粗牙螺纹，阀组件结构为橡胶密封圈式。

4 灰渣泵由哪些部件组成？

答：灰渣泵一般由泵盖、泵壳、叶轮、轴承组件、轴套、前护板、后护板、护套、填料箱、密封圈等组成，如图30-1所示。

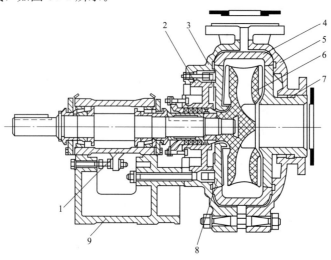

图 30-1 灰渣泵结构示意图

1—轴承组件；2—填料箱；3—泵体；4—护套；5—泵盖；6—叶轮；7—前护板；8—后护板；9—托架

5 渣浆泵填料轴封的组成有哪些？

答：渣浆泵填料轴封一般由填料箱、轴套、定位套、密封圈、填料、水封环、填料垫、填料压盖等组成。

6 简述水力除灰系统的分类及其特点。

答：水力除灰系统一般有两种分类方式，按照输送方式分为灰渣分除和灰渣混除两种类型；按灰渣输送浓度又有高低浓度之分。根据不同的组合方式，具有以下组成与特点：

（1）低浓度灰渣混除系统。锅炉排渣设备排出的炉渣通过渣沟进入灰渣池，除尘器排出的细灰通过灰沟也进入灰渣池，灰与渣混合后由灰渣泵输送到灰场。灰渣泵一般选用PH泵、PB泵、沃漫泵等。该系统耗水量大，小机组采用较多，一般大机组不宜采用。

（2）高浓度灰渣混除系统。锅炉排渣设备排出的炉渣通过渣沟进入渣浆池，再由渣浆泵提升到振动筛，经过振动筛分选后，细渣进入浓缩机，粗渣由汽车运走，综合利用。除尘器排出的灰通过灰沟进入灰浆池，再由灰浆泵提升到浓缩机。进入浓缩机的灰渣经过浓缩后成为高浓度灰渣，由高浓度灰渣输送设备排往灰场。浓缩机溢流水循环用于冲灰和冲渣。高浓度灰渣输送设备一般选用隔离泵、柱塞泵或渣浆泵多级串联，由于这些设备一般对渣浆的颗粒有要求，所以该系统必须装设粗细渣分离设备。该系统虽然结构复杂，设备较多，但耗水量小，而且可以防止或减少管道结垢，实现远距离稳定输送。因此，比较适合大、中型火力发电厂的除灰系统。

（3）低浓度灰渣分除系统。除渣方式有两种，一种是将锅炉排渣设备排出的炉渣经过自流渣沟进入沉渣池，沉淀后，用抓斗抓，用汽车或用其他机械方式运走；另一种方式是炉渣经过渣沟进入渣池，再由渣浆泵提升到脱水渣仓，脱水后的清水流入沉淀池，沉淀后的细渣再打回脱水渣仓再次脱水，清水直接用于冲灰、冲渣。脱水后的渣用汽车运走。除尘器排出的灰被冲灰水冲入灰浆池，再由灰浆泵排入灰场。灰浆泵根据灰浆排送阻力，可选用单级或多级串联。该系统结构复杂，耗水量大，但可充分减轻渣浆对灰渣管道的磨损。

（4）低浓度渣、高浓度灰的灰渣分除系统。除渣方式与低浓度灰渣分除系统相同。除灰方式是除尘器排出的灰被冲灰水带入灰浆池，再由灰浆泵提升到浓缩机，浓缩后的高浓度灰浆由高效输灰设备排往灰场，溢流水循环用于冲灰、冲渣。该系统既节省水，又能减轻渣浆对灰渣管道的磨损，并且对高效输灰设备隔离泵或柱塞泵的磨损较轻，有利于设备稳定运行，是一套比较成熟可靠的除灰系统。我国火力发电厂中采用水力除灰系统的，较为普遍地选用该系统。

7 简述卸灰装置及其工作原理。

答：卸灰装置一般由电动锁气器、下灰管（含伸缩节）、水封箱（或搅拌桶）、地沟及激流喷嘴组成。卸灰装置流程比较简单，它的流程为储灰斗-电动锁气器（旋转式给料器）-下灰管-水封箱（或搅拌桶）-地沟-灰浆池。卸灰装置中核心设备为电动锁气器（旋转式给料器）、水封箱（搅拌桶）。

其工作原理为：

（1）水封箱的工作原理为：进入箱内的冲灰水，沿着箱壁的切向引入，由此产生的旋涡，可将落入的细灰很快搅拌，混合成灰浆排出。它的作用是：除将干灰浸湿、混合成灰浆外，还可起到水封的作用，阻止外部空气漏入除尘器。

（2）搅拌桶主要用于电场高浓度水力输送系统。安装在灰斗或灰库下，将粉煤灰加水搅拌成高浓度的灰浆。该设备也适用于化工、矿山、建材等部门做浆体搅拌用。

其原理为：储灰斗中的粉煤灰由筒体上部的进灰口进入搅拌桶，同时进入桶内的冲灰水，利用叶轮的转动产生旋涡状运动，将落入的细灰搅拌，混合成灰浆排出。

搅拌桶由桶体、传动系统、搅拌轴、叶轮、进出口管道组成。传动系统位于桶体的上部，由电动机通过皮带直接带动搅拌轴，结构简单，维修方便。由于搅拌轴是悬臂受力，上部轴承箱的高度适当加大，以增加其稳定性。并且轴承座采用复合型结构，既可承受轴向力，又可承受径向力。叶轮采用辐射形螺旋叶轮结构，搅拌均匀。

（3）旋转式给料器。外壳与转子间间隙较小，利用干灰密封，避免外部空气进入除尘系统。另外，进入给料器的干灰，因其性质比较稳定，流动性好。所以，在定速的情况下，给料均衡，可定量供料。

8 简述浓缩机系统组成部分及其工作原理。

答：浓缩机主要由槽架、来浆管、中心传动架部分、传动机构、中心筒、分流锥、大耙架、小耙架、耙齿、底耙传动齿条、耙架连接件、中心柱、轨道、溢流堰等部件组成。

浓缩机是一种节水环保设备，它是利用灰渣颗粒在液体中沉淀的特性，将固体与液体分开，再用机械方法将沉淀后的高浓度灰浆排出，从而达到高浓度输送及清水回用。灰浆浓缩的过程：灰浆沿槽架通过来浆管经中心支架部分的中心筒流入浓缩池，流入池中的灰浆，较粗的颗粒直接沉入池底，较细的灰粒随溢流水沿四周扩散，边扩散边沉淀，使池底形成锥形浓缩层。转动耙架的耙齿刮集沉淀后的灰浆到池中心，经排料口进入泵的入口排出，已澄清的清水沿溢流槽流到回收水池。这样就完成了浓缩的全过程。

9 简述渣浆泵系统组成部分及其工作原理。

答：渣浆泵系统一般由离心式渣浆泵、灰浆池、阀门及管路组成。离心泵的工作原理为当离心泵的叶轮被电动机带动旋转时，充满于叶片之间的流体随同叶轮一起转动，在离心力的作用下，流体从叶片间的槽道甩出，并由外壳上的出口排出，而流体的外流造成叶轮入口间形成真空，外界流体在大气压作用下会自动吸进叶轮补充。由于离心泵不停地工作，将流体吸进压出，便形成了流体的连续流动，连续不断地将流体输送出去。

离心泵主要由泵壳、叶轮、轴、轴承装置、密封装置、压水管、导叶等组成。离心泵通常在使用时要设计轴封水装置，它的作用：当泵内压力低于大气压力时，从水封环注入高于一个大气压力的轴封水，防止空气漏入；当泵内压力高于大气压力时，注入高于内部压力 $0.05\sim0.1MPa$ 的轴封水，以减少泄漏损失，同时还起到冷却和润滑作用。

10 简述采用排渣槽方式除渣的系统组成及其结构特点。

答：中小型固态排渣煤粉炉一般采用水力排渣槽排渣，排渣槽装在炉膛冷灰斗下部，有单面排渣、两端排渣等形式。排渣槽内部的直壁部分用耐火材料衬砌，槽底则用铸铁块或铸石铺成，为便于冲渣做成倾斜式，倾角一般在 $45°$ 左右。在槽内的上部，四周装有淋水喷嘴，喷水后成为水幕使落入槽内的炽热炉渣熄灭、冷却，而不至于在存渣过程中黏成大块。在槽壁上部装有供检修时进入炉内的人孔门和运行中检查的观察孔，有的还开有将渣块直接除至灰渣车的紧急出渣口，装有蜗轮蜗杆或用活塞装置控制的出渣门，该门要具有良好的严密性，以防止在不除渣时冷风从此处漏入炉膛内。在出渣门相对的一侧槽壁上，还装有与槽底相平行的辅助喷嘴，以便将槽底上的炉渣彻底冲掉。为了保证除渣时的安全，出渣门外装有罩壳。冲灰喷嘴则装在罩壳内出渣门的下口处，该喷嘴由装在罩壳外侧的拉杆操纵，而且在冲渣时能够沿着出渣口的宽度往复摆动，以便在通水或打开出渣门后能将槽底的灰渣较均匀地冲出。在出渣门罩壳内的灰渣沟上口装有格栅，栅孔的尺寸为 $100mm×100mm$，以便将大的渣块分离下来，用人工打碎后再进入灰渣地沟排走。

第二节 气力除灰设备

1 仓式气力输送泵的作用和类型有哪些？

答：仓式气力输送泵（简称仓泵）是正压气力输送系统的主要设备，主要作用是储存干灰并将其输送到灰库内。

仓泵的主要类型有：下引式仓泵和流态化仓泵两种。

2 简述下引式仓泵的结构组成及工作特点。

答：下引式仓泵主要是由带锥底的罐体、进料阀、逆止阀、料位装置、排料斜喷嘴和供气管等组成，如图 30-2 所示。

下引式仓泵中送入的压缩空气有一、二次压缩空气和背压空气三种。一次空气从喷嘴吹入，将物料送入输送管道；二次空气从环形喷嘴送入，用以调整混合比，同时物料加速；背压空气经泵体上部气孔送入，作为罐内平衡压力，使物料容易流出。下引式仓泵的输出管从泵体下部斜向引出，输出管入口在仓泵底部的中心，所以不需要物料悬浮，靠重力和空气流就可以将物料送入管内，物料浓度很高。利用二次空气可以适当进行稀释，避免因物料浓度过大，造成堵管。

3 简述流态化仓泵的结构组成、工作原理及工作特点。

答：流态化仓泵由给料器、进料阀、料位计、环形喷嘴、出料管、出料阀、多孔板、汽化室、单向阀、进气阀、吹堵阀等部件组成，如图 30-3 所示。

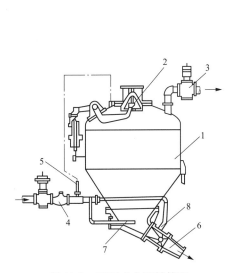

图 30-2　下引式仓泵结构及
工作原理示意图
1—泵体；2—锥形钟阀；3—装料排气阀；
4—逆止阀；5—加压气管；
6—出料口；7、8—喷嘴

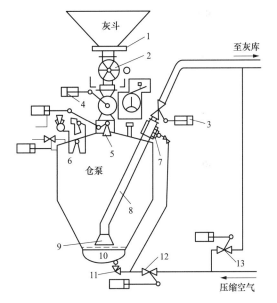

图 30-3　流态化仓泵的结构及工作原理示意图
1—闸板阀；2—电动锁气器；3—出料阀；
4—给料阀；5—进料阀；6—料位计；7—环形喷嘴；
8—出料管；9—多孔板；10—汽化室；
11—单向阀；12—进气阀；13—吹堵阀

其工作原理是：当排气阀开启后，顺序开启进料阀和给料器，开始进料。料满时，料位计发出信号，及时关闭给料器，延时关闭进料阀及排气阀，进料停止。接着开启进气阀，压缩空气经汽化室汽化板和环形喷嘴分两路进入泵体，汽化物料，同时泵体内压力上升，电接点压力表达到整定压力值时，自动打开出料阀，此时流态化物料被压送入出料管，经环形喷嘴喷入的空气稀释，加速进入输送管道，送入灰库，泵体压力下降至纯空气大气压，出料阀

中级工

自动关闭，一次送料完成，接着下一次循环开始。调节可调单向阀，可以调节二次风量配比和输送浓度，以达到经济、稳定状态。

流态化仓泵是一种从罐底均匀进风的仓式泵，排料管从上部引出，罐底采用多孔的汽化板。因而罐体底部的细灰能够得到更好的搅动，成为便于输送的流化状态，从而可以提高输送灰气比和输送能力。由于流态化仓泵输送细灰所需的风量相对减少，所以输送的阻力降低，管道的磨损也能减轻。

4 罗茨风机的工作原理是什么？

答：罗茨风机是容积式鼓风机的一种，在气力除灰系统中主要为微正压气力输灰系统提供输送力。它由一个近似椭圆形的机壳和两块墙板包容成一个汽缸（机壳上有进气口和出气口）。一对彼此相互啮合（因为有间隙，实际上并不接触）的叶轮通过定时齿轮传动以等速反向旋动，借助两叶轮的啮合，使进气口与出气口相互隔开。在旋转过程中，无内压缩地将汽缸容积内的气体从进气口推移到出气口。两叶轮之间，叶轮与墙板以及叶轮与机壳之间均保持一定的间隙，以保证风机的正常运转，如果间隙过大，则被压缩的气体通过间隙的回流量增加，影响风机的效率；如果间隙过小，由于热膨胀可能导致叶轮与机壳或叶轮相互间发生摩擦碰撞，影响风机正常工作。

5 灰库的组成结构有哪些？

答：灰库一般三座为一组，两座粗灰库，一座细灰库，可相互切换。每座灰库的顶部均设两套高效率反脉冲布袋过滤器和真空释放阀；每座灰库底部均设有汽化槽装置，使飞灰呈流化状态，每座灰库底部设有 2~3 个卸料口，卸料口下还装有加湿搅拌机或干灰散装机。

6 汽化装置的作用是什么？

答：汽化装置主要由碳化硅和金属箱体组成，它们之间用硅橡胶密封，压缩空气通过装置底部接管引入，透过汽化板，均匀地进入料层，使仓斗内的物料呈松散状态，并充分流态化，从而避免物料在仓斗内的"架拱""搭桥"现象，增加物料的流动性，保证生产连续、稳定、安全运行。

7 简述空气斜槽的构造、工作原理及特点。

答：空气斜槽的外壳是用钢板焊制的矩形密封槽道，从进料端向出料端略微倾斜布置，槽道内被多孔板分隔为上、下两层，上层为输料层，下层为空气室，输送介质为空气。

当空气穿过多孔板均匀地进入输料层后，使料层上细灰流化而悬浮起来，此时细灰的流动性增加，呈现出类似液体流动的状态，在一定的倾斜度下，由于细灰自身的重力作用，将沿倾斜的方向流动，从而达到输送的目的。

空气斜槽结构简单，无易磨损件，并且输送层还能带负荷启动，输送时不易堵塞，消耗功率小，密封较容易，因而制造和运行维护都比较方便。

8 斗提机的结构及工作原理是什么？

答：斗提机即斗式提升机，其主要结构由机头部分、下料漏斗、链与斗、机尾部分、传动装置、中间节壳体等部分组成。

斗提机的上部传动链轮是具有 V 形凸面的摩擦轮，链条则由具有 V 形槽的链接头与链板连接而成。斗子的提升是靠链接头与摩擦轮的 V 形面接触而产生的摩擦力带动的，斗子用螺栓连接在两条并列的链子对应的链接头上。电动机通过减速机将力传动到主轴，使主轴上的链轮旋转，从而借助与链接头的摩擦力带动了链与斗。从尾部进料管进入的物料被运动的斗子所舀取，绕经上链轮落入到下料漏斗，经由卸料溜子而后卸出。

9 斗提机滚柱逆止器的结构及其工作原理是什么？

答：斗提机滚柱逆止器主要由外套、挡圈、滚柱、星轮及压簧等组成，如图 30-4 所示。

外套固定在支架上，支架则与传动底座固定，是不动体。星轮用键连接在减速机的低速轴上，星轮的外圆与外套的内孔为动配合，星轮上有 6 个三角缺口与外套内圆形成 6 个楔形空间，滚柱两端用挡圈挡住，压簧固定在楔形空间的大端面上。当斗提机正常工作时，减速机轴按工作方向旋转，滚柱与外套间产生的摩擦阻力使滚柱压迫压簧，滚柱则处于楔形空间的大端处，不影响轴的

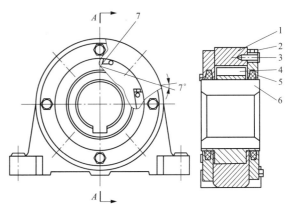

图 30-4　斗提机滚柱逆止器结构示意图
1—外套；2—挡圈；3—螺栓；4—滚柱；
5—密封；6—星轮；7—压簧

旋转。当轴反转时，滚柱与外套间的摩擦阻力将滚柱推向楔形空间的尖部，在星轮与外套之间楔住，从而制止了轴的旋转，使斗提机的链与斗不发生倒转。

10 埋刮板输渣机由哪些部件组成？有何特点？

答：埋刮板输渣机由动力端减速机、机槽、链条、链接头、链轮、张紧装置、进出料管、刮板等组成。

埋刮板输渣机的特点是：结构简单，转速低，耐磨损、耐腐蚀，运行可靠稳定。

11 简述气力输灰输送超时的现象、原因及处理。

答：气力输灰输送超时的现象：
(1) PLC 柜。对应仓泵无显示，对应输送阀指示灯闪烁。
(2) 仓泵。自动（故障指示灯闪烁）。
输送超时的原因：
(1) 输送管道长，导致输送时间超过设定值。
(2) 输送时，压力不稳定。
(3) 粉煤灰粗且潮湿。
(4) 仓泵气化室气化板堵塞，损坏。
输送超时的处理：
(1) 修改输送时间，最大 999s。

（2）稳定压力。

（3）如果输送压力稳定且不高，利用排堵管直通阀门进行继续输送，直至疏通。

（4）如果输送压力高，接近堵管压力，利用排堵管进行手动排灰：关闭防堵自动进气一路球阀-打开防堵直通进气球阀，给输送管道再充压到无声-打开往电除尘的排堵球阀到无声-关闭往电除尘的排堵球阀-打开防堵直通球阀，给输送管道再充压到无声-打开往电除尘的排堵球阀到无声，反复多次直至输灰管排通。

第三十一章

水力及气力除灰设备检修

第一节　多级离心泵检修

1　多级泵如何解体？

答：多级泵解体可按以下步骤进行：

（1）测量记录设备解体前的必要数据。

（2）拆除联轴器、出入口连接管。

（3）轴承箱解体，检测记录必要的间隙数据。

（4）高低压侧密封装置解体。

（5）拆除泵体螺栓，拆除泵轴上的轴套、定位套。

（6）由出水段开始逐级拆除各级中段、叶轮、键，同时测量记录叶轮窜动值。

（7）将轴从泵体中取出，解体出入水段、各级中段。

2　多级泵大修主要进行哪些工作？

答：多级泵大修主要进行以下工作：

（1）清理检查轴承、轴承箱，换油，调整间隙，必要时更换部分部件。

（2）检查密封装置，更换轴套。

（3）检查调整动静平衡，必要时更换。

（4）检测叶轮、叶轮密封环磨损情况，根据实际情况进行修复或更换。

（5）清理检测出入水段、中段、密封环、导叶磨损腐蚀情况，根据实际情况进行修复或更换。

（6）检测泵轴的磨损、腐蚀情况，测量校正弯曲。

（7）调整叶轮总窜动和分窜动。

（8）检修与泵连接的系统、管道阀门以及泵的附属部件。

（9）调整对轮间隙，找正。

（10）检查泵体螺栓、连接螺栓、地脚螺栓。

（11）打压检查各个密封面的渗漏情况。

3　多级泵检修工艺的要求是什么？

答：多级泵检修工艺的要求是：

中级工

（1）轴承压盖，轴承体不得有裂纹或磨损深槽。

（2）锁紧螺母和轴上的螺纹应完好，泵体螺栓螺纹应完好。

（3）平衡环、平衡盘磨损量不超过原厚度的 1/3，叶轮径向磨损不大于 4mm。

（4）叶轮、导叶磨损量不超过原厚度的 1/3，各套外周不应磨损有明显的沟槽，外径磨损量应小于 4mm，轴套端面偏差不超过 0.01mm，磨损量小于 1.0mm。

（5）轴的弯曲度，圆度、圆柱度小于 0.05mm。

（6）轴套、叶轮、平衡鼓两端面跳动不大于 0.01mm，轴套、叶轮、平衡盘、平衡鼓以及挡套的配合间隙为 0.012～0.069mm，平衡盘端面对泵中心线的跳动小于 0.05mm。

（7）密封环端面跳动不大于 0.12mm，密封环与叶轮入口间隙不大于 0.40mm，叶轮径向跳动小于 0.05mm，导叶套与轴间套的间隙为 0.50mm，各段泵壳间的加垫厚度为 0.40～0.50mm。

（8）未装平衡机构时转子轴向总窜动为 5～8mm，平衡盘间隙为 0.50～0.80mm。

（9）平衡室与泵体间无泄漏，平衡室出水孔通畅。

4 多级离心泵采用平衡盘平衡轴向力时对平衡装置有何要求？

答：多级离心泵采用平衡盘平衡轴向力时要求平衡盘与平衡环不得有磨损沟槽，否则应用研磨砂研磨。若沟槽很深时，可以在车床或磨床上机加工，平衡盘与平衡环的接触率应在 75% 以上。平衡盘与平衡环的窜动间隙可通过加垫或车削的方式进行调整。

5 多级泵的平衡管有什么作用？

答：水泵为多级离心泵的情况下，在工作时，由于水泵的出口和入口之间压差很大，这样就会产生一个由出口侧（高压侧）沿轴向向入口侧（低压侧）的轴向推力，在该轴向推力的作用下，水泵的转子产生轴向位移，方向也由出口侧向入口侧移动。为平衡水泵在工作时产生的轴向推力，控制轴向位移在水泵的动、静间隙安全范围内，所以在水泵的高压侧末级叶轮后装有平衡盘装置，引用高压侧出水的压力来顶住装在水泵转子上的平衡盘，进而平衡水泵工作时产生的轴向推力，控制轴向位移。高压水泵最后通过这个平衡管，回到水泵的入口，这个平衡管，一端接在泵的入口处泵体上，另一端接在泵体出口处（该处即为平衡盘装置）。

6 离心泵的构造怎样？其工作原理是什么？

答：离心泵主要由转子、泵壳、密封防漏装置、排气装置、轴向推力平衡装置，轴承与机架（或基础台板）等构成，转子又包括叶轮、轴、轴套、联轴器、键等部件。

离心泵的工作原理是：当泵叶轮旋转时，泵中液体在叶片的推动下，作高速旋转运动。因受惯性和离心力的作用，液体在叶片间向叶轮外缘高速运动，压力、能量升高。在此压力作用下，液体从泵的压出管排出，与此同时，叶轮中心的液体压力降低形成真空，液体便在外界大气压力作用下，经吸入管吸入叶轮中心。这样，离心泵不断地将液体吸入和压出。

7 离心泵的出口管道上为什么要安装止回阀？

答：逆止阀也称为止回阀，它的作用是在该泵停止运行时，防止压力水管路中液体向泵内倒流，致使转子倒转，损坏设备或使压力水管路压力急剧下降。

8　为什么有的泵的入口处装有阀门，有的不装阀门？

答：一般情况下吸入管道上不装设阀门。但如果该泵与其他泵的吸水管相连接，或水泵处于自流充水的位置（如水源有压力或吸水面高于入水管），都应安装入口阀门，以便设备检修时的隔离。

9　为什么离心泵在打水前要灌水？

答：当离心泵进水口水面低于其轴线时，泵内就充满空气，而不会自动充满水。因此，泵内不能形成足够高的真空，液体便不能在外界大气压力作用下吸入叶轮中心，水泵就无法工作。所以，必须先向泵内和入口管内灌满水，排尽空气后才能启动。为防止引入水的漏出，一般应在吸入管口装设底阀。

第二节　灰渣泵检修

1　金属内衬灰渣泵的叶轮间隙如何调整？

答：调整叶轮间隙时，首先松开压紧轴承组件的螺栓，调整螺栓上的螺母，使轴承组件整体向泵体的入口方向移动，同时按泵转动方向转动泵轴，直到叶轮与前护板摩擦为止，这时只需将前面拧紧的螺栓放松半圈左右，再将调整螺栓上前面的螺母拧紧，使轴承组件后移，此时叶轮与前护板的间隙在 $0.8\sim2.0$ mm，或者用百分表测量调整间隙到 $0.8\sim2.0$ mm 之间也可。间隙调整后，拧紧所有螺栓即可。

2　灰渣泵的检修有何工艺要求？

答：灰渣泵对检修工艺有以下要求：

（1）叶轮磨损不超过原厚度的 1/3，无裂纹，螺纹完好无损。

（2）护板、护套无裂纹，磨损厚度不超过原厚度的 1/2。

（3）轴套磨损不超过 1.0mm。

（4）主轴无裂纹、腐蚀、磨损，主轴弯曲小于 0.05 mm/m，全长小于 0.10 mm。

3　灰渣泵轴承使用寿命短的原因是什么？

答：灰渣泵轴承使用寿命短的原因可从以下几个方面分析：电动机轴与泵轴中心不对中；轴发生弯曲；泵内有摩擦；叶轮失去平衡；轴承内进入异物；轴承装备不合理。

4　灰渣泵停运前为何要用清水冲洗？

答：灰渣泵停运前，灰水混合物排出管外后，应再用清水进行冲洗，为的是将泵内及管道内的渣全部冲出去，防止灰渣在泵内和除灰管道内沉淀。冲洗干净后将阀门关闭严密，以防除灰管道内的灰渣浆向泵内倒流，在出口处形成沉淀物，造成灰渣泵启动困难。

5　如何调整灰渣泵叶轮与前护板之间的间隙？其值对泵的性能有何影响？

答：在安装或更换叶轮时，要仔细调整灰渣泵叶轮与前护板之间的间隙，以调整轴承箱

中级工

外大轴上的圆螺母作为叶轮定位的粗调整，以轴封处两只圆螺母作为细调整。间隙值按制造厂要求或检修工艺规程规定控制。

叶轮与前护板间隙值的大小对灰渣泵的性能有很大的影响。间隙过大时泄漏量增加，会使泵的出口扬程降低；而间隙过小时，容易引起动、静部分的摩擦，影响灰渣泵的正常运行。

第三节　仓　泵　检　修

1　气动阀汽缸的检修项目有哪些？

答：气动阀汽缸的检修项目有汽缸缸筒的检查；汽缸密封件的检修更换；活塞、连杆的检修、更换；汽缸端盖的检查等。

2　简述气动阀汽缸的检修程序及质量要求。

答：（1）拆下汽缸两端的连接螺栓，拆掉缸体、端盖、活塞总成，清洗表面油污。

（2）检查端盖，更换密封圈及轴封、防尘圈，检查汽缸连杆。汽缸组件表面应干净，无污物，端盖进、出气口无杂物堵塞。

（3）密封件不得有损坏、变形，密封表面不得有裂纹、磨痕等缺陷，活塞无缺口、裂纹，汽缸连杆弯曲不得超过 0.02mm。

（4）组装活塞、连杆及密封件。组装缸体、活塞总成、端盖，密封件安装时注意方向正确。

（5）汽缸连杆接头若为螺纹时，清洗后应涂润滑脂防锈。

（6）装配过程中，要保持组件清洁，缸内无杂物。

（7）汽缸进、出口螺纹不得有损伤，汽缸连接螺栓应无损伤或锈蚀。

3　如何对球形气锁阀进行检修维护？

答：上、下阀杆应定期进行润滑，两侧油嘴应定期注入钼基 3 号润滑脂，随时检查压力表压力变化，发现压力下降后应及时检查更换密封圈。

4　如何更换球形气锁阀密封圈？

答：由于密封圈的材质为橡胶，在高温和磨损的状态下，易发生老化和损坏。所以应定期更换。更换密封圈时，松开主、副阀体之间的螺栓，取下副阀体，取出密封圈和衬环，更换新的密封圈，把密封圈和衬环重新装入副阀体中，装好 O 形圈，紧好主、副阀体间的螺栓。

5　球形气锁阀关闭不严时如何处理？

答：球形气锁阀关闭不严时处理方法如下：

（1）若球体位置不对中，则应调整气动装置，使球体位置处于正中，气动装置处于"关"位。

（2）若密封圈破损，应更换损坏的密封圈。

（3）当密封圈不充气时，检查气路，检查电磁换向阀是否损坏并更换已损坏的部件。

中级工

第三十二章

除渣设备检修

第一节　捞渣机、输渣机、碎渣机检修

1 刮板式捞渣机刮板及圆环链的检修质量标准主要有哪些要求?

答：刮板式捞渣机的刮板及圆环链的检修质量标准如下：

（1）链条（链板）磨损超过圆钢直径（链板厚度）的1/3时应更换。

（2）刮板变形、磨损严重时应更换。

（3）柱销磨损超过直径的1/3时应更换。

（4）两根链条长度相差值应符合设计要求，超过时应更换。

（5）刮板链双侧同步、对称，刮板间距符合设计要求。

2 旋转碗式捞渣机本体的检修有何要求?

答：对旋转碗式捞渣机本体检修的要求如下：

（1）检查捞渣机转子柱销磨损情况，测量杆轴与大齿轮的啮合间隙，并做好记录。要求转子柱销的磨损量小于5mm，柱销大齿轮的啮合间隙符合设备设计规范。

（2）检查犁刀磨损，测量间隙，犁刀磨损量应小于5mm。

（3）检查壳体、密封门磨损及密封橡皮，壳体、密封门磨损及密封橡皮应完整、无破损，无漏渣、漏水。

3 简述螺旋式捞渣机本体的检修步骤。

答：螺旋式捞渣机本体检修的步骤为：

（1）拆卸联轴器、上轴承，进行清理检查。

（2）拆卸修理或更换轴瓦。

（3）清理检查转子，根据损坏情况进行补焊。

（4）转子需要更换时，将上部拉筋、破碎箱、端盖拆除，吊出转子。

（5）检修人孔门、放水孔、溢水管。

（6）检查灰箱及衬板的磨损腐蚀情况。

（7）清洗检查轨道轮，更换润滑脂。

（8）灰箱、槽体刷防腐漆。

中级工

303

（9）组装转子、轴瓦、上轴承及联轴器。

4 螺旋式捞渣机本体检修质量标准主要有哪些要求？

答：螺旋式捞渣机本体检修质量标准主要要求：

（1）轴瓦允许最大间隙不大于 4mm。

（2）转子与筒体允许最小间隙 5mm，允许最大间隙 25mm。

（3）螺旋翼厚度磨损不超过原壁厚 1/2 时应补焊，超过的应更换。

（4）灰箱腐蚀磨损不超过原钢板厚度的 1/2。

（5）衬板磨损量不超过原壁厚的 1/2。

5 刮板式捞渣机如何进行日常检查维护和预防性检修？

答：对刮板式捞渣机进行的日常检查维护，应每班（6～8h）检查一次，检查中尤其要注意对链条的紧力（分配器压力表的压力指示）、注油器的工作情况和溜槽内的水位进行检查。

预防性检修至少应在设备运行 12 个月时安排进行一次，项目主要有调整辅助传动装置链条的紧力；更换所有磨损或损坏的零件；对机械装置进行检查或调整。

6 埋刮板输渣机的小修项目有哪些？

答：埋刮板输渣机的小修项目如下：

（1）检查调整链条张紧装置，必要时拆取部分链条，保持链条的适当紧力；链条张紧装置涂抹润滑脂。

（2）检查更换减速机密封、润滑油及检查轴承，链条磨损情况。

（3）检查滚轮磨损情况，滚轮轴承清洗加油。

（4）检查刮板、连接螺栓的磨损情况，必要时更换。

7 埋刮板输渣机的大修项目有哪些？

答：埋刮板输渣机的大修项目如下：

（1）全面清理机槽，检查机槽磨损情况，必要时更换。如机槽装有衬板，应检查更换磨损严重或破损的衬板。

（2）解体检修减速机，检查轴承，清理油箱，更换润滑油及全部密封。

（3）检修更换链条、链轮、链轮轴承、刮板、连接螺栓。

（4）解体清洗链条张紧装置，涂抹润滑脂。

（5）检查进、出料管的磨损情况，损坏应及时修复。

8 刮板输渣机的验收要点有哪些？

答：刮板输渣机的验收要点如下：

（1）链条紧力适中，张紧装置灵活可靠。

（2）链轮转动灵活、平稳，无卡涩现象。

（3）链条能够在链轮上随链轮均匀行进，不发生拖动现象。

（4）减速机运转平稳，无异常声响，油位适当，温升不超过 25℃。

（5）刮板安装牢固，在运行中无偏移、磕碰现象。

9 碎渣机大小修时的检修内容有哪些？

答：碎渣机小修应 6～8 个月进行一次，小修中应根据实际情况检查轴承并加油；疏通轴封水管；减速装置检查、加油；调整链条等，必要时更换部分零部件。

碎渣机大修应 2 年进行一次，检修内容：轴承的检查、清洗换油或更换；检查或更换轴套；检查疏通密封水管及水封环；检查碎渣机轧辊、轴损坏的情况；减速装置检修；检查紧固基础螺栓等。

10 碎渣机的检修质量有何要求？

答：碎渣机检修质量要求：轴的晃动值小于 0.04mm；轴套表面光滑，磨损沟槽深度超过 0.50mm 的应更换；齿辊与颚板间隙为 15～25mm；齿高磨损小于 10mm；钢板腐蚀磨损剩余厚度小于 3mm 的应补焊。

11 渣仓检修验收有哪些要求？

答：渣仓检修验收有以下要求：
（1）仓壁磨损超过原壁厚的 2/3 时，应挖补更换。
（2）仓体无漏水、漏渣现象。
（3）各个支架、支柱、楼梯、平台、栏杆安全可靠。
（4）溢流堰缺口水平偏差小于 2mm。

第二节 斗提机检修

1 斗提机的日常检查维护内容有哪些？

答：斗提机的日常检查维护有以下内容：
（1）检查链子的销轴、链板与链接头有无断裂。
（2）检查连接螺栓以及上下链轮的轮毂和半摩擦轮之间的螺栓有无松动。
（3）检查链子的张紧度是否适宜。
（4）检查有无物料堆积在尾部。
（5）检查各个润滑点的润滑情况。

2 斗提机的检修内容有哪些？

答：斗提机检修时主要对销轴、链板、链接头、半摩擦轮、斗子、滚子轴承、滚柱逆止器等易损件进行检查更换，其中易损零件的使用周期应根据制造质量和输送物料对零件的磨损性决定。检修时注意检查销轴卡板的固定螺栓、斗子与链接头的连接螺栓以及上下链轮的轮毂与摩擦轮之间的连接螺栓有无松动、损坏。在更换链子时，要将左右对应的链节同时更换，被换下来的没有损坏的零件经过检测后，可重新组成链节备用。

3 斗提机检修验收时应注意哪些事项？

答：斗提机检修验收时应注意如下事项：

（1）斗提机各个零部件、减速机等必须经过检验合格后方可使用。

（2）斗提机在检修、安装后需要进行空车试验不小于 8h，检查是否符合要求，然后再进行 24h 带负荷试运行。

（3）在试运行时电动机温度不得超过 40℃，轴承温度不得超过 65℃。

（4）检查斗子运转是否正常，如产生过大摆动，甚至磕碰机壳时，应立即进行检查。检查后若未发现上、下轴及链条间距的安装问题及调整不当的情况时，可检查链板、链接头、斗子是否符合设计要求，直至找出问题所在，予以消除，重新试运验收。

第三节 空压机检修

1 活塞式空压机润滑系统检修有哪些步骤和要求？

答：活塞式空压机润滑系统检修的步骤和要求是：

（1）解体清洗检查油泵滤油器、滤网应完整，隔板方向正确。

（2）检查齿轮磨损、啮合情况，测量调整间隙，并做好记录。各部分间隙应符合设备厂家的规定。在没有资料规定时，要求齿面磨损不超过 0.75mm，齿轮啮合时的齿顶间隙与齿背间隙均为 0.10～0.15mm，最大不超过 0.30mm，啮合面积为总面积的 75％以上。

（3）测量轴套间隙、齿轮与泵壳的轴向、径向间隙。一般要求齿轮与泵壳的径向间隙不大于 0.20mm，轴向间隙为 0.04～0.10mm，顶部间隙为 0.20mm。

（4）清洗连杆油孔及油管。清洗所有油系统部件，可使用软布、面团等材料，禁止使用棉纱等容易散落的材料清洗，清洗后应用空气吹净。

2 活塞式空压机曲轴和主轴承检修有何工艺要求？

答：活塞式空压机曲轴和主轴承检修工艺要求如下：

（1）检查曲轴轴颈的磨损情况，测量圆度和圆锥度，轴颈磨损不大于 0.22mm，圆度和圆锥度不超过 0.06mm；轴颈表面有深度大于 0.10mm 的划痕时必须处理消除。

（2）检修轴承并测量各个部位的配合间隙，轴承外套与端盖的轴向推力间隙为 0.20～0.40mm，内套与轴的配合紧力为 0.01～0.03mm。

（3）研刮主轴瓦，要求瓦顶间隙为 0～0.02mm，曲轴与飞轮的配合紧力为 0.01～0.03mm。

（4）清洗曲轴油孔并用压缩空气吹净，曲轴油孔应畅通，无杂物。末端密封严密不漏。

（5）平衡锤固定牢固，配合槽结合严密。

3 活塞式空压机活塞环的检修工艺要求有哪些？

答：活塞式空压机活塞环的检修工艺应符合以下要求：

（1）活塞环与槽的轴向间隙为 0.05～0.065mm，最大不超过 0.10mm，活塞环在汽缸内就位后，接口有 0.5～1.5mm 的间隙。

（2）活塞环不得有断裂或过度擦伤，不应丧失应有的弹性；活塞环径向磨损不大于 2mm，轴向磨损不大于 0.2mm；活塞环在槽中两侧间隙不大于 0.30mm；活塞环外表面与汽缸面应紧密结合，配合不良形成间隙的总长度不超过汽缸圆周的 50%。

4　如何组装活塞式空压机活塞？

答：活塞式空压机活塞的组装有以下几个步骤：

（1）将连杆和活塞进行组合，压入活塞销并封好弹簧销扣。

（2）装活塞环和油封环，再从下部装入活塞，每装好一组活塞，就应盘车检查其灵活性，待全部安装完后，再盘车检查连杆小头在活塞销上的位置。

（3）按垫片记号与厚度记号组装曲轴下瓦。

（4）测量活塞上的死点间隙。

（5）组装轴封、端盖和飞轮。

5　活塞式空压机活塞组装有何工艺要求？

答：活塞式空压机活塞的组装应满足下列要求：

（1）活塞环之间的接口位置应错开 120°，开口销安装正确。

（2）螺栓紧力一致，垫片倒角方向正确。

（3）活塞上死点间隙一级为 1.7~3mm，二级为 2~4mm。

（4）毛毡轴封与轴结合，松紧适当，接口为 45°斜口。

（5）飞轮装配时，加热温度不超过 120℃，键与键槽两侧无间隙，顶部有 0.20~0.50mm 的间隙；连杆活塞转动灵活，轴向窜动灵活。

6　螺杆式空压机转子部分的检修有何工艺要求？

答：螺杆式空压机转子部分的检修应满足以下工艺要求：

（1）主、副转子长度差不大于 0.10mm。轴封低于轴承座平面 0.13mm。

（2）齿轮表面无麻点、断裂等缺陷，键与键槽无滚键现象。

（3）转子两端轴向间隙之和符合规定，总间隙为 0.23mm，进气端间隙为 0.15mm，排气端间隙为 0.08mm。转子间隙分配：出口侧 2/3 总间隙，入口侧 1/3 总间隙。

（4）联轴器找中心要求径向、轴向偏差不超过 0.10mm，联轴器之间距离为 4~6mm，每个地角垫片不超过 3 片。

7　怎样清洗冷干机浮球式自动排水器？

答：清洗冷干机浮球式自动排水器时，先将自动排水器前的手动阀关闭，分解排水器，然后用中性洗涤液掺水清洗浮球及排水器内部。清洗完毕后回装自动排水器。

8　如何判断空压机油细分离器是否损坏？

答：判断空压机油细分离器是否损坏，可从以下几个方面分析：

（1）空气管路中含油量是否增加。

（2）油细分离器压差开关指示灯是否正常。

（3）油压是否偏高。

（4）电流是否增加。

9 空压机运行满 1500h、3000h 各应做哪些保养项目？

答：正常工况空压机运行满 1500h 保养项目包括更换油滤，空滤；检查并校验安全阀；吹扫油气冷却器。

正常工况空压机运行满 3000h 保养项目包括更换油滤，空滤，油气分离器滤芯、主电动机轴承补加润滑脂；检查并紧固电控箱中各接线端子；检查并紧固设备的油路及气路的连接及密封情况。

10 空压机运行时油温过高的原因有哪些？

答：（1）空压机内部温控阀损坏。

（2）油冷却器脏。

（3）冷却风扇电机损坏或故障。

（4）注油过多或缺油。

（5）环境温度过高。

11 空压机过热故障的原因有哪些？

答：（1）松压阀或卸荷阀不工作。

（2）气制动系统泄漏严重。

（3）运转部位供油不足及拉缸。

12 空压机异响故障的原因有哪些？

答：（1）连杆瓦磨损严重，连杆螺栓松动，连杆衬套磨损严重，主轴磨损严重或损坏产生撞击声。

（2）空压机运行后没有立即供油，金属干摩擦。

（3）固定螺栓松动。

（4）紧固齿轮螺母松动，造成齿隙过大产生空压机异响、敲击声。

（5）活塞顶有异物。

第十一篇
电除尘器检修

第三十三章

电除尘器设备

🏭 第一节　电气系统主要设备的功能

1　电除尘器 380 V 配电母线常用的接线方式有哪几种？

答：电除尘器 380 V 配电母线一般有三种接线方式供电，即：单母线分段双电源互为备用供电方式接线；双母线双电源互为备用供电方式接线；双母线双电源、专门设立备用电源（两路工作电源、一路专用的备用电源）供电方式接线，如图 33-1 所示。

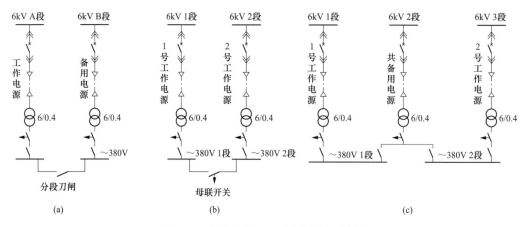

图 33-1　电除尘器 380V 母线供电示意图

2　电除尘器一次回路中反并联可控硅组的作用是什么？

答：电除尘器一次回路中的反并联可控硅组是无触点电子开关器件，与自动电压调整器配合，担负着除尘器的自动调压功能。根据自动电压调整器的具体控制信号，确定导通角的开启程度，通过可控硅输出的电压来满足电除尘器各种工况下的需求。

3　电除尘器一次回路中串接的电抗器作用是什么？

答：电除尘器所用的整流升压变压器有高阻抗和低阻抗之分。在用低阻抗变压器时，回路里（在变压器前）串接有一个电抗器，这个电抗器的作用主要有以下几点：

（1）改善一次电流的波形，使电流的波形连续而平滑，有利于电场获得较高的运行电压

中级工

和电流，提高除尘器的效率。

（2）限制电流的上升率，有利于可控硅换向关断。

（3）对整流升压变压器一、二次的瞬间或长期短路电流起缓冲作用。

（4）限制电网高次谐波的串入，改善可控硅的工作状况。

4　升压整流变压器的作用是什么？

答：电除尘器用升压整流变压器的作用是：将单相380V的交流电，升高到电除尘器电场所需要的工作电压，然后经过倍压整流，变成直流电，供除尘器电场使用，满足其工作的需要。

5　阻尼电阻的作用是什么？

答：电除尘器一次回路中串接的阻尼电阻的作用是：吸收二次回路的高频成分，防止输出回路出现谐振现象。

6　高压隔离开关的作用是什么？

答：高压隔离开关（四点式隔离开关、三点式隔离开关）安装在电除尘器电场和升压整流变压器之间，它的作用是：在无负载的情况下，用于电除尘器高压回路的切换、转移和接地。另外，还带有辅助触点，在高压开关断开和接通时辅助触点同时改变位置，接通或断开信号回路，通过盘面信号灯来反映高压隔离开关的真实位置。

7　安全联锁装置的作用是什么？

答：电除尘器在运行时，升压整流变压器输出端有数万伏甚至十多万伏的直流高压加在电除尘器的阴、阳极之间。为了防止有人误入高压区，造成人身伤亡和防止误操作事故的发生，采用了较为严密的安全逻辑防范措施，即安全联锁装置。

8　什么是低压控制系统？

答：众所周知，一台电除尘器使用效果如何除了设计先进、合理的电除尘器（本体）和控制特性优良的高压供电装置之外，还必须有一整套低压控制系统与它们密切配合，这样才能获得预期的收尘效果。近几十年来，我国的电除尘技术发展迅速，理论和实践充分证明，低压控制系统成了电除尘系统必不可少的三大组成部分之一。它是一种多功能的自动控制系统，这种系统控制特性的好坏和控制功能的完善与否，对于提高电除尘运行的自动化程度，改善运行状况，减轻维护人员的劳动强度，提高电除尘器的除尘效率，都有着直接的影响。

第二节　电除尘器本体结构

1　电除尘器收尘（集尘或阳）极系统由哪几部分组成？其功能是什么？

答：电除尘器收尘极系统又可称为集尘极或阳极系统，由阳极板排、极板的悬吊和极板的振打装置三部分组成。

它的功能是捕获荷电粉尘，并在振打力的作用下，使收尘极板表面附着的粉尘成片状脱离板面，落入灰斗，达到除尘的目的。

2 电除尘器的极板有哪几种形式？

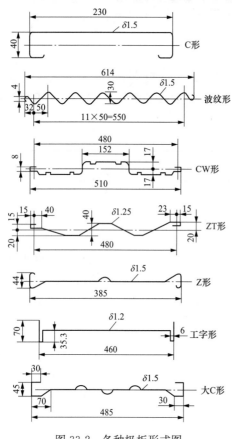

图 33-2　各种极板形式图

答：电除尘器的极板主要有：C 形、波纹形、CW 形、ZT 形、Z 形、工字形、大 C 形等几种，如图 33-2 所示。最常用的是大 C 形，这种极板不仅有良好的电性能，而且还有防止粉尘二次飞扬，振打加速度值分布均匀，不易扭曲、变形，质量轻等优点。

3 电除尘器的极板应具有哪些工作性能？

答：电除尘器的极板应具有如下工作性能：

（1）有足够的刚度，较少的钢材消耗量。

（2）有良好的防止粉尘二次飞扬的性能。

（3）振打力传递性能好，振打加速度值分布均匀，清灰效果好。

（4）极板边缘没有锐边、毛刺，没有局部放电现象。

（5）有良好的电性能，极板电流密度和极板场强分布均匀。

4 简述收尘极板单点偏心悬挂的特点。

答：电除尘器收尘极板单点偏心悬挂方式，极板的上、下端都焊有加强板，上端加强板的右端有孔，用销子与吊挂梁连结，使极板形成单点偏心悬挂，由于极板本身重力矩的作用，而使极板紧靠在预撞击杆的挡铁上。振打时位移量大，板面振打加速度不大，但比较均匀，它的固有频率较低。因此，清灰效果较好。这种悬挂形式比较适于高温电除尘器。

5 简述收尘极板紧固连接的特点。

答：电除尘器收尘极板紧固悬挂方式，极板的上下均采用螺栓把极板紧固。可使极板面获得较高的加速度，但由于顶点是固定的，极板上端的加速度将很快地衰减至零，影响上部的清灰性能；同时，这种固接方式也会使极板的振动传递给壳体，使壳体承受振动力的作用。

6 收尘极机械侧向振打装置由哪几部分组成？

答：收尘极机械侧向振打装置是由传动装置、变速装置、振打轴、联轴器、振打锤、支持轴承等几部分组成的。

7 目前振打传动装置的减速装置主要有几种？各有什么特点？

答：目前振打传动装置的减速装置主要有两种：

（1）采用蜗轮、蜗杆减速。这种减速机构传动效率低，在连续长期运行中易发热，磨损大，而且体积也比较大。

（2）行星摆线针轮减速机，其特点是减速比大，传动效率高，结构紧凑，体积小，质量轻，而且故障较少，寿命长。

8 振打装置中的支持轴承有何特点？常用的轴承有哪几种形式？

答：振打装置中的支持轴承是在粉尘大、温度高的环境中运行，宜采用不加润滑剂的滑动轴承，轴承的轴瓦面应不易沉积粉尘，而且与轴有一定的间隙，以免受热膨胀时发生抱轴故障。

常采用的轴承有：叉式轴承、托板式轴承、托滚式轴承、双曲面轴承等，如图 33-3 所示。

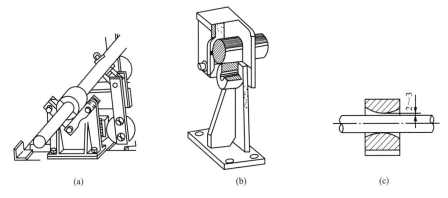

(a)   (b)   (c)

图 33-3 振打轴常用轴承
（a）叉式轴承；（b）托滚式轴承；（c）双曲面式轴承

9 电除尘器阴极（电晕极或放电极）系统由哪几部分组成？

答：电除尘器阴极（电晕极、放电极）系统由电晕极线、电晕极框架、框架吊杆及支撑套管、电晕极振打装置等组成。

10 阴极机械侧向振打装置由哪几部分组成？

答：阴极机械侧向振打装置是由传动、变速装置、保险片、振打轴、联轴器、振打锤、支持轴承、拔查叉、电瓷转轴、万向节、瓷轴箱等组成。

11 常用的电晕线有哪几种？

答：常用的电晕线有：RS 管状芒刺线、角钢芒刺线、波形芒刺线、锯齿线、锯形芒刺线、条状芒刺线、鱼骨线。目前最常用的是 RS 管状芒刺线，如图 33-4 所示。

12 电晕线的基本要求有哪些？

答：电晕线的基本要求是：不断线或少短线；放电性能好，具体体现在起晕电压低、伏安特性好、对烟气变化的适应性能强；强度高，高温下不变形。

中级工

313

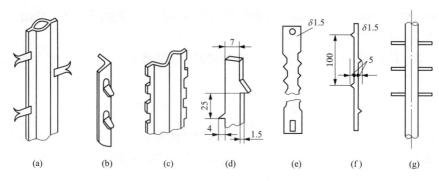

图 33-4　各种形式的电晕线

（a）RS管状芒刺线；（b）角钢芒刺线；（c）波形芒刺线；（d）锯齿线；（e）锯形芒刺；（f）条状芒刺；（g）鱼骨线

13　阴极大框架、小框架的作用各是什么？

答：阴极大框架是整个电除尘器阴、阳极定位的基准，其作用是：将小框架定位并承担阴极小框架、阴极线、阴极振打锤和轴的荷重，通过阴极吊杆把荷重传到阴极绝缘支柱上。

阴极小框架的作用：固定阴极线，传递振打力，对阴极线进行清灰。

14　常用的气流均布板的结构形式有哪几种？

答：常用的气流均布板的结构形式：隔板式、多孔式、垂直偏转式、锯齿式、形式孔板和垂直折板式等。最常用的是多孔式。

15　电除尘器的壳体应有哪些工艺要求？

答：电除尘器的壳体应能够支撑起阴、阳两种电极，建立空间电场；能够围成一个独立的收尘空间，把外界环境隔开；能够严密封闭，不允许里外气流互通；能够方便维护和检修，有适宜的进、出口通道；能够防止降温结露，有良好的保温和防护措施。

16　什么是卧式电除尘器？它有什么特点？

答：气体在电场内沿水平方向运动的电除尘器称为卧式电除尘器。

卧式电除尘器具有下列特点：

（1）沿气流方向可分为若干个电场，这样可根据电除尘内部的工作状况，各个电场可以施加不同的电压，以充分提高电除尘器的效率。

（2）根据所要求达到的除尘效率，可任意增加电场长度。

（3）处理较大烟气量时，卧式电除尘器比较容易保障气流沿电场断面均匀分布。

（4）设备安装高度较低，设备的操作维修比较方便。

（5）各个电场可以分别收集不同粒度的粉尘，这有利于有色稀有金属的回收，也有利于水泥厂原料中钾含量较高时提取钾肥。

（6）卧式电除尘器占地面积较大，在老厂除尘器改造时，采用卧式电除尘器往往受到场地的限制。

17　电除尘器的优点是什么？

答：（1）除尘效率高。电除尘器可以通过加长电场长度、增大电场有效通流面积、改进控制器的控制质量、对烟气进行调质等手段来提高除尘效率，以满足所需要的除尘效率。对于常规电除尘器，正常运行时，其除尘效率一般都高于99%。对于粒径小于0.1μm的微细粉尘，电除尘器仍有较高的除尘效率。

（2）设备阻力小、总能耗低。电除尘器的总能耗是由设备阻力、供电装置、加热装置、振打和附属设备（卸灰电动机、气化风机等）的能耗组成的。电除尘器的阻力损失一般为150～300Pa，约为袋式除尘器的1/5，在总能耗中所占的份额较低。一般处理100m³/h的烟气量需消耗电能0.2～0.8kWh。

（3）烟气处理量大。电除尘器由于结构上易于模块化。因此，可以实现装置大型化。目前，单台电除尘器的最大电场截面积达到了400m²。

（4）耐高温，能收集腐蚀性大、黏附性强的气溶胶颗粒。常规电除尘器一般用于处理350℃及以下的烟气，如果进行特殊设计，则可以处理350℃以上的高温烟气。

18 电除尘器的缺点是什么？

答：电除尘器的缺点是：

（1）一次性投资和钢材消耗量较大。据有关资料统计，一般4～5级电场的电除尘器，平均每平方米（指截面积）的钢材消耗量为3.0～3.6t。例如，与一台600MW火电机组的配套的2×449m²、5级电场的电除尘器总投资约为2055万元。但是，由于电除尘器运行费用较低，因此通常运行数年后节约费用即可得到补偿。

（2）占地面积和占用空间体积较大。例如，与一台600MW火电机组配套的2×449m²的5级电场的电除尘器，其烟气处理量为305.74万m³/h，占地面积约2500m²，占用空间体积约8000m³。

（3）制造、安装和运行水平要求较高。由于电除尘器的结构比较复杂、体积庞大、控制点多和自动化程度较高，因此对制造质量、安装精度和运行水平都有较高的要求，否则不能达到预期的除尘效果。

（4）易受到工况条件的影响。虽然电除尘器对烟气性质和粉尘特性有较宽的适应范围，但当某些工况参数偏离设计值较多时，电除尘器性能会发生相应的变化。电除尘器对粉尘比电阻最为敏感，当粉尘比电阻过高或过低时都会引起除尘效率的降低。

19 电除尘器常用术语"电场"是指什么？

答：沿气流流动方向将室分成若干个由收尘极和电晕极组成的独立除尘空间，称为单电场。卧式电除尘器一般由4～5级电场组成，根据需要还可将其分成几个并联或串联的供电分区。

20 阳极振打锤的布置原则是什么？

答：通常一个电场的各排收尘极的振打锤均安装在与同一振打装置连接的多根轴上。为了减少振打时粉尘的二次飞扬，相邻的两振打锤需错开一定的角度，一般为150°。当振打轴上相邻的锤子在轴上的安装相错150°时（注：若轴为顺时针旋转时，则角度的计算应按逆时针进行），因150与360的最小公倍数为1800（即12×150），所以在圆周上每隔30°（即360°/12）就有一个锤的安装位置，每排列12个锤后又重复上述排列。这样排列的振打顺序为：每一排极板的锤子转向 30°后第 6 排极板的锤子振打，再经过 30°后，第 11 排极板的锤子振打。如果极板排数多于 12 排，则第 13 排极板与第 1 排极板同时振打。

21 决定振打制度时应考虑哪些因素？

答：振打系统的振打制度取决于收尘极板的振打周期。当收尘极板板面积灰过厚时，将降低带电粉尘在极板上的导电性能，大大降低电除尘器的除尘效率。所以，极板被振打的时间间隔不宜过长。然而，极板的振打周期又不宜过短，否则极板上的粉尘会成为碎粉落下，引起很大的粉尘二次飞扬。极板振打周期的选择应使极板沉积一定厚度的粉尘，当被敲击时，能散碎成尽可能大的块体沿板面落下。振打周期的选择一般取决于被处理的含尘气体的性质（含尘浓度、粉尘的导电性等），一般通过试验确定。

22 电袋复合式除尘器的主要技术特点是什么？

答：电袋复合式除尘器的主要特点是：

（1）除尘效率长期高效、稳定。电袋复合式除尘器的除尘效率不受煤种、烟气工况、飞灰特性的影响，排放浓度可长期、高效地稳定在 $50mg/m^3$（标准状态下）以下。

（2）运行阻力低。进入袋区的粉尘量少，滤袋粉层透气性高，易于清灰，在运行过程中除尘器可以保持较低的运行阻力。

（3）节能显著。降低滤袋阻力，延长清灰周期的综合作用，降低了引风机、气源的运行功率，此功率大于电区高、低压设备的功率。所以，电袋复合式除尘器具有显著的节能功效。

（4）电袋除尘器的滤袋使用寿命长。电袋除尘器与常规布袋除尘器相比，电袋主要因以下因素延长了滤袋的使用寿命：

1）滤袋沉积的粉尘量少、清灰周期长，降低了滤袋的清灰频率，减少了清灰次数。

2）粉尘容易清灰，在线清灰减少了滤袋气布比波动，低压脉冲降低了清灰气流冲刷力。

3）滤袋粉饼的透气性能好、运行阻力低、滤袋的负荷强度阻力小，降低了滤袋的疲劳强度，从而延长了滤料的使用寿命。

4）前级电除尘区去除了大部分粗颗粒粉尘，可以避免粗大粉尘产生的冲刷磨损。

（5）电袋除尘器的运行、维护费用较低。除尘器中的袋收尘占了除尘器的大部分成本，减少袋收尘部分的成本和延长滤袋的使用寿命，可以降低滤袋的更换维护费用。降低运行阻力可以节省风机的电耗费用，清灰周期长可以节省压缩空气消耗量，即减少空气压缩机的电耗费用。电袋复合式除尘器的运行、维护费用大大低于纯袋式除尘器。

23 冷态安装振打装置时锤头的中心线为什么应低于撞击砧的中心？

答：为了防止撞击砧在受撞击时左右晃动，在除尘器需要安装撞击砧的导向装置。此外，必须注意：由于除尘器工作时收尘极板受到热气流的作用会伸长，所以在冷态安装时锤头的中心线应低于撞击砧的中心，两中心线的距离根据气流温度和收尘极板长度计算确定。

24 工业用电除尘器为什么要采用阴电晕而不采用阳电晕？

答：从电离的角度来看，直流电与交流电无本质区别。但是，工频交流电的频率为 60Hz；即用交流电作电源，两电极间的极性变化为每秒 60 次。随着电场强度的方向不断变化，粉尘在不断变化的电场力作用下，也是飘忽不定。最后，粉尘还未到达集尘极，就被气流带离电场。因此，用交流电作电源的电除尘器，其集尘效率很低。

直流电源的极性稳定，粉尘一旦带上某种电荷，就会跑向相反的电极。因此，工业用的电除尘器都采用直流电源。电除尘器的电晕电极之所以采用负极性，是因为它同正电晕相比，有以下优点：

（1）放电性能稳定。

（2）产生的火花放电电压较高。放电电压越高，电场强度和电晕电流密度也就越大，电除尘器的收尘效率也就越高。试验证明，在相同条件下，负电晕放电一般比正电晕放电的电压要高，火花塞电压也较大。火花放电是指高压电场使空气瞬间电离，产生巨大电流并释放大量的热，使空气发声发光，产生电火花的现象。

（3）产生的电晕电流较大。

由于上述等原因，工业用的电除尘器几乎都采用负电晕。只有在空气净化的场合，消除臭氧一般采用正电晕。

25　简述电除尘器绝缘瓷件部位安装加热器的必要性。

答：为保持绝缘强度，在电除尘器的本体上装有许多绝缘瓷件，这些瓷件不论装在大梁内，还是装在振打系统，其周围的温度如果过低，则在表面就会形成冷凝水汽，使绝缘瓷件的绝缘下降。当除尘器送电时，便容易在绝缘套管瓷件的表面产生沿面放电，工作电压升不上去，以致形成故障，电除尘器无法工作。另外，由于启动和停止状态，烟箱内的温差较大，瓷件热胀冷缩不能及时适应，易造成开裂、损坏。这样就需要对瓷件部位进行加热和保温，因此要在绝缘瓷件部位安装加热器。

26　简述电除尘器中可控硅组反并联的原因。

答：反并联的可控硅组是无触点电子开关器件，担负着设备的交流调压功能。根据自动电压调整器传送来的信号确定导通角的调压功能。根据导通角的开启程度，使通过可控硅输出的电压满足运行要求。因交流电由正负两半波组成全波，所以将两个可控硅反并联后，能够在任意半个周波均有一个可控硅能起导通作用，整流升压，变压器都能有交流电信号输入，以保证有较平稳的直流输出，收到较好的除尘效果。

中级工

317

第三十四章

电除尘器电气设备检修

第一节 低压控制柜检修

1 电除尘器大修时电气系统的主要检修项目是什么?

答：电除尘器大修时电气系统的主要检修项目是：电源变压器检修；高压供电设备、低压电气部分及控制系统检修。

2 电除尘器低压动力配电部分有哪些检修项目和内容?

答：电除尘器低压动力配电部分的检修项目内容如下：

（1）对 380V 配电装置进行停电清扫，并检查各绝缘瓷件。

（2）检查各控制柜内的隔离开关、开关的操作是否灵活，刀片在合闸的瞬间是否能对正，合闸后松紧度是否合适。

（3）各熔断器的底座接头是否松动，瓷件部分是否破裂，熔芯是否完好。

（4）各电气连接部分接触是否良好，有无过热，绝缘是否损坏，搪锡和铝导线是否熔化，各压紧弹簧垫圈是否过热退火。

（5）回路上的各标志是否齐全、对应，规格与所标的容量是否相符。

（6）用 500V 的绝缘电阻表检查各回路的绝缘是否合格。

3 电除尘器低压动力配电部分的检修标准是什么?

答：电除尘器低压动力配电部分的检修标准主要是：

（1）各配电母线、绝缘瓷件、动力箱、配电屏的表面清洁，无污染和破损。

（2）各动力箱、配电屏内部清洁，隔离开关、开关操作灵活、可靠。

（3）各电气连接部分无松动、过热现象，绝缘外皮无破损。

（4）各回路标志清晰、正确。

（5）绝缘合格，绝缘电阻大于 0.5MΩ。

4 如何检修动力配电信号显示系统?

答：对所有的低压控制信号部分进行清灰检查，检查各电气连接部分接触是否良好，有无过热，绝缘有无损坏，搪锡和铝导线是否熔化，各压紧弹簧垫圈是否过热退火；检查各辅

中级工

助触点应接触良好，用 500V 的兆欧表检测各回路的绝缘值是否在合格范围之内，进行通断位置模拟试验，所发的信号应正确无误。

5 排灰自动控制装置的检修内容有哪些？

答：排灰自动控制装置的检修内容有：

(1) 模拟高、低灰位，检查信号能否正确发出。

(2) 在高灰位时，自动排灰装置能否正常工作；排灰时间是否与设定的一致。

(3) 在低灰位时，自动排灰装置能否正常停止。

(4) 排灰的"自动"与"手动"转换是否灵活、可靠。

(5) 有冲灰水联动控制回路的，要检查电动阀能否联动；电动阀的开、闭是否灵活；关闭是否严密；信号是否准确。

6 如何对料位计进行检修？

答：料位计检修时，应对探头和电子线路进行清灰，检查电子线路中是否有损坏的电子元器件，检查探头是否有影响工作的机械损伤。在灰斗排空时（无料位情况下）对料位计进行校零，在物料确实将探头覆盖后进行动作值的校准，选择合适的灵敏度。

7 电加热器及控制回路的检修有哪些项目？

答：电加热器及控制回路的检修一般有如下项目：

(1) 检查电加热器的接头有无过热和烧熔情况。

(2) 检查电加热器的引入电缆有无因过热使电缆绝缘损坏的现象。

(3) 用万用表检查加热管的电阻值，检查有无短路或者开路故障。

(4) 用 1000V 的绝缘电阻表检查电加热器（带引入电缆）的绝缘电阻，其值应大于 $1M\Omega$。

(5) 检查电接点温度计的接点是否接触良好，发送的信号是否正确。

(6) 有"手动"与"自动"切换的，检查其是否灵活、可靠。

8 简述振打控制装置的检修要点。

答：振打控制装置的检修要点是：对振打控制柜内的各控制板及其他元器件进行清灰和外观检查，检查各元器件有无锈蚀、烧毁、虚焊、脱焊、接杆接触不良等情况。关闭振打输出各行、列回路的控制开关，记录振打程序，并与原设置值对照，若不符合，应按照振打程控说明书进行调整。

9 如何对保护元器件进行检查整定？

答：外观检查核对熔断器的熔芯和定值是否与设计值相一致；空气断路器的过流脱扣装置是否有卡涩、松脱、打滑现象；热元件是否有过热、变形及其他异常和接触不良的情况；跳闸机构是否有卡涩、松脱、打滑现象；手动复位装置是否可靠。按照说明书的要求，对被保护的对象进行保护校验，并将调节螺钉锁紧，用红漆做好固定标记。

中级工

第二节 高压回路及控制柜的检修

1 如何对高压控制柜进行检修与校验？

答：取下电压自动调整器，对柜内设备进行清扫和外观检查，外观应完好无损。检查空气断路器的分合情况，并打开面板检查触头的接触、发热、烧损情况；检查接触器机构的吸合情况，清除铁芯闭合处的油污；对主元器件的性能进行检查，用指针式万用表简单判断可控硅的性能，有条件的可使用可控硅性能测试仪；检查冷却系统应完好、清洁、无损坏；对盘面表计进行检查、清扫，必要时进行校验；检查熔断器、按钮以及各电气连接部分应良好；对过载保护进行调整或试验。

2 电压自动调整器检修内容有哪些？

答：电压自动调整器一般检修内容如下：

(1) 外观检查，看有无烧焊和发热的部位，并进行清扫、擦洗。

(2) 检查各连接部位、插接件和插接件口的元件有无松动、虚焊、开焊、铜片断裂、管脚锈蚀松动以及各紧固螺栓松动等现象，对缺陷进行相应处理与修复。

(3) 按照厂家的调试说明，在模拟调试台上进行各个环节初调，并做好记录。

(4) 用两个灯泡在现场做假负载试验。

(5) 对保护特性进行校核，通过模拟试验，对整流升压变压器超温、瓦斯动作、低油位、可控硅超温等情况进行校验。

3 阻尼电阻的主要检修内容是什么？

答：阻尼电阻的主要检修内容是：对阻尼电阻进行清灰和外观检查，测量其电阻值；检查电气连接部分是否良好；珐琅电阻是否有起沟和裂缝；网状阻尼电阻丝或绕线瓷管是否因电蚀使局部线径明显变细；绝缘杆是否出现裂缝或碳化。

4 整流升压变压器及电场的接地装置有哪些要求？

答：整流升压变压器的外壳接地应可靠；工作接地应单独与地网连接，接地点不能与其他电场的工作接地或其他设备的接地混淆连接；接地点和接地线无腐蚀；对接地电阻进行测试，必要时增加或更换新的接地体。

5 高压隔离开关的检修项目有哪些？

答：高压隔离开关的检修项目一般有：

(1) 外观检查清扫，看绝缘子有无破损和放电烧痕，必要时进行耐压试验。

(2) 检查动、静触头是否有烧痕，隔离开关在合闸位置时，弹簧（片）是否有压力。

(3) 检查传动机构是否有锈蚀和卡涩，传动是否灵活。

(4) 检查各辅助触点到位是否准确，反映状况与实际是否相符。

(5) 用 2500V 的绝缘电阻表摇测绝缘电阻应大于 100MΩ。

6　如何检修整流升压变压器的保护装置及安全设施？

答：检查油位计，应完好无损；检查低压电缆进线的固定件及防磨损橡胶垫的损坏情况，若损坏应修复或更换；检查集油盘的排放管道是否有堵塞现象，应清理畅通；室外高位布置的还应检查油温和瓦斯报警、跳闸装置及出口回路的防雨措施是否完好；温度计应送热工专业进行校验；气体继电器应送继电保护专业进行校验。

7　检修时对电抗器和高压电缆应如何进行检查？

答：检修时首先应对电抗器进行外观检查，确定电抗器的接头是否有过热、接触不良的现象，绝缘子有无爬电烧痕，是否完整，油浸式电抗器是否有渗油、漏油现象；电抗器的固定件是否有松动。用 1000V 的绝缘电阻表摇测线圈与外壳的绝缘电阻，其值应大于或等于 $300M\Omega$。根据外观初步检查结果，对存在较严重缺陷的部件，可解体做进一步的检查。

高压电缆的检查应看其外皮是否有破损；电缆头是否有漏油、渗胶、过热及放电烧痕；电缆的接地线是否完好；还应进行耐压试验。

第三节　整流升压变压器检修

1　整流升压变压器外观检查的内容有哪些？

答：检查瓷件有无破损及放电痕迹；表面有无污染；油位是否正常；各密封是否完好；有无渗漏油现象；呼吸器是否完好无损；干燥剂有无受潮现象；表面油漆是否完好；外壳有无锈蚀。

2　整流升压变压器吊芯后应如何检查磁路、油路及电路部分？

答：整流升压变压器的器芯吊出后，应仔细检查磁路、油路及电路部分。

对于磁路部分，应检查各紧固件是否有松动；绝缘是否良好；铁芯是否因短路产生涡流而发热；表面有无绝缘漆脱落、变色等过热痕迹。

对于油路部分，应用肉眼观察油箱中的油色；检查油路是否畅通；对油箱中掉入的其他杂物要查明来源；对运行中出现的渗油处及老化的橡胶垫进行更换；对箱体渗油处、砂眼、气孔、小洞等进行补焊。

对于电路部分，应检查各线圈的固定及线圈的绝缘情况，各高、低压绝缘部件的表面有无放电痕迹，各电气连接部位是否紧固良好；检查硅堆、均压电容、线圈、取样电阻等元器件及相互之间的连接情况；高、低压线圈之间以及各线圈对地的绝缘是否良好。

3　在什么情况下升压整流变压器需要吊芯检查？

答：经过长途运输或出厂时间超过半年的升压整流变压器需要吊芯检查；连续运行在十年以上的升压整流变压器应根据运行情况进行抽样吊芯检查。升压整流变压器的吊芯检查应选择晴朗、干燥、无粉尘飘扬的天气进行。

4　升压整流变压器吊芯检查试验的项目有哪些？

答：升压整流变压器吊芯检查的项目如下：

（1）重点检查高、低压线圈的引接线、铁芯、高压硅堆、高压电容器的紧固件有无松动、振断、脱落等现象。

（2）检查硅堆板、高低压引接线瓷瓶有无破损。

（3）检查变压器油是否透明，有无变色。

（4）用 1000V 的绝缘电阻表? 检查低压线圈、铁芯穿芯螺杆的对地绝缘应高于 300MΩ。

（5）用 2500V 的绝缘电阻表检查高压线圈、高压瓷套管的对地绝缘应高于 1000MΩ。

（6）测量高压硅堆的正向电阻应趋于零，反向电阻应无穷大。

（7）测量高压分压电阻，其数值应符合厂家说明书中的定值。

（8）对变压器油做耐压试验，新油 5 次瞬时平均击穿电压应大于 40kV/2.5mm；运行中的变压器油 5 次瞬时平均击穿电压应大于 35kV/2.5mm。

5 升压整流变压器在吊芯检查过程中应注意些什么？

答：升压整流变压器在吊芯检查过程中一般应注意如下几点：

（1）与变压器油接触的工器具必须保证干净、无水，使用的布要不易拉丝或有棉纱头。

（2）紧固变压器大盖的螺栓用力要均匀，不漏油即可，不得用力过猛。

（3）吊芯复位后，一般要求静置 24h 后，才允许通电试验。

（4）器身在空气中的时间一般不宜超过 4～8h，或按如下规定执行：相对湿度不超过 65％时不超过 16h；相对湿度不超过 75％时不超过 12h。

（5）无特殊情况要当日吊芯，当日回装，封盖注油，否则要进行干燥处理。

6 整流升压变压器安装或大修后的验收内容有哪些？

答：整流升压变压器安装或大修后的验收内容一般有如下几方面：

（1）检查检修或试验项目是否按计划全部完成，质量是否合格。

（2）审查有关试验结果、报告的原始记录数据。

（3）验收由安装或大修单位提供的原始记录资料，特别要注意结论性数据的审查。

（4）澄清遗留问题，并记入台账备查。

（5）对于非标准的技术改造项目，应按照事先制定的施工方案、技术要求以及有关规定进行验收。

（6）按检修工艺规程进行质量评价。

7 如何进行变压器铁芯的检修？

答：（1）检查铁芯是否有过热和变形现象，铁芯唯一的一个接地点是否接触良好。

（2）详细检查铁芯表面及压紧情况，铁芯表面应清洁，无油垢，油路无堵塞，铁芯绝缘良好。

（3）检查铁芯的上下轭铁及下部支架应完好，无开焊现象。

（4）各部螺栓应紧固无松动，并应有防止松动措施。

（5）所有穿芯螺栓或拉紧压板栓应紧固，并用 2500V 绝缘电阻表测量穿芯螺栓铁芯及轭铁与夹件之间的绝缘电阻（应拆开接地片），其值不得小于 10MΩ；如绝缘不合格时可将穿芯螺栓拆开，清理检查其绝缘部件。

第四节　设备通电试验

1 如何进行高压控制柜的通电试验？

答：一般来讲，除尘器高压控制柜检修后在不带负载的情况下应按以下程序做通电试验：

（1）断开高压控制柜至整流升压变压器之间的高压电缆，在控制柜的输出端串接两个220V、100W的灯泡，作为可控硅的调压负载，以保证一定的维持电流，做直观的观测。

（2）合上闸刀开关、组合开关，操作选择开关置"手动降"的位置，按下启动按钮，接触器吸合，负载灯泡不应亮，一次电压表没有指示。根据厂家提供的使用说明书进行各测点的测量，观察各显示的指示，均要符合要求。

（3）将选择开关置在"自动"位置，此时的一次电压应逐步上升，负载灯泡逐步由暗变亮。当可控硅全导通时（导通角指示约95%），一次电压应指示在380V左右；当操作选择开关置于"手动升"或"手动降"时，一次电压应该相应地升或降。

（4）操作开关置于"中止"位置时，一次电压能在1s内稳定不变。

2 怎样对报警系统进行试验？

答：模拟各种报警现象，事故音响应该响，各故障显示均有指示；按下音响解除按钮，事故音响应该停；按下"光亮"按钮，光字牌应该全亮。

3 如何对振打回路进行试验？

答：将振打控制柜内外接电动机的端子拆开，操作开关置"手动"位置，合上开关，按下启动按钮，接触器或无触点开关接通，电源指示灯亮，用万用表在外接电动机的端子上测量，应有380V的电源。将操作开关置"自动"位置，控制回路应该按所调整好的自动控制程序进入运行状态，自动运行指示灯亮。振打控制开关置在"停止"位置时，振打运行指示灯灭，外振打电动机端子上应无电源输出。

4 如何对卸灰回路进行试验？

答：将卸灰控制柜内外接电动机的端子拆开，操作开关置"手动"位置，合上开关，按下启动按钮，接触器或无触点开关接通，电源指示灯亮，用万用表在外接电动机的端子上测量，应有380V的电源；将操作开关置"自动"位置，控制回路应该按所调整好的自动控制程序进入运行状态，自动运行指示灯亮。如用料位计进行控制时，可模拟灰满或灰位低的具体现状，对卸灰控制的输出信号进行检测，看是否正确；卸灰控制开关置在"停止"位置时，输灰指示灯灭，外接输灰、卸灰的电动机端子上应无电源输出。

5 加热、温控系统如何试验？

答：将加热控制柜内外接加热器的端子拆开，操作开关置"手动"位置，合上开关，按下启动按钮，接触器或无触点开关接通，电源指示灯亮，用万用表在外接加热器的端子上测量，应有额定的电源。将操作开关置"自动"位置，模拟加热控制温度，控制回路应该按所调整好的自动控制程序进入运行状态，自动运行指示灯亮或熄灭。切换显示温度选择开关，温度指示表应有相对应的温度显示，加热控制开关置在"停止"位置时，加热运行指示灯灭，外加热器的端子上应无电源输出。

6 **电除尘器各种试验的目的是什么？**

答：燃煤电厂锅炉电除尘器，既是防治大气污染的环保装置，又是减轻引风机磨损、保证机组安全发电的生产设备，不管是研制、使用新电除尘器，还是用来改造其他老电除尘器，电除尘器试验都是必不可少的工作，其目的主要有：

（1）检查电除尘器的烟尘排放量或除尘效率是否符合环保要求。

（2）查明现有电除尘器存在的问题，为消除缺陷、改进设备提供科学依据。

（3）对新建的电除尘器，考核验收，了解掌握其性能，制定合理的运行方式，保证电除尘器高效、稳定、安全地运行。

（4）为进一步提高电除尘技术水平积累数据，研制开发新型电除尘器创造条件。

第三十五章

电除尘器本体设备检修

🏭 第一节 阴（电晕）极检修

1 电除尘器机械部分大修的主要项目有哪些？

答：电除尘器大修的主要项目有：电场内部清灰；阳极板、阴极线及其大、小框架检修；振打装置检修；导流板、气流均布板、挡风板、槽形板检修；除尘器壳体、出入口烟箱及灰斗检修；卸灰、输灰及除灰系统检修。

2 阴极悬挂装置及阴极框架的检修内容有哪些？

答：对阴极悬挂装置检修时，用干净的软布擦拭绝缘子、瓷瓶、振打瓷轴，检查其表面有无机械损坏、绝缘破坏和放电的痕迹，更换破裂的支撑绝缘子或绝缘套管，并检查其支撑横梁是否变形，必要时加强支撑；检查悬挂吊杆顶部的螺栓是否有松动、移位；定位装置是否脱落；各焊接部位是否有开焊或变形情况等。

检查阴极框架的平面度是否符合规程的要求，框架的局部是否有变形、开焊、开裂、扭曲，对检查发现的缺陷予以修复处理。

3 更换支撑绝缘部件时应注意什么？

答：支撑绝缘部件更换前，应进行耐压试验。更换时，必须采取相应的固定措施，将支撑点稳妥转移到临时支撑点，应保证四个支撑点受力均匀，避免损坏部件。更换绝缘套管后，应将绝缘套管底部周围用石棉绳塞严，防止漏风。

4 如何进行阴极线的检修？

答：（1）全面检查阴极线的固定情况，是否有弯曲、松动、脱落、断线等缺陷。对松动极线的检查，可摇动每个小框架，听其撞击声，看其摆动程度，确定有缺陷的极线；对由于螺母松动或脱落而掉的极线，应按规定将螺母装好紧固，并将螺母点焊防止松脱，焊接点的毛刺要去掉，以免产生不正常的放电。当掉线发生在人手无法触及的部位时，在不影响小框架结构强度且保证异极距的情况下，可将断线割除。

（2）对于用楔销紧固的极线松动后，应按照制造厂规定的张紧力重新紧固后再上楔销，更换已损伤的楔销，并对变形的销孔进行修整处理，以保证其紧固性。

（3）极线损坏无法焊接或无法更换时应将该极线拆除，做好记录，仔细分析查找断线的原因，以便采取相应的措施。

（4）检查在同一室、不同电场各个不同类型阴极线的使用情况，极线芒刺、针、齿等尖端放电部位应无钝化、结球及脱落，对不正常的进行调整和处理。

5 如何进行阴极小框架异极间距和同极间距的检测与调整？

答：阴极间距的检测与调整是在大小框架检修完毕，阳极板排的同极距离调整到正常范围后进行的。测量阴极异极间距的方法是：沿阴极上、下小框架的高度，分上、中、下取三个点（也可以多取几点）分别进行测量。如果测量的数据超出规程规定的范围时应进行调整。对经过调整达到标准的异极距，做好标记，并将调整前后的数据记入检修技术记录。

用同样的方法，测量阴极小框架同极间距，间距超标时调整固定卡子。

6 电除尘器对电晕板的要求有哪些？

答：电晕板是除尘器中使气体产生电晕放电的电极，它主要包括电晕线、电晕框架、框架吊杆和支撑绝缘管等。因此，对它的要求是电晕放电效果好，电晕线机械强度高但又要尽量细，电晕线上的积灰要容易振落，方便安装和维修。

7 简述阴极大框架的检修工艺和质量标准。

答：检查大框架的水平度、垂直度及与壳体内壁相对尺寸，均应符合设计要求。测量时，垂直方向可用吊线锤方法；水平方向则可用拉线方法。大框架上横梁与大梁底面平行度允许偏差小于或等于3mm；每个电场两个大框架不等高度允许偏差小于或等于5mm；两大框架跨距允许偏差小于或等于2.5mm；大框架对角线相差应小于10mm。大框架水平方面需要调整时，应结合绝缘子、绝缘套管和保护筒的更换一并进行。单独调整时要做好防止损坏绝缘子或绝缘套管的措施，即用吊链或千斤顶将框架顶起后再调整。

检查大框架局部变形、脱焊、开裂等情况，并进行调整。检查大框架上的爬梯挡管是否有松动、脱焊情况，并进行处理。

第二节 阳（收尘）极板检修

1 阳极板排大修时的检查重点是什么？

答：大修时，可用目测或拉线的方法检查阳极板的弯曲变形情况，检查极板的锈蚀、电蚀和磨损情况，制造时开挖的孔洞是否有撕裂，是否会影响继续使用；检查阳极板排的连接板、导向和定位板是否变形、开焊或脱落；检查阳极板排上下的伸缩、下沉及沿烟气方向的位移情况如何，腰带及紧固螺栓的松动情况，吊孔是否有开裂现象。若极板下沉，则应检查上夹板的固定销轴或凹凸套磨损情况及钓钩的变形情况；检查下极板撞击杆的变形情况，承击砧头磨损情况，固定铆钉或螺栓是否松动；检查振打中心，测量所有撞击杆中心是否在同一平面上。

根据检查结果，对阳极板排存在的缺陷进行修理恢复，对变形的极板进行调整，变形严重无法调整的极板应予以更换。

2　如何进行阳极板排同极间距的测量与调整？

答：被测量的板排可选在每排极板的出口或入口位置，并选择较为平直的阳极板排为基准，用极距卡板测量极距。测量时沿极板的高度分上、中、下三点进行，极板高或有明显的变形时可多选几个测点。但要注意最好每次大修后的测量选点的位置应在同一部位，这样才有可比性。

调整同极间距时，对弯曲变形较大的极板，可用木槌或橡胶锤敲击弯曲的最大处，然后均匀地减少力度向两端延伸敲击，予以校正。注意敲击点应在极板两侧边，不允许敲击极板的工作面。

3　更换阳极板排时应注意什么？

答：当阳极板排有严重错位或下沉，同极间距超过规定的数据，在现场无法进行调整与处理时要进行更换。更换新板排时应注意以下几点：

（1）新更换的阳极板排，每块极板都要按制造厂规定进行测试，极板排组合后平面和对角线的误差应符合制造厂的规定。

（2）组装阳极板排时需要使用组装平台，组装平台必须平整，不允许有焊疤和突出的毛刺，避免组装时拉伤极板。

（3）起吊阳极板排时需要使用起吊架，起吊架应有足够的刚度，防止造成新极板弯曲变形。

4　简述电除尘器阳极板排组装程序。

答：（1）组装平台位置得当，高度大约 1m，其周围要有操作空间，平台平面度符合规定。

（2）将极板按要求的方向摆放在平台上，在搬动每块极板时，应使宽 480mm 的平面垂直于地面。

（3）组装上部悬挂梁，包括弧形支座、凹凸套等，悬挂梁为两根"C"形梁，安装时"C"形梁与弧形支座的台肩要顶死，螺栓装好不拧紧。

（4）组装下部撞击杆，包括夹板、凹凸套、振打砧等，两块夹板组成点焊在一起发运至现场，到现场后拆开，如发现有变形应及时校正，然后与极板组装在一起，把振打砧与夹板连接，螺栓装好不拧紧。

（5）测量板排对角尺寸误差，对角尺寸是指板排的最外两块极板相对应的孔的直线尺寸。

（6）调整极板之间的间隙为 200～300mm。

（7）安装振打砧，振打砧端面必须与夹板轴线垂直，所有焊缝必须牢固可靠，无夹渣、气孔。

（8）将所有螺栓拧紧，扭矩必须大于 196N；将螺母与螺栓焊牢，防止松动，焊接处不得有夹疤及毛刺。

中级工

🏭 第三节　本体其他设备的检修

1　导流板的检修内容有哪些？

答：导流板的检修一般有以下几项内容：

（1）检查导流板的吊挂固定、焊接以及各紧固螺栓的情况。

（2）导流板的磨损情况。

（3）导流板的方向、角度以及与气流均布板的距离。

（4）根据测试的结果，进行导流板角度的调整。

2　气流均布板的检修要点有哪些？

答：检查气流均布板的吊挂与固定情况，是否有磨损、移位及松脱等缺陷；检查气流均布板的磨损情况和平面度，对由于磨损出现孔径增大的均布板，应按照原来的孔径进行贴补，对弯曲的均布板进行校正，磨损严重超标或孔径无法修复的应更换；检查气流均布板底部与入口风头内壁间的距离，应符合设计要求；通过全面分析运行状况及测试，进行气流均布板开孔率的调整。

3　灰斗的检修内容有哪些？

答：检查灰斗内部是否有腐蚀现象，各密封和焊缝部位是否严密无渗漏；检查灰斗各个角上的弧形板是否完好，无开焊和脱落，灰斗内阻流板有无脱落、位移或开焊；检查灰斗底部插板门法兰与灰斗连接处的密封填料是否足够，灰斗插板门的操作机构是否轻便、灵活、无卡涩。对检查发现的缺陷进行相应的修复处理。

4　槽形板的检查内容有哪些？

答：大小修时，对槽形板的检查内容主要有：

（1）入口槽形板与气流均布板间的距离是否符合制造厂的要求，槽形板的平直度及相互间的距离是否合格。

（2）槽形板的磨损是否超标，确定需要更换的数量及位置。

（3）槽形板的固定带、吊挂螺栓是否紧固，点焊处是否开裂。

（4）槽形板顶部的吊挂结构有无松脱或损坏。

（5）槽形板与风头内壁的距离是否符合设计要求。

5　电场内部清灰时应注意哪些问题？

答：电场内部清灰应按以下步骤进行：

（1）清灰前应详细检查气流分布板、阳极板、阴极线、槽板、灰斗处的积灰情况，分析原因并做好记录。

（2）检查各人孔门处是否有气流冲刷痕迹及腐蚀现象。

（3）阳极板、槽板上的积灰厚度应小于3mm，否则应检查振打系统是否存在问题。

（4）检查各走道、灰头支撑梁、振打杆、挡风板后部是否有过多积灰，分析烟气是否存

中级工

在死区。

（5）检查墙壁及上顶部等处是否存在严重腐蚀。

（6）根据检查结果制订清灰方案，在做好有关的技术和安全措施后，进行清灰工作。

（7）清灰时要自上而下，由电除尘器入口到出口顺序进行；清灰时，不要将工器具掉入或遗留在电场内部和灰斗中。

（8）清灰时应启动卸灰及输灰装置，及时清除斗内积灰。

（9）在完成对电场内部检查并做好记录之后，如用高压水清除各部积灰，使金属体全部裸露。清灰顺序为自上而下，由入口到出口，冲洗中应开启卸灰机、搅拌桶（如为气力输灰，应接临时系统），待灰水全部清除时方可停运搅拌桶。

（10）冲洗完毕后应开启引风机，可打开热风保养阀门进行通风，待内部干燥后停热风。

（11）水冲洗后，启动所有振打装置和卸灰装置，待干燥后方可停运。

6　清灰对袋式除尘器有何负面影响？

答：清灰对袋式除尘器的除尘效率是有影响的。在滤袋的一个清灰周期内，以刚清灰之后漏出滤袋的粉尘为最多，经过几分钟的时间，滤袋上沉积的粉尘厚度增加到一定程度，漏出的粉尘即迅速减少而保持在几乎恒定的水平。刚清灰后漏出的粉尘较多，是因为喷吹一停止，原来由于喷吹鼓起的滤袋迅速缩回，与袋笼发生碰撞，加上过滤气流的作用，致使粉尘穿过滤袋而逸出。如果过滤速度提高，这种漏尘现象就会加重。这是因为速度提高会使清灰后不落入灰斗而重返滤袋的粉尘增多，而气流以较高的速度通过较厚的粉尘层会造成较高的压力降，导致滤袋和袋笼碰撞更有力。滤袋经过大量的过滤—清灰周期后，由于机械屈曲和相对运动，加上粉尘的磨损作用，滤袋纤维会逐渐受损，以致断裂，滤袋在屈曲点越磨越薄，于是这些地方的粉尘通过量增大，最后薄的地方或裂缝发展到不能依靠捕集的粉尘来填补，这时滤袋就不能继续使用而需要更换。

7　电除尘器大修后如何进行验收？

答：电除尘器大修后的验收程序和内容如下：

（1）为了保证检修质量，必须做好质量检查与验收工作。质量检验按照自检、部门检查验收和厂部检查验收程序进行，严格按照检修项目及验收标准进行验收。

（2）检修人员应对检修项目、检修内容、发现的问题、处理的问题、遗留的问题及试验结果做好详细记录，并在验收前向验收人员作详细汇报。

（3）检修后应对电场内部进行详细检查和验收。

（4）检查、验收项目包括同极距、异极距的检查及测量；气流分布板、阳极板、阴极线、槽板、阻流板、挡风板等的检查和验收。

（5）检查、验收振打装置。大量更换振打装置部件后，振打加速度有明显变化时，应进行振打加速度试验及振打加速度中心校验，同时检查振打装置的运转情况。

（6）灰斗内杂物清理干净后，对水力除灰系统进行卸灰装置及搅拌器的运转情况检查；对气力除灰系统进行输灰系统的保压试验和试运行。

（7）对蒸汽加热装置送汽，检查蒸汽加热管道是否有漏汽现象；对电加热器，通电检查是否完好。

中
级
工

（8）联系值班员，启动引风机和送风机，检查出入口封头和各人孔门的严密性。

（9）验收平台、栏杆、过道、沟盖、保温层及外壳是否完好并符合规定要求；油漆是否完好；标志是否正确、清晰。

（10）现场清洁、整齐，无杂物。

8 静电除尘器常规检修保养内容有哪些?

答：静电除尘器常规检修保养内容有：

（1）进入电场先检查积灰情况，再进行清扫。

（2）检查电场侧壁、顶盖上绝缘子室等部位是否有结露，灰板腐蚀或积灰现象。

（3）检查各转动电机的温度；减速机内油面、振打轴轴承处有无卡涩，锤头转动是否灵活、是否脱落；击打接触位置是否接触正确。对电机加润滑油。

（4）烟灰流速较低部位气流分布板可能积灰、堵塞，检查时应人工清理。

（5）检查阴极框架以及极线的弯曲和积灰情况。

（6）检查阳极板以及振杆的弯曲和积灰情况。

（7）检查绝缘瓷套和放电极振打电机瓷转轴是否积灰，应仔细观察，并检查是否有细小裂缝。

（8）放电极振打的电瓷转轴有无裂缝。

（9）高压硅整流变压器、接触开关、继电器、加热元件、测温控仪表、报警装置、接触装置、接地装置是否正常，如有应消除。

9 简述阴极振打传动部分的检修工艺。

答：（1）打开瓷轴保温箱孔盖，拆取瓷轴与万向节连接螺栓，取出瓷轴擦拭干净，检查应无裂纹及损伤痕迹，如有应更换。

（2）用铜棒沿轴向敲击两端，取出万向节。解体万向节，检查清洗轴承和转动体后加油。

（3）依次由外向内拆取链条、联轴器（靠背轮）、链轮等，拆取轴承盖螺栓，取下短轴和轴承检查清洗。

（4）检查清洗完后，依上述反方向进行装配组合，留下链条与保险销的连接，待电动机试转后确认其方向正确，方可连接。

10 简述电除尘器振打装置耐磨套瓦紧力的测量方法。

答：耐磨套瓦特别是圆筒形耐磨套瓦装在耐磨套体内时，必须有一定的紧力，不应有间隙，紧力过大会使耐磨瓦变形；紧力过小会使耐磨套瓦振动。耐磨套瓦的测量方法是压铅丝法。

测量耐磨套瓦间隙与紧力的方法虽然简单，但常因粗心大意和工艺不良造成测量误差，因此在测量时要注意以下几个方面：

（1）装配的螺栓紧力不均匀，而使铅丝被压成楔形。

（2）耐磨套瓦组装不正确，如下半瓦放置不正确，定位销整劲，耐磨套瓦结合面及垫片不清洁并有毛刺、皱纹等。

中级工

（3）耐磨套瓦洼窝清扫不干净，接触不良。

（4）放置铅丝的地方有腐蚀麻点及其他沟痕，使铅丝表面压得不平整，测量不准。

11 如何进行集尘极板的检查和检修？

答：（1）检查极板变形、磨损及顶部吊架结构。重点检查极板下夹板下部是否膨胀受阻；限位槽及其销轴、高长极板的腰带及其固定螺栓、顶部吊架磨损及活动情况。

（2）同极距的检测。通常在投产后第一次大修时，参照安装记录选定固定测量点，以阳极板排的入口及出口位置，沿板高上、中、下三点（高极板点数可适当加多）用自制的固定极距卡工具进行检测，将结果填写在固定格式的技术记录上，超标时进行调校。

若上次大修或小修中，发现阳极板排有明显变形或同极距偏差明显超标必须揭顶处理时，应在大修前做好揭顶吊阳极板排施工准备。

（3）检查极板下夹板的撞击杆变形、承击砧头磨损情况及其铆接或螺栓连接紧固情况。

（4）检查振打中心，发现问题进行处理或更换。振打中心最终校核在阳极板排和传动装置检修后进行。

中级工

第三十六章

电除尘器常见故障分析及处理

第一节　电气部分常见故障分析及处理

1 发生升压整流变压器可控硅不导通和熔断器熔断时的现象和原因有哪些？如何处理？

答：发生升压整流变压器可控硅不导通和可控硅熔断器熔断时，监视盘上看到的现象、原因分析及处理方法，见表 36-1。

表 36-1　　　　　升压整流变压器可控硅故障原因分析及处理

现　象	原　因　分　析	处　理　方　法
1. 警报响，跳闸指示灯亮，整流变压器跳闸 2. 再次启动时，二次无电压，"手动"或"自动"均无效	1. 调压器回路有故障，控制极无电压 2. 可控硅的熔断器接触不好 3. 可控硅熔断器容量小或升压整流变压器一次回路有故障	1. 复归报警，检查或更换保险 2. 若不是熔断器故障，按说明书的检查步骤对调压器进行检查处理 3. 对升压整流变压器一次回路进行检查

2 升压整流变压器的可控硅保护元件或可控硅击穿的现象、原因及处理方法有哪些？

答：发生升压整流变压器可控硅保护元件或可控硅击穿的故障现象、原因及处理方法，见表 36-2。

表 36-2　　　升压整流变压器可控硅保护元件或可控硅击穿的故障分析及处理

现　象	原　因	处理方法
1. 升压整流变压器声音异常，在启动或运行中突然有很大的响声，而且可觉察到变压器有振动 2. 警报响，跳闸指示灯亮，接触器跳闸 3. 再次启动，一、二次电压和电流迅速上升，并且超过正常值，同时又发生闪络并再次跳闸	1. 阻容元件损坏或可控硅质量不好 2. 一次回路有过电压产生	1. 恢复报警 2. 更换损坏的元器件并进行空载试验

3 简述升压整流变压器可控硅导通故障的现象、原因及处理方法。

答：当升压整流变压器可控硅出现一个导通，另一个不导通时的现象、原因及处理方法，见表36-3。

表 36-3　　　　　　　　　　　升压整流变压器可控硅故障分析及处理

现　　象	原　　因	处理方法
1. 升压整流变压器启动后，一、二次电压和电流指示都异常，并且表针有摆动	1. 调压器回路有故障	1. 立即停止升压整流变压器的运行
2. 升压整流变压器有异声，随着电流向增加方向摆动时，发出"吭"声	2. 一个可控硅的控制极接线开路	2. 检查可控硅控制信号是否正常

4 高压直流回路发生开路故障时的现象和原因是什么？

答：高压直流回路发生开路故障时的现象是：升压整流变压器启动后，一、二次电压迅速上升，但一、二次电流没有指示；升压整流变压器运行中，一、二次电压正常，但一、二次电流突然没有指示，整流变压器跳闸。

造成高压直流回路发生开路故障的原因可能是：高压隔离开关没有合到位；高压回路串接的电阻烧坏。

5 如何判断升压整流变压器内整流硅堆发生击穿故障？

答：当升压整流变压器启动后一次电压偏低，一次电流较大并接近额定值，二次电压只能调到 30V 左右，二次电流也较低；在相同环境温度下，升压整流变压器的温度指示较原来偏高，油位上升或从加油孔往外溢。根据这些现象，可以判断升压整流变压器内整流硅堆发生击穿故障，很可能是在启动或运行中整流桥中的一个或两个硅堆元件击穿，使高压侧的一个线圈短路。

6 试分析升压整流变压器运行中突然跳闸的原因。

答：当升压整流变压器运行中突然警报响，跳闸指示灯亮，再次启动后，电压升不上去或电压升到一定值时又跳闸，发生这些现象时，可能是高压直流回路有永久性的击穿点或短路点（包括电场内部），也有可能是整流装置的元器件发生故障。

7 简述出现二次电流周期性振动故障可能的原因和处理方法。

答：出现二次电流周期性振动故障可能的原因：
（1）放电极支持网振动。
（2）电晕线折断后，残余线段在电晕线框架上晃动。
处理方法：
（1）消除振动。
（2）剪掉残余线。

8 简述出现二次电流不规则振动故障可能的原因和处理方法。

答：出现二次电流不规则振动故障可能的原因：
(1) 放电极电晕线变形。
(2) 尘粒黏附于极板或极线上，造成间距变小，产生电火花。
处理方法：
(1) 消除变形。
(2) 将积灰振落。

9 简述出现二次电流剧烈振动故障可能的原因和处理方法。

答：出现二次电流剧烈振动故障可能的原因：
(1) 高压电缆对地击穿。
(2) 电极弯曲，造成局部短路。
处理方法：
(1) 处理击穿部位。
(2) 校正弯曲电极。

10 火花过多的原因和排除措施有哪些？

答：火花过多的故障原因有：人孔漏风，湿空气进入，锅炉泄漏水分，绝缘子脏。
排除措施：紧固入孔门，擦净绝缘子，甚至停炉处理。

11 一次电压过低，二次电流过大的可能原因及处理方法是什么？

答：一次电压过低，二次电流过大的可能原因为：
(1) 高压部分绝缘不良。
(2) 阳极、阴极之间间距局部变小。
(3) 电场内有金属或非金属。
(4) 保温箱或阴极轴绝缘部位温度不够，造成绝缘性能降低。
(5) 电缆或终端盒严重泄漏。
处理方法是：
(1) 用绝缘电阻表测绝缘。
(2) 调整阴、阳极间距。
(3) 清除异物。
(4) 检查电加热器或漏风情况，将积灰擦干净。
(5) 改善电缆与终端盒的绝缘情况。

12 二次电流指向最高，二次电压接近零的可能原因及处理方法是什么？

答：二次电流指向最高，二次电压接近零的可能原因是：
(1) 阴极线断线后，造成阴阳极短路。
(2) 电场内有金属异物。
(3) 高压电缆或电缆终端盒对地击穿短路。

（4）绝缘瓷瓶破损，对地短路。

处理方法：

（1）将已断阴极线剪掉。

（2）清除异物。

（3）修换损坏的绝缘瓷瓶或电缆。

13 简述电压突然从较高变成较低的原因和处理方法。

答：电压突然从较高变成较低的原因有：

（1）阴极线断线，但尚未短路。

（2）阳极板排定位销轴断裂，板排移位。

（3）阳极振打轴处聚四氟乙烯板表面积灰并结露。

（4）阴极小框架移位。

处理方法：

（1）剪掉断线。

（2）将阳极板排重新定位，焊定位销。

（3）可能是电加热器失灵引起，也可能是严重漏风引起，分析原因，排除故障。

14 有二次电压而无电流或电流值反常的小的原因和解决措施是什么？

答：有二次电压而无电流或电流值反常的小的原因是：粉尘浓度过大出现电晕闭塞；阴阳极积灰严重；接地电阻过高，高压回路不良；高压回路电流表测量回路断线；高压输出与电场接触不良；毫安表指示卡住。

解决方法：改进工艺流程，降低烟气的粉尘含量；加强振打；使接地电阻达到规定要求；修复断线；检修接触部位；修复毫安表。

15 简述阴极线断裂的现象、原因及处理方法。

答：阴极线处于恶劣的工作环境中，如果极线断裂，就可能造成电极短路，从而迫使整个电场关闭，失去除尘能力。

现象：

（1）二次电压突降，一次电压相应降低。

（2）二次电流突然增大超过极限值，一次电流相应增大。

（3）电场拉弧，发现不及时，电场保护动作跳闸。

原因：

（1）极线被腐蚀、磨损。

（2）振打过度或振打厉害，引起疲劳、断裂。

（3）安装或检修质量不良，两端紧固螺栓松脱或焊口开焊。

处理：

（1）调整电流、电压等，使电场在允许范围内进行。

（2）若电场无法维持运行，退出电场，待停炉后处理。

中
级
工

16 试分析电压升不高，电流很小或电压升高就产生严重闪络而跳闸（二次电流很大）的故障现象及原因。

答：电压升不高，电流很小或电压升高就产生严重闪络而跳闸的故障现象及原因为：

（1）由于绝缘子加热元件失灵和保温不良而使绝缘子表面结露，绝缘性能下降引起爬电或电场内烟气温度低于实际露点温度，导致绝缘子结露爬电。

（2）阴阳极上严重积灰，使两极之间的实际距离变近。

（3）阳极板或阴极框架变形、位移使异极距变小。

（4）壳体焊接不良，人孔门密封差导致冷空气冲击，阴阳极元件致使结露变形，异极距变小。

（5）不均匀气流冲击加上振打的冲击，引起极板极线晃动，产生低电压下严重闪络。

（6）灰斗灰满接近或碰到阴极部分，造成两极间绝缘性能下降。

（7）高压整流装置输出电压较低。

（8）在回路中其他部分电压降低较大（如接地不良）。

17 简述出现二次电流周期性振动故障可能的原因和处理方法。

答：出现二次电流周期性振动故障的可能原因为：

（1）放电极支撑网振动。

（2）电晕线折断后，残余线段在电晕线框架上晃动。

处理方法：

（1）消除振动。

（2）剪掉残余线。

18 简述出现二次电流不规则振动故障可能的原因和处理方法。

答：出现二次电流不规则振动故障的可能原因为：

（1）放电极电晕线变形。

（2）尘粒黏附于极板或极线上，造成间距变小，产生电火花。

处理方法：

（1）消除变形。

（2）将积灰振落。

19 简述出现二次电流剧烈振动故障可能的原因和处理方法。

答：出现二次电流剧烈振动故障的可能原因是：

（1）高压电缆对地击穿。

（2）电极弯曲，造成局部短路。

处理方法：

（1）处理击穿部位。

（2）校正弯曲电极。

第二节 机械部分常见故障的分析及处理

1 电晕线断裂的原因是什么？如何处理？

答：电晕线断裂的原因是：

(1) 基建或大修时安装质量不好。

(2) 局部应力集中。

(3) 线强度下降，疲劳受损。

(4) 烟气腐蚀和放电拉弧。

处理方法为：

(1) 剪去损坏的极线。

(2) 改进制造工艺、振打方式和极线的形状。

(3) 检查框架的固定情况，减少极线的晃动。

(4) 改善极线的材质。

2 电晕极或框架晃动太大的原因及处理方法有哪些？

答：造成电晕极或框架晃动太大的原因可能是：支撑固定件松动；入口烟气流分布不均匀。

处理方法是：检查各部位的支撑固定件，对松动开焊的进行固定、焊接；检查气流均布板的损坏情况，利用大修进行改进或更换。

3 造成阳极板变形的原因有哪些？如何处理？

答：安装或大修时极板的膨胀间隙不合适，灰斗经常满灰，都有可能造成阳极板变形。

发现阳极板变形时一般应检查调整膨胀间隙，处理卸、输灰系统的故障，尽量减少灰斗内的积灰。

4 阳极板局部粉尘堆积严重的原因是什么？如何处理？

答：阳极板局部粉尘堆积严重的原因是：

(1) 在运行中振打锤与承击砧的中心不正。

(2) 相对应的振打力不足或出了故障。

(3) 局部密封不好，造成漏风和漏雨。

处理方法是：

(1) 调整振打装置，使其中心对正。

(2) 检查对应的振打系统，消除故障。

(3) 完善密封，进行堵漏。

5 振打系统常见的故障有哪些？

答：振打系统常见的故障有：掉锤，轴及轴承磨损，保险片、销断裂，振打力减小，振打电动机烧毁，振打锤犯卡。

6 简述振打力变小的原因及处理方法。

答：振打力变小的原因是：振打锤和承击砧磨损量大，积灰过多振打运行受阻，运行中振打锤与承击砧的中心不正。

可采用以下处理方法：

（1）更换振打锤和承击砧。

（2）清理各部位的积灰。

（3）调整振打装置，使其中心对正。

7 造成气流分布不均匀的原因及处理方法是什么？

答：运行中，当多孔板黏灰、堵塞或者气流均布装置设计不当，都有可能造成气流分布不均匀。

发生气流分布不均匀故障时，可采用清扫积灰，加强振打的方法，并从设备结构上调整或改进气流均布装置。

8 简述振打机构失灵的现象、原因及处理方法。

答：振打机构发生故障，会使放电极和集尘极上大量积灰，导致运行电流下降，火花增加，电晕封闭和电场短路。造成振打失灵的原因有可能是电气故障，也可能是机械故障，须仔细检查并修复。

现象：

（1）整流变一、二次电压降低，一、二次电流减小。

（2）振打电机跳闸，运行指示灯灭。

（3）振打电机转动正常，振打锤停止转动。

原因：

（1）振打电机熔断器熔断或热电偶继电器动作。

（2）振打机械断销。

（3）电机烧坏。

（4）瓷轴损坏或链条短。

处理：

（1）熔断器熔断，查明原因后，更换熔断器。

（2）若电机烧坏，通知检修处理。

（3）若销子断，更换振打销。

第三节　综合故障分析及处理

1 电除尘器常见的故障有哪些？

答：电除尘器常见的故障有：阴极线断线；灰斗堵灰；漏风；烟气旁路；二次扬尘；卸灰器卡死；振打装置故障和绝缘子破裂。

2 造成电场完全短路的原因是什么？如何处理？

答：造成电场完全短路的原因是：

（1）放电极损坏，与收尘极及其他接地侧相连接。

（2）支撑绝缘子、阴极振打瓷轴及其他瓷件表皮脏、积灰严重或其他原因造成绝缘不良。

（3）灰斗内积灰过多，造成短路。

（4）烟道内脱落的铁皮或其他杂物搭接在放电极与收尘极之间造成短路。

（5）高压电缆或电缆头绝缘不良。

发生电场完全短路故障时，可按以下方法处理：

（1）剪除不良的放电极线。

（2）检查清扫所有的绝缘瓷件。

（3）将灰斗内的积灰排出。

（4）清除造成短路的铁皮和杂物。

（5）拆下电缆、电缆头，检查处理绝缘情况。

3 电场不完全短路或闪络的原因及处理方法是什么？

答：造成电场不完全短路或闪络故障的原因是：

（1）放电极线松弛或断线，在烟气中摆动。

（2）粉尘附着在放电极和收尘极上，形成堆积肥大，使异极间距变小。

（3）电极间有积灰，使异极间距变小。

（4）高压电缆或电缆头漏电。

（5）绝缘子绝缘不良。

（6）铁皮或锈皮杂物脱落在电极间。

处理方法如下：

（1）剪除不良的放电极线。

（2）清扫电极，重新调整振打系统。

（3）将内部的积灰排出。

（4）拆下电缆、电缆头，检查处理绝缘情况。

（5）检查清扫所有的绝缘瓷件。

（6）清除造成短路的铁皮和杂物。

4 造成电除尘器二次电压低的原因是什么？

答：造成电除尘器二次电压低的原因如下：

（1）振打机构卡涩。

（2）保险片断损。

（3）振打时控制回路故障或振打周期不当。

（4）振打装置安装不正，焊接不牢固，造成振打加速度达不到要求。

（5）电场异极距变化。

（6）绝缘部件受潮湿、污染。

5 电除尘器电场异极距变化的原因是什么？

答：造成电除尘器电场异极距变化的原因是：电场内部异极间有金属物件；电场内部构架变形；阳极板受热变形（热胀冷缩）等。

6 简述造成阴极线肥大的原因及有效预防措施。

答：正常工作时阴极芒刺在高压下产生电晕放电，产生大量正负离子，这些离子在阴极和阳极间的电场力作用下分别向阴极（正离子）和阳极（负离子）运动，电量区内的正离子绝大多数会立即被阴极线吸引过去，但是仍有少数会和烟气中的尘粒发生碰撞形成带正电荷的荷电尘粒，这些荷电尘粒会向阴极运动，沉积在阴极上。若粉尘的黏附性很强，在振打作用下不易掉落，会导致阴极线上的粉尘越积越多，阴极线变粗，电晕放电效果降低，这就是阴极线肥大，它会大大降低电除尘器的除尘效率。

其产生的原因主要有以下几个方面：

（1）由于粉尘的性质而黏附。飞灰粒径小，比表面积大，黏附性强，容易在阴极线芒刺上积累，造成阴极线肥大。在日常生产中，我们主要通过调整生产工艺参数，分析膨润土、水分、温度等工艺参数对飞灰粒径分布的影响，探索出合适的工艺，抑制电晕线肥大现象的发生，确保电除尘器除尘效率。

（2）芒刺结瘤。当电除尘器低负荷或者停止运行时，电除尘器内部温度低于工艺要求露点（50℃），水或者硫酸凝结在尘粒和芒刺之间，造成芒刺表面溶解，设备正常运行时，溶解的物质凝固或结晶黏附在芒刺上，造成芒刺结瘤，粉尘更易黏附积累，造成阴极线肥大。若发生上述情况，一般会在检修电除尘器时采用喷丸、压缩空气喷吹或用木子器件敲打来清除结瘤，其中喷丸效果最佳。

（3）壳体漏风。电除尘器正常工作时为负压运行（$-8kPa$），冷空气从漏风点进入电场内部，不仅会增加烟气的处理量，而且会造成温度下降出现冷凝水，容易引起阴极线积灰肥大。常见漏风点有人孔门密封处、膨胀节、绝缘子。其中绝缘子破损漏风最常见，绝缘子在电除尘器中有支撑放电极、供电导线穿墙绝缘和防止放电极摆动等方面的作用。为降低壳体漏风情况的发生，可采取日常生产中发现漏点就及时做好标记，等检修时应修补到位；电除尘器大修后做正压密封试验，确保无泄漏点。

7 简述造成极板腐蚀及变形的原因。

答：电除尘器阳极板主要承担集尘任务，阳极板一般具有长、薄、轻的特点，在长期高温腐蚀烟气冲刷；阳极振打锤振打；频繁开、停机等作用下易出现极板腐蚀和变形。

极板腐蚀主要是由于烟气中含有硫化物等腐蚀性物质。一般烟气所含主要腐蚀物质为SO_3，其露点温度为160℃，在开停机比较频繁或壳体漏风率超过5%的情况下，烟气温度极易接近甚至低于其露点温度，导致气体在电场内结露，生成腐蚀物质，黏附于极板表面，造成极板腐蚀，在振打和烟气冲刷作用下出现裂纹孔洞、断裂等故障，直接影响电除尘器的工作性能。

极板变形主要原因有开停机频繁，阳极板反复热胀冷缩；更换极板时运输和吊装过程中

中级工

产生的变形无法自动还原；部分阳极振打锤振打位置偏离振打砧，阳极板受力不均。

8 简述阳极振打系统常见故障的原因。

答：阳极振打采用机械绕臂锤，安装在每排阳极板的下后侧，这种设置可有效避免振打时影响其他通道的正常工作，同时由于振打点在下部，保证了阳极板上部粉尘在振打时明显片状落入灰斗，有效抑制了粉尘下落过程中产生二次扬尘。

阳极振打的常见故障有：

（1）振打锤不易复位、摆动不灵便、脱离振打承击砧。主要是由于安装时润滑或密封措施不到位，导致轴及轴承在高温、积尘的环境下急剧磨损，在周期性撞击力作用下因强度不足发生弯曲变形，导致振打力大大下降。

（2）振打锤运转正常，外表观察无明显变形，但振打效果不佳。主要是因为振打锤体与振打承受砧经过长时间反复撞击，振打锤体受力弧面变形，使线接触变成面接触，振打效果下降。

9 简述排灰系统的常见故障及应对措施。

答：电除尘器多采用的是仓泵式气力输灰系统。仓泵每进、出一次物料为一个工作循环。日常生产中排灰系统的主要故障集中在以下几点：

（1）出料阀或进料阀无法正常开启或关闭造成灰堵。针对无法开启情况应检查铜套是否缺油，气动三联件调节阀的压力是否正常；若不能正常关闭，应向转轴座喷入松动剂进行清洗或更换密封圈。

（2）输灰管道磨损严重产生泄漏。输灰管道多采用的是低碳钢内衬陶瓷耐磨管，泄漏易发点多为焊接处和弯头处，为减少此类情况发生，输灰管道应尽量短、直、少弯头和焊缝。

10 造成放电极框架变形和位移的原因是什么？应采取什么措施？

答：放电极框架变形和位移的原因是：放电极框架大多采用圆钢管或异形钢管焊接而成，质量轻，结构单薄，在长期高温和振力的作用下极易产生变形和移位。同时也会造成振打锤偏离正常振打点。另外，电除尘器开、停机频繁，放电极和收尘极会因反复热胀冷缩而产生严重变形，造成极间距局部缩小。这些故障会引起闪络放电现象的频繁发生，能削弱振打力的传递，导致振打加速度值下降，影响振打清灰效果。

应采取的措施为：确保人身安全的情况下，检查维修人员可在电除尘器进、出口烟道的平台处，直接观察电场送电、闪络和拉弧情况，准确检查出形成移位电极所在部位，并采取适当的调整、维修和处理措施，恢复其正常位置。

11 造成放电极断线的原因是什么？应采取什么措施？

答：造成放电极的断线原因是：放电极的断线是放电极系统最常见的机械故障之一。电除尘器开、停机越频繁，极线松弛现象越严重。超过极线材料的屈服极限时即发生断线。当断线倒向收尘极侧并随气流晃动时，相应电场的操作电压和电流明显下降，显示仪表指针出现大幅度不规则摆动。当断线与收尘极或接地件发生接触会造成电场短路，此时电压表指针接近或处于"0"位，而电流指示却非常大。

应采取的措施为：

中级工

341

（1）通过维护检修时，将放电极线在框架上的分段长度缩短，并将极线两端套扣后用螺母与框架拉紧固定。

（2）尽量减少开、停机次数。

12 造成灰斗堵灰和篷灰的原因是什么？应采取什么措施？

答：灰斗堵灰和篷灰的原因是：

（1）灰斗设计不合理，坡度过小，影响灰的流动性。灰斗坡度不宜小于 $55°\sim60°$，内壁要光滑，四角最好以弧形钢板焊接，以防积灰。

（2）灰斗蓬灰。蓬灰又称起拱和搭桥，蓬灰的类型分压缩拱、楔形拱、黏性拱和气压平衡拱。除楔形拱外，其余三种拱形在电除尘器灰斗中都存在。高灰位易造成楔性拱，灰斗保温不好易造成黏性拱，灰层的反压（电除尘器灰斗上部为负压，下部为大气压）易造成气压平衡拱。

（3）杂物堵塞。当电场内遗留的电焊条头、铁丝、废铁件、螺栓、螺母、工具、棉纱、稻草和废纸屑等杂物处于收尘极与放电极之间时，引起操作电压和电晕电流降低，显示仪表指针不间断出现幅度较稳定的晃动，当振打电极时，晃动更加厉害，一旦异物被振落或处于不影响电场供电位置，电压电流立即恢复正常。若遗留杂物将收尘极和放电极搭接短路，电压表指针接近或几乎处于"0"位，电流却很大，这是相当危险的一种现象。

应采取的措施为：每次开机前，必须对电除尘器内部进行严格仔细检查，彻底清除干净一切遗留杂物；及时排除灰斗灰尘；检查、维修和疏通排灰设备及锁气器；严格操作管理制度，必要时，可在灰斗适当位置装设料位探测器。当灰尘与其触及时，即自动报警，有效避免短路故障发生。

中级工

第十二篇
锅炉本体检修

第三十七章

锅炉本体特殊项目检修

第一节 受热面管排的更换

1 如何制作新管排？应注意哪些事项？

答：新管排制作的主要工序有放大样、下料弯管、管排组焊、焊缝检验、水压试验、通球试验等。

制作管排时应注意如下事项：

（1）管排组焊前按有关规定进行管子外观、尺寸、材质的检验，避免错用钢材或将尺寸不合格的管子组焊，影响管排组装质量。

（2）弯管时，必须按工艺规程严格操作，避免弯头椭圆度、背弧减薄量超标。

（3）管子焊接必须是由持有合格证的焊工施焊，根据管子材质选取焊接工艺与热处理工艺，并按照有关规定进行焊缝质量检验。

（4）管排组焊好后必须按规定进行水压试验和通球试验。

2 受热面管排组焊架有何要求？

答：管排组焊架工作要在专用的组焊架上进行。组焊架可根据组焊管排的特点自行制作。制作时，需考虑以下几点：组焊架的高度要达到对口及焊接要求；组焊架放置管排的平面要保证蛇形管排的平面度；组焊架的稳定性能满足管排制作坡口或焊接时的需求。

3 受热面管排制作好后为什么要进行水压试验和通球试验？

答：水压试验是为了检验管排焊缝的严密性和管子本身的强度，确保管排更换后在运行中严密不漏。水压试验压力应为锅炉工作压力的 1.25 倍。再热器水压试验的压力应为其进口联箱工作压力的 1.5 倍。水压试验合格后，应将管内积水全部吹净（可结合通球试验将积水吹净），以防积水腐蚀管子内壁。

通球试验是为了检查管排内是否有杂物堵塞、内径变小及弯头处截面变形情况等超标缺陷，并对超标的缺陷进行修理，对杂物必须吹扫。通过通球试验，确保管排畅通。

4 受热面管排组焊后的偏差值应符合哪些规定？

答：受热面管排组焊完毕后要与实样进行对照检查，其偏差应满足以下数值：

（1）单根蛇形管偏差值的规定见表 37-1、表 37-2 及如图 37-1 所示。

（2）多根蛇形管除按单根蛇形管的规定要求外，还需检查管子间的间隙，其偏差值应小于 1mm；平面蛇形管的个别管圈和蛇形管总平面之差值 Δd 小于或等于 6mm；装上管卡后平面蛇形管的平面度 Δf 小于或等于 6mm，如图 37-2 所示。

表 37-1 　　　　　　　　　　　　　　　单根蛇形管组焊后偏差值　　　　　　　　　　　　　　　mm

组焊后质量指标	蛇形管直管段长度 L≤400	蛇形管直管段长度 L>400
管端偏差值 Δa	$\leqslant 2$	$\leqslant \dfrac{1}{200}L$
管端长度偏差值 ΔL	$\leqslant \pm\dfrac{4}{2}$	
最外侧管端沿宽度方向偏差值 Δc	$\leqslant 5$	
相邻弯头沿长度方向偏差值 Δe	$\leqslant \dfrac{D_w}{4}$	

注　D_w 为管子外径。

表 37-2 　　　　　　　　　　　单根蛇形管组焊后弯头沿长度方向偏差值　　　　　　　　　　　mm

蛇形管直管段长度 L	L≤6000	6000<L≤8000	L>8000
弯头沿长度方向偏差值 Δb	$\leqslant 6$	$\leqslant 8$	$\leqslant 10$

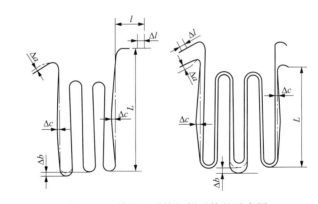

图 37-1　单根蛇形管组焊后偏差示意图

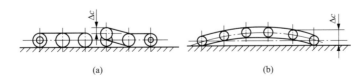

图 37-2　多根蛇形管组焊后偏差示意图

5 受热面管排更换要点有哪些?

答：受热面管排更换要点如下：

（1）根据所更换的受热面位置，确定起吊运输方案。尺寸较小的管排可从炉顶、炉侧或炉底进出炉膛或烟道。高参数、大容量锅炉因其受热面管子长度较长，管排整体尺寸较大，整排更换，起吊运输前要拆除较多的部件，整体起吊运输多数是不可行的。因此，对于高参数大容量锅炉，一般是根据管排形状和起吊运输条件，在制作管排时，将弯头和直管段分为两段或数段，只进行局部组焊，分段吊装，在炉内组装焊接。

（2）在拆除旧管排时，要保护好联箱管座、悬吊管及其吊耳、管卡吊卡等，尤其是采用悬吊管悬吊，且一根悬吊管悬吊多种受热面时，特别要防止其他受热面意外的损坏。当更换两根悬吊管中间所夹的一排受热面管子时，不能整排拆除，只能分段拆除。旧管排拆除完毕后要对连接管排的联箱内、外部进行仔细的检查与清理，对准备与新管排连接的管头进行仔细地尺寸校核和坡口加工。

（3）拆除完毕后，检查吊杆、吊卡、悬吊管吊耳等吊挂支撑部件，若有损坏影响安装时，应修复或更换，确保安装管排时固定牢固。

（4）根据现场位置，可从中间向两侧安装新管排，也可从一侧到另一侧依次安装。首先装的第一、二排为标准管排，要力求装得准确，其他各排以标准管排为基准。装好几排后，复核尺寸，确认无误后再继续安装其他管排。在安装新管排的过程中尺寸校核至少要进行2~3次。对口时不得强行组合，增加管子内应力。焊口全部焊完后，将固定卡和防磨装置按原设计装好，进行焊口的热处理及检验工作。

（5）若需要更换悬吊管，而所更换的悬吊管还悬吊着其他受热面时，一定要做好该受热面的临时可靠支撑，避免引起下部受热面管排的散乱和变形。

6 如何做通球试验？

答：管排通球试验之前，先用压缩空气吹扫管内1~2min，以清除内部灰屑、焊渣等杂物。通球试验的球径选择应按照表37-3的规定。为去除管子内壁上的焊瘤、药渣、锈垢等杂物，在第一次通球时使用钢球，第二次可使用木球或钢球。管排通球一般用压力为0.4~0.6MPa的压缩空气。气压过大，橡皮管接头容易脱落；气压过小，管排吹扫不干净，通球效果差。通球时应先吹气后放球，以便接球人做好接球准备。

通球试验应有数人参加，分工负责。球由专人负责，统一编号，统一保管，严格管理，不得遗留在管排内，不得丢失。对已通过球的管子，两端应做好标记。对通球合格的管子管口，应及时加好封盖，以防再落入杂物。封盖管口不要使用石棉布或易碎的材料，以防破碎，落入管内。

在通球过程中，当遇到管子焊口内侧有焊瘤、管内有杂物、管子局部压扁等情况，球不能通过、堵塞在管内时，可先用倒吹气法将球吹出，然后适当提高气压，用两个或三个钢球连续放入管内冲击障碍物。如球仍不能通过时，则须割管消除障碍物。为测定管内障碍的部位，可将一只加热烧红的钢球用压缩空气吹入管内，当听到撞击声后即用手沿着管子摸测，管子发热处就是钢球所在的障碍部位。将管内障碍物消除后，重新焊上新管段，再经通球试验直至全部管排畅通为合格。

表 37-3   通球试验的球径

弯曲半径 R（mm）	管子外径 D_w（mm）		
	$D_w \geqslant 60$	$32 < D_w < 60$	$D_w \leqslant 32$
$R \geqslant 3.5 D_w$	$0.85 D_n$	$0.80 D_n$	$0.70 D_n$
$2.5 D_w < R < 3.5 D_w$	$0.85 D_n$	$0.80 D_n$	$0.70 D_n$
$1.8 D_w < R < 2.5 D_w$	$0.75 D_n$	$0.75 D_n$	$0.70 D_n$
$1.4 D_w < R < 1.8 D_w$	$0.70 D_n$	$0.70 D_n$	$0.70 D_n$
$R < 1.4 D_w$	$0.65 D_n$	$0.65 D_n$	$0.65 D_n$

注　D_n 为管子内径（进口管子为实测内径）。

7 简述水冷壁换管的方法。

答：进行水冷壁换管时，在割管前应把水冷壁下联箱抬高到安装时冷拉前的位置，测量好联箱的标高和水平，然后临时焊牢固定。割管前，除了标记管子顺序编号外，还应在预定的管子上、下口以外的管段上划出水平线。同一回路的管要在同标高上割管，如果割下的管排上有挂钩，应采取一定的补救措施，设法把没有挂钩的管段固定，然后再割去挂钩。割管前还应准备好吊管用的滑车和麻绳，割管的顺序是先割断上管口，用钢丝绳把管子拴好，再割下管口。被割下的管子要及时从人孔门等处运到炉外，对下部管口要盖好。对膜式水冷壁，虽然不存在拉钩问题，但割管前必须把管上的护墙部分割除，并将相邻管子的鳍片焊接部分割开才能割下管子。

上下部管口的焊渣要清除干净，用坡口机加工好坡口，准备换上的管子也要加工好坡口，经过通球试验，然后用对口卡子进行对口，先对下口，找正后先点焊，后焊接。

当同一回路的水冷壁管焊接完毕，可进行水冷壁拉、挂钩的恢复安装，接着调整管排的平整度，并撤掉联箱的支垫物和临时焊固点，并把下联箱的导向膨胀滑块恢复正常，同时要调整好联箱的膨胀指示器。

第二节　联箱的更换

1 如何检查待更换的新联箱？

答：联箱从制造厂出厂时，已经过验收。但为了确保无误，在安装前，要对联箱再进行检查复核。首先核实其材质是否与图纸要求相符，对联箱进行外观检查，看有无表面缺陷。对联箱内部用压缩空气吹扫，直至排出无杂物尘埃的空气为止。特别要注意检查联箱上每只管孔内壁边上是否附有钻孔时没有脱落的"眼镜片"。对联箱内壁的锈垢、翘皮、焊瘤、药渣、"眼镜片"等，用压缩空气无法吹除的，可根据具体情况用机械方法清除，如洗管器、钢丝刷、铲子等工具。

对联箱的直径、壁厚、平直度、圆度、弯曲度以及联箱管接头（或管孔）的中心距离，进行检查，并与图纸尺寸核实。直径、壁厚、平直度、圆度均应符合制造技术规范的要求。联箱允许弯曲度为其长度的 1.5/1000，但最大应小于或等于 10mm。联箱管接头（或管孔）

的中心距离误差应符合表 37-4 的规定。

表 37-4　联箱管接头（或管孔）中心距离的允许偏差　mm

管接头（或管孔）中心距离	允许偏差	管接头（或管孔）中心距离	允许偏差
≤260	±1.0	1001～3150	±3.0
261～500	±1.5	3151～6300	±4.0
501～1000	±2.0	>6300	±5.0

2　锅炉联箱更换时如何划线？

答：为了使找正工作方便准确，应先在联箱上划定纵向和横向十字中心线，并做好标记，为找正找平提供依据。画线的误差大小将影响其与管子连接的准确性，所以画线时应力求精确。

联箱的画线方法如下：

（1）紧贴联箱上成排多数管孔的两边，拉两根平行线，做这两条线间距离的中分线，此线即是管孔或管座的中心线，并做好标记，如图 37-3 所示。

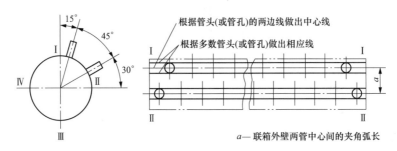

图 37-3　联箱画线示意图

（2）以作出的这条线中点为基点，沿联箱纵向量取相等距离的两端基准点（一般都在边管外一段距离），过这两点用划规做管接头纵向中心线的垂线，则得到围绕联箱圆周的两个圆。

（3）按图纸核对在联箱截面上两管排的管孔中心线间的弧长，以检查两管排间的夹角是否正确。弧长的计算式为

$$弧长＝联箱圆周实际长度×图上夹角/360°\qquad(37-1)$$

（4）用钢卷尺从管接头中心线起沿圆周量取该段弧长，则得出联箱水平点，从这点开始把联箱圆周四等分，得四等分点即是联箱的上下和前后水平点。

（5）将联箱垫平，用 U 形管水平仪测量联箱两端四个水平点是否水平，以检查联箱有无扭曲。如有，则应向相反的方向移动四点的位置，移动距离为扭曲值的 1/2，重新定出四等分点。再用弹粉线的方法将联箱两端对应点连接起来，则得联箱的四等分线。

（6）根据图纸尺寸，沿四等分线量出距联箱支座或吊环位置的中心点，便可画出联箱支座位置的十字线或吊环位置线。并把安装找正时需要测量的各基准点准确地打上清晰的冲痕，用白色油漆笔做出明显标记备查，并用手锤把无用的冲痕打平。

（7）如果在出厂时，联箱中心线标记（铣眼）已由制造厂划好，在现场复核后，可以此

来画线。

3 更换联箱的要点有哪些？

答：更换联箱的要点如下：

（1）当锅炉检修或检验中发现受热面某个联箱或减温器联箱有重大缺陷，必须更换时，应提前安排新联箱的制作，并将更换安排在大修时进行，列入锅炉特殊项目。根据联箱的作用、连接管子、安装位置、支吊形式等条件，制定更换技术方案并经批准。技术方案应包括拆除、起吊、找正、焊接、热处理、检验、安全措施等内容。

（2）拆除旧联箱时，应在支撑钢架上标示出联箱原始位置的标记，如标高和中心，以便新联箱就位找正时有参照或基准点，然后再进行拆除作业。

（3）安装前，要对支座或吊架进行仔细地检查清理和修理，使之符合工艺质量标准要求。

（4）安装前要按规定对新联箱进行检查清理并画线。清理干净后将管孔临时封闭好，避免杂物掉入。

（5）管子坡口制作、焊接及热处理工艺均需要按照《电力建设施工及验收技术规范》（火力发电厂焊接篇）有关规定执行。管子与管座焊接时，为避免联箱变形，应采用对称或交叉焊接。

（6）热处理完毕，要根据联箱及所连接的管子的材质，按照《电力建设施工及验收技术规范》（火力发电厂焊接篇）中的有关规定，对焊缝进行相应的无损检验并符合质量要求。

（7）联箱的安装质量要求为：支座或吊环的接触角在90°以内，圆弧应吻合，接触应良好，个别间隙不大于2mm；吊挂装置的吊耳、吊杆、吊板和销轴等的连接牢固，焊接工艺符合要求；吊杆紧固时负荷分配均匀；膨胀指示器安装牢固，布置合理，指示正确；联箱标高允许误差为±5mm，水平允许误差为±3mm。

第三节　锅炉超压试验

1 在役锅炉的超压试验时间间隔有何规定？

答：在役锅炉的超压试验一般应结合大修进行，每两次大修（6～8年）进行一次，并列入该次大修的特殊项目。但是也可根据设备具体技术状况，经主管的锅炉监察部门批准，适当延长或缩短时间间隔。

2 锅炉超压试验的压力有何规定？

答：锅炉超压试验的压力按制造厂规定执行。制造厂无规定时，按表37-5的规定执行。

表 37-5　锅炉超压试验压力

名称	超压试验压力
锅炉本体（包括过热器）	1.25 倍锅炉设计压力
再热器	1.50 倍再热器设计压力
直流锅炉	过热器出口设计压力的 1.25 倍且不得小于省煤器设计压力的 1.1 倍

高
级
工

3 锅炉进行超压试验时的要点是什么？

答：锅炉进行超压试验时，水压应缓慢升降。当水压上升到工作压力时，应暂停升压，检查无泄漏或异常现象后，再升到超压试验压力，在超压试验压力下保持20min，降到工作压力，再进行检查，检查期间压力应维持不变。超压试验的环境温度和水温与工作压力的水压试验相同。

4 超压试验的合格标准是什么？

答：超压试验的合格标准是：受压元件金属壁和焊缝没有任何水珠和水雾的泄漏痕迹；受压元件没有明显的残余变形。

第四节　汽包缺陷焊补处理

1 发现汽包的超标缺陷时应如何处理？

答：当汽包通过检验发现裂纹或其他超标缺陷时，应认真分析产生的原因和发展趋势，对缺陷的严重程度做出估价，制定出具体可行的处理方案，报上一级电力锅炉监察部门审批后进行修补处理。当用一般方法难以确定裂纹或其他超标缺陷的严重程度和发展趋势时，或暂时不具备修复处理条件，现有缺陷应该处理而不能及时处理时，则应按DL/T 440《在役电站锅炉汽包的检验及评定规程》中的有关规定，对汽包继续运行的安全性和剩余寿命进行评定和估算。

当评定结果为不可接受的缺陷，或虽然可以接受，但剩余寿命短，不能保证安全运行到下一个检修期的缺陷，均应尽快消除后焊补或降参数运行。

为确保焊补质量和汽包的安全，同一部位的挖补不得超过三次。

2 什么情况下汽包缺陷消除后不需要焊补？

答：当消除汽包裂纹或较深的表面缺陷后，要对该部位的壁厚进行测量，并按GB/T 9222—2008《水管锅炉受压元件强度计算》的规定，或按设计时采用的强度计算标准，进行强度校核。如果该部位的实际最小壁厚仍能满足理论计算壁厚的要求时，则不必焊补。否则，应进行焊补。

3 当汽包存在必须焊补处理的缺陷时，如何编制补焊技术方案？

答：当汽包存在必须焊补处理的缺陷时，应根据缺陷的实际情况、焊接工艺、评定报告、强度削弱、高温工况下筒体与吊架的强度计算结果以及有关标准的规定，要制定详细、合理、可行的处理方案，并经上级锅炉监察部门批准后方可正式实施。汽包焊补处理的技术方案中，应包括以下内容：

（1）设备概况。设备结构、尺寸、制造厂家、材质及运行情况；检修情况、缺陷情况及缺陷发展情况；补焊前汽包弯曲度、椭圆度的测量值等。

（2）准备工作。人力安排及职责分工；材料机具准备及现场有关焊接、热处理电源、配合工作等。

（3）安全措施。焊补过程中保证汽包能自由膨胀和避免变形的措施；电动工具的检验；现场安全注意事项；操作平台的布置；防止烫伤的措施；后勤、医药服务安排；所有参与人员的安全教育；有可能引发不安全因素的防范措施等。

（4）焊补坡口制作。缺陷铲除的方法、使用的工具、工艺要求等。

（5）焊接工艺。选用的焊条及焊机型号；施焊手法及焊缝层数、道数；焊接参数及消除应力的方法等。

（6）热处理工艺。热处理人员安排；使用的热处理设备；焊前预热、焊后消氢及消除应力的温度；升温速度及降温速度；热处理后的金属硬度要求；热处理过程中汽包壁温差的控制；热处理曲线记录等。

（7）焊接质量检验及评价。清除缺陷及焊补前后的检测手段与指标，检测结果及效果评价的依据和方法。

（8）验收。验收阶段对汽包几何尺寸（如椭圆度、弯曲度等）的测量、水压试验、技术资料整理归档、恢复现场的设备设施等。

4　清除汽包缺陷的方法有何规定与要求？具体操作时有哪些注意事项？

答：清除汽包缺陷应采用机械的方法，也可采用碳弧气刨，严禁用火焰切割，且应尽量少割除修复部位的金属，切削时不得使金属受氧化。清除部位不得有沟槽棱角，要修成圆弧过渡，圆角半径要大于 30mm，表面粗糙度 Ra 的最大允许值为 $12.5\mu m$。

当汽包缺陷为裂纹时，应在裂纹的两端打止裂孔，孔深要超过裂纹深度 3~5mm，孔径 8~10mm，以避免汽包壁在加工坡口中受热导致裂纹延伸。但注意不能打穿汽包壁。

根据缺陷具体位置及深度情况，确定坡口开置在内壁还是外壁。距内壁表面近的缺陷从内表面开槽，距外表面近的从外表面开槽。铲除的缺陷位置、深度、长度，都要事先根据金相检测的结果绘制剖面图，以便检修人员按图施工，避免出现偏差。

严禁在汽包表面随意引燃电弧、试验电流或焊接临时支撑物。

5　如何进行汽包缺陷的清除与坡口制作？

答：根据有关规定，汽包缺陷的清除必须用机械的方法。因汽包缺陷的情况没有一定的规律，在没有特别适合的机械清除工具的情况下，可使用磁力钻、砂轮机和磨光机。具体方法：先用磁力钻在缺陷壁上钻孔，以清除大部分有缺陷的金属，然后再用砂轮机磨去剩余的金属，制作出坡口的形状。钻孔程序可分为多道工序进行，钻一道，用砂轮机清除一道。根据缺陷的宽度、长度、深度，确定钻孔的钻头及钻道数。第一道可选用小一点的钻头（如 8~10mm），钻进深度控制在 3~5mm 之内；第二道可选用大一些的钻头（如 25~35mm），钻孔深度为 15~20mm，当接近裂纹尽头时的最后一道钻孔，宜使用小一些的钻头，然后用砂轮机磨制坡口，坡口底部用磨光机磨头磨制成半圆底形状，整条焊缝坡口要光洁，不得有死角、尖角、孔洞。坡口两端要有小于 45°的过渡段，以便焊缝的起头和收尾。在坡口两边 10~20mm 内打磨出金属光泽，待金相检验人员用磁粉探伤、着色探伤或 10%硝酸酒精溶液浸蚀检验等方法，检验确认缺陷已被彻底铲除后，此项工作方告完成。

做这项工作时，除做好人身安全防护工作外，事先要绘制钻孔图，坡口图，严格按图施工，避免误操作将汽包壁打深或打穿，或将裂纹缺陷扩大等影响汽包缺陷处理的故障发生。

高级工

6 何种汽包缺陷不允许采用焊补的方法处理？

答：汽包因应力腐蚀或疲劳造成的大面积损伤属晶间损伤类型，是无法彻底消除的缺陷，不能采用焊补的方法处理。

7 如何制定汽包焊接工艺方案？

答：根据汽包材质，选用成熟的焊补工艺。若无成熟的焊补工艺，则应进行焊补工艺评定试验。经过工艺评定试验，确认工艺可行，才能正式写入焊补处理的技术方案中。

8 汽包焊补前预热应符合哪些要求？

答：施焊前，要进行预热。对于大口径集中下降管座角焊缝、汽包环缝或其他较大面积的焊补，应沿汽包焊补部位环向预热一周，预热宽度在焊补处两侧每边应不少于壁厚的 3 倍，保温范围应为实际加热区的 1.5 倍。在整个焊补过程中，各焊层均应始终保持规定的预热温度。预热温度依钢种而异，应按有关规定选取。

9 汽包焊补的热处理工艺应遵循哪些规定？注意哪些事项？

答：为降低焊接残余应力，改善焊缝和热影响区的金属组织性能，避免出现焊接裂纹，焊接完毕后，需要在 300～350℃下进行消氢处理，然后再进行消除应力热处理。消除应力热处理之前，焊补区加热部位的温度不允许冷却到 150℃ 以下。焊后消除应力热处理宜选用整体热处理，也可以局部热处理。局部热处理应采用环向整圈加热的方法，焊缝两侧的加热宽度应各不小于汽包壁厚的 4 倍。采用局部分段热处理时，加热的各段应至少有 1500mm 的重叠部分，同时应采取措施，控制不加热部位的温度梯度，以减少残余应力。

热处理时，应确保加热温度均匀，宜采用工频感应加热法、红外加热法或电阻加热法。热处理时的升温、降温和恒温过程中，加热范围内任意两点的温差，不得超过 50℃。热处理加热温度和升降温速度按有关焊接规范和标准选取，升降温速度 v 一般应满足

$$v < 250 \times \frac{25}{\delta}(\text{℃/h}) \tag{37-2}$$

式中 δ——壁厚，mm。

注意：300℃以下的升降温速度一般可不控制。

10 汽包焊补后应进行哪些检验？其合格标准是什么？

答：为保证焊接质量，汽包焊补后应进行 100％的无损检验和硬度检验，必要时再进行金相检验和残余应力测定。

金相检验的合格标准：在母材、焊缝和热影响区无裂纹；无过烧组织；无淬硬性马氏体组织。

硬度检验的合格标准：热处理后焊缝及热影响区金属的布氏硬度（HB）不应超过母材的布氏硬度值加 100，且不大于 300。

热处理后焊补区残余应力值一般不超过 140MPa。

当检验结果超过上述规定值时，应查明原因，并采取必要措施。

第五节 设备综合管理知识

1 设备综合管理的含义是什么？主要有哪些内容？

答：设备综合管理是为了确保机组安全、经济运行而采取的一种管理手段，所制定的一系列必备的规章制度，要求发电厂各个专业共同使用并遵照执行。设备综合管理的主要内容有规章制度管理、设备台账管理、设备评级管理、设备缺陷管理、备品配件管理、设备分工（划分）管理、设备及其系统异动管理、更改工程项目管理、反事故技术措施项目管理、科技项目管理、环保项目管理、节能管理、可靠性管理、技术监督管理、文件及传真管理、计算机信息管理等。

2 设备缺陷的定义是什么？发电设备缺陷如何分类？

答：在发电生产过程中，主、辅设备及其系统发生的对安全、经济、稳定运行有直接影响的缺陷，称为设备缺陷。

发电设备缺陷按一、二、三类缺陷分类和统计：

（1）一类缺陷。是指在发电过程中，主、辅设备及其系统发生的一般性质的缺陷，不影响主机组出力和正常参数运行，随时都可以消除的缺陷。一般情况，一类小缺陷消除不过班，大缺陷消除不过天，及时消除，不留隐患。

（2）二类缺陷。是指在发电过程中，主、辅设备及其系统发生的不影响主机组出力和正常参数运行，但对机组正常运行有危及安全的可能，需要倒系统运行后才能消除的缺陷，也有可能需要停机、停炉，用较短的时间予以消除。对二类缺陷要及时倒系统运行，或申请办理机组备用消缺、低谷消缺处理，不留隐患。

（3）三类缺陷。是指在发电过程中，主、辅设备及其系统发生的影响主机组带出力，或需降参数运行，缺陷性质属于严重危及安全稳定运行。三类缺陷属专业技术难度较大的缺陷，不可能在短时间内消除，必要时需要通过技术改造，更新设备，更换重要部件，大修或小修才能消除的缺陷。

3 生产设备备品配件应怎样进行管理？

答：生产设备备品配件的管理是一项科学、细致的工作，其管理必须遵循以下原则：

（1）有符合市场和本单位实际情况的设备备品配件管理办法。

（2）有生产用备品配件清册。

（3）有事故备品配件清册及储备定额。

（4）对可以随时买到的配件，库存量可以为零；对加工周期较长，或必须从国外进口的备品配件，应有一定的储备量。

（5）对备品配件的消耗情况要做到有统计，有分析，有补充。

（6）备品配件储备应尽量做到在能满足生产需求的前提下库存量最小。

4 什么是系统及设备的异动？

答：在电力生产中，为保证安全经济生产，不断提高设备和系统的安全经济运行水平，根据生产实际情况，需要对设备和系统在运行中暴露出来的问题进行技术改进，对设备进行大、小修。在进行这些工作时，可能要对系统和设备进行必要的变动，从而改变原有系统设备的性能、结构、出力、参数等。当对原有系统、设备和运行参数进行变更时，就称为系统和设备的异动。

发生下述情况，均属系统和设备的异动：

（1）对原有系统和设备进行技术改进。

（2）在检修中改变设备原有的结构、性能和参数。

（3）对原有运行系统进行改进或变更。

（4）对原规定的运行条件、运行参数进行变更。

（5）在生产系统内增加或减少设备。

（6）其他改变设备或系统的铭牌、性能（包括改变设备采用的材质和加工工艺）和变更发供电设备的安全保护装置定值的工作。

（7）对所有现运行系统设备进行的技术改进措施、反事故技术措施、科技工作中需要做设备变更的项目。

系统和设备的异动管理对于电力安全经济生产是非常重要的。搞好系统和设备的异动管理，必须建立完整、全面的异动管理制度和程序，作为管理、约束设备异动中人的行为规范的准则；同时要加强设备异动的技术管理，建立异动管理台账，做好设备变更部分的验收和图纸资料的管理与存档，及时修改相应的检修、运行规程及系统图；做好设备变更后的试运行。

5 火电厂技术改造与技术进步项目的范围是什么？

答：火电厂技术改造与技术进步项目范围很广，一般包括以下项目：

（1）消除影响火电厂综合出力和稳定运行的设备缺陷以及公用系统存在问题，挖掘现有设备的潜力的项目。

（2）降低煤耗、水耗、厂用电等工程项目。

（3）治理"三废"和环境污染项目。

（4）生产性建筑物、构筑物的抗震加固项目。

（5）改善劳动条件及劳动保护措施的项目。

（6）加强计量测试手段、完善试验装备和提高修造能力的项目。

（7）对超期服役的发供电设备和设施进行局部或延长寿命改造的项目。

（8）其他技术改造项目。

6 技术改造与基本建设的区别是什么？

答：以提高电厂和电网安全、经济发供电水平，改善电能质量，节约能源、改善环境及提高自动化水平和管理现代化水平而进行的局部性技术改造，和为保证上述改善内容所必需的房屋建筑及与主体工程相配套的生产、生活福利设施等，属于技术改造。

以扩大再生产为目的的新建、改建、扩建及与之相关的工程为基本建设。

第三十八章

锅炉检验、检测与诊断技术

第一节　锅炉外部检验

1　什么是锅炉检验？

答：锅炉检验是按照国家颁布的有关法规和技术标准，对锅炉及锅炉房结构的合理性，受压元件的强度，设计、制造、安装、检修、运行质量的优劣，内外部存在的缺陷以及安全附件、仪表、保护装置的准确性和可靠性等进行全面检查，并作出鉴定性的结论。

2　在役锅炉检验分哪几种？

答：在役锅炉检验有内部检验、外部检验和超压试验。内部检验结合每次大修进行，其正常检验内容应列入锅炉"检修工艺规程"，特殊项目列入年度大修计划。新投产锅炉运行一年后应进行内部检验，外部检验每年不少于一次。当遇有下列情况之一时，也应进行内外部检验和超水压试验：

（1）停运一年以上的锅炉恢复运行时。

（2）锅炉改造、受压元件经过重大修理或更换后，如水冷壁更换管数在 50% 以上，过热器、再热器、省煤器等部件成组更换，汽包进行了重大修理时。

（3）锅炉严重超压达 1.25 倍工作压力及以上时。

（4）锅炉严重缺水后受热面大面积变形时。

（5）根据运行情况，对设备安全可靠性有怀疑时。

3　锅炉检验的检测方法有哪几种？每种检测方法的项目有哪些？

答：锅炉检验的检测方法有非破坏性检测和破坏性检测两种。

（1）非破坏性检测项目有：外观检测，壁厚测量，磁粉探伤，渗透探伤，涡流探伤，超声波探伤，射线探伤，光谱分析，金相试验，硬度测定，碳化物中合金元素测定，部件表面腐蚀产物分析，应力测量，内窥镜检查，水压试验。

（2）破坏性检测项目有：钢材化学成分分析，钢材常温、高温短时机械性能试验，金相、电镜、能谱分析，碳化物中合金元素含量及相结构分析，持久强度试验，蠕变试验，持久爆破试验。

高级工

355

4 锅炉外部检验的主要内容是什么？

答：锅炉外部检验涉及范围较大，内容较多，主要内容有：
（1）锅炉房安全设施、承重件及悬吊装置。
（2）设备铭牌、管道阀门标记。
（3）炉墙、保温。
（4）主要仪表、保护装置及联锁。
（5）锅炉膨胀情况。
（6）安全阀。
（7）规程、制度和运行记录以及水汽质量。
（8）运行人员资格及素质。
（9）其他。

5 如何组织锅炉外部检验？

答：锅炉外部检验工作一般由电厂锅炉监察工程师组织实施，检验前应制定检验计划，内容包括设备概况、检验项目、质量要求和安全注意事项。由于检验内容涉及安全附件、保护装置、运行状况，所以参加的人员中除锅炉检验人员外，还应包括热工、化学等专业的人员。

6 锅炉外部检验对膨胀有何要求？

答：膨胀指示器应完好无损，刻度清晰，指针无阻碍，指示正确，膨胀量符合设计要求，有膨胀指示专门记录簿；锅炉膨胀中心组件完好，无卡阻或损坏现象。因为膨胀中心失控将导致汽水管道增加附加应力，使烟风道与锅炉本体连接滑动结构失效，密封结构受到影响，膨胀受阻，甚至造成水冷壁管被拉裂，所以检验时应对膨胀系统有关的固定和滑动部分进行仔细的检查。

7 电站锅炉外部检验对锅炉安置环境和承重装置的检验内容及要求是什么？

答：参考 TSG 01—2014《特种设备安全技术规范制定导则》，电站锅炉外部检验对锅炉安置环境和承重装置的检验内容及要求如下：
（1）检查锅炉铭牌，内容是否齐全，挂放位置是否醒目。
（2）检查零米层、运转层和控制室，是否各设有至少两个出口，门是否向外开。
（3）抽查巡回检查通道，是否畅通、无杂物堆放，地面是否平整、不积水，沟道是否畅通，盖板是否齐全。
（4）抽查照明设施，是否满足锅炉运行监控操作和巡回检查要求，灯具开关是否完好；抽查事故控制电源和事故照明电源，是否完好并且能随时投入运行。
（5）抽查孔洞周围，是否设有栏杆、护板；室内是否设有防水或者排水设施。
（6）抽查楼梯、平台、栏杆、护板，是否完整，平台和楼板是否有明显的载荷限量标志和标高标志。
（7）检查承重结构，是否有明显过热、腐蚀，承力是否正常。
（8）检查防火、防雷、防风、防雨、防冻、防腐设施，是否齐全、完好。

8　电站锅炉外部检验对锅炉管道、阀门和支吊架的检验内容及要求是什么？

答：参考 TSG 01—2014《特种设备安全技术规范制定导则》，电站锅炉外部检验对锅炉管道、阀门和支吊架的检验内容及要求如下：

（1）抽查管道，是否有泄漏、色环以及介质流向标志是否符合要求。

（2）抽查阀门，是否有泄漏，阀门与管道参数是否相匹配，阀门是否有开关方向标志和设备命名统一编号，重要阀门是否有开度指示和限位装置。

（3）抽查支吊架，是否有裂纹、脱落、变形、腐蚀，焊缝是否有开裂，吊架是否有失载、过载现象，吊架螺母是否有松动。

9　电站锅炉外部检验对锅炉炉墙和保温的检验内容及要求是什么？

答：参考 TSG G7002—2015《锅炉定期检验规则》3.4.3 条，电站锅炉外部检验对锅炉炉墙和保温的检验内容及要求如下：

（1）检查炉墙、炉顶，是否有开裂、破损、脱落、漏烟、漏灰和明显变形，炉墙是否有异常振动。

（2）抽查保温，是否完好；当环境温度不高于 27℃时，设备和管道保温外表面温度是否超过 50℃；当环境温度高于 27℃时，保温结构外表面温度是否超过环境温度 25℃。

（3）抽查炉膛以及烟道各门孔，密封是否完好，是否有烧坏变形，耐火层是否有破损、脱落，膨胀节是否伸缩自如，是否有明显变形或者开裂。

10　电站锅炉外部检验对锅炉安全阀的检验内容及要求是什么？

答：参考 TSG G7002—2015《锅炉定期检验规则》3.4.5.1 条，电站锅炉外部检验对锅炉安全阀的检验内容及要求如下：

（1）检查安全阀的安装、数量、型式、规格，是否符合 TSG 11－2020《锅炉安全技术规程》要求。

（2）审查安全阀定期排放试验记录。控制式安全阀和控制系统定期试验记录，是否齐全、有效。

（3）审查安全阀定期校验记录或者报告，是否符合相关要求并且在有效期内，整定压力等校验结果是否记入锅炉技术档案。

（4）检查弹簧式安全阀防止随意拧动调整螺钉的装置；检查杠杆式安全阀防止重锤自行移动的装置和限制杠杆越出的导架，是否完好；检查控制式安全阀的动力源和电源是否可靠。

（5）检查安全阀，运行时是否有解列、泄漏，排汽、疏水是否畅通，排汽管、放水管是否引到安全地点；如果装有消声器，消声器排汽小孔是否有堵塞、积水、结冰。

11　简述电站锅炉范围内管道定期检验范围。

答：电站锅炉范围内管道定期检验范围包括：

（1）主给水管道。主给水管道指锅炉给水泵出口切断阀（不含出口切断阀）至省煤器进口集箱的主给水管道和一次阀门以内（不含一次阀门）的支路管道等。

（2）主蒸汽管道。主蒸汽管道指锅炉末级过热器出口集箱（有集汽集箱时为集汽集箱）

出口至汽轮机高压主汽阀（不含高压主汽阀）的主蒸汽管道、高压旁路管道和一次阀门以内（不含一次阀门）的支路管道等。

（3）再热蒸汽管道。再热蒸汽管道包括再热蒸汽热段管道和再热蒸汽冷段管道。

1）再热蒸汽热段管道指锅炉末级再热蒸汽出口集箱出口至汽轮机中压主汽阀（不含中压主汽阀）的再热蒸汽管道和一次阀门以内（不含一次阀门）的支路管道等。

2）再热蒸汽冷段管道指汽轮机排汽逆止阀（不含排汽逆止阀）至再热器进口集箱的再热蒸汽管道和一次阀门以内（不含一次阀门）的支路管道等。

🏭 第二节　锅炉内部检验

1　锅炉内部检验的主要内容是什么？

答：锅炉内部检验是专业性很强的工作，其主要检验内容是：

（1）汽包、外置式分离器、启动分离器及其连接管。

（2）各部分受热面及其联箱。

（3）减温器、汽—汽热交换器。

（4）锅炉范围内管道、管件、阀门及其附件。

（5）锅水循环泵；安全附件、仪表及保护装置。

（6）炉墙、保温。

（7）承重部件。

（8）工作压力下水压试验和超水压试验。

（9）其他。

2　锅炉内部检验的方法有哪些？

答：锅炉内部检验的方法以目测、外观检查为主，必要时可借助于检测仪器，如测厚仪、硬度计、内窥镜、金相及无损探伤设备等。目测外观检查是凭借视觉，可使用灯光放大镜、反光镜等进行的检查方法，也包括样板检查、量具检查等，这是一种比较简单、实用的方法。不仅可以查出锅炉设备的表面缺陷，同时可对锅炉设备实际情况有个大体了解，对进一步补充采取何种辅助的检验方法提供线索和依据。

3　锅炉内部检验对炉墙、保温有何要求？

答：炉顶密封结构完好，无积灰；炉墙保温及外装板完好，表面无开裂、鼓凸，不漏烟灰；冷灰斗、后竖井炉墙密封完好，能自由膨胀。

4　锅炉内部检验时对拼接式鳍片水冷壁有何要求？

答：采用拼接形式的鳍片水冷壁，往往由于鳍片与管子的焊接缺陷，导致水冷壁管发生泄漏，特别是对安装时的片间组装焊缝，如燃烧器处的片状鳍片焊缝，直流锅炉分段间的嵌状鳍片焊缝，与包覆管连接处的鳍片焊缝，由于膨胀问题容易造成被拉裂。因此对要检查鳍片与管子的焊缝，有无开裂、严重咬边、漏焊、假焊等情况。重点部位的鳍片焊缝应进行100%的外观检查，其他部位适当抽查。

5 锅炉内部检验时对循环流化床锅炉有何要求？

答：循环流化床锅炉由于其结构和燃烧的特点，容易产生磨损和腐蚀，所以应重点检查锅炉进料口、出灰口、布风板水冷壁、翼形水冷壁、底灰冷却器水管的腐蚀与磨损情况，并测定剩余壁厚应在允许值范围内。

6 锅炉定期检验周期的规定是什么？

答：参考 TSG 01—2014《特种设备安全技术规范制定导则》锅炉的定期检验周期规定如下：

（1）外部检验，每年进行一次。

（2）内部检验，一般每 2 年进行一次，成套装置中的锅炉结合成套装置的大修周期进行，电站锅炉结合锅炉检修同期进行，一般每 3 年～6 年进行一次；首次内部检验在锅炉投入运行后一年进行，成套装置中的锅炉和电站锅炉可以结合第一次检修进行。

（3）水（耐）压试验，检验人员或者使用单位对锅炉安全状况有怀疑时，应当进行水（耐）压试验；锅炉因结构原因无法进行内部检验时，应当每 3 年进行一次水（耐）压试验。

成套装置中的锅炉和电站锅炉由于检修周期等原因不能按期进行锅炉定期检验时，使用单位在确保锅炉安全运行（或者停运）的前提下，经过使用单位安全管理负责人审批后，可以适当延期安排检验，但是不得连续延期。不能按期安排定期检验的使用单位应当向负责锅炉使用登记的部门（以下简称登记机关）备案，注明采取的措施以及下次检验的期限。

7 锅炉进行内部检验前，使用单位应当准备哪些资料？

答：参考 TSG 01—2014《特种设备安全技术规范制定导则》，锅炉进行内部检验前，使用单位应当准备以下资料：

（1）锅炉使用登记证。

（2）锅炉出厂设计文件、产品质量合格证明、安装及使用维护保养说明以及制造监督检验证书或者进口特种设备安全性能监督检验证书。

（3）锅炉安装竣工资料以及安装监督检验证书。

（4）锅炉改造和重大修理技术资料以及监督检验证书。

（5）锅炉历次检验资料，包括检验报告中提出的缺陷、问题和处理整改措施的落实情况以及安全附件及仪表校验、检定资料等。

（6）锅炉历次检查、修理资料。

（7）有机热载体检验报告。

（8）锅炉日常使用记录和锅炉及其系统日常节能检查记录、运行故障和事故记录。对于高压及以上电站锅炉，还应当包括金属技术监督、热工技术监督、水汽质量监督等资料。

（9）燃油（气）燃烧器型式试验证书，年度检查记录和定期维护保养记录。

（10）锅炉产品定型能效测试报告和定期能效测试报告。

（11）检验人员认为需要查阅的其他技术资料。

8 锅炉进行内部检验前，使用单位应当做好哪些现场准备工作？

答：在进行内部检验前，使用单位应当做好以下准备工作：

（1）对锅炉的风、烟、水、汽、电和燃料系统进行可靠隔断，并且挂标识牌；对垃圾焚烧炉或者其他存在有毒有害物质的锅炉，将有毒有害物质清理干净。

（2）配备必要的安全照明和工作电源以满足检验工作需要。

（3）停炉后排出锅炉内的水，打开锅炉上的人孔、手孔、灰门等检查门孔盖，对锅炉内部进行通风换气，充分冷却。

（4）搭设检验需要的脚手架、检查平台、护栏等，吊篮和悬吊平台应当有安全锁。

（5）拆除受检部位的保温材料和妨碍检验的部件。

（6）清理受检部件，必要时进行打磨。

（7）电站锅炉使用单位提供必要的检验设备存放地、现场办公场所等。

9 电站锅炉内部检验时对锅筒的检验内容以及要求是什么？

答：参考 TSG 01—2014《特种设备安全技术规范制定导则》，电站锅炉内部检验时对锅筒的检验内容以及要求如下：

（1）抽查表面可见部位，是否有明显腐蚀、结垢、裂纹等缺陷。

（2）抽查内部装置，是否完好；抽查汽水分离装置、给水装置和蒸汽清洗装置，是否有脱落、开焊现象。

（3）抽查下降管孔、给水管套管以及管孔、加药管孔、再循环管孔、汽水引入引出管孔、安全阀管孔等，是否有明显腐蚀、冲刷、裂纹等缺陷。

（4）抽查水位计的汽水连通管、压力表连通管、水汽取样管、加药管、连续排污管等是否完好，管孔是否有堵塞。

（5）抽查内部预埋件的焊缝表面，是否有裂纹。

（6）检查人孔密封面，是否有划痕和拉伤痕迹；检查人孔铰链座连接焊缝表面，是否有裂纹。

（7）抽查安全阀管座、加强型管接头以及角焊缝，是否有裂纹或者其他超标缺陷。

（8）抽查锅筒与吊挂装置，是否接触良好；吊杆装置是否牢固，受力是否均匀；支座是否有明显变形，预留膨胀间隙是否足够，方向是否正确。

（9）除上述项目外，必要时进行壁厚测量、无损检测、腐蚀产物及垢样分析等。

（10）参考 TSG 01—2014《特种设备安全技术规范制定导则》，运行时间超过 5×10^4 h 的锅炉在以上检验基础上增加的检验项目如下：

1）对内表面纵、环焊缝以及热影响区进行表面无损检测抽查，抽查比例一般为 20%，抽查部位应当尽量包括 T 字焊缝。

2）对纵、环焊缝进行超声检测抽查，纵焊缝抽查比例一般为 20%，环焊缝抽查比例一般为 10%，抽查部位应当尽量包括 T 字焊缝。

3）对集中下降管、给水管管座角焊缝进行 100% 表面无损检测以及 100% 超声检测；对分散下降管管座角焊缝进行表面无损检测抽查，抽查比例一般为 20%。

4）对安全阀、再循环管管座角焊缝进行 100% 表面无损检测。

5）对汽水引入管、引出管等管座角焊缝进行表面无损检测抽查，抽查比例一般

为 10%。

10 电站锅炉内部检验时对水冷壁集箱的检验内容以及要求是什么？

答：参考 TSG 01—2014《特种设备安全技术规范制定导则》，电站锅炉内部检验时对水冷壁集箱的检验内容以及要求如下：

（1）抽查集箱外表面，是否有明显腐蚀，必要时测厚。

（2）抽查管座角焊缝表面，是否有裂纹或者其他超标缺陷。

（3）抽查水冷壁进口集箱内部，是否有异物堆积、明显腐蚀，排污（放水）管孔是否堵塞，水冷壁进口节流圈是否有脱落、堵塞、明显磨损；对于内部有挡板的集箱，抽查内部挡板是否开裂、倒塌。

（4）抽查环形集箱人孔和人孔盖密封面，是否有径向划痕。

（5）抽查集箱与支座，是否接触良好，支座是否完好、是否有明显变形；预留膨胀间隙是否足够，方向是否正确；抽查吊耳与集箱连接焊缝，是否有裂纹或者其他缺陷，必要时进行表面无损检测。

（6）调峰机组的锅炉，还应当对集箱封头焊缝、环形集箱弯头对接焊缝、管座角焊缝进行表面无损检测抽查，集箱封头焊缝、环形集箱弯头对接焊缝抽查比例一般为 10%，管座角焊缝抽查比例一般为 1%，必要时进行超声检测；条件具备时，应当对集箱孔桥部位进行无损检测抽查。

（7）运行时间超过 $10^5\,\mathrm{h}$ 的锅炉水冷壁集箱的检验应增加的检验项目如下：

1）对集箱封头焊缝、环形集箱对接焊缝进行表面无损检测抽查，抽查比例一般为 20%，必要时进行超声检测。

2）对环形集箱人孔角焊缝、管座角焊缝进行表面无损检测抽查，抽查比例一般为 5%。

3）条件具备时，对集箱孔桥部位进行无损检测抽查。

11 电站锅炉内部检验时对水冷壁管的检验内容以及要求是什么？

答：参考 TSG 01—2014《特种设备安全技术规范制定导则》，电站锅炉内部检验时对水冷壁管的检验内容以及要求如下：

（1）抽查燃烧器周围以及热负荷较高区域水冷壁管，是否有明显结焦、高温腐蚀、过热、变形、磨损、鼓包；鳍片是否有烧损、开裂，鳍片与水冷壁管的连接焊缝是否有开裂、超标咬边、漏焊，对水冷壁管壁厚进行定点测量；割管检查内壁结垢、腐蚀情况，测量向火侧、背火侧垢量，分析垢样成分。

（2）抽查折焰角区域水冷壁管，是否有明显过热、变形、胀粗、磨损，必要时进行壁厚测量；抽查水平烟道，是否有明显积灰。

（3）抽查顶棚水冷壁管、包墙水冷壁管，是否有明显过热、胀粗、变形；抽查包墙水冷壁与包墙过热器交接位置的鳍片，是否有开裂。

（4）抽查凝渣管，是否有明显过热、胀粗、变形、鼓包、磨损、裂纹。

（5）抽查冷灰斗区域的水冷壁管，是否有碰伤、砸扁、明显磨损等缺陷，必要时进行壁厚测量；抽查水封槽上方水冷壁管，是否有明显腐蚀、裂纹，鳍片是否开裂。

（6）抽查膜式水冷壁吹灰器孔、人孔、打焦孔以及观火孔周围的水冷壁管，是否有明显磨损、鼓包、变形、拉裂；鳍片是否有烧损、开裂。

（7）抽查膜式水冷壁，是否有严重变形、开裂。鳍片与水冷壁管的连接焊缝（重点检查直流锅炉分段引出引入管处嵌装的短鳍片与水冷壁管的连接焊缝），是否有开裂、超标咬边、漏焊。

（8）抽查起定位、夹持作用的水冷壁管，是否有明显磨损，与膜式水冷壁连接处的鳍片是否有裂纹。

（9）抽查水冷壁固定件，是否有明显变形和损坏脱落；抽查水冷壁管与固定件的连接焊缝，是否有裂纹、超标咬边。

（10）检查炉膛四角、折焰角和燃烧器周围等区域膜式水冷壁的膨胀情况，是否卡涩。

（11）抽查液态排渣炉或者其他有卫燃带锅炉的卫燃带以及销钉，是否有损坏，出渣口是否有析铁，出渣口耐火层和炉底耐火层是否有损坏。

（12）抽查沸腾炉埋管，是否有碰伤、砸扁、明显磨损和腐蚀；抽查循环流化床锅炉进料口、返料口、出灰口、布风板水冷壁、翼形水冷壁、底灰冷却器水管，是否有明显磨损、腐蚀；抽查卫燃带上方水冷壁管及其对接焊缝、测温热电偶附近以及靠近水平烟道的水冷壁管等，是否有明显磨损。

12 电站锅炉内部检验时对省煤器集箱的检验内容以及要求是什么？

答：参考 TSG 01—2014《特种设备安全技术规范制定导则》，电站锅炉内部检验时对省煤器集箱的检验内容以及要求如下：

（1）抽查进口集箱内部，是否有异物，内壁是否有明显腐蚀。

（2）抽查集箱短管接头角焊缝表面，是否有裂纹或者其他超标缺陷。

（3）抽查集箱支座，是否完好并且与集箱接触良好；预留膨胀间隙是否足够，方向是否正确；抽查吊耳与集箱连接焊缝表面，是否有裂纹或者其他超标缺陷。

（4）抽查烟道内集箱的防磨装置，是否完好，集箱是否有明显磨损。

（5）运行时间超过 10^5 h 的锅炉省煤器集箱检验应增加：对集箱封头焊缝进行表面无损检测抽查，抽查比例一般为 20%，并且不少于 1 条焊缝。

13 电站锅炉内部检验时对省煤器管的检验内容以及要求是什么？

答：参考 TSG 01—2014《特种设备安全技术规范制定导则》，电站锅炉内部检验时对省煤器管的检验内容以及要求如下：

（1）必要时，测量每组上部管排弯头附近的管子和存在烟气走廊附近管子的壁厚。

（2）抽查管排平整度以及间距，管排间距是否均匀，是否有烟气走廊、异物、管子明显出列以及明显灰焦堆积。

（3）抽查管子和弯头以及吹灰器、阻流板、固定装置区域管子，是否有明显磨损，必要时进行壁厚测量。

（4）抽查省煤器悬吊管，是否有明显磨损，焊缝表面是否有裂纹或者其他超标缺陷。

（5）抽查支吊架、管卡、阻流板、防磨瓦等是否有脱落、明显磨损；防磨瓦是否转向，与管子相连接的焊缝是否开裂、脱焊。

（6）抽查低温省煤器管，是否有低温腐蚀。

（7）抽查膜式省煤器鳍片焊缝，两端是否有裂纹。

（8）运行时间超过 5×10^4 h 的锅炉在以上检验基础上增加割管或者内窥镜检查省煤器进口端管子内壁，是否有严重结垢和氧腐蚀。

14 电站锅炉内部检验时过热器、再热器集箱和集汽集箱的检验内容以及要求是什么？

答：参考 TSG 01—2014《特种设备安全技术规范制定导则》，电站锅炉内部检验时过热器、再热器集箱和集汽集箱的检验内容以及要求如下：

（1）抽查集箱表面，是否有严重氧化、明显腐蚀和变形。

（2）抽查集箱环焊缝、封头与集箱筒体对接焊缝表面，是否有裂纹或者其他超标缺陷，必要时进行表面无损检测。

（3）条件具备时，对出口集箱引入管孔桥部位进行超声检测。

（4）抽查吊耳、支座与集箱连接焊缝和管座角焊缝表面，是否有裂纹或者其他超标缺陷，必要时进行表面无损检测。

（5）抽查集箱与支吊装置，是否接触良好；吊杆装置是否牢固；支座是否完好，是否有明显变形；预留膨胀间隙是否足够，方向是否正确。

（6）抽查安全阀管座角焊缝以及排汽、疏水、取样、充氮等管座角焊缝表面，是否有裂纹或者其他超标缺陷，必要时进行表面无损检测。

（7）对 $9\% \sim 12\%$ Cr 系列钢材料制造的集箱环焊缝进行表面无损检测以及超声检测抽查，抽查比例一般为 10%，并且不少于 1 条焊缝；环焊缝、热影响区和母材还应当进行硬度和金相检测抽查；同级过热器和再热器进口、出口集箱的环焊缝、热影响区和母材分别抽查不少于 1 处。

（8）运行时间超过 5×10^4 h 的锅炉在以上检验基础上增加的检验项目如下：

1）对高温过热器、高温再热器集箱和集汽集箱环焊缝、管座角焊缝进行表面无损检测抽查，一般每个集箱抽查不少于 1 条环焊缝，必要时进行超声检测或者射线检测，管座角焊缝抽查比例一般为 5%。

2）对过热器、再热器集箱以及集汽集箱吊耳和支座角焊缝进行表面无损检测抽查，一般同级过热器、再热器集箱抽查各不少于 1 个。

（9）运行时间超过 10^5 h 的锅炉过热器、再热器集箱和集汽集箱检验应增加项目如下：

1）对高温过热器、高温再热器集箱和集汽集箱环焊缝、热影响区以及母材进行硬度和金相检测抽查，一般每个集箱抽查不少于 1 处。

2）条件具备时，对高温过热器、高温再热器出口集箱以及集汽集箱引入管孔桥部位进行硬度和金相检测抽查。

15 电站锅炉内部检验时过热器和再热器管的检验内容以及要求是什么？

答：参考 TSG 01—2014《特种设备安全技术规范制定导则》，电站锅炉内部检验时过热器和再热器管的检验内容以及要求如下：

（1）抽查高温出口段管子的金相组织和胀粗情况，必要时进行力学性能试验。

（2）抽查管排间距，是否均匀，是否有明显变形、移位、碰磨、积灰和烟气走廊；对于烟气走廊区域的管子，检查是否有明显磨损，必要时进行壁厚测量。

（3）抽查过热器和再热器管，是否有明显磨损、腐蚀、胀粗、鼓包、氧化、变形、碰磨、机械损伤、结焦、裂纹，必要时进行壁厚测量。

（4）抽查穿墙（顶棚）处管子，是否有碰磨。

（5）抽查穿顶棚管子与高冠密封结构焊接的密封焊缝表面，是否有裂纹或者其他超标缺陷。

（6）抽查吹灰器附近的管子，是否有裂纹和明显吹损。

（7）抽查管子的膨胀间隙，是否有膨胀受阻现象。

（8）抽查管子以及管排的悬吊结构件、管卡、梳形板、阻流板、防磨瓦等，是否有烧损、脱焊、脱落、移位、明显变形和磨损，重点检查是否存在损伤管子等情况。

（9）审查氧化皮剥落堆积检查记录或者报告，是否记载有氧化皮剥落严重堆积的情况。

（10）抽查水平烟道区域包墙过热器管鳍片，是否有明显烧损、开裂。

（11）运行时间超过 $5×10^4$ h 的锅炉在以上检验基础上增加对不锈钢连接的异种钢焊接接头和采用 12Cr2MoWVTiB、12Cr3MoVSiTiB、07Cr2Mo2VNbB 等材质易产生再热裂纹的焊接接头进行无损检测抽查，抽查比例一般为 1%。

16 电站锅炉内部检验时减温器和汽-汽热交换器的检验内容以及要求是什么？

答：参考 TSG 01—2014《特种设备安全技术规范制定导则》，电站锅炉内部检验时减温器和汽-汽热交换器的检验内容以及要求如下：

（1）抽查减温器筒体表面，是否有严重氧化、明显腐蚀、裂纹等缺陷。

（2）抽查减温器筒体环焊缝、封头焊缝、内套筒定位螺栓焊缝表面，是否有裂纹或者其他超标缺陷，必要时进行表面无损检测。

（3）抽查吊耳、支座与集箱连接焊缝和管座角焊缝表面，是否有裂纹或者其他超标缺陷，必要时进行表面无损检测。

（4）抽查混合式减温器内套筒以及喷水管，内套筒是否有严重变形、移位、裂纹、开裂、破损，固定件是否有缺失、损坏；喷水孔或者喷嘴是否有明显磨损、堵塞、裂纹、开裂、脱落；筒体内壁是否有裂纹和明显腐蚀。

（5）抽芯检查面式减温器内壁和管板，是否有裂纹和明显腐蚀。

（6）抽查减温器筒体的膨胀，是否有膨胀受阻情况。

（7）抽查汽-汽热交换器套管或者套筒外壁，是否有裂纹、明显腐蚀、氧化、抽查进口、出口管管座角焊缝表面，是否有裂纹或者其他超标缺陷，必要时进行表面无损检测；条件具备时，抽查套筒式汽-汽热交换器套筒内壁以及芯管外壁是否有裂纹。

（8）运行时间超过 $5×10^4$ h 的锅炉在以上检验基础上增加对减温器筒体的环焊缝和管座角焊缝进行表面无损检测抽查，抽查比例一般各为 20%，并且各不少于 1 条焊缝，必要时进行超声或者射线检测；面式减温器还应当对不少于 50% 的芯管进行不低于 1.25 倍工作压力的水压试验，检查是否有泄漏。

17 电站锅炉内部检验时外置式分离器汽水（启动）分离器和贮水罐（箱）的检验内容以及要求是什么？

答：参考 TSG 01—2014《特种设备安全技术规范制定导则》，电站锅炉内部检验时外置式分离器汽水（启动）分离器和贮水罐（箱）的检验内容以及要求如下：

（1）抽查筒体表面，是否有明显腐蚀、裂纹。

（2）抽查汽水切向引入区域筒体壁厚，是否有冲刷减薄。

（3）抽查封头焊缝、引入和引出管座角焊缝表面，是否有裂纹或者其他超标缺陷，必要时进行表面无损检测。

（4）抽查筒体与吊挂装置，是否接触良好，吊杆装置是否牢固，受力是否均匀；支座是否完好，是否有明显变形，预留膨胀间隙是否足够，方向是否正确。

（5）运行时间超过 5×10^4 h 的锅炉在以上检验基础上增加对外置式分离器和汽水（启动）分离器检验项目如下：

1）对纵、环焊缝以及热影响区进行表面无损检测抽查，抽查比例一般为 20%，抽查部位应当包括所有 T 字焊缝。

2）对纵、环焊缝进行超声检测抽查，纵焊缝抽查比例一般为 20%，环焊缝抽查比例一般为 10%，抽查部位应当包括所有 T 字焊缝。

3）对引入管、引出管等管座角焊缝进行表面无损检测抽查，抽查比例一般为 10%。

4）抽查内部装置，是否有脱落、缺失。

18 电站锅炉内部检验时锅炉范围内管道和主要连接管道的检验内容以及要求是什么？

答：参考 TSG 01—2014《特种设备安全技术规范制定导则》，电站锅炉内部检验时锅炉范围内管道和主要连接管道的检验内容以及要求如下：

（1）抽查主给水管道、主蒸汽管道、再热蒸汽管道和主要连接管道，是否有严重氧化、明显腐蚀、皱褶、重皮、机械损伤、变形、裂纹；抽查直管段和弯头（弯管）背弧面厚度，最小实测壁厚是否小于最小需要厚度。

（2）抽查主给水管道、主蒸汽管道、再热蒸汽管道和主要连接管道焊缝表面，是否有裂纹或者其他超标缺陷，必要时进行表面无损检测。

（3）抽查安全阀管座角焊缝以及排汽、疏水、取样等管座角焊缝表面，是否有裂纹或者其他超标缺陷，必要时进行表面无损检测。

（4）对蒸汽主要连接管道的对接焊缝进行表面无损检测以及超声检测抽查，抽查比例一般为 1%，并且不少于 1 条焊缝，重点检查与弯头（弯管）、三通、阀门和异径管相连接的对接焊缝；对蒸汽主要连接管道弯头（弯管）背弧面进行表面无损检测抽查，抽查比例一般为弯头（弯管）数量的 1%，并且不少于 1 个弯头（弯管）。

（5）对主蒸汽管道和再热蒸汽热段管道对接焊缝进行表面无损检测以及超声检测抽查，抽查比例一般各为 10%，并且各不少于 1 条焊缝，重点检查与弯头（弯管）、三通、阀门和异径管相连接的对接焊缝；对主蒸汽管道和再热蒸汽热段管道弯头（弯管）背弧面进行表面无损检测抽查，抽查比例一般各为弯头（弯管）数量的 10%，并且各不少于 1 个弯头（弯管）。

（6）对主蒸汽管道和再热蒸汽热段管道对接焊接接头和弯头（弯管）进行硬度和金相检测抽查，抽查比例一般各为对接焊接接头数量和弯头（弯管）数量的 5%，并且各不少于 1 点；对于 9%～12%Cr 钢材料制造的主蒸汽管道、再热蒸汽热段管道和蒸汽主要连接管道对接焊接接头和弯头（弯管）进行硬度和金相检测抽查，抽查比例一般各为对接焊接接头数量和弯头（弯管）数量的10％，并且各不少于1点。

（7）对主给水管道和再热蒸汽冷段管道对接焊缝进行表面无损检测以及超声检测抽查，一般各不少于1条焊缝，重点检查与弯头（弯管）、三通、阀门和异径管相连接的对接焊缝；对主给水管道和再热蒸汽冷段管道弯头（弯管）背弧面进行表面无损检测抽查，一般各不少于1个弯头（弯管）。

（8）抽查主给水管道、主蒸汽管道、再热蒸汽管道和主要连接管道支吊装置，是否完好牢固，承力是否正常，是否有过载、失载现象，减振器是否完好，液压阻尼器液位是否正常，是否有渗油现象。

（9）已安装蠕变测点的主蒸汽管道、再热蒸汽管道，审查蠕变测量记录，是否符合有关要求。

（10）调峰机组锅炉范围内管道和主要连接管道，还应当根据实际情况适当增加检验比例。

（11）运行时间超过 5×10^4 h 的锅炉在以上检验基础上增加对锅炉范围内管道和主要连接管道的检验项目如下：

1）对主蒸汽管道、再热蒸汽热段管道对接焊缝进行表面无损检测以及超声检测抽查，抽查比例一般各为20％，并且各不少于1条焊缝，重点检查与弯头（弯管）、三通、阀门和异径管相连接的对接焊缝；对主蒸汽管道、再热蒸汽热段管道弯头（弯管）背弧面进行表面无损检测抽查，抽查比例一般各为弯头（弯管）数量的20％，并且各不少于1个弯头（弯管）。

2）对蒸汽主要连接管道的对接焊缝进行表面无损检测以及超声检测抽查，抽查比例一般为10％，并且不少于1条焊缝，重点检查与弯头（弯管）、三通、阀门和异径管相连接的对接焊缝；对蒸汽主要连接管道弯头（弯管）背弧面进行表面无损检测抽查，抽查比例一般为弯头（弯管）数量的10％，并且不少于1个弯头（弯管）。

3）对工作温度大于或者等于450℃的主蒸汽管道、再热蒸汽管道、蒸汽主要连接管道的对接焊接接头和弯头（弯管）进行硬度和金相检测抽查，抽查比例一般各为对接焊接接头数量和弯头（弯管）数量的5％，并且各不少于1点。

4）对安全阀管座角焊缝进行表面无损检测抽查，抽查比例一般为10％，并且不少于1个安全阀管座角焊缝。

（12）运行时间超过 10^5 h 的锅炉对锅炉范围内管道和主要连接管道检验应增加项目如下：

1）对工作温度大于或者等于450℃的碳钢、钼钢管道进行石墨化和珠光体球化检测。

2）审查采用中频加热工艺制造并且工作温度大于或者等于450℃弯管的圆度测量记录，必要时进行测量。

19 电站锅炉内部检验时对阀门的检验内容以及要求是什么？

答：参考 TSG 01—2014《特种设备安全技术规范制定导则》，电站锅炉内部检验时阀门的检验内容以及要求如下：

（1）抽查阀门阀体外表面，是否有明显腐蚀、裂纹、泄漏和铸（锻）造缺陷，必要时进行表面无损检测。

（2）必要时，抽查阀体内表面，是否有明显腐蚀、冲刷、裂纹和铸（锻）造缺陷，密封面是否有损伤。

（3）运行时间超过 5×10^4 h 的锅炉还应对工作温度大于或者等于 450℃ 的阀门阀体进行硬度和金相检测抽查，抽查数量各不少于 1 点。

20 电站锅炉内部检验时对膨胀指示装置和主要承重部件的检验内容以及要求是什么？

答：参考 TSG G7002—2015《锅炉定期检验规则》2.4.13 条，电站锅炉内部检验时对膨胀指示装置和主要承重部件的检验内容以及要求如下：

（1）抽查膨胀指示装置，是否完好，指示是否正常，方向是否正确。

（2）抽查大板梁，是否有明显变形；首次检验抽查大板梁挠度，是否大于大板梁长度的 1/850，以后每隔 5×10^4 h 检查一次。

（3）抽查大板梁焊缝表面，是否有裂纹，必要时进行表面无损检测。

（4）抽查承重立柱、梁以及连接件，是否完好，是否有明显变形、损伤，表面是否有明显腐蚀，防腐层是否完好。

（5）抽查锅炉承重混凝土梁、柱，是否有开裂以及露筋现象。

（6）抽查炉顶吊杆，是否有松动、明显过热、氧化、腐蚀、裂纹。

21 电站锅炉内部检验时对燃烧设备、吹灰器等附属设备的检验内容以及要求是什么？

答：参考 TSG G7002—2015《锅炉定期检验规则》2.4.14 条，电站锅炉内部检验时对燃烧设备、吹灰器等附属设备的检验内容以及要求如下：

（1）抽查燃烧室，是否完好，是否有明显变形、结焦和耐火层脱落。

（2）抽查燃烧设备，是否有严重烧损、明显变形、磨损、泄漏、卡死；燃烧器吊挂装置连接部位是否有裂纹、松脱。

（3）抽查吹灰器以及套管，是否有明显减薄，喷头是否有严重烧损、开裂，吹灰器疏水管斜度是否符合疏水要求。

第三节　锅炉检测与诊断技术

1 锅炉"四管"受热面泄漏有何特点？为什么要对"四管"泄漏进行监测？

答：水冷壁、过热器、再热器、省煤器是锅炉的重要部件，专业管理中统称"四管"。由于"四管"位于炉内，既承压受热，又经受磨损腐蚀，工作环境恶劣，"四管"泄漏问题是发电厂频发的故障。

"四管"泄漏的特点是：初期泄漏发展很慢，为非破坏性泄漏，一般持续几天或几周，此时不容易被发现。泄漏发展到一定阶段，成为破坏性泄漏，一点的泄漏会破坏四周其他的受热面管子，产生连锁性破坏，对锅炉危害较大，此时必须停炉临修。因损坏的受热面管子

高级工

较多，故障检修时间相对较长，检修费用相对较高，停机造成的损失也较大。因此，"四管"泄漏故障对发电厂的安全、经济、可靠运行影响很大。

锅炉运行中，若"四管"发生泄漏，如何能在泄漏还处于非破坏性期间，尽早发现，使检修部门有足够的时间安排停炉检修计划，有效地缩短非计划临停时间，降低维修费用，降低由于泄漏而给企业带来的经济损失，是发电厂运行和检修人员都关心的问题。由此对"四管"泄漏故障进行在线监测是十分必要和重要的。

2 锅炉"四管"泄漏监测装置的原理是什么？与传统方法相比有何优点？

答：锅炉运行时本身有较强的噪声产生，这种噪声一般称作"背景噪声"；炉管发生泄漏后，由于高压、高温介质的高速喷射将产生刺耳的高频噪声，这种噪声称为"泄漏噪声"。通常锅炉内的"背景噪声"在机组运行时变化不大，而且属于频率较低的范围。"泄漏噪声"则相差很大，当发生严重泄漏或炉管爆破时，"泄漏噪声"十分强，在锅炉外也很容易监听发现。但是当炉管内发生微量泄漏时，由于炉内密排的受热面管子的阻碍和烟气中粉尘的消声衰减作用，"泄漏噪声"很难被监听到。若能利用"泄漏噪声"特殊的高频段声频性能，用特殊的声频传感器捕捉确认，并从锅炉复杂的"背景噪声"中准确区分判断出"泄漏噪声"，则可实现对炉管泄漏的早期报警。这种监测的方法称为声谱分析法。

根据这一原理所设计、制造的锅炉"四管"泄漏监测装置，就是利用锅炉、声学、电子线路和计算机等学科技术，通过特制的传感器来采集锅炉燃烧室和烟道内的各种声音信号，用前置放大器将声音信号转变为电流信号，再将各传感器接收的电流信号传输到控制室，利用快速傅里叶转换，产生每个传感器接收的声谱，显示不同频率下的噪声水平。通过对声谱的分析，消除锅炉运行时各种复杂的噪声，确认炉管是否存在泄漏，并判断出泄漏的位置和泄漏的严重程度，从而实现对炉管泄漏的早期预报，做到早发现、早决策。

传统方法是利用有经验的运行人员观察给水流量、蒸汽流量的变化，从这些参数的异常变化中判断是否发生了泄漏，或是利用有经验的运行及检修人员用耳朵听炉膛内的声音变化，从炉膛内声音的变化中判断是否有泄漏造成的异常噪声。这种方法与人员的经验及感觉有很大的关系，泄漏初期，由于给水和蒸汽流量波动不大，泄漏产生的噪声也很小，人工监听很难发现。一旦发现，泄漏已经扩张，已造成破坏性故障。而声谱分析法对泄漏产生的声波极为敏感，能监测出直径小于 2mm 的泄漏及其位置，进行早期报警，还能监测泄漏的发展趋势，在大型锅炉中应用较广。

3 如何区分锅炉吹灰与"四管"泄漏？

答：锅炉的吹灰装置大都采用中低压蒸汽作为能量源，蒸汽的压力一般为 1.6～1.8MPa。这种强度的吹灰介质也会产生类似炉管泄漏的噪声频谱声源，吹灰时"四管"泄漏监测装置同样会发出报警信号。此时可用以下方法进行区分：

（1）炉管泄漏噪声是一种持续性的报警曲线，只有当炉管泄漏停止后才能消除报警状态；而锅炉吹灰噪声是短期间断性的报警曲线信号，吹灰结束后，信号将立即复归到正常状态。对于吹灰器关闭不严而使信号继续维持的情况，应作为异常情况通知检修人员进行处理，以免吹破炉管造成真正的炉管泄漏事故。

（2）炉管泄漏噪声是一种不断变化的信号数值，一般随着泄漏的发展其曲线数值将逐渐增大，而锅炉吹灰噪声的信号数值是相对稳定的，不会随着时间而增强。

（3）锅炉吹灰过程是由工作人员指令实施的控制过程，锅炉吹灰值班人员知道是否正在吹灰，而锅炉泄漏是偶然的现象。

（4）工作人员还可查看并掌握正常情况下锅炉背景噪声和典型泄漏噪声的时域波形图和频谱图，以便比较鉴别。

4 锅炉"四管"泄漏监测装置有哪些功能和优势？

答：（1）"四管"早期泄漏的跟踪报警。装置可随时跟踪监测锅炉四管的噪声变化，一旦发生轻微泄漏，便立刻显示报警，比人耳监听提前2～3天测报，做到了早发现。

（2）"四管"早期泄漏位置报告。发生四管泄漏时，在模拟炉膛画面上可以显示出泄漏发生的相对位置，可以锁定泄漏范围，便于运行及检修人员监听。

（3）显示泄漏的程度和发展趋势。装置可跟踪显示不同时期的噪声变化，判断泄漏程度，准确反映泄漏动态发展方向，并提出相应处理建议，便于领导做出正确决策。

（4）自检维护功能。机组运行时能方便检测系统全部设备的工作状况，包括波导管堵灰情况。

（5）监视吹灰器系统。装置同时对锅炉本体的吹灰器系统进行在线监视，报告吹灰器的工作状态。若吹灰器系统出现异常状况，如吹灰器停止工作后汽源没有关严，存在漏汽等异常现象。

5 "四管"泄漏监测装置由哪些系统、部件组成？各自的功用是什么？

答："四管"泄漏监测装置由信号采集系统、变送器、显示报警系统三部分组成。

信号采集系统包括安装在锅炉本体的波导管和泄漏传感器。波导管固定在锅炉炉壁上，用来传导泄漏噪声，其特有结构能保证可靠地采集到炉管泄漏所产生的声频信号。泄漏传感器用来接收炉膛内的声波信号。当锅炉正常运行时，所接收到的信号为背景噪声，声波的强度较弱，其频率主要集中在低频段；当锅炉炉管发生泄漏时，泄漏声不仅使炉膛噪声强度明显加强，而且其频率分量主要集中在高频段，传感器将炉内噪声转换为电信号，通过电缆传送给变送处理器。

传感器安装在波导管末端，所需要的波导管和传感器数量与锅炉大小有关。每个传感器监测的范围大约为直径8～12m的半球空间。

变送器将传感器送来的微弱信号进行放大、滤波，滤除信号中的背景干扰，输出经过处理的两路噪声信号。

显示报警系统的组成框图，如图38-1所示。由变送器输出的两路噪声信号分别用于A/D变换和噪声监听。其中一路信号经通道切换后由音频功放放大，再送至扬声器，用于实时监听炉膛噪声；另一路信号经通道切换电路板后送至转换电路进行数据采集。软件对所采集的数据进行快速频谱分析，对

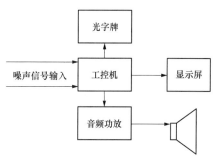

图38-1 显示报警系统组成框图

信号的频谱分布进行智能综合分析和判决，用棒图显示信号中中高频分量的强弱，并显示实

时趋势曲线和历史趋势曲线。报警棒图用四种颜色区分四个区域：绿色区表示基础背景噪声区；黄色区表示声音出现不正常；红色区表示出现泄漏；蓝色区表示系统故障，如波导管堵塞，线路故障以及仪器故障等。

当炉管发生泄漏时，显示器主画面出现报警牌，提示锅炉有异常现象，并点亮光字牌发出报警信号。泄漏区域测点棒图指示为红色，测点位置指示为红色。运行人员还可从趋势曲线图中观察发生泄漏的测点泄漏变化情况。当曲线走势随时间呈逐渐增大的形态时，说明泄漏趋于严重，应立即采取措施进行处理。

6 为什么要对锅炉承重结构与悬吊件进行定期检验与检测？

答：由于电站大型锅炉结构复杂，部件多，质量大，大多采用悬吊结构。投运后有许多部件承受高温高压和交变应力，冷热态工况相差较大，热胀值较大，热胀情况非常复杂。在运行一段时间后，承重结构与悬吊件可能出现损坏、变形、裂纹、腐蚀、螺栓松动、承载不均等现象，给锅炉的安全运行带来隐患。因此，根据 DL 612—2017《电力行业锅炉压力容器安全监督规程》的要求，应定期对锅炉的承重结构及悬吊件进行检验与检测。通过检验与检测，对发现的问题进行对应处理，消除缺陷，确保承重结构及悬吊件能安全、可靠地工作。

7 什么情况下应对锅炉支吊架进行检测与调整？检测与调整的目的是什么？

答：通过锅炉外部检验，发现锅炉支吊架存在变形损坏、承载不均等问题时，说明支吊架的承载受力情况与设计值之间存有偏差，这种偏差会威胁锅炉的安全运行。此时，应对锅炉的弹簧支吊架和刚性支吊架进行检测与调整。检测与调整的目的是通过检测调整，使支吊架载荷与设计值一致，相同型号、相同载荷值的弹簧支吊架压缩量相同，各弹簧支吊架的热位移无阻碍，并使悬吊同一部件的刚性吊架承载均匀。

8 锅炉支吊架检测调整的方法有哪些？如何进行检测调整？需要使用哪些仪器？

答：常用的锅炉支吊架检测调整的方法一般可分为宏观检验与平衡调整法和应变测量分析调整法。

（1）宏观检验与平衡调整法适用于刚性吊架，即用手摇和敲击的方法宏观检验同一部件的悬吊刚性吊架承载是否均匀，旋紧或旋松调整螺母，使同一部件的悬吊刚性吊架承载一致。

（2）应变测量分析调整法适用于承受温度较高、热膨胀情况复杂的弹簧支吊架，需要使用静态应变测量仪，应变片及其他常见的万用表、游标卡尺、三角板、线卡等工具。具体做法是在所有需要检测的弹簧支吊架的吊杆上粘贴应变片，并与静态应变测量仪的电路接通，通过旋紧或旋松压紧螺母及定位螺母，测量出调整前实际载荷下的应变值后，再经过调整压紧螺母，直至仪器读数显示出该弹簧支吊架设计载荷下的应变值。逐次将所有需要检测调整的弹簧支吊架全部调整完毕。

（3）应该指出的是，由于调整某一弹簧支吊架时会影响到其他弹簧支吊架的载荷，所以需要反复细心地调整，直到全部弹簧支吊架均达到设计载荷，并在每一个弹簧支吊架上标记出弹簧冷态位置。这种方法是对检测对象进行全范围、全过程的检测与精确调整。

高级工

（4）对于热膨胀情况相对简单的弹簧支吊架，还可以采用抽样精确调整和全面宏观检验调整结合的方法，即将相同载荷的弹簧支吊架进行分组，每组抽检和精确调整一个，对于其他的弹簧支吊架只进行宏观检验和调整。宏观检验时，要检查各弹簧支吊架机构是否正常，有无压死或松弛现象，定位螺母是否足够放松而不影响其位移，同载荷的弹簧支吊架位置是否与经过精确调整过的弹簧支吊架位置一致。调整、放松各个存在问题的弹簧支吊架上的定位螺母，使弹簧支吊架在冷态均能正常承载；旋紧或旋松弹簧支吊架上的压紧螺母，调整弹簧压缩量，使之与同型号、同载荷、经过精确调整过的弹簧支吊架一致。

第三十九章

受热面故障分析

第一节　受热面内部腐蚀故障

1　锅炉设备常见的化学腐蚀有哪些类型？

答：锅炉设备的化学腐蚀非常广泛，许多部件都有发生，常见的类型有：

（1）氧腐蚀。当汽水系统中含有溶解氧时所发生的腐蚀称为氧腐蚀。设备在运行和停运时都可能发生氧腐蚀。运行时的氧腐蚀是在水温较高的条件下发生的，如在给水系统管道和省煤器等处经常发生氧腐蚀；停运时的氧腐蚀是在较低的温度下发生的，两种情况的腐蚀原理相同，但因温度不同使腐蚀产物具有不同的特征。

（2）沉积物垢下腐蚀。当锅内金属表面附着有水垢、水渣或其他杂质时，也会发生严重的腐蚀，称为沉积物垢下腐蚀。沉积物垢下腐蚀又可分为酸性腐蚀和碱性腐蚀。酸性腐蚀是由于介质中存在酸性物质造成的，如酸、二氧化碳等；碱性腐蚀是由于锅炉水中存在游离的 $NaOH$，在沉积物下会因炉水浓缩而形成很高浓度的 OH^-，从而发生碱腐蚀。

（3）水蒸气腐蚀。当过热蒸汽温度达 $450℃$ 时，过热器管壁温度一般在 $500℃$ 以上，过热蒸汽与管壁金属直接发生化学反应生成 Fe_3O_4 和 Fe_2O_3，发生管壁均匀减薄的现象，称为水蒸气腐蚀。

（4）应力腐蚀。金属除了受某些侵蚀介质的作用外，同时还受机械应力的作用，发生裂纹损坏的现象，称为应力腐蚀。这种腐蚀形态在锅炉设备中广泛存在。锅炉金属的应力腐蚀有腐蚀疲劳、应力腐蚀开裂和苛性脆化等几种不同的类型。

（5）电偶腐蚀。不同金属之间的腐蚀称为电偶腐蚀。如化学清洗锅炉时，炉管表面沉积了铜，由于铜和钢在介质中的电位不同而形成的腐蚀，即属于电偶腐蚀。

2　锅炉设备中发生氧腐蚀时具有哪些特征？

答：（1）省煤器管氧腐蚀的特征是在金属表面上形成点蚀或溃疡状腐蚀。在腐蚀部位上，一般均有突起的腐蚀产物，有时腐蚀产物连成一片。从表面上看，似乎是一层均匀而较厚的锈层，但用酸洗去锈层后，则在锈层下的金属表面上有许多大小不一的点蚀坑，蚀坑上腐蚀产物的颜色和形状随着条件的变化而不同。当给水溶氧量较大时，腐蚀产物表面呈棕红色，下层呈黑色；但在给水 pH 值较低，含盐量和水温又较高时，则腐蚀产物有时全部呈黑色，并且呈坚硬的牙齿状。省煤器在运行中所造成的氧腐蚀，一般在入口或低温段较严重，高温段要轻些。

（2）过热器管的氧腐蚀特征是在金属表面上形成一些点蚀坑，蚀坑的直径一般为 2～5mm，有时也出现直径较小的蚀点，蚀坑周围的表面往往比较平整。蚀坑内有时有灰黑色的粉末状腐蚀产物，也有一些蚀坑在检查时，已无腐蚀产物。过热器管的氧腐蚀坑，一般在立式过热器的下弯头、竖管段的两侧及水平管的下侧部位居多。锅炉停运时，过热器管内积存有水是引起过热器氧腐蚀的主要原因。

（3）锅炉其他部位如汽包、联箱、下降管及水冷壁管上都有可能在停运时发生氧腐蚀，其特征与省煤器部位的停运腐蚀相似。汽包的停运腐蚀有时会造成汽包壁上的氧化皮呈小片脱落，堆积在汽包底部，并使汽包壁变得凹凸不平。

3 水冷壁管碱腐蚀时具有哪些特征？

答：在水冷壁管发生碱腐蚀的部位，一般是在多孔沉积物下，充满一些松软的黑色腐蚀产物。此产物在形成一段时间后，会烧结成硬块。此种硬块内常含有磷酸盐、硅酸盐、铜和锌等成分。将管子上的沉积物和腐蚀产物除去后，便出现不均匀的、变薄的和半圆形的凹槽。管子变薄的程度和面积是不规则的。腐蚀部位金属的机械性能和金相组织一般并没有什么变化，金属仍保留其延展性，所以又称延性腐蚀。当腐蚀坑达到一定的深度以后，管壁变薄，这时便会因过热而鼓包或爆管。当管壁附有焊渣时，管壁与焊渣间的很小间隙处，也是碱腐蚀的易发部位。

4 氢损坏属于哪一种腐蚀类型？其损坏的机理和特征是什么？

答：氢损坏属于沉积物下腐蚀中的酸性腐蚀，又称脆性腐蚀。

当炉管的向火侧已沉积了一层沉积物，而在炉水中又含有 $MgCl_2$ 和 $CaCl_2$ 类物质时，在沉积物下会积累起很多的氢，氢扩散进入管子金属，与钢中的碳结合形成甲烷，在钢内产生内部压力，致使钢材脱碳，形成裂纹，严重时受损伤的管子会整块崩掉造成爆管。

水冷壁管氢损坏具有以下特征：

（1）常发生在炉管的向火面，并伴随有向火面金属强度、延伸率的显著下降。

（2）爆口为脆性破裂，边缘粗钝，金属没有减薄或减薄很少，爆口附近的金属无明显的塑性变形，沿爆口边缘可以看到很多细微裂纹。

（3）管内表面有比较致密的沉积物。

（4）金相检查发现腐蚀坑附近的金属有脱碳现象，脱碳层从管内壁向外逐渐减轻。但在远离爆口处和炉管背火侧的金属组织无明显变化。

（5）损坏部位金属的含氢量较高，比未损坏部位的含氢量高出数十倍到一百多倍。

5 应力腐蚀的特征是什么？

答：根据腐蚀产生的机理，腐蚀疲劳、应力腐蚀开裂和苛性脆化都属于应力腐蚀。

（1）腐蚀疲劳是金属在腐蚀介质和交变应力共同作用下产生的。能引起交变应力的条件可以是机械的，如周期性的机械位移；也可以是热力性的，如周期性的加热、冷却等。能引起腐蚀疲劳的介质很多，如蒸汽、纯水、海水等。其腐蚀特征是金属产生裂纹或破裂。裂纹大多是从表面上的一些点蚀坑处延伸或在氧化膜破裂处向下发展。裂纹一般较粗，有时有许多平行的裂纹，破口呈钝边。从破口裂面处有时能看到有贝壳状裂纹，裂纹以穿晶为主。在大多数情况下，裂纹内有氧化铁腐蚀产物。从断面检查整条裂纹状态，会发现裂纹中串联着一些球状蚀坑。

（2）应力腐蚀开裂是发生在高参数锅炉的过热器、再热器等奥氏体钢部件上的一种特殊的应力腐蚀故障，当奥氏体钢在应力和氯化物、氢氧化钠、硫化物等侵蚀性介质作用下就会发生这种腐蚀损坏。

（3）苛性脆化是在应力和浓缩碱液苛性钠的共同作用下，金属晶粒间产生裂纹，导致金属发生脆化，常发生在低参数锅炉汽包的铆钉口和胀管口处。腐蚀初期不会形成溃疡点，也不会使金属变薄，但却会很快使金属发生裂纹损坏或爆管。高参数锅炉多用焊接结构，一般不会发生这种腐蚀。

6 简述水蒸气腐蚀的特征。

答：当过热器、再热器在运行中出现蒸汽流速过低或停滞时，会使局部温度很高，这些部位的金属产生化学反应，表面上会形成一层紧密的鳞片状氧化层，有时厚达 $0.5\sim1mm$。这些氧化物有时局部成片脱落，其下面的金属便出现较大面积的减薄。减薄的金属表面一般较平整，仅有一些轻度的凹槽，腐蚀部位的金属组织呈现不同程度的过热和珠光体球化现象，但金属仍保持其塑性。

7 为什么锅炉检修人员对锅炉的防腐工作也有责任？

答：腐蚀是锅炉设备最常见的损坏形式之一，对锅炉的安全运行有着极大的危害。影响腐蚀的因素很多，又很复杂，有给水、炉水品质的问题，也有部件材质的影响，还有部件结构及检修质量的影响，如应力集中、管道阀门不严密和焊缝缺陷等。由于压力和温度对腐蚀有很大的影响，所以高参数锅炉更易遭受腐蚀，而且腐蚀的形式也更复杂，性质更严重。这就对锅炉的防腐提出了更高的要求，不仅要求化学水处理品质符合要求，在锅炉运行管理中应严格执行有关排污、防止超温、停炉保护等规定与措施，化学监督管理做好有关监督工作之外，而且要求锅炉在结构上通过检修消除产生腐蚀的因素。当锅炉发生损坏时，检修人员应该根据损坏特征，做出损坏类型的判断与分析，并根据损坏的原因分析，与有关专业人员一道采取相应的措施。这样，才能保证锅炉设备的健康运行。

8 影响辐射换热的因素有哪些？

答：影响辐射换热的因素有：
（1）黑度大小影响辐射能力及吸收率。
（2）温度高、低影响辐射能力及传热量的大小。
（3）角系数由形状及位置而定，它影响有效辐射面积。
（4）物质不同影响辐射传热。如气体与固体不同，气体辐射受到有效辐射层厚度的影响。

9 影响对流换热的因素有哪些？

答：影响对流换热的因素有：
（1）流体流动形式。强制对流使流体的流速高，换热好。自然对流流速低，换热效果差。
（2）流体有无相态变化。对同一种流体有相变时的对流换热比无相变时来的强烈。

（3）流体的流动状态。对同一种流体，紊流时的换热系数比层流时高。

（4）几何因素。流体所能触及的固体表面的几何形状、大小及流体与固体表面间的相对位置。

（5）流体的物理性质。如比重、比热、动力黏性系数、导热系数、体积膨胀系数、汽化潜热等。

10 影响对流放热系数 α 的主要因素有哪些？

答：影响对流放热系数 α 的主要因素有：

（1）流体的速度。流速越高，α 值越大（但流速不宜过高，因流体阻力随流速的增高而增大）。

（2）流体的运动特性。流体的流动有层流及紊流之分。层流运动时，各层流间互不掺混而紊流流动时，由于流体流点间剧烈混合使换热大大加强，强迫运动具有较高的流速。所以，对流放热系数比自由运动大。

（3）流体相对于管子的流动方向。一般横向冲刷比纵向冲刷的放热系数大。

（4）管径、管子的排列方式及管距。管径小，对流放热系数值较高。叉排布置的对流放热系数比顺排布置的对流放热系数值大，这是因为流体在叉排中流动时对管束的冲刷和扰动更强烈些。此外，流体的物理性质（黏度、密度、导热系数、比热）以及管壁表面的粗糙度等，都对对流放热系数有影响。

11 增强传热的方法有哪些？

答：增强传热的方法有：

（1）提高传热平均温差。在相同的冷、热流体进、出口温度下，逆流布置的平均温差最大，顺流布置的平均温差最小，其他布置介于两者之间。因而，在保证锅炉各受热面安全的情况下，都应力求采用逆流或接近逆流的布置。

（2）在一定的金属耗量下增加传热面积。管径越小，在一定的金属耗量下总面积就越大，采用较小的管径还有利于提高对流换热系数，但过分缩小管径会带来流动阻力增加，管子堵灰的严重后果。

（3）提高传热系数。

1）减少积灰和水垢热阻。其手段是受热面经常吹灰、定期排污和冲洗，保证给水品质合格。

2）提高烟气侧的放热系数。其手段是采用横向冲刷，当流体横向冲刷管束时，采用叉排布置、采用较小的管径；增加烟气流速，对管式空气预热器，考虑到纵向冲刷与横向冲刷放热情况的差别，控制烟气和空气两种气体速度在一定的比例范围内，以使两侧放热系数比较接近。

第二节 受热面烟气侧腐蚀

1 受热面的烟气腐蚀有哪几种？

答：锅炉受热面烟气侧的腐蚀分为高温腐蚀和低温腐蚀两种。通常把水冷壁、过热器、再热器等高温受热面的腐蚀称为高温腐蚀，而把空气预热器发生的腐蚀称为低温腐蚀。烟气侧腐蚀对锅炉受热面有极大的危害，在国内外不同容量、不同参数、不同炉型、燃用不同煤种的锅炉中都曾发生过。

2 燃煤锅炉高温受热面烟气侧腐蚀的原因及特征是什么？

答：燃煤锅炉高温受热面烟气侧腐蚀是由燃料中的硫和燃料灰分中的碱金属（钠、钾）所引起的。在燃烧过程中，发生复杂的化学反应，黏附在管壁上成为较厚的一层积灰层，在温度达到 $580\sim590℃$ 的条件下，不断发生反应，破坏了原来保护管壁钢材的氧化皮保护层，使管子受到强烈腐蚀。

燃煤锅炉高温受热面烟气侧腐蚀，水冷壁多发生在燃烧器标高区域，当火焰直接冲刷管壁时则腐蚀更严重；过热器、再热器主要发生在蒸汽温度超过 $510℃$ 的锅炉上，多发生在管子向火面，腐蚀集中在周长 1/2 的地方，有明显的腐蚀边界，背火面一般有一薄层致密的氧化物；通常屏式过热器腐蚀严重区主要发生在向火面下弯头处，最外一根管最为严重。

由于高温腐蚀的起因十分复杂，起破坏作用的主要因素都不尽相同。起主要作用的因素不同，腐蚀特征也不同。煤种、锅炉结构与蒸汽参数、运行调整、炉内空气动力及燃烧工况、烟气温度与成分、管壁温度等因素都对高温腐蚀有影响。

3 如何防止高温受热面的高温腐蚀？

答：从高温受热面产生高温腐蚀的机理和影响因素的分析，应采取以下方法预防措施：
(1) 燃用低硫煤，或对煤进行脱硫处理，减少煤中的腐蚀源。
(2) 改进和完善燃烧系统，运行中及时调整，消除局部缺氧和火焰刷墙的不良工况。
(3) 锅炉设计中采取一些措施，改善结构。
(4) 在水冷壁易腐蚀部位通入低压蒸汽，形成一个蒸汽幕，促进腐蚀性物质的转化。
(5) 提高锅炉管子抗腐蚀的能力。
(6) 前四项措施是治本的，应在机组设计建设之初予以考虑。对于在役锅炉，在无法改变锅炉结构、煤种等情况下，提高管子材料表面防护也是一种预防措施。近年来，我国一些电厂在多台锅炉上采用渗铝管做高温受热面，防止高温腐蚀，已经取得了较好的效果，渗铝管在锅炉上连续运行时间最长的已超过 10 年。

4 简述空气预热器低温腐蚀的特征及机理。

答：低温对流受热面的烟气侧腐蚀，主要发生在低温段空气预热器的冷端。腐蚀使受热面很快穿孔、损坏，同时伴有堵灰现象，使烟道通风阻力增加，排烟温度升高，严重时被迫停炉。

空气预热器发生低温腐蚀，主要是由于燃料中的硫燃烧后，生成二氧化硫和三氧化硫，三氧化硫与烟气中的水蒸气反应，形成硫酸蒸汽。当受热面的壁温低于硫酸蒸汽的露点时，硫酸蒸汽就会凝结在壁面上，腐蚀受热面。

5 如何减轻与防止低温受热面的低温腐蚀？

答：低温受热面腐蚀的原因是烟气中存在三氧化硫以及受热面金属壁温低于烟气露点的缘故。因此要减轻和防止低温腐蚀，有两条途径：一是减少三氧化硫的量，这样不但降低露点，而且减少了凝结量，使腐蚀减轻。实现方法有燃料脱硫、低氧燃烧、加入添加剂等；二是提高空气预热器冷端的壁温，使之高于烟气露点。实现方法有热风再循环、加暖风器等。另外，还可以采用抗腐蚀材料制作低温受热面。目前，在大容量锅炉中，最常用的手段是在空气预热器前的风道中加装暖风器，预先加热冷风，以提高空气预热器进口温度，从而减轻腐蚀。此外，是采用新的抗腐蚀材料，目前用于管式空气预热器的抗腐蚀材料有铸铁管、玻璃管、09铜管等；用于回转式空气预热器受热面抗腐蚀受热元件材料有不锈钢、陶瓷等。

第三节 受热面爆管故障

1 什么是超温和过热？

答：（1）超温是指金属超过其额定温度运行。超温可分为短期超温和长期超温。金属的额定温度并不是管材的最高使用温度，而是管子的设计运行温度或火力发电厂规定的额定运行温度。当金属在较短的时间内超过额定温度运行，就称为短期超温；当金属较长时间地处于比额定温度高的温度下运行，则称为长期超温。

（2）过热与超温的含义基本相同，但超温是指运行工况而言，是一个过程；而过热是指结果，超温的结果使得管子金属内部发生组织变化，强度塑性降低，严重时则发生过热爆管。

2 什么是短期过热爆管与长期过热爆管？

答：（1）短期过热爆管是一个突发的过程，管子金属壁温达到很高的数值，在介质压力的作用下发生爆裂。

（2）长期过热爆管是一个缓慢的过程，在超温幅度不太大的情况下，管子金属较快地发生蠕变变形（管径胀粗），直至破裂。

由于超温幅度不同，作用时间不同，短期过热和长期过热的爆破口，其变形量、破口形状以及破口的组织变化都会有所不同。

3 受热面管子长期过热爆管破口形貌有哪些特征？

答：受热面管子长期过热爆管破口宏观形貌具有蠕变断裂的特征，破口不太大，断裂面粗而不平整，边缘不锋利，呈钝边。破口附近有众多的平行于破口的管子轴向裂纹，破口外表面有一层较厚的氧化皮，脆而易剥落。

4 受热面管子长期过热爆管的管径胀粗有何特点？

答：在管子长期过热爆管之前，管径是逐渐蠕变变形而胀粗的，当胀粗达到极限时发生爆破。一般情况下，管子胀粗有以下两个特点：

（1）管子向火面与背火面胀粗不均匀。由于向火面管壁温度高，蠕变速度大，其金属强度降低较多；而背火面管壁温度低，蠕变速度小，金属强度降低较少。而在蠕变变形过程中，当管径发生蠕变的同时，管壁也是逐渐减薄的。由于上述向火面与背火面在蠕变过程中的区别，使得这两部分的管壁减薄程度不同，最终在向火面处发生爆破。

（2）管径的胀粗情况随材质不同而异。根据研究发现，受热面管子材质不同，管子长期过热爆管之前的管径胀粗程度是不同的。低碳钢塑性好，爆破前胀粗较大；合金钢塑性比低碳钢差，爆破前胀粗较小。如 20 号钢过热器管，其破口两侧的胀粗可达 9%～15%，而 12Cr1MoV 过热器管，其破口胀粗为 4.9%～5.5%，可见胀粗的差异是很大的。

5 受热面管子长期过热爆管后组织及性能有什么变化？

答：对采用珠光体钢的受热面管子长期超温运行时，管子发生蠕变胀粗，同时在钢管中出现珠光体球化。珠光体的球化使钢管的蠕变极限和持久强度极限降低，加速了钢管在运行过程中的蠕变，并最终在比正常温度运行下短得多的时间内发生爆破。在破口处，一般都能看到严重的球化组织，管子的硬度明显降低，而且向火面比背火面球化严重，硬度下降也较多；管子胀粗越多，球化越严重。

6 受热面管子短期过热爆管破口形貌有哪些特征？

答：受热面管子短期过热爆管破口的宏观形貌具有撕裂状的韧性断口的特征，破口张开很大，呈喇叭状，边缘锐利，断裂面较为光滑，呈撕裂状，破口附近的管子胀粗较大，管子外壁一般呈蓝黑色。在水冷壁管的短期过热爆管破口内壁，由于爆管时管内汽水混合物急速冲击而十分光滑。破口附近没有众多平行于破口的轴向裂纹。

7 如何判断水冷壁管子短期过热超温的幅度？

答：由于水冷壁管短期过热爆管时汽水混合物能高速冷却破口，可以使爆管前与超温温度水平相对应的组织状态固定，不会在爆破后使管子的破口组织产生附加变化。因此，可按破口的组织形态估计超温幅度。分析时，由金相人员对破口样管在试验室进行金相组织分析。根据爆破时管子金属组织的形态，与相应钢材的原始组织对比，可以判断出管子的超温幅度，以便进一步分析超温的原因。

8 长期过热爆管和短期过热爆管一般发生在哪些受热面上？为什么？

答：大量的爆管事实说明，通常短期过热多发生在水冷壁管上，但在屏式过热器管上也有可能发生；长期过热多发生在过热器、再热器管上，但在水冷壁管上也有可能发生。

由于短期过热的超温幅度较高，短期过热爆管的易发生部位是锅炉内直接受高温烟气冲刷的水冷壁管和屏式过热器管。当水冷壁管内部结垢导致传热恶化时，也会发生长期过热爆管。

9 怎样对锅炉金属部件故障进行直观检查？

答：直观检查就是凭借检查人员的感觉器官对金属部件的故障损坏部位进行检验，以判别缺陷的性质。由于肉眼有特别大的景深，又可以迅速检验较大的面积，对色泽、断裂纹理的走向和改变有十分敏锐的分辨率。因此，直观检查主要是检验金属表面有无腐蚀深坑和斑点，有无局部磨损深沟、凹陷、鼓包等变形，有无明显折叠和裂纹。对断口的肉眼检查，可大致确定部件损坏的属性，如韧性、脆性、疲劳、腐蚀、磨损或蠕变。观察断裂紊乱的变化可确定断裂源，断裂时的加载方式，是拉裂、撕裂、压裂、扭断还是弯裂等，并可判断应力级别的大小程度。

联箱、管子内表面的检查可借助于窥视镜或内壁反光仪等仪器。对用肉眼检查有怀疑的地方，可用放大镜做进一步观察。

直观检查方法比较简单，其效果很大程度上取决于检验人员的经验和熟练程度。

10　如何在锅炉爆管事故分析中寻找首爆管？

答：锅炉的受热面都有相当密集的管子，当其中一根管子因某种原因首先爆管后，其射出的高压流束往往冲破邻近的管子，造成一大片管子壁厚减薄和爆管。为找出爆管的根本原因，必须从中找出首爆管或首爆口。通常，寻找首爆口的方法可以用下述几种方法中的一种或几种配合使用。

（1）爆口形貌比较法。从爆口是由于首爆口射出的高速汽流或汽水混合物将从爆管壁减薄，使其不能承受管内压力时发生爆管而形成的。因而从爆口处表面均有被冲刷的痕迹，爆口边有向外翻出的卷边，或有锋利的韧口，如图 39-1 所示。而首爆口在绝大多数情况下，均为其他爆管原因所致，与从爆口的形貌特征有显著的差别。从这些差别比较中，就可以分析找出首爆口。

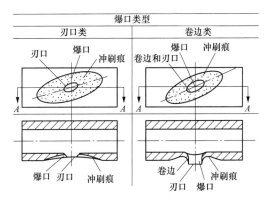

图 39-1　从爆口形貌特征示意图

（2）冲刷痕迹形貌相关法。高速流体冲刷管子外表，冲刷方向、距离的不同，管子外表留下的冲刷痕迹也不相同，在从爆管上留下的冲刷痕迹的形状，就显示出冲刷流喷射口所在的方向。按此所确定的方向顺次寻找，便可找到首爆管。冲刷时间的长短不同，从爆口上留下的冲刷痕迹也不尽相同，有烛焰形、沙滩形、沙丘形、尖刺形、棱边形等。

1）一般情况下，喷射流的冲刷痕迹为烛焰形，其根端指向冲刷流喷射口所在方向，烛焰形尾端指向冲刷流前进的方向，如图 39-2 所示。当喷射流与被冲刷的管子之间有不同的夹角 α 时，烛焰形痕迹也有不同的形态和分布特性。夹角越小，痕迹越长；夹角越大，痕迹越短。当夹角 α 为 0 时，冲刷痕迹最长；当为 90°时，冲刷痕迹最短，如图 39-3 所示。因此，根据烛焰形痕迹的长短、粗细，可大致确定冲刷流与从爆管轴之间的夹角，确定首爆口的方向，顺此方向，即可找到首爆口。

2）若首爆口张开很大，喷射流束呈散射状态，或者首爆口面向的管束或管屏相距较远，则喷射流在这些管子上形不成烛焰形痕迹。冲刷时间长时，可能形成沙滩形、沙丘形或尖刺形得冲刷痕迹，如图 39-4 所示。其顶峰或尖峰所指示的方向即首爆口的方向。

3）如果喷射流冲刷时间较短，或被冲刷管束与首爆口相距太远，则无法形成上述冲刷痕迹，可能形成棱边形的冲刷痕迹，即管子上侧较圆滑，而另一侧则有明显的棱边，如图

高级工

39-5 所示。顺冲刷痕迹平面，朝棱边一侧的方向，即是表征首爆口所在的方向。

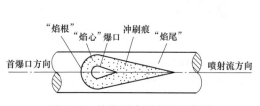

图 39-2　烛焰形冲刷痕迹示意图

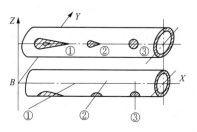

图 39-3　喷射流与管子夹角冲刷痕迹示意图

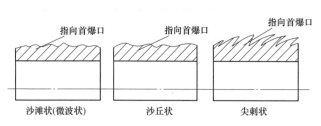

图 39-4　冲刷痕迹表面特征示意图

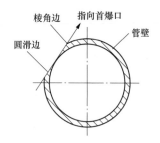

图 39-5　冲刷痕迹棱边表征方向示意图

（3）环境遗留痕迹法。由于首爆口爆裂后，需要一段时间才能将其他管子冲破。在这段时间中，冲刷流会将炉膛中烟尘的沉积物吹掉，留下冲刷方向的痕迹。只要根据痕迹所表征的方向，便可找到首爆管。另外，冲刷流中的水或凝结水把带走的烟尘炉灰冲在前进的方向的障碍物上，如管子、隔墙、包墙等，形成如水泥凝固一样的硬壳。这些硬壳呈圆形或等轴的图形时，则按其中垂线方向也可找到首爆管。如果不成等轴图形，则只能按其所面向的管群中去找。

11 什么情况下需要采用冲刷痕迹形貌相关法来寻找首爆口？

答：当首爆口位置非常隐蔽，或者首爆口为不显眼的小孔（如碰焊和摩擦焊的焊口穿孔等）或小裂缝（如焊缝咬边小裂纹、短小未焊透等），在炉内的阴暗环境下很不易被发现，因而未被列入已知的爆群中，无法参与爆口形状比较。另外，因运输、吊装等偶然因素造成的管壁局部减薄，不能承受内压力而产生的爆管，这类爆口也具有和从爆口相类似的外形特征。这时，用爆口形貌比较法不能有效地找出首爆口，则需要使用冲刷痕迹形貌相关法来寻找首爆口及首爆管。

12 锅炉爆管的根本原因有哪些？

答：水冷壁、过热器、再热器、省煤器的管子，在承受压力条件下的破损，均称为爆管。发生爆管的根本原因，归纳起来有以下几点：

（1）锅炉运行中操作不当，炉管受热或冷却不均匀，产生较大的应力。

1）冷炉进水时，水温或上水速度不符合规定；启动时，升温升压或升负荷速度过快；停炉时冷却过快。

2）机组在启停或变工况运行时，工作压力周期性变化导致机械应力周期性变化；同时，高温蒸汽管道和部件由于温度交变产生热应力,两者共同作用造成承压部件发生疲劳破坏。

(2) 运行中汽温超限,使管子过热,蠕变速度加快。

1) 超温与过热。超温是指金属超过额定温度运行。超温分为长期超温和短期超温。长期超温和短期超温是一个相对概念,没有严格时间限定。超温是指运行而言,过热是针对爆管而言。过热可分为长期过热和短期过热两大类。长期过热爆管是指金属在应力和超温的长期作用下导致爆破,其温度水平要比短期过热的水平低很多,通常不超过钢的临界点温度。短期过热爆管是指在短期内由于管子温度升高在应力作用下爆破,其温度水平较高,通常超过钢的临界点温度,会导致金属组织变化发生相变。①长期过热是一个缓慢的过程,锅炉运行中管子长期处于设计温度以上而低于材料的下临界温度,逐渐发生碳化物球化、管壁氧化减薄、持久强度下降、蠕变速度加快而导致爆管。根据工作应力水平,长期过热爆管可分为三类:高温蠕变型、应力氧化裂纹型和氧化减薄型。高温蠕变型、应力氧化裂纹型过热爆管主要发生在过热器中;氧化减薄型过热爆管主要发生在再热器中。长期过热的主要原因包括热偏差、热力计算失误、错用钢材及异物堵塞。②短期过热是一个突发过程,运行中管子金属温度超过材料的下临界温度,因内部介质压力作用发生爆裂。短期过热通常发生在水冷壁、过热器和再热器向火面。

2) 热偏差。影响热偏差的主要因素是热应力不均和水力不均。

3) 传热恶化。第一类传热恶化也称作膜态沸腾,是指管外热负荷过大,因管壁形成汽膜导致的沸腾传热恶化。其所对应的临界热负荷非常大,大型电站锅炉一般不会发生。第二类传热恶化即管内环状流动的水膜被撕破或者"蒸干"。发生第二类传热恶化的热负荷低于第一类传热恶化的热负荷值。直流炉因加热、蒸发、过热三阶段明显分界点,工质含汽率 x 由 0 逐渐上升到 1,发生第二类传热恶化不可避免。直流锅炉蒸发受热面的沸腾传热恶化现象主要与工质的质量流速、工作压力、含汽率 x 和管外热负荷有关。

(3) 受热面磨损。受热面磨损是由含灰气流对受热面冲刷撞击造成的。受热面磨损的速度与气流速度的三次方成正比,与飞灰浓度成正比,与管子的排列方式、管子的耐磨性能有关。同时,飞灰硬度、形状、直径大小也是影响受热面磨损速度的因素。受热面磨损是省煤器爆管的主要原因。

(4) 受热面腐蚀。

1) 炉管内高温氧化腐蚀。受热面管子中铁离子在一定的温度下氧化,随着受热面壁温度升高,氧化速度不断加快;当温度高于 580℃时,炉管金属内壁氧化皮层由氧化铁、三氧化二铁、四氧化三铁三种氧化物组成,最靠近金属的氧化物氧化铁构成氧化层的主要部分。由于氧化铁的晶体疏松不紧密,晶体缺陷多,易造成氧化层脱落,使金属与氧易于接触而重新氧化,加速了氧化过程,产生高温氧化腐蚀破坏。同时,氧化皮脱落导致受热面堵塞,管子过热爆管。

2) 炉管内结垢、腐蚀。给水品质不良,炉水品质差,引起炉管管内结垢,结垢后易产生垢下腐蚀。同时,结垢使传热热阻增大,管壁温度上升,强度减弱,发生爆管。

3) 受热面的高温黏结灰和高温腐蚀。在高温烟气环境中,飞灰沉积在受热面管子表面,烟气和飞灰中的有害成分(复合硫酸盐)会与管子金属发生化学反应,使管壁减薄、强度降低,称为高温腐蚀。

4) 制造、安装、检修质量不良。如管材或管子钢号错误、管子焊口质量不合格、弯头处管壁严重减薄。

13 简述过热器系统结构设计及受热面布置不合理的危害。

答：对于大容量电站锅炉，过热器结构设计及受热面布置不合理，是导致一、二次汽温偏离设计值或受热面超温爆管的主要原因之一。

过热器系统结构设计及受热面布置的不合理性体现在以下方面：

（1）过热器管组的进出口集箱的引入、引出方式布置不当，使蒸汽在集箱中流动时静压变化过大而造成较大的流量偏差。

（2）对于蒸汽由径向引入进口集箱的并联管组，因进口集箱与引入管的三通处形成局部涡流使得该涡流区附近管组的流量较小，从而引起较大的流量偏差。

（3）因同屏（片）并联各管的结构（如管长、内径、弯头数）差异，引起各管的阻力系数相差较大，造成较大的同屏（片）流量偏差、结构偏差和热偏差。

（4）过热器或再热器的前后级之间没有布置中间混合联箱而直接连接，或者未进行左右交叉，这样使得前后级的热偏差相互叠加。

在实际运行过程中，上述结构设计和布置的不合理性往往是几种方式同时存在，这样加剧了受热面超温爆管的发生。

第四十章

燃烧方式及低污染燃烧技术

第一节 燃 烧 方 式

1 锅炉的燃烧方式有哪几种？

答：锅炉的燃烧方式可分为火床燃烧（层燃炉）、火室燃烧（室燃炉）和沸腾炉（流化床锅炉）三种。

2 简述室燃炉燃烧方式的特点。

答：室燃炉根据所燃用的燃料不同，可分为煤粉炉、燃气炉、燃油炉。其中煤粉炉应用最广，煤粉炉中所进行的是悬浮燃烧。煤在磨煤机中被磨成粉状，随空气一起喷入炉膛进行燃烧。在煤粉炉中，燃料与空气的接触表面大大增加，燃烧剧烈，炉内温度很高，无烟煤、贫煤、劣质烟煤等都能在煤粉炉中有效地燃烧。由于增大炉膛容积即可提高锅炉的蒸发量，因此，煤粉炉可以朝大容量的方向发展，在电站锅炉中得到广泛的应用。我国设计的大型煤粉炉，其蒸发量已高达 2050t/h。与层燃炉相比，煤粉炉效率较高，其制粉系统和层燃炉炉排的金属耗量与投资相差不多，但制粉系统耗电较多。

室燃炉中还有一种旋风炉，属液态排渣炉，它的特点是在圆柱形筒体内组织旋涡燃烧，燃烧过程进行得非常强烈，显著提高了炉膛容积热负荷强度，旋风筒内的容积热负荷可达到一般煤粉炉的 10～30 倍。因此，大大缩小了炉体的尺寸。旋风炉过量空气系数较小，排烟热损失小，排渣率高，飞灰浓度低，受热面和引风机磨损轻，除尘设备也可简化。由于旋风炉可燃用粗煤粉，制粉系统设备简单，在燃用碎煤屑时，甚至可以取消制粉系统。但旋风炉适用煤种，受灰的熔点和渣的黏度性质的限制，且锅炉负荷变动范围小，不能快速启停，需要较高的送风压力，风机电耗偏高，有害气体 NO_x 排放量也较大，安全、可靠性差。因此，我国目前选用旋风炉的电厂数量很少。

3 简述沸腾炉燃烧方式的特点。

答：沸腾炉也称流化床锅炉，所采用的沸腾燃烧，是一种介乎火床燃烧和火室燃烧之间的燃烧方式，其突出的特点之一是能够燃用其他燃烧方式所难以燃烧的劣质燃料，包括石煤、煤矸石、油页岩、劣质无烟煤等；另一个特点是这种燃烧方式可以在燃烧过程中脱硫，有很好的环保效益。

第二节　低污染煤粉燃烧技术

1　煤粉炉的排放物会产生哪些污染？

答：煤粉炉的排放物有：粉尘、二氧化硫（SO_2）、氮的氧化物（NO_x）等，这些物质会污染大气环境。SO_2、NO_x 排放物在大气中与氧化性物质 O_3、H_2O_2 和其他自由基进行化学反应，生成硫酸和硝酸，不仅会污染附近环境，还会造成酸雨，危害广大地区的生态环境，对湖泊、河流、地下水、森林、农作物和建筑物构成危害。

2　为什么要发展和采用低污染煤粉燃烧技术？

答：我国是世界上以煤为主要能源的国家，煤在一次能源中约占 75%，年耗煤量大约为 10 亿吨，其中有 84% 以上是通过燃烧方式利用的。煤燃烧后产生的 SO_2、NO_x 废气，排放量特别巨大，仅 SO_2 的年排放量就超过 2000 万 t，是世界上 SO_2 排放的第一大国，由此而造成的污染损失超过 1000 亿元。如果不控制污染物的排放量，将会严重影响我国的生态环境和人体健康。随着环境保护要求的日益严格，控制燃烧过程中污染物质的生成和减少烟气中污染物的排放量，推广使用低污染煤粉燃烧技术，是非常必要的。

3　目前常采用的降低 NO_x 排放量的方法是什么？

答：为了降低 NO_x 的排放量，使排放的 NO_x 符合环境保护的要求，目前已有的方法可分为两类：一类是控制在燃烧过程中 NO_x 生成量的低 NO_x 燃烧技术；另一类是对烟气中已经生成的 NO_x 进行脱硝处理。由于脱硝法价格昂贵，我国目前常采用降低 NO_x 排放量的方法，即发展低 NO_x 燃烧技术。

4　在燃烧中控制 NO_x 的产生量的一般原则是什么？实施中应注意什么？

答：根据燃烧中 NO_x 产生的机理，为了控制在燃烧中 NO_x 的生成量，一般采用下列方法：

（1）降低过量空气系数和氧气浓度，使煤粉在缺氧条件下燃烧。

（2）降低燃烧温度，防止产生局部高温区。

（3）缩短烟气在高温区的停留时间。

（4）采用低 NO_x 燃烧器。

但是，根据上述原则降低 NO_x 的产生量，却与煤粉炉降低飞灰含碳量，提高燃尽率，提高锅炉效率相矛盾。因此，在锅炉的设计与运行时，必须全面考虑，权衡得失。

5　常用的低 NO_x 燃烧技术有哪几种？

答：常用的低 NO_x 燃烧技术有：烟气再循环法、分级燃烧法及低 NO_x 燃烧器。

6　煤粉炉的低 SO_2 燃烧技术有哪些种类？各有何优缺点？

答：煤粉炉的低 SO_2 燃烧技术即脱硫方法，可分为燃烧前脱硫、燃烧中脱硫、燃烧后烟气脱硫三大类。

（1）燃烧前脱硫就是用洗涤（洗煤厂）的方法或其他方法（细菌脱硫的生物方法等），在燃烧前将煤"净化"，但价格昂贵，且水洗煤的方法也只能脱去煤中硫分的 50% 左右。电站锅炉脱硫基本不采用此法。

（2）燃烧中脱硫主要是用石灰石直接喷入炉膛内的脱硫方法（LIMI），当石灰石粉喷入炉膛后，石灰石受热分解，与 SO_2 反应生成 $CaSO_4$。由于实现这一反应的最佳温度为 820~850℃，而煤粉炉炉膛内的燃烧温度都大大高于这一最佳反应温度，使得脱硫效率显著降低，其最高脱硫效率仅为 50% 左右。这种脱硫方法系统简单，投资及运行费用都很低，但因其脱硫效率低，只在煤的含硫量不太高时才适宜采用。否则，不能满足环保的要求。

为了达到更经济和更高的燃烧中脱硫效率，可采用流化床（简称 AFBC）或循环流化床（简称 CFBC）燃烧技术。

（3）燃烧后烟气脱硫（简称 FGD）是利用石灰石或熟石灰做吸收剂来吸收烟气中的 SO_2，常用的工艺有湿法石灰石—石膏法（简称 WLG）和喷雾干燥吸收法（简称 SDA），又称半干法，其脱硫效率都可以达到 98% 以上，技术也比较成熟。但是烟气脱硫投资和运行费用都较高，湿法烟气脱硫设备的投资在国外大约是锅炉机组建造费用的 30%。目前我国已立法，新建火力发电厂必须配套脱硫装置。

第三节　流化床及循环流化床燃烧技术

1 流化床锅炉与层燃炉、煤粉炉有何不同？

答：（1）层燃炉设有炉排，当炉排上的燃料燃烧所需要的空气以较低的速度从炉排进入燃料层时，由于气流的吹托力小于燃料颗粒的重力，燃料在炉排上静止不动，进入燃料层的空气只能从燃料颗粒间的缝隙中穿过，燃料层的高度没有变化。

（2）煤粉炉没有炉排，煤粉的颗粒很细，输送煤粉的空气或烟气速度很高，气流的吹托力大于煤粉颗粒的重力，煤粉随空气或烟气一起流动，两者之间没有相对速度，这种状态称为"气力输送"。

（3）如果燃料的颗粒大小介于层燃炉和煤粉炉之间，气流的吹托力与燃料颗粒在空气中的浮力之和大于或等于燃料颗粒的重力时，燃料颗粒可以漂浮起来。随着气流速度的提高，燃料颗粒运动加剧，上下翻滚，好像液体沸腾现象，燃料在这种状态下燃烧称为沸腾床或流化床，有时也称为鼓泡床。流化床锅炉有采用固定炉排的全流化床和采用链条炉排的半流化床。目前应用较广的是全流化床锅炉，流化床锅炉又称为沸腾炉。

2 流化床锅炉的优点是什么？存在的问题是什么？

答：（1）流化床锅炉有以下优点：

1）燃料适应性广。由于流化床锅炉独特的燃烧方式，它几乎可以燃烧一切种类的燃料并达到很高的燃烧效率，包括高灰分、高水分、低热值、低灰熔点的劣质燃料，如泥煤、褐煤、油页岩、炉渣、木屑、洗煤厂的煤泥、洗矸、煤矿的煤矸石等，以及难于点燃和燃尽的低挥发分燃料，如贫煤、无烟煤、石油焦和焦炭等。这对于充分利用当地的地质燃料，改善燃料消耗的平衡有着重要的意义。

高级工

2）燃烧热强度大，可以减少炉膛体积。流化床内的物料对埋管同时具有辐射、对流、导热三种传热方式，使得埋管的传热系数很高，可达 $230\sim290W/(m^2\cdot℃)$，是煤粉炉水冷壁的 $5\sim6$ 倍。由于流化床内新加入的燃料着火条件、燃烧和燃尽条件很好，燃烧强度很高，属于低温强化燃烧，其容积热负荷 q_v 可达 $1.7\sim2.1MW/m^3$，是煤粉炉的 10 倍。所以流化床锅炉炉膛体积小，仅为同容量其他类型锅炉的一半左右，可使金属耗量和设备费用减少。

3）能够在燃烧过程中有效地控制 NO_x 和 SO_x 的产生和排放，是一种清洁的燃烧方式。流化床锅炉为低温燃烧，可以燃用灰分熔点低的燃料，有利于降低烟气中 NO_x 的含量。与燃料同时加入的脱硫剂（石灰石、白云石），使燃料脱硫，不但减轻了烟气中 SO_x 对大气的污染，而且有利于降低尾部受热面的低温腐蚀。与煤粉炉相比，可以降低基建时昂贵的脱硫设备费用和投产后脱硫装置的运行费用。

4）流化床锅炉灰渣具有低温烧透的特点，便于综合利用。其灰渣可用于制造建筑材料、提取化工产品。

5）流化床锅炉着火和燃烧条件很好，低负荷时不易灭火，负荷调节性能好，可在 $20\%\sim100\%$ 的负荷内正常运行。

（2）流化床锅炉存在的主要问题是：

1）由于流化床锅炉烟气中的飞灰含碳量较高，机械不完全燃烧损失大。因此，流化床锅炉热效率低，仅为 $54\%\sim68\%$。

2）流化床锅炉中的埋管在物料剧烈的冲刷撞击下，磨损很快。如不采取防磨措施，壁厚 3.5mm 的埋管 $3\sim6$ 个月即被磨穿。采取防磨措施后，埋管也仅能运行 $1\sim2$ 年。所以，流化床锅炉的检修费用较高。

3）向床内加石灰石脱硫时，石灰石的钙利用率低。

4）锅炉大型化受到限制。

3 循环流化床锅炉的燃烧原理是什么？与流化床锅炉相比有何特点？

答：循环流化床锅炉是在流化床锅炉的基础上改进和发展起来的。循环流化床锅炉在炉膛出口增加了物料分离器，其床料与流化床锅炉一样处于流化状态，但流化速度较高。炉膛出口烟气中物料的浓度虽然很高，但大量的物料却被物料分离器分离后返送回炉膛，大量物料在炉膛和物料分离器之间形成循环，从而使得锅炉的机械不完全燃烧损失大大下降，热效率明显提高，脱硫剂也因此得到充分利用。

循环流化床锅炉保留了流化床锅炉的全部优点，避免和消除了流化床锅炉热效率低、埋管受热面磨损严重和脱硫剂石灰石利用不充分、消耗量大和难于大型化等缺点。

4 循环流化床锅炉（简称为 **CFBB**）是如何分类的？

答：循环流化床锅炉（简称为 CFBB）可按以下情况分类：

（1）循环流化床锅炉按物料循环倍率分类，可分为高循环倍率锅炉（>15），低循环倍率锅炉（<15）。

（2）按分离器是否作为燃烧室的组成部分来分，可分为内分离循环床和外分离循环床，简称内循环床与外循环床。内循环床锅炉（简称为 ICFBB）由于结构特点，容量不大，一般用于工业锅炉。

（3）按分离器内是否布置受热面来分，可分为热分离器循环锅炉和冷分离器循环锅炉。

（4）按用途来分，可分为工业用锅炉和电站用锅炉。

5 简述目前循环流化床锅炉的技术应用与发展前景。

答：由于循环流化床锅炉煤种适应性好，在燃烧过程中能经济和有效地控制污染物的排放，因此在世界范围内得到广泛的应用。近20多年来，发展很快，并已经开始进入电站锅炉领域。但是由于这种锅炉的发展时间短，尤其对大型电站锅炉，技术还不是十分成熟，在容量上还不能与煤粉炉竞争。但由于这一燃烧技术本身的突出优点，在今后的一段时期内，其发展前景是广阔的。世界各国的锅炉制造公司都继续在高效率、低污染、大型化、提高可靠性和降低能耗等方面发展这种锅炉，250MW的大型循环流化床锅炉已商品化。一些大公司已着手设计、开发、试制300～600MW的大型循环流化床锅炉。

我国是消耗煤炭能源的大国，煤燃烧造成的污染是非常严重的，在相当一段时间内，煤炭的供应趋势也会更加紧张。基于燃烧劣质煤、限制污染物排放等需求，我国十分重视发展流化床燃烧技术，目前流化床燃烧技术在工业锅炉中的应用比较普遍，中小型的工业循环床锅炉逐步推广，同时亦开始发展大型电站循环流化床锅炉，已有多台50MW循环流化床电站锅炉投入运行，100MW的循环流化床电站锅炉也已投入运行，目前正在引进、开发300MW及以上的循环流化床电站锅炉。

对于现在已投入运行的电站，当煤种含硫量的变化影响二氧化硫排放物超标时，或者对于配备中速磨煤机制粉系统，煤中含煤矸石较多的电站，建造或改造循环流化床锅炉，对于保证污染物排放达标或配套处理中速磨煤机排出的煤矸石、内部平衡燃料，有着积极的意义。另外，对于我国20世纪50～70年代投运的12～125MW的煤粉锅炉，因污染严重被逐渐关停。若将这些锅炉改造为循环流化床锅炉，可节约大量的资金。因此，循环流化床燃烧技术在我国的应用前景十分广阔。

第四节　烟气脱硫技术及设备防腐

1 烟气脱硫（简称 FGD）技术的基本原理是什么？有哪些类型？

答：目前世界上发展的烟气脱硫技术很多，但基本原理都是以一种碱性物质作为 SO_2 的吸收剂，即脱硫剂，经过一系列的化学反应，形成新的盐类物质。

烟气脱硫方法按脱硫剂的种类划分，可分为以 $CaCO_3$（石灰石）为基础的钙法、以 MgO 为基础的镁法、以 Na_2SO_3 为基础的钠法、以 NH_3 为基础的氨法、以海水为基础的海水脱硫法和以有机碱为基础的有机碱法。

按脱硫工艺来划分，可分为湿法及半湿法。

按脱硫产物的用途来划分，可分为抛弃法及回收法。

2 简述石灰石-石膏法脱硫的原理及特点。

答：石灰石-石膏法即回收式、湿式、钙法，该法主要分为四个工序，即石灰石浆液配置、二氧化硫吸收、亚硫酸钙氧化、二水石膏脱水。具体工艺是将石灰石磨成小于250目的

高级工

细粉，配成料浆作吸收剂，吸收烟气中的 SO_2。在吸收塔中，烟气与石灰石浆液充分接触，发生化学反应，二氧化硫与石灰石反应生成亚硫酸钙和硫酸钙，在吸收塔底部的循环氧化槽内，鼓入大量空气，使亚硫酸钙氧化成硫酸钙，结晶分离的脱硫副产品二水石膏（$CaSO_4 \cdot 2H_2O$）。二水石膏可用作建筑材料。

石灰石—石膏法脱硫的化学反应方程式如下

$$SO_2 + H_2O = H_2SO_3 \tag{40-1}$$

$$CaCO_3 + 2H_2SO_3 = Ca(HSO_3)_2 + CO_2 + H_2O \tag{40-2}$$

$$Ca(HSO_3)_2 + O_2 + 2H_2O = CaSO_4 \cdot 2H_2O + H_2SO_4 \tag{40-3}$$

$$CaCO_3 + H_2SO_4 + H_2O = CaSO_4 \cdot 2H_2O + CO_2 \tag{40-4}$$

石灰石-石膏法因其具有脱硫效率高（一般都大于 90%），吸收剂取材容易，利用率高（可超过 90%），技术成熟，设备运转率高等优势，是目前大量投入商业运行的一种脱硫方法。但是这种脱硫方法的基建投资高，运行成本也高，在我国电站锅炉大面积推广使用还处于起步阶段。目前，研究人员正在采取一些技术措施，如改进吸收塔内部结构，加强反应控制，增加添加剂，降低液气比，提高液气传质效率，提高设备运行的可靠性，加强防腐措施，从而使基建投资费用和运行费用趋于降低，有利于该技术的广泛使用。

3 简述喷雾干燥法的脱硫原理及特点。

答：喷雾干燥法即半湿法脱硫，是一种技术相对成熟、适用燃煤电厂锅炉烟气脱硫的工艺，市场拥有量仅次于湿式钙法。喷雾干燥法采用石灰作为吸收剂，制备好的石灰浆液在喷雾干燥吸收塔中通过离心雾化器或是两相流雾化器，将浆液雾化成 $100 \sim 200 \mu m$ 的细小液滴。雾化液滴与烟气混合接触，吸收剂蒸发，烟气冷却并增湿，产生以下化学反应

$$SO_2 + H_2O = H_2SO_3 \tag{40-5}$$

$$Ca(OH)_2 + H_2SO_3 = CaSO_3 + 2H_2O \tag{40-6}$$

$$2CaSO_3 + O_2 = 2CaSO_4 \tag{40-7}$$

同湿式石灰石—石膏法相比，喷雾干燥法具有以下优点：投资少，能耗低，腐蚀小，系统简单，脱硫产物为干粉状，无废水排放。

缺点是：用石灰作吸收剂，吸收塔壁易结垢，雾化喷嘴易堵塞磨损，浆池、料箱和管道易结垢，脱硫灰再循环设备维修复杂，除尘设备可能出现局部腐蚀，脱硫灰综合利用受到一定的限制，脱硫效率低（70%～80%），只适用于低硫煤。

4 简述海水脱硫法的脱硫原理及特点。

答：海水脱硫法是利用碱性的天然海水作为吸收剂，中和烟气中酸性的 SO_2 气体，最终生成稳定的硫酸盐。主要有海水输送系统、烟气系统、SO_2 吸收系统、海水水质恢复系统四大部分。

其工艺过程为：从除尘器出来的烟气进入换热器，降温后进入吸收塔与海水逆流接触，SO_2 被海水吸收，生成亚硫酸根离子和氢离子，由于海水中的氢离子增加，导致海水 pH 值下降成为酸性水。将酸性海水靠重力流入海水水质恢复系统，与加入的大量海水混合，并利用暴气风机鼓入空气，使酸性海水中的亚硫酸根离子氧化转化为原先海水中存在的硫酸根离子，并使海水中的溶解氧达到饱和。同时利用海水中的碳酸根离子和氢离子放出 CO_2，使

海水的 pH 值得以恢复后流回大海。烟气出吸收塔后进入再热器加热后通过烟囱排放。

海水脱硫法具有技术成熟，工艺简单，系统运行可靠，脱硫效率高和投资运行费用低等优点，特别适合沿海发电厂使用。

5 为什么烟气脱硫（FGD）装置中设备的磨蚀比较严重？应采取哪些措施？

答：FGD 装置中设备的磨蚀比较严重，主要有以下几个原因：

（1）SO_2 的作用。锅炉烟气中除了含有 SO_2 以外，还有少量的 SO_3、Cl^- 和 F^-。在 FGD 中，脱硫过程中反应生成的亚硫酸根及硫酸根离子具有很强的化学活性，对钢制设备具有很强的腐蚀能力，对防腐衬里亦具有很强的扩散渗透破坏能力。Cl^- 对设备的腐蚀能力也很强。因此，必须选用防腐性能良好的衬里材料。

（2）环境温度的作用。如果运行中环境温度的变化超出设备防腐材料的使用温度时，也会对设备的防腐衬里产生破坏作用。因此，在运行中必须严格控制运行温度。

（3）固体物料的作用。在湿式烟气脱硫中，除烟气中含有少量的尘粒外，脱硫剂石灰或石灰石浆液中也含有固体颗粒，当浆液从塔顶喷出时，会冲刷衬里表面。因此，在防腐蚀设计中，还必须考虑磨蚀余量及选择抗磨蚀结构。

（4）衬里成型残余应力的作用。有机衬里材料在施工过程中，常伴有固化收缩，且其收缩程度与施工环境温度、湿度及固化剂添加量有关。由于材料已经施工定位，故此应力被留存在固化的衬里内，形成残余应力，从而使黏结强度降低。

（5）施工或检修质量的影响。由于有机材料的性能特点，其施工质量对设备的寿命影响较大。因此，在设备制作、衬里施工或维修时，应事先制定适宜的施工方案，并严格按方案及标准施工，确保施工质量。

6 温度对烟气脱硫（FGD）设备防腐衬里有哪些影响？

答：温度对 FGD 设备防腐衬里的影响可从以下三点分析：

（1）不同温度下，衬里材料与设备基体的膨胀系数不同，导致不同步膨胀，结果使二者界面间产生热应力，致使衬里黏结强度下降，选择黏结力及确定界面处理等级标准时应予以考虑。

（2）温度升高会使材料的物理化学性能下降，从而降低了衬里材料的耐腐蚀及抗渗透性能，加速有机材料的热老化，选择材料时应与设备的工作温度相匹配。

（3）在较高温度的作用下，衬里内施工缺陷如气池、微裂纹等，受热应力的作用发展，为介质渗透提供条件，会使衬里受到破坏。因此，防腐衬里在结构上应有抗渗透功能和应力松弛功能，同时必须保证施工质量。

7 脱硫装置（FGD）如何防止设备的磨蚀？

答：（1）由于电厂 FGD 装置体积大，制作安装和防腐施工均在现场作业，且流过的物质温度较高，流量和固体含量大，腐蚀性强，设备运行周期长，衬里维修难。所以，在选择衬里材料时较通常情况要高一个等级。

（2）由于 Cl^- 和 F^- 的存在，不锈钢在使用过程中短期即出现点蚀、缝隙腐蚀和冲刷腐蚀等现象，所以选用时应慎重。碳钢与高合金钢复合钢板，与不锈钢类似，除局部使用外，主体设备不宜采用；整体镍基合金，使用效果较好，但价格昂贵；碳钢加树脂砂浆衬里，因砂浆结构松散，微裂纹及气孔量大，抗渗性差，使用寿命短，应慎重选用；碳钢橡胶衬里耐磨性能好，施工技术完善，在FGD防腐中使用较广泛。但是其缺点是造价高，物理失效多，施工难度大，难修补；玻璃钢在使用温度低于80℃时，可以长期运转，使用寿命较长，若能采取安全措施防止烟气温度超温，可选用玻璃钢作为内衬，其造价与碳钢橡胶衬里差不多。目前玻璃鳞片衬里已成为FGD首选防腐技术，具有其抗渗性好，施工难度小，容易修补，物理失效少等优点，造价适中，但耐磨性差一些。

（3）在设计与施工时，可根据设备部位、工作环境、温度的不同，冲刷与腐蚀环境的不同，选用不同性能的防腐材料或复合结构，并在尖角、阴阳角或冲刷特别严重的部位，采用特殊防磨措施，以达到经济、适用、安全、可靠、维修工作量小、维修容易的使用效果。

（4）在FGD设备防磨蚀设计与维修中，还要充分考虑由于设备承受冲击、振动而产生的交变应力，受热不均而产生的热应力，均有可能使防腐层开裂，在结构上应采取增强措施，避免开裂而引起防腐层的失效。

第四十一章

锅炉本体安装验收

第一节 锅炉安装工艺

1 锅炉安装工艺的基本要求有哪些？

答：锅炉安装应按照行业规程的规定施工，对锅炉安装工艺的基本要求是：

（1）准确性。保证各部件和管道在系统和整体中处于准确部位，在组合及安装时，必须对每一部件及组件的相对位置，进行检查与调整，做到横平竖直、高低适当、位置正确。

（2）管箱内部畅通洁净。在安装时注意清理管箱内部的杂物，认真执行吹扫、铲除、通球等规定。安装完毕后要进行吹管和化学清洗。

（3）进行正确的热胀处理。对复杂的系统、不同的材质、不同的胀值与交错的胀向、预留的热胀间隙都要进行认真的计算与核算，保证锅炉各部件相互间既能牢固连接，又能膨胀自如。

（4）严密性。安装前，对锅炉设备及管道本身严格细致检查，对存在裂纹、砂眼、孔穴、器壁局部过薄、用材不符要求、严重锈蚀、焊缝缺陷等的部件，进行检验和修理。安装时，对接头、拼缝接口、焊缝、密封、防漏装置的施工，必须满足工艺质量要求。安装好后，必须采取水压试验、漏风试验等手段检查部件的强度和严密性。

（5）结构牢固。一方面在组合和吊装时保证辅助支架、支承、悬吊结构、吊装机具等的稳定性、刚性及牢固可靠性，保障施工的安全；另一方面必须保证锅炉部件就位后承载部件受力点、面本身和传递载荷的吊杆、支座及其附件的刚性、稳定性及强度，避免产生额外的附加应力、受力不均或应力集中等现象，使锅炉投运后构架安全可靠。

2 保证锅炉安装准确性的关键指标有哪些？超标后的危害是什么？

答：保证锅炉安装准确性的关键指标有部件的中心位置、垂直度、标高和水平度。

建设一个发电厂或一台发电机组时，各个车间的设备及各主要管道的空间位置，已设计好并在总体布置图上标定，它们的相对位置也已确定。若锅炉各个部件在安装中上述各项指标超标，偏差的累计结果可能会造成零部件无法按照预定的要求尺寸装配，系统不能对接。若勉强对接，将会造成歪扭变形或产生额外的内应力而留下隐患。如当锅炉立柱的垂直度偏差超标时，柱顶承载后难以保证重力通过柱心传至基础，可能会产生巨大的弯矩；又如当汽包标高不符或两端高低不同，不但影响管子对接，还可能引起汽水工况的变化，甚至破坏水循环。受热面安装位置偏差过大，排列不均等，将会引起管子内、外部流体工况的偏差，产生较大的热胀差和热偏差，加快堵塞、加速磨损等问题，甚至造成设备事故。

3　为什么在锅炉安装时要考虑热胀问题？

答：热胀冷缩是大多数金属材料的基本性能。锅炉的结构和系统复杂，使用的材质品种很多，而安装工作都是在常温下进行的。当锅炉投入运行后，各部分部件的温度都显著升高，尤其是受热面，管壁温度可达到500℃以上。在这样一个复杂而又相互密切联系的系统中，各部分的受热不同，尺寸大小不一，材料各异，必将产生复杂的热胀，热胀值不一，热胀方向交错，互相影响。若安装前没有正确地考虑与处理热胀冷缩问题，将会严重威胁锅炉的安全。

4　为什么要求锅炉各个系统与部件的严密性？

答：锅炉在工作时，其所属各个系统中都充满着流动的介质。汽水系统中是高温高压的水、蒸汽或汽水混合物；炉膛烟道中则是高温火焰和烟气流；风道中是冷风或热风；煤粉管道中是具有一定温度和压力的煤粉。任何一个系统或部件发生泄漏，都将给锅炉的安全经济运行带来威胁，造成能量损失，使工作环境变坏，严重时会造成人身或设备的损坏，迫使锅炉停止运行。所以，在安装或检修中，保证各设备与系统的严密不漏是最基本的，又是非常重要的要求。

5　压力容器及系统泄漏的主要原因是什么？

答：压力容器及系统泄漏的主要原因是压力容器及系统内、外侧压力不等，存在压差，以及设备系统本身存在缺陷。当设备存在贯穿的缝隙孔洞时，会产生泄漏。设备存在贯穿的缝隙孔一般是在设备制造或安装过程中造成的。运行中介质的侵蚀、应力作用以及检修质量不高，也是造成泄漏的主要原因。因此，制造、安装、检修、运行各个环节均应预防和消除压力容器及系统的泄漏。

🏭 第二节　锅炉本体主要部件安装验收技术规范

1　锅炉机组安装结束后必须具备的技术文件有哪些？

答：锅炉机组安装结束后必须具备的技术文件有：设备缺陷记录和签证，设计变更资料（包括必要的附图），隐蔽工程中间验收记录和签证，安装技术记录和签证，质量验评表，安装竣工图。

2　锅炉钢构架安装的允许偏差值是如何规定的？

答：锅炉钢构架安装的允许偏差值见表41-1。

表 41-1　　　　　　　　　　　　　锅炉钢构架安装的允许偏差值

检查项目	允许偏差（mm）
1. 柱间中心与基础划线中心	±5
2. 立柱标高与设计标高	±5
3. 各立柱相互间标高差	3
4. 各立柱间距①	间距的 1/1000，最大不大于 10
5. 立柱垂直度	长度的 1/1000，最大不大于 15
6. 各立柱上下两平面相应对角线	长度的 1.5/1000，最大不大于 15
7. 横梁标高②	±5
8. 横梁水平度	5
9. 护板框架或桁架与立柱中心线距离	−0
10. 顶板的各横梁间距③	±3
11. 顶板标高	±5
12. 大板梁的垂直度	立板高度的 1.5/1000，最大不大于 5
13. 平台标高	±10
14. 平台与立柱中心线相对位置	±10

注　①支承式结构的立柱间距离以正偏差为宜。

　　②支承汽包、省煤器、再热器、过热器和空气预热器的横梁的标高偏差应为 $\pm_0^8$ mm；刚性平台安装要求与横梁相同。

　　③悬吊式结构的顶板各横梁间距是指主要吊孔中心线间的间距。

3 燃烧器安装时应注意哪些事项？安装位置偏差值是如何规定的？

答：各种燃烧器安装时，应注意保持距水冷壁管的间隙不妨碍膨胀，火嘴喷出的煤粉不得冲刷周围管子，一般情况下其安装位置允许偏差为：

燃烧器喷口标高：±5mm；

各燃烧器间的距离：±5mm；

边缘燃烧器离立柱中心线距离：±5mm。

对于固定式及摆动式缝隙燃烧器装置，其安装还应符合下列要求：

喷口与假想切圆的切线允许偏差不大于 0.5°；

喷口与二次风道肋板间间隙不大于 10～15mm；

二、三次风口水平度允许偏差（当设计水平时）不大于 2mm。

4 锅炉构架和有关金属结构安装工程验收必须签证的项目有哪些？

答：锅炉构架和有关金属结构安装工程验收必须签证的项目如下：

（1）立柱垫铁及柱脚固定后允许二次灌浆签证。

（2）空气预热器风压试验签证（回转式空气预热器除外）。

（3）锅炉炉膛风压试验签证。

（4）锅炉防爆门（冷态）调整试验签证。

（5）回转式空气预热器分部试运转签证。

高级工

5 锅炉构架和有关金属结构必须有安装记录的项目有哪些？

答：锅炉构架和有关金属结构必须有完整的安装记录，具体项目是：

（1）锅炉基础复查记录。

（2）锅炉构架安装记录。

（3）燃烧装置安装记录。

（4）空气预热器安装记录。

（5）主要的热膨胀位移部件安装记录（如水、砂封槽的热膨胀间隙和伸缩节的冷拉值或压缩值等）。

6 汽包、联箱、受热面等设备的安装允许偏差值是如何规定的？

答：汽包、联箱、受热面等设备的安装允许偏差值为：

标高：±5mm；

水平：汽包2mm、联箱3mm；

相互距离：±5mm。

悬吊式锅炉以上联箱为主，受热面管排相互距离允许偏差为 ±5mm。

7 受热面安装的记录项目和受热面设备安装验收的签证项目应有哪些？

答：受热面安装的记录项目有：汽包安装记录；水冷壁、过热器、再热器、省煤器组合、安装记录；受热面膨胀间隙记录；合金钢材质复核记录；循环泵安装记录；水冷壁冷拉记录。

受热面设备安装验收的签证项目有：受热面管通球试验签证；表面式热交换器的盘管水压试验合格签证；汽包内部装置安装检查签证；受热面密封装置签证（指正压和微正压锅炉）；水压试验签证；循环泵试运签证。

8 如何检测锅炉安装时的几何尺寸？

答：（1）检测锅炉部件安装标高时，以厂房基准标高为基准，传递到安装锅炉的某一根立柱，找出该立柱的1m标高线，作为检测的基准线。测定时可用钢尺直接测量，也可以用玻璃水平管间接测定。用钢尺测量时，必须使用计量部门检定合格的钢尺，用弹簧秤在相同紧力下拉紧钢尺进行测量，紧力范围为5~15kg。安装与建设单位应统一钢尺。

（2）检测联箱、汽包的标高，应分别检测其两端部水平中心位置；检测梁的标高，除另有规定外，应分别测定梁的两头顶部两侧位置。

（3）汽包、联箱、梁纵横不水平度的检测，在上述位置使用玻璃水平管测量。

目前大型锅炉检测锅炉部件安装的标高以及部件的垂直度，多用较精确的水准仪进行测量。

9 简述锅炉检修后的验收程序。

锅炉检修后的验收程序如下：

（1）施工工艺比较简单的工序，一般由检修人员自检后，班组长验收，并全面掌握检修质量。

高级工

（2）对于重要工序由总工程师按检修工艺的复杂性和部件的重要性，确定分别由班组、车间、厂（处）负责验收。重要工序的零星验收、分段验收项目及技术监督项目，应填写零星验收单和分段验收单，其内容有验收项目、技术记录及资料、验收意见、质量评价及检修人员和验收人员的签名等。

10　机组A级检修（大修）后整体验收时应提交哪些文件？

答：机组大修后整体验收是在分部试运行验收全部结束、试运情况良好后进行，是机组大修启动前最后一次检查，验收前必须提供详细的检修文件、资料。提交的文件主要有以下部分：

（1）大修项目执行情况汇总表，包括计划完成项目和增补项目。

（2）大修工期完成情况、计划与实际工时汇总表，表中包括计划检修项目工期完成情况，非计划检修项目（即增补项目）工期的安排情况，检修中发现特殊情况需延长工期的申请和批复情况等。

（3）大修技术记录，包括检修前的原始记录和回装记录。

（4）大修材料汇总表，检修中更换材料的数量、规格、部位应详细列入表中，对于管排、管道中更换的部分，还应画出草图做出明显标记。

（5）大修分段验收报告，报告中有各设备分段验收时的详细情况，分部试运记录。

（6）大修中进行的改造工程及竣工图纸，设备异动图纸。

第十三篇
锅炉辅机检修

第四十二章

锅炉辅机计算、试验及振动诊断

第一节 锅炉辅机的简单计算

1 简述改变风机叶片长度的计算。

答：每台风机都有一定的容量，但在实际生产中由于种种原因需改变风机的容量，常用的方法有改变叶片长度和风机转速两种。当风机容量过大或不足时可采用切割或接长叶片的方法，也可以采用增加或降低转速的方法。采用改变叶片长度的方法时，接长叶片可使风机的流量、风压和功率增加；切割叶片则流量、风压、功率降低，其变化关系可用车削定律表示，即

$$\frac{q_{v1}}{q_v} = \frac{D_1}{D} \tag{42-1}$$

$$\frac{p_1}{p} = \left(\frac{D_1}{D}\right)^2 \tag{42-2}$$

$$\frac{P_1}{P} = \left(\frac{D_1}{D}\right)^3 \tag{42-3}$$

式中 $q_{v1}(q_v)$、$p_1(p)$、$P_1(P)$、$D_1(D)$ ——叶轮直径改变后（前）风机的体积流量、风压、功率和直径。

此法只适用于比转速低的离心式风机，叶片的切割或接长应以效率不致大量下降为原则。最大切割量与效率的关系见表 42-1。

表 42-1 最大切割量与效率的关系

比转数 n_s	60	120	200	300	350	>350
最大切割量	20%	15%	11%	9%	7%	不许切割
效率下降值	每切割 10%，η 下降 1%			每切割 4%，η 下降 1%		

2 简述改变风机转速的计算。

答：改变风机的转速，可改变风机的容量。风机叶轮的转速越高，气体获得的离心力就越大，风机的流量、风压也就越大。它们之间的关系为

$$\frac{q_{v1}}{q_v} = \frac{n_1}{n} \tag{42-4}$$

$$\frac{p_1}{p} = \left(\frac{n_1}{n}\right)^2 \tag{42-5}$$

$$\frac{P_1}{P} = \left(\frac{n_1}{n}\right)^3 \tag{42-6}$$

式中　$q_{v1}(q_v)$、$p_1(p)$、$P_1(P)$、$n_1(n)$——转速改变后（前）风机的体积流量、风压、功率及转速。

提高风机的转速应慎重，尤其注意电动机的容量要在许可范围之内，否则易损坏设备。降低转速不应过多，否则风机效率会降低很多。

3 **如何计算煤的可磨性？**

答：煤的可磨性有多种表示方法，目前常用煤的相对可磨性系数 K_{km} 来表示煤的磨制难易程度。测定方法是将等量的标准燃料和待测燃料由相同的粒度磨碎到相同的细度，求出两种煤磨成煤粉所耗电能之比，比值就是可磨性系数 K_{km}。其中标准燃料是用一种特别难磨的无烟煤，其 $K_{km}=1$。燃料越容易磨，则磨制煤粉耗电愈少，K_{km} 就越大。

$$K_{km} = \frac{E_0}{E_x} \tag{42-7}$$

式中　E_0——磨制标准燃料的电耗量，kWh/t；
　　　E_x——磨制待测燃料的电耗量，kWh/t。

第二节　辅机的试运、启动与试验

1 **锅炉漏风试验的目的是什么？怎样做锅炉的漏风试验？**

答：锅炉漏风试验的目的是检查炉膛、尾部烟道及烟、风管道系统的严密性，以便发现和处理泄漏之处，保证锅炉投入运行后的安全经济性，并为环境卫生、文明生产创造条件。

锅炉的漏风试验可分成两部分进行，冷热空气通道为一部分，即风侧的漏风试验；烟气通道为另一部分，即烟侧的漏风试验。

（1）做风侧的漏风试验时，根据系统设置情况将风系统最后一道风门关闭（喷燃器处和制粉设备进口处等），启动送风机，调整到试验风压，并一直保持，检查系统的泄漏部位。对泄漏处做出记号，待停机后消除。

（2）烟侧的漏风试验可采用正压法或负压法，但无论采用哪种方法，开始试验前均需将有关挡板、门、孔等关闭，均需仔细检查泄漏，做出记号，停机处理。正压法时启动送风机对该系统内施加正压，燃烧室处保持试验压力；负压法是启动引风机使该系统呈负压，燃烧室保持试验负压。

易漏部位多在炉墙膨胀缝处、管子穿墙处、人孔门、看火孔、出灰口、烟风道连接法兰处或焊缝等处，对这些部位应仔细检查。

检查泄漏的方法，对于负压漏风试验可用火烛法，如果火焰有被吸向系统内的趋势，则说明该处泄漏。有的漏风严重的地方，还可以用手试探或听声音；对于正压漏风试验，可在送风机入口加一定数量的白粉，或点燃能发生烟幕的可燃物，这样在泄漏部位便可找出白粉痕迹或有烟气逸出。

高级工

2　辅机启动前应具备哪些条件?

答：当检修工作已结束，辅机的安全设施已恢复并完善，设备冷态验收合格并具备以下条件时，可启动辅机：

（1）辅机相应的润滑油系统、液压油系统经试运合格已投入，低油压保护动作正常。

（2）冷却水系统已投入，管路畅通，水量充足且回水不堵。

（3）辅机有关电气控制设备其回路正确；电动机绝缘良好，经空载试运正常且转动方向正确，事故按钮试验正常。

（4）检查试转磨煤机。钢球磨重点检查罐体内、出入口短管、齿轮罩内及磨连接系统内无人或其他杂物，减速机及大罐均经空负荷试运正常，按规定装好钢球；风扇磨须经 8h 分部试运，检查各气封压力、流量应符合要求，系统密封严密不漏，各轴承振动、温度、电动机电流均正常，符合要求；中速磨重点检查磨室内无杂物，研磨间隙在规定范围内，封闭人孔门后，启动一次风机和密封风机，进行风压试验后无泄漏。

（5）风机检查。风机内无杂物，调整挡板动作灵活、开关到位，关闭所有人孔。

3　简述球磨机大修后试运行的规定及标准。

答：球磨机大修后试运行的规定及标准如下：

（1）启动油泵，使油系统循环 20～30min，确证球磨机的电动机已经空转试验，转向正确。

（2）按规程做球磨机的保护试验。

（3）球磨机空转 4～6 h，检查电流、油温和振动情况，并做好记录。

（4）装钢球至额定值的 25%、50%、100%，分别试运 10～15min，并记录电流值和各部位的振动值。

（5）装钢球至额定值试运行时，仔细检查各部位的运行情况，并按规程进行钢甲瓦螺栓的紧固工作。

试运行合格的标准：油系统不漏油，油泵工作正常，滤网不堵塞；减速箱和小齿轮无撞击声，转动平稳；各部位的振动和温度不超过允许值。一般规定电动机、减速箱及主轴承的振动值不应超过 0.1mm，主轴承油温不超过 60℃，出入口油温差不超过 20℃。

4　简述风机的试运行程序及检查内容。

答：风机试转前，应关闭入口调节挡板，防止电动机启动时过载，待运转正常后再逐渐打开入口调节挡板。第一次启动风机待风机达全速后，即用事故按钮使其停止，利用其转动惯性观察轴承和转动部分，确认无摩擦和其他异常后，可正式启动风机。两次启动的间隔时间不少于 20min，以待电动机冷却。风机试运行的连续运行时间不少于 8h。

试运行过程中，应注意风机的运行状态，尤其要监视电流表指示，不得超过规定值。检查轴承温度应稳定，滑动轴承不大于 65℃，滚动轴承不大于 80℃，各轴承无漏油、漏水现象，轴承箱振动一般不超过 0.10mm，窜轴符合规定（不大于 1mm）。各转动部件无异常现象，出、入口风箱，管道振动不大；检查并调节风机调节装置，开关应灵活，调节控制风量、风压可靠正常；应启动两台风机，进行并列运行试验，检查风机并列运行性能，两台风机的风量、风压、电流、挡板开度应基本一致，无过大的差别或不平衡。

5 辅机启动后的检查内容有哪些？

答：辅机启动后的检查内容有：

（1）钢球磨煤机启动后要派专人监视，检查大瓦及回油温度、振动等，防止断油、断煤、磨煤机出口温度过高、冷却水中断、油温突然升高等异常。如发现大瓦回油温度超过 40℃，或回油温升速度达到 1℃/min 时，应紧停磨煤机。

（2）中速磨煤机启动时需经 10～15min 的暖磨过程，使出口温度达（80±2）℃。对于非接触式碾磨件，如雷蒙型、平盘磨、RP 磨，可在启动磨煤机状况下暖磨；而对碾磨件相互接触的中速磨，如 E 型、MPS 型，则在不启动磨煤机状况下进行暖磨，直到给煤时才能启动磨煤机（MPS 型磨煤机，不允许在冷态空载下启动、试运）。暖磨结束后即可给煤，一般低于 60% 额定出力前，加煤速度控制在小于 10% 额定煤量/min，在 60%～100% 负荷时控制在小于 5% 额定煤量/min。当加煤至 60% 额定出力时，应运行 1h 以上，对磨煤机进行全面仔细检查，如磨煤机、轴承箱振动状况，加载装置的工作状况，管道、各密封点是否严密不漏，以及轴承、齿轮箱温度、声音是否正常等，并应分析测量煤粉细度，检查石子煤量，如煤粉细度不符合要求，应调整分离器折向门，至额定出力时再检查一次。

（3）风扇磨启动时应特别注意启动电流和启动时间，通常不超过 30～45s，过长时要及时停止，查明原因。风扇磨启动达全速后，必须立即检查轴承箱、基础等振动状况，一般转速 1500r/min 时，振动应小于 0.1mm；转速 1000r/min 时，振动应小于 0.13mm；转速 750r/min 以下时，振动应小于 0.6mm；同时用听针检查轴承箱声音，检查轴承润滑温度情况，一般轴承温度应小于 75℃。加煤速度控制在 3%～5% 额定煤量/min，在接近最大出力时，要加强对磨煤机的监视，以免发生突然不稳定现象，发生堵塞等情况。

6 简述风机试验的基本方法及内容。

答：风机试验分为停炉（冷态）试验及运行（热态）试验两种。

（1）冷态试验是为了找出风机的全特性和校验风机是否符合设计要求。在冷态试验时，因风机风量不受锅炉燃烧限制，故可以在很大范围内变动，这样就可以把风机的特性试验做得完整一些，此时要求将风机出入口的导向器或节流门全开，用专设的或远离风机的调节设备调节风机的流量，试验中一般应做 4～6 种风量试验，其中两次应为风机的最大、最小流量，其余 2～4 次为二者之间的中间风量。试验应得出风机在额定转速及气体标准状态下的几组关系曲线：

1）风机入口流量与风机的全压关系曲线：$H = f(Qn)$。

2）风机入口流量与风机的轴功率关系曲线：$N = f(Qn)$。

3）风机入口流量与风机的效率关系曲线：$\eta = f(Qn)$。

4）风机的无因次特性曲线。

试验中，气体状态偏离标准状态时，应将全压、轴功率修正到标准状态，由于冷态时，气体密度大，试验最大出力时，应防止电动机过载。

（2）运行（热态）试验是风烟系统在各种工况下进行的，通过试验可以获得风机在锅炉运行状态下的特性。此时风机的出力受锅炉负荷限制，只能随负荷变化而变化，要求锅炉应分别稳定在 4～5 种不同的负荷下进行试验，其中两次为锅炉的最大和最小负荷。风机采用锅炉的运行调节方式进行调节，试验应得出：风机的最大和最小出力变化范围；风机全压；轴功率及电动机消耗功率；转数；单耗；调节挡板或导向器在各种开度时的风机运行效率。

7 钢球磨煤机重车试转有哪些具体要求？

答：钢球磨煤机空转合格后，方可进行重车试运。钢球应分三次以上加入转筒：第一次加入总钢球量的 20%～30%；以后每运转 10～15min，再加入钢球 30%左右。每次加入钢球后，试转中要对机械各部分的振动值、温度和电动机的电流值做出记录。重车试运具体要求为：

（1）电动机、减速箱、传动机、主轴承的振动值不应超过 0.1mm。

（2）主轴承油温一般不超过 60℃，出入口油温温差不得超过 20℃。

（3）电动机的电流值符合规定，并无异常波动。

（4）齿轮啮合平稳，无冲击声和杂音。

（5）每次停车时，应认真检查齿轮啮合的正确性及基础、轴承、端盖、衬板、大齿轮等处的固定螺栓是否松动，如有松动应及时紧固。

（6）试转过程中，如发现异常情况，应立即停止装球试转，查明原因，消除缺陷后，才准继续试运转。

（7）不许向大罐内加煤。

（8）试转结束后，将所有衬板固定螺栓逐个紧固一遍。

8 简述风机分部试运行的程序和方法。

答：（1）拆除联轴器连接螺丝，先单独试转电动机 2h（记录电动机单机试运参数、转动方向、窜动、振动等）。电动机试转后，连接好联轴器和保护罩。

（2）风机试转前，先关闭入口调节挡板，待启动运转正常后，再逐渐打开入口调节挡板。第一次启动风机达到全速后，用事故按钮停车，利用转动惯性，观察轴承和转动部分有无其他异常。一切正常后，再进行第二次启动。

（3）试运行时，应注意风机的运行状态并逐步开大入口风门，监视电流表指示不得超过电动机的额定电流，检查风机各部分的轴承温度、振动、风压等情况，每半小时检查一次，并做好记录。如有反常情况，应停车处理。

（4）连续运行 8h 或按厂家规定。

9 如何进行旋转式空气预热器冷态试转？

答：（1）启动前的检查工作完成后并得到试转许可通知，由运行人员进行。

（2）启动上、下轴承系统中的油泵和系统阀门，并检查系统是否正常。

（3）如果有手动盘车装置，应首先进行盘车，经检查无异常，才能启动辅助电动机；如果无手动盘车装置，可直接先启动辅助电动机。

10 如何提高风机出力？

答：（1）合理布置烟风管道系统，降低系统阻力，减少出入口压差，提高风机流量；合理选取烟风道截面，不使风速过高，减少摩擦阻力；合理布置管道的走向，减少弯头数量或采用阻力较小的转向形式，减少局部阻力；及时清除烟风道内的杂物、积灰，保持风烟道壁面光滑。

（2）加强设备检修维护，在安全范围内尽量减小口环间隙，以减少风机内漏风损失；清理叶片及风壳积灰，保证流通截面清洁；对磨损的叶片及时更换修补，保证叶型；保持导向叶片（或挡板）动作同步。

（3）加长叶片，可提高风机出力。

（4）提高风机转速，可提高风机出力。

11 简述离心风机的试运行程序及检查内容。

答：风机的试运行应按以下程序进行：

（1）风机试转前，测量外壳内温度不低于 -30℃，关闭入口调节挡板，严禁带负荷启动，防止电动启动时过载，待运转正常后再逐渐打开入口调节挡板。

（2）待第一次启动风机达全速后，即用事故按钮使其停下，利用其转动惯性观察轴承和转动部分，确认无摩擦和其他异常后，可正式启动风机。

（3）二次启动风机的间隔时间不少于 20min，风机连续运行时间不少于 8h。风机在试运行过程中应检查以下内容：

（1）测试各种负荷工况下，转动部件轴承的振动值，一般不超过 0.1mm。轴窜值符合规定，一般不大于 1mm。

（2）监测转动部件的轴承温度，滑动轴承温度不大于 65℃，滚动轴承温度不大于 80℃，且温度稳定。

（3）监测润滑油系统运行工况良好，无漏油、漏水现象。

（4）各转动部件无异常现象，出入口风箱、管道振动不大。

（5）调节挡板开关应灵活，风压、风量调节可靠、正常。

（6）风机电动机电流不超过规定值。

第三节　辅机振动及检测诊断

1 振动的含义是什么？

答：物体或机件受到外力的扰动后，按一定的节奏和规律，在原来平衡位置作往复运动的现象称为振动。振动是自然界中普遍存在的一种现象，生产建设中有很多机械设备和工艺措施是利用振动原理而工作的，如混凝土振荡器、各种风动工具、振动式输送机、测试频率表等。但是在发电厂运转的机械设备中，是不希望产生振动的，尤其是转动机械，如产生过大振动，会给机组的安全运行带来严重的危害。

2 转子振动的原因有哪些？

答：转子产生振动的原因很多，主要有以下几个方面：

（1）转子本身质量不平衡所引起的振动，产生的原因有可能是转轴弯曲；转子上的零部件松动、变位、变形或产生不均匀的腐蚀、磨损和附积物；检修中更换的新零件质量不均匀；制造中转子的材质不绝对匀称；加工精度有误差；装配有偏差等。

（2）联轴器中心找正误差过大。

（3）轴承装配和固定不符合要求，如轴瓦和轴颈间磨损严重，油隙过大，轴瓦与轴承箱之间的紧力过小或有间隙而松动；各螺栓连接件间有松动现象。

（4）基础或机座的刚性不够或不牢固。

（5）机壳内有摩擦现象，如叶轮歪斜与机壳内壁相碰，推力轴承歪斜不平；密封垫圈与密封齿相碰等。

（6）润滑油系统或运行工况不良引起的振动等。

（7）电气方面的缺陷引起的振动。

3　如何查找辅机振动的原因？

答：查找辅机振动可在运行状态、停机状态及解体后分别进行检查，对可能引起振动的各种因素进行分析，根据分析情况再进行试验，最后确定振动的原因。

（1）运行状态时着重检查：测记轴承、机座、基础等各位置的振动值，并与原始记录对比，找出疑点；运行参数与原设计的要求有无变动；轴瓦的油温、油压、油量及油的品质是否在正常值内；转动部分是否有异音，尤其是对金属的摩擦声和撞击声应特别注意；各部分膨胀是否均匀，与停机冷却后进行对比；地脚螺栓是否松动，垫铁是否松动或位移，基础是否下沉、倾斜或有裂纹；在启停过程中，其共振转速、振幅是否有变化；曾发生过哪些异常运行现象。

（2）停机后重点检查：滑动轴承的间隙及紧力是否正常，下瓦的接触及磨合是否有异常；滚动轴承是否损坏，内外圈的配合是否松动；联轴器中心是否有变化，联轴器上的连接件是否松动或变形。

（3）辅机解体后重点检查：原有的平衡块是否脱落或产生位移；转体上的零件有无松动，是否有装错、装漏的零部件和已脱落的零件；动、静部分的间隙是否正常，有无摩擦的痕迹；测量轴的弯曲值及转体零部件的瓢偏与晃动值；转体的磨损程度如何；介质通道是否有堵塞和锈蚀、结垢；机组水平、转子扬度有无变化；电动机转子有无松动零件，空气间隙是否正常，电气部分有无引起机械振动的缺陷，如磁中心错位、窜动值过大等。

4　转子不平衡振动的特征有哪些？

答：转子不平衡振动的特征见表42-2。

表 42-2　　　　　　　　　　　不平衡振动的特征

振动原因	振源	频率 f（Hz）	波形	相位
材质结构不对称	转子不平衡离心力	$f=n/60$	近拟正弦波	不变
轴系不对中或轴弯曲		$f=kn/60$ $k=2、3$	近似正弦波，有 $2\sim3$ 次谐波	不变
电磁激振	转子不平衡离心力，但切开电源即失去振动	$f=n/60$	近似正弦波	不变
部件松动	转动部件松动造成的不平衡离心力	$f=kn/60$ $k=2、3$ 或 $k=1/2、1/3$	振运位移忽大忽小	不变

注　n 为机械转速，r/min。

5 滑动轴承油膜振荡的性质是什么？如何消除？

答：滑动轴承的油膜振荡是由于轴瓦的油膜引起的一种自激振动，属于转子低频振动，与转子质量不平衡无直接的关系。

消除油膜振荡可采用平衡法，即通过找平衡，使转子通过临界转速时的振幅尽量小（小于 0.05mm），以减小振动来减少油膜振荡产生的可能性。也可采用提高油温，降低油的黏度或改进瓦型的方法，如增大侧隙，减小顶隙，减小轴颈的长径比，增加油楔轴承的楔深比等。

6 如何通过振动检测诊断滚动轴承及齿轮的损坏？

答：在滚动轴承产生表面剥落、裂纹、压痕、磨损、电蚀、擦伤、锈蚀等各种缺陷所对应的异常现象中，振动是最普遍的现象。抓住振动检测，就可以判断出绝大部分滚动轴承故障，再配以音响、温度、磨耗金属和油膜电阻的监测，以及定期检测轴承间隙，则可在早期预查出滚动轴承的一切缺陷。

轴承滚珠损坏后，滚珠相互撞击而产生的高频冲击振动将会传递给轴承座，用冲击脉冲法可进行缺陷诊断。将加速度传感仪装在轴承座上测量，可检测到高频冲击振动信号。用滤波器滤去 10kHz 以下的振动，将 10kHz 以上的高频振动变换成方波脉冲，该方波脉冲的峰值就代表轴承的损坏程度。

还可以采用频谱分析法诊断滚动轴承和齿轮缺陷的准确位置和严重程度。原理是利用损坏部件振动特征值的改变，从频谱中出现的调幅调频和附加脉冲分析、诊断出缺陷的性质和所在的位置。

第四十三章

锅炉辅机特殊检修工艺及耐磨材料

第一节　乌金瓦浇铸及局部补焊

1　简述乌金瓦浇铸工艺。

答：当乌金瓦需要重新浇注时，可按以下步骤进行：

（1）熔掉原瓦的旧乌金。洗净轴瓦，用喷灯加热轴瓦外壳，乌金温度不超过 240～250℃，只要乌金一软化，即停止加热并用力振动轴瓦，使乌金从轴瓦壳体上脱落下来。将瓦壳内表面进行机械清理、化学清洗干净后，涂氯化锌溶液。熔化下来的旧乌金应收集在洁净的容器内。

（2）对轴瓦内表面镀锡。镀锡前用喷灯预热，当温度升至较锡熔点低 20～30℃时开始镀锡，并始终保持此温度。镀锡前瓦壳内表面应再涂氯化锌溶液，接着将锡条沿表面挂上薄薄的一层，直至整个欲浇铸乌金的表面都均匀镀上一层锡为止。

（3）组成铸模和浇铸。挂锡后应迅速组成铸模，同时将轴瓦、铸模零件及平台预热到 260～270℃。将加热到 390～420℃时的熔化乌金倾注入模型内，要一次连续浇满，不能有飞溅现象，随着乌金的收缩慢慢地浇满到浇口，浇铸后 2～3min 可用空气吹或水浇，自下而上冷却。

2　如何检查乌金轴瓦的浇铸质量？

答：重新浇铸的乌金瓦，其轴瓦面应呈银色，无光泽，无黄色。乌金表面不应有较深的砂眼。用小锤轻敲轴瓦的乌金面时，应发出清脆的声音，不应发出"嘎达"声。此外，还应检查浇注瓦的集合尺寸，应有足够的加工余量。

3　如何进行乌金瓦的局部焊补？

答：当轴瓦采用局部焊补的方法进行修复时，可按以下步骤进行：

（1）将损坏或脱胎的局部区域仔细清理，用抹布擦净，再用 10%～15%苛性钠或苛性钾溶液（80～90℃）清洗油迹和酸液，然后用 80～90℃的清水仔细冲洗干净并擦干。

（2）将乌金瓦立放，用气焊嘴熔化损坏部分，温度稍高于乌金的熔点即可。当乌金刚开始软化、与瓦壳脱开时即停止加热。

（3）用刮刀将熔化部分的乌金刮去、刮净。

高级工

405

（4）乌金刮去后，如发现轴瓦壳体表面有黑印或污物，应用刮刀将其刮净，并用盐酸清洗，再用 40～50℃ 清水冲净并擦干。

（5）瓦壳表面刷上一层氯化锌饱和溶液。

（6）在瓦壳背面用压力为 0.8～1.3MPa 的饱和蒸汽加热，再用锡棒或锡粉涂擦瓦壳来进行镀锡。当锡能贴在瓦壳面上时（200℃ 左右），即说明温度已适当（原则上加热到比锡的熔点低 20～30℃），可停止加热。镀锡层厚度为 0.3mm 左右。

（7）用 40～50℃ 热水清洗锡层的表面，检查有无斑痕等缺陷，是否具有银色光泽，如不符合要求，应将其铲除，重新镀锡。

（8）镀锡层符合要求后，即可用预先由乌金块熔成的乌金焊条进行熔补。需熔补部分用气焊嘴加热到 450℃ 左右，且加热范围应比需熔补区域大一些，以便新补乌金与旧有乌金能良好结合。然后将乌金焊条熔化，填入需熔补区域内。

（9）在熔补后的乌金表面上撒一些木炭粉，以防止表面氧化。

（10）待乌金冷却后，用刮刀将高起部分刮去并刮平。

4 如何对滑动轴承进行检查？检查内容包括哪些？

答：滑动轴承解体后，用煤油清洗干净，检查轴瓦乌金，表面应光滑，不得有麻点、砂眼、裂纹、深的槽痕、变形及乌金脱壳等缺陷。检查乌金与瓦胎结合面的严密性，可用敲打的方法辨别，声音应清脆。在敲打时，放在乌金与瓦胎结合面上的手指不应感到振动；最准确的方法是做渗油试验，即将轴瓦浸于煤油中，经 3～5min 取出擦干，再在瓦胎与乌金结合缝处用粉笔涂上白粉，停一会儿后观察涂白粉处是否有油线出现。若未出现油线，则表明乌金与瓦胎结合良好；若有油线出现，则表明结合不好，情况严重，应重浇乌金。

检查内容包括：

（1）冷却水室进行水压试验时，一般压力为工作压力的 1.5 倍，持续 5min，不允许出现渗漏现象。

（2）油室内应清除铸造时黏着的砂粒等杂物，并作渗油试验，在油位计、放油堵头等处不应出现渗漏现象。

（3）用色印法检查轴瓦与轴颈的接触情况，轴颈与下轴瓦的接触角在 60～90° 内。一般情况下，转速高的接触角可小些；转速低、负荷重的接触角可大些，且应处在下轴瓦的正中。但必须注意，接触角与非接触部分之间不应有明显的界限。接触角部分的接触要均匀，每 $1cm^2$ 至少有两点接触色印。

5 怎样刮削轴瓦？刮削轴瓦时的注意事项有哪些？

答：刮削轴瓦的方法为：

（1）检查轴瓦与轴颈的接触情况，具体做法如下：将轴瓦内表面和轴颈先擦干净，再在轴颈上涂以薄薄一层红丹油（红丹粉与机油的混合物），将轴瓦压在轴颈上，同时沿圆周方向对轴颈作往复滑动，往复数次后将轴瓦取下，查看接触情况，就会发现轴瓦内表面有红油点、黑点、亮光点，也有沾染不着红油处的。无红油处表明轴瓦与轴颈没有接触且间隙较大；有红油点表明轴瓦与轴颈没有接触，但间隙较小；黑点表明它比红油点高，轴瓦与轴颈略有接触；亮光点表明轴瓦与轴颈接触最重，亦为最高处。

高级工

（2）轴瓦的刮削多使用三角刮刀和柳叶刮刀，每次刮削都是针对各个高点，越接近刮削完时，越得轻刮削。刀痕这一遍与上一遍要呈交叉状，从而保证轴承运行时润滑油的流动不致倾向一方。轴瓦每刮削一次，用上述色印法检查一次接触情况，直到符合要求为止。

刮削轴瓦时的注意事项：在接触角之外，应刮出相应的间隙，以便形成楔形油膜；不可用砂布擦瓦面，因砂布的砂子很容易脱落附在瓦面上，在运转中将造成轴和轴瓦损伤；同一轴瓦当由两人或以上同时刮削时，要相互配合好，以免刮削处轻重不一产生误差。

第二节　轴　的　校　直

1　常用的直轴方法有哪些？原理是什么？

答：通常用的直轴法有：捻打直轴法、局部加热法及内应力松弛法三种。

通常用的直轴法的原理分别为：

（1）捻打直轴法。通过捻打轴的弯曲处凹面，使捻打处轴表面金属产生塑性变形而伸长，从而达到直轴的目的。此法仅用于轴颈较细、弯曲较小的轴。

（2）局部加热直轴法。在轴的凸起部位进行局部加热，在钢材局部地区造成超过屈服点的应力，使其产生塑性压缩变形，冷却后便可校直轴的弯曲度。

（3）内应力松弛直轴法。将轴的最大弯曲处整个圆周加热到低于回火温度 $30\sim50℃$，再向轴的凸起部位加压，使其产生一定的弹性变形。在高温下，作用于轴的内应力逐渐减小，同时弹性变形逐渐转为塑性变形，从而达到直轴的目的。

2　如何测量轴的弯曲？

答：测量应在室温下进行。在平板或平整的水泥地上，将轴颈两端支撑在滚珠架或 V 形铁上，轴的窜动限制在 0.10mm 以内。测量步骤为：

（1）将轴沿轴向等分，应选择整圆没有磨损和毛刺的光滑轴段进行测量。

（2）将轴的端面八等分，并作永久性记号。

（3）在各测量段都装一千分表，测量杆垂直轴线并通过轴心；将表的大针调到"50"处，小针调到量程中间，缓缓盘动轴一圈，表针应回到始点。

（4）将轴按同一方向缓慢盘动，依次测出各点读数并做记录。测量时应测两次，以便校对，每次转动的角度应一致，读数误差应小于 0.005mm。

（5）根据记录计算出各断面的弯曲值。取同一断面内相对两点差值的一半，绘制相位图，如图 43-1 所示。

（6）将同一轴向断面的弯曲值，列入直角坐标系。纵坐标为弯曲值，横坐标为轴全长和各测量断面间的距离。由相位图的弯曲值可连成两条直线，两直线的交点为近似最大弯曲点，然后在该点两边多测几点，将测得各点连成平滑曲线与两直线相切，构成轴的弯曲曲线。

如轴是单弯，那么自两支点与各点的连线应是两条相交的直线。若不是两条相交的直线，则可能是测量上有差错或轴有几个弯曲点。经复测证实测量无误时，应重新测其他断面

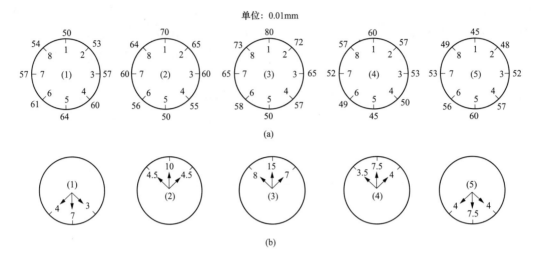

图 43-1　测量记录与相位图
(a) 测量记录；(b) 相位

的弯曲图，求出该轴有几个弯曲点、弯曲方向及弯曲值。

3　直轴前的准备工作有哪些？

答：（1）检查最大弯曲点区域是否有裂纹。轴上的裂纹必须在直轴前消除，否则在直轴时会延伸扩大。如裂纹太深，则该轴应报废。

（2）如弯曲是因摩擦引起，则应测量、比较摩擦较严重部位和正常部位的表面硬度，若摩擦部位金属已淬硬，在直轴前应进行退火处理。

（3）如轴的材料不能确定，应取样分析。取样应从轴头处钻取，质量不小于 50g，注意不能损伤轴的中心孔。

4　如何用局部加热直轴法进行直轴？

答：对于弯曲不大的碳钢或低合金钢轴，可用局部加热法直轴。

将轴的凸起部位向上放置，不需要受热的部位用保温制品隔绝，加热段用石棉布包起来，下部用水浸湿，上部留有椭圆形或长方形的加热孔，如图 43-2（a）所示。加热要迅速均匀，应从加热孔中心开始，逐渐扩展至边缘，再回到中心。当温度达到 $600\sim700\,^{\circ}\mathrm{C}$ 时停止加热，并立即用干石棉布将加热孔盖上。待轴冷却到室温时，测量轴的弯曲情况。若未达到要求的数值，可重复再直一次。如果在原位再次加热无效时，须将加热孔移至最大弯曲处的轴向附近，进行加热。

在加热过程中，轴的弯曲度是逐渐增加的。加热完毕后，轴开始伸直。随着轴温的降低，轴不仅回到原弯曲形状，而且逐渐向原弯曲的反方向伸直，如图 43-2（b）所示。最后的轴校直状态要求过直 $0.05\sim0.075\mathrm{mm}$。此过直值在轴退火后将自行消失。轴校直后，应在加热处进行全周退火或整轴退火。

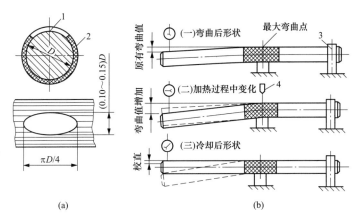

图 43-2　局部加热直轴法

（a）加热孔尺寸；（b）加热前后轴的变化

1—加热孔；2—石棉布；3—固定架；4—火嘴

第三节　热套装配与晃动测量

1 热套前的检查内容有哪些？

答：仔细检查、清除干净装配部位的毛刺、伤痕及锈斑，并检查、磨去边缘的尖角。新换的零件，各部尺寸应与原件一致，尤其是要精确测量零件的孔径与轴套装部位的直径要符合热套的要求。如过盈值太小，就达不到紧力配合的要求；过盈值太大，热套完毕，零件冷却后的收缩应力可能使零件产生裂纹，甚至破裂。热套前还需检查键槽与键的配合要符合要求，若是新零件或新开制的键槽，应检查键槽与零件（或轴）中心的平行偏差。

2 热套加热温度如何确定？

答：热套时的加热温度应使套装零件膨胀到所需的自由套装间隙。此温度决定于配合的过盈值及套装孔的直径，可用式（43-1）计算，即

$$t = \frac{(H + 2a)}{D\beta} \tag{43-1}$$

式中　t——加热温度，℃；

D——套装孔直径，mm；

H——轴对孔的过盈值，mm；

β——钢材的线膨胀系数；

a——自由套装间隙，mm。

a 值的大小与套装孔的深度有关。a 在无规定值时，可取轴径的 1/1000 作为参考，但不要小于 0.1mm，也不要大于 0.4mm。

3 热套时热源选择方法是什么？

答：套装件的加热可根据零件的结构与要求选用氧乙炔焰加热、工频感应加热、电炉加

热及热油加热等，其中以氧乙炔焰加热最为普遍。对于直径与质量很大的工件，最好采用柴油加热。柴油加热效率高，一个柴油加热火嘴，可代替三个氧乙炔焰火嘴。无论采用哪种方法加热，都必须满足：套装件受热、升温、膨胀要均匀，不许发生变形；加热时间要短，配合面不允许产生氧化皮。

套装件在加热前，应规定对加热的要求，包括：加热姿势（便于加热、起吊、又不会变形），用几个多少号的火嘴，每个火嘴的移动路线，分几个加热区等。如套筒、联轴器等，一般将工件竖放（孔的中心垂直于地平面）。加热时用几个火嘴沿筒形体的圆周、上下及顶部同时加热。为使加热均匀和减轻劳动强度，可将筒件放在能旋转的台架上，让筒件转动，这样火嘴只需上下移动。对于一般小件，只需将工件放在型钢上用一两个火嘴进行加热。

为保证加热均匀，防止局部变形，各火嘴与套装件表面的距离及火嘴的移动速度应一致，各加热区间应重叠一部分，并要避免白色火焰触及工件表面。

4 热套时的注意事项有哪些？

答：热套时的注意事项为：

（1）必须认真检查轴和套装件的垂直与水平。

（2）将键按记号装入键槽，并在轴的套装面上抹上油脂。

（3）用事先做好的样板或校棒检查加热后的孔径。

（4）加热结束后，应立即将孔与轴的中心对准，迅速套装。有轴肩的套装件应紧靠轴肩。若无轴肩或需要与轴肩留有一定间隙的，应事先做好样板或卡具，精确定出套装部位。

（5）套装时起吊宜平稳，不要晃荡，尽量做到套装件不要与轴摩擦。套装过程中如发生卡涩，应停止套装，立即将套装件取出，查明原因后再重新加热套装。

（6）套装结束后，应测量套装件的瓢偏与晃动，如测量值超过允许值，须查明原因，若是套装工作引起的差错，则应拆下重新热套。

5 什么是晃动与瓢偏？

答：旋转零件外圆面对轴心线的径向跳动，即径向晃动，简称晃动。晃动程度的大小称为晃动度。

旋转零件端面沿轴向的跳动，即轴向晃动，称为瓢偏，瓢偏程度的大小称为瓢偏度。

晃动和瓢偏不能超过允许值，否则转体在高速运转时，由于离心力的作用，将使设备的磨损、振动加剧或转体与静止部分相摩擦，造成事故。故在检修中要对转子上的固定件，如叶轮、齿轮、皮带轮、联轴器等进行晃动和瓢偏的测量。

6 晃动的测量方法是什么？有哪些注意事项？

答：将所测转体的圆周分成8等分并编上序号。固定百分表架，将表的测量杆安在被测转体的圆面上，如图43-3（a）所示。被测处的圆周表面必须是经过精加工的，其表面应无锈蚀、油污、伤痕。

把百分表的测杆对准图43-3（a）中的位置"1"，先试转一圈。若无问题，即可按序号转动转体，依次对准各点进行测量，并记录其读数，如图43-3（b）所示。

　　根据测量记录，计算出最大晃动值。图 43-3 所示记录的最大晃动位置在 1—5 方向的"5"点，最大晃动值为 0.58－0.50＝0.08(mm)。

　　在测量工作中应注意：

　　(1) 在转子上编序号时，按习惯以转体的逆转方向顺序编号。

　　(2) 晃动的最大值不一定正好在序号上，所以应记下晃动的最大值及其具体位置，并在转体上打上明显记号，以便检修时查对。

　　(3) 记录图上的最大值与最小值不一定是在同一条正好对称的直径线上，无论是否在同一直径线上，计算方法不变，都应标明最大值的具体位置。

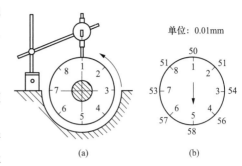

图 43-3　测量晃动的方法

(a) 百分表的安装；(b) 晃动记录

7 怎样进行瓢偏测量？

　　答：测量瓢偏必须安装两只百分表，因为测件在转动时可能与轴一起产生轴向窜动，用两只百分表，可以把这窜动的数值在计算时消除。装表时，将两表分别装在同一直径相对的两个方向上，如图 43-4 所示。将表的测量杆对准位置 1 点和 5 点，两表与边缘的距离应相等。表计经调整并证实无误后，即可转动转体，按序号依次测量，并把两只百分表的读数分别记录在各表记录图上，如图 43-5 (a) 所示。计算时，先算出两表同一位置的平均数，如图 43-5 (b) 所示，然后求出同一直径上两数之差，如图 43-5 (c) 所示，即为该直径上的瓢偏度。其中最大值为最大瓢偏度，如图 43-5 (d) 所示。求瓢偏度也可用表格来记录和计算，见表 43-1。

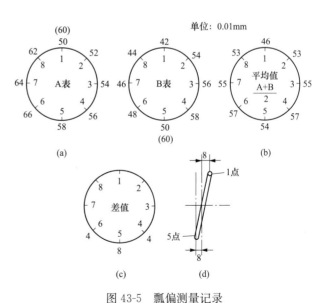

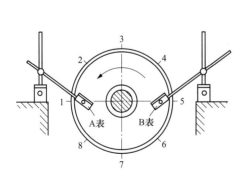

图 43-4　瓢偏测量方法

图 43-5　瓢偏测量记录

(a) 记录；(b) 两表的平均值；(c) 相对点差值；(d) 瓢偏状态

高级工

表 43-1 瓢偏测量记录及计算表

位置编号		A 表	B 表	A-B	瓢偏度
A 表	B 表				
	1-5	50	50	0	
	2-6	52	48	4	
	3-7	54	46	8	
	4-8	56	44	12	瓢偏差 $=\dfrac{最大的（A-B）-最小的（A-B）}{2}$
	5-1	58	42	16	
	6-2	66	54	12	$=\dfrac{(16-0)}{2}=8$
	7-3	64	56	8	
	8-4	62	58	4	
	1-5	60	60	0	

第四节　齿轮的表面淬火与齿轮箱的装配

1 简述喷焰淬硬的方法及注意事项。

答：为提高齿轮齿面的硬度，增加耐磨性能，生产现场常采用齿轮喷焰淬硬的方法。现场齿面淬硬可用人工方法进行，采用普通气焊喷炬（或专用喷炬）配以较大喷嘴在齿面上均匀加热。当齿面金属达到临界温度以上，然后进行均匀沉浸急冷操作，即可使齿面淬硬。

喷焰淬硬时要注意以下几个方面：

（1）喷焰淬硬时要掌握好每一加热循环所需的时间，根据齿面的颜色判断表面的温度。由肉眼所见的火焰光度来判断，所估出的金属表面温度常比实际温度低，最好借助测温仪器来完成。

（2）通常加热时火焰须为中性，在齿边、顶角或齿根等部位加热时火焰可为轻微的氧化焰，以防止火花四溅，但在用氧化焰加热时须注意切勿过热。

（3）氧炔焰中温度最高点在火焰内锥体前 3mm 处，但因内锥体之长度常随喷嘴之大小及气体压力而变更，故一般火焰喷嘴与齿面间距离应根据经验而定。火焰行进速度随淬硬深度不同而不同，如欲得到较深的淬硬层，则将火焰的行进速度减慢。

（4）如在淬硬表面发现黑色条纹，表示此处因火焰距表面过近而过热，应及时调整。

（5）火焰喷射时与齿面所成角度大致在表面垂直方向左右 30°之内即可，普遍以 90°垂直表面，以充分利用热量而提高效率。

（6）齿的两面须同时加热及急冷，以减少变形及增进齿面淬硬深度的均匀性。选择喷嘴大小时，火焰长短须与齿深相等或略短。

（7）因火焰前的齿部受热量传导而得预热，且这一作用在终止端较开始端更严重，为求齿面各部分加热量能相等，火焰向前移动的速度须逐渐增加，特别是在终点时，更须加速，以免烧毁终止端的齿角，或使火焰在终止端时向外扩散。

2 喷焰淬硬法有哪些特点？

答：喷焰淬硬法有以下特点：

（1）可仅将工件表面淬硬而不影响其核心部位的韧性。

（2）可仅将需要部位的表面淬硬，而其他部位保持其原来的性质。

（3）淬硬所得表面的硬度与炉中热处理相等甚至超过。表面淬硬部分的深度及均匀度可由加热速度控制。

（4）喷焰淬硬后工件上不留炭渣等物，故加工表面淬硬后，无需再经磨光或精加工。

（5）喷焰淬硬时因工件内部较冷，对表面有一种"自冷"的作用，易使表面达到所需的硬度。

（6）用喷焰加热时，仅在表面一层上加热，而冷却时则为内外同时进行，所以不易裂开。

（7）因加热与急冷均严加控制，以保持其均匀度，故变形较小。

（8）所需加热装置简单、轻捷，适合现场工作。

3 简述齿轮箱装配工艺的要点。

答：齿轮箱装配工艺要点如下：

（1）按与解体相反的顺序进行齿轮组件的就位，就位时要将轴承与箱体的配合面擦干净。

（2）根据装配印记，调整好轴的轴向膨胀间隙（一般为 $0.2\sim0.3$ mm）和推力间隙（一般为 $0.1\sim0.22$ mm）。

（3）检查齿轮啮合接触面，在大齿轮的工作面上涂一薄层红丹油，然后按工作方向盘动齿轮，对双向工作的齿轮，正反转均应检查。两齿轮的接触面愈大，表示齿轮制造和装配愈好。接触面应均匀地分布在齿轮工作面的中心线上。

（4）测量齿轮啮合间隙，可用压铅丝、塞尺或百分表来检查和测量。

（5）调整轴承的径向膨胀间隙。齿轮啮合调整好后，将齿轮箱上盖与箱体扣合，通过压铅丝或塞尺测得轴承外圈和轴承室的配合尺寸。如间隙过大，可在配合面上适当加垫；如间隙过小，可在轴承室上下盖结合面加垫调整，但要采取措施密封加垫后带来的间隙。

（6）为了增强法兰结合面的严密性，可在结合面上涂洋干漆、油或密封胶，然后匀称地拧紧螺钉。

（7）装好轴承端盖，密封填料压在轴上的力要适中，过紧则运转时会使轴发热。最后用手盘动轮轴，应轻便灵活，啮合平稳，无冲击碰擦等异常声响。

第五节　转子找动平衡

1 转子找动平衡的原理是什么？常用的找动平衡方法有哪些？

答：转子找动平衡工作必须在转子运转时进行，以便显示出由于不平衡力矩（或力偶）产生的转子振动状态，根据振动的振幅大小与引起振动的力成正比的关系，通过测试，求得转子的不平衡重的相位，然后在不平衡重相位的相反位置试加一平衡重，使其产生的离心力

高级工

413

与转子不平衡重产生的离心力相平衡，从而达到消除转子振动的目的。

转子找动平衡的方法很多，在平衡台上低速找动平衡的方法有：周移配重法、正反转定相法、二次加重平衡法（简称两点法）、三次加重平衡法（简称三点法）；在机体内以工作转速找动平衡的方法有：划线测相法、力平衡法、闪光测相法等。两点法和三点法也可以在现场用来找锅炉风机转子的动平衡。

2 如何用两点法找风机的动平衡？

答：首先测出风机在工作转速下两轴承的原始振幅 A_0，在振幅值较大一侧转子某点加试加质量 m，测得振动值 A_1，将该质量 m 在相同半径上移动 $180°$，测得振动值 A_2。选取适当比例按三次振幅值作相应相位图，则可求出相应加平衡重的大小和位置，做法如图 43-6 所示。

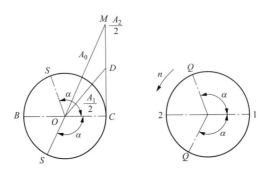

图 43-6　二点法找动平衡做图法

作 $\triangle ODM$ 使 $OM : OD : DM = A_0 : A_1/2 : A_2/2$，延长 MD 至 C，使 $CD = DM$，并连接 OC，以 O 为圆心，以 OC 为半径作圆，延长 CO 与圆交于 B，延长 MO 交圆于 S，则 OC 为试加质量 m 引起的振动值，平衡质量为 $Ma = M \cdot OM/OC(g)$。

量得 $\angle COS$ 为 α，则平衡质量应加在第一次试加质量位置的逆转向 α 角或顺转向 α 角处，具体方位由试验定。

3 如何用三点法找动平衡？

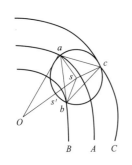

图 43-7　三点法找动平衡做图法

答：此法与两点法的方法基本相同，只是用同一试加质量 m，按一定的加重半径依次试加在互为 $120°$ 的 3 个方位上，测得 3 个振动值，作法如图 43-7 所示。

以 o 为圆心，取适当的比例以 3 个振动值为半径画三段弧 A、B、C，用选择法在 A、B、C 三个弧上分别取 a、b、c 点，使三点间距离彼此相等。连接 ab、bc、ca 得等边三角形，并作三角形三个角的平分线交于 s 点，连接 Os，以 s 为圆心，sa（$sa = sb = sc$）为半径，作圆交 Os 于 s' 点，s' 点即平衡质量应加的位置。从图 43-7 中可以看出，它在第一次和第二次试加块的位置之间，且更靠近第二次试加块的位置一些，平衡质量 Ma 为 $Ma = Os / sa \cdot M$。

4 闪光测相法找动平衡的方法步骤是什么？

答：闪光测相法找动平衡的方法步骤如下：

（1）准备好测量振动及相位的仪器。

（2）在轴头突出部位划上记号，在轴头周围的静止部位划好360°的刻度盘。

（3）查明被平衡转轮的质量及加放平衡质量的部位。

（4）事先按加平衡块部位的几何尺寸做好不同质量的平衡质量块。

（5）第一次启动转机，待达到规定的工作转速时，在轴承外壳上分别从垂直、水平、轴向三个方向测量振动值，取振动值最大的一个方向作为平衡工作的计算数据，以后均以此方向测量。同时用闪光灯记录刻度盘上的度数，待转机稳定30min后，再次进行测量，数据无重大变化时将振动值和相位角记录下来，然后停机。

（6）在转轮任意位置上试加平衡块，平衡块的质量不必太精确，可根据轴承承重的百分数来估计。

（7）第二次启动转机。由于加了试加平衡块，转轮的振幅及相位角都发生变化。将变化后测得的振幅和相位角记录下来。如果振幅值的变化小于10%，相位角变化小于±20°，说明试加质量太小，适当增加平衡质量后再启动测定。

（8）将两次测得的振幅和相位记录下来，然后进行向量作图运算，求出应加平衡块的质量和位置。如图43-8所示为质量及位置的算法。

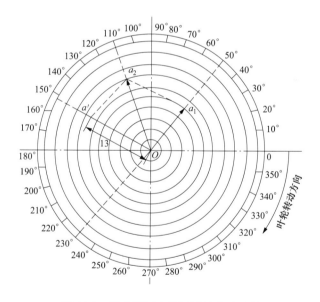

图43-8　闪光测相法作图计算找动平衡

oa_1—第一次启动的振动值0.10mm；oa_2—第二次启动的振动值0.14mm
（加试加质量后和原来不平衡质量的合力所产生的振动值）；
oa—由作图求出的试加质量所产生的振动值0.13mm

（9）第三次启动转机，测振幅应减小到转机允许的范围内。否则将第三次启动测得的振幅和相位角当作第二次启动的数据，把加上的平衡块当作试加质量，再进行作图计算，以求出最佳平衡块质量。

高级工

（10）找动平衡工作结束后，一定要将平衡块牢固地装在平衡槽内。无平衡槽的转轮应将平衡块焊接固定在转轮的适当部位，以防运行中脱落，损坏设备。

5 转子所加平衡块有何要求？

答：转子用试加重找好平衡后，必须将临时平衡重换成永久平衡重，即平衡块。无论哪类转子，平衡块的配制与固定均应满足以下要求：

（1）平衡块所产生的离心力应等于临时平衡重所产生的离心力。

（2）平衡块的形状与大小要做到不使机体内部动、静部分之间的间隙减小，即保证在运行时不发生摩擦。

（3）平衡块的固定必须牢固，在工作转速下不会松动、位移，其自身要有足够的强度，转速高的转子不允许用铅、铸铁等强度低的材料制作平衡块。

6 简述转子找静平衡的方法及步骤。

答：一般在静平衡台上分两步进行：

第一步，找转子显著不平衡。

（1）将转子分成 8 等分或 16 等分，标上序号。

（2）使转子转动（力的大小、转动的圈数多少都无关系），待其静止时记录其最低位置。如此连续 3～5 遍。

（3）再按反方向使其转动 3～5 遍，观察、记录其最低位置。

（4）如果多次试验结果表明静止时的最低点都在同一位置，则此点即为转子的显著不平衡点。

（5）找出显著不平衡点后，可在其相反方向试加平衡质量再用前述方法进行试验，直至转子在任何位置均可停止时，即告结束。

第二步，找转子剩余不平衡。

（1）将转子分成 6～8 等分，标上序号。

（2）回转转子，使每两个与直径相对应的标号（如 1-5、2-6、3-7、4-8）顺次位于水平面内。

（3）将适当重物固定在与转子中心保持相当距离的各个点内，调整重物质量直至转子开始在轨道上回转为止。称准并记下重物的质量。按照同样的方法，顺次重复上述 1～3 项的试验，找出每点所加质量并画出曲线。

（4）根据曲线可以求出转子不平衡位置（在 W 最小处）。为了使转子平衡，必须在直径相对位置内（即 W 最大处）加装一平衡质量。平衡质量数值为 $Q=1/2(W_{max}-W_{min})$。

第六节　辅机耐磨材料

1 如何选用耐磨材料？

答：材料性能分为一般性能、特殊性能和摩擦学性能。一般性能是在任何应用场合都需

高级工

要考虑的性能。在具体应用场合需要特殊加以考虑的是特殊性能。在发生滚动或滑动的应用场合需要考虑的特殊性能是摩擦学性能。在选择耐磨材料时应了解哪些性能要求是最主要的、必须优先考虑的，具体内容为：

（1）了解应用场合对材料的一般和特殊的性能要求。

（2）了解这种场合常用材料的性能。

（3）将常用材料的性能与所需材料的性能要求做比较。

（4）选择合适的材料品种。

（5）调和摩擦学性能。

（6）选择具体的材料。

（7）用台架或样机试验对所选材料做出评价。

2　锅炉辅机对耐磨材料的性能有何要求？

答：锅炉辅机对耐磨材料的性能要求有以下三个方面：

（1）一般性能。抗拉或抗压强度、疲劳强度、断裂韧性、可塑性、耐蚀性、工艺性、价格、有效性、热性能、空间限制等。

（2）特殊性能。硬度、弹性、导电性、光学特性、强度-质量比、耐撕裂性、耐火性、安全系数等。

（3）摩擦学性能。摩擦相容性、运转极限、摩擦系数、磨损率等。

3　低速磨煤机常用的耐磨钢球有哪些特点？

答：为了降低磨煤机的磨耗，低速磨煤机多使用耐磨钢球。常用的耐磨钢球有低铬球和高铬球两种。耐磨钢球价格虽然比普通钢球高，但由于其磨耗小、破碎率低、磨煤效率高，实际成本并不高，即综合经济指标好。通常耐磨钢球的磨耗比普通钢球降低 60% 左右。低铬球含铬量一般在 $2.5\%\sim2.8\%$ 之间，硬度在 HRC47～53 之间，冲击韧性指标 A_K 大于 $8J/cm$，否则易于破裂；高铬球含铬量在 $11\%\sim15\%$ 之间，硬度在 HRC58～64 之间，冲击韧性指标 A_K 大于 $8J/cm$，否则易于破裂。

4　锅炉辅机常用的耐磨材料是如何进行分类的？有何特点？

答：锅炉辅机常用的耐磨材料可分为两大系列，即铬系列和锰系列。

（1）铬系列根据含铬量又可分为微铬钢、低铬钢、中铬钢、高铬钢、超高铬钢等，其特点是冲击韧性好，硬度高。

（2）锰系列根据含锰量又可分为低锰钢、中锰钢、高锰钢等，其特点是加工固化作用好。实验表明，铬系列比锰系列材料一般耐磨在 2 倍以上。

5　耐磨陶瓷衬板可分为几大类？各有哪些特点？分别适用于哪些部位？

答：耐磨陶瓷衬板一般可分为四大类。

（1）NMC-J 型，它是将小方块特种陶瓷片镶嵌在特种橡胶内，构成方形耐磨橡胶衬板，再使用高强度有机黏合剂将衬板黏接在设备的内壳钢板上，形成坚固且有缓冲力的防磨层。但因橡胶在高温下易老化，限在 $100℃$ 以下的温度环境使用。适用于煤仓、煤斗、落煤管等设备。

高级工

（2）NMC-K 型，具体型号可根据现场情况而选定产品宽窄、厚薄。是橡胶和钢板的复合材料，将小方块耐磨陶瓷在高温下硫化（镶嵌）在装有特种橡胶的钢槽内，构成耐磨陶瓷橡胶衬板，形成既抗冲击且有缓冲力的防磨层。

抗冲击型耐磨陶瓷二合一衬板是耐磨陶瓷和橡胶的复合，在设备防磨安装中再使用高强度有机粘合剂将衬板粘接在设备的内壳钢板上，形成坚固且有缓冲力的防磨层。适用于冲击大的设备部位，如磨煤机出口弯头等。

（3）NMC-H 型，它是将小方块特种陶瓷片镶嵌在特种低温橡胶内，构成低温胶黏型橡胶板，然后将衬板用特种低温黏胶粘贴在设备上，经过固化，形成坚固的防磨层，该产品在−50℃的环境温度下，长期运行不老化，不脱落。适用于北方高寒地区外露设备，如露天煤仓等。

（4）NMC-Z 型，它是将小方块特种陶瓷片粘贴在胶纸上，构成方形衬板，然后使用无机与有机相结合的高温黏合剂，将陶瓷衬板直接粘贴在设备内壳的钢板上，经过加温固化，形成牢固防磨层，该产品在 350℃以下的高温环境下长期运行不老化，不脱落。适用于磨煤机出口直管、排粉机蜗壳及其出口风道、粗粉分离器内壁、一次风管弯头、引风机、空气预热器、尾部烟道、中速磨锥斗等风力输送粉末的管道或设备上。

第四十四章

锅炉辅机安装验收

🏭 第一节 回转式空气预热器安装验收

1 回转式空气预热器转子（或定子）圆度的质量标准是什么？

答：（1）转子圆周密封面的圆度偏差应符合设备技术文件的规定，一般允许偏差为：当转子直径≤6.5m时，圆度偏差≤2mm；当6.5m＞转子直径≥10m时，圆度偏差≤3mm；当10m＞转子直径≥15m时，圆度偏差≤4mm。

（2）壳体（即定子）外径的圆度允许偏差应符合设备技术文件的规定，允许偏差一般为：当壳体外径≤6.5m时，圆度允许偏差≤10mm；当6.5m＞壳体外径≥10m时，圆度允许偏差≤12mm；当10m＞壳体外径≥15m时，圆度允许偏差≤14mm。

2 风罩回转空气预热器定子水平度的允许偏差值是多少？

答：在定子圆周上测8点，其水平度的允许偏差值应符合设备技术文件的规定，一般为：当定子直径≤6.5m时，水平度的允许偏差值≤3mm；当10m≥定子直径＞6.5m时，其允许偏差值≤4mm；当15m≥定子直径＞10m时，其允许偏差值≤5mm。

3 受热面回转空气预热器安装验收的内容有哪些？

答：受热面回转空气预热器安装验收的内容如下：

（1）上、下端板组装的平整度允许偏差为：

直径≤6.5m：≤2mm；

10m≥直径＞6.5m：≤3mm；

15m≥直径＞10m：≤4mm。

（2）上、下梁的水平度允许偏差不大于2mm。

（3）转子安装应垂直，在主轴上端面测量，水平度允许偏差不大于0.05mm，转子与外壳应同心，同心度允许偏差不大于3mm，且圆周间隙应均匀。

（4）主轴与转子组装应同心，主轴与转子的垂直度允许偏差为：

直径≤6.5m：≤1mm；

直径＞6.5m：≤2mm。

（5）轴向、径向和周界密封的冷态密封间隙应按设备技术文件规定的数值进行调整；折角板的安装方向必须符合转子的回转方向。

（6）压力油润滑系统应按 DL 5190—2012《电力建设施工及验收技术规范》中的油系统安装的有关规定执行。

（7）中心筒的隔热层应符合设备技术文件的规定。

（8）密封间隙跟踪装置安装应符合图纸要求。

第二节　风机安装验收

1　锅炉辅机安装验收需签证的项目和需要安装记录的项目有哪些？

答：锅炉辅机安装验收需签证的项目和需有安装记录的项目有：设备检修和安装记录、润滑剂牌号和化验证件、分部试运签证。

2　离心式风机转子、机壳的安装质量有哪些要求？

答：离心式风机转子、机壳安装质量应符合以下要求：

（1）叶轮的旋转方向、叶片的弯曲方向以及机壳的进出口位置和角度应符合设计和设备技术文件的规定。

（2）焊接结构的焊缝无裂纹、砂眼、咬边等缺陷。

（3）铆接结构的铆接质量良好。

（4）叶轮与轴装配必须紧固，并符合设备技术文件的规定。

（5）叶轮的轴向、径向跳动不大于 2mm。

（6）机壳内如有衬瓦（耐磨铁甲）时，应装置牢固，表面平整。

3　离心式风机安装质量应符合什么要求？

答：离心式风机的安装质量应达到的要求是：以转子中心为准，其标高偏差为 ±10mm，纵、横中心线的偏差不大于 10mm；机壳本体应垂直，出入口的方位和角度正确；机壳进风斗与叶轮进风口的间隙应均匀，其轴向间隙（插入长度）偏差不大于 2mm，径向间隙符合设备技术文件的规定；轴与机壳的密封间隙应符合设备技术文件的规定，一般可为 2～3mm（应考虑机壳受热后向上膨胀的位移）；轴封填料与轴接触均匀，紧度适宜，严密不漏。

4　轴流风机安装前检查验收内容有哪些？

答：轴流风机安装前应对新设备或经过检修的设备进行检查验收，检查验收的内容有：

（1）主轴加工面应光滑无裂纹，轴颈圆度、锥度、跳动及推力环的瓢偏度一般均不大于 0.002mm。

（2）动、静叶片的安装和检修均应符合设备技术文件的规定。

（3）叶片表面应光洁平滑，无气孔疏松和裂纹等缺陷，叶片进出口边缘不得有缺口及凹痕。

（4）转子处外壳圆度偏差不大于 2mm。

（5）叶柄不应有尖角处和裂纹等缺陷。

（6）叶片与叶柄固定宜用力矩扳手紧固，防松装置可靠。

（7）外壳应无变形，焊缝无裂纹和漏焊。

（8）转子与轴的装配必须紧固，并符合图纸要求。

（9）复查合金钢零部件，符合图纸要求。

5 轴流风机动叶调节装置的安装应符合哪些要求？

答：转换体在导柱上滑动灵活；连接杆、转换体、支承杆必须与转子同心，同心度偏差不大于 0.05mm；转子转动时调节装置应轻便灵活，转换体轴向应有足够的调整余量；各转动、滑动部件按设计规定加润滑脂；调节装置的调节及指示与叶片的转动角度应一致，调节范围符合设备技术文件的规定，极限位置应有限位装置。

6 轴流风机分部试运应符合哪些要求？

答：轴流风机分部试运除按设备技术文件的规定和《电力建设施工及验收技术规范》中的有关规定外，还应符合以下要求：

（1）油系统的油循环和通油试验结束。

（2）风机与油系统油压联锁保护试验合格。

（3）在启动时动叶安装角度应在最小位置。

（4）调节系统灵活正确，启动运转正常后应对使用范围内各个角度的电流值进行记录。

（5）必须注意风机不得在喘振区工作。

（6）风机振幅不大于 0.05mm。

7 简述轴流式引风机试转验收的技术质量标准。

答：（1）记录齐全、准确。

（2）现场整洁，设备干净，保温油漆完善。

（3）各种标志、指示清晰准确。

（4）无漏风、漏灰、漏油、漏水。

（5）挡板开关灵活，指示正确。

（6）润滑油循环正常，带油环匀速旋转。

（7）静止部件与转动部件无卡涩、冲击和显著振动现象。

（8）轴承声音正常，无异声。

（9）试车 8h 轴承温度不超过 60℃。

第三节 磨煤机安装验收

1 球磨机主轴承安装时的要求有哪些？

答：磨煤机主轴承安装以乌金瓦的底面为准，要求如下：

（1）主轴承标高偏差不大于 ±10mm，两个轴承水平偏差不大于 0.5mm。

（2）两轴承之间的距离误差不大于 2mm，两轴承间距离应根据筒体实际尺寸确定，并考虑热膨胀伸长量。

高级工

（3）两轴承台板应平行，对角线误差不大于 2mm。

（4）台板的纵向及横向水平误差均不大于其长度和宽度的 0.2/1000。

（5）轴承本身纵向（瓦底）与横向（瓦口）应保持水平。

（6）球面座限位销与球面瓦限位孔中心应对正。

（7）在工作过程中应有防止损坏瓦面的措施。

（8）球面座与台板结合面间应涂一层润滑油脂，球面结合面也应涂有润滑脂。

（9）球面接触点要求每 30mm×30mm 不少于 2 点，接触四周可留楔形间隙，轴瓦接触角一般为 45°～90°，乌金瓦接触点每平方米不少于 1～2 点。

2 球磨机端盖与罐体的装配安装质量有何要求？

答：装配以字头和稳钉为依据，端盖与罐体应同心，两端空心轴中心线及罐体中心线同心度应符合设备技术文件的规定；法兰结合面应涂一层黄干油或黑铅粉，结合紧密，其间不准加任何调整垫片，端盖螺栓必须均匀地拧紧，并有背帽或防松装置；空心轴衬套内螺纹的方向应正确，当罐体转动时能使原煤进入罐内；隔热层应符合设备技术文件的规定。

3 如何验收球磨机齿圈（大小齿轮）的安装质量？

答：验收球磨机大小齿轮的安装质量时可按设备技术文件规定的允许偏差做样板检查齿形，齿面应无缩孔、疏松和裂纹等缺陷，齿圈的各连接法兰面应平滑；检查齿圈罩焊缝质量应良好，试验其严密性应合格；齿圈与法兰结合应良好，齿圈拼合的结合面间隙不大于 0.1mm；齿圈的径向跳动不大于节圆直径的米数乘以 0.25mm；轴向跳动不应大于节圆直径的米数乘以 0.35mm；大小齿轮在节圆相切的情况下，齿侧间隙应符合设备技术文件的规定，一般应符合表 44-1 的要求；用色印检查大小齿轮工作面的接触情况，一般沿齿高不少于 50%，沿齿宽不少于 60%，并不得偏向一侧。

表 44-1　　　　　　　　　　　　　齿侧间隙　　　　　　　　　　　　　　　　mm

齿侧间隙	中心距			
	800～1250	>1250～2000	>2000～3150	>3150～5000
最小	0.85	1.06	1.40	1.70
最大	1.42	1.80	2.18	2.45

齿侧间隙应沿齿圈圆周测量不少于 8 个位置，以齿的工作面及非工作面间隙的平均值填入记录；工作面沿齿宽的间隙偏差不大于 0.15mm。

4 风扇式磨煤机轴承箱的安装质量要求有哪些？

答：风扇式磨煤机轴承箱安装应符合下列要求：

（1）轴承箱就位后，其中心线与基础中心线偏差不大于 5mm，轴中心标高偏差为 ±10mm。

（2）轴承箱轴向水平应按设备技术文件的规定，向打击轮侧预留一定的扬度，轴承箱轴向水平偏差不大于 0.2mm。

（3）轴承箱底座固定后，应按设备技术文件的规定，保证轴承箱能够调整轴向位置。

5　怎样验收风扇式磨煤机机壳安装质量？

答：验收风扇式磨煤机机壳的安装质量时应注意检查下机壳与轴承箱底座连接位置的结合面是否接触良好，局部间隙用 0.5mm 塞尺检查，塞尺插入深度不应超过 20％，宽度应不大于周界长度的 20％。注意检查下机壳与轴承箱底座的安装定位销是否拆除，密封盖板是否焊好，拆除的内衬板是否已恢复，并核实记录。轴封安装后，迷宫的轴向、径向间隙应符合设备技术文件的规定，无摩擦卡涩现象，迷宫内部应清洁无杂物，进风管道畅通。检查机壳的垂直度偏差应不大于高度的 5/1000，且最大不大于 10mm。

6　风扇磨煤机打击轮端面径向跳动与轴水平偏差的质量标准是如何规定的？

答：风扇磨煤机安装后打击轮端面径向跳动均不得大于 1mm，轴水平偏差不大于 0.3mm。

7　E 型中速磨煤机驱动部分的安装质量要求及注意事项有哪些？

答：E 型中速磨煤机驱动部分的安装质量要求是：减速机中心线与主轴的中心线偏差小于或等于 0.05mm，空气密封套与主轴的中心偏差小于或等于 0.05mm，轴工作台轴端水平偏差小于或等于 0.03mm/m，轴向跳动小于或等于 0.05mm，径向跳动小于或等于 0.02mm。

其注意事项有：减速机与底板之间不允许加垫；吊装轴工作台时必须使用专门的吊环螺钉。

8　E 型中速磨煤机试运应达到的质量标准是什么？

答：E 型中速磨煤机试运质量标准是：减速机振动小于 0.05mm；上磨环的振幅由加压装置水平轴或氮压缸处观察，应小于 5mm；各部件连接牢固，无松动现象，转动部件声音正常。

9　MPS 中速磨煤机磨环（盘）、机壳与喷嘴找正的标准是什么？

答：磨盘与传动盘（轭）之间的接触面不得有间隙，机壳上部的中心偏差应小于 3mm，标高偏差为 0～10mm，水平偏差小于 0.1/1000；喷嘴环与磨盘的径向间隙偏差小于或等于 0.5mm，喷嘴环与磨环分段法兰的轴向间隙偏差小于或等于 0.5mm。

第十四篇
锅炉管阀检修

第四十五章

火力发电厂管道系统

第一节 火力发电厂汽水管道系统

1 火力发电厂有哪些汽水管道系统?

答：火力发电厂的主要汽水管道系统有主蒸汽和再热蒸汽管道系统，锅炉给水管道系统，回热加热管道系统，除氧器和给水管道系统，补充水处理系统，疏水系统，汽轮机旁路系统，供热管道系统等。

2 主蒸汽管道系统有哪几种形式? 各有何优缺点?

答：电厂常用的主蒸汽管道系统有：集中母管制蒸汽系统、切换母管制蒸汽系统和单元制蒸汽系统三种形式，其优缺点为：

（1）集中母管制蒸汽系统。它是将全厂数台锅炉产生的蒸汽引往一根蒸汽母管，再由该母管引往各台汽轮机和用汽处，如图 45-1 所示。其优点是系统中各个汽源可以相互协调，缺点是系统管道较复杂，投资大，一旦有个别或部分阀门发生故障，必须将切不断的机组停运。

（2）切换母管制蒸汽系统。这种系统是将每台锅炉与其对应的汽轮机组成一个单元，各单元之间有母管相连，如图 45-2 所示。优点是既有足够的运行可靠性，又有一定的运行灵活性，并可充分利用锅炉的蒸汽余量和进行各锅炉之间的最佳负荷分配。缺点是系统复杂，阀门多、投资大、发生事故概率比单元制要大。

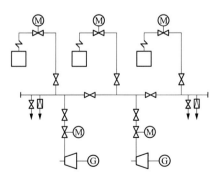

图 45-1 集中母管制蒸汽系统

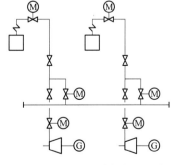

图 45-2 切换母管制蒸汽系统

（3）单元制蒸汽系统。将每台锅炉直接向所匹配的汽轮机供汽，组成一个单元，如图45-3所示。优点是系统简单、管道短、阀门等附件少，投资小，有利于管道本身运行安全可靠性提高。缺点是当任何一台主设备发生故障时，整个单元都要被迫停运，运行灵活性差，机炉需要同时检修和启动，对锅炉燃烧控制及负荷的适应性要求高。

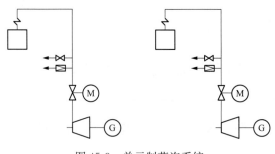

图 45-3 单元制蒸汽系统

3 **锅炉给水管道系统有哪几种形式？**

答：锅炉给水管道系统有：集中母管制系统、切换母管制系统、单元制系统和扩大单元制系统四种形式。

4 **什么是锅炉旁路系统？**

答：锅炉旁路系统是指高参数蒸汽不通过汽轮机通流部分，而是经过与汽轮机并联的减温减压器，降压减温后的蒸汽送至低一级参数的蒸汽管道或凝汽器的连接系统。旁路系统是锅炉启动和事故工况的一种调节和保护系统。中间再热单元式机组多装有旁路系统。

5 **常见的旁路系统有哪些基本形式？**

答：常见的旁路系统有以下三种基本形式：

（1）汽轮机Ⅰ级旁路，即新蒸汽绕过汽轮机高压缸，经减温减压后直接进入再热器，也称高压旁路。

（2）汽轮机Ⅱ级旁路，即再热器出来的蒸汽绕过汽轮机中低压缸，经减温减压后直接进入凝汽器，也称低压旁路。

（3）大旁路，是将新蒸汽绕过整个汽轮机，经减温减压后直接进入凝汽器，也称大旁路。

这三种基本形式可以组合成不同的旁路系统。

6 **直流锅炉启动旁路系统的作用是什么？**

答：直流锅炉启动旁路系统由启动分离器及其汽、水侧所有连接管路、阀门等组成，对于中间再热机组还包括带有减温减压装置的汽轮机旁路系统。该系统用于锅炉启动阶段减少工质膨胀和流动阻力，保护过热器和再热器，控制气温。

第二节　火力发电厂特种阀门

1 减压阀的作用是什么？其按结构可区分为哪几种形式？

答：减压阀是通过节流作用使介质由进口压力降低到某一确定范围的出口压力的，但减压阀与节流阀不同，它能够自动调节，不论入口压力如何变化，始终保持阀后压力稳定在某一范围。

减压阀按结构区分为：薄膜式、弹簧薄膜式、活塞式、波纹管式和杠杆弹簧式五种。

2 电磁泄放阀的作用是什么？

答：大型锅炉除装有一定数量的弹簧式全启安全阀外，在过热器的出口或主蒸汽管道上通常装有电磁泄放阀。由于弹簧式安全阀动作后，容易造成安全阀不严密。使用了电磁泄放阀后，当锅炉压力超过规定值时，通过电磁泄放阀排汽降低锅炉压力，避免或减少弹簧式安全阀动作造成弹簧式安全阀泄漏。同时在锅炉未超压时，也可以开启电磁泄放阀在一定范围内调节主蒸汽压力。

3 简述电磁泄放阀的工作原理。

答：电磁泄放阀主要由主阀、先导阀、电磁铁等构成。主阀的阀瓣侧与介质相通，工作时介质对阀瓣的向阀座方向的压力超过反向于阀座的压力，主阀阀瓣被介质压力压紧在阀座上，此时主阀为关闭状态。先导阀与主阀阀瓣上方的空间相连接，阀座直径很小，其关闭也主要是通过介质压力的作用。当锅炉压力超过设定值或人为送入信号需开启时，电磁铁动作将先导阀打开，将主阀阀瓣上方的介质排出，主阀阀瓣受压向阀座的力迅速降低，主阀阀瓣受介质的压力离开阀座开始排汽。当锅炉压力回到设定值或人为加载的信号消失，先导阀关闭，主阀阀瓣背侧介质压力迅速升高，关闭压力大于开启压力，阀瓣回座停止主阀排放。

4 大容量高参数汽包锅炉安全阀有哪些特殊结构？

答：近代大容量高参数汽包锅炉安全阀普遍采用弹簧式结构，但为满足其使用要求，下列关键部件运用了一些特殊结构：

（1）阀座结构。阀瓣、阀座是安全阀的核心部件，它是决定阀门性能的主要关键部件。阀座与安全阀的接口管座相连，内通道由较长的渐缩段、较短的圆柱段和一定锥角的扩口组成，这样的结构可以形成刚性较强的出口射流。

（2）封面的凹槽结构阀芯。阀芯的下端迎流面制成特种曲线形面，使出口流束合理分岔，获得良好的开启特性。阀芯内孔中心凹球面采用硬质材料和较高的光洁度。相对于阀瓣密封面，阀杆的支点较低，这样的结构有利于保持阀瓣的对中性和密封面受力的均匀。采用弹性阀瓣结构，阀瓣的密封面内制作成凹槽结构，如图 45-4 所示。这样的结构可以使阀门在工作状态下，介质压力接近弹簧力时，仍然能够保持一定的密封面比压值，保证密封严

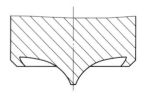

图 45-4　安全阀阀瓣密封面的凹槽结构

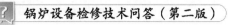

密。而在停运状态下密封面比压值又不至于过大，损坏密封面。

（3）双环调节机构。在阀瓣座外圈和喷嘴外圈都设有螺纹连接的调节环，通过旋转改变高度来改变出口汽流的喷射偏转角和汽流反冲作用面的大小，从而调节阀门的开启和回座压力。通常调节环的高度在出厂时均已设定好。

高级工

第四十六章

高温高压管道金属及其焊接

第一节　锅炉高温高压管道及附件常用材料

1　高温高压蒸汽管道和阀门阀体对金属材料有哪些要求？

答：用来制作高温高压蒸汽管道和阀门阀体的金属材料要求有：足够高的蠕变强度、持久强度、持久塑性和抗氧化性能；在高温下、长期运行过程中，组织性能稳定性好；具有良好的工艺性能，特别是焊接性能要好。

2　适用于不同温度的常用螺栓材料有哪些？

答：工作温度不同，螺栓的材料也应不同。不同工作温度下的常用螺栓材料如下：

（1）工作温度小于或等于 400℃，采用 35（或 45）钢。

（2）工作温度小于或等于 430℃，采用 35SiMn 钢。

（3）工作温度小于或等于 480℃ 的螺栓和工作温度小于或等于 510℃ 的螺母，采用 35CrMo 钢。

（4）工作温度小于或等于 510℃ 的螺栓用 25CrMoV 和 25Cr2Mo1V 钢。

（5）工作温度在 560～580℃ 以下，采用 20Cr1Mo1VTiB 或 20Cr1Mo1VNbTiB 钢。

（6）工作温度在 560～590℃ 时，则可采用 2Cr12WMoNbVB 马氏体钢。

3　支吊架弹簧的材料有哪些要求？

答：弹簧是管道支吊架的重要部件，它的性能好坏直接影响弹簧支吊架的使用性能，而弹簧材料是保证弹簧性能的重要前提。对弹簧材料的要求是强度高、具有高的抗松弛性能，而且要求高的弹性极限，保证弹簧的变形和负载具有线性关系，并保证长期性能稳定。

4　管道和管道附件材料的允许使用温度主要由哪些因素决定？

答：管道和管道附件材料的允许使用温度主要受两方面因素制约：一是在一定温度和规定的使用期内，材料不能发生严重危害安全运行的金相组织变化（如石墨化），也不能由此引起性能严重下降；二是材料在使用温度下，强度不能太低，应能满足使用要求。

5　高温紧固件材料的性能要求是什么？

答：对高温紧固件材料性能的要求是：

高
级
工

（1）较好的抗松弛性，使螺栓在较低的预紧力下，经过一个设计运行周期后，其残余紧应力仍高于最小密封应力。

（2）强度和塑性的良好配合，蠕变缺口敏感性小。如果片面追求高温持久强度而忽视持久塑性，则易在螺纹根部应力集中处发生断裂。一般要求螺栓材料的 8000～10 000h 以上光滑试样的持久塑性分别为：新材料大于 5%；已运行材料不低于 3%。

（3）组织稳定性，热脆性倾向小。经长期运行后，螺栓材料的 U 形缺口冲击韧性按其用途和装卸方法应分别大于 29.4J/cm^2 及 58.8J/cm^2。

（4）良好的抗氧化性，防止长期运行后因螺纹氧化而发生螺栓和螺母咬死的现象。

6　材料代用的原则是什么？

答：管道施工中，由于材料种类和规格不全，经常碰到材料代用问题。材料代用，受工作温度、工作压力、管道大小、管道种类、运行条件等多种因素制约，并影响材料用量、介质流通能力、支吊架荷重、热胀应力、经济性等各方面，需要慎重对待。材料代用需通过设计单位签证，以便综合考虑各种因素。

一般来讲，工作温度在 300℃ 以下的低压管道，由于材料代用造成的影响较小，因此 Q235（即 GB 标准中的旧钢号 A3）、10、20、16Mn 钢等可互相代用。需用无缝钢管的管道不能采用 Q235 钢。大口径管道的代用需慎重。工作温度大于 450℃ 以上的管道和 400℃ 以上的螺栓材料，一般只考虑以高性能材料代替低性能材料。

需要说明的是，认为以高代低万无一失的观点，有一定的片面性。如果材料代用时，综合性能考虑不周，比如只强调了强度，忽视了韧性和塑性，或相应的焊接、热处理工艺没有保证，则会适得其反。

第二节　金属在高温下长期运行组织性能的变化及损坏

1　金属在长期高温下金相组织结构会发生哪些变化？

答：金属在高温条件下长期工作，不但会发生蠕变、断裂或应力松弛等形变过程，还会发生一些金相组织结构的变化，其中有些变化对高温强度有严重的影响，应该引起足够的重视。在长期高温下金属金相组织结构发生的变化有以下几种：

（1）珠光体球化和碳化物的聚集。

（2）石墨化。

（3）合金元素在固溶体和碳化物相间的重新分配。

（4）发生时效使组织中产生新相。

2　什么是珠光体球化？珠光体球化对钢材性能有什么影响？

答：珠光体球化是指珠光体钢中原来的珠光体里的片层状渗碳体在高温下长期运行，逐步改变原来的形状成为球状的现象。球化后的碳化物会继续增大其集合尺寸，小直径的球变成大直径的球。

珠光体球化使钢材的室温抗拉强度和屈服极限下降，也使钢材的蠕变极限和持久强度下降。

3 影响珠光体球化的因素有哪些?

答：影响珠光体球化的因素有以下几种：

（1）温度。温度越高，球化越快。温度提高几十度，球化速度提高几倍。温度愈高，达到完全球化的时间愈短。

（2）时间。当金属温度一定时，运行时间越长，球化程度越严重。

（3）应力。运行时钢材承受应力将促使球化过程加速。

（4）钢的化学成分。由于球化过程和碳的扩散速度有关，因此凡是能形成稳定碳化物的合金元素，如铬、钼、钒、铌、钛等都能减轻珠光体球化过程。另外，钢中含碳量越少，则球化对钢的强度影响越小，表示组织更稳定。

（5）原始组织。钢的原始组织状态不同，珠光体球化速度也不同。粗晶粒钢比细晶粒钢难于球化。一般来说，同一钢号的退火组织较正火组织稳定且晶粒较粗，则球化速度较低。

（6）冷变形的影响。冷变形使钢处于不稳定状态，所以冷变形加工会加快球化过程。

4 什么是石墨化？石墨化为什么对钢材的性能有影响？

答：钢中渗碳体在高温下分解成游离碳，并以石墨形式析出，在钢中形成了石墨"夹杂"现象，称之为石墨化。

当钢中产生石墨化现象时，由于钢中渗碳体分解析出成为石墨，钢中渗碳体数量减少，强度受到影响。石墨本身强度极低，因此石墨化会使钢材的强度降低，使钢材的室温冲击值和弯曲角显著下降，引起脆化。尤其是粗大元件的焊缝热影响区，粗大的石墨颗粒可能排成链状，产生爆裂。石墨化1级时，对管子的强度极限影响不明显；2～3级时，钢材的强度极限较原始状态降低了8%～10%；3～3.5级时，钢材强度极限较原始状态降低了17%～18%。石墨化对钢的冲击韧性影响较大，使钢材的弯曲角度及室温冲击韧性值明显减小。

5 影响钢材石墨化的因素是什么？

答：影响钢材石墨化的因素如下：

（1）温度。碳钢在450℃以上，0.5%Mo钢约在480℃以上开始石墨化，温度越高，石墨化程度越快，但到700℃时，不会出现石墨化。

（2）合金元素。不同的合金元素对石墨化的影响不同，Al、Ni和Si元素促进石墨化的发展，而Cr、Ti、Ne等元素则阻止石墨化的发展。Cr是降低石墨化倾向最有效的元素，在低钼钢中加入少量的Cr(0.3%～0.5%)，就可以有效地防止石墨化，如12CrMo钢，运行经验证明不产生石墨化。

（3）晶粒大小和冷变形。由于石墨常沿晶界析出，所以粗晶粒钢比细晶粒钢石墨化倾向小。冷变形会促进石墨化进程，因此对有石墨化倾向的钢管，在弯管后必须进行热处理。管子热处理时冷却不均匀所产生的区域应力也会促进石墨化。金属中裂纹、重皮等缺陷，是最容易产生石墨化的地方。

（4）焊接对石墨化的影响。主要是碳钢或钼钢的焊缝热影响区最容易发生石墨化。

6 石墨化现象如何划分级别？

答：根据钢中石墨化的发展程度，通常将石墨化现象分为四级。

（1）1级，石墨化现象不明显，游离碳约为钢中总含碳量的20％左右。

（2）2级，明显的石墨化，游离碳约为钢中总含碳量的40％。

（3）3级，严重的石墨化，游离碳约为钢中总含碳量的60％左右。

（4）4级，很严重的石墨化，已达到危险的程度，游离碳已超过钢总含碳量的60％。

7 如何对高温高压管道系统进行寿命管理？

答：对高温高压管道系统进行寿命管理，首先要了解在设计计算中所采用的数据和设备的原始数据，例如实际的壁厚、直径、压力及温度的变化规律，变负荷的次数（启停次数）、外部力、椭圆度等。其次要了解是否有蠕胀现象。此外，了解晶体结构的状态也是很重要的。

要想取得以上数据，必须有一定的测试方法，具体是：

（1）通过测量，必要时采用超声波法确定部件的尺寸。

（2）对部件运行承受的压力和温度负荷进行分析，归入相应的压力温度等级。

（3）确定外力和部件承受的主要应力时，须考虑实际尺寸、位置变化、弹簧支架的受力偏差、支架的弯曲、汇合管之间的温度偏差、热膨胀阻碍和实测的温度及壁温偏差等因素。

（4）通过机械测量仪器或超声波法测量管道、弯管、异形件及阀门的椭圆度和壁厚。

（5）通过晶体结构印痕法检查晶体结构的状态。

以上测量和测试得出的数据，计算部件承受应力，与计算应力比较，确定其寿命。

🏭 第三节 高温高压管道的焊接和热处理

1 焊接时允许的最低环境温度是如何规定的？

答：焊接碳素钢的最低环境温度为−20℃，焊接低合金钢和普通合金钢的最低环境温度为−10℃，焊接中、高合金钢的最低环境温度为0℃。

2 哪些焊接接头应进行焊后热处理？

答：下列焊接接头应进行焊后热处理：

（1）壁厚大于30mm的碳素钢管子与管件。

（2）壁厚大于32mm的碳素钢容器。

（3）壁厚大于28mm的普通低合金钢容器。

（4）耐热钢管子与管件。但采用亚弧焊或低氢型焊条，焊前预热和焊后适当缓冷的如下部件可免做焊后热处理：壁厚小于或等于10mm、管径小于或等于108mm的15CrMo、12Cr2Mo钢管；壁厚小于或等于8mm、管径小于或等于108mm的12Cr1MoV钢管；壁厚小于或等于6mm、管径小于或等于63mm的12Cr2MoWVTiB钢管。

（5）经焊接工艺评定需做热处理的焊件。

3 承压管道焊接方法的规定是什么？

答：承压管道焊接方法的规定见表 46-1。

表 46-1　　　　　　　　　　承压管道焊接方法规定

管道名称	根部焊道	其他焊道
$p \geqslant 10\text{MPa}$，$\delta > 6\text{mm}$ 的管子及管件	TIG	TIG/SMAW
$p \geqslant 4\text{MPa}$，$t \geqslant 450℃$ 的管道		
再热蒸汽冷、热段管道及其旁路	TIG	SMAW
汽轮发电机的冷却，润滑油系统管道及燃油管道	TIG	TIG/SMAW
其他管道	TIG	SMAW

注　TIG 为氩弧焊，SMAW 为手工电弧焊。p 为管道公称压力，δ 为管道壁厚。

4 焊口热处理的加热宽度和保温宽度是如何规定的？

答：热处理的加热宽度从焊缝中心算起，每侧不小于管壁厚度的 3 倍，且不小于 60mm；保温宽度从焊缝中心算起，每侧不得小于管子壁厚的 5 倍，以减少温度梯度。

高级工

第四十七章

高温高压管阀检修

第一节　高温高压蒸汽管道的蠕变变形测量

1 **高温高压蒸汽管道蠕变测点的安装要求是什么？**

答：高温高压蒸汽管道容易发生蠕变变形，必须进行蠕变检测。

（1）蒸汽温度大于450℃的主蒸汽管道和再热蒸汽管道，应装设蠕变监督段。监督段一般应设置在靠近过热器和再热器出口联箱的水平管段上。该监督段必须设置三个蠕变测量截面。

（2）主蒸汽管道、蒸汽母管和再热蒸汽管道的每个直管段上。可根据情况设置一个蠕变测量截面，每条管道蠕变测量截面的总数不得少于10个。直管段上蠕变测量截面的位置，离焊缝或支吊架的距离不得小于1m，至弯管起弧点不得小于0.75m。若情况特殊，也可在弯管上加设蠕变测量截面。

（3）锅炉出口联箱的每条导汽管，应在弯管起弧点附近直管部分设置一个蠕变测量截面。

（4）高温联箱的联箱体上，至少应设置两个蠕变测量截面，并应设置在联箱两端无孔区上。

（5）蠕变测点用1Cr18Ni9Ti不锈钢制作。对于外径$D_w < 350mm$的蒸汽管道和联箱，每个蠕变测量截面的蠕变测点头至少应有4个（两对），分布在两个相互垂直的直径端点上；对于外径$D_w \geqslant 350mm$的蒸汽管道和联箱，每个蠕变测量截面的蠕变测点头至少应有8个（4对），分布在四个成45°等分的截面直径的端点上。测点严禁机械损伤。

2 **蠕变测量方法有哪几种？应如何选择？**

答：蠕变测量方法有两种：一种是蠕变测点的测量方法，另一种是蠕变测量标记的测量方法。前者需要安装蠕变测点，后者需要在测量位置上打测量标记。

选择的主要依据是根据管道和联箱的尺寸和材料的可焊性水平。对一些在焊接测点时易出裂纹的高合金管道和联箱及厚壁钢管，应选择蠕变测量标记的方法来测量蠕变。

3 **怎样进行蠕变测量？**

答：第一次测量是在测点安装完毕，管道清洗前，会同金属监督人员一道进行原始数据的测量并记录存档。以后每次测量，应在停止运行后，管壁温度降至 50℃ 以下进行，同时测好管壁温度、量具温度和环境温度，并做好记录。测量蠕变用的量具应由专人保管专人使用。测量前应用棉纱清除测钉上的污物，不许用砂纸擦拭。

4 金属蠕变监督的标准有何规定？

答：按照 DL/T 441—2004《火力发电厂高温高压蒸汽管道蠕变监督规程》规定，蠕变恒速阶段的蠕变速度不应大于 1×10^{-7} mm/(mm·h)，即 1×10^{-5} ％/h；总的相对蠕变变形量 ε 达 1％ 时进行试验鉴定；总的相对蠕变变形量 ε 达 2％ 时，更换管子。

5 蠕变测量时应注意哪些事项？

答：蠕变测量的结果和计算的结果均需详细地登记在专用的表格上，并认真保存。对蒸汽管道的蠕变测量工作要做到"三及时"，即及时测、及时算、及时复测。对蠕变测点要精心保护，不允许磨损、敲击或有其他损伤。

在测量计算时，当不知道千分尺弓身钢号时，据制造厂资料介绍，大部分国产千分尺弓身为低碳铸钢或 Q235（原 A3）钢板，可采用线膨胀系数 $\alpha_{ck} = 11.1 \times 10^{-6}$ mm/(mm·℃)。

第二节　高温高压管阀故障分析及修理

1 在高温高压下工作的螺栓断裂特征有哪几种类型？

答：在高温高压下工作的螺栓断裂特征主要有三种基本类型：
（1）脆性断裂。断口结晶颗粒大，不光滑，断裂处没有明显塑性变形。
（2）疲劳断裂。螺栓裂纹一般产生在螺纹最大负载处（第一道螺纹），螺栓断裂面上常分为疲劳断裂区或静力断裂区两个区域。
（3）其他类型断裂。如螺栓初紧应力过大引起的韧性断裂、螺栓热紧时由于内孔加热不均匀导致脆性特征裂纹等。

2 如何防止螺栓脆断？

答：螺栓是常用的紧固件，但在实际中经常发生脆性断裂。根据实践经验，采取以下措施可有效地防止螺栓脆断：
（1）对于 25Cr2Mo1V 和 25Cr2MoV 钢螺栓，硬度控制在 HB240～270 范围内。
（2）如果采用双头螺栓，结构上应尽量减少旋头端螺纹与光杆过渡处的应力集中现象。
（3）提高螺纹加工精度和螺栓表面质量，以减小应力集中。
（4）改进螺栓结构，如将光杆部分车小、螺尾改为退刀槽，以减小应力集中等。
（5）控制预紧力，螺纹部分研磨光洁，螺纹配合面加涂料以防止咬死，螺栓中心线与结合面保持垂直等。

3 高温高压管阀发生故障时应如何进行检修处理？

答：高温高压管阀在运行中发生故障，检修处理时应该首先了解故障情况，分析故障产生的原因，是运行方式不当还是制造安装问题，是检修不当还是材质问题，继而判断是个别

高级工

故障还是系统性故障，是否会在同类部位产生相同的故障。同时还要考虑未发现的缺陷是否会造成进一步的损伤，是否会危及人身及设备的安全。根据缺陷的性质、故障的损害后果及产生的原因决定修复的方法和范围，补充防范措施。

4 高温高压管道及附件焊缝缺陷的挖补应遵守哪些规定？

答：应彻底清除缺陷，不得有任何残留；补焊时，应制定具体的焊补措施并按照工艺要求进行；需进行热处理的焊缝，返修后应重新做热处理；同一位置上的挖补次数不得超过三次，中、高合金钢不得超过两次。

5 脉冲式安全阀误动的原因有哪些？如何解决？

答：脉冲式安全阀误动的原因及解决办法见表 47-1。

表 47-1　　　　　　　　　　　脉冲式安全阀误动的原因及解决办法

原因	解决办法
脉冲式安全阀定值校验不准或弹簧失效使定值改变	重新校验或更换弹簧
压力继电器定值不准或表针摆动，使其动作	重新校验定值或采取压力缓冲装置
脉冲阀严密性差，当回座电磁铁停电或电压降低吸力不足时，阀门漏气，使主阀动作	恢复供电或测试电压
脉冲安全阀严重漏汽	研磨检修脉冲安全阀
脉冲安全阀出口管疏水阀、疏水管道堵塞，或疏水管与压力管道相连	使疏水管畅通，并通向大气

6 就地水位计指示不准确有哪些原因？

答：就地水位计指示不准确有可能是以下原因引起的：

（1）水位计的汽水连通管堵塞，会引起水位计水位上升，如汽连通管堵塞，水位上升较快；水连通管堵塞，水位逐渐上升。

（2）水位计放水门泄漏，会引起水位计内的水位指示低于实际水位。

（3）水位计有不严密处，使水位计指示偏低；汽管泄漏时，水位指示偏高。

（4）水位计受到冷风侵袭，或者水位计和连通管的保温效果不好时，水位指示会低于实际水位。

（5）水位计安装不正确，例如水位计偏斜、零位未校准等。

7 某一管道焊口多次发生裂纹时应如何处理？

答：当管道某一焊口多次发生裂纹，应进行如下工作：

（1）分析焊接及管材质量。

（2）检查裂纹焊口邻近的支吊架状态是否正常，并测定其热位移方向和位移量。

（3）根据管系的实际状况进行应力分析，然后进行焊口损坏原因的综合分析，并采取有效措施予以纠正。

8 为什么调节阀允许有一定的漏流量？检修完毕后要做哪些试验？

答：调节阀一般都有一定的漏流量（指调节阀全关时的流量），这主要是由于阀芯与阀座之间有一定间隙。如果间隙过小，容易卡涩，使运行操作困难，甚至损坏阀门。当然阀门全关时的漏流量应当很小，一般控制在总流量的 5% 之内。

检修完毕后，调节阀应做开关校正试验。调节阀投入运行后，应做漏流量、最大流量和调整性能试验。

9 主蒸汽管道、高温再热蒸汽管道三通、弯头及阀门的缺陷有何要求？

答：（1）三通。

1）发现三通有裂纹等严重缺陷时，应及时采取措施，如需更换，应选用锻压、热挤压或带有加强的焊制三通。

2）已运行 $2 \times 10^5 h$ 的铸造三通，检查周期应缩短到 $2 \times 10^4 h$，根据检查结果决定是否采取措施。

3）用碳钢和钼钢焊接三通，当发现石墨化达 4 级时，应予以更换。

（2）弯头。

1）已运行 $2 \times 10^5 h$ 的铸造弯头，检查周期应缩短到 $2 \times 10^4 h$，根据检查结果决定是否采取更换措施。

2）碳钢和钼钢弯头，发现石墨化达 4 级时应更换。

3）发现外壁有蠕变裂纹时，应及时更换。

（3）阀门。

当铸钢阀门存在裂纹或黏砂、缩孔、折叠、夹渣、漏焊等降低强度和严密性的严重缺陷时，应及时处理或更换。

第三节 高温高压阀门特殊检修工艺

1 如何进行阀门密封面的手工堆焊修复？

答：阀门密封面经过长期使用和研磨，密封面逐渐磨损，严密性降低，可用堆焊的办法修复，以节约贵重金属，降低检修成本。修复的方法如下：

（1）先将阀门密封面车去，结构上不允许出现尖角部位。然后将被焊件均匀加热到 $600 \sim 700℃$。

（2）选用与原密封面材质相当的焊条，按要求进行烘焙，由焊接专业人员制定相应的焊接工艺。

（3）将被焊件平放，进行堆焊。焊接时，焊层高度及宽度需留有 3mm 左右的加工余量。

（4）焊完后，将被焊件均匀加热到 $500 \sim 550℃$，放入石棉绒内缓冷至 70℃ 左右取出。

（5）检查熔焊层金属的硬度符合要求后，按图纸车出密封面并研磨。

2 **怎样黏接铆合修理阀门密封面？**

答：在修理密封面中，经常会遇到密封面上有较深的凹坑和堆焊气孔，用研磨和其他方法难以修复，可采用黏接铆合修复工艺，具体操作程序是：

（1）如图 47-1 所示，根据缺陷的最大直径选用钻头，把缺陷钻削掉，孔深应大于 2mm。选用与密封面材料相同或相似的销钉，其硬度等于或略小于密封面硬度，直径等于钻头的直径，销钉长度应比孔深高 2mm 以上。

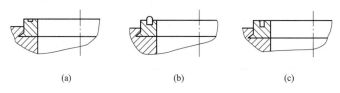

（a）   （b）   （c）

图 47-1 密封面粘接铆合修复

（a）缺陷；（b）粘接铆合；（c）加工成型

（2）孔钻完后，清除孔中的切屑和毛刺，销钉和孔进行除油和化学处理，在孔内灌满胶黏剂。胶黏剂应根据流经阀门的介质、温度及阀门的材料选用。

（3）销钉插入孔中，用小手锤的球面敲击销钉头部中心部位，使销钉胀接在孔中，产生过盈配合。用小锉修平销钉然后研磨。敲击和锉修过程中，应采取措施，防止损伤密封面。

3 **如何修理阀杆和阀杆螺母的梯形螺纹？**

答：阀门检修中常见阀杆和阀杆螺母的梯形螺纹损坏，可用下述方法进行修复：

（1）当梯形螺纹内混入磨粒或润滑不良时，可以将阀杆和螺纹用煤油刷洗干净，对拉毛部位用细砂布打磨光滑。若不易打磨时，可加研磨膏相互研磨消除缺陷。

（2）梯形螺纹并圈或乱扣时，可用小錾子将并圈或乱扣錾除，用小锉刀修整成形。

（3）如果螺纹配合过紧，可以用研磨或车修的方法处理。

（4）如果螺纹损坏超过梯形螺纹齿厚的 1/3 时，应更换阀杆或阀杆螺母。

4 **如何修理电站阀门的阀杆螺母爪齿？**

答：爪齿轻微磨损，可用油石和细锉修整；磨损严重时，可经堆焊后按原尺寸加工成型；爪齿严重损坏，可采用黏接加螺钉连接方法更换爪齿。

5 **阀门电动执行机构齿轮和蜗轮的修理方法有哪些？如何修复？**

答：齿轮和蜗轮是电动执行机构中用得较多的零件，经常因长期使用或使用不当而产生断裂或磨损。修理方法如下：

（1）翻面使用法。如果齿轮和蜗轮是单面磨损，而结构又对称，修理时只要把齿轮、蜗轮翻个面，把原非工作面当作工作面即可。

（2）换位使用法。由于角行程阀门的开度范围多是 90°，作为传动件的蜗轮齿只有 1/4～1/2 的部位磨损最大，在修理时可把蜗轮调换 90°～180°位置，让未磨损的齿轮参与啮合。如蜗杆长度较长而部分齿面磨损严重，且结构允许，也可适当调整位置，让已磨损面退出啮合部位。

（3）断齿修复法。由于材料质量或热处理、加工、外力作用等原因，个别齿容易断裂或脱落。可设法把这个齿补上。当然，脱落齿数不能太多。采用的修复方法有黏齿法、焊齿法、栽桩堆焊法。修理时一般都要把损坏的齿去除，再加工成燕尾槽，用和原齿相同的材料制成新齿，借助样板把新齿黏接或将其焊接。在用载桩堆焊法时，先在断齿上钻孔攻丝，拧上几个螺钉桩，再在断齿处堆出新齿。必须注意，在修复过程中要防止损坏其他轮齿。在修复新齿之后要加工成与原齿一样的齿形。还要防止轮齿受热退火。

（4）磨损齿面修复法。齿面如果磨损或有点蚀破坏，可用堆焊法修复。把磨损面清理干净。除去氧化层之后，用单边堆焊法，根据齿形，从根部到顶部，首尾相接，在齿面焊 2～4 层。要防止齿轮变形。焊完后进行退火处理，然后按精度要求进行机械加工。

🏭 第四节 电站特殊阀门的检修

1 双座调节阀的阀座密封面如何研磨？

答：对于双座调节阀的阀座，上阀座往往比下阀座研磨得快。这样，研磨中要不断地给下阀座填加研磨剂，而上阀座只加一些抛光剂。当两个阀座孔中有一个泄漏时，对不泄漏的阀座要多加些研磨剂，另一个阀座多加抛光剂，把不漏的这一环多磨掉一些，直到两阀座都能同时接触和密封为止。研磨一个阀座时，绝对不能让另一个阀座变干。

2 抽汽止回阀解体前应怎样检查？

答：抽汽止回阀在解体检修前，应进行检查，以便了解各部位的状态，确定检修内容和方法。具体检查内容是：

（1）通过操作机构对抽汽止回阀进行开关试验，以检查是否存在卡涩现象。如有，则先初步分析判断卡涩部位，还应将开、关状态时的弹簧位置及行程作出记录。

（2）对于扑板式止回阀，还应揭开阀盖后进行试验，记录阀门打开时阀瓣的位置，检查关闭时阀瓣是否严密，如关不严，还应通过测量找出关不严的原因。

（3）解体前还应测量和记录弹簧的长度、弹簧调整螺母的位置等，便于修后组装和调试。

3 抽汽止回阀检修内容有哪些？

答：抽汽止回阀可按以下内容进行检修：

（1）检查抽汽止回阀弹簧，有无裂纹、变形和其他缺陷，弹性是否良好，弹性试验是否符合设计图纸要求。如有缺陷或弹性不合格，应更换同种性能规格的弹簧。

（2）检查升降式止回阀的阀瓣与阀座密封面、扑板式止回阀的阀瓣与阀座密封面应无麻点、凹坑、划痕等缺陷，且接触吻合，关闭严密，否则应进行研磨、修复和调整。

（3）检查阀杆、转矩传动轴应光滑、无锈蚀、沟痕等缺陷，弯曲度合乎要求，一般阀杆每 500mm 长度允许弯曲不超过 0.05mm。否则，应进行修复或更换。

（4）转矩传动轴与轴套间应无磨损、腐蚀、卡涩等缺陷。否则，应进行打磨、修复或

高级工

更换。

（5）操纵装置中活塞与活塞室应光滑接触，活塞及活塞室应无裂纹、砂眼、划痕、麻点等缺陷，活塞上密封圈应完好无损，否则应进行研磨、焊补或更换部件。

第五节　管道支吊架的校整

1　高温大口径管道支吊架热态目视检查的内容有哪些？

答：为了更好地完成高温大口径管道支吊架的检修与校整，在热态机组运行时，对这些支吊架进行热态目视检查，以便确定检修项目。目视检查的内容有：检查变力弹簧支吊架是否过度压缩、偏斜或失载；检查恒力弹簧支吊架转体位移指示是否越限，弹性支架总成是否异常；检查刚性支吊架状态是否异常，限位装置状态是否异常，减震器及阻尼器位移是否异常。

2　大修时对重要支吊架检查的内容是什么？

答：机组大修时在支吊架热态目视检查的基础上，应检查如下内容：
（1）检查承受安全阀、泄压阀排汽反力的液压阻尼器的油系统与行程。
（2）检查承受安全阀、泄压阀排汽反力的刚性支吊架间隙。
（3）检查限位装置、固定支架结构状态是否正常等。
（4）大载荷刚性支吊架结构状态是否正常等。

3　机组运行 $8 \times 10^4 \sim 1.2 \times 10^5 \mathrm{h}$ 后，对支吊架的全面检查内容有哪些？

答：机组运行 $8 \times 10^4 \sim 1.2 \times 10^5 \mathrm{h}$ 后对支吊架的全面检查内容如下：
（1）承载结构与根部辅助钢结构是否有明显变形，主要受力焊缝是否有宏观裂纹。
（2）变力弹簧支吊架的载荷标尺指示或恒力弹簧支吊架的转体位置是否正常。
（3）支吊架活动部件是否卡死、损坏或异常。
（4）吊杆及连接配件是否损坏或异常。
（5）刚性支吊架结构状态是否损坏或异常。
（6）限位装置、固定支架结构状态是否损坏或异常。
（7）减振器结构状态是否正常，阻尼器的油系统与行程是否正常。
（8）管部零部件是否有明显变形，主要受力焊缝是否有宏观裂纹。

4　吊架吊杆的安装垂直度有何要求？如何调整？

答：恒力或变力弹簧吊架吊杆与垂线间夹角应小于 $4°$；刚性吊架吊杆与垂线间夹角应小于 $3°$。当不能满足时，应调整偏装值来实现，而不能采用调整管道吊点的方法。

第四十八章

锅炉管阀安装验收

第一节 锅炉附属管道的安装验收

1 锅炉疏、放水管道的安装有哪些要求？

答：锅炉疏、放水管道的安装要求是：

（1）安装疏、放水管时，接管座安装应符合设计规定。管道开孔应采用钻孔。

（2）疏、放水管接入疏放水母管处应按介质流动方向稍有倾斜，不得随意变更设计，不得将不同介质或不同压力的疏、放水管接入同一母管或容器内。

（3）运行中构成闭路的疏、放水管，其工艺质量和检验标准应与主管道同等要求。

（4）疏、放水管及母管的布线应短，且不影响运行通道和其他设备的操作。有热膨胀的管道应采取必要的补偿措施。

（5）放水管的中心应与漏斗中心稍有偏心，经漏斗后的放水管管径应比来水管大。

（6）不回收的疏、放水，应接入疏、放水总管或排水沟中，不得随意将疏、放水接入工业水管沟或电缆沟。

2 阀门的安装应符合哪些要求？

答：阀门的安装应符合以下要求：

（1）所安装的阀门应与设计要求的型号一致，应有产品合格证和试验记录。

（2）阀门安装前内部已经过清理，并保持关闭状态。

（3）截止阀、止回阀及节流阀的安装方向与设计规定一致。

（4）所有阀门应自然连接，不得强力对接或承受外加重力负荷。法兰螺栓紧力应均匀。

（5）阀门的力矩保护试验正常可靠。电动装置特性正确，能够保证阀门全开全关。

（6）阀门和传动装置的安装应便于操作和检修，手轮不得朝下。

3 管道系统进行水压试验前应具备哪些条件？

答：管道系统进行水压试验前应具备以下条件：

（1）管道系统安装完毕，并符合设计要求及有关技术规定。

（2）支吊架安装工作完毕，需要增加的临时支吊架及加固工作已安装完毕。

（3）焊接和热处理工作已全部完工，并经检验合格。

（4）试验用压力表经检验、校验准确。

（5）对于蒸汽管道，在水压试验前，应将支吊架锁定或支垫牢固，以免因水的质量造成支吊架超载，防止支吊架受损或变形。

（6）具有完善的试验技术、组织和安全措施并经审查合格。

4 管道系统严密性水压试验的压力是如何规定的？

答：试验压力应不小于设计压力的 1.25 倍，但不得大于任何非隔离元件，如系统内容器、阀门或泵的最大允许试验压力，且不得小于 0.2MPa。

5 管道系统水压试验的水温有何规定？

答：水压试验宜在水温与环境温度为 5℃ 以上进行，否则必须根据具体情况，采取防冻及防止金属冷脆断裂措施。但介质温度不宜高于 70℃。

6 管道与容器作为一个系统进行水压试验时的试验压力应符合哪些规定？

答：管道的试验压力等于或小于容器的试验压力时，管道与容器可以一起按管道的试验压力进行试验；管道的试验压力超过容器的试验压力，且容器的试验压力不小于管道设计压力的 1.15 倍时，管道与容器可以一起按容器的试验压力进行试验。

第二节　锅炉燃油系统设备及管道的安装验收

1 燃油管道使用的阀门有哪些技术要求？

答：（1）燃油管道上使用的阀门在安装前应解体检修，并经 1.25 倍工作压力水压试验合格。

（2）燃油速断阀的进、出口方向应符合图纸规定，一般为上进下出；安装时阀杆应垂直，密封面应严密，传动系统动作应灵活。

（3）燃油调节阀的进、出口方向应符合图纸规定，密封应良好，阀杆转动应灵活，开度指示应与实际一致。

（4）阀门布置位置应便于操作，同一用途的阀门其布置方位应力求划一，吹扫门应尽量接近油管。

（5）燃油系统各阀门的阀杆应密封良好，不得漏油。

（6）燃油系统不得使用铸铁阀门。

2 炉前油系统管道的布置要求是什么？

答：（1）炉前燃油母管及至各燃烧器的分支管路安装时，应注意与锅炉本体膨胀方向协调。管道布置应简洁，支架应牢固。

（2）炉前燃油管道和蒸汽管道在布置上应尽量贴近，应防止燃油管道出现不流动的死角。

（3）燃油管道应装设蒸汽吹扫管，吹扫管道应留有足够的热补偿。

（4）露天管道上的排油管和放空管一次门前的管段应尽量缩短，以防止凝油堵管。

3 燃油系统管道安装后的吹洗有什么要求？

答：燃油系统管道安装结束后，应进行清水冲洗或蒸汽吹洗。吹洗时应有经过批准的技术措施。吹洗前止回阀芯、调整阀芯和孔板等应取出，靶式流量计应整体取下，以短管代替。吹洗次数应不少于 2 次，直至吹出介质洁净为合格。吹洗结束后应清除死角积渣。

4 燃油系统安装结束后油循环试验的要求有哪些？

答：燃油系统安装结束后，应进行全系统油循环试验，油泵的分部试运工作可结合一起进行。试验时应有经过批准的技术措施，循环时间一般不少于 8h，油循环结束后应清扫过滤器。油循环中应进行燃油速断阀的联动试验。

5 燃油系统进油前应具备哪些条件？

答：燃油系统受油前应进行全面检查，符合下列条件方可进油：
(1) 燃油系统受油范围内的土建和安装工程应全部结束，并经验收合格。
(2) 应有可靠的加热汽源。
(3) 防雷和防静电设施设计、安装、试验完毕，并经验收合格。
(4) 油区的照明和通信设施已具备使用条件。
(5) 消防通道畅通，消防系统经试验合格并处于备用状态。
(6) 已建立油区防火管理制度并有专人维护管理。
(7) 油区围栏完整并设有警告标志。

第三节　大口径高温高压管道的安装验收

1 主蒸汽管道安装验收的具体要求是什么？

答：检查施工图纸、资料和安装记录，必须齐全、正确。具体要求是：
(1) 焊口位置、焊口探伤报告、合金钢管光谱检验及支吊架弹簧安装高度与设计图纸是否相符等。
(2) 膨胀指示器按设计规定正确装设，冷态时应在零位。
(3) 管道支吊架应受力均匀，符合设计要求，弹簧无压死现象。
(4) 蠕胀测点应装设良好，每组测点应装设在管道的同一横断面上，沿圆周等距离分配，并应进行蠕胀测点的原始测量工作。
(5) 按规定装设监察管段，监察管段上不允许开孔及安装仪表插座，不得装设支吊架。
(6) 管道保温应良好，符合要求。

2 主蒸汽管道支吊架安装质量的主要验收内容有哪些？

答：主蒸汽管道支吊架安装质量主要验收以下内容：
(1) 固定支架应固定牢靠。
(2) 导向支架应导向正确，滑动面应洁净，活动零件与其支撑件应接触良好。
(3) 活动支架的活动部分应裸露，预留膨胀量应符合设计要求。

（4）弹簧吊架定位销应安装牢固。

（5）参加锅炉启动前水压试验的管道，需要临时加固的支吊架应加固稳妥，以承受管道的充水载荷。

（6）机组试运后，应检查支吊架和减振器受力正确。

3 如何检验锅炉大口径管道焊缝的安装质量？

答：对锅炉大口径管道焊缝安装质量进行检验时，每种规格的管道选焊缝数的 1%～2%，且不少于 1 道焊缝，进行无损探伤（超声波或射线）抽查，检查其内部质量。焊缝质量应符合 DL/T 869—2012《火力发电厂焊接技术规程》的有关规定，所有焊工钢印标记均应清晰、完整。

4 高压合金管道在安装前必须进行哪些检验？

答：合金管道应有供货商的合格证件，包括钢号、化学成分、机械性能、热处理规范或硬度值，以及几何尺寸的保证值。合金钢材料无论有无证件都应逐一进行光谱分析，并做出明显标志。高压管子应逐一进行外观检查。有重皮、裂纹、缺陷的管子、管件，应进行打磨处理。去除缺陷后的实际壁厚不应小于公称壁厚的 90%，且不小于设计理论计算壁厚。

第十五篇
除灰设备检修

第四十九章

水力除灰系统的配置与防磨防垢

第一节　水力除灰系统的防磨与耐磨材料

1　为什么除灰渣管道会产生磨损现象？怎样防止？

答：因为粉煤灰中含有大量的玻璃体，其硬度很大，而且形体尖锐，在流动的过程中，与管壁发生摩擦，就会引起磨损。灰渣对管道的磨损形式大致可以分为刮痕、撞击和冲刷。刮痕磨损是由于灰渣与管壁存在相对运动，坚硬的灰渣颗粒不断地刮削管道的内表面，使其质粒被刮走，产生磨损；撞击磨损是由于流动中的灰渣颗粒对管壁不断撞击而产生的；冲刷磨损是由于灰渣在管道内流动时，与管壁间发生擦动或滚动摩擦而产生的，冲刷角在 $20°\sim30°$ 时磨损最大。三种磨损形式，实际中并不能明显地区分开来。各种磨损的形式都与灰渣的颗粒特性（形状、尺寸、硬度）有关，并随着流动速度的增加而加剧。

除灰管道的磨损是不可避免的，但通过适当方法可以减轻并延长使用寿命。在设计时采用适当的流速，可以减缓磨损速度。近年来，随着科学技术的发展，除灰系统采用了许多耐磨损的新型材料，如金属陶瓷复合管、玄武岩铸石复合管、铸石阀门等，使得除灰系统的管道、阀门、设备等使用寿命大大延长。

2　为什么输灰渣管道下部磨损较严重？如何延长其使用寿命？

答：由于输灰渣的管道中往往不会是满管运行，加之粒径较大的灰渣大多在灰渣管的下部流动，因而造成灰渣管道的下部磨损严重。

为了延长灰渣管道的使用寿命，可以在运行一段时间后，将灰渣管道旋转 $90°$ 或 $120°$，使管道磨损严重的部位与磨损较轻的部位交换位置。

3　什么是金属陶瓷复合管材？其性能如何？

答：金属陶瓷复合管材是利用自蔓延高温合成-离心技术即 SHS 技术复合而成，该管从内到外由陶瓷层、过渡层和钢层三部分组成，在高温下形成均匀、致密且表面光滑的陶瓷层，通过过渡层与钢管牢固结合。

陶瓷的高硬度与钢的高塑性相结合，陶瓷层厚度在 $2\sim4mm$，维氏硬度在 $1100\sim1500HV$，使其具有很好的耐磨、耐腐蚀、耐高温、耐冲击及高韧性等综合性能，可以在 $-50\sim900℃$ 高温下长时间使用，现在已广泛运用在火力发电厂除灰除渣系统中。

4 铸石制品有什么特点？

答：铸石制品是以天然岩石——辉绿岩或玄武岩为主要材料，配以少量附加配料经高温熔化、浇注成型，结晶退火而制成的一种非金属材料，其具有独特的耐磨损和耐腐蚀性能，实验证明其耐磨性超过锰钢几倍，超过普通钢材十几倍，目前广泛用于电力、矿山、冶金等行业，在火力发电厂除渣方面主要适用于灰渣沟镶板、溜槽镶板、排渣输灰管道等。

5 什么是玄武岩铸石复合管材？

答：玄武岩铸石复合管是由内衬铸石管、外套钢管和两者之间的水泥砂浆充填层构成，能集铸石管和钢管的特性于一体，既耐磨损、耐腐蚀，又抗高压。但比较笨重。

🏭 第二节 水力除灰系统的配置

1 水力除灰渣系统配置设计的一般要求有哪些？

答：水力除灰渣系统配置设计的一般要求如下：

（1）当锅炉采用刮板捞渣机等机械排渣装置时，应采用连续除渣方式。机械排渣装置的出力应不小于锅炉最大连续蒸发量的排渣量，最大出力应保证锅炉 4h 的排渣量在 1h 输送完毕。

（2）当锅炉采用排渣槽或水封式排渣斗装置时，应采用定期除渣方式。水封式排渣斗的有效容积应能储存锅炉最大连续蒸发量时不小于 9h 的排渣量，当锅炉燃用的煤质较差，灰分很大，锅炉水封式排渣斗布置有困难时，其有效容积应能储存锅炉最大连续蒸发量时不小于 5h 的排渣量。

（3）电除尘器、省煤器灰斗排灰方式如为定期运行时，每次排灰周期应不小于 2h 的间歇时间，灰斗的充满系数应取 0.8。

（4）水力除灰系统应根据工程条件，通过技术经济比较，合理确定制浆方式和灰水浓度，高浓度水力输送灰水比不宜小于 1：1.5。

（5）水力除灰系统的管道流速应符合设计规定。

2 水力除灰渣系统对灰渣浆浓度有何要求？

答：水力除灰渣系统对灰渣浆浓度要求为：灰库下干灰制浆输送灰水比宜为 1：2～4；除尘器灰斗下制浆设备输送灰水比宜为 1：4～7；高浓度水力输送灰水比不宜小于 1：1.5。

3 除灰渣系统对管道流速有何要求？

答：清水管道的流速应符合下列规定：离心泵吸入水管道为 0.5～1.5m/s；离心泵出水管道为 2～3m/s；无压力排水管道为 1.0m/s。

灰渣管的流速与灰渣浆浓度、灰渣浆颗粒大小及灰渣管管径等因素有关，可按下列数据选取：灰管不小于 1.0m/s，灰渣管不小于 1.6m/s，渣管不小于 1.8m/s。

高级工

447

4 除灰系统容积式泵的配置设计有什么要求？

答：容积式泵包括油隔离泵、水隔离泵及柱塞泵，其与系统的匹配和设计一般应满足以下要求：

（1）泵应根据排放的灰渣浆量和灰渣管的阻力计算选择，泵的排送灰浆量应为计算灰浆量的100%，压力宜为管道阻力的140%。

（2）泵的备用台数应按照下列原则确定：1运1备，2～3运2备。

（3）泵房内应设置供冲洗及密封用的清洁、可靠、连续的水源及清洗水泵，水泵的出力由设备制造厂家提供。

（4）柱塞泵的入口压力应由设计厂家提供，如果柱塞泵需要喂料泵增加压力时，喂料泵与柱塞泵宜单元连接，喂料泵的流量与出口扬程均应按照柱塞泵的技术要求选择。

（5）容积式泵一般宜地上布置。

第三节 水力除灰系统的结垢与处理

1 水力除灰系统结垢的原因是什么？

答：水力除灰系统结垢的主要原因是：在水力除灰的过程中，飞灰中的一些可溶性物质逐渐溶解，使冲灰水中某些难溶或微溶的物质达到了一定的浓度后以沉淀的形式析出。这些析出的沉淀物附着于管壁并不断积累，便形成了结垢层。

2 影响水力除灰系统结垢的因素有哪些？

答：水力除灰系统结垢与粉煤灰的成分、锅炉形式、除尘器形式、冲灰原水的性质及灰管的运行工况等因素有关。

（1）粉煤灰的成分。影响灰管结垢的主要成分是灰中所含的游离 CaO 的含量。实践证明，凡灰中 CaO 含量低的电厂，灰管一般都不结垢。当 CaO 含量在 2.97% 以下时，在无其他不利因素的条件下，灰管内一般不结垢并略有磨损。

（2）锅炉及除尘器形式。锅炉形式不同，所排放的粉煤灰成分也不同。如液态排渣炉与固态排渣炉比较，前者所产生的粉煤灰中游离 CaO 含量较低，灰管不易结垢。除尘器形式不同，其出口灰水的 pH 值不同。当采用湿式除尘器时，灰水呈弱酸性，而灰水在弱酸性的条件下是不会结垢的，但对灰管壁有腐蚀作用。

（3）水灰比。对于一定特性的粉煤灰，水灰比不同，输灰系统的结垢情况也不同。一般来说，水灰比较小时结垢的可能性大。

（4）冲灰原水的特性。冲灰原水中的碳酸盐含量与粉煤灰中游离的 CaO 溶出成正比。所以冲灰原水的碳酸盐含量大，冲灰管结垢的可能性就大。

（5）管内灰水的流速及灰渣的颗粒细度。提高灰水流速，灰管内原呈结垢的状态可能转变为磨损状态。灰粒细，表面积大，结晶中心多，摩擦小，就容易结垢。若灰渣混排，由于渣粒较大，摩擦大，则管底垢较薄，但易产生磨损。

（6）管道系统。采用多泵多管互为备用的形式时，由于结垢或者磨损，阀门不易关严，备用管内常有少量的灰水流入，流速低，积存时间长，很容易结垢。同样，在管道转弯和低平段也易结垢。

3 水力除灰系统结垢的部位与类型有哪些？一般处理方法有哪些？

答：水力除灰系统方式不同，结垢的部位和垢的主要成分也不同。常见的结垢部位有冲灰管和回水系统，所结垢的类型主要是 $CaCO_3$、$CaSO_3 \cdot 1/2H_2O$，也有产生硫酸钙和硅铝酸盐垢的。后两种垢并不普遍，但不易清除。

水力除灰系统结垢后一般的处理方法有酸洗法、烟气溶垢法、通气氧化法、加稳定剂法、管前处理法等。对由于结垢已影响正常运行的输灰管、回水管，采用酸洗法是最直接的办法；烟气溶垢是用水和烟气的混合物去除冲灰管道结垢的方法。前两种是用于除垢而常采用的方法，后三种是用来防垢而常采用的方法。

高级工

第五十章

气力除灰系统的配置与阀门

第一节　气力除灰系统的配置

1　负压气力除灰系统抽真空设备的配置设计有何要求？

答：抽真空设备可选取回转式风机、水环式真空泵或水力抽气器。回转式风机及水环式真空泵的额定流量可按计算值的 110% 选取；回转式风机的额定风压可按系统计算值的 120% 选取；水环式真空泵的工作压力不宜大于 −65kPa。当输送灰量较小，除灰点分散，而且外部允许湿排放时，负压除灰系统的抽真空设备可采用水力抽气器。水力抽气器出口的灰浆，可利用高差自流至灰场或直接排入排浆设备。

2　负压气力除灰系统的配置设计要求是什么？

答：（1）负压气力除灰系统在每个灰斗下应装设手动插板门和除灰控制阀。

（2）除灰控制阀系统中装有多根分支管时，在每根分支输送管上，应装设切换阀，切换阀应尽量靠近输送总管。在每根分支管始端还应设有自动进风门，其大小应根据输灰管管径选择。

（3）负压气力除灰系统应装设专用的抽真空设备。

（4）在抽真空设备进口前的抽气管道上应设有真空破坏阀，以保证系统设备的安全。

（5）采用布袋收尘器作为收尘设备时，布袋过滤器的风速不宜大于 0.8m/min，布袋收尘器的效率不应小于 99.9%。

3　正压气力除灰系统的配置设计有何要求？

答：正压气力除灰系统的配置设计有下列要求：

（1）当采用仓泵正压气力除灰时，宜采用埋刮板机或空气斜槽等机械设备，先集中于缓冲灰斗，再用仓泵向外输送。

（2）仓泵气力除灰系统应设专用的空气压缩机，每台运行仓泵宜采用单元制供气方式，相应配一台空压机。当有措施能保证输送气源压力稳定时，也可采用母管制或公用制供气方式。

（3）仓泵进料时的排气宜排至烟道、除尘器入口、灰斗或灰库高料位以上；排气管道上应设置手动阀门，排气管布置应有一定的斜度，避免积灰，当排气管较长时，还应考虑管道内的放灰和吹扫。

（4）正压气力除灰的输灰管道，宜直接接入贮灰库，排气通过布袋收尘器净化后排出。当采用布袋收尘器作为净化设备时，布袋过滤风速不宜大于 0.8m/min，排气含灰量应符合国家环保要求。

（5）当采用正压气力除灰系统时，在除尘器灰斗与仓泵之间应装设手动插板门；当采用多台仓泵时，出料汇合处夹角宜为 30°。

（6）在每个除尘器灰斗下装设气锁阀，在气锁阀与灰斗之间还应装设手动插板门，气锁阀的气化板应供给洁净的空气。

（7）低压输送的风机宜采用回转风机，风机的容量可按计算容量的 110% 选取，风机的压力可按系统阻力的 120% 选取。

第二节　气力除灰系统的阀门

1 **球形气锁阀的工作原理是什么？**

答：球形气锁阀的结构，如图 50-1 所示。阀门关闭时，球形阀瓣转动 90° 至"关"位，气动装置凸轮压下到位开关触点，表明阀体已经到位，在接到到位信号后，密封圈内充入 0.5MPa 的压缩空气，发生鼓胀，使之与球形阀瓣紧密贴合，实现密封。阀门开启时，密封圈内压缩空气先泄压，延时 1～2s 后，依靠自身弹性回缩，然后气动装置转动 90° 至"开"位。此阀在启动过程中球形阀瓣与阀座（密封圈）不接触，启闭转矩小，很少磨损，从而提高了使用寿命，大大降低了维护费用和时间。

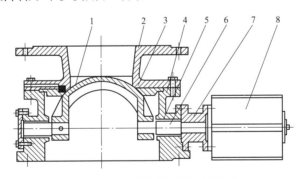

图 50-1　球形气锁阀结构示意图

1—球形阀瓣；2—副阀体；3—密封圈；4—主阀体；5—轴承；6—阀杆；7—支架；8—气动装置

2 **气动耐磨球顶截止阀的结构组成和特点有哪些？**

答：气动耐磨球顶截止阀是专用于输送干粉、气粉混合体系统中普遍使用的一种阀门，它的执行机构主要由阀体、阀盖、球顶式阀芯、上阀杆、下阀杆、阀杆衬套、气囊及各类连接件、密封件组成。阀杆与阀体为偏心结构设计、启闭方式为气动回转式，阀芯设计为球顶型，球面止灰板两侧呈锐角铲弧状，当阀门启闭时，有自行铲除积灰、积垢的功能，截止气囊密封系统采用氟橡胶，耐磨损，密封性能好，使用稳定可靠。

高级工

3 真空释放阀有什么作用？

答：真空释放阀的作用是在充气、排气和不正常的温度变化时，保护容器不承受过量的正压和负压。在容器正常通气时，延迟气化物的逃逸，以降低有价值的蒸发气的损失。在贮存产品时，保持惰性气体密封层。在处理因外部热源引起内部压力过量时，可作为备用保险。

第五十一章

除灰设备检修

第一节　柱塞泵系统检修

1　柱塞泵大修主要有哪些项目？

答：柱塞泵大修主要有以下项目：

（1）检查出入口阀箱，磨损严重，影响正常运行时应修复或更换。

（2）解体检查阀组件、阀座、弹簧、导向套、阀压盖、上紧法兰、上紧螺母的损坏情况，不合格的应更换。

（3）解体检查柱塞套，柱塞组合件，更换柱塞组合的易损件。

（4）检查高压喷水系统总成，更换 A 型阀。

（5）清理减速箱，过滤或更换润滑油。

（6）检查导板磨损情况，调整十字头与导板的间隙在 0.2～0.4mm，接触率大于 80%。

（7）检查齿轮啮合情况，轴承磨损情况。

（8）检查出入口三通组件的磨损情况，必要时更换。

（9）检查紧固所有瓦架螺栓、压紧螺栓、连接螺栓、地脚螺栓。

2　柱塞泵柱塞组合件的检修步骤和要求是什么？

答：柱塞泵柱塞组合件的检修主要有以下步骤和要求：

（1）将柱塞与挺杆的连接卡头拆下，用专用工具拆卸压紧环。

（2）拆卸填料密封盒与柱塞套的连接螺栓，用专用工具拆下柱塞组合。

（3）取出柱塞，用专用工具拆下喷水环、压环、隔环、支撑环及密封圈。

（4）检查柱塞套，如需更换时，将柱塞套与泵体的连接螺栓拆下，用顶丝或专用工具取出，更换时注意与阀箱结合部的 O 形密封圈黄油不要涂抹得太多。

（5）检查柱塞、喷水环、填料密封盒等的磨损程度，磨损超标时，应更换。要求柱塞、填料和喷水环的磨损竖沟深度不超过 0.5mm，圆度、圆柱度小于 0.03mm，柱塞磨损厚度小于 0.25mm，喷水环与柱塞的间隙为 0.05～0.15mm。回装柱塞组件时，应注意喷水环进水孔要对正，O 形圈要装好。

（6）将喷水环、柱塞、压环、隔环、支撑环、压紧环、密封填料、填料密封盒等先装配好后，装回泵体柱塞套，紧固连接螺栓。

高级工

（7）回装好高压喷水系统总成。

3 柱塞泵柱塞组合件的安装工艺要求有哪些？

答：柱塞泵柱塞组合件的安装工艺应注意下列几点要求：

（1）组装前各个零部件应清理干净，结合面应涂抹适量黄油。

（2）组装喷水环时，进水孔在柱塞正下方，必须对准位置。

（3）装好有关零部件前后 O 形、V 形密封圈。

（4）V 形密封圈不得装反或翻缺，缺口应对着阀箱方向。

4 柱塞泵常见的故障及原因是什么？

答：柱塞泵常见的故障及原因见表 51-1。

表 51-1　　　　　　　　　　柱塞泵常见故障及原因分析

故障及现象	原因分析
柱塞泵压力降低： 1. 电流小，压力低 2. 阀箱、管道振动大，噪声大 3. 出入口压力表摆动	1. 管道吸入空气或吸入阻力太大（管道堵塞或阀门关闭，结垢严重） 2. 出入口阀箱被杂物卡住或阀簧断裂 3. 皮带打滑
压力表指针摆动	1. 入口空气室连接密封漏气、损坏 2. 出口空气室充气，压力不足 3. 压力表损坏或堵塞
传动箱内有异常响声	1. 润滑油位低或润滑不良 2. 十字头销松动或配合间隙过大 3. 偏心轮轴承压板螺栓松动 4. 齿轮啮合不好或损坏 5. 偏心轮两端轴承压盖螺母松动
阀箱内有异常响声	1. 入口管吸入空气 2. 阀箱内阀体、阀簧损坏或弹簧力不足 3. 阀箱内有异物卡住
柱塞密封漏灰浆	1. 柱塞或密封件磨损 2. 单向阀磨损或卡死
盘车困难	1. 柱塞密封圈太紧 2. 连杆轴承拧得太紧 3. 柱塞、挺杆、十字头、连杆有偏斜
跳闸： 1. 电流到零。红灯熄灭。绿灯亮，事故喇叭叫 2. 泵停止运行，出口压力表指示降低	1. 电气故障或电源中断 2. 机械部分损坏，造成卡死 3. 操作不当或出口管堵塞

第二节　浓缩机、振动筛检修

1　浓缩机的检修质量标准有哪些？

答：浓缩机的检修质量标准主要有以下内容：

（1）进浆弯头与进浆过渡筒、进浆过渡管与旋转盘中心孔之间的两个结合面合理配合，杜绝中心机构顶部溢流灰浆。

（2）清理检查中心轴承，滚珠，滚道，梳理轴承及旋转盘的油路，要求油路通畅。

（3）调整轨道、齿条的同心度和水平度，要求轨道及齿顶水平度不超过 0.4/1000，同心度偏差不超过 6mm，相邻轨道高低相错不超过 0.5mm，左右不超过 1mm，接口间隙为 2～4mm，相邻齿条接口间隙为 1～2mm，齿条接头处周节极限偏差为 1mm。

（4）检查紧固地脚螺栓和连接板螺栓，要求所有轨道，齿条的地脚螺栓及连接板螺栓牢固，无松动。

（5）调整滚轮与轨道的接触面，要求接触良好，轨道圆中心线与滚轮中心线在整个范围内，不重合的偏差小于 2mm，滚轮轴线应通过浓缩机的回转中心，每米半径偏离不大于 0.5mm。

（6）调整齿条与齿轮的间隙，要求齿顶间隙在 8～10mm 之间，齿轮与齿条的啮合要均匀，沿齿高，齿宽均应在 50% 以上。

（7）检查清理驱动机构，疏通驱动机构油路，确保中心轴承、滚轮轴承、齿轮轴承及驱动减速机油路畅通。

（8）检查调整驱动架、耙架、传动架及耙架连接螺杆、拉紧螺栓等结构件，要求焊口不得有开裂，整体框架结构无明显的翘曲变形，平面翘曲误差全长内小于或等于 10mm，全宽内小于或等于 3mm，传动架整体倾斜度小于或等于 0.5mm，槽架的弯曲不大于 1/1000，且全长不大于 10mm，耙架长度极限偏差为 10mm，横向水平公差为 1/1000。

（9）清理检查调整耙齿与耙架，要求焊口牢固，相邻耙齿间的水平投影应有 1.125L 的重合度（L 为耙齿长度）。转动一周，耙齿到浓缩机池底的距离在 75～100mm。耙架长度安装误差小于 5mm；传动架整体倾斜不得超过 0.5°。

（10）减速机清理检查对轮，重新找正，更换机油，油管，并整体无渗漏处理，要求对轮中心偏差小于或等于 0.15mm，对轮间隙为 3～5mm，转动振动小于或等于 0.12mm。

（11）清理检查所有金属结构件，对磨损、开裂部分，须部分更换或补焊，最后应对金属结构件进行防腐油漆。

（12）大修结束后，应清理恢复现场，浓缩机池底不得有任何杂物。

（13）整体试转全机运行平滑，无异音，电流稳定，来浆管无异常摆动，滑线导电稳定，无打火现象。

2　浓缩池及其附件的检查质量要求是什么？

答：对浓缩池及其附件的检查质量有以下要求：

（1）浓缩池内表面应光滑，无裂纹，不得有渗水现象。

（2）溢流堰上边缘应平整，渡槽无堵塞和泄漏。

（3）中心部分水泥柱顶锥面完好，中心底部灰沟畅通，无结垢。

（4）旋转支架与固定支架定位良好，无断裂、松脱现象。

3 振动筛的检修工艺要求有哪些？

答：振动筛检修的工艺要求是：

（1）筛箱、筛框完好，无裂纹，连接部位紧固。筛箱井字架连接牢固，无磨损，不得有弯曲变形。

（2）筛板结合严密，木楔子紧固，无松动，筛板完好无损坏。

（3）振动电动机完好，转向正确。

（4）筛簧完好，弹性适中，对称位置水平一致。

（5）各级筛箱之间的柔性连接完好，无开裂、孔洞。

第三节 罗茨风机检修

1 罗茨风机大修解体有哪些步骤和注意事项？

答：罗茨风机大修解体主要有以下步骤：

（1）拆除联轴器防护罩，测量联轴器之间的径向偏差和中间距离，并做好记录。

（2）放净油箱内的润滑油，拆除机壳、齿轮箱结合面固定螺栓，取下密封垫片，测量厚度并做好记录。

（3）在主、从动齿轮上做好匹配记号，拆卸锁紧螺母，可用加热法拆卸轮毂、齿轮，加热温度应符合设备厂家规定，一般不超过150℃。

（4）轴承盖拆卸前应做好标记，测量并记录垫片厚度，拆卸轴承。

（5）吊出转子时，应使用专用工作台进行，转子吊起后，轴端螺栓应包扎保护，防止螺纹损伤。

2 罗茨风机常见故障、原因及处理方法是什么？

答：罗茨风机常见故障、原因及处理方法见表51-2。

表51-2　　　　罗茨风机常见故障、原因及处理方法

故障	原因分析	处理方法
风机不能启动或卡死	转子相互摩擦或转子与机壳摩擦	检查转子和机壳，调整间隙
	风机内进入异物	解体检查，取出异物
	风机积尘淤塞	清洗风机积尘
	进气口堵塞或阀门未打开	清理滤清器，检查阀门
风机过热	油箱冷却不良	检查疏通冷却水系统
	润滑油量过多	控制润滑油量在油标设定位置
	转子相互摩擦或转子与机壳之间间隙过大	检查转子和机壳。调整间隙
	滤清器堵塞使进气量减少	清理滤清器

高级工

续表

故障	原因分析	处理方法
风机噪声异常	转子积尘失去平衡	检查清洗转子
	转子相互摩擦或转子与机壳摩擦	调整转子间隙
	齿轮损坏或间隙过大	检测更换齿轮
	轴承损坏	检测更换轴承
风机风量不足	滤清器堵塞	清理滤清器
	转子间隙过大	调整转子间隙，必要时更换转子
	皮带打滑	调整皮带紧力或更换

3 罗茨风机的日常维护要求有哪些?

答：对罗茨风机的日常维护要求如下：

（1）定期检查加油，保持正常油位。

（2）第一次运行 200h 换油，以后每 2000h 或至少每 3 个月换油一次。

（3）进口滤清器每周清洗一次。

（4）定期检查风机的温度、振动情况。

（5）检测盘表指示，对电流、压力等的异常变化，应查找原因，必要时停机处理。

高级工

第五十二章

除灰系统安装验收

第一节　水力除灰系统安装验收

1　水力除灰设备安装验收应有哪些记录和签证？

答：水力除灰设备安装验收应有有关设备检修安装的记录、润滑剂的牌号及相关化验证件、设备的分部试运转签证。

2　柱塞泵安装验收的质量标准是什么？

答：柱塞泵的安装验收质量标准如下：

（1）泵和电动机的纵横向水平偏差不大于 0.5mm/m。

（2）在出入口管道的截止阀与泵之间应设有直径大于 50mm 的泄压阀，以确保停机时灰浆不漏入泵内。

（3）柱塞、密封填料、支持环、压环及喷水环应严格按照装配图纸的要求安装，喷水环上直径为 10mm 的孔必须安装在柱塞下方中心处；装配时密封填料及柱塞表面应涂润滑油剂，以保证手动盘车时柱塞与密封填料的润滑。

（4）阀瓣动作灵活，密封胶垫良好无损伤。

（5）高压喷水系统的单向阀动作灵活，方向正确。

3　柱塞泵整体试运行应达到什么要求？

答：柱塞泵整体试运行时，各个密封面应无泄漏；运行平稳，无异常声音；柱塞与柱塞套处无渗漏；泵体振动小于 0.08mm，轴承温度小于 80℃；出口压力达到正常值后，压力的波动应小于 0.1MPa；高压柱塞清水泵工作压力在要求范围以内，调整安全阀动作压力在要求范围内。

4　水隔离泵分步试运转应具备哪些条件？

答：水隔离泵分步试运转应具备以下条件：

（1）除灰系统安装完毕，并可投入使用。泵体及附属设备全部安装完毕，并经验收合格。

（2）用高压清洗泵泵水检查，冲灰管道畅通。出入口管道冲洗无异常。

高级工

（3）油泵盘车转动平稳，无卡涩现象。

5 浓缩机试运验收的要求是什么？

答：浓缩机的试运验收应达到以下要求：

（1）空负荷试转不少于 2h，带负荷试转不小于 24h。

（2）电流稳定，无异常波动。

（3）机械各部分无摩擦，运转平稳，无异声。

（4）轴承温度小于 80℃。

第二节　气力除灰系统安装验收

1 空压机空负荷试转时应符合哪些条件？

答：空压机空负荷试转时应符合下列条件：

（1）拆下各级吸排气阀。

（2）启动空压机随即停止运转，检查各个部件无异常情况后，再依次运转 5min、30min 和 4～8h，润滑情况正常。

（3）运行中无异常声音，紧固件无松动。

（4）油压、油温、摩擦部位的温升符合设计规定。

2 灰库本体验收应注意哪些方面？

答：灰库本体验收注意检查灰库内无遗留工器具、材料等物品；气化板完整无破损，结合面密封严密；库底斜槽密封条完整，无老化，严密不漏；斜槽平直度偏差不大于 2mm/m；启动汽化风机检查汽化板和库底斜槽，汽化板透气均匀，斜槽无漏气，各结合面无漏气现象。

3 仓泵的验收内容是什么？

答：仓泵的验收主要有以下内容：

（1）插板门关闭严密，调节阀能够迅速对参数变化进行调节，无延时。

（2）逆止阀严密可靠，流化盘透气均匀。

（3）进料阀和出料阀开启灵活，无卡涩，间隙符合厂家要求（≤0.06mm）。

（4）水压试验压力为设计压力的 1.25 倍。

（5）按程序进行调试、运行，阀门动作正常，开关到位。

4 活塞式空压机整体试运行的质量标准要求是什么？

答：活塞式空压机整体试运行盘车灵活，无异常声音；冷却水畅通，各个部位无泄漏；轴承温度不超过 65℃，油温、油压、排气压力、电流符合厂家设计规定；各部位振动不超过 0.1mm；按厂家规定参数校验安全阀。

高级工

5 刮板输渣机验收的内容和标准是什么？

答：刮板输渣机的验收内容和标准是：

（1）大小链轮无断齿、裂纹等缺陷。

（2）内壁尺寸符合图纸要求。

（3）传动轴无弯曲。

（4）刮板、链节及连接轴无断裂及弯曲变形。

（5）刮板与箱体两侧的间隙不小于 10mm。

（6）减速机齿轮啮合良好，整机密封严密无渗漏，润滑油合适。

（7）整机运转无异常声音，轴承温度不超过 70℃，不发生刮板跑偏现象。

第十六篇
电除尘器检修

第五十三章

电除尘器的工作机理及除尘效率

第一节　电场及相关知识

1　电除尘器的工作机理是什么？

答：在两个曲率半径相差较大的金属电极（阳极和阴极）上，通以高压直流电，维持一个足以使气体电离的静电场。气体电离后所生成的电子、阴离子和阳离子，吸附在通过电场的粉尘上，从而使粉尘获得电荷（粉尘荷电）。荷电的粉尘在电场力的作用下，便向与其电极性相反的电极上运动，沉积在极线和极板上，以达到粉尘和气体分离的目的。电除尘器的工作机理就是建立在荷电粉尘极化分离的基础上。电极上的积灰经振打、卸灰，输出电除尘器本体外，通过输灰装置输走。

2　气体的电离分为哪几类？各是怎样产生的？什么是饱和电流？

答：气体的电离分为非自发性电离和自发性电离两类。

（1）气体的非自发性电离是在外界能量的作用下产生的。

（2）气体的自发性电离是在高压电场的作用下产生的，不需特殊的外加能量。电除尘器的工作是建立在气体自发性电离的基础上的。

气体的非自发性电离和自发性电离，通过气体的电流并不一定与电位差成正比。当电流增加到一定的限度时，即使再增加电位差，电流也不再增大而形成一种饱和状态，在饱和状态下的电流称为饱和电流。

3　气体的导电现象分为哪几类？

答：气体的导电现象分为两类：一类属于低压导电，这种气体导电是通过放电极所产生的电子或离子部分来传递电流，而气体本身不起传送电流的作用；另一类是属于高压导电，这种导电差不多全部依靠气体分子电离所产生的离子来传送电流，电除尘器就属于这一种。

第二节　电晕放电的机理

1　什么是电子雪崩？

答：当一个电子从放电极（阴极）向收尘极（阳极）运动时，若电场强度足够大，则电子被加速，在运动的路径上碰撞气体原子会发生碰撞电离。气体原子第一次碰撞引起电离后就多了一个自由电子。这两个电子继续向收尘极运动，在运动过程中又与气体原子碰撞使之电离，每一个原子又多产生一个自由电子，于是第二次碰撞后就变成了四个自由电子。这四个自由电子又继续往前运动，继续与气体原子碰撞使之电离，产生更多的自由电子。这种由于碰撞电离，电子数目由一变二，由二变四，由四变八……像雪崩似的增加的现象称之为电子雪崩，如图53-1所示。

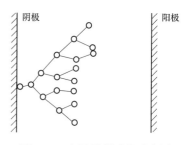

图53-1 电子雪崩过程示意图

2 电晕放电是怎样产生的？工业用电除尘器为什么都采用阴极电晕？

答：电晕放电是由于电晕极处的高电场强度将其附近的气体局部击穿引起的。外加电压越高，电晕放电就越强烈。

在工业电除尘器中，几乎全部采用的是阴极电晕。这是因为在同等条件下，采用阴极电晕比采用阳极电晕的起晕电压低，闪络击穿电压高。即阴极电晕能比阳极电晕以较高的电压运行，并且能保持稳定的放电过程，有较高的电晕功率，能提高除尘器的效率。

3 电晕形成的基本条件是什么？什么是起晕电压？

答：电晕形成的基本条件是产生非均匀电场电极的几何形状，这对电极的曲率半径相差要特别大，即一极是针状，另一极是板状。

在电除尘器放电极和收尘极之间施加电压，并逐步提高其数值，则在放电极周围就会产生电晕，在刚刚产生电晕时的电压值就是起晕电压。

第三节 粉尘的荷电、沉积与清除

1 什么是粉尘荷电？粉尘荷电的机理是什么？

答：粉尘荷电是由电晕放电，气体电离产生出正、负离子。这些正、负离子依附在粉尘粒子上，使粉尘带电，这就是粉尘（尘粒）荷电。依附有正离子的粉尘显正电，依附有负离子的粉尘显负电。

粉尘的荷电机理基本上有两种：一种是由于电场中离子的依附荷电，这种荷电机理通常称为电场荷电或碰撞荷电；另一种是由于离子扩散现象产生的荷电，这种荷电称为扩散荷电。对电除尘器所捕集的粉尘来讲，电场荷电较为重要。

2 什么是电场荷电？什么是扩散荷电？

答：电场荷电是离子在外电场作用下沿电力线有秩序地运动，与尘粒相碰撞使其荷电。

扩散荷电是由于离子的无规则热运动造成的。离子的热运动使得离子通过气体而扩散，扩散时能与气体中所含的尘粒碰撞，这时离子一般都能吸附于尘粒上，这是由于离子接近尘粒时有吸引作用的力起作用。

高级工

3 **饱和电荷量与哪些因素有关？**

答：饱和电荷量主要取决于尘粒的直径、电场强度和尘粒的介电系数。尘粒的饱和电荷量正比于尘粒半径的平方。所以，粒径的大小是影响尘粒荷电的主要因素。粒径愈大，电场强度愈高，则尘粒饱和电荷量愈大。

4 **荷电的粉尘是如何被捕集的？**

答：在电除尘器中，荷电极性不同的粉尘在电场力的作用下，分别向不同极性的电极运动。在电晕区和靠近电晕区很近的地方有一部分荷电尘粒与电晕极的极性相反，于是就沉积在电晕极上。但因为电晕区的范围很小，所以数量也小。而电晕外区的尘粒，绝大部分带有与电晕极性相同的电荷。所以，当这些荷电尘粒接近收尘极表面的时候，便沉积在极板上而被捕集。

5 **尘粒的捕集和在电场中的运动轨迹与哪些因素有关？**

答：尘粒的捕集与许多因素有关，如：尘粒的比电阻、介电常数和密度，气体的流速、温度和湿度，电场的伏安特性以及收尘极的表面状态等。尘粒在电场中的运动轨迹主要取决于气流状态和电场的综合影响，气流的状态和性质是确定气流被捕集的基础。

6 **沉积层是怎样形成的？靠什么方法清除？**

答：带电尘粒在电场中运动的归宿是沉积在收尘极板上，粉尘层作为整体之所以能黏附在收尘极的表面上，是由于电场力、极板表面与尘层颗粒之间的黏附力的作用的结果。

当粉尘比电阻很高时，甚至难以将其清除下来。沉积层达到一定的厚度时，往往利用振打收尘极的极板的方法，使粉尘落入灰斗。

7 **沉积层对收尘过程的影响是什么？**

答：沉积层对收尘过程的影响是：
(1) 它使含尘的气流通道变窄，缩小了除尘器的工作空间。
(2) 沉积层上的电压降低了除尘器的工作电压，从而降低除尘器的效率。
(3) 如果沉积层是高比电阻粉尘形成的，那么在其表面就容易产生反电晕现象。
(4) 放电极上的沉积层太厚就要影响到放电效果，使除尘器的效率降低。

🏭 第四节　影响电除尘器效率的因素

1 **影响电除尘器性能的因素有哪些？**

答：影响电除尘器性能的因素有粉尘特性、烟气的性能、结构因素和操作因素四类。
(1) 粉尘特性主要包括：粉尘粒径的分布、正密度、堆积密度、黏附性和比电阻等。
(2) 烟气性能主要包括：烟气温度、压力、成分、湿度、流速和含尘浓度等。
(3) 结构因素主要包括：电晕线的几何形状、直径、数量和线间距；收尘极的形式、极板的断面形状极间距、极板面积；电场数、电场长度；供电方式；振打方式；气流分布装置；外壳严密程度；灰斗的形式和出灰口的闭锁装置等。

（4）操作因素主要包括：伏安特性、漏风率、气流短路、二次飞扬和电晕线肥大等。

2　为什么粉尘的粒径分布对电除尘器的效率影响很大？

答：因为荷电粉尘的驱进速度随粉尘粒径的不同而变化，驱进速度与粉尘的粒径成正比。也就是说粉尘的粒径愈大，驱进速度愈快，收尘效率也就愈高。

3　粉尘的黏附性对电除尘器的运行与效率有哪些影响？

答：因为粉尘的黏附性可使细微粉尘粒子凝聚成较大的粒子，这对粉尘的捕集是有利的。但是粉尘黏附在除尘器壁上会堆积起来，这是造成除尘器堵塞故障的主要原因。在电除尘器中，粉尘黏附在极板和极线上，即使加强振打也不容易将粉尘振打下来，就会出现收尘极板粉尘堆积、电晕线肥大等情况，影响电晕电流和工作电压的升高，致使除尘效率降低。

4　为什么烟气湿度对电除尘器的性能有影响？

答：由于燃料中含有一定的水分，在燃烧后生成水蒸气，参与燃烧的空气中也含有水分。因此，一般工业生产排出的烟气中都含有一定的水分，这对电除尘器的运行是有利的。一般来讲烟气中的水分多，收尘效率就高。如果烟气中的水分过大，虽然对电除尘器的性能不会有不利的影响。但是如果除尘器的保温效果不好，烟气湿度会达到露点，就会给除尘器的壳体以及电极产生腐蚀。如果烟气中含有 SO_2，其腐蚀程度就会更大。

5　电晕线间距对电除尘器的效率是否有影响？

答：当作用电压、电晕线半径和极板间距相同，增大电晕线的间距所产生的影响是增大电晕电流密度和电场强度分布的不均匀性。但是，电晕线的间距有一个产生最大电晕电流的最佳值。若电晕线间距小于这一最佳值，会导致由于电晕线附近的电场相互屏蔽作用，而使电晕电流减小，使除尘效率降低。

6　电除尘器内气流分布不均匀是如何影响电除尘器性能的？

答：电除尘器内气流分布不均匀对电除尘器的性能在以下方面产生影响：

（1）气流速度不同的区域内所捕集的粉尘量不一样，即气流速度低的地方可能除尘效率高，捕集的粉尘量也多；气流速度高的地方，除尘效率低，可能捕集的粉尘量少。实践证明，由于烟气速度降低而增大的粉尘捕集量并不能弥补由于烟气速度过高而减少的粉尘捕集量。

（2）局部气流速度高的地方会出现冲刷现象，将已经沉积在收尘极板上和灰斗内的粉尘再次扬起，影响除尘效率。

（3）由于除尘器入口的含尘浓度存在不均匀的情况，从而导致除尘器内部某些部位堆积过多的粉尘，这种状况反过来会进一步破坏气流的均匀性。

（4）如果通道内气流显著紊乱，则振打清灰时粉尘会被带走，影响除尘效率。

7　漏风为什么会影响除尘器的效率？

答：电除尘器内一般为负压状态，如果壳体的连接处密封不严，就会从外部漏进冷空气，使通过电除尘器的烟气速度增大，烟气温度降低，这二者都会使烟气露点发生变化，其结果是粉尘比电阻增高，使收尘性能下降。

8 防止粉尘二次飞扬的措施有哪些？

答：防止粉尘二次飞扬采取的措施有：

（1）使电除尘器内保持良好的状态，气流均匀分布。

（2）使所设计的收尘电极具有充分的空气力学屏蔽性能。

（3）采取足够数量的高压分组电场，并将几个分组电场串联。

（4）对高压分组电场进行轮流均衡振打。

（5）严格防止灰斗中的气流有环流现象和漏风。

第五十四章

电除尘器的验收和试运

第一节　电气部分的验收

1　电除尘器电气设备安装的一般要求是什么？

答：电除尘器电气设备安装的一般要求是：

（1）所有电除尘器的高、低压控制装置，由于制造厂家不同，其要求也不同。所以，要严格按照使用说明书和安装调试指南进行安装调试。

（2）所有电气设备的安装都应严格遵守相关电气设备安装规程中的有关规定进行安装与检查。

（3）带电部位不得有尖角毛刺，与接地部位要大于1.5倍的异极距离。

（4）所有的高、低压引线应布置合理、美观，切忌乱拉乱接导线。

（5）所有的电气连接部位应牢固、可靠，不得有松动、脱落现象。

（6）隔离开关安装完毕后，应给动、静触点涂抹上中性凡士林油或导电膏，机械转动部分要适量加润滑油脂。

2　电除尘器接地装置的技术要求有哪些？

答：电除尘器的接地既是工作接地，又是保护接地。因此，要求比较严格，具体如下：

（1）常年的接地电阻应小于 2Ω。

（2）每台电除尘器本体设备的接地点不得小于 6 点，每根接地线的截面不得小于 $160mm^2$。

（3）壳体、平台、高压整流变压器及装置的外壳、人孔门及其他设备上，所有能偶然带电的金属部分，均需与接地网可靠连接。

（4）直流高压电缆的终端头和所有铠装电缆的金属外皮均应良好接地，接地线截面不得小于 $10mm^2$。

（5）接地装置的材料和规格均应按设计要求选用。

（6）所有接地线应焊接好、螺栓紧固、牢固可靠，不得有松脱现象。

3　大修（新装）后电除尘器电气部分的检查验收项目有哪些？

答：大修（新装）后的电除尘器电气部分检查验收项目一般有：

高级工

（1）所有电气设备都必须严格符合《电业安全工作规程（发电厂和变电站电气部分）》和《电力技术法规》中的有关规定。

（2）高、低压电气设备的接地装置，应符合《电力设备接地设计技术规程》的要求和制造厂家的安装使用说明书。

（3）电除尘器本体的接地电阻要符合制造厂家安装使用说明书中的具体要求。并逐一检查电除尘器的高压隔离开关的接地端、升压整流变压器及电抗器的外壳、高低压控制柜及配电装置的外壳、各电动机外壳等，必须可靠接地。升压整流变压器及其控制柜的外壳应当单独接地。

（4）各高压隔离开关操作灵活，指示正确。

（5）查验所有高、低压电气设备绝缘测试及试验的记录，测试及试验的数据应在合格范围之内。

（6）查验高压电缆的绝缘电阻、直流耐压试验及泄漏电流的测试记录，均符合部颁《电气设备预防性试验规程》的规定。

（7）升压整流变压器及电抗器的外观良好。

（8）各电气仪表均用红线标出了额定指示值的位置。

（9）各高低压控制柜、配电装置接线牢固正确、无误，各操作保险、电源保险定值正确、配置齐全。

（10）各电动机全部接线，安全罩配备齐全并固定牢固。

（11）所有仪表、电源开关、保护装置、调节装置、温度巡测装置、报警信号、指示灯等完整、齐全，指示正确。

第二节 机械部分的验收

1 大修（新装）后电除尘器本体部分的验收项目和质量要求是什么？

答：大修（新装）后的电除尘器本体部分验收项目一般有：

（1）根据检修或安装的记录，抽查同极间距和异极间距，最小放电间距要符合设计要求。

（2）电场内部各零部件不应有尖角、毛刺，尤其是阳极板、阴极框架、阴极线，发现毛刺，必须消除。

（3）收尘极系统、电晕极系统、槽形极板系统、导流板、气流均布板、阻流板系统均要符合有关规程和设计、安装要求。

（4）灰斗及卸灰设备正常，试转良好。

（5）检查所有的人孔门开关灵活，密封良好，严密不漏；与高压供电装置的安全联锁装置良好、可靠。

（6）检查所有的楼梯、平台、栏杆以及其他设备应牢固、可靠，符合设计要求。

2 阳极板、阳极板排的安装质量标准有哪些？

答：阳极板平面度偏差不大于 5mm，扭曲不大于 4mm。阳极板排平面弯曲不大于

5mm，两对角线长度差不大于 5mm。板面无毛刺、尖角。

3　阴极大框架的安装检修质量标准是什么？

答：阴极大框架的安装应垂直于水平面，其垂直度偏差允许值为框架高度的 1/1000，且不大于 10mm；同一电场内两个大框架的中心线应在该电场沿气流方向的中心平面内，平面度偏差不大于 10mm，间距偏差±2.5mm，对角线偏差不大于 5mm，标高偏差±2mm。

4　振打系统检修后的验收质量标准有哪些？

答：（1）轴承座无变形、脱焊、位移，摩擦易损部件的使用寿命应保证一个检修周期。

（2）振打轴无弯曲、偏斜，轴承径间磨损厚度不超过原轴承半径的 1/3。

（3）转动轴中心线高度于振打锤和打击点的中心线平行，振打轴水平偏差应不大于 1.5mm，其同轴度偏差在两相邻轴承座之间为 1mm，全长为 3mm。

（4）旋转臂转动灵活，过临界点能自由落下。锤头与承击砧的接触位置偏差在水平方向为±2mm，前后为 0～10mm；在竖直方向，锤头低于承击砧接触位置水平线 5mm。锤头与承击砧线接触长度大于锤头厚度的 2/3，锤头转动灵活，无卡涩和碰撞。

（5）连接件和其他部件无脱落、松动、断裂、滑扣、磨损、变形等超标缺陷，保险片或销符合设计要求，振打轴穿墙部位不漏风。

5　如何验收电除尘器安装或大修后的极间距？

答：极间距的验收可使用专用的十字叉进行检测，十字叉的短臂为过规，长臂为止规，对每个通道的一侧在高度方向上须检查 5～9 个点，一般大型除尘器要检查成千上万个点，检测的要求是很严格的。要求全通道内同极间距离偏差和异极间距离偏差均不大于 10mm。

6　电除尘器灰斗的检修质量标准是什么？

答：电除尘器灰斗的检修质量标准如下：

（1）焊缝严密，灰斗内壁上的疤痕必须用磨光机磨平。

（2）灰斗内壁四角边过渡板的两侧焊缝必须用磨光机磨平，过渡板与壁板间的端部空间要封住。

（3）灰斗外壁的角钢筋要相互搭接，搭接处要焊实。

（4）灰斗上部与壳体接缝处施焊，焊缝要求饱满、圆滑过渡、密封良好。

第三节　电除尘器的试验与调整

1　电除尘器投运前应进行哪些分步试验？

答：电除尘器投运前一般应进行如下分步试验：

（1）投运电源变压器，确认运行状况良好。

（2）投入各低压配电装置，具备各转动机械送电试车条件。

（3）卸灰装置启动试运行，转动方向正确、调速控制灵敏，调速范围符合要求，自动与手动切换良好。

（4）电晕极和收尘极的振打装置在不安装保险片的基础上，先就地启动电动机试转30min，转向正确、状况良好后，再安装保险片，进行试转。电晕极的振打装置试转，应先用替代绝缘瓷轴的假轴装上进行试转，正常后再装上瓷轴试转30min。

（5）输灰系统所有设备试运行正常，能够满足除尘器运行要求。

（6）卸灰系统所有设备试运行正常，运行状况良好。

（7）所有电瓷加热系统投入运行均正常，温度巡查装置及自动控制系统准确与设计值相符。

（8）现场照明充足。

2 电除尘器冷态试验的项目有哪些？

答：电除尘器冷态试验的项目主要有：

（1）气流分布均匀性试验。

（2）电晕极和收尘极振打装置试验。

（3）冷态伏安特性试验。

（4）电除尘器的漏风试验。

（5）电除尘器阻力试验。

3 为什么要进行电除尘器的冷态伏安特性的试验？其步骤是什么？

答：为了鉴定电除尘器的检修（安装）质量、高压供电装置的性能与控制特性，需要进行冷态伏安特性的试验。

电除尘器的冷态伏安特性试验步骤如下：

（1）逐一启动各电场升压整流变压器的供电装置，手动升压到本设备的额定二次电压值或二次电流值。若没有达到额定值或设计的规定值，电场就发生闪络时，应立即停止，查明原因，进行处理。

（2）对各电场的高压供电装置及其控制部分进行过流、欠压等保护试验，动作应正确无误。

（3）逐一启动各电场的升压整流变压器的供电装置，进行冷态伏安特性的试验。首先观察起晕电压，用手动升压，逐点记录一、二次电压；一、二次电流；可控硅的导通角。然后用手动降压反向同样逐点记录，复核各点上升与下降时的数值，应基本一致。

（4）把试验测试的结果绘制成各电场的冷态伏安特性曲线，可与检修前比较，同时可作为以后分析、处理故障的重要参考依据。

4 用两台整流设备并联对某电场进行升压试验的条件是什么？

答：用两台整流设备并联对某电场进行升压试验的条件是：

（1）并联升压试验必须在单台设备分别对电场升压试验后，确认供电设备和电场无故障的情况下进行。

（2）并联供电要通过高压隔离开关的联络母线来实现。无联络母线时，要通过架设临时的高压架空线来实现，但要注意连接牢固、可靠，安全防范措施确实有保障。

（3）两台设备容量一致，输入的电源相同，在手动的方式下两台整流设备电流、电压缓

高级工

慢上升，上升的速率相同。

5　电除尘器在热态运行后应进行哪些调节？

答：电除尘器通过冷态试验，在热态运行正常后应进行如下的调节：

（1）调整变压器和电抗器抽头的匹配，使其波形进一步圆滑。

（2）重新整定电流极限值。

（3）校准显示值和表头指示值相一致。

（4）重新进行闪络灵敏度的调整。

（5）重新进行闪络特性的调整。

（6）自动电压调整器供电及控制方式的调整。

（7）振打方式及周期的调整。

（8）卸灰方式及周期的调整。

6　电除尘器热态和冷态情况下的电气负载特性有什么区别？

答：电除尘器经冷态试验后，各试验数据证实了各装置设备的可靠，但在热态情况下其电气负载特性与冷态相比会有一定的区别，主要有如下两方面：

（1）伏安特性曲线不同，主要表现为起晕电压有所提高，击穿电压有所下降，这与粉尘的特性有关。

（2）闪络的强度比冷态情况有所下降，前后级电场的运行电压、电流不同。

电除尘器的启动与停运

第一节　电除尘器的启动

1　电除尘器投入运行启动前的检查内容是什么？

答：电除尘器投入运行前的检查内容一般有如下几个方面：

（1）检修后的电除尘器在投入运行前所有的工作票都办理终结手续，所列的安全措施已全部拆除，常设的安全遮栏和标示牌均恢复正常。

（2）所有设备的部件齐全，标志清晰、正确，各法兰的结合面严密不漏，保温完整，照明充足。

（3）各电气设备外壳、控制柜的接地线牢固、可靠。

（4）各电动机均已接线，安全罩齐全，与转动部分无摩擦。

（5）各振打、卸灰装置等转动设备转动灵活，无卡涩，减速机的油位正常。

（6）升压整流变压器、电抗器外观检查良好，油位正常，间隔内清洁无杂物。

（7）所有控制柜、自动电压调整器的旋钮、把手完好，位置正确。

（8）高压隔离开关电气连接完好、位置正确、操作机构灵活。

（9）灰斗的闸板门全部开启，料位计指示正常，卸灰、输灰系统均已投入运行，并正常。

2　电除尘器的启动程序是如何规定的？

答：电除尘器的启动程序一般有如下规定：

（1）锅炉点火前12～24h，投入所有绝缘瓷件的加热、温度巡测装置，控制的加热温度应高于烟气的露点温度20～30℃。

（2）锅炉点火前12～24h，投入灰斗的加热装置。对于蒸汽加热装置，在投入前要对系统内的凝结水进行疏水。

（3）锅炉点火前2h投入各阴、阳极和槽形板振打装置运行。振打方式采用连续运行。

（4）锅炉点火前2h投入各卸、输灰系统运行。

（5）随着锅炉的点火启动，随时注意观察灰斗的卸灰情况，料位计指示情况。

（6）检查各人孔门、法兰结合面的密封情况，若发现有漏风要及时消除。

（7）在锅炉启动的后期，燃烧稳定后负荷带到额定负荷70％，或者排烟温度对常用的煤种达到110℃时，依次分别投入一、二、三……电场。若制造厂家有明确的规定时，按制造厂家的规定执行。

（8）电场投入运行正常后，振打、加热、卸灰装置等均切换到自动位置。

第二节　电除尘器的停运

1　电除尘器停运时应注意哪些事项？

答：电除尘器的停运应注意以下几点：

（1）停升压整流变压器的控制柜时，必须先手动或自动降到零，再操作停止按钮。

（2）锅炉停炉后，待除尘器的烟气全部排出后，可停止引风机的运行或关闭挡板。

（3）升压整流变压器停止运行后，电晕极和收尘极的振打装置，对于要进行停炉大、小修的改为连续运行；如是短时间停炉可仍按原程序运行，直至把极线、极板上的灰振打下来时再停止运行。

（4）只要振打装置运行，卸、输灰系统就必须运行，直至灰斗内的灰排净为止。

（5）短时间停炉，电瓷加热系统可继续运行。冬天检修停炉而这些装置无检修工作，继续运行不影响其他检修工作的进行时亦可继续运行。

（6）检修停炉或电除尘器停运时，一定要把隔离开关置于接地位置。

（7）锅炉故障灭火停炉，应立即停止电除尘器电场的工作（停止向电场供电）。

（8）电除尘器停止运行后，应对设备按巡回检查的内容进行全面检查，并做好记录。

2　哪些电气故障需要紧急停运电除尘器？

答：发生以下电气故障时需要紧急停运电除尘器：

（1）升压整流变压器、电抗器发热严重，电抗器温升超过65℃，升压整流变压器温升超过40℃或设备内部有明显的拉弧、闪络、振动等现象。

（2）阻尼电阻起火。

（3）高压绝缘瓷件闪络严重，高压电缆头闪络、放电。

（4）供电控制装置失控，出现大的电流冲击。

（5）电气设备着火。

（6）其他严重威胁人身和设备安全的特殊情况。

3　哪些机械故障需要紧急停运电除尘器？

答：机械部分发生以下故障时应进行紧急停运电除尘器：

（1）电场内部发生短路。

（2）电场内部异极距离严重缩小，电场持续出现拉弧。

（3）CO浓度已达到跳闸值或者有迹象表明电场内部已出现自燃。

（4）卸、输灰系统出现故障，使灰斗内积灰不能排走。

（5）其他严重威胁人身和设备安全的特殊情况。

高级工